SANLING PLC
DIANXING YINGYONG SHILI
100 LI

三菱PLC典型应用实例100例

主　编● 于宝水
副主编● 张洪军　郑双庆　宋明利
参　编● 李春辉　任传柱　刘显龙　纪永峰　常　亮　刘永军　卫　东
刘国昌　王莉娜　孙令臣　冯得辉　胡晓庆　郝建民　董　剑
徐振国　于文革　杨明波　闫殊彤　秦继学　刘　宇　余治刚
马喜林　俞庆涛　汲红波　陈　曦　王　健　王　博　钮铁强
陈育民　李雪涛　项伟平
主　审● 姜　平

内 容 提 要

作者根据生产实际需要总结并提炼了100个三菱PLC编程设计及安装的实用电路，电路既可以直接应用，也可根据现场实际需求对电路做适当的改动，以实现相应的控制功能。所有实例的梯形图及参数均经过实际接线、实际试验、实际验证，所有实例独立成章，方便检索，既可全面学习，也可按需应用。

本书共十章，分别为点动与连续控制电路，电动机顺序启停、交替运行与多地控制电路，电动机正/反转、位置控制电路，电动机降压启动与电动机制动控制电路，常用生产机械控制电路及多速电动机控制电路，供排水及温度控制电路，PLC模拟量控制输入、输出模块应用电路，无触点接触器与旋转编码器控制电路，变频调速综合应用控制电路，灯光、抢答器的PLC控制电路。

本书集实用性、技术性和可操作性于一体，配有视频讲解，读者扫码即可观看，是电力拖动控制及自动化领域的工程技术人员、电气技术人员全面了解和掌握PLC编程应用的实用参考书，也可作为高职高专院校电力拖动、机电一体化等专业师生PLC编程实训教材，还可作为电工技师及高级技师考核培训教程。

图书在版编目（CIP）数据

三菱PLC典型应用实例100例/于宝水主编.—北京：中国电力出版社，2020.11
ISBN 978-7-5198-4717-3

Ⅰ.①三… Ⅱ.①于… Ⅲ.①PLC技术 Ⅳ.①TM571.6

中国版本图书馆CIP数据核字（2020）第102177号

出版发行：中国电力出版社
地　　址：北京市东城区北京站西街19号（邮政编码100005）
网　　址：http://www.cepp.sgcc.com.cn
责任编辑：王杏芸（010-63412394）
责任校对：黄　蓓　马　宁
装帧设计：王红柳
责任印制：杨晓东

印　　刷：北京雁林吉兆印刷有限公司
版　　次：2020年11月第一版
印　　次：2020年11月北京第一次印刷
开　　本：787毫米×1092毫米　16开本
印　　张：23.5
字　　数：548千字
定　　价：88.00元

前言

近年来，随着电力电子技术、检测传感技术、机械制造技术的发展，PLC 在通信能力以及控制领域等方面都不断有新的突破，正朝着电气控制、仪表控制、计算机控制一体化和网络化的方向发展。

PLC 特点是硬件少，控制电路接线少，逻辑控制关系用面向“控制过程，面向控制对象”的自然语言进行编程，由编程软件设计完成，可以灵活改变控制关系，在重新设计和更换继电器控制系统的硬件及接线时可减少时间，降低成本。

本书编写的主要目的是为电力拖动控制领域从事设计安装的专业技术人员、技能操作人员，提供一本学习和使用 PLC 从入门到精通的应用实例读本。读者通过 100 个实例的学习，理解和掌握 PLC 在生产过程自动控制系统中功能应用编程方法和操作步骤。所有的操作技能都来自生产实践，并尽可能将各种技能以操作步序讲述和视频讲解表现出来，以达到“技能速成”的目的。

本书特点如下：

1. 针对每个章节的内容都编写了电路用途简介，使读者能够理论联系实际，做到学有所用、学有所成。

2. 实例中由继电器—接触器控制原理图、程序及电路设计、梯形图动作详解三大部分组成。

3. 由于以前用手操器编程时需要用语句表，现在用计算机编程都是用梯形图，特别是一些复杂的逻辑程序，语句表不能像梯形图那样体现宏观的逻辑关系，而且三菱 PLC 编程软件 GX Works2、GX Works3 已没有单独的语句表编程选项，只能通过梯形图编程界面输入语句表，然后用梯形图或顺序功能图（SFC）编程后采用“写入至 CSV 文件”的方法保存为电子表格（CSV：逗号分隔值），这说明用语句表编程已不适合今后的发展方向。但是为了提高编程的基本功训练，我们在第一章到第五章仍然保留了语句表。

4. PLC 梯形图程序中，在每个梯形图指令图形的下方均标有指令的中文含义说明，以便于读者理解梯形图的编程规律、梯形图指令图形含义及编程方法。

5. 本书为每个实例编写了 PLC 程序设计要求，读者可根据设计要求列出输入、输出分配表，写出梯形图程序、语句表，绘制 PLC 控制电路接线图，可为实习指导教师作为模拟试题使用，方便教学，也有利于读者灵活学习、快速掌握 PLC 程序逻辑控制关系。

6. 本书 PLC 接线详图在绘制方法上采用实物图形和电气符号相结合的方法，更加易学、易懂、易用。

7. 每个章节配一个 PLC 程序动画讲解视频（第 2、11、27、43、48、61、75、77、83、96 例），并在附表“常用指令”中配有 11 个视频，对 44 个常用指令举例讲解，做到图、表、文、视四位一体。为方便读者学习，读者只需用手机扫描书中的二维码即可观看视频讲座。

8. 实例中引入了一些新型元器件，如正反转无触点接触器、无触点接触器等新型元件，并将其融入电路中。电路中还设计了三菱 PLC 与欧姆龙旋转编码器、变频器实现定位、运动控制，以及三菱 FX_{2N}-4AD 模拟量输入模块、FX_{2N}-2DA 模拟量输出模块等相结合的模拟量控制程序。

本书由中国石油电能公司电力人才培训中心于宝水老师会同中油集团电气专业技能专家、大庆油田电气专业技能专家、维修电工高级技师联合编写。本书参考了很多专家和学者的著作及厂家的技术资料，在此表示衷心感谢。

由于时间和编者的水平有限，书中难免存在错误和不足之处，敬请广大读者对本书提出宝贵的意见。

作者

2020 年 11 月

目录

第七章　三菱 PLC 模拟量控制输入、输出模块应用电路

第八章　PLC 控制的无触点接触器与旋转编码器控制电路

第九章　PLC 控制的变频器调速综合应用控制电路

目录

第十章　灯光、抢答器的 PLC 控制电路

第一章

PLC 控制的电动机点动与连续控制电路

PLC 控制的电动机点动与连续控制电路用途如下：

1. 点动运行控制

工业生产过程中，按钮点动控制电动机的启停，适用于快速行程以及地面操作行车等场合。机床加工过程中，在有特殊工艺要求、精细加工或调整工作时，要求机床点动运行。

点动控制是指按住按钮，电动机启动运行；松开按钮，电动机停止运行。点动控制电路是用按钮、交流接触器来控制电动机运行的最简单的控制电路。

2. 连续运行控制

大部分工程设备要求连续运行。或在机床加工过程中要求电动机既能点动工作，又能连续运行，这时就要用到电动机的点动与连续运行控制电路。

连续运行控制电路是指当按下启动按钮时，电动机启动运行，当松开按钮时，由于交流接触器的自锁使电动机连续运行。只有按下停止按钮时，电动机才能停止运行，即电气设备的启、保、停电路，主要适用于机床冷却液电动机、风机、泵类电动机等设备的控制。

注：梯形图中的①、②、③等阿拉伯数字只是为方便分析梯形图工作原理而标注，与梯形图无关。

第 1 例　使用基本指令实现电动机的连续运行控制电路

一、继电器—接触器控制原理图

电动机的连续运行控制电路如图 1-1 所示。

1. PLC 程序设计要求

（1）按下外部启动按钮 SB1，电动机 M 启动运行。

（2）按下外部停止按钮 SB2，电动机 M 停止运行。

（3）当电动机发生过载等故障时，电动机保护器 FM 动作，电动机停止运行。

（4）PLC 控制电路接线图中停止按钮 SB2、电动机保护器 FM 辅助触点均使用动合触点。

（5）电动机保护器 FM 工作电源由外部控制电路电源直接供电。

（6）根据上面的控制要求列出输入、输出分配表。

（7）根据控制要求，用 PLC 基本指令设计梯形图程序。

（8）根据控制要求写出语句表。

（9）根据控制要求绘制 PLC 控制电路接线图。

2. 输入/输出设备及 I/O 元件配置分配表

输入/输出设备及 I/O 元件配置分配见表 1-1。

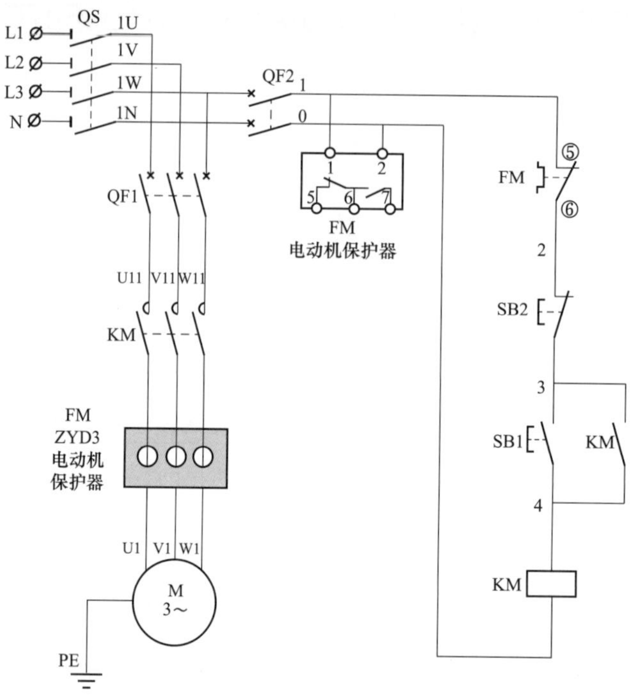

图 1-1　电动机的连续运行控制电路

表 1-1　　　输入/输出设备及 I/O 元件配置分配表

输入设备		PLC 输入继电器	输出设备		PLC 输出继电器
代号	功能		代号	功能	
SB1	启动按钮	X000	KM	电动机接触器	Y000
SB2	停止按钮	X001			
FM	电动机保护器	X002			

二、程序及电路设计

1．PLC 梯形图

PLC 梯形图如图 1-2 所示。

图 1-2　使用基本指令实现电动机的连续运行控制电路 PLC 梯形图

2．PLC 指令语句表

PLC 指令语句见表 1-2。

表 1-2　　PLC 指令语句表

步号	指令	I/O（软元件）	步号	指令	I/O（软元件）	步号	指令	I/O（软元件）
0	LD	X000	2	ANI	X001	4	OUT	Y000
1	OR	Y000	3	ANI	X002	5	END	

3. PLC 接线详图

PLC 接线图如图 1-3 所示。

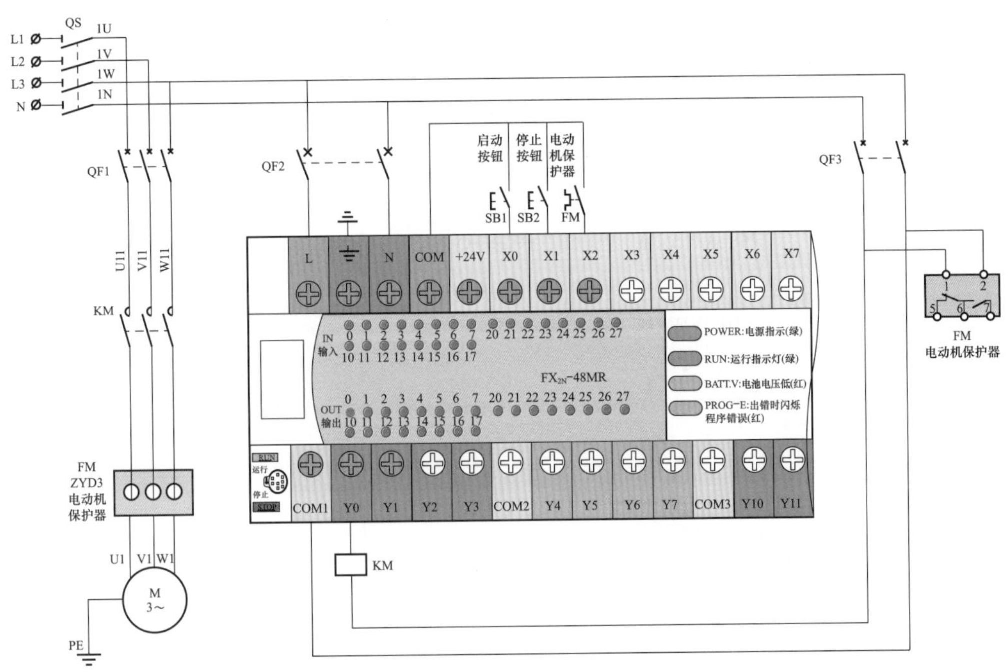

图 1-3　使用基本指令实现电动机的连续运行控制电路 PLC 接线图

三、梯形图动作详解

1. 启动过程

按下启动按钮 SB1（X000），回路经①→②→③→④→⓪号线闭合，输出继电器 Y000“得电”，接通外部接触器 KM 线圈，电动机 M 启动运行。

同时，①→②号线间的 Y000 自锁动合触点闭合实现自锁，即使松开 X000，Y000 仍能持续“得电”，电动机 M 实现连续运行。

2. 停止过程

按下停止按钮 SB2（X001），②→③号线断开，输出继电器 Y000“失电”，断开外部接触器 KM 线圈，电动机 M 停止运行。

3. 保护原理

当电路、电动机或控制回路发生短路、过载故障后，主回路 QF1、PLC 输入端控制电源 QF2 或 PLC 输出端控制回路电源 QF3 相应动作，切断主电路或控制回路。

电动机在运行中发生电动机断相、过载、堵转、三相不平衡等故障，输入继电器 X002（电动机 M 保护）动合触点闭合，③→④号线断开，输出继电器 Y000“失电”，断开外部接触器 KM 线圈，电动机 M 停止运行。

第 2 例 使用置位、复位指令实现电动机的连续运行控制电路

一、继电器—接触器控制原理图

电动机的连续运行控制电路如图 2-1 所示。

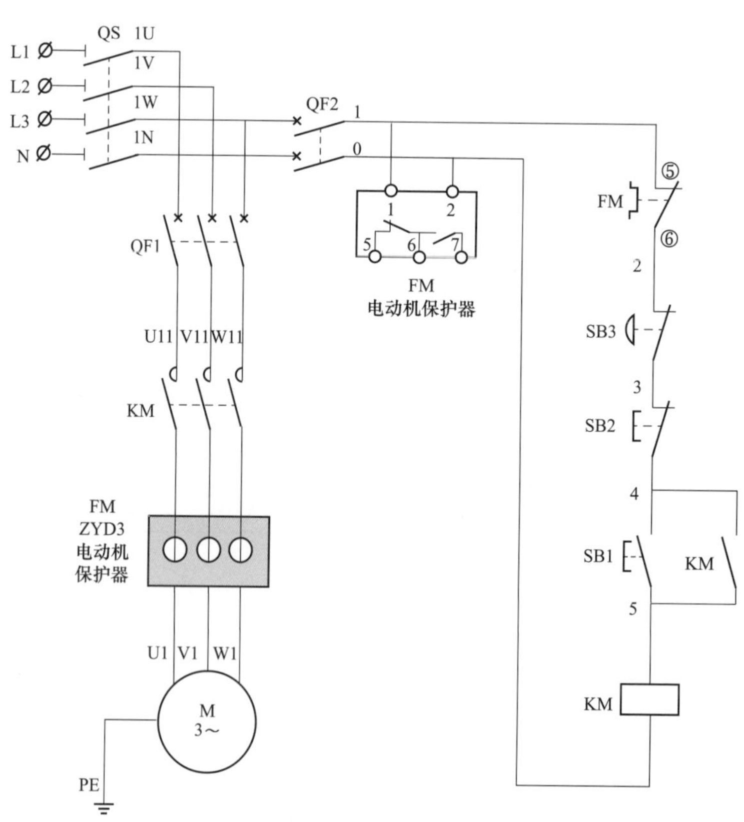

图 2-1 电动机的连续运行控制电路

1. PLC 程序设计要求

（1）按下外部启动按钮 SB1，电动机 M 启动运行。

（2）按下外部停止按钮 SB2，电动机 M 停止运行。

（3）在任意时间段按下外部急停按钮 SB3，电动机 M 停止运行。

（4）当电动机发生过载等故障时，电动机保护器 FM 动作，电动机停止运行。

（5）PLC 控制电路接线图中停止按钮 SB2、电动机保护器 FM 辅助触点均使用动合触点，急停按钮 SB3 使用动断触点。

（6）电动机保护器 FM 工作电源由外部控制电路电源直接供电。

（7）根据上面的控制要求列出输入、输出分配表。

（8）根据控制要求，用 PLC 置位、复位指令设计梯形图程序。

（9）根据控制要求写出语句表。

（10）根据控制要求绘制 PLC 控制电路接线图。

2. 输入/输出设备及 I/O 元件配置分配表

输入/输出设备及 I/O 元件配置分配见表 2-1。

表 2-1　　输入/输出设备及 I/O 元件配置分配表

输入设备		PLC 输入继电器	输出设备		PLC 输出继电器
代号	功能		代号	功能	
SB1	启动按钮	X000	KM	电动机接触器	Y000
SB2	停止按钮	X001			
SB3	急停按钮	X002			
FM	电动机保护器	X003			

二、程序及电路设计

1. PLC 梯形图

PLC 梯形图如图 2-2 所示。

图 2-2　使用置位、复位指令实现电动机的连续运行控制电路 PLC 梯形图

2. PLC 指令语句表

PLC 指令语句见表 2-2。

表 2-2　　PLC 指令语句表

步号	指令	I/O（软元件）	步号	指令	I/O（软元件）
0	LD	X000	4	OR	X003
1	SET	Y000	5	RST	Y000
2	LD	X001	6	END	
3	ORI	X002			

3. PLC 接线详图

PLC 接线图如图 2-3 所示。

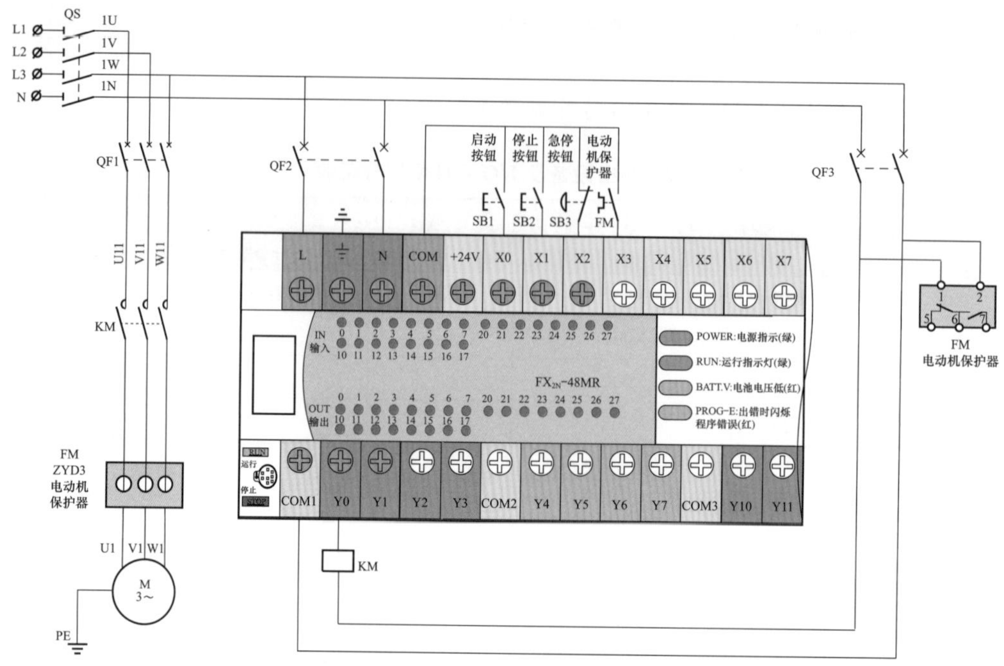

图 2-3　使用置位、复位指令实现电动机的连续运行控制电路 PLC 接线图

三、梯形图动作详解

1. 启动过程

按下启动按钮 SB1（X000），回路经①→②→⓪号线闭合，输出继电器 Y000 置位，置位指令使输出继电器 Y000 持续“得电”，接通外部接触器 KM 线圈，电动机 M 连续运行。

2. 停止过程

按下停止按钮 SB2（X001），回路经①→③→⓪号线闭合，输出继电器 Y000 复位，复位指令使输出继电器 Y000 断开（即通过复位指令使程序恢复到置位指令之前的状态），外部接触器 KM 线圈失电，电动机 M 停止运行。

3. 急停过程

由于急停按钮 SB3 外部连接动断触点（外部接动断触点时，梯形图内部是开路），此时回路①→③号线是开路的，当按下急停按钮 SB3（X002）时，回路①→③号线闭合（外部断开，梯形图内部闭合），PLC 发出复位指令，输出继电器 Y000 复位，复位指令使输出继电器 Y000 断开，外部接触器 KM 线圈失电，电动机 M 停止运行。

4. 保护原理

当电路、电动机或控制回路发生短路、过载故障后，主回路 QF1、PLC 输入端控制电源 QF2 或 PLC 输出端控制回路电源 QF3 相应动作，切断主电路或控制回路。

电动机在运行中发生断相、过载、堵转、三相不平衡等故障，输入继电器 X003（电动机 M 保护）动合触点闭合，输出继电器 Y000 复位，外部接触器 KM 线圈失电，电动机 M 停止运行。

第 3 例　使用基本指令实现电动机点动与连续运行控制电路

一、继电器—接触器控制原理图

电动机点动与连续运行控制电路如图 3-1 所示。

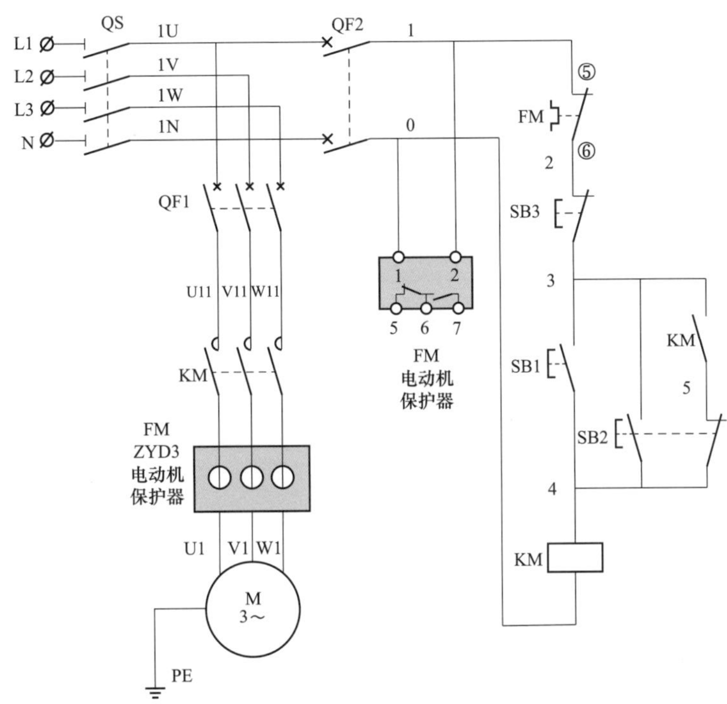

图 3-1　电动机点动与连续运行控制电路

1. PLC 程序设计要求

（1）按住外部点动按钮 SB2，电动机 M 点动运行。

（2）松开外部点动按钮 SB2，电动机 M 停止运行。

（3）按下外部启动按钮 SB1，电动机 M 连续运行。

（4）电动机连续运行时，按下点动按钮 SB2，电动机 M 点动运行。

（5）按下外部停止按钮 SB3，电动机 M 停止运行。

（6）当电动机发生过载等故障时，电动机保护器 FM 动作，电动机停止运行。

（7）PLC 控制电路接线图中停止按钮 SB3、电动机保护器 FM 辅助触点均使用动合触点。

（8）电动机保护器 FM 工作电源由外部控制电路电源直接供电。

（9）根据上面的控制要求列出输入、输出分配表。

（10）根据控制要求，用 PLC 基本指令设计梯形图程序。

（11）根据控制要求写出语句表。

（12）根据控制要求绘制 PLC 控制电路接线图。

2. 输入/输出设备及 I/O 元件配置分配表

输入/输出设备及 I/O 元件配置分配见表 3-1。

表 3-1　　输入/输出设备及 I/O 元件配置分配表

输入设备		PLC 输入继电器	输出设备		PLC 输出继电器
代号	功能		代号	功能	
SB1	启动按钮	X000	KM	电动机接触器	Y000
SB2	点动按钮	X001			
SB3	停止按钮	X002			
FM	电动机保护器	X003			

二、程序及电路设计

1. PLC 梯形图

PLC 梯形图如图 3-2 所示。

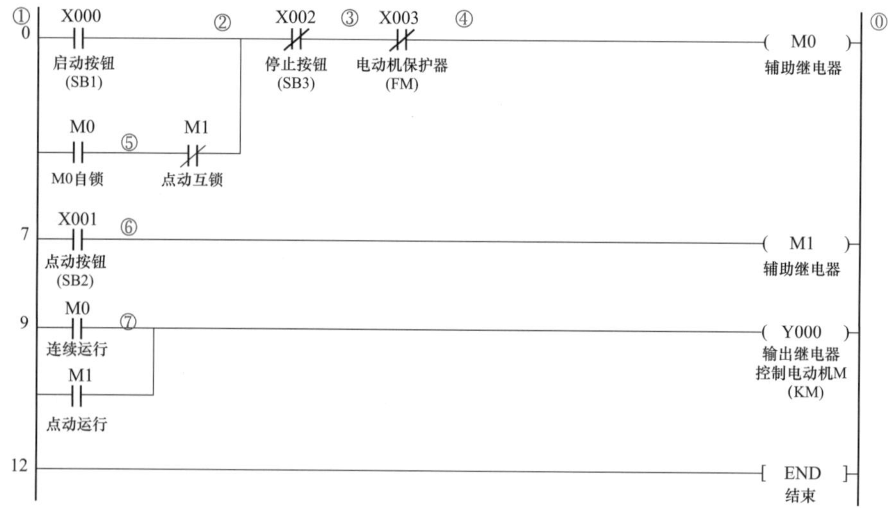

图 3-2　使用基本指令实现电动机点动与连续运行控制电路 PLC 梯形图

2. PLC 指令语句表

PLC 指令语句见表 3-2。

表 3-2　　PLC 指令语句表

步号	指令	I/O（软元件）	步号	指令	I/O（软元件）	步号	指令	I/O（软元件）
0	LD	X000	5	ANI	X003	10	OR	M1
1	LD	M0	6	OUT	M0	11	OUT	Y000
2	ANI	M1	7	LD	X001	12	END	
3	ORB		8	OUT	M1			
4	ANI	X002	9	LD	M0			

3. PLC 接线详图

PLC 接线图如图 3-3 所示。

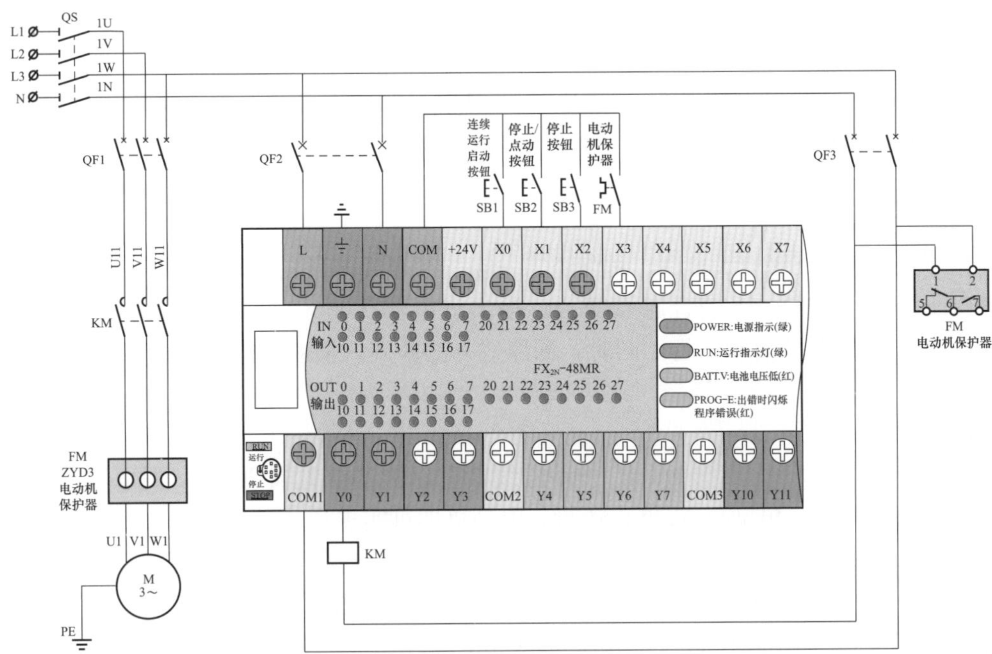

图 3-3　使用基本指令实现电动机点动与连续运行控制电路 PLC 接线图

三、梯形图动作详解

（一） 连续运行启动及停止过程

1. 启动过程

按下连续运行启动按钮 SB1（X000），回路经①→②→③→④→⓪号线闭合，辅助继电器 M0“得电”。①→⑦号线间的 M0 动合触点闭合，输出继电器 Y000“得电”，接通外部接触器 KM 线圈，电动机 M 启动运行。同时，①→⑤号线间的 M0 动合触点闭合实现自锁，使电动机 M 可以实现连续运行。

2. 停止过程

按下停止按钮 SB3（X002），回路②→③断开，辅助继电器 M0“失电”。①→⑦号线间的 M0 动合触点复位断开，输出继电器 Y000“失电”，外部接触器 KM 线圈失电，电动机 M 停止运行。同时，①→⑤号线间的 M0 动合触点复位，解除自锁。

3. 连续运行时转点动运行过程

（1）电动机连续运行时，按下点动按钮 SB2（X001）。

1）回路⑤→②点动按钮 SB2（X001）动断触点联锁断开，辅助继电器 M0 失去自锁功能，M0“失电”。同时，①→⑦号线间的 M0 动合触点复位断开。

2）回路经①→⑥→⓪号线闭合，辅助继电器 M1“得电”。回路①→⑦号线间的 M1 动合触点闭合，输出继电器 Y000 仍然“得电”，外部接触器 KM 线圈仍然得电，电动机 M 仍然运行。

（2）松开按钮 SB2（X001）。

1）回路⑤→②点动按钮 SB2（X001）动断触点复位闭合，为连续运行做好准备。

2）回路经①→⑥号线断开，辅助继电器 M1“失电”。回路①→⑦号线间的 M1 动合触点复位断开，输出继电器 Y000“失电”，外部接触器 KM 线圈失电，电动机 M 停止运行。

(3) 再次按下点动按钮 SB2 (X001)，重复以上的动作过程，即可实现由连续运行转点动运行的过程。

（二） 点动运行过程

1. 启动过程

按下点动按钮 SB2 (X001)，回路经①→⑥→⓪号线闭合，辅助继电器 M1“得电”。回路①→⑦号线间的 M1 动合触点闭合，输出继电器 Y000“得电”，接通外部接触器 KM 线圈，电动机 M 启动运行。同时，回路⑤→②断开，辅助继电器 M0 不能实现自锁功能。

2. 停止过程

松开点动按钮 SB2 (X001)，①→⑥号线断开，输出继电器 Y000“失电”，外部接触器 KM 线圈失电，电动机 M 停止运行。电动机即可实现点动运行。

（三） 保护原理

当电路、电动机或控制回路发生短路、过载故障后，主回路 QF1、PLC 输入端控制电源 QF2 或 PLC 输出端控制回路电源 QF3 相应动作，切断主电路或控制回路。

电动机在运行中发生断相、过载、堵转、三相不平衡等故障，输入继电器 X003（电动机 M 保护）动断触点断开，辅助继电器 M0“失电”，输出继电器 Y000“失电”，外部接触器 KM 线圈失电，电动机 M 停止运行。

第 4 例　使用辅助继电器、定时器实现电动机的延时启动控制电路

一、继电器—接触器控制原理图

电动机的延时启动控制电路如图 4-1 所示。

1. PLC 程序设计要求

(1) 按下启动按钮 SB1，辅助继电器接点启动定时器，延时 6s 后电动机 M 启动运行。

(2) 按下停止按钮 SB2，电动机 M 立即停止运行。

(3) 当电动机发生过载等故障时，电动机保护器 FM 动作，电动机停止运行。

(4) PLC 控制电路接线图中停止按钮 SB2、电动机保护器 FM 辅助触点均使用动合触点。

(5) 电动机保护器 FM 工作电源由外部控制电路电源直接供电。

(6) 根据上面的控制要求列出输入、输出分配表。

(7) 根据控制要求，用 PLC 基本指令设计梯形图程序。

(8) 根据控制要求写出语句表。

(9) 根据控制要求绘制 PLC 控制电路接线图。

2. 输入/输出设备及 I/O 元件配置分配

输入/输出设备及 I/O 元件配置分配见表 4-1。

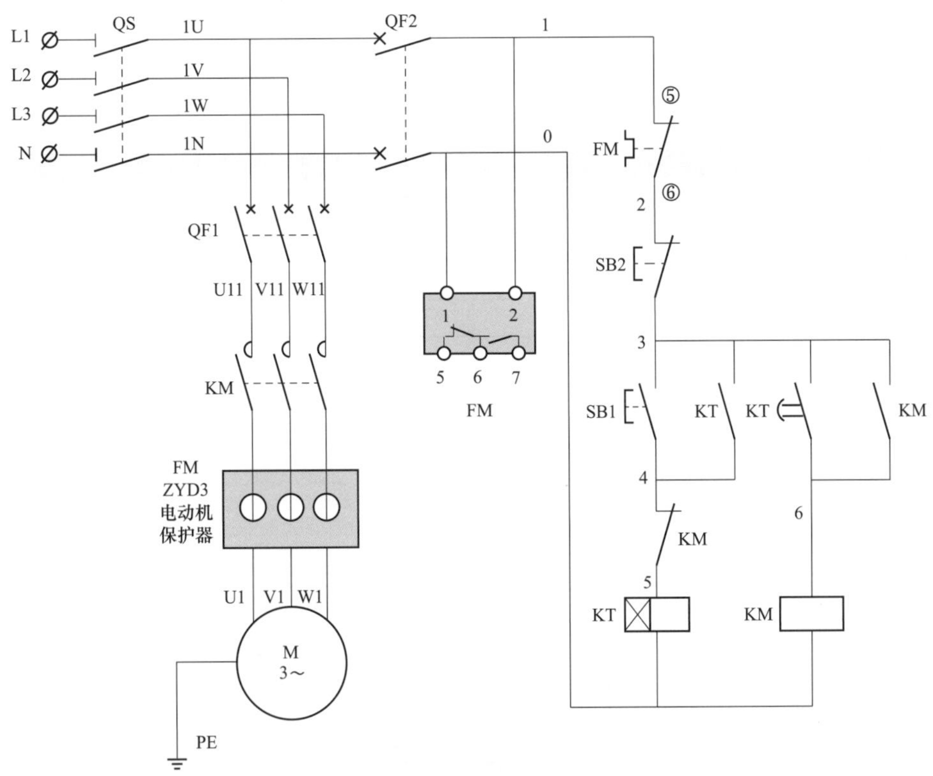

图 4-1　电动机的延时启动控制电路原理图

表 4-1　　输入/输出设备及 I/O 元件配置分配

输入设备		PLC 输入继电器	输出设备		PLC 输出继电器
代号	功能		代号	功能	
SB1	启动按钮	X000	KM	电动机接触器	Y000
SB2	停止按钮	X001			
FM	电动机保护器	X002			

二、程序及电路设计

1. PLC 梯形图

PLC 梯形图如图 4-2 所示。

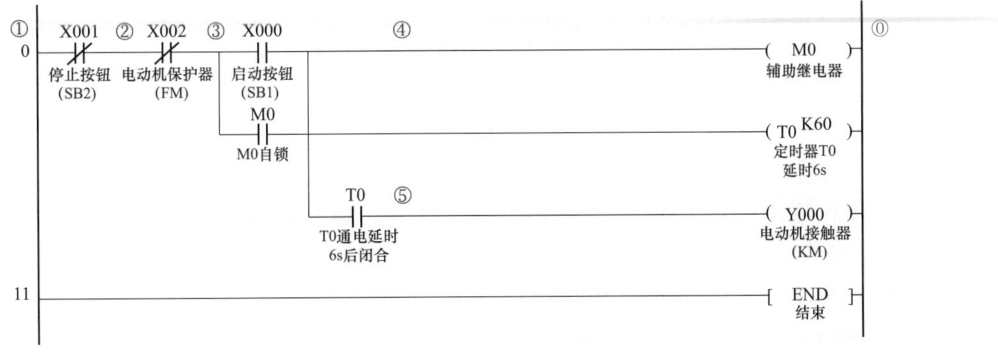

图 4-2　使用辅助继电器、定时器实现电动机的延时启动控制电路 PLC 梯形图

2. PLC 指令语句表

PLC 指令语句见表 4-2。

表 4-2　　　　　　　　　　　　PLC 指令语句表

步号	指令	I/O（软元件）	步号	指令	I/O（软元件）	步号	指令	I/O（软元件）	步号	指令	I/O（软元件）
0	LDI	X001	3	OR	M0	6	OUT	T0	10	OUT	Y000
1	ANI	X002	4	ANB				K60	11	END	
2	LD	X000	5	OUT	M0	9	AND	T0			

3. PLC 接线详图

PLC 接线图如图 4-3 所示。

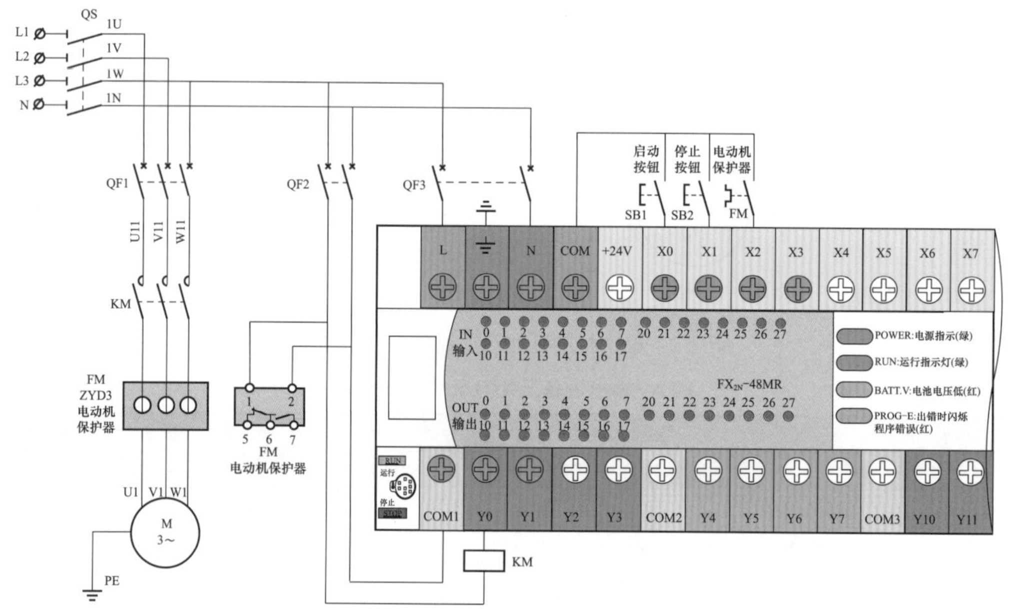

图 4-3　使用辅助继电器、定时器实现电动机的延时启动控制电路 PLC 接线图

三、梯形图动作详解

1. 延时启动过程

按下启动按钮 SB1（X000），回路经①→②→③→④→⓪号线闭合，辅助继电器 M0“得电”，③→④号线间 M0 动合触点闭合实现自锁。同时，定时器 T0“得电”，延时 6s 后，④→⑤号线间 T0 动合触点闭合，输出继电器 Y000“得电”，接通外部接触器 KM 线圈，电动机 M 运行。

2. 停止过程

按下停止按钮 SB2（X001），回路①→②断开，辅助继电器 M0“失电”，③→④号线间 M0 动合触点复位，解除自锁。同时，定时器 T0 和输出继电器 Y000 断开，外部接触器 KM 线圈失电，电动机 M 停止运行。

3. 保护原理动合

当电路、电动机或控制回路发生短路、过载故障后，主回路 QF1、PLC 输入端控制电源 QF3 或 PLC 输出端控制回路电源 QF2 相应动作，切断主电路或控制回路。

当电动机在运行中发生断相、过载、堵转、三相不平衡等故障，输入继电器 X002（电动机 M 保护）动断触点断开，输出继电器 Y000 回路断开，外部接触器 KM 线圈失电，电动机 M 停止运行。

第 5 例　使用辅助继电器、定时器实现电动机的延时停止控制电路

一、继电器—接触器控制原理图

电动机的延时停止控制电路如图 5-1 所示。

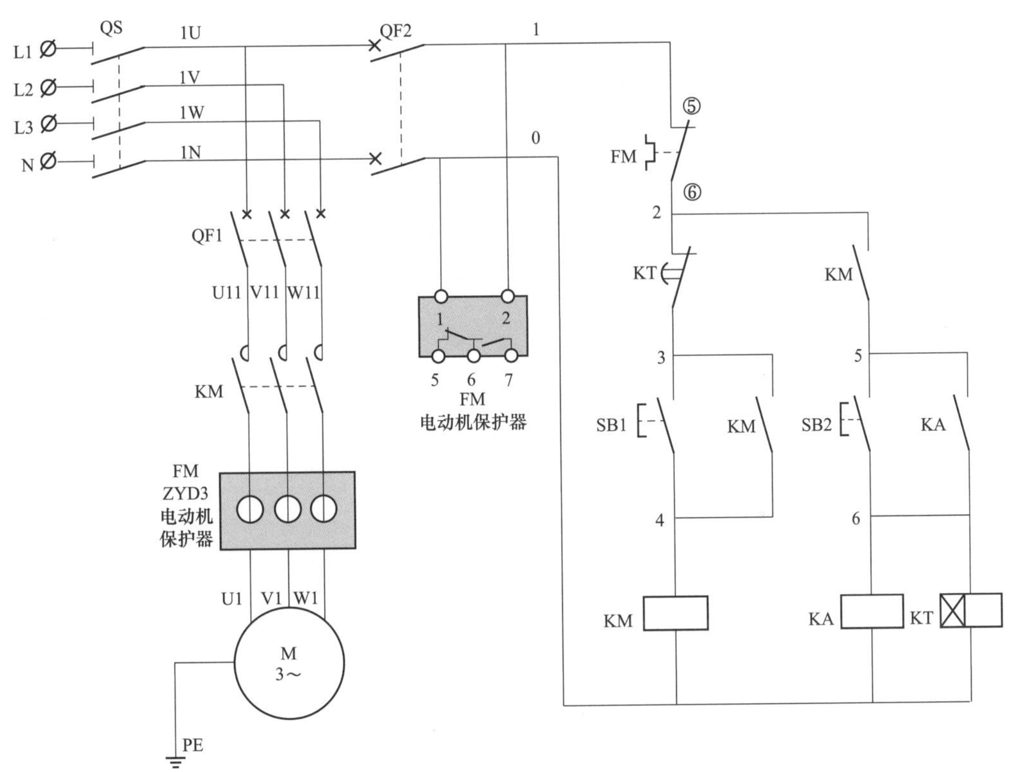

图 5-1　电动机的延时停止电路原理图

1. PLC 程序设计要求

（1）按下启动按钮 SB1，电动机 M 启动运行。

（2）按下停止按钮 SB2，辅助继电器接点启动定时器，5s 后电动机 M 停止运行。

（3）当电动机发生过载等故障时，电动机保护器 FM 动作，电动机停止运行。

（4）PLC 控制电路接线图中停止按钮 SB2、电动机保护器 FM 辅助触点均使用动合触点。

（5）电动机保护器 FM 工作电源由外部控制电路电源直接供电。

（6）根据上面的控制要求列出输入、输出分配表。

（7）根据控制要求，用 PLC 基本指令设计梯形图程序。

（8）根据控制要求写出语句表。

（9）根据控制要求绘制 PLC 控制电路接线图。

2. 输入/输出设备及 I/O 元件配置分配表

输入/输出设备及 I/O 元件配置分配见表 5-1。

表 5-1 输入/输出设备及 I/O 元件配置分配表

输入设备		PLC 输入继电器	输出设备		PLC 输出继电器
代号	功能		代号	功能	
SB1	启动按钮	X000	KM	电动机接触器	Y000
SB2	停止按钮	X001			
FM	电动机保护器	X002			

二、程序及电路设计

1. PLC 梯形图

梯形图如图 5-2 所示。

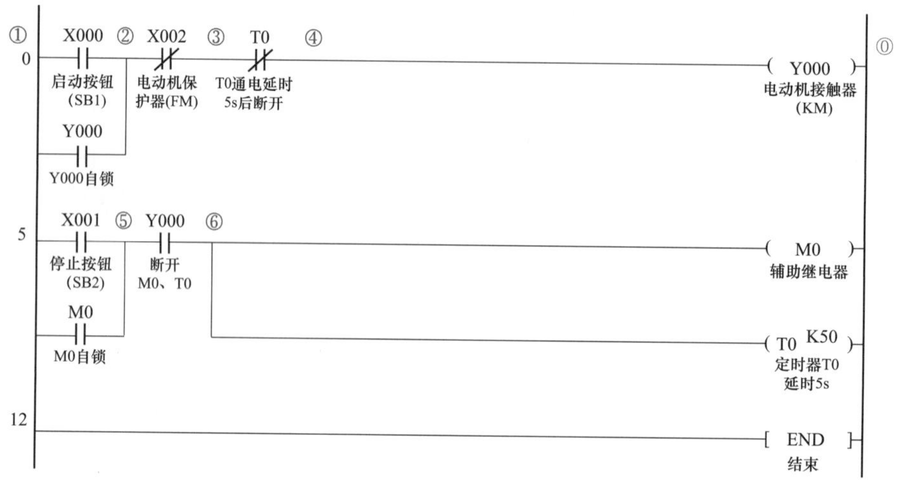

图 5-2 使用辅助继电器、定时器实现电动机的延时停止控制电路 PLC 梯形图

2. PLC 指令语句表

PLC 指令语句见表 5-2。

表 5-2 PLC 指令语句表

步号	指令	I/O（软元件）	步号	指令	I/O（软元件）	步号	指令	I/O（软元件）	步号	指令	I/O（软元件）
0	LD	X000	3	ANI	T0	6	OR	M0	9	OUT	T0
1	OR	Y000	4	OUT	Y000	7	AND	Y000			K50
2	ANI	X002	5	LD	X001	8	OUT	M0	12	END	

3. PLC 接线详图

PLC 接线图如图 5-3 所示。

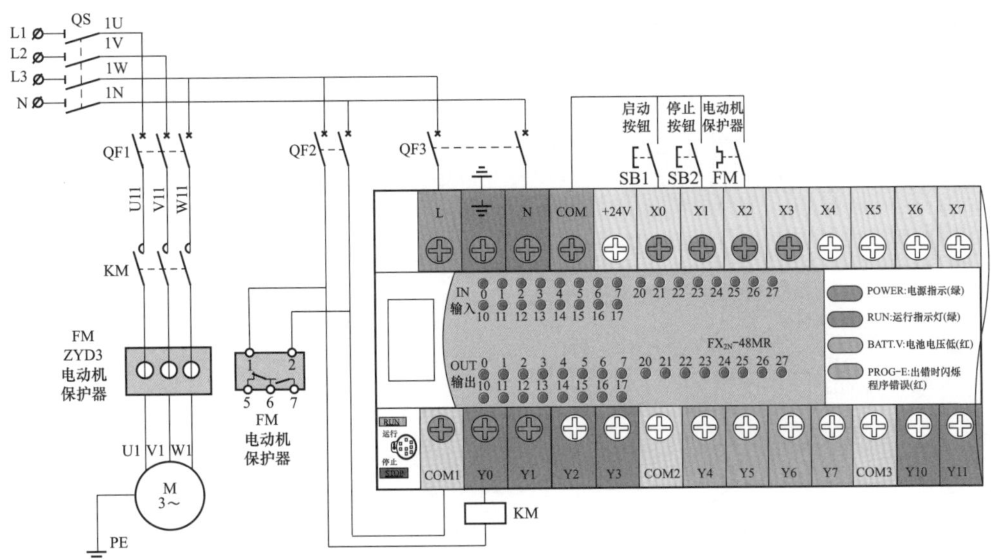

图 5-3　使用辅助继电器、定时器实现电动机的延时停止控制电路 PLC 接线图

三、梯形图动作详解

1. 启动过程

按下启动按钮 SB1（X000），回路经①→②→③→④→⓪号线闭合，输出继电器 Y000“得电”，接通外部接触器 KM 线圈，电动机 M 运行。同时，①→②号线间 Y000 动合触点闭合实现自锁，⑤→⑥号线间 Y000 动合触点闭合，为停止运行做好准备。

2. 停止过程

按下停止按钮 SB2（X001），回路经①→⑤→⑥→⓪号线闭合，辅助继电器 M0“得电”。①→⑤号线间 M0 动合触点闭合实现自锁。同时，定时器 T0“得电”，延时 5s 后，③→④号线间 T0 动断触点断开，输出继电器 Y000 断开，外部接触器 KM 线圈失电，电动机 M 停止运行。

此时⑤→⑥号线间 Y000 动合触点断开，M0、T0“失电”，M0 解除自锁，T0 恢复原始状态。

3. 保护原理

当电路、电动机或控制回路发生短路、过载故障后，主回路 QF1、PLC 输入端控制电源 QF3 或 PLC 输出端控制回路电源 QF2 相应动作，切断主电路或控制回路。

当电动机在运行中发生断相、过载、堵转、三相不平衡等故障，输入继电器 X002（电动机 M 保护）动断触点断开，输出继电器 Y000 断开，外部接触器 KM 线圈失电，电动机停止运行。

第 6 例　使用基本指令实现带有运行指示的电动机点动与连续运行控制电路

一、继电器—接触器控制原理图

电动机点动与连续运行控制电路如图 6-1 所示。

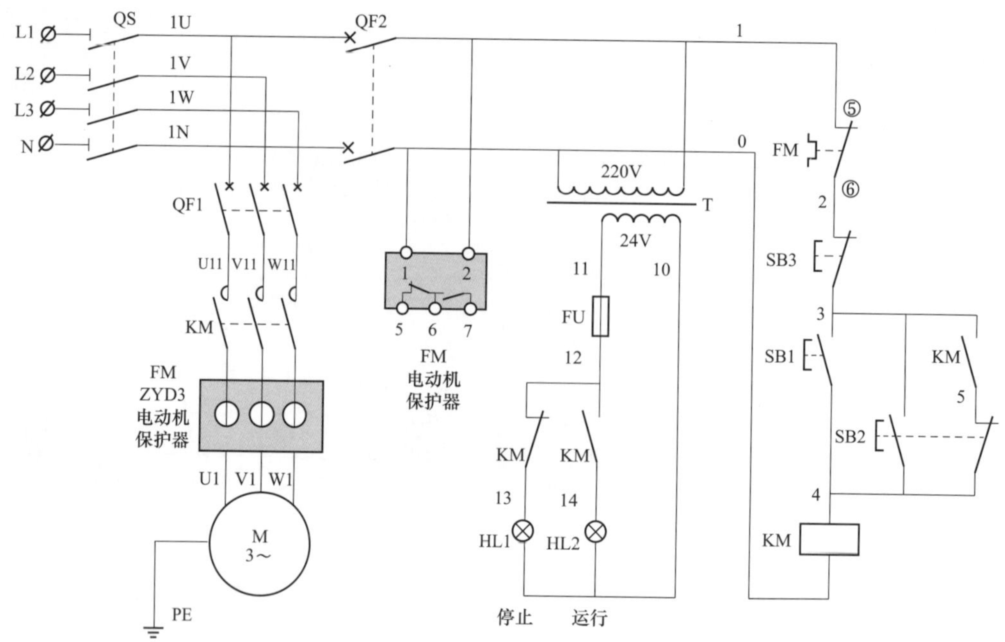

图 6-1 电动机点动与连续运行控制电路原理图

1. PLC 程序设计要求

（1）按下启动按钮 SB1，电动机连续运行。

（2）按下停止按钮 SB3，电动机停止运行。

（3）按下点动运行按钮 SB2，电动机点动运行。

（4）电动机停止时，HL1 指示灯亮，电动机运行时，HL2 指示灯亮。

（5）当电动机发生过载等故障时，电动机保护器 FM 动作，电动机停止运行。

（6）PLC 控制电路接线图中停止按钮 SB3、电动机保护器 FM 辅助触点均使用动合触点。

（7）电动机保护器 FM 工作电源由外部控制电路电源直接供电。

（8）根据上面的控制要求列出输入、输出分配表。

（9）根据控制要求，用 PLC 基本指令设计梯形图程序。

（10）根据控制要求写出语句表。

（11）根据控制要求绘制 PLC 控制电路接线图。

2. 输入/输出设备及 I/O 元件配置分配表

输入/输出设备及 I/O 配置分配见表 6-1。

表 6-1　　输入/输出设备及 I/O 配置分配表

输入设备		PLC 输入继电器	输出设备		PLC 输出继电器
代号	功能		代号	功能	
SB1	启动按钮	X000	KM	电动机接触器	Y000
SB2	点动按钮	X001	HL1	停止指示灯	Y004

续表

输入设备		PLC 输入继电器	输出设备		PLC 输出继电器
代号	功能		代号	功能	
SB3	停止按钮	X002	HL2	运行指示灯	Y005
FM	电动机保护器	X003			

二、程序及电路设计

1. PLC 梯形图

梯形图如图 6-2 所示。

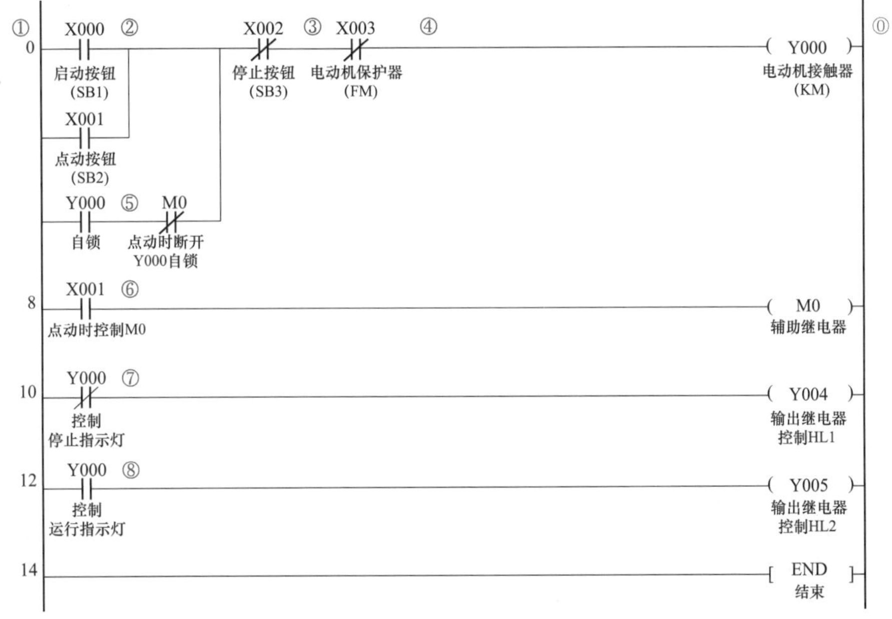

图 6-2　使用基本指令实现带有运行指示的电动机点动与连续运行控制电路 PLC 梯形图

2. PLC 指令语句表

PLC 指令语句见表 6-2。

表 6-2　　　　PLC 指令语句表

步号	指令	I/O（软元件）	步号	指令	I/O（软元件）	步号	指令	I/O（软元件）	步号	指令	I/O（软元件）
0	LD	X000	4	ORB		8	LD	X001	12	LD	Y000
1	OR	X001	5	ANI	X002	9	OUT	M0	13	OUT	Y005
2	LD	Y000	6	ANI	X003	10	LDI	Y000	14	END	
3	ANI	M0	7	OUT	Y000	11	OUT	Y004			

3. PLC 接线详图

PLC 接线图如图 6-3 所示。

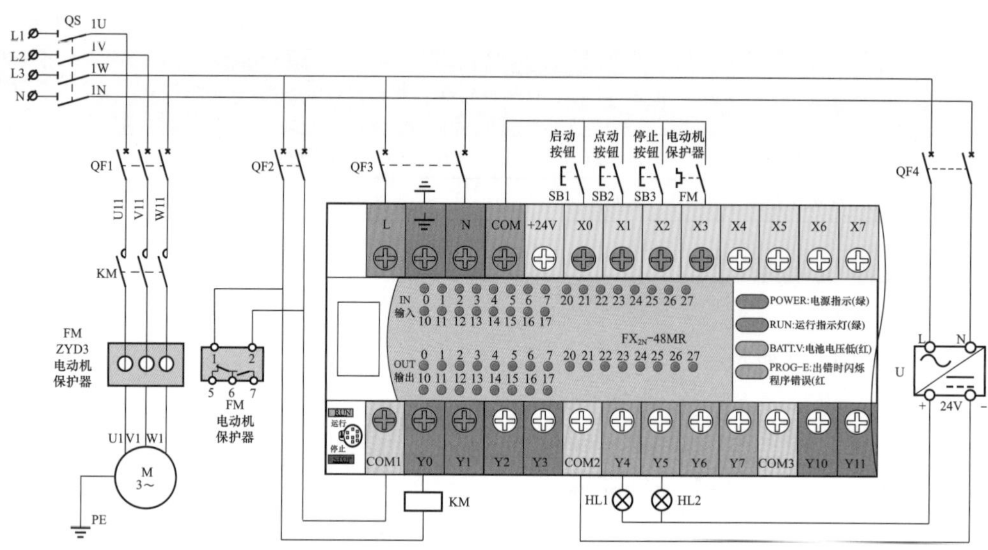

图 6-3　使用基本指令实现带有运行指示的电动机点动与连续运行控制电路 PLC 接线图

三、梯形图动作详解

1. 连续运行过程

（1）启动过程。

按下启动按钮 SB1（X000），回路经①→②→③→④→⓪号线闭合，输出继电器 Y000“得电”，接通外部接触器 KM 线圈，电动机 M 启动运行。①→⑤号线间 Y000 动合触点闭合实现自锁，此时松开启动按钮 SB1（X000），由于 Y000 的自锁，电动机 M 实现连续运行。

同时，①→⑦号线间 Y000 动断触点断开，输出继电器 Y004“失电”，停止指示灯 HL1 熄灭。①→⑧号线间 Y000 动合触点闭合，输出继电器 Y005“得电”，运行指示灯 HL2 亮。

（2）停止过程。按下停止按钮 SB3（X002），回路②→③断开，输出继电器 Y000 断开，外部接触器 KM 线圈失电，电动机 M 停止运行。①→⑤号线间 Y000 动合触点断开解除自锁。

同时，①→⑦号线间 Y000 动断触点闭合，输出继电器 Y004“得电”，停止指示灯 HL1 亮。①→⑧号线间 Y000 动合触点断开，输出继电器 Y005“失电”，运行指示灯 HL2 熄灭。

2. 点动过程

（1）启动过程。按下点动按钮 SB2（X001），回路经①→②→③→④→⓪号线闭合，输出继电器 Y000“得电”，接通外部接触器 KM 线圈，电动机 M 启动运行。同时，回路经①→⑥→⓪号线闭合，辅助继电器 M0“得电”，②→⑤号线间 M0 动断触点断开，阻止 Y000 形成自锁。①→⑦号线间 Y000 动断触点断开，停止指示灯 HL1 熄灭。①→⑧号线间 Y000 动合触点闭合，运行指示灯 HL2 亮。

（2）停止过程。松开 SB2（X001），输出继电器 Y000 断开，外部接触器 KM 线圈失电，电动机 M 停止运行。同时，①→⑥号线间 X001 动合触点断开，辅助继电器 M0

“失电”，②→⑤号线间 M0 动断触点恢复闭合状态。①→⑦号线间 Y000 动断触点闭合，停止指示灯 HL1 亮。①→⑧号线间 Y000 动合触点断开，运行指示灯 HL2 熄灭。

3. 保护原理

当电路、电动机及控制回路发生短路、过载故障后，主回路 QF1、PLC 输入端控制电源 QF3、PLC 输出端控制回路电源 QF2 或 QF4 相应动作，切断主电路或控制回路。

当电动机在运行中发生断相、过载、堵转、三相不平衡等故障，输入继电器 X003（电动机 M 保护）动断触点断开，输出继电器 Y000 断开，外部接触器 KM 线圈失电，电动机 M 停止运行。运行指示灯 HL2 熄灭，停止指示灯 HL1 亮。

第 7 例　使用定时器、ALTP 指令实现电动机的间歇运行控制电路

一、继电器—接触器控制原理图

电动机的间歇运行电路如图 7-1 所示。

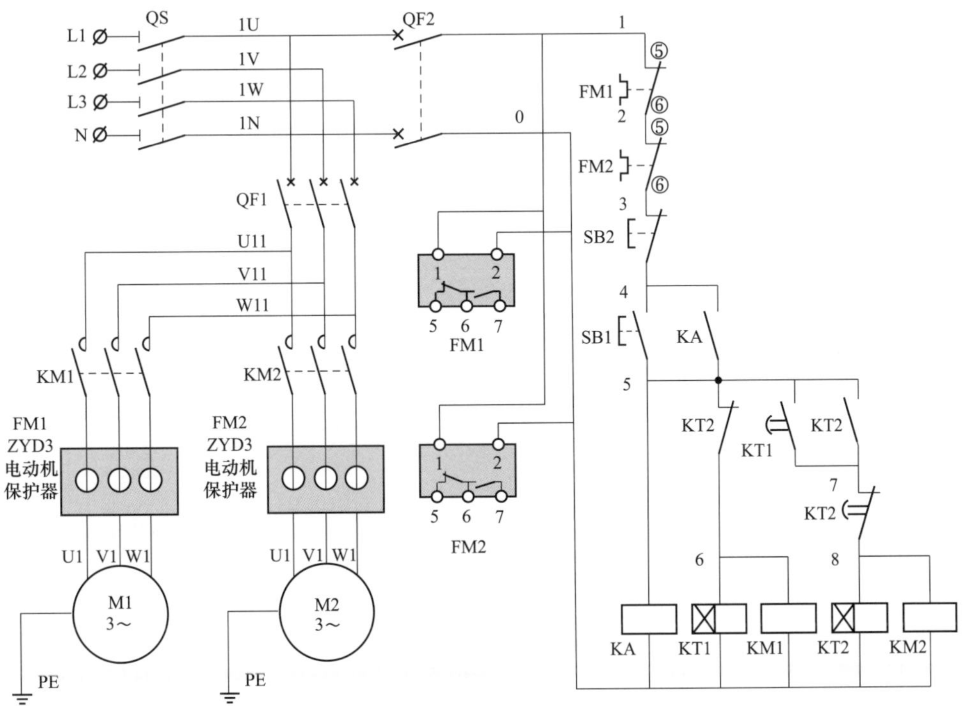

图 7-1　电动机的间歇运行电路原理图

1. PLC 程序设计要求

（1）按下启动按钮 SB1，电动机 M1 运行，6s 后 M1 停止，电动机 M2 运行，6s 后 M2 停止，电动机 M1 再次运行，两台电动机循环间歇运行。

（2）在任意时间按下停止按钮 SB2，两台电动机间歇运行过程停止。

（3）当电动机发生过载等故障时，电动机保护器 FM1、FM2 动作，电动机停止运行。

（4）PLC控制电路接线图中停止按钮SB2、电动机保护器FM1、FM2辅助触点均使用动合触点。

（5）电动机保护器FM1、FM2工作电源由外部控制电路电源直接供电。

（6）根据上面的控制要求列出输入、输出分配表。

（7）根据控制要求，用PLC定时器和交替指令设计梯形图程序。

（8）根据控制要求写出语句表。

（9）根据控制要求绘制PLC控制电路接线图。

2. 输入/输出设备及I/O元件配置分配表

输入/输出设备及I/O配置分配见表7-1。

表7-1　　输入/输出设备及I/O元件配置分配表

输入设备		PLC输入继电器	输出设备		PLC输出继电器
代号	功能		代号	功能	
SB1	启动按钮	X000	KM1	电动机M1接触器	Y000
SB2	停止按钮	X001	KM2	电动机M2接触器	Y001
FM1	电动机保护器	X002			
FM2	电动机保护器	X003			

二、程序及电路设计

1. PLC梯形图

PLC梯形图如图7-2所示。

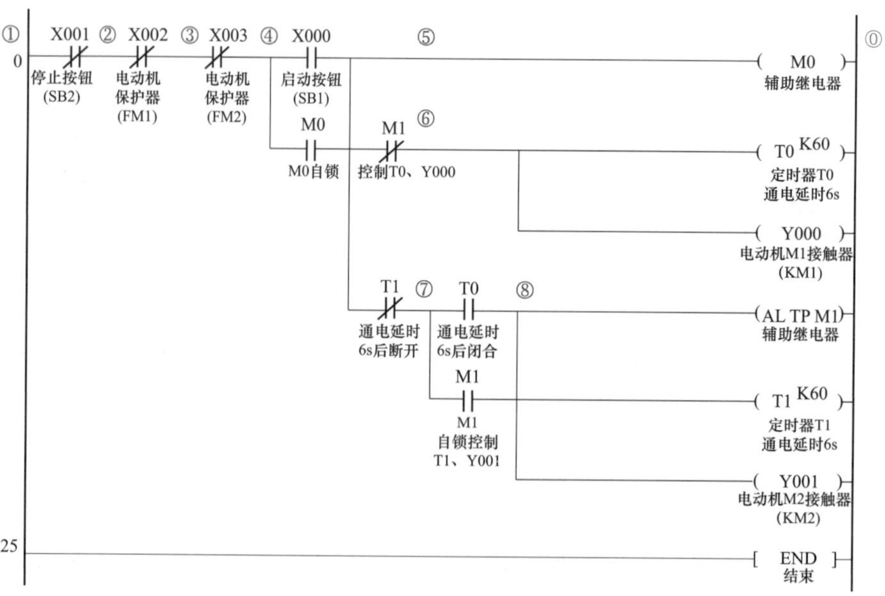

图7-2　使用定时器、ALTP指令实现电动机的间歇运行控制电路PLC梯形图

2. PLC指令语句表

PLC指令语句见表7-2。

表 7-2　　　　　　　　　　　　PLC 指令语句表

步号	指令	I/O（软元件）	步号	指令	I/O（软元件）	步号	指令	I/O（软元件）	步号	指令	I/O（软元件）
0	LDI	X001	6	OUT	M0	13	MPP		21	OUT	T1
1	ANI	X002	7	MPS		14	ANI	T1			K60
2	ANI	X003	8	ANI	M1	15	LD	T0	24	OUT	Y001
3	LD	X000	9	OUT	T0	16	OR	M1	25	END	
4	OR	M0			K60	17	ANB				
5	ANB		12	OUT	Y000	18	ALTP	M1			

3. PLC 接线详图

PLC 接线图如图 7-3 所示。

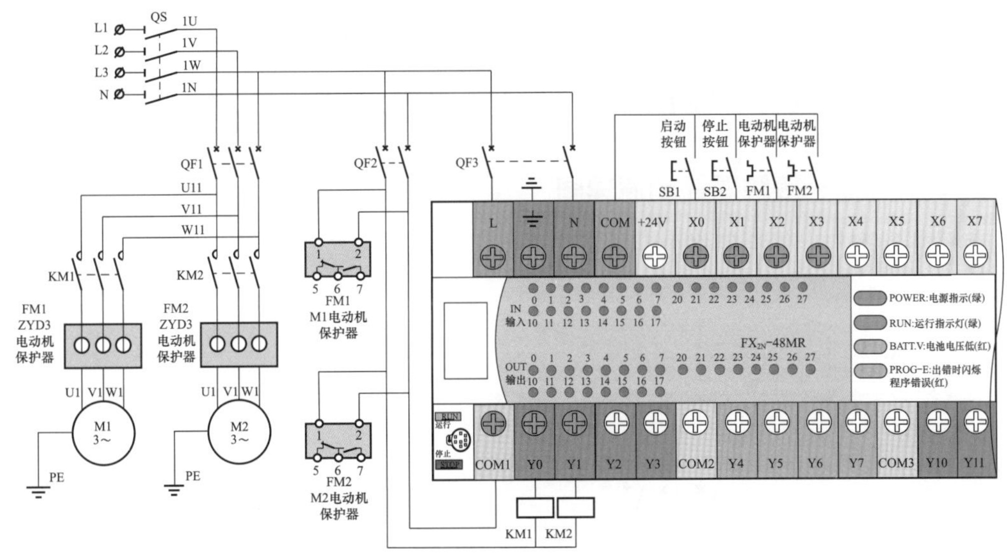

图 7-3　使用定时器、ALTP 指令实现电动机的间歇运行控制电路 PLC 接线图

三、梯形图动作详解

1. 启动过程

按下启动按钮 SB1（X000），回路经①→②→③→④→⑤→⓪号线闭合，辅助继电器 M0“得电”，④→⑤号线间 M0 动合触点闭合实现自锁。同时，定时器 T0 和输出继电器 Y000“得电”。接通外部接触器 KM1 线圈，电动机 M1 运行。定时器 T0 延时 6s 后，⑦→⑧号线间 T0 动合触点闭合，辅助继电器 M1“得电”。

（1）⑤→⑥号线间 M1 动断触点断开，定时器 T0 和输出继电器 Y000 断开，外部接触器 KM1 线圈失电，电动机 M1 停止运行。

（2）⑦→⑧号线间 M1 动合触点闭合实现自锁。回路经①→②→③→④→⑤→⑦→⑧→⓪号线闭合。定时器 T1 和输出继电器 Y001“得电”，接通外部接触器 KM2 线圈，电动机 M2 运行。定时器 T1 延时 6s 后，⑤→⑦号线间 T1 动断触点断开，辅助继电器 M1、Y001 和定时器 T1 断开，外部接触器 KM2 线圈失电，电动机 M2 停止运行。

同时，⑤→⑥号线间 M1 动断触点复位闭合，再次使定时器 T0 和输出继电器 Y000 “得电”，接通外部接触器 KM1 线圈，电动机 M1 运行，实现了两台设备的自动间歇运行。

2. 停止过程

按下停止按钮 SB2（X001），回路①→②断开，辅助继电器 M0 “失电”，输出继电器 Y000 或 Y001 断开，外部接触器 KM1 或 KM2 线圈失电，电动机 M1 或 M2 停止运行。

3. 保护原理

当电路、电动机或控制回路发生短路、过载故障后，主回路 QF1、PLC 输入端控制电源 QF3 或 PLC 输出端控制回路电源 QF2 相应动作，切断主电路或控制回路。

当第一台电动机或第二台电动机在运行中发生电动机断相、过载、堵转、三相不平衡等故障，输入继电器 X002 或 X003（电动机 M1 或 M2 保护）动断触点断开，辅助继电器 M0 “失电”，输出继电器 Y000 或 Y001 回路断开，外部接触器 KM1 或 KM2 线圈失电，电动机 M1 或 M2 停止运行。

第 8 例　使用置位、复位指令实现电动机点动与连续运行控制电路

一、继电器—接触器控制原理图

电动机点动与连续运行控制电路如图 8-1 所示。

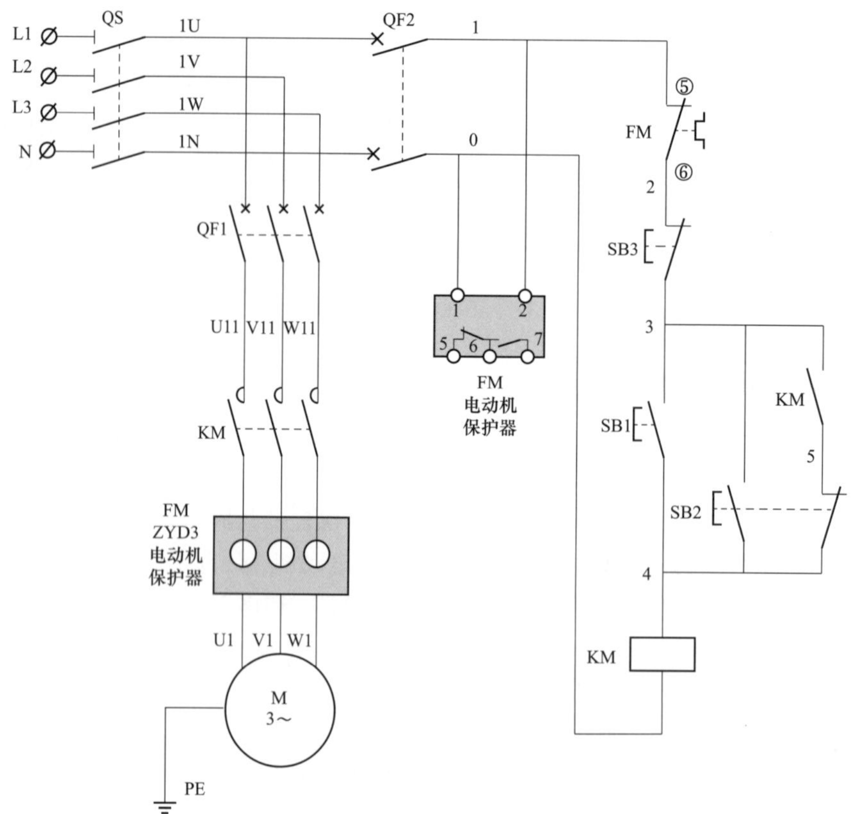

图 8-1　电动机点动与连续运行控制电路原理图

1. PLC 程序设计要求

（1）按下连续运行启动按钮 SB1，电动机 M 启动并连续运行。

（2）按下停止按钮 SB3，电动机 M 停止运行。

（3）按住点动按钮 SB2，电动机 M 启动运行，松开点动按钮后电动机停止运行。

（4）当电动机发生过载等故障时，电动机保护器 FM 动作，电动机停止运行。

（5）PLC 控制电路接线图中停止按钮 SB3、电动机保护器 FM 辅助触点均使用动合触点。

（6）电动机保护器 FM 工作电源由外部控制电路电源直接供电。

（7）根据上面的控制要求列出输入、输出分配表。

（8）根据控制要求，用 PLC 置位、复位指令设计梯形图程序。

（9）根据控制要求写出语句表。

（10）根据控制要求绘制 PLC 控制电路接线图。

2. 输入/输出设备及 I/O 元件配置分配表

输入/输出设备及 I/O 元件配置分配见表 8-1。

表 8-1　　输入/输出设备及 I/O 元件配置分配表

输入设备		PLC 输入继电器	输出设备		PLC 输出继电器
代号	功能		代号	功能	
SB1	连续运行启动按钮	X000	KM	电动机接触器	Y000
SB2	点动按钮	X001			
SB3	停止按钮	X002			
FM	电动机保护器	X003			

二、程序及电路设计

1. PLC 梯形图

PLC 梯形图如图 8-2 所示。

图 8-2　使用置位、复位指令实现电动机点动与连续运行控制电路 PLC 梯形图（一）

图 8-2 使用置位、复位指令实现电动机点动与连续运行控制电路 PLC 梯形图（二）

2. PLC 指令语句表

PLC 指令语句见表 8-2。

表 8-2 PLC 指令语句表

步号	指令	I/O（软元件）	步号	指令	I/O（软元件）	步号	指令	I/O（软元件）	步号	指令	I/O（软元件）
0	LD	X000	4	OR	M1	8	OR	M0	12	ANI	X001
1	OR	M0	5	OR	X003	9	ANI	M1	13	OUT	M1
2	SET	Y000	6	RST	Y000	10	OUT	M0	14	END	
3	LD	X002	7	LD	X001	11	LD	M0			

3. PLC 接线详图

PLC 接线图如图 8-3 所示。

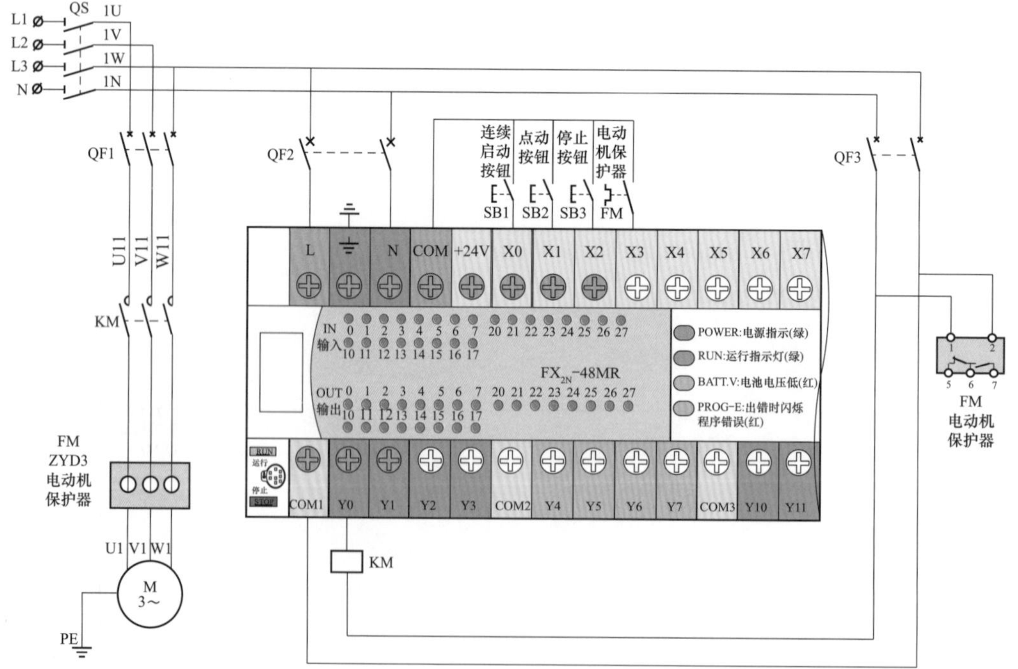

图 8-3 使用置位、复位指令实现电动机点动与连续运行控制电路 PLC 接线图

三、梯形图动作详解

1. 连续运行启动及停止过程

（1）启动过程。按下连续运行启动按钮 SB1（X000），回路经①→②→⓪号线闭合，输出继电器 Y000 执行 SET（置位）指令“得电”，接通外部接触器 KM 线圈，电动机 M 启动运行。此时即使松开 SB1（X000），输出继电器 Y000 仍然“得电”，电动机 M 实现连续运行。

（2）停止过程。按下停止按钮 SB3（X002），回路经①→③→⓪号线闭合，输出继电器 Y000 执行 RST（复位）指令断开，外部接触器 KM 线圈失电，电动机 M 停止运行。

2. 点动启动及停止过程

（1）启动过程，按下点动按钮 SB2（X001）。①→④号线间 SB2（X001）动合触点闭合，回路经①→④→⑤→⓪号线闭合，辅助继电器 M0“得电”。①→②号线间的 M0 动合触点闭合，输出继电器 Y000 执行 SET（置位）指令“得电”，接通外部接触器 KM 线圈，电动机 M 启动运行。①→④、①→⑥号线间的 M0 动合触点闭合，为点动停止做好准备。

（2）停止过程，松开点动按钮 SB2（X001）。⑥→⑦号线间 SB2（X001）动断触点闭合，回路经①→⑥→⑦→⓪号线闭合，辅助继电器 M1“得电”。①→③号线间 M1 动合触点闭合，输出继电器 Y000 执行 RST（复位）指令断开，外部接触器 KM 线圈失电，电动机 M 停止运行。同时，④→⑤号线间 M1 动断触点断开，辅助继电器 M0“失电”，为下一步操作做好准备。

3. 保护原理

当电路、电动机或控制回路发生短路、过载故障后，主回路 QF1、PLC 输入端控制电源 QF3 或 PLC 输出端控制回路电源 QF2 相应动作，切断主电路或控制回路。

电动机在运行中发生电动机断相、过载、堵转、三相不平衡等故障，输入继电器 X003（电动机 M 保护）动合触点闭合，回路经①→③→⓪号线闭合，输出继电器 Y000 执行 RST（复位）指令断开，外部接触器 KM 线圈失电，电动机 M 停止运行。

第 9 例　使用上升沿指令实现单按钮控制电路

一、继电器—接触器控制原理图

单按钮控制电路如图 9-1 所示。

1. PLC 程序设计要求

（1）按下外部按钮 SB 电动机 M 启动，再次按下按钮 SB 电动机 M 停止运行。

（2）当电动机发生过载等故障时，电动机保护器 FM 动作，电动机停止运行。

（3）PLC 控制电路接线图中按钮 SB、电动机保护器 FM 辅助触点均使用动合触点。

（4）电动机保护器 FM 工作电源由外部控制电路电源直接供电。

（5）根据上面的控制要求列出输入、输出分配表。

（6）根据控制要求，用 PLC 基本指令和上升沿指令设计梯形图程序。

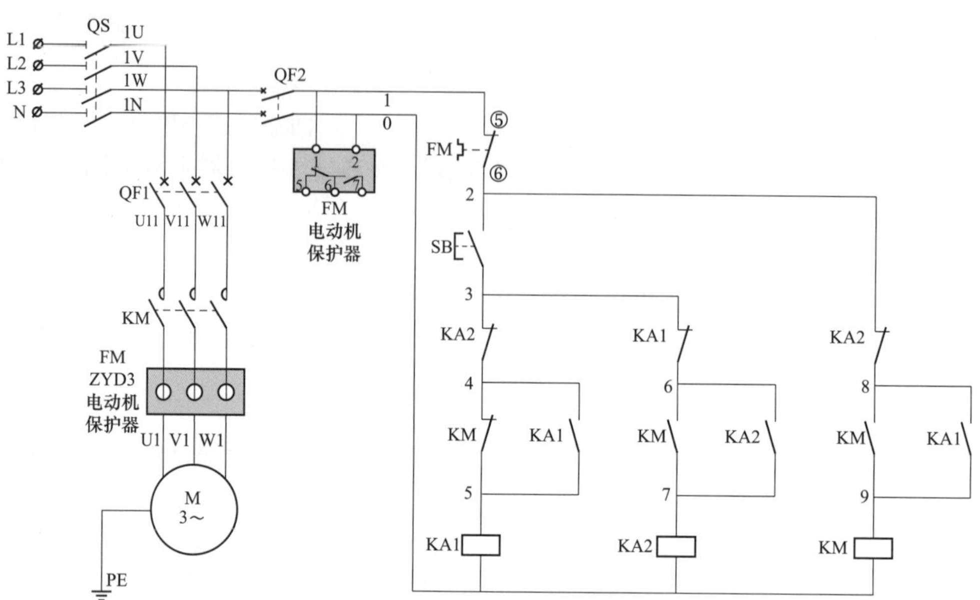

图 9-1　单按钮控制电路原理图

（7）根据控制要求写出语句表。

（8）根据控制要求绘制 PLC 控制电路接线图。

2. 输入/输出设备及 I/O 元件配置分配表

输入/输出设备及 I/O 元件配置分配见表 9-1。

表 9-1　　输入/输出设备及 I/O 元件配置分配表

输入设备		PLC 输入继电器	输出设备		PLC 输出继电器
代号	功能		代号	功能	
SB	按钮	X000	KM	电动机接触器	Y000
FM	电动机保护器	X001			

二、程序及电路设计

1. PLC 梯形图

PLC 梯形图如图 9-2 所示。

图 9-2　使用上升沿指令实现单按钮控制电路 PLC 梯形图（一）

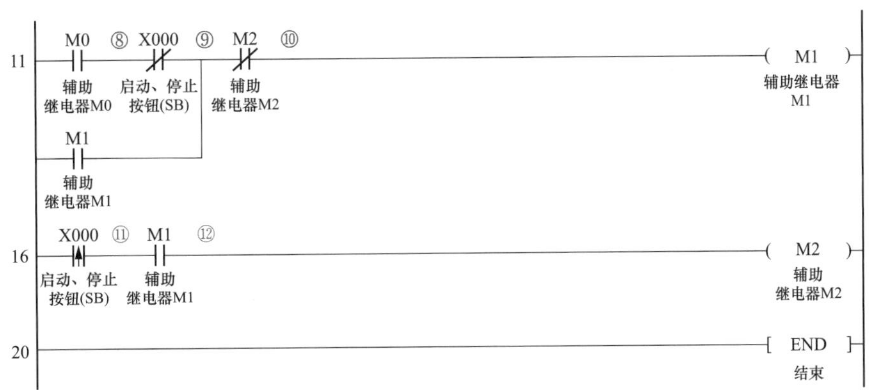

图 9-2　使用上升沿指令实现单按钮控制电路 PLC 梯形图（二）

2. PLC 指令语句表

PLC 指令语句见表 9-2。

表 9-2　　**PLC 指令语句表**

步号	指令	I/O（软元件）	步号	指令	I/O（软元件）	步号	指令	I/O（软元件）	步号	指令	I/O（软元件）
0	LDP	X000	6	LD	M0	11	LD	M0	16	LDP	X000
2	OR	M0	7	OR	Y000	12	ANI	X000	18	AND	M1
3	ANI	X001	8	ANI	X001	13	OR	M1	19	OUT	M2
4	ANI	M2	9	ANI	M2	14	ANI	M2	20	END	
5	OUT	M0	10	OUT	Y000	15	OUT	M1			

3. PLC 接线详图

PLC 接线图如图 9-3 所示。

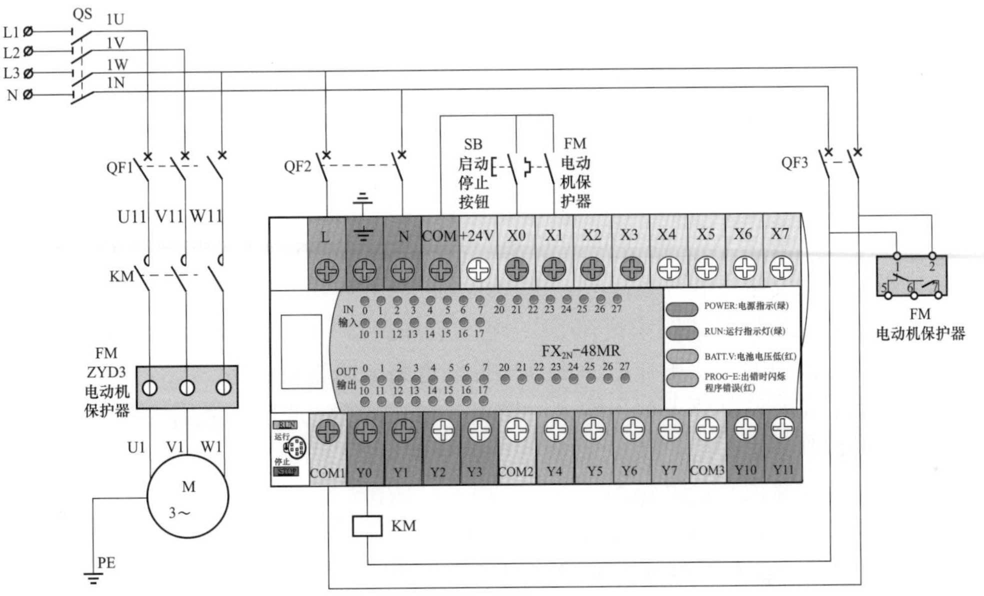

图 9-3　使用上升沿指令实现单按钮控制电路 PLC 接线图

三、梯形图动作详解

1. 启动过程

第一次按下（启动/停止）按钮 SB（X000），回路经①→②→③→④→⓪号线闭合，辅助继电器 M0“得电”，X000 的脉冲上升沿使 M0 只接通一个扫描周期。①→⑤号线 M0 动合触点闭合，输出继电器 Y000“得电”，接通外部交流接触器 KM 线圈，电动机 M 启动运行。

同时，①→②号线 M0 动合触点闭合，实现自锁。①→⑧号线 M0 动合触点闭合，当松开（启动/停止）按钮 SB（X000）时，⑧→⑨号线 X000 复位闭合，辅助继电器 M1“得电”。①→⑨号线 M1 动合触点闭合，实现自锁；⑪→⑫号线 M1 动合触点闭合，为电动机 M 停止运行做好准备。

2. 停止过程

第二次按下（启动/停止）按钮 SB（X000），回路经①→⑪→⑫→⓪号线闭合，辅助继电器 M2“得电”，X000 的脉冲上升沿使 M2 只接通一个扫描周期。③→④、⑥→⑦号线 M2 动断触点断开，输出继电器 Y000 断开，外部接触器 KM 线圈失电，电动机 M 停止运行。

同时，⑨→⑩号线 M2 动断触点断开，辅助继电器 M1 断开。⑪→⑫号线 M1 动合触点复位断开，为电动机 M 启动运行做好准备。

3. 保护原理

当电路、电动机或控制回路发生短路、过载故障后，主回路 QF1、PLC 输入端控制电源 QF2 或 PLC 输出端控制回路电源 QF3 相应动作，切断主电路或控制回路。

当电动机在运行中发生断相、过载、堵转、三相不平衡等故障，输入继电器 X001（电动机 M 保护）断开，输出继电器 Y000 回路断开，外部接触器 KM 线圈失电，电动机停止运行。

第 10 例　使用计数器指令实现单按钮控制电路

一、继电器—接触器控制原理图

实现单按钮控制电路如图 10-1 所示。

1. PLC 程序设计要求

(1) 按下外部按钮 SB，电动机 M 启动，再按下按钮 SB，电动机 M 停止运行。

(2) 当电动机发生过载等故障时，电动机保护器 FM 动作，电动机停止运行。

(3) PLC 控制电路接线图中按钮 SB、电动机保护器 FM 辅助触点均使用动合触点。

(4) 电动机保护器 FM 工作电源由外部控制电路电源直接供电。

(5) 根据上面的控制要求列出输入、输出分配表。

(6) 根据控制要求，用 PLC 计数器指令设计梯形图程序。

(7) 根据控制要求写出语句表。

(8) 根据控制要求绘制 PLC 控制电路接线图。

2. 输入/输出设备及 I/O 元件配置分配表

输入/输出设备及 I/O 元件配置分配见表 10-1。

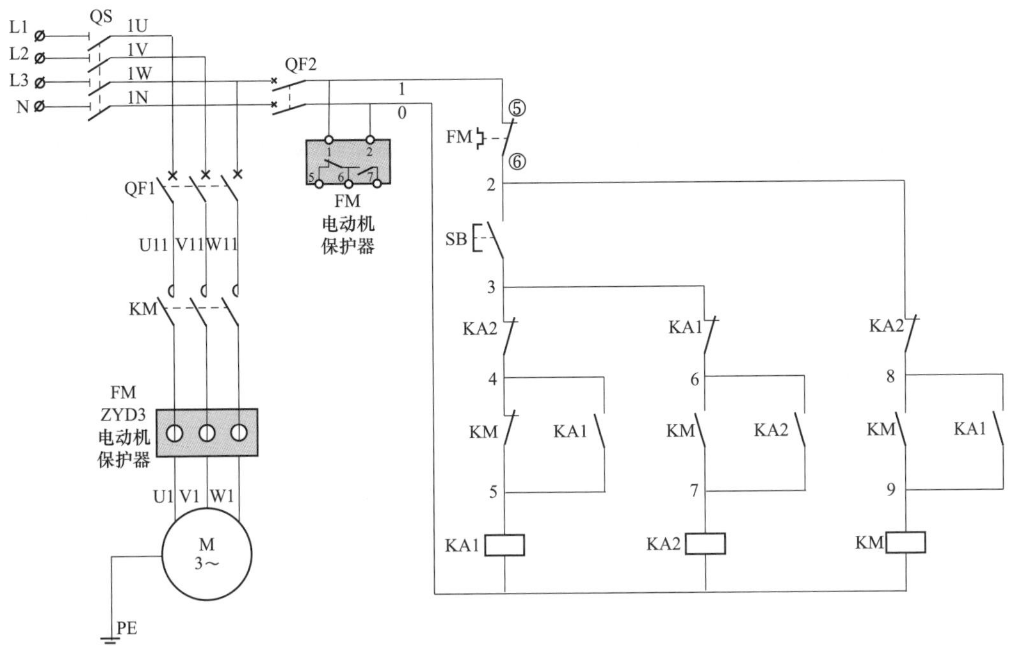

图 10-1　单按钮控制电路原理图

表 10-1　　输入/输出设备及 I/O 元件配置分配表

输入设备		PLC 输入继电器	输出设备		PLC 输出继电器
代号	功能		代号	功能	
SB	按钮	X000	KM	电动机接触器	Y000
FM	电动机保护器	X001			

二、程序及电路设计

1. PLC 梯形图

PLC 梯形图如图 10-2 所示。

图 10-2　使用计数器指令实现单按钮控制电路 PLC 梯形图

2. PLC 指令语句表

PLC 指令语句见表 10-2。

表 10-2　　PLC 指令语句表

步号	指令	I/O（软元件）	步号	指令	I/O（软元件）	步号	指令	I/O（软元件）	步号	指令	I/O（软元件）
0	LDP	X000			K2	11	OUT	Y000	16	RST	C1
2	OUT	C0	8	LD	C0	12	LD	C1	18	END	
		K1	9	ANI	X001	13	OR	X001			
5	OUT	C1	10	ANI	C1	14	RST	C0			

3. PLC 接线详图

PLC 接线图如图 10-3 所示。

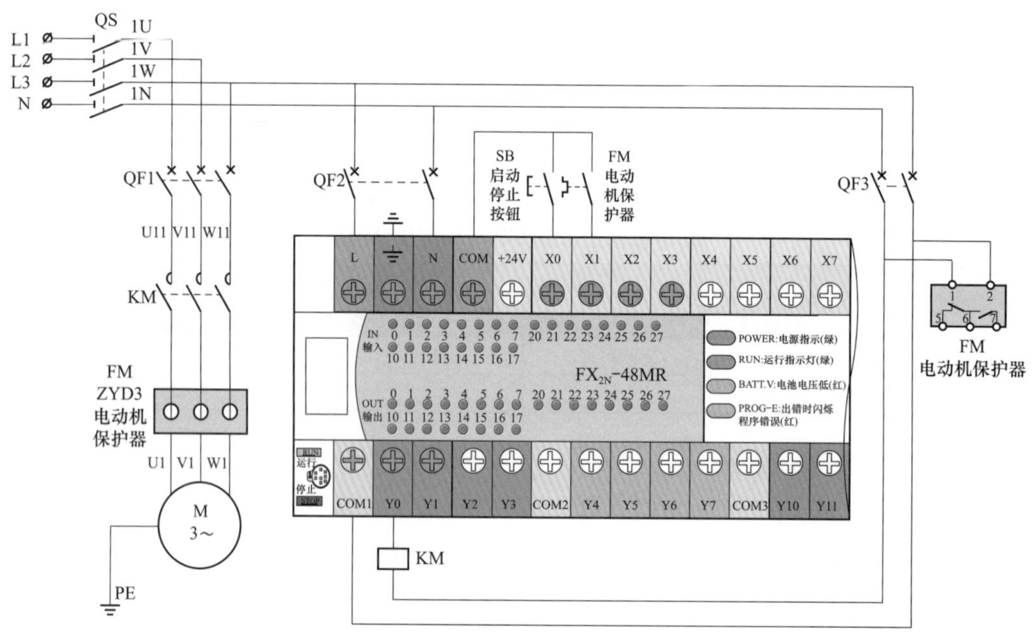

图 10-3　使用计数器指令实现单按钮控制电路 PLC 接线图

三、梯形图动作详解

1. 启动过程

第一次按下（启动/停止）按钮 SB（X000），接通 C0 及 C1 计数器指令，X000 的脉冲上升沿使计数器 C0 及 C1 只接通一个扫描周期，C0、C1 各计数 1 次。①→③号线 C0 动合触点闭合，回路经①→③→④→⑤→⓪号线闭合，输出继电器 Y000“得电”，接通外部交流接触器 KM 线圈，电动机 M 启动运行。

2. 停止过程

第二次按下（启动/停止）按钮 SB（X000），X000 的脉冲上升沿使计数器 C1“得电”，计数 2 次，④→⑤号线 C1 动断触点断开，输出继电器 Y000 断开，外部交流接触器 KM 线圈失电，电动机 M 停止运行。

同时，①→⑥号线 C1 动合触点闭合，复位计数器 C0 和 C1，计数器清零，以便计数器 C0 和 C1 重新开始计数。

3. 保护原理

当电路、电动机或控制回路发生短路、过载故障后，主回路 QF1、PLC 输入端控制电源 QF2 或 PLC 输出端控制回路电源 QF3 相应动作，切断主电路或控制回路。

当电动机在运行中发生断相、过载、堵转、三相不平衡等故障，③→④号线间输入继电器 X001（电动机 M 保护）断开，输出继电器 Y000 回路断开，外部接触器 KM 线圈失电，电动机停止运行。

同时，①→⑥号线 X001 动合触点闭合，复位计数器 C0 和 C1，计数器清零，以便计数器 C0 和 C1 重新开始计数。

第二章

三菱PLC控制的电动机顺序与多地控制电路

PLC 控制电动机的顺序控制与多地控制电路用途如下：

1. 顺序控制

在装有多台电动机的生产机械上，各电动机的作用是不相同的，有时需按一定的顺序启动，才能保证操作过程的合理性和工作的安全可靠。例如，多条皮带运输机以及万能铣床上要求主轴电动机启动后，进给电动机才能启动；又如平面磨床的冷却液泵电动机，要求当砂轮电动机启动后冷却液泵电动机才能启动。根据控制要求一台电动机启动后另一台电动机才能启动的控制方式，叫作电动机的顺序控制，读者可根据生产需要设计电路。常见的有同启同停、顺启逆停、顺启顺停、顺启同停、顺启分停等电路，这些电路都是用联锁的方式设计实现的。另外，根据用途不同，负载也可以是其他对启动顺序有要求的设备。主要适用于传送带、机床等机械设备控制电路。

2. 多地控制

能在两地或多地控制同一台电动机的控制方式叫作电动机的多地控制。两地控制一般控制室安装一对启停按钮（包括指示电路），称为远方控制。装置附近安装一对启停按钮，称为就地控制或本地控制。这样就可以分别在甲、乙两地启、停同一台电动机，达到方便操作的目的。对于三地或多地控制，只要把各地的启动按钮并接，停止按钮串接即可以实现。多地控制主要适用于油田泵站油泵电动机、机床等机械设备控制电路。

读者也可根据现场实际需求对电路做适当的改动，即可实现控制要求。

第 11 例　两台电动机顺序启动、同时停止控制电路

一、继电器—接触器控制原理图

两台电动机顺序启动、同时停止控制电路如图 11-1 所示。

1. PLC 程序设计要求

（1）按下外部启动按钮 SB1，电动机 M1 启动连续运行。

（2）同时控制电动机 M1 输出的继电器触点闭合，为电动机 M2 顺序启动做好准备。

（3）按下外部启动按钮 SB3，电动机 M2 启动连续运行。

（4）在任何时候按下外部停止按钮 SB1，电动机 M1、M2 同时停止。

（5）当电动机发生过载等故障时，电动机保护器 FM1 或 FM2 动作，两台电动机同时停止运行。

（6）PLC 实际接线图中停止按钮 SB2、电动机综合保护器 FM1、FM2 辅助触点均使用动断触点。

（7）电动机保护器 FM1 及 FM2 工作电源由外部电路直接供电。

（8）根据上面的控制要求列出输入、输出分配表。

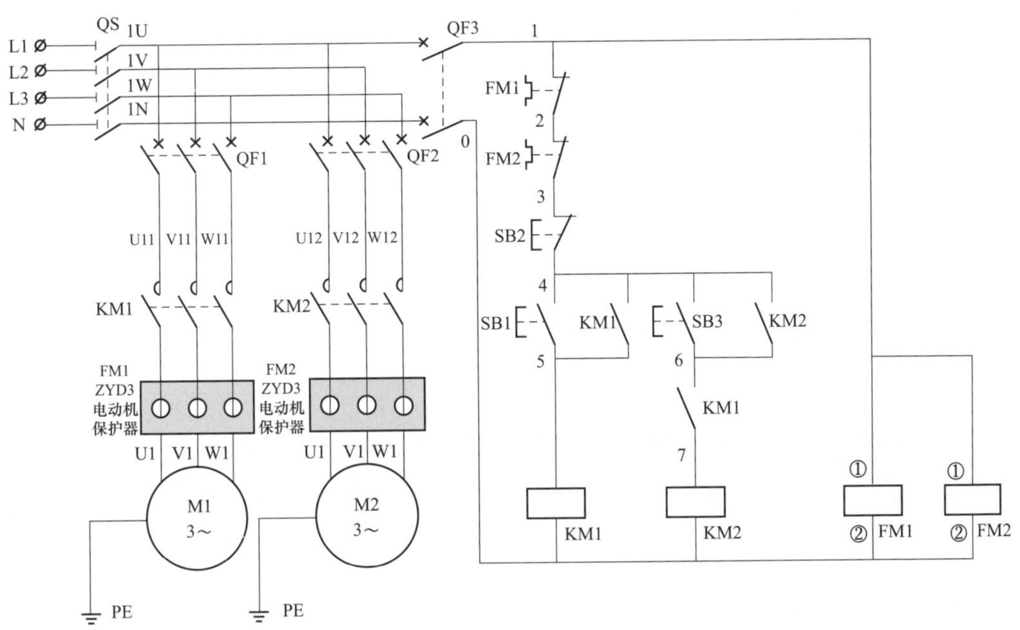

图 11-1　两台电动机顺序启动、同时停止控制电路原理图

(9) 根据控制要求，用 PLC 基本指令合理设计两台电动机顺序启动、同时停止的梯形图程序。

(10) 根据控制要求写出语句表。

(11) 根据控制要求绘制 PLC 控制电路接线图。

2. 输入/输出设备及 I/O 元件配置分配表

输入/输出设备及 I/O 元件配置分配见表 11-1。

表 11-1　　输入/输出设备及 I/O 元件配置分配表

输入设备		PLC 输入继电器	输出设备		PLC 输出继电器
代号	功能		代号	功能	
SB1	M1 启动按钮	X000	KM1	电动机 M1 接触器	Y000
SB2	停止按钮	X001	KM2	电动机 M2 接触器	Y001
FM1	电动机保护器 FM1	X002			
FM2	电动机保护器 FM2	X003			
SB3	M2 启动按钮	X004			

二、程序及电路设计

1. PLC 梯形图

PLC 梯形图如图 11-2 所示。

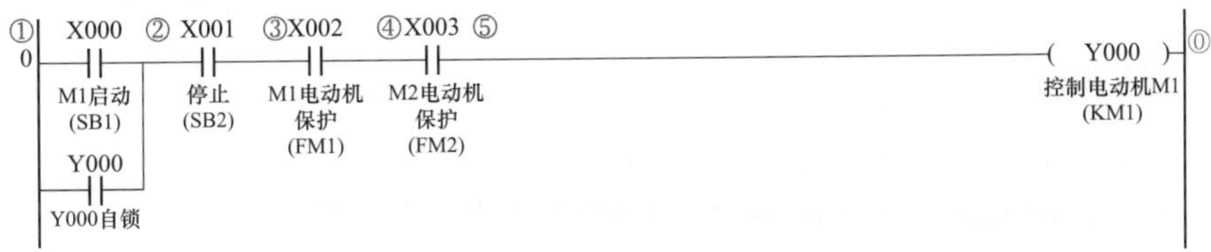

图 11-2　两台电动机顺序启动、同时停止控制电路 PLC 梯形图

图 11-2　两台电动机顺序启动、同时停止控制电路 PLC 梯形图（续）

2. PLC 指令语句表

PLC 指令语句见表 11-2。

表 11-2　PLC 指令语句表

步号	指令	I/O（软元件）	步号	指令	I/O（软元件）	步号	指令	I/O（软元件）	步号	指令	I/O（软元件）
0	LD	X000	3	AND	X002	6	LD	X004	9	OUT	Y001
1	OR	Y000	4	AND	X003	7	OR	Y001	10	END	
2	AND	X001	5	OUT	Y000	8	AND	Y000			

3. PLC 接线详图

PLC 接线图如图 11-3 所示。

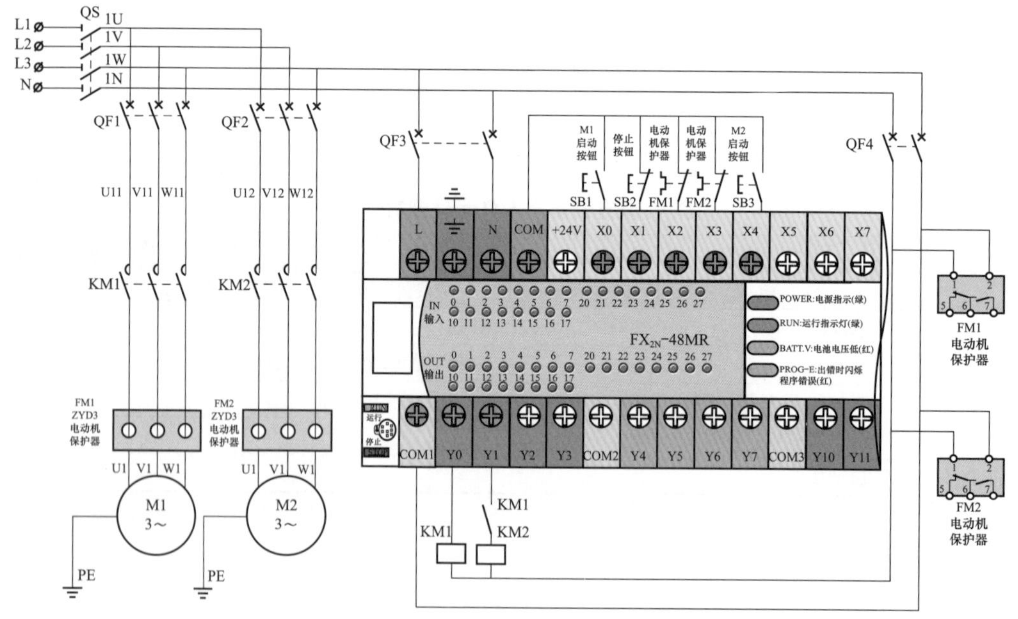

图 11-3　两台电动机顺序启动、同时停止控制电路 PLC 接线图

三、梯形图动作详解

闭合总电源开关 QS，闭合电动机主电路电源开关 QF1、QF2，闭合 PLC 电源开关 QF3，闭合 PLC 输出继电器及电动机保护器控制电源开关 QF4。由于 SB2、FM1、FM2 触点处于闭合状态，PLC 输入继电器 X1、X2、X3 信号指示灯亮，梯形图中②→③、

③→④、④→⑤触点闭合。

1. 启动过程

按下 M1 启动按钮 SB1，回路经①→②→③→④→⑤→⓪闭合，输出继电器 Y000 “得电”，接通外部接触器 KM1 线圈，第一台电动机 M1 运行。同时①→②继电器 Y000 动合触点接通，继电器 Y000 实现自锁，M1 连续运行。同时⑥→⑦顺序启动 Y000 动合触点接通，为第一台电动机 M2 运行做好准备，按下 M2 启动按钮 SB3，回路经①→⑥→⑦→⓪闭合，输出继电器 Y001 “得电”，接通外部接触器 KM2 线圈，第二台电动机 M2 运行。同时①→⑥继电器 Y001 动合触点接通，继电器 Y001 实现自锁，M2 连续运行。

2. 停止过程

按下停止按钮 SB2，回路②→③断开，回路⑥→⑦继电器 Y000 动合触点断开，输出继电器 Y000 和 Y001 断开，外部接触器 KM1 和 KM2 线圈失电，M1 和 M2 两台电动机同时停止运行。

3. 保护原理

当第一台电动机或第二台电动机在运行中发生断相、过载、堵转、三相不平衡等故障，输入继电器 X002（M1 保护）或输入继电器 X003（M2 保护）断开，输出继电器 Y000 和 Y001 回路断开，外部接触器 KM1 和 KM2 线圈失电，两台电动机同时停止运行。

第 12 例 两台电动机顺序启动、逆序停止控制电路

一、继电器—接触器控制原理图

两台电动机顺序启动、逆序停止控制电路如图 12-1 所示。

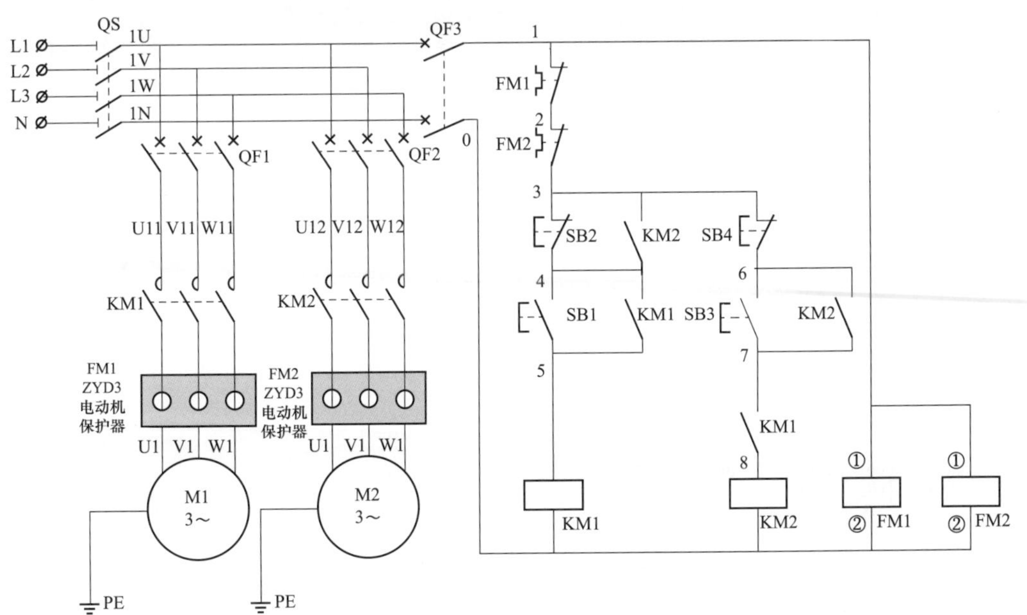

图 12-1 两台电动机顺序启动、逆序停止控制电路原理图

1. PLC 程序设计要求

（1）按下外部启动按钮 SB1 电动机 M1 运行。

（2）同时控制电动机 M1 输出的继电器触点闭合，为 M2 启动做好准备。

（3）按下外部启动按钮 SB3 电动机 M2 运行，实现顺序启动。

（4）同时控制电动机 M2 输出的继电器触点闭合，闭锁停止按钮 SB2 使其暂时失去停止功能。

（5）在任何时候按下外部停止按钮 SB4 使电动机 M2 停止运行。

（6）同时闭锁停止按钮 SB2 的触点断开，使停止按钮 SB2 恢复正常的停止功能。

（7）按下外部停止按钮 SB2 电动机 M1 停止，实现逆序停止。

（8）当电动机发生过载等故障时，电动机保护器 FM1 或 FM2 动作，2 台电动机停止运行。

（9）PLC 实际接线图中停止按钮 SB2、SB4、电动机综合保护器 FM1、FM2 辅助触点均使用动断触点。

（10）电动机保护器 FM1 及 FM2 工作电源由外部电路直接供电。

（11）根据上面的控制要求列出输入、输出分配表。

（12）根据控制要求，用 PLC 基本指令合理设计 2 台电动机顺序启动、逆序停止的梯形图程序。

（13）根据控制要求写出语句表。

（14）根据控制要求绘制 PLC 控制电路接线图。

2. 输入/输出设备及 I/O 元件配置分配表

输入/输出设备及 I/O 元件配置分配见表 12-1。

表 12-1　输入/输出设备及 I/O 元件配置分配表

输入设备		PLC 输入继电器	输出设备		PLC 输出继电器
代号	功能		代号	功能	
SB1	启动按钮	X000	KM1	电动机 M1 接触器	Y000
SB2	停止按钮	X001	KM2	电动机 M2 接触器	Y001
FM1	电动机保护器 FM1	X002			
FM2	电动机保护器 FM2	X003			
SB3	启动按钮	X004			
SB4	停止按钮	X005			

二、程序及电路设计

1. PLC 梯形图

PLC 梯形图如图 12-2 所示。

图 12-2　两台电动机顺序启动、逆序停止控制电路 PLC 梯形图

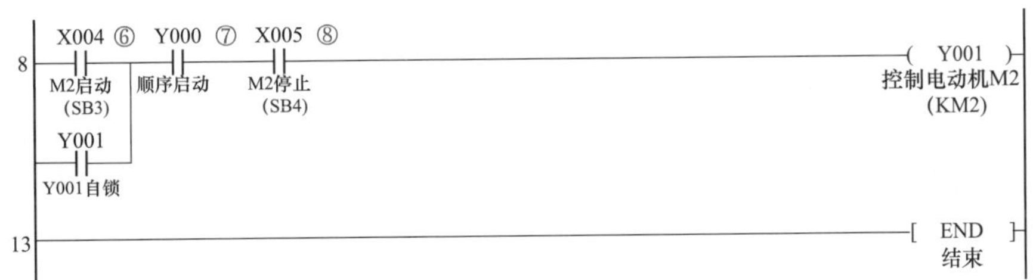

图 12-2　两台电动机顺序启动、逆序停止控制电路 PLC 梯形图（续）

2. PLC 指令语句表

PLC 指令语句见表 12-2。

表 12-2　　PLC 指令语句表

步号	指令	I/O（软元件）	步号	指令	I/O（软元件）	步号	指令	I/O（软元件）	步号	指令	I/O（软元件）
0	LD	X000	4	ANB		8	LD	X004	12	OUT	Y001
1	OR	Y000	5	AND	X002	9	OR	Y001	13	END	
2	LD	X001	6	AND	X003	10	AND	Y000			
3	OR	Y001	7	OUT	Y000	11	AND	X005			

3. PLC 接线详图

PLC 接线图如图 12-3 所示。

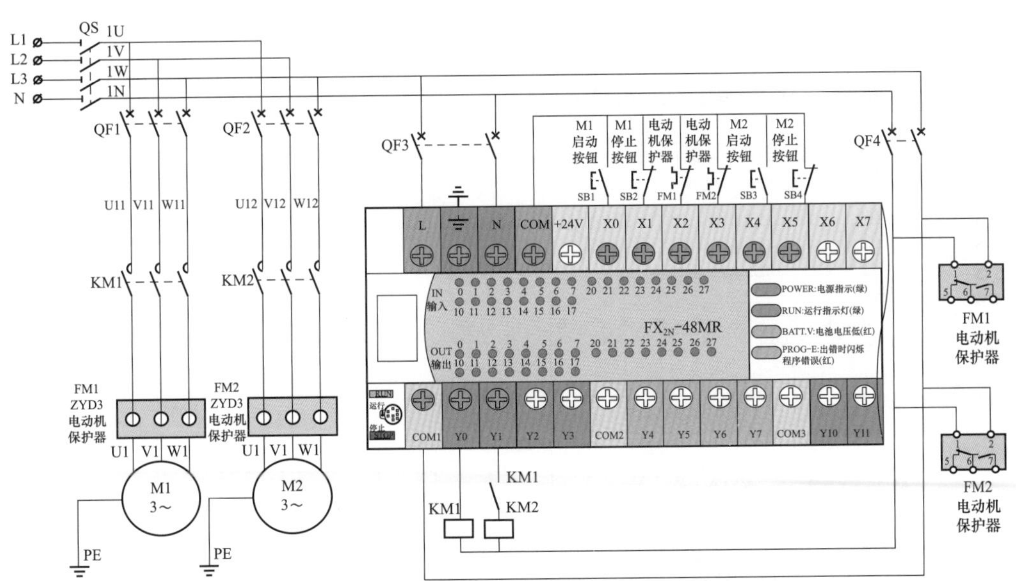

图 12-3　两台电动机顺序启动、逆序停止控制电路 PLC 接线图

三、梯形图动作详解

闭合总电源开关 QS，闭合电动机主电路电源开关 QF1、QF2，闭合 PLC 控制电源开关 QF3，闭合 PLC 输出继电器及电动机保护器控制电源开关 QF4。由于 SB2、FM1、FM2、SB4 触点处于闭合状态，PLC 输入继电器 X1、X2、X3、X5 信号指示灯亮，梯形图中②→③、③→④、④→⑤、⑦→⑧触点闭合。

1. 启动过程

按下 M1 启动按钮 SB1，回路经①→②→③→④→⑤→⓪闭合，输出继电器 Y000 “得电”，接通外部接触器 KM1 线圈，第一台电动机 M1 运行。同时①→②间的 Y000 动合触点闭合实现自锁，电动机 M1 连续运行，同时⑥→⑦线间的 Y000 动合触点闭合，为电动机 M2 启动做好准备。按下 M2 启动按钮 SB3，回路经①→⑥→⑦→⑧→⓪闭合，输出继电器 Y001 “得电”，接通外部接触器 KM2 线圈，第二台电动机 M2 运行，同时①→⑥间的 Y001 动合触点闭合实现自锁，电动机 M2 连续运行。同时②→③间的 Y001 动合触点闭合，闭锁 M1 的停止按钮 SB2，实现逆序停止功能。

2. 停止过程

按下 M2 停止按钮 SB4，回路⑦→⑧断开，输出继电器 Y001 断开，外部接触器 KM2 线圈失电，电动机 M2 停止运行，同时，②→③闭锁停止按钮 SB2 的 Y001 动合触点断开，为 M1 停止运行做好准备。按下 M1 停止按钮 SB2，回路②→③断开，输出继电器 Y000 断开，外部接触器 KM1 线圈失电，电动机 M1 停止运行。

3. 保护原理

当第一台电动机或第二台电动机在运行中发生断相、过载、堵转、三相不平衡等故障，输入继电器 X002（M1 保护）或输入继电器 X003（M2 保护）断开，输出继电器 Y000 和 Y001 回路断开，外部接触器 KM1 和 KM2 线圈失电，两台电动机同时停止运行。

第 13 例　两台电动机顺序启动、顺序停止控制电路

一、继电器—接触器控制原理图

两台电动机顺序启动、顺序停止控制电路如图 13-1 所示。

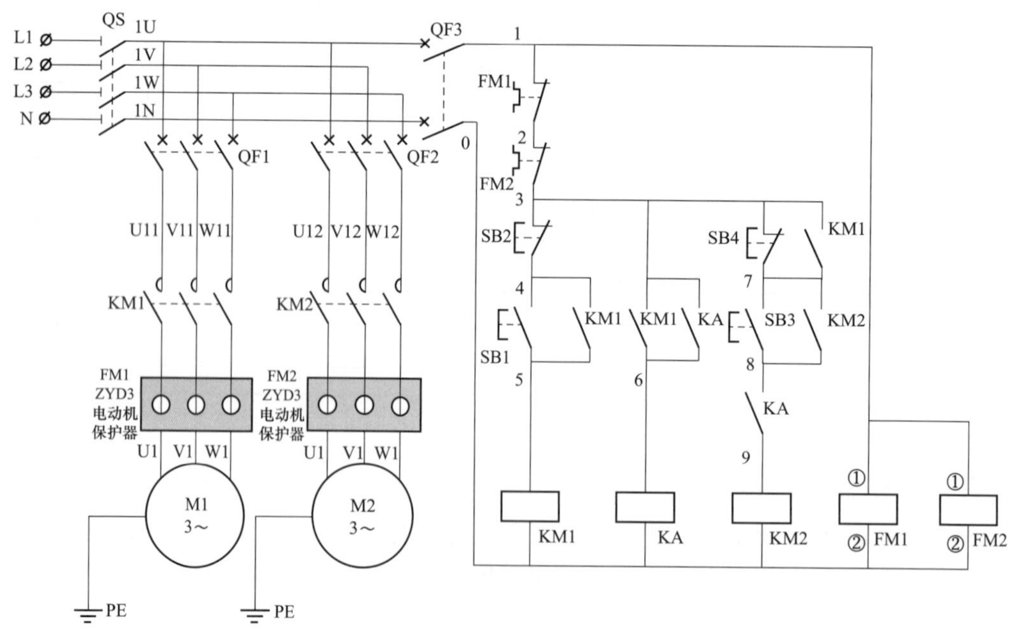

图 13-1　两台电动机顺序启动、顺序停止控制电路原理图

1. PLC 程序设计要求

（1）按下 M1 启动按钮 SB1 电动机 M1 运行。

（2）同时控制电动机 M1 输出的继电器触点闭合启动辅助继电器。

（3）辅助继电器接点闭合为 M2 启动做好准备。

（4）按下外部启动按钮 SB3 电动机 M2 运行。

（5）同时控制电动机 M1 输出的继电器触点闭合，闭锁停止按钮 SB4 使其暂时失去停止功能。

（6）在任何时候按下 M1 停止按钮 SB2 电动机 M1 停止运行。

（7）同时闭锁停止按钮 SB4 的触点断开，使停止按钮 SB4 恢复正常停止的功能。

（8）按下 M2 停止按钮 SB4 电动机 M2 停止运行，实现顺序停止。

（9）当电动机发生过载等故障时，电动机保护器 FM1 或 FM2 动作，2 台电动机停止运行。

（10）PLC 实际接线图中停止按钮 SB2、SB4、电动机综合保护器 FM1、FM2 辅助触点均使用动断触点。

（11）电动机保护器 FM1 及 FM2 工作电源由外部电路直接供电。

（12）根据上面的控制要求列出输入、输出分配表。

（13）根据控制要求，用 PLC 基本指令合理设计 2 台电动机顺序启动、顺序停止的梯形图程序。

（14）根据控制要求写出语句表。

（15）根据控制要求绘制 PLC 控制电路接线图。

2. 输入/输出设备及 I/O 元件配置分配表

输入/输出设备及 I/O 元件配置分配见表 13-1。

表 13-1　　输入/输出设备及 I/O 元件配置分配表

输入设备		PLC 输入继电器	输出设备		PLC 输出继电器
代号	功能		代号	功能	
SB1	M1 启动按钮	X000	KM1	电动机 M1 接触器	Y000
SB2	M1 停止按钮	X001	KM2	电动机 M2 接触器	Y001
FM1	电动机保护器 FM1	X002			
FM2	电动机保护器 FM2	X003			
SB3	M2 启动按钮	X004			
SB4	M2 停止按钮	X005			

二、程序及电路设计

1. PLC 梯形图

PLC 梯形图如图 13-2 所示。

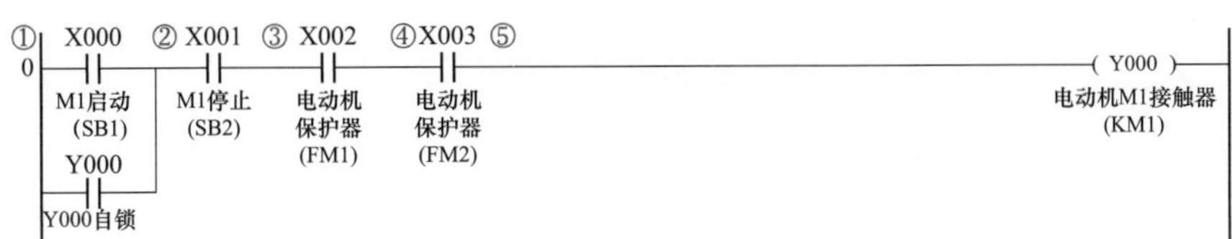

图 13-2　两台电动机顺序启动、顺序停止控制电路 PLC 梯形图

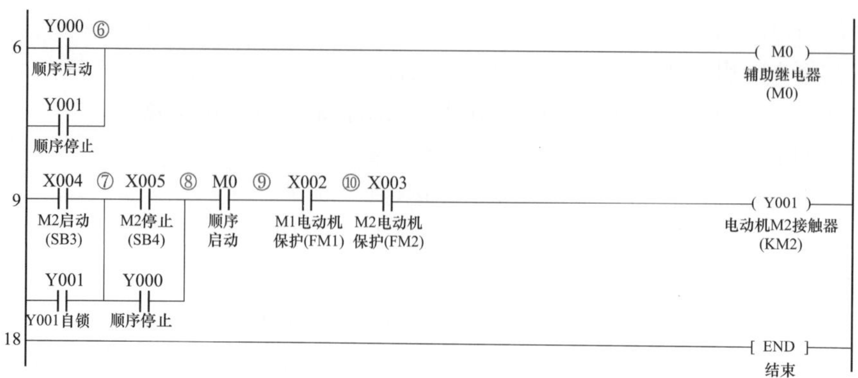

图 13-2　两台电动机顺序启动、顺序停止控制电路 PLC 梯形图（续）

2. PLC 指令语句表

PLC 指令语句见表 13-2。

表 13-2　PLC 指令语句表

步号	指令	I/O（软元件）	步号	指令	I/O（软元件）	步号	指令	I/O（软元件）	步号	指令	I/O（软元件）
0	LD	X000	5	OUT	Y000	10	OR	Y001	15	AND	X002
1	OR	Y000	6	LD	Y000	11	LD	X005	16	AND	X003
2	AND	X001	7	OR	Y001	12	OR	Y000	17	OUT	Y001
3	AND	X002	8	OUT	M0	13	ANB		18	END	
4	AND	X003	9	LD	X004	14	AND	M0			

3. PLC 接线详图

PLC 接线图如图 13-3 所示。

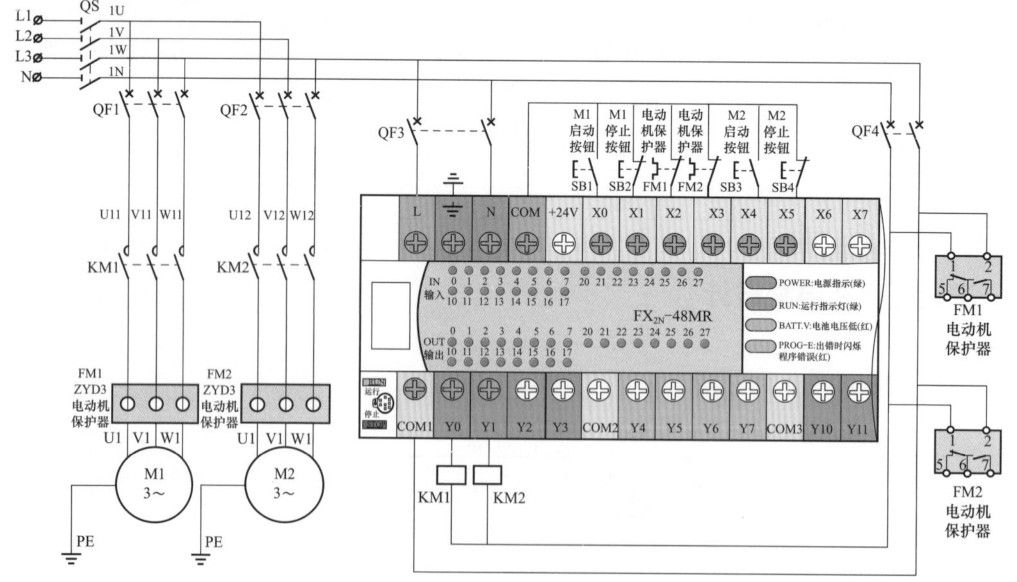

图 13-3　两台电动机顺序启动、顺序停止控制电路 PLC 接线图

三、梯形图动作详解

闭合总电源开关 QS，闭合电动机主电路电源开关 QF1、QF2，闭合 PLC 输入继电器控制电源开关 QF3，闭合 PLC 输出继电器及电动机保护器控制电源开关 QF4。由于 SB2、FM1、FM2、SB4 触点处于闭合状态，PLC 输入继电器 X1、X2、X3、X5 信号指示灯亮，梯形图中②→③、③→④、④→⑤、⑦→⑧、⑨→⑩、⑩→⑪触点闭合。

1. 启动过程

按下 M1 启动按钮 SB1，回路经①→②→③→④→⑤→⓪号线闭合，输出继电器 Y000“得电”，接通外部接触器 KM1 线圈，第一台电动机 M1 运行。同时①→②间的 Y000 动合触点闭合，继电器 Y000 实现自锁，电动机 M1 连续运行。同时，①→⑥的顺序启动触点 Y000 闭合，回路经①→⑥→⓪号线闭合，辅助继电器 M0“得电”，辅助继电器 M0 的触点闭合，为第二台电动机 M2 启动做好准备。同时，⑦→⑧顺序停止触点 Y000 闭合，闭锁第二台电动机 M2 的停止按钮 SB4，起到顺序停止的功能。按下 M2 启动按钮 SB3，回路经①→⑦→⑧→⑨→⑩→⑪→⓪闭合，输出继电器 Y001“得电”，接通外部接触器 KM2 线圈，第二台电动机 M2 运行。同时，①→⑥的顺序停止触点 Y001 闭合，保证辅助继电器 M0 在第一台电动机 M1 停运后，辅助继电器 M0 保持通电工作状态，保证第二台电动机 M2 继续运行。

2. 停止过程

按下 M1 停止按钮 SB2，回路②→③断开，输出继电器 Y000 断开，外部接触器 KM1 线圈失电，电动机 M1 停止运行，同时，⑦→⑧闭锁停止按钮 SB4 的 Y000 动合触点断开，为电动机 M2 停止做好准备。按下 M2 停止按钮 SB4，回路①→⑦→⑧→⑨→⑩→⑪→⓪断开，输出继电器 Y001 断开，外部接触器 KM2 线圈失电，电动机 M2 停止运行。

3. 保护原理

当第一台电动机或第二台电动机在运行中发生断相、过载、堵转、三相不平衡等故障时，输入继电器 X002（M1 保护）或输入继电器 X003（M2 保护）断开，输出继电器 Y000 和 Y001 回路断开，外部接触器 KM1 和 KM2 线圈失电，两台电动机同时停止运行。

第 14 例　使用定时器指令实现两台电动机顺启逆停控制电路

一、继电器—接触器控制原理图

使用定时器指令实现两台电动机顺启逆停控制电路如图 14-1 所示。

1. PLC 程序设计要求

（1）按下外部启动按钮 SB1，电动机 M1 启动。

（2）电动机 M1 启动后，延时 5s 启动电动机 M2。

（3）电动机 M2 启动后，延时 5s 停止电动机 M2。

（4）电动机 M2 停止后，延时 5s 停止电动机 M1。

（5）在任何时候按下外部急停按钮 SB2，电动机 M1、M2 同时停止。

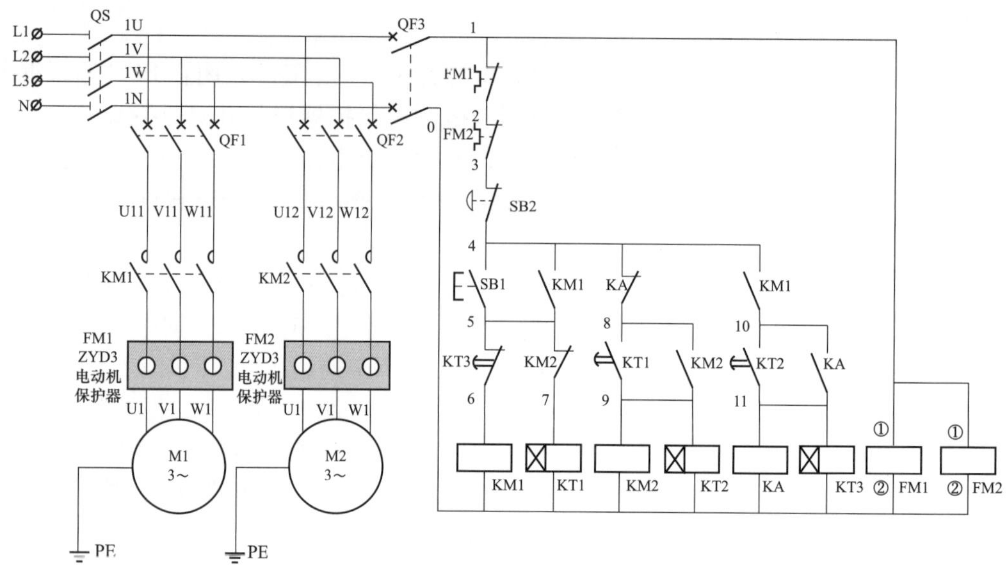

图 14-1 使用定时器指令实现两台电动机顺启逆停控制电路原理图

（6）当电动机发生过载等故障时，电动机保护器 FM1 或 FM2 动作，2 台电动机停止运行。

（7）PLC 实际接线图中急停按钮 SB2、电动机综合保护器 FM1、FM2 辅助触点均使用动断触点。

（8）电动机保护器 FM1 及 FM2 工作电源由外部电路直接供电。

（9）根据上面的控制要求列出输入、输出分配表。

（10）根据控制要求，用 PLC 定时器指令合理设计 2 台电动机顺启逆停的梯形图程序。

（11）根据控制要求写出语句表。

（12）根据控制要求绘制 PLC 控制电路接线图。

2. 输入/输出设备及 I/O 元件配置分配表

输入/输出设备及 I/O 元件配置分配见表 14-1。

表 14-1 输入/输出设备及 I/O 元件配置分配表

输入设备		PLC 输入继电器	输出设备		PLC 输出继电器
代号	功能		代号	功能	
SB1	启动按钮	X000	KM1	电动机 M1 接触器	Y000
SB2	急停按钮	X001	KM2	电动机 M2 接触器	Y001
FM1	电动机保护器 FM1	X002			
FM2	电动机保护器 FM2	X003			

二、程序及电路设计

1. PLC 梯形图

PLC 梯形图如图 14-2 所示。

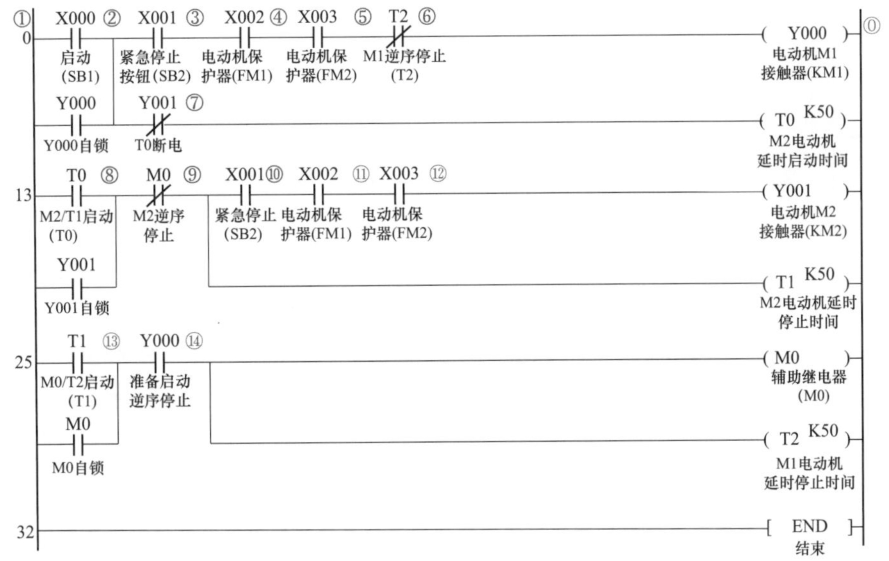

图 14-2　使用定时器指令实现两台电动机顺启逆停控制电路 PLC 梯形图

2. PLC 指令语句表

PLC 指令语句见表 14-2。

表 14-2　PLC 指令语句表

步号	指令	I/O（软元件）	步号	指令	I/O（软元件）	步号	指令	I/O（软元件）	步号	指令	I/O（软元件）
0	LD	X000	8	MPP		17	AND	X001	26	OR	M0
1	OR	Y000	9	ANI	Y001	18	AND	X002	27	AND	Y000
2	MPS		10	OUT	T0	19	AND	X003	28	OUT	M0
3	AND	X001			K50	20	OUT	Y001	29	OUT	T2
4	AND	X002	13	LD	T0	21	MPP				K50
5	AND	X003	14	OR	Y001	22	OUT	T1	32	END	
6	ANI	T2	15	ANI	M0			K50			
7	OUT	Y000	16	MPS		25	LD	T1			

3. PLC 接线详图

PLC 接线图如图 14-3 所示。

三、梯形图动作详解

闭合总电源开关 QS，闭合电动机主电路电源开关 QF1、QF2，闭合 PLC 电源开关 QF3，闭合 PLC 输出继电器及电动机保护器控制电源开关 QF4。由于 SB2、FM1、FM2 触点处于闭合状态，PLC 输入继电器 X1、X2、X3 信号指示灯亮，梯形图中②→③、③→④、④→⑤、⑤→⑥、②→⑦、⑧→⑨、⑨→⑩、⑩→⑪、⑪→⑫触点闭合。

1. 顺序启动过程

按下外部启动按钮 SB1，回路经①→②→③→④→⑤→⑥→⓪闭合，输出继电器 Y000“得电”，接通外部接触器 KM1 线圈，第一台电动机 M1 运行。同时，①→②Y000

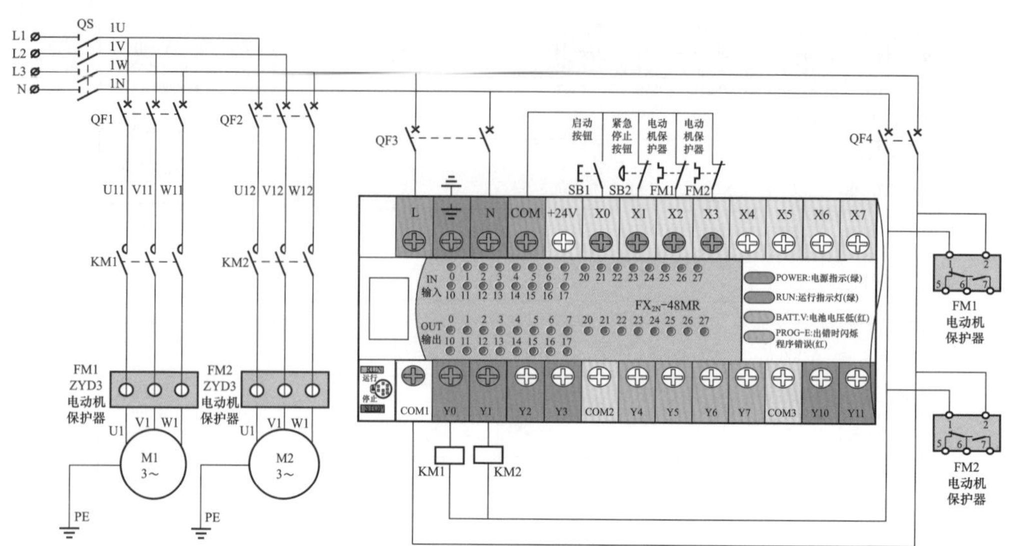

图 14-3　使用定时器指令实现两台电动机顺启逆停控制电路 PLC 接线图

动合触点接通，继电器 Y000 实现自锁，M1 连续运行。同时，⑬→⑭Y000 动合触点接通，为 M0 和 T1 启动做好准备。同时，回路经①→②→⑦→⓪闭合，定时器 T0 “得电”，延时 5s 后①→⑧定时器 T0 动合触点接通，回路经①→⑧→⑨→⑩→⑪→⑫→⓪闭合，输出继电器 Y001 “得电”，接通外部接触器 KM2 线圈，第二台电动机 M2 运行。

2. 逆序停止过程

第二台电动机 M2 运行的同时，回路经①→⑧→⑨→⓪闭合，定时器 T1 “得电”，延时 5s 后①→⑬定时器 T1 动合触点接通，辅助继电器 M0 得电，⑧→⑨辅助继电器 M0 动断触点断开，输出继电器 Y001 “失电”，断开外部接触器 KM2 线圈，第二台电动机 M2 停止运行。当①→⑬T1 定时器动合触点接通辅助继电器 M0 的同时，①→⑬辅助继电器 M0 动合触点接通形成自锁，回路经①→⑬→⑭→⓪闭合，定时器 T2 “得电”，延时 5s 后⑤→⑥定时器 T2 动断触点断开，输出继电器 Y000 “失电”，断开外部接触器 KM1 线圈，第一台电动机 M1 停止运行。

当发生紧急状况时，按下紧急停止按钮 SB2，回路②→③和⑨→⑩断开，输出继电器 Y000 和 Y001 断开，外部接触器 KM1 和 KM2 线圈失电，M1 和 M2 两台电动机同时停止运行。

3. 保护原理

当第一台电动机或第二台电动机在运行中发生断相、过载、堵转、三相不平衡等故障，输入继电器 X002（M1 保护）或输入继电器 X003（M2 保护）断开，输出继电器 Y000 和 Y001 回路断开，外部接触器 KM1 和 KM2 线圈失电，两台电动机同时停止运行。

第 15 例　使用定时器指令实现两台电动机顺启、顺停控制电路

一、继电器—接触器控制原理图

使用定时器指令实现两台电动机顺启顺停控制电路如图 15-1 所示。

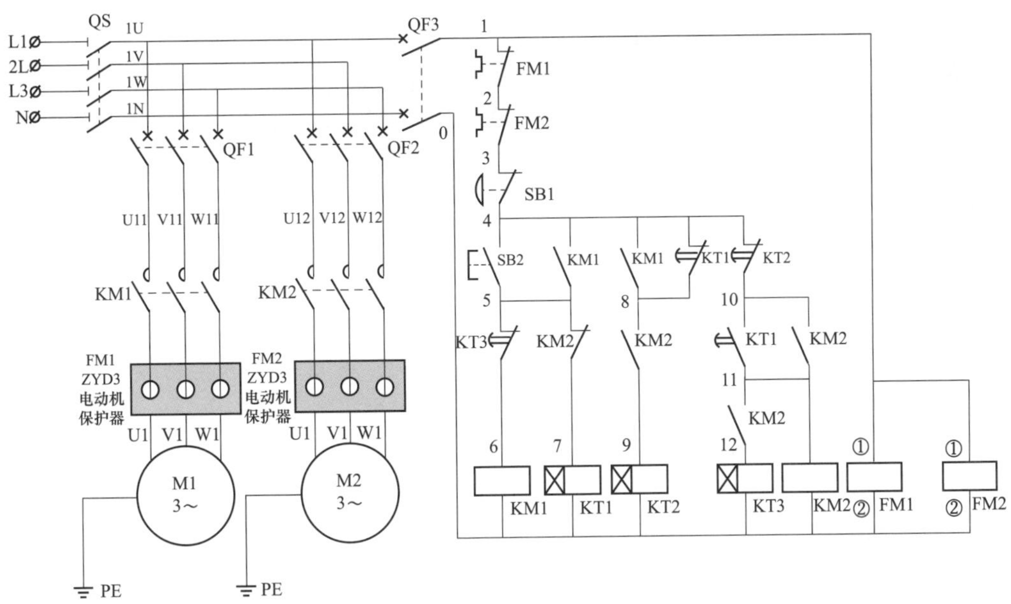

图 15-1　使用定时器指令实现两台电动机顺启、顺停控制电路原理图

1. PLC 程序设计要求

(1) 按下外部启动按钮 SB2，电动机 M1 启动。

(2) 电动机 M1 启动后，延时 3s 启动电动机 M2。

(3) 电动机 M2 启动后，延时 3s 电动机 M1 停止。

(4) 电动机 M1 停止后，延时 3s 电动机 M2 停止。

(5) 在任何时候按下外部紧急停止按钮 SB1，电动机 M1、M2 同时停止。

(6) 当电动机发生过载等故障时，电动机保护器 FM1 或 FM2 动作，两台电动机同时停止运行。

(7) PLC 实际接线图中急停按钮 SB1、电动机综合保护器 FM1、FM2 辅助触点均使用动断触点。

(8) 电动机保护器 FM1 及 FM2 工作电源由外部电路直接供电。

(9) 根据上面的控制要求列出输入、输出分配表。

(10) 根据控制要求，用 PLC 定时器指令合理设计两台电动机顺启、顺停的梯形图程序。

(11) 根据控制要求写出语句表。

(12) 根据控制要求绘制 PLC 控制电路接线图。

2. 输入/输出设备及 I/O 元件配置分配表

输入/输出设备及 I/O 元件配置分配见表 15-1。

表 15-1　　**输入/输出设备及 I/O 元件配置分配表**

输入设备		PLC 输入继电器	输出设备		PLC 输出继电器
代号	功能		代号	功能	
SB2	启动按钮	X000	KM1	电动机 M1 接触器	Y000
SB1	急停按钮	X001	KM2	电动机 M2 接触器	Y001

续表

输入设备		PLC 输入继电器	输出设备		PLC 输出继电器
代号	功能		代号	功能	
FM1	电动机保护器 FM1	X002			
FM2	电动机保护器 FM2	X003			

二、程序及电路设计

1. PLC 梯形图

PLC 梯形图如图 15-2 所示。

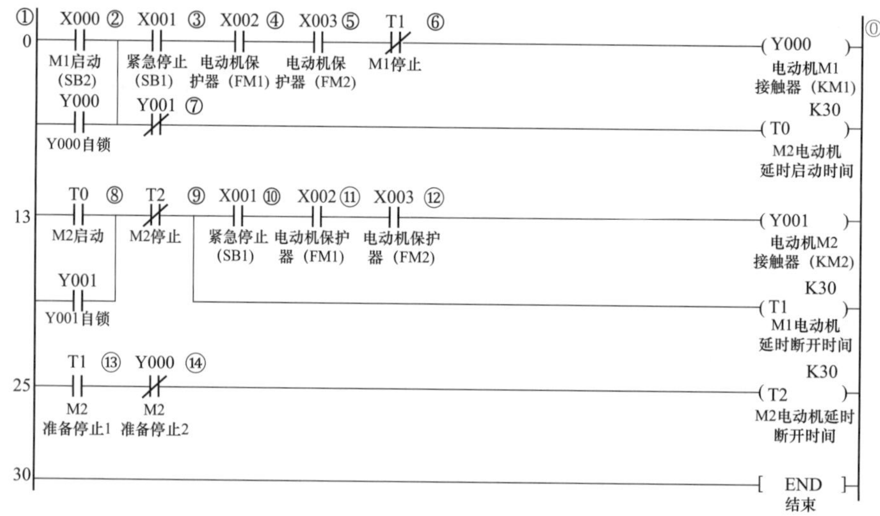

图 15-2 使用定时器指令实现两台电动机顺启顺停控制电路 PLC 梯形图

2. PLC 指令语句表

PLC 指令语句见表 15-2。

表 15-2　　PLC 指令语句表

步号	指令	I/O（软元件）	步号	指令	I/O（软元件）	步号	指令	I/O（软元件）	步号	指令	I/O（软元件）
0	LD	X000	7	OUT	Y000	15	ANI	T2	22	OUT	T1
1	OR	Y000	8	MPP		16	MPS				K30
2	MPS		9	ANI	Y001	17	AND	X001	25	LD	T1
3	AND	X001	10	OUT	T0	18	AND	X002	26	ANI	Y000
4	AND	X002			K30	19	AND	X003	27	OUT	T2
5	AND	X003	13	LD	T0	20	OUT	Y001			K30
6	ANI	T1	14	OR	Y001	21	MPP		30	END	

3. PLC 接线详图

PLC 接线图如图 15-3 所示。

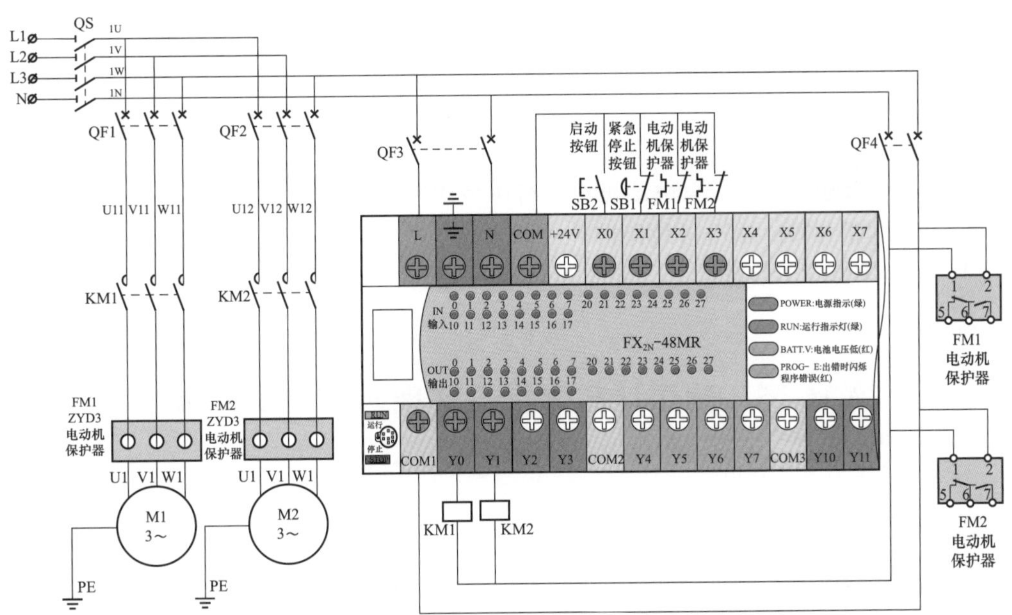

图 15-3　使用定时器指令实现两台电动机顺启顺停控制电路 PLC 接线图

三、梯形图动作详解

闭合总电源开关 QS，闭合电动机主电路电源开关 QF1、QF2，闭合 PLC 输入继电器控制电源开关 QF3，闭合 PLC 输出继电器及电动机保护器控制电源开关 QF4。由于 SB1、FM1、FM2 触点处于闭合状态，PLC 输入继电器 X1、X2、X3 信号指示灯亮，梯形图中②→③、③→④、④→⑤、⑤→⑥、②→⑦、⑧→⑨、⑨→⑩、⑩→⑪、⑪→⑫、⑬→⑭触点闭合。

1. 顺序启动过程

按下外部启动按钮 SB2，回路经①→②→③→④→⑤→⑥→⓪闭合，输出继电器 Y000“得电”，接通外部接触器 KM1 线圈，第一台电动机 M1 运行。同时，①→② Y000 动合触点接通，继电器 Y000 实现自锁，M1 连续运行。同时，⑬→⑭Y000 动断触点断开，为 M2 停机做好准备。M1 运行的同时，回路经①→②→⑦→⓪闭合，定时器 T0“得电”，延时 3s 后①→⑧定时器 T0 动合触点接通，回路经①→⑧→⑨→⑩→⑪→⑫→⓪闭合，输出继电器 Y001“得电”，接通外部接触器 KM2 线圈，第二台电动机 M2 运行，同时，①→⑧输出继电器 Y001 动合触点接通自锁，②→⑦输出继电器 Y001 动断触点断开，防止 T0 线圈上电重复启动。

2. 顺序停止过程

第二台电动机运行的同时，回路①→⑧→⑨→⓪闭合，定时器 T1“得电”3s 后⑤→⑥的定时器动断触点 T1 断开，输出继电器 Y000“失电”，第一台电动机 M1 停止运行。同时，定时器①→⑬动合触点 T1 闭合，为 M2 停止做好准备。第一台电动机 M1 停止运行，输出继电器 Y000 的⑬→⑭触点闭合，回路①→⑬→⑭→⓪闭合，定时器 T2“得电”3s 后⑧→⑨的定时器触点 T2 断开，输出继电器 Y001“失电”，第二台电动机 M2 停止运行。

当发生紧急状况时，按下紧急停止按钮 SB1，回路②→③和⑨→⑩断开，输出继电器 Y000 和 Y001 断开，外部接触器 KM1 和 KM2 线圈失电，M1 和 M2 两台电动机同时停止运行。

3. 保护原理

当第一台电动机或第二台电动机在运行中发生断相、过载、堵转、三相不平衡等故障，输入继电器 X002（M1 过载保护）或输入继电器 X003（M2 过载保护）断开，输出继电器 Y000 和 Y001 回路断开，外部接触器 KM1 和 KM2 线圈失电，两台电动机同时停止运行。

第 16 例　使用计数器指令实现两台电动机顺序控制电路（循环 2 次停止）

一、继电器—接触器控制原理图

使用计数器指令实现两台电动机顺序控制电路（循环 2 次数停止）如图 16-1 所示。

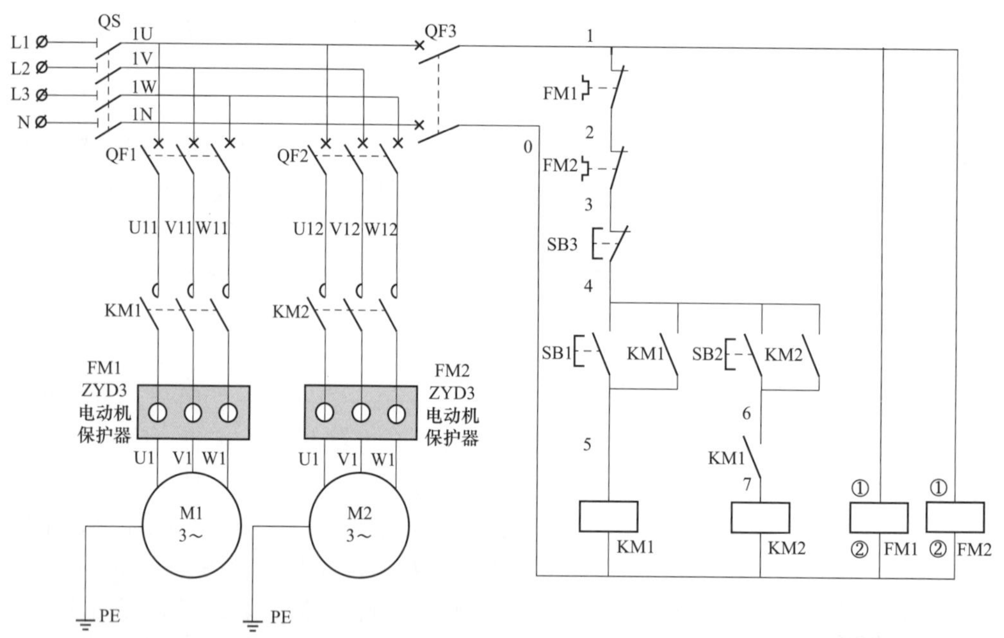

图 16-1　使用计数器指令实现两台电动机顺序控制电路（循环 2 次停止）原理图

1. PLC 程序设计要求

(1) 按下外部启动按钮 SB1 电动机 M1 启动。

(2) 同时控制电动机 M1 输出的继电器触点闭合，为 M2 启动做好准备。

(3) 按下启动按钮 SB2 电动机 M2 启动。

(4) 按下停止按钮 SB3，两台电动机同时停止运行。

(5) 当电动机 M1、M2 循环启动运行到第三次启动时，计数器线圈得电动作。

(6) 计数器动断触点断开 M1 控制回路，使电动机 M1 无法运行。

(7) 此时需按下复位按钮 SB4，用复位指令 RST 复位计数器后，电动机方可重新启动进行下一个循环。

(8) 当电动机发生过载等故障时，电动机保护器 FM1 或 FM2 动作，两台电动机停止运行。

(9) PLC 实际接线图中停止按钮 SB3、电动机综合保护器 FM1、FM2 辅助触点均使用动断触点，复位按钮 SB4 使用动合触点。

(10) 电动机保护器 FM1 及 FM2 工作电源由外部电路直接供电。

(11) 根据上面的控制要求列出输入、输出分配表。

(12) 根据控制要求，用 PLC 计数器指令合理设计两台电动机顺序控制电路（循环 2 次停止）的梯形图程序。

(13) 根据控制要求写出语句表。

(14) 根据控制要求绘制 PLC 控制电路接线图。

2. 输入/输出设备及 I/O 元件配置分配表

输入/输出设备及 I/O 元件配置分配见表 16-1。

表 16-1　　输入/输出设备及 I/O 元件配置分配表

输入设备		PLC 输入继电器	输出设备		PLC 输出继电器
代号	功能		代号	功能	
SB1	启动按钮	X000	KM1	电动机 M1 接触器	Y000
SB2	启动按钮	X001	KM2	电动机 M2 接触器	Y001
SB3	停止按钮	X002			
SB4	复位按钮	X003			
FM1	电动机保护器 FM1	X004			
FM2	电动机保护器 FM2	X005			

二、程序及电路设计

1. PLC 梯形图

PLC 梯形图见图 16-2。

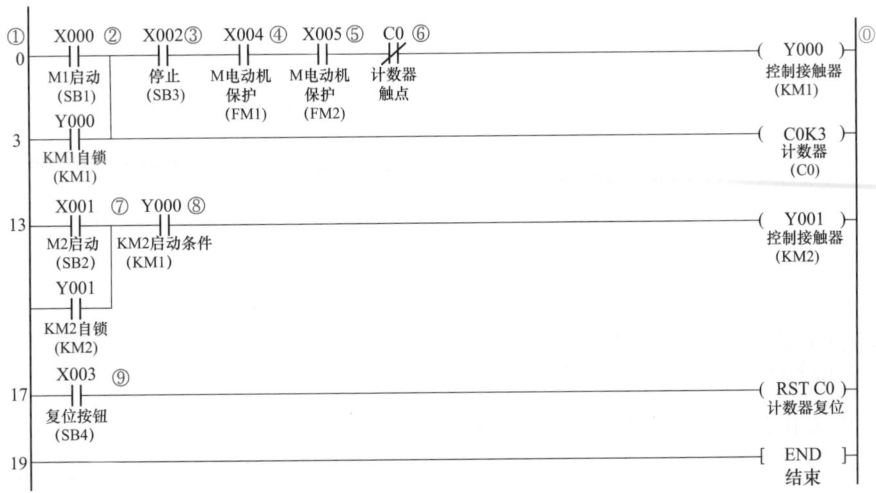

图 16-2　使用计数器指令实现两台电动机顺序控制电路 PLC 梯形图

2. PLC 指令语句表

PLC 指令语句见表 16-2。

表 16-2　　PLC 指令语句表

步号	指令	I/O（软元件）	步号	指令	I/O（软元件）	步号	指令	I/O（软元件）	步号	指令	I/O（软元件）
0	LD	X000	5	AND	X005			K3	16	LD	X003
1	OR	Y000	6	ANI	C0	12	LD	X001	17	RST	C0
2	MPS		7	OUT	Y000	13	OR	Y001	19	END	
3	AND	X002	8	MPP		14	AND	Y000			
4	AND	X004	9	OUT	C0	15	OUT	Y001			

3. PLC 接线详图

PLC 接线图如图 16-3 所示。

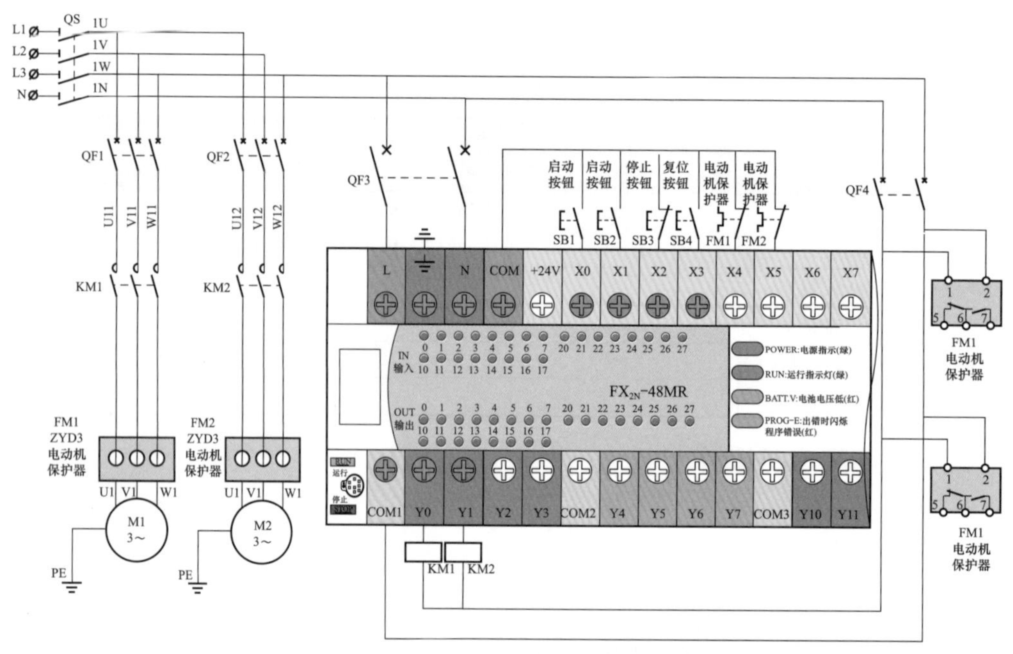

图 16-3　使用计数器指令实现两台电动机顺序控制电路 PLC 接线图

三、梯形图动作详解

闭合总电源开关 QS，主电路电源开关 QF1、QF2，闭合 PLC 电源开关 QF3，由于 SB3、FM1、FM2 触点处于闭合状态，PLC 输入继电器 X2、X4、X5、信号指示灯亮，梯形图中②→③、③→④、④→⑤动合触点闭合，闭合 PLC 输出继电器控制电源开关 QF4 电动机保护器 FM1、FM2 得电。

1. 启动过程

先按下复位按钮 SB4（X003）复位计数器。然后，按下启动按钮 SB1（X000），回路经①→②→③→④→⑤→⑥→⓪号线闭合，输出继电器 Y0“得电”，接通接触器 KM1 线圈，KM1 主触头闭合，第一台电动机 M1 运行，①→②间的 Y0 动合触点闭合实现自锁。计数器 C0 得电开始计数，同时，⑦→⑧间的动合触点 Y000 闭合，为启动第二台电动机 M2 做准备。

按下启动按钮 SB2（X001），回路经①→⑦→⑧→⓪号线闭合，输出继电器 Y1 得电，接通接触器 KM2 线圈，KM2 主触头闭合，第二台电动机 M2 运行。同时，①→⑦间的 Y1 动合触点闭合实现自锁。

2. 停止过程

按下停止按钮 SB3（X002），回路②→③断开，输入继电器 X2 信号指示灯熄灭，输出继电器 Y000 失电，外部接触器 KM1 线圈失电，KM1 主触头断开，第一台电动机 M1 停止运行。同时⑦→⑧间的动合触点 Y000 断开，输出继电器 Y001 失电，外部接触器 KM2 线圈失电，KM2 主触头断开，第二台电动机 M2 停止运行。

电动机如果长时间不需要工作，那么就应该断开相应的断路器。断开 PLC 输出继电器控制电源开关 QF4，断开 PLC 输入继电器控制电源开关 QF3，②→③、③→④、④→⑤动合触点断开，PLC 输入继电器 X2、X4、X5 信号指示灯熄灭。断开主电路电源开关 QF1、QF2，断开总电源开关 QS。

3. 计数及复位过程

（1）计数。电动机每启、停 1 次，计数器就计数 1 次，当电动机启、停第 3 次的时候，计数器计数线圈 C0 得电，其⑤→⑥间的动断触点 C0 断开，输出继电器 Y000 失电，外部接触器 KM1 线圈失电，KM1 主触头断开，第一台电动机 M1 停止运行。同时⑦→⑧间的动合触点 Y000 断开，输出继电器 Y001 失电，外部接触器 KM2 线圈失电，KM2 主触头断开，第二台电动机 M2 停止运行。

（2）复位。按下复位按钮 SB4（X003），回路经①→⑨→⓪号线闭合，计数器 CO 复位，重新开始计数。

4. 保护原理

当电动机在运行中发生断相、过载、堵转、三相不平衡等故障，PLC 输入继电器 X004（M1 保护）或输入继电器 X005（M2 保护）断开，输出继电器 Y000 和 Y001 回路断开，外部接触器 KM1 和 KM2 线圈失电、主触头断开，两台电动机同时停止运行。

第 17 例　使用顺控指令实现四台电动机顺启逆停止控制电路

一、继电器—接触器控制原理图

使用顺控指令实现四台电动机顺启逆停止控制电路如图 17-1 所示。

1. PLC 程序设计要求

（1）按下启动按钮 SB2 电动机 M1 启动。

（2）按下启动按钮 SB3 电动机 M2 启动。

（3）按下启动按钮 SB4 电动机 M3 启动。

（4）按下启动按钮 SB5 电动机 M4 启动。

（5）按下停止按钮 SB6 电动机 M4 停止运行。

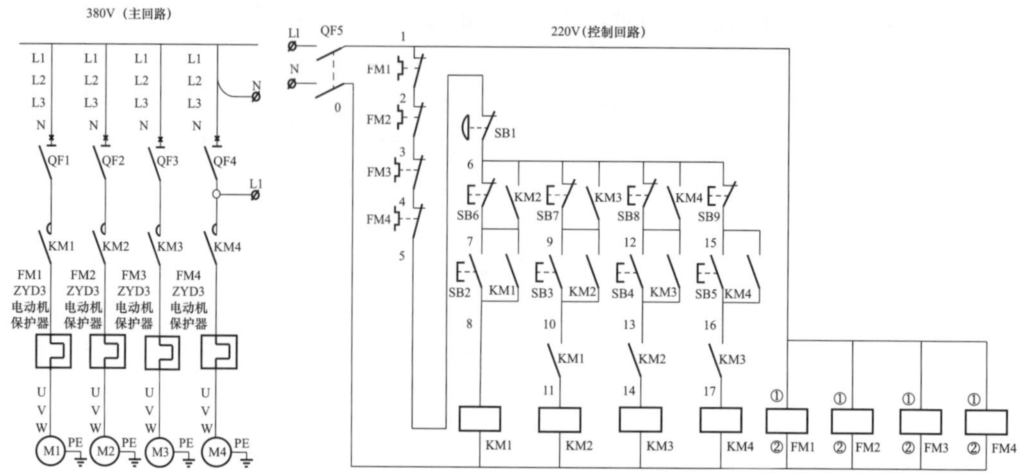

图 17-1　使用顺控指令实现四台电动机顺启逆停止控制电路原理图

（6）按下停止按钮 SB7 电动机 M3 停止运行。

（7）按下停止按钮 SB8 电动机 M2 停止运行。

（8）按下停止按钮 SB9 电动机 M1 停止运行。

（9）当发生停止按钮无法停止的紧急状况时，按下紧急停止按钮 SB1，电动机 M1、M2、M3、M4 同时停止。

（10）当电动机发生过载等故障时，电动机保护器 FM1、FM2、FM3、FM4 其中的一个动作，4 台电动机同时停止运行。

（11）PLC 实际接线图中紧急停止按钮 SB1 和停止按钮 SB6、SB7、SB8、SB9 使用电动机综合保护器 FM1、FM2、FM3、FM4 辅助触点均使用动合触点。

（12）电动机保护器 FM1、FM2、FM3、FM4 工作电源由外部电路直接供电。

（13）根据上面的控制要求列出输入、输出分配表。

（14）根据控制要求，用 PLC 顺控指令合理设计实现 4 台电动机顺启逆停止控制电路的梯形图程序。

（15）根据控制要求写出语句表。

（16）根据控制要求绘制 PLC 控制电路接线图。

2. 输入/输出设备及 I/O 元件配置分配表

输入/输出设备及 I/O 元件配置分配见表 17-1。

表 17-1　　输入/输出设备及 I/O 元件配置分配表

输入设备		PLC 输入继电器	输出设备		PLC 输出继电器
代号	功能		代号	功能	
SB1	紧急停止按钮	X000	KM1	电动机 M1 接触器	Y000
SB2	M1 启动按钮	X001	KM2	电动机 M2 接触器	Y001
SB3	M2 启动按钮	X002	KM3	电动机 M3 接触器	Y002
SB4	M3 启动按钮	X003	KM4	电动机 M4 接触器	Y003
SB5	M4 启动按钮	X004			
SB6	M4 停止按钮	X005			

续表

输入设备		PLC 输入继电器	输出设备		PLC 输出继电器
代号	功能		代号	功能	
SB7	M3 停止按钮	X006			
SB8	M2 停止按钮	X007			
SB9	M1 停止按钮	X010			
FM1	电动机保护器 FM1	X011			
FM2	电动机保护器 FM2	X012			
FM2	电动机保护器 FM3	X013			
FM4	电动机保护器 FM4	X014			

二、程序及电路设计

1. PLC 梯形图

PLC 梯形图如图 17-2 所示。

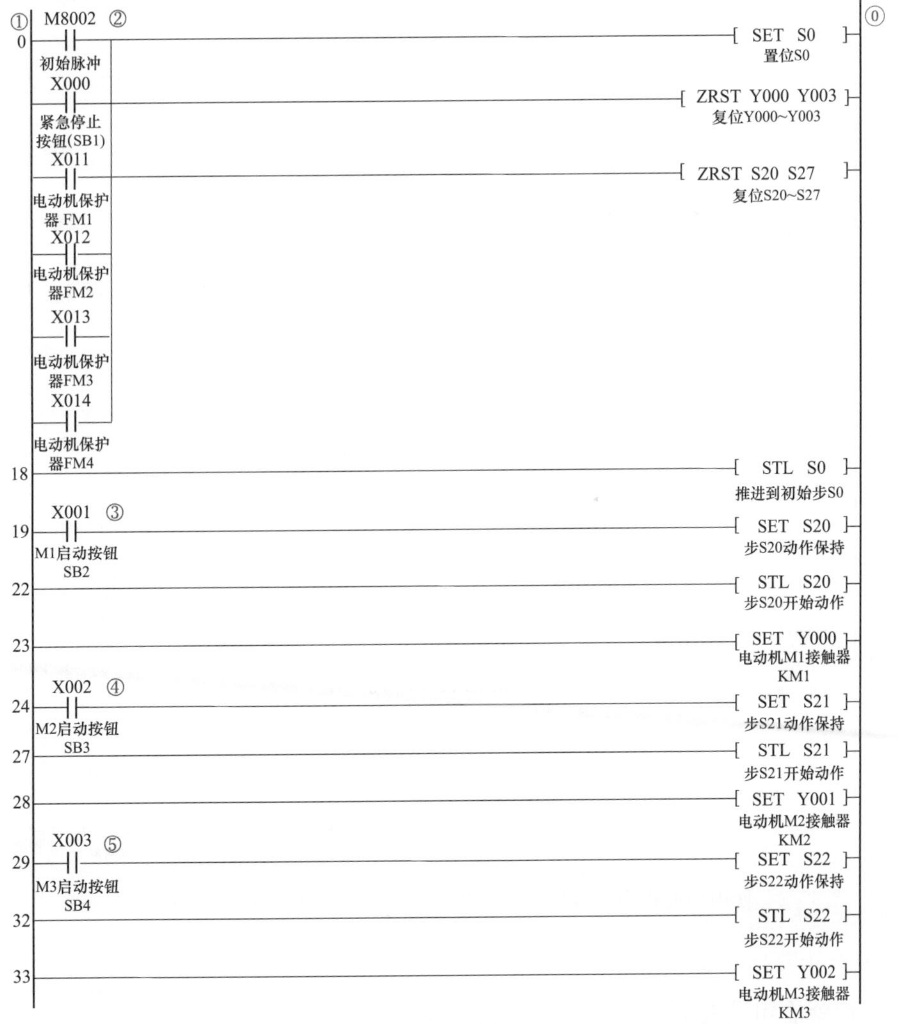

图 17-2　使用顺控指令实现四台电动机顺启逆停止控制电路 PLC 梯形图

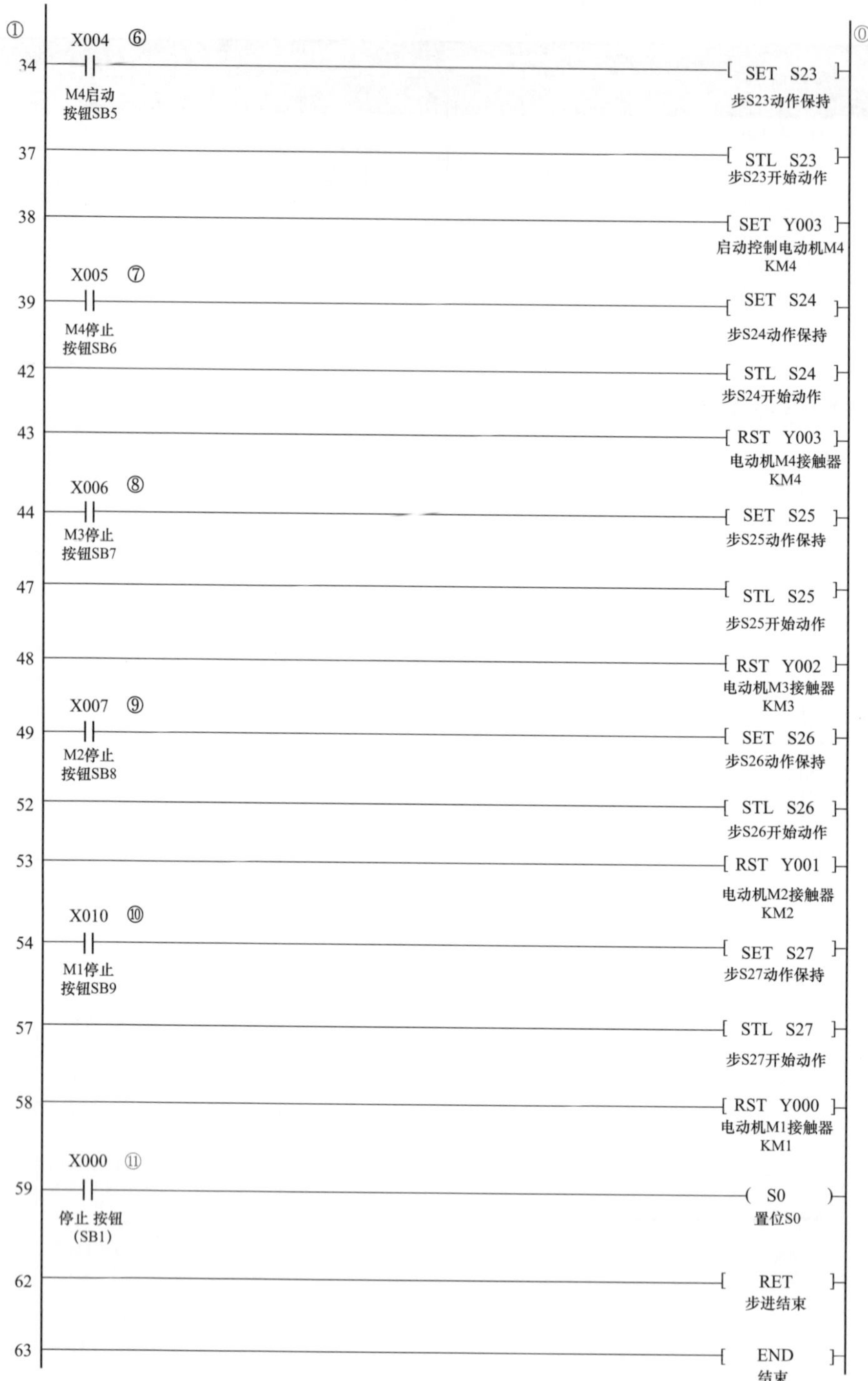

图 17-2 使用顺控指令实现四台电动机顺启逆停止控制电路 PLC 梯形图（续）

2. PLC 指令语句表

PLC 指令语句见表 17-2。

表 17-2　　　　　　　　　　　　　　PLC 指令语句表

步号	指令	I/O（软元件）	步号	指令	I/O（软元件）	步号	指令	I/O（软元件）	步号	指令	I/O（软元件）
0	LD	M8002	18	LD	X001	35	SET	S23	52	STL	S26
1	OR	X000	19	SET	S20	37	STL	S23	53	RST	Y001
2	OR	X011	20	STL	S20	38	SET	Y003	54	LD	X010
3	OR	X012	22	SET	Y000	39	LD	X005	55	SET	S27
4	OR	X013	23	LD	X002	40	SET	S24	57	STL	S27
5	OR	X014	24	SET	S21	42	STL	S24	58	RST	Y000
6	OR	X015	25	STL	S21	43	RST	Y003	59	LD	X000
7	SET	S0	27	SET	Y001	44	LD	X006	60	OUT	S0
9	ZRST	Y000	28	LD	X003	45	SET	S25	62	RET	
		Y003	29	SET	S22	47	STL	S25	63	END	
14	ZRST	S20	30	STL	S22	48	RST	Y002			
		S27	32	SET	Y002	49	LD	X007			
18	STL	S0	33	LD	X004	50	SET	S26			

3. PLC 接线详图

PLC 接线图如图 17-3 所示。

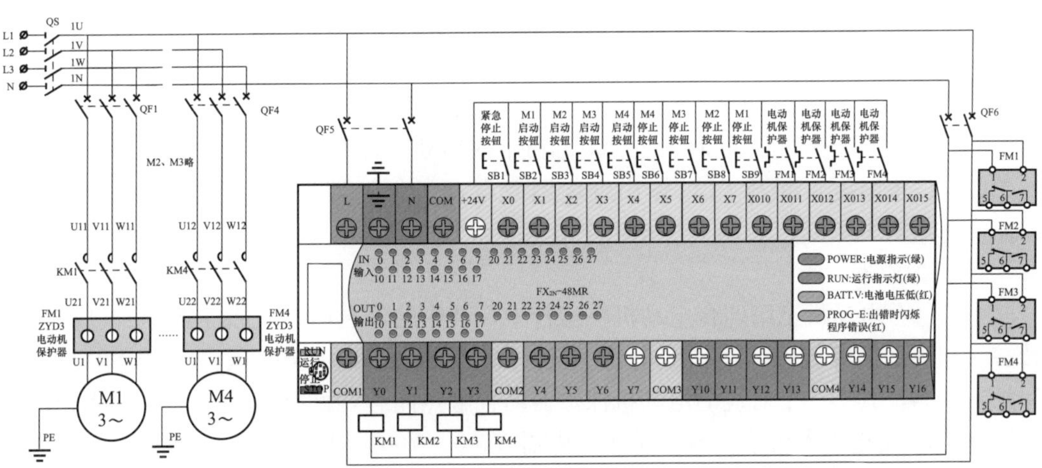

图 17-3　使用顺控指令实现四台电动机顺启逆停止控制电路 PLC 接线图

三、梯形图动作详解

闭合总电源开关 QS，闭合主回路电源开关 QF1～QF4，闭合 PLC 工作电源开关 QF5，闭合 PLC 输出及保护回路电源开关 QF6，PLC 上电并处于“RUN”状态，程序会先进行初始化操作。①→②M8002 动合触点闭合一次，回路经①→②→⓪号线闭合，状态继电器 S0 得电，进入初始步 S0，其他线圈进入失电状态，程序准备工作完成。

1. 启动过程

按下 M1 启动按钮 SB2（X001），回路经①→③→⓪号线闭合，S0 恢复常态，状态继电器 S20 得电，S20 为活动步，输出继电器 Y000 得电，接通电动机 M1 接触器线圈 KM1，电动机 M1 连续运行。按下 M2 启动按钮 SB3（X002），回路经①→④→⓪号线闭合，状态继电器S21得电，S21为活动步，输出继电器Y001得电，接通电动机M2接触器线圈KM2，电动机M2连续运行。按下M3启动按钮SB4（X003），回路经①→⑤→⓪号线闭合，状态继电器S22得电，S22为活动步，输出继电器Y002得电，接通电动机M3接触器线圈KM3，电动机M3连续运行。按下M4启动按钮SB5（X004），回路经①→⑥→⓪号线闭合，状态继电器S23得电，S23为活动步，输出继电器Y003得电，接通电动机M4接触器线圈KM4，电动机M4连续运行。

2. 停止过程

按下M4停止按钮SB6（X005），回路经①→⑦→⓪号线闭合，状态继电器S24得电，S24为活动步，输出继电器Y003被复位失电，断开电动机M4接触器线圈KM4，电动机M4停止运行。按下M3停止按钮SB7（X006），回路经①→⑧→⓪号线闭合，状态继电器S25得电，S25为活动步，输出继电器Y002被复位失电，断开电动机M3接触器线圈KM3，电动机M3停止运行。按下M2停止按钮SB8（X007），回路经①→⑨→⓪号线闭合，状态继电器S26得电，S26为活动步，输出继电器Y001被复位失电，断开电动机M2接触器线圈KM2，电动机M2停止运行。按下M1停止按钮SB9（X010），回路经①→⑩→⓪号线闭合，状态继电器S27得电，S27为活动步，输出继电器Y000被复位失电，断开电动机M1接触器线圈KM1，电动机M1停止运行。此时，4台电动机完成顺序启动逆序停止运行过程。

（1）电动机急停。当发生停止按钮无法停止的紧急状况时，按下紧急停止按钮SB1（X000），回路经①→②→⓪闭合，状态继电器S0得电进入初始步S0，输出继电器Y000～Y003，状态继电器S20～S27全部复位，对应的交流接触器线圈KM1～KM4失电，电动机M1～M4停止运行。同时，也为电动机下次启动做好准备。

（2）设备断电。断开PLC输出继电器及电动机保护器控制电源开关QF6，断开PLC工作电源开关QF5，断开电动机主电路电源开关QF1～QF4，断开总电源开关QS。

3. 保护原理

当第一台电动机至第四台电动机在运行中，其中的一台电动机发生断相、过载、堵转、三相不平衡等故障，输入继电器X011（M1保护）FM1至输入继电器X014（M4保护）FM4，其中一个对应的电动机保护器动合触点闭合，回路经①→②→⓪闭合，状态继电器S0得电进入初始步S0，输出继电器Y000～Y003，状态继电器S20～S27全部复位，对应的交流接触器线圈KM1～KM4失电，电动机M1～M4全部停止运行。

第18例　使用顺控指令实现六台电动机顺序启动手动控制电路

一、继电器—接触器控制原理图

使用顺控指令实现六台电动机顺序启动手动控制电路如图18-1所示。

1. PLC程序设计要求

（1）按下启动按钮SB2电动机M1启动。

（2）按下启动按钮SB3电动机M2启动。

（3）按下启动按钮SB4电动机M3启动。

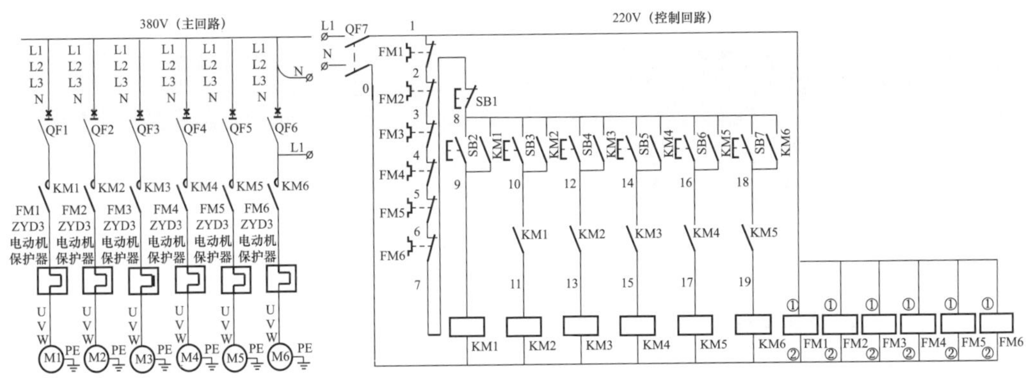

图 18-1　使用顺控指令实现六台电动机顺序启动手动控制电路原理图

（4）按下启动按钮 SB5 电动机 M4 启动。

（5）按下启动按钮 SB6 电动机 M5 启动。

（6）按下启动按钮 SB7 电动机 M6 启动。

（7）在任何时候按下停止按钮 SB1 电动机 M1、M2、M3、M4、M5、M6 同时停止。

（8）当电动机发生过载等故障时，电动机保护器 FM1、FM2、FM3、FM4、FM5、FM6 其中的一个动作，6 台电动机同时停止运行。

（9）PLC 实际接线图中停止按钮 SB1、电动机综合保护器 FM1、FM2、FM3、FM4、FM5、FM6 辅助触点均使用动合触点。

（10）电动机保护器 FM1、FM2、FM3、FM4、FM5、FM6 工作电源由外部电路直接供电。

（11）根据上面的控制要求列出输入、输出分配表。

（12）根据控制要求，用 PLC 顺控指令合理设计实现 6 台电动机顺序启动手动控制电路的梯形图程序。

（13）根据控制要求写出语句表。

（14）根据控制要求绘制 PLC 控制电路接线图。

2. 输入/输出设备及 I/O 元件配置分配表

输入/输出设备及 I/O 元件配置分配见表 18-1。

表 18-1　　**输入/输出设备及 I/O 元件配置分配表**

输入设备		PLC 输入继电器	输出设备		PLC 输出继电器
代号	功能		代号	功能	
SB1	停止按钮	X000	KM1	电动机 M1 接触器	Y000
SB2	M1 启动按钮	X001	KM2	电动机 M2 接触器	Y001
SB3	M2 启动按钮	X002	KM3	电动机 M3 接触器	Y002
SB4	M3 启动按钮	X003	KM4	电动机 M4 接触器	Y003
SB5	M4 启动按钮	X004	KM5	电动机 M5 接触器	Y004
SB6	M5 启动按钮	X005	KM6	电动机 M6 接触器	Y005
SB7	M6 启动按钮	X006			
FM1	电动机保护器 FM1	X010			
FM2	电动机保护器 FM2	X011			

续表

输入设备		PLC 输入继电器	输出设备		PLC 输出继电器
代号	功能		代号	功能	
FM2	电动机保护器 FM3	X012			
FM4	电动机保护器 FM4	X013			
FM5	电动机保护器 FM5	X014			
FM6	电动机保护器 FM6	X015			

二、程序及电路设计

1. PLC 梯形图

PLC 梯形图如图 18-2 所示。

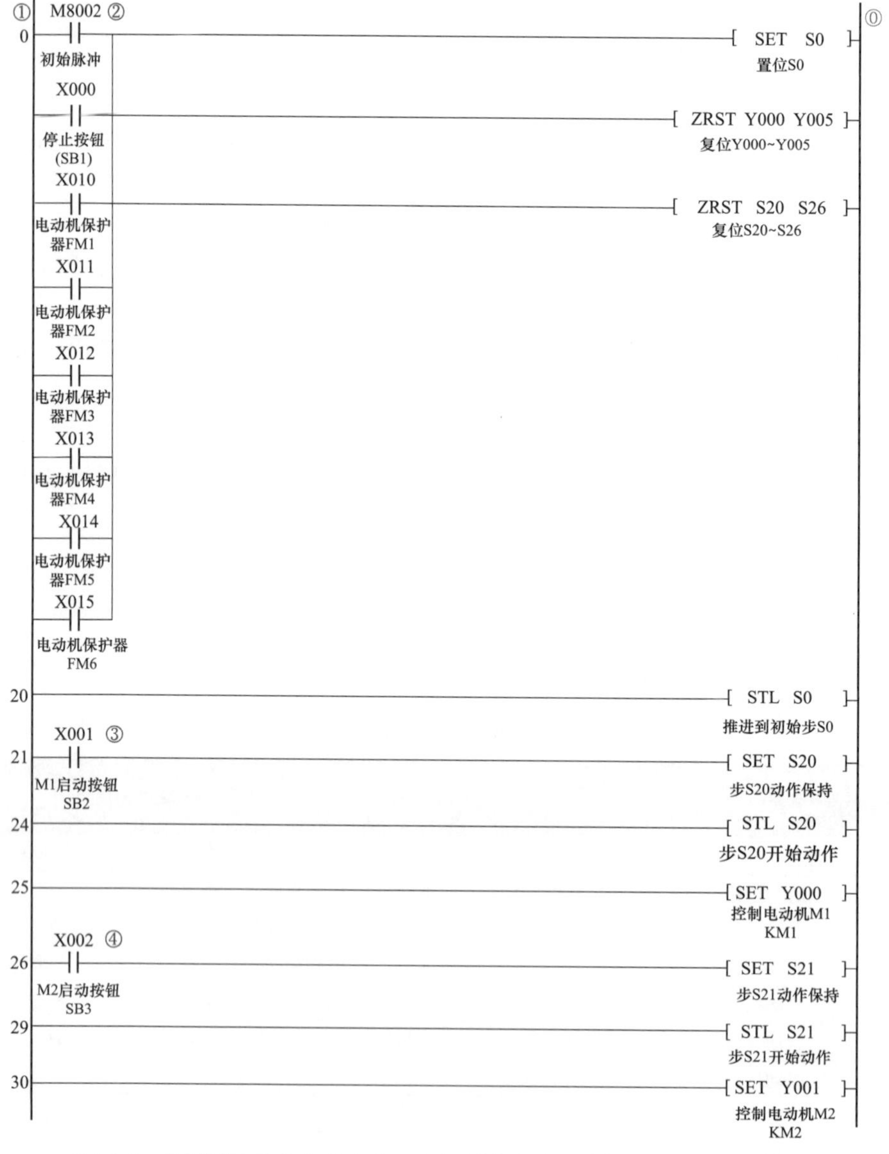

图 18-2 使用顺控指令实现六台电动机顺序启动手动控制电路 PLC 梯形图

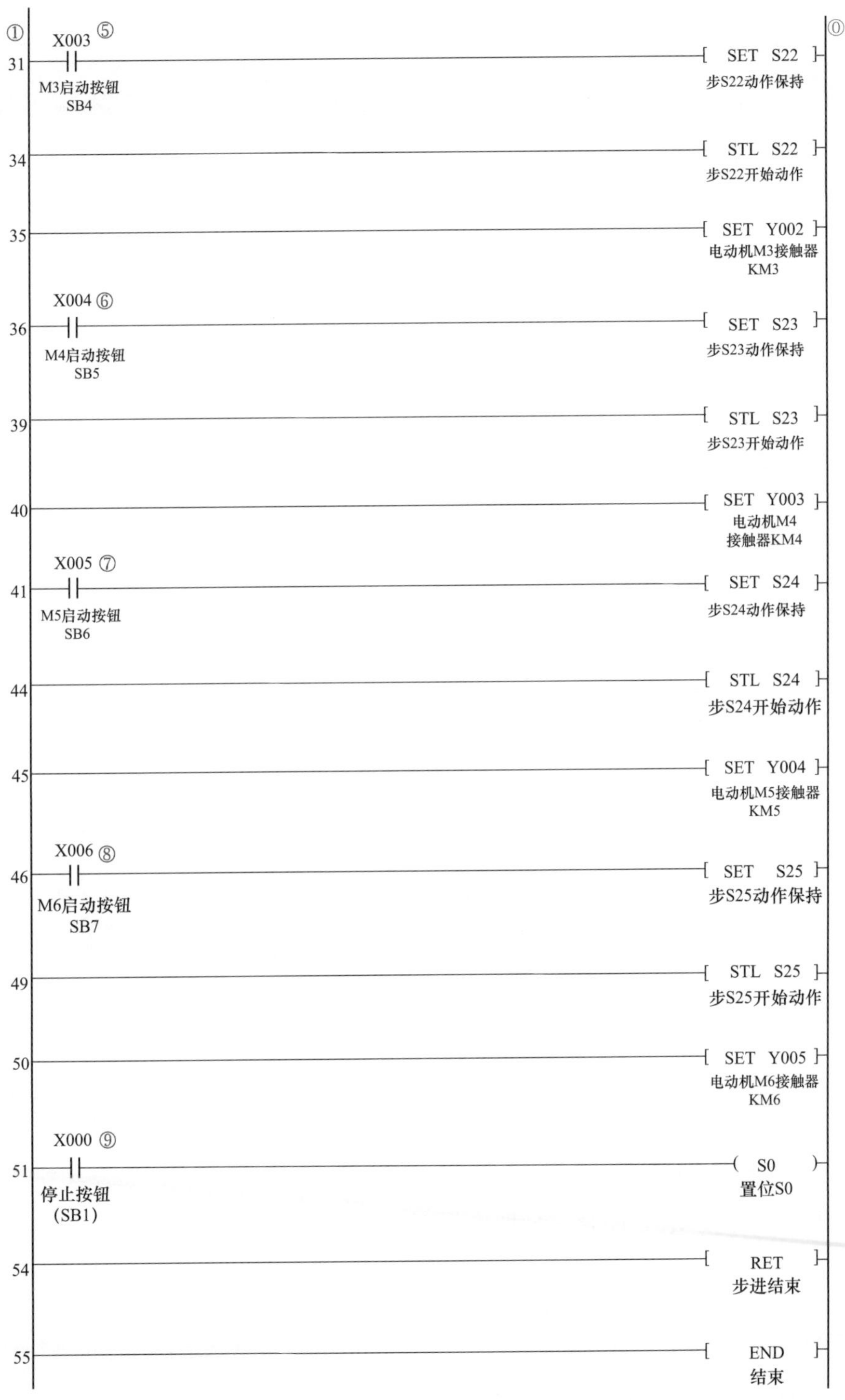

图 18-2　使用顺控指令实现六台电动机顺序启动手动控制电路 PLC 梯形图（续）

2. PLC 指令语句表

PLC 指令语句见表 18-2。

表 18-2　　　　PLC 指令语句表

步号	指令	I/O（软元件）	步号	指令	I/O（软元件）	步号	指令	I/O（软元件）	步号	指令	I/O（软元件）
0	LD	M8002	15	ZRST	S20	31	LD	X003	45	SET	Y004
1	OR	X000			S26	32	SET	S22	46	LD	X006
2	OR	X010	20	STL	S0	34	STL	S22	47	SET	S25
3	OR	X011	21	LD	X001	35	SET	Y002	49	STL	S25
4	OR	X012	22	SET	S20	36	LD	X004	50	SET	Y005
5	OR	X013	24	STL	S20	37	SET	S23	51	LD	X000
6	OR	X014	25	SET	Y000	39	STL	S23	52	OUT	S0
7	OR	X015	26	LD	X002	40	SET	Y003	54	RET	
8	SET	S0	27	SET	S21	41	LD	X005	55	END	
10	ZRST	Y000	29	STL	S21	42	SET	S24			
		Y005	30	SET	Y001	44	STL	S24			

3. PLC 接线详图

PLC 接线图如图 18-3 所示。

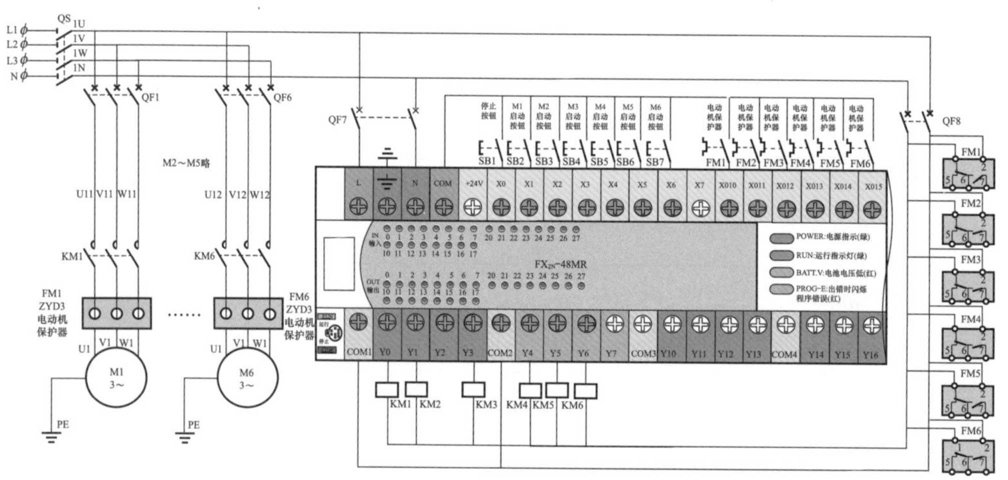

图 18-3　使用顺控指令实现六台电动机顺序启动手动控制电路 PLC 接线图

三、梯形图动作详解

闭合总电源开关 QS，闭合主回路电源开关 QF1～QF6，闭合 PLC 工作电源开关 QF7，闭合 PLC 输出及保护回路电源开关 QF8，将 PLC 通电并处于“RUN”状态，程序会先进行初始化操作。①→②M8002 动合触点闭合一次，回路经①→②→⓪号线闭合，状态继电器 S0 得电，进入初始步 S0，其他线圈进入失电状态，程序准备工作完成。

1. 启动过程

按下 M1 启动按钮 SB2（X001），回路经①→③→⓪号线闭合，S0 恢复常态，状态继电器 S20 得电，S20 为活动步，输出继电器 Y000 得电，接通电动机 M1 接触器线圈 KM1，电动机 M1 连续运行。按下 M2 启动按钮 SB3（X002），回路经①→④→⓪号线闭合，状态继电器 S21 得电，S21 为活动步，输出继电器 Y001 得电，接通电动机 M2 接触器线圈 KM2，电动机 M2 连续运行。按下 M3 启动按钮 SB4（X003），回路经①→⑤→⓪号线闭合，状态继电器 S22 得电，S22 为活动步，输出继电器 Y002 得电，接通电动机 M3 接触器线圈 KM3，电动机 M3 连续运行。按下 M4 启动按钮 SB5（X004），回路经①→⑥→⓪号线闭合，状态继电器 S23 得电，S23 为活动步，输出继电器 Y003 得电，接通电动机 M4 接触器线圈 KM4，电动机 M4 连续运行。按下 M5 启动按钮 SB6（X005），回路经①→⑦→⓪号线闭合，状态继电器 S24 得电，S24 为活动步，输出继电器 Y004 得电，接通电动机 M5 接触器线圈 KM5，电动机 M5 连续运行。按下 M6 启动按钮 SB7（X006），回路经①→⑧→⓪号线闭合，状态继电器 S25 得电，S25 为活动步，输出继电器 Y005 得电，接通电动机 M6 接触器线圈 KM6，电动机 M6 连续运行，6 台电动机顺序启动完毕。此时，6 台电动机同时连续运行。

2. 停止过程

按下停止按钮 SB1（X000），回路经①→②→⓪闭合，状态继电器 S0 得电进入初始步 S0，输出继电器 Y000～Y005 回路断开，状态继电器 S20～S25 全部复位，对应的交流接触器线圈 KM1～KM6 失电，电动机 M1～M6 停止运行。同时，也为电动机下次启动做好准备。

3. 保护原理

当第一～六台电动机在运行中，其中的一台电动机发生断相、过载、堵转、三相不平衡等故障，输入继电器 X010（M1 过载保护）FM1 至输入继电器 X015（M6 过载保护）FM6，其中一个对应的电动机保护器动合触点闭合，回路经①→②→⓪闭合，状态继电器 S0 得电进入初始步 S0，输出继电器 Y000～Y005 回路断开，状态继电器 S20～S25 全部复位，对应的交流接触器线圈 KM1～KM6 失电，电动机 M1～M6 全部停止运行。

第 19 例　使用顺控指令实现六台电动机逐台延时启动控制电路

一、继电器—接触器控制原理图

使用顺控指令实现六台电动机逐台延时启动控制电路如图 19-1 所示。

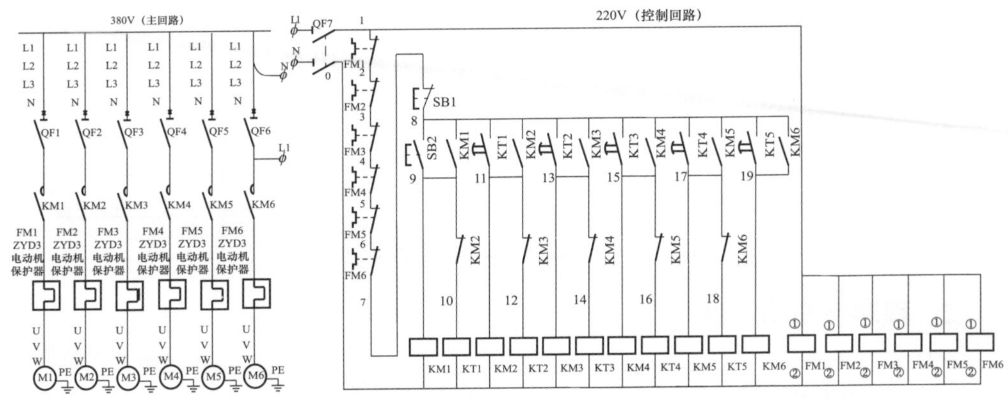

图 19-1　使用顺控指令实现六台电动机逐台延时启动控制电路原理图

1. PLC 程序设计要求

（1）按下启动按钮 SB2 电动机 M1 启动。

（2）电动机 M1 启动后，间隔 3s 电动机 M2 启动。

（3）电动机 M2 启动后，间隔 3s 电动机 M3 启动。

（4）电动机 M3 启动后，间隔 3s 电动机 M4 启动。

（5）电动机 M4 启动后，间隔 3s 电动机 M5 启动。

（6）电动机 M5 启动后，间隔 3s 电动机 M6 启动，6 台电动机同时运行。

（7）在任何时候按下停止按钮 SB1 电动机 M1、M2、M3、M4、M5、M6 同时停止。

（8）当电动机发生过载等故障时，电动机保护器 FM1、FM2、FM3、FM4、FM5、FM6 其中的一个动作，6 台电动机同时停止运行。

（9）PLC 实际接线图中停止按钮 SB1、电动机综合保护器 FM1、FM2、FM3、FM4、FM5、FM6 辅助触点均使用动合触点。

（10）电动机保护器 FM1、FM2、FM3、FM4、FM5、FM6 工作电源由外部电路直接供电。

（11）根据上面的控制要求列出输入、输出分配表。

（12）根据控制要求，用 PLC 顺控指令合理设计实现 6 台电动机逐台延时启动控制电路的梯形图程序。

（13）根据控制要求写出语句表。

（14）根据控制要求绘制 PLC 控制电路接线图。

2. 输入/输出设备及 I/O 元件配置分配表

输入/输出设备及 I/O 元件配置分配见表 19-1。

表 19-1　　输入/输出设备及 I/O 元件配置分配表

输入设备		PLC 输入继电器	输出设备		PLC 输出继电器
代号	功能		代号	功能	
SB1	停止按钮	X000	KM1	电动机 M1 接触器	Y000
FM1	电动机保护器 FM1	X001	KM2	电动机 M2 接触器	Y001
FM2	电动机保护器 FM2	X002	KM3	电动机 M3 接触器	Y002
FM3	电动机保护器 FM3	X003	KM4	电动机 M4 接触器	Y003
FM4	电动机保护器 FM4	X004	KM5	电动机 M5 接触器	Y004
FM5	电动机保护器 FM5	X005	KM6	电动机 M6 接触器	Y005
FM6	电动机保护器 FM6	X006			
SB2	启动按钮	X007			

二、程序及电路设计

1. PLC 梯形图

PLC 梯形图如图 19-2 所示。

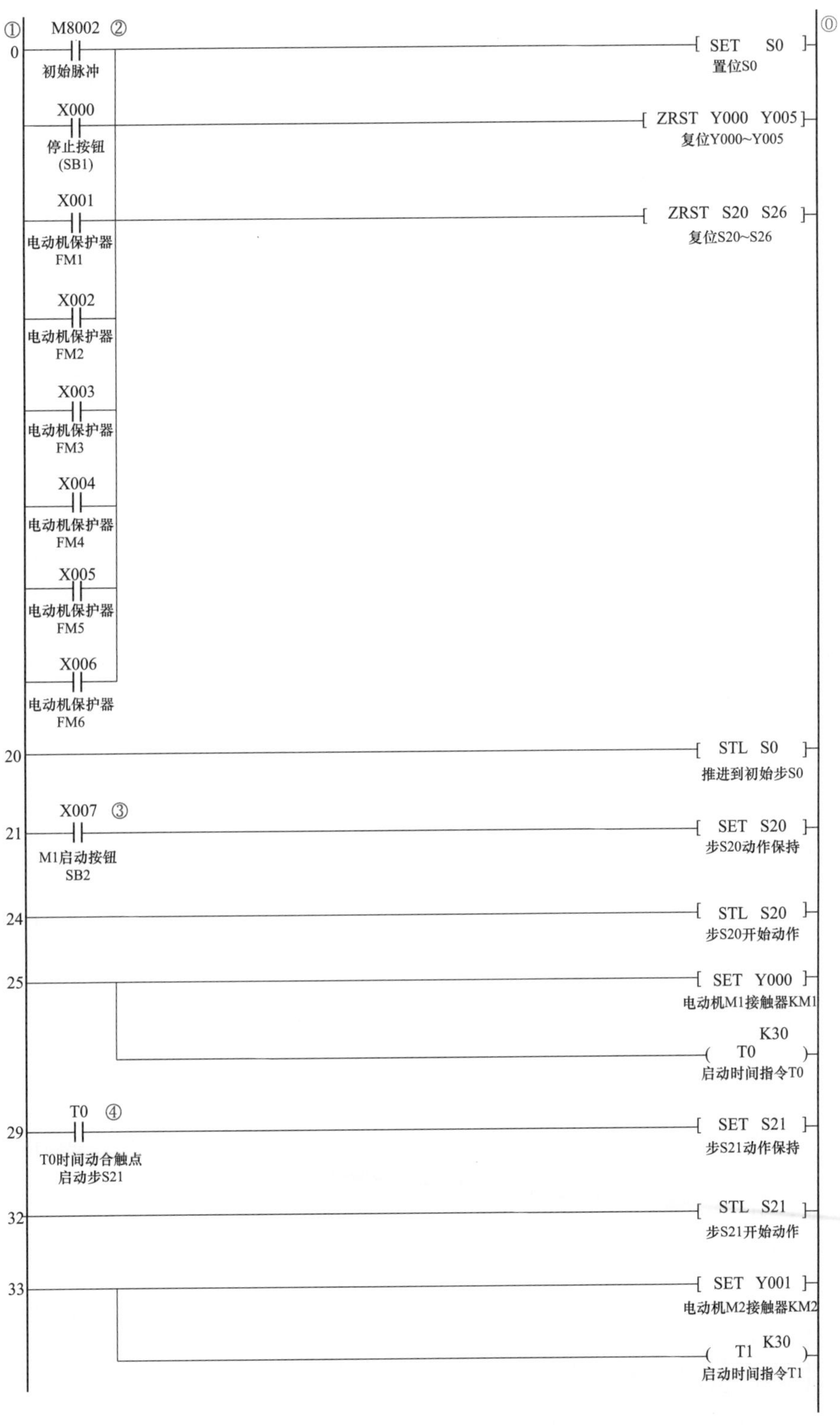

图 19-2　使用顺控指令实现六台电动机逐台延时启动控制电路 PLC 梯形图

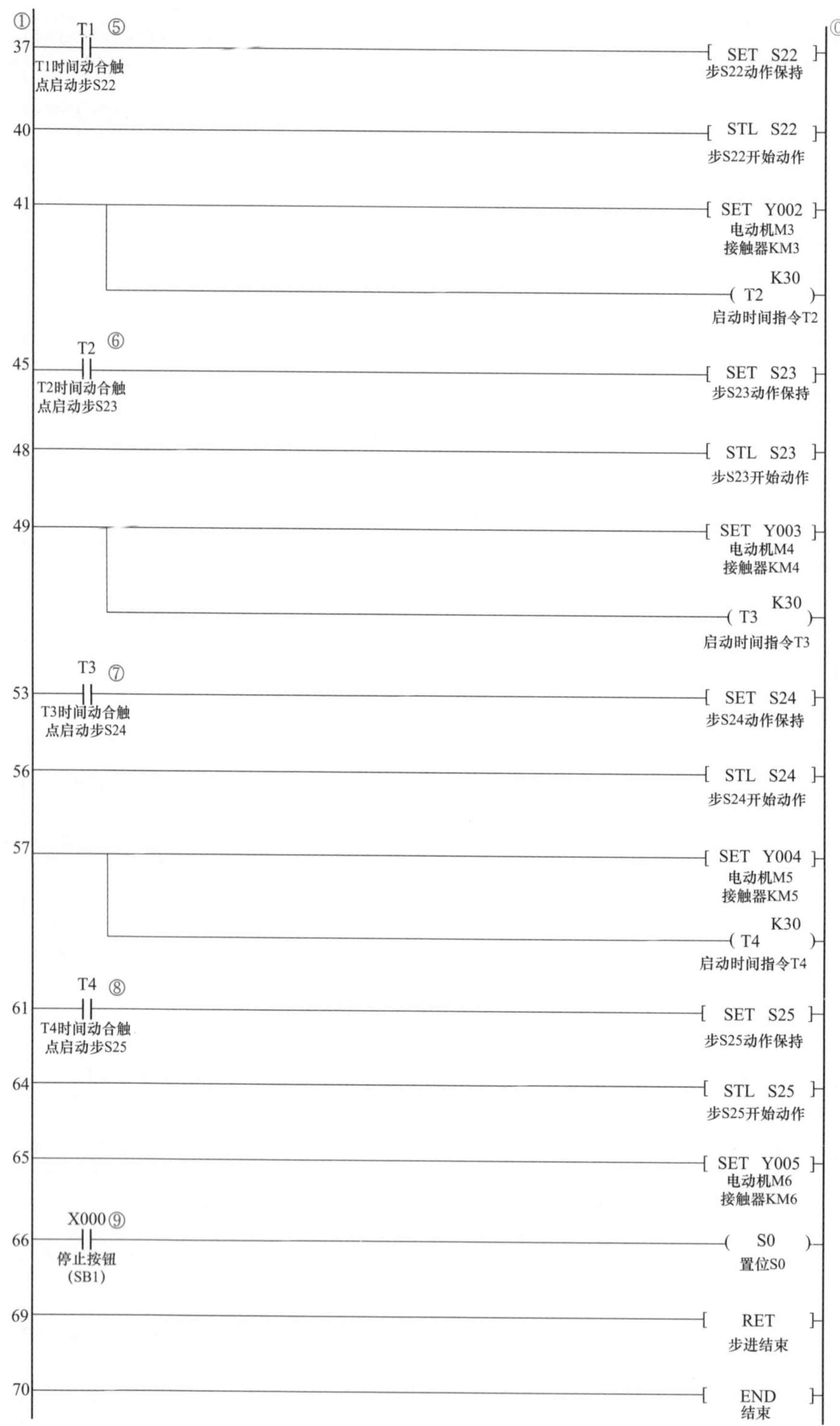

图 19-2　使用顺控指令实现六台电动机逐台延时启动控制电路 PLC 梯形图（续）

2. PLC 指令语句表

PLC 指令语句见表 19-2。

表 19-2　　　　　　　　　　PLC 指令语句表

步号	指令	I/O（软元件）	步号	指令	I/O（软元件）	步号	指令	I/O（软元件）	步号	指令	I/O（软元件）
0	LD	M8002	20	STL	S0	37	LD	T1	54	SET	S24
1	OR	X000	21	LD	X007	38	SET	S22	56	STL	S24
2	OR	X001	22	SET	S20	40	STL	S22	57	SET	Y004
3	OR	X002	24	STL	S20	41	SET	Y002	58	OUT	T4
4	OR	X003	25	SET	Y000	42	OUT	T2			K30
5	OR	X004	26	OUT	T0			K30	61	LD	T4
6	OR	X005			K30	45	LD	T2	62	SET	S25
7	OR	X006	29	LD	T0	46	SET	S23	64	STL	S25
8	SET	S0	30	SET	S21	48	STL	S23	65	SET	Y005
10	ZRST	Y000	32	STL	S21	49	SET	Y003	66	LD	X000
		Y005	33	SET	Y001	50	OUT	T3	67	OUT	S0
15	ZRST	S20	34	OUT	T1			K30	69	RET	
		S26			K30	53	LD	T3	70	END	

3. PLC 接线详图

PLC 接线图如图 19-3 所示。

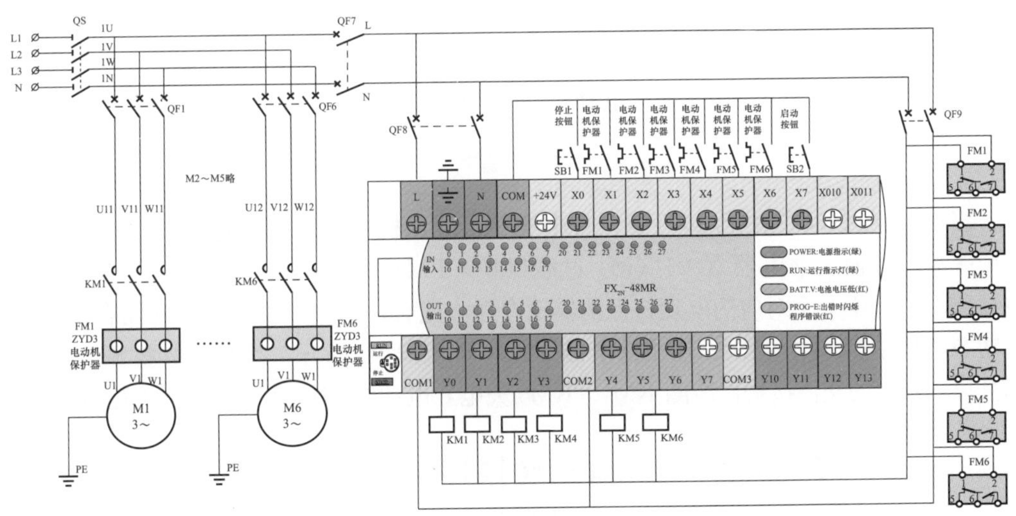

图 19-3　使用顺控指令实现六台电动机逐台延时启动控制电路 PLC 接线图

三、梯形图动作详解

闭合总电源开关 QS，闭合主回路电源开关 QF1～QF6，闭合控制及保护回路电源开关 QF7，闭合 PLC 工作电源开关 QF8，闭合 PLC 输出及保护回路电源开关 QF9，将 PLC 通电并处于“RUN”状态，程序会先进行初始化操作。①→②M8002 动合触点闭合一次，回路经①→②→⓪号线闭合，状态继电器 S0 得电，进入初始步 S0，其他线圈进入失电状态，程序准备工作完成。

1. 启动过程

按下 M1 启动按钮 SB2（X007），回路经①→③→⓪号线闭合，S0 恢复常态，状态继电器 S20 得电，S20 为活动步，输出继电器 Y000 得电，接通电动机 M1 接触器线圈 KM1，电动机 M1 连续运行，同时，时间继电器 T0 线圈得电，为电动机 M2 启动做好准备。3s 后 T0 动合触点闭合，回路经①→④→⓪号线闭合，状态继电器 S21 得电，S21 为活动步，输出继电器 Y001 得电，接通电动机 M2 接触器线圈 KM2，电动机 M2 连续运行，同时，时间继电器 T1 线圈得电，为电动机 M3 启动做好准备。3s 后 T1 动合触点闭合，回路经①→⑤→⓪号线闭合，状态继电器 S22 得电，S22 为活动步，输出继电器 Y002 得电，接通电动机 M3 接触器线圈 KM3，电动机 M3 连续运行，同时，时间继电器 T2 线圈得电，为电动机 M4 启动做好准备。3s 后 T2 动合触点闭合，回路经①→⑥→⓪号线闭合，状态继电器 S23 得电，S23 为活动步，输出继电器 Y003 得电，接通电动机 M4 接触器线圈 KM4，电动机 M4 连续运行，同时，时间继电器 T3 线圈得电，为电动机 M5 启动做好准备。3s 后 T3 动合触点闭合，回路经①→⑦→⓪号线闭合，状态继电器 S24 得电，S24 为活动步，输出继电器 Y004 得电，接通电动机 M5 接触器线圈 KM5，电动机 M5 连续运行，同时，时间继电器 T4 线圈得电，为电动机 M6 启动做好准备。3s 后 T3 动合触点闭合，回路经①→⑧→⓪号线闭合，状态继电器 S25 得电，S25 为活动步，输出继电器 Y005 得电，接通电动机 M6 触器线圈 KM6，电动机 M6 连续运行，6 台电动机逐台启动完毕。此时，6 台电动机同时连续运行。

2. 停止过程

按下停止按钮 SB1（X000），回路经①→②→⓪闭合，状态继电器 S0 得电进入初始步 S0，输出继电器 Y000～Y005 回路断开，状态继电器 S20～S25 全部复位，对应的交流接触器线圈 KM1～KM6 失电，电动机 M1～M6 停止运行。同时，也为电动机下次启动做好准备。

3. 保护原理

当第一～六台电动机在运行中，其中的一台电动机发生断相、过载、堵转、三相不平衡等故障，输入继电器 X001（M1 过载保护）FM1 至输入继电器 X006（M6 过载保护）FM6，其中一个对应的电动机保护器动合触点闭合，回路经①→②→⓪闭合，状态继电器 S0 得电进入初始步 S0，输出继电器 Y000～Y005 回路断开，状态继电器 S20～S25 全部复位，对应的交流接触器线圈 KM1～KM6 失电，电动机 M1～M6 全部停止运行。

第 20 例　手/自动转换控制的两台电动机顺序启动同时停止控制电路

一、继电器—接触器控制原理图

手/自动转换控制的两台电动机顺序启动同时停止控制电路如图 20-1 所示。

1. PLC 程序设计要求

(1) 转换开关 SA 选择手动运行（断开状态）。

1）按下外部启动按钮 SB1 电动机 M1 启动。

2）按下外部启动按钮 SB3 电动机 M2 启动。

3）按下外部停止按钮 SB2 电动机 M1、M2 同时停止。

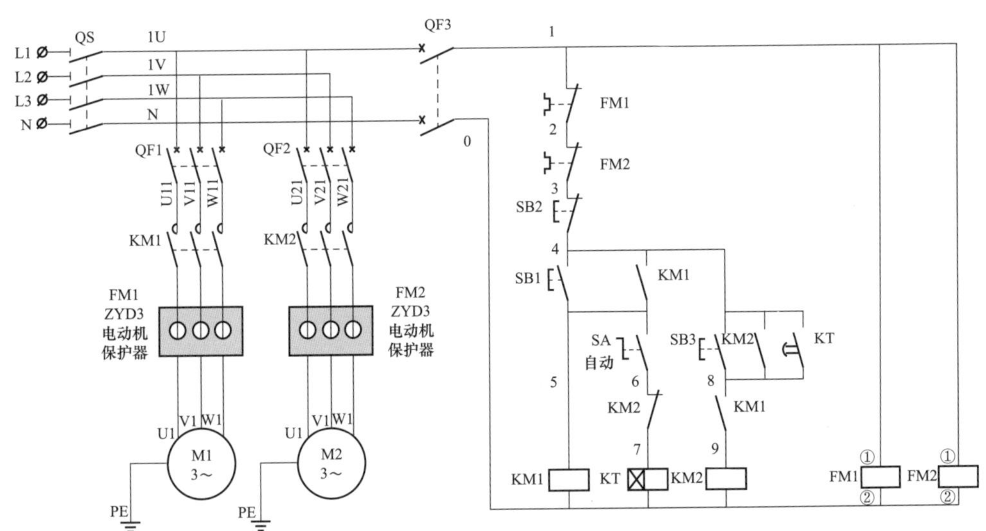

图 20-1　手/自动转换控制的两台电动机顺序启动同时停止控制电路原理图

（2）转换开关 SA 选择自动运行（接通状态）。

1）按下外部启动按钮 SB1 电动机 M1 启动。

2）电动机 M1 启动后，延时 5s 电动机 M2 启动。

3）按下外部停止按钮 SB2 电动机 M1、M2 同时停止。

（3）当电动机发生过载等故障时，电动机保护器 FM1 或 FM2 动作，两台电动机停止运行。

（4）PLC 实际接线图中停止按钮 SB2、电动机综合保护器 FM1、FM2 辅助触点均使用动断触点。

（5）电动机保护器 FM1 及 FM2 工作电源由外部电路直接供电。

（6）根据上面的控制要求列出输入、输出分配表。

（7）根据控制要求，用 PLC 基本指令合理设计两台电动机顺序启动同时停止的梯形图程序。

（8）根据控制要求写出语句表。

（9）根据控制要求绘制 PLC 控制电路接线图。

2. 输入/输出设备及 I/O 元件配置分配表

输入/输出设备及 I/O 元件配置分配见表 20-1。

表 20-1　输入/输出设备及 I/O 元件配置分配表

输入设备		PLC 输入继电器	输出设备		PLC 输出继电器
代号	功能		代号	功能	
SB1	启动按钮	X000	KM1	电动机 M1 接触器	Y000
SB2	停止按钮	X001	KM2	电动机 M2 接触器	Y001
SB3	M2 手动启动按钮	X002			
SA	手/自转换开关	X003			
FM1	电动机保护器 FM1	X004			
FM2	电动机保护器 FM2	X005			

二、程序及电路设计

1. PLC 梯形图

PLC 梯形图如图 20-2 所示。

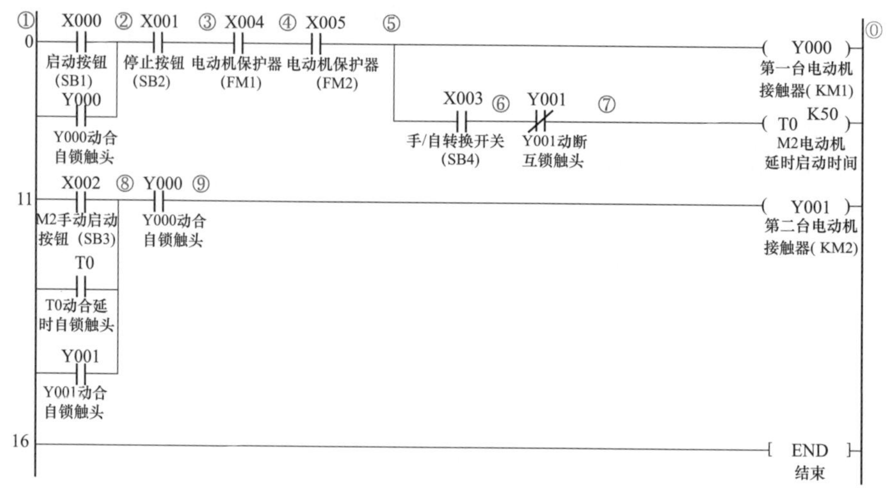

图 20-2　手/自动转换控制的两台电动机顺序启动同时停止控制电路 PLC 梯形图

2. PLC 指令语句表

PLC 指令语句见表 20-2。

表 20-2　　PLC 指令语句表

步号	指令	I/O（软元件）	步号	指令	I/O（软元件）	步号	指令	I/O（软元件）	步号	指令	I/O（软元件）
0	LD	X000	4	AND	X005	8	OUT	T0	13	OR	Y001
1	OR	Y000	5	OUT	Y000			K50	14	AND	Y000
2	AND	X001	6	AND	X003	11	LD	X002	15	OUT	Y001
3	AND	X004	7	ANI	Y001	12	OR	T0	16	END	

3. PLC 接线详图

PLC 接线图如图 20-3 所示。

三、梯形图动作详解

闭合总电源开关 QS，闭合电动机主电路电源开关 QF1、QF2，闭合 PLC 电源开关 QF3，闭合 PLC 输出继电器及电动机保护器控制电源开关 QF4。由于停止按钮 SB2 和综合保护器 FM1、FM2 触点处于闭合状态，PLC 输入继电器 X1、X4、X5 信号指示灯亮，梯形图中②→③、③→④、④→⑤触点闭合。

1. 启动过程

（1）手动启动。将转换开关转至断开位置，回路⑤→⑥断开。按下启动按钮 SB1（X000），回路经①→②→③→④→⑤→⓪号线闭合，输出继电器 Y000“得电”，接通外部接触器 KM1 线圈，第一台电动机 M1 启动运行。同时①→②间的 Y000 动合触点闭合，继电器 Y000 实现自锁，M1 连续运行。同时回路⑧→⑨间的

Y000 动合触头闭合，为 Y001 启动做准备。按下启动按钮 SB3（X002），回路经①→⑧→⑨→⓪号线闭合，输出继电器 Y001“得电”，接通外部接触器 KM2 线圈，第二台电动机 M2 启动运行。同时①→⑧间的 Y001 动合触点闭合，继电器 Y001 实现自锁，M2 连续运行。

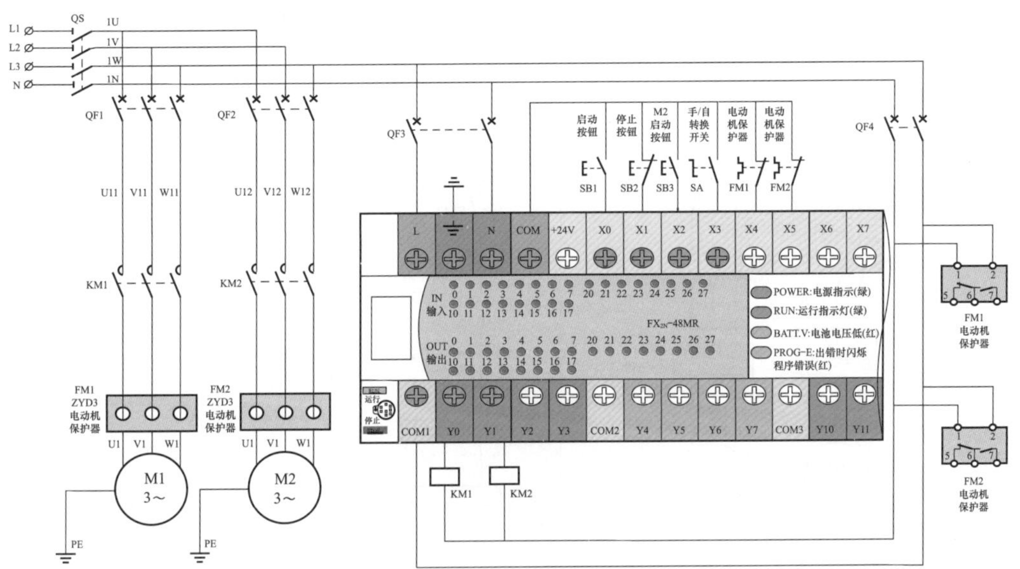

图 20-3　手/自动转换控制的两台电动机顺序启动同时停止控制电路 PLC 接线图

（2）自动启动。将转换开关转至闭合位置，回路⑤→⑥闭合。按下启动按钮 SB1（X000），回路经①→②→③→④→⑤→⓪号线闭合，输出继电器 Y000“得电”，接通外部接触器 KM1 线圈，第一台电动机 M1 启动运行。同时①→②间的 Y000 动合触点闭合，继电器 Y000 实现自锁，M1 连续运行。同时回路⑧→⑨间的 Y000 动合触头闭合，为 Y001 启动做准备，同时⑦→⓪线间的定时器 T0“得电”，延时 5s 后①→⑧线间 T0 动合触点闭合，回路经①→⑧→⑨→⓪号线闭合，输出继电器 Y001“得电”，接通外部接触器 KM2 线圈，第二台电动机 M2 启动运行，同时①→⑧间的 Y001 动合触点闭合，继电器 Y001 实现自锁，同时⑥→⑦间的 Y001 动断触头断开，使 TO 线圈失电，①→⑧线间 T0 动合触点返回断开。

2. 停止过程

按下停止按钮 SB2（X001），回路②→③断开，输出继电器 Y000 断开，外部接触器 KM1 线圈失电，同时回路⑧→⑨线间的 Y000 动合触头断开，输出继电器 Y001 断开，外部接触器 KM2 线圈失电，M1 和 M2 两台电动机同时停止运行。

3. 保护原理

当第一台电动机或第二台电动机在运行中发生断相、过载、堵转、三相不平衡等故障，FM1 电动机保护器 X004（M1 过载保护）或 FM2 电动机保护器 X005（M2 过载保护）断开，输出继电器 Y000 和 Y001 回路断开，外部接触器 KM1 和 KM2 线圈失电，两台电动机 M1、M2 同时停止运行。

第 21 例　使用单按钮及交替指令实现两台电动机交替运行控制电路

一、继电器—接触器控制原理图

使用单按钮及交替指令实现两台电动机交替运行控制电路如图 21-1 所示。

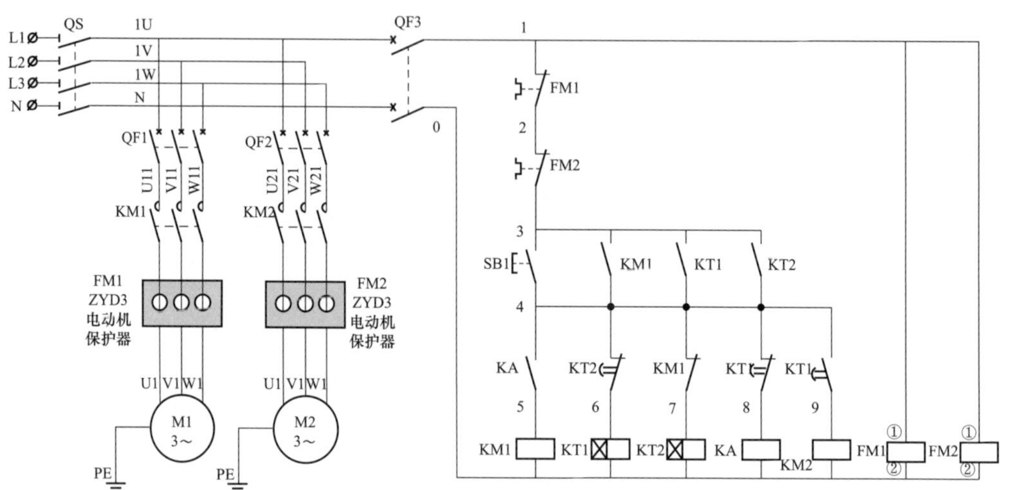

图 21-1　使用单按钮及交替指令实现两台电动机交替运行控制电路原理图

1．PLC 程序设计要求

（1）按下启/停按钮 SB1 第一台电动机 M1 启动。

（2）第一台电动机 M1 启动后，延时 6s 第一台电动机 M1 停止运行。

（3）第一台电动机 M1 停止运行的同时，第二台电动机 M2 启动运行。

（4）第二台电动机 M2 启动后，延时 6s 第二台电动机 M2 停止运行。

（5）第二台电动机 M2 停止运行的同时，第一台电动机 M1 启动运行，两台电动机如此交替运行。

（6）电动机 M1 或 M2 在运行状态下，再次按下外部启/停按钮 SB1 电动机 M1、M2 同时停止。

（7）当电动机发生过载等故障时，电动机保护器 FM1 或 FM2 动作，两台电动机停止运行。

（8）PLC 实际接线图中启/停按钮 SB1、电动机综合保护器 FM1、FM2 辅助触点均使用动合触点。

（9）电动机保护器 FM1 及 FM2 工作电源由外部电路直接供电。

（10）根据上面的控制要求列出输入、输出分配表。

（11）根据控制要求，使用 PLC 交替指令及单按钮合理设计两台电动机交替运行的梯形图程序。

（12）根据控制要求写出语句表。

（13）根据控制要求绘制 PLC 控制电路接线图。

2. 输入/输出设备及 I/O 元件配置分配表

输入/输出设备及 I/O 元件配置分配见表 21-1。

表 21-1　　输入/输出设备及 I/O 元件配置分配表

输入设备		PLC 输入继电器	输出设备		PLC 输出继电器
代号	功能		代号	功能	
SB1	启/停按钮	X000	KM1	电动机 M1 接触器	Y000
FM1	电动机保护器 FM1	X001	KM2	电动机 M2 接触器	Y001
FM2	电动机保护器 FM2	X002			

二、程序及电路设计

1. PLC 梯形图

PLC 梯形图如图 21-2 所示。

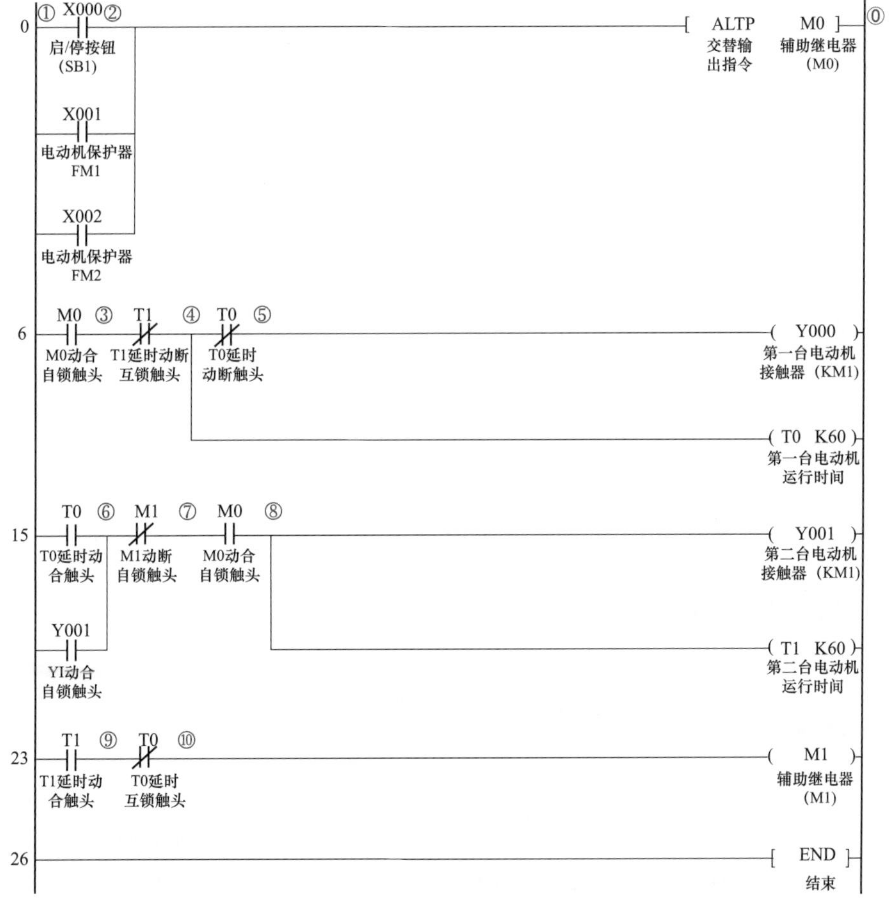

图 21-2　使用单按钮及交替指令实现两台电动机交替运行控制电路 PLC 梯形图

2. PLC 指令语句表

PLC 指令语句见表 21-2。

表 21-2　　　　　PLC 指令语句表

步号	指令	I/O（软元件）	步号	指令	I/O（软元件）	步号	指令	I/O（软元件）	步号	指令	I/O（软元件）
0	LD	X000	8	MPS		15	LD	T0			K60
1	OR	X001	9	ANI	T0	16	OR	Y001	23	LD	T1
2	OR	X002	10	OUT	Y000	17	ANI	M1	24	ANI	T0
3	ALTP	M0	11	MPP		18	AND	M0	25	OUT	M1
6	LD	M0	12	OUT	T0	19	OUT	Y001	26	END	
7	ANI	T1			K60	20	OUT	T1			

3. PLC 接线详图

PLC 接线图如图 21-3 所示。

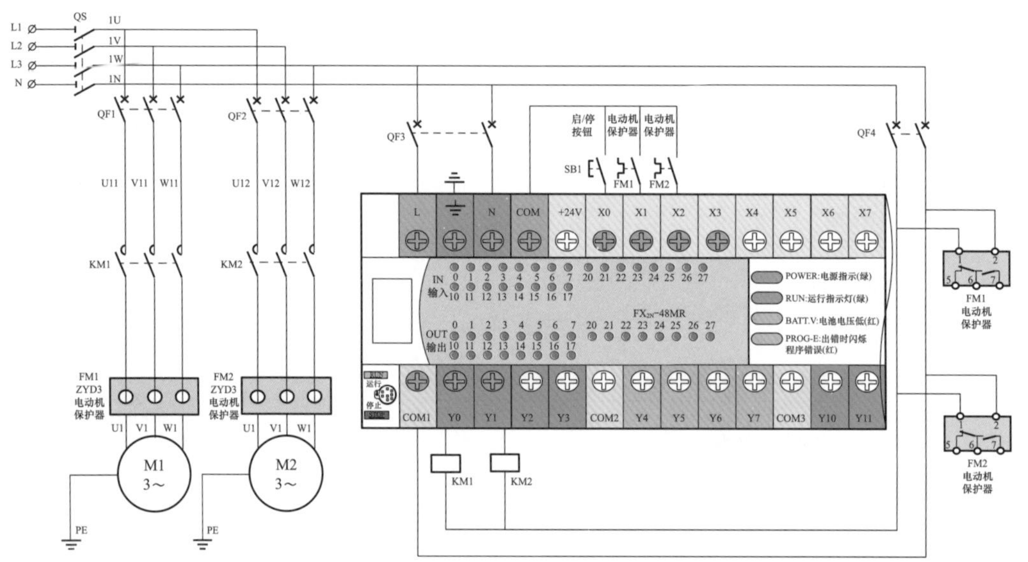

图 21-3　使用单按钮及交替指令实现两台电动机交替运行控制电路 PLC 接线图

三、梯形图动作详解

闭合总电源开关 QS，闭合电动机主电路电源开关 QF1、QF2，闭合 PLC 电源开关 QF3，闭合 PLC 输出继电器及电动机保护器控制电源开关 QF4。

1. 启动过程

按下启/停按钮 SB1（X000），回路经①→②→⓪线闭合，触发 ALTP 交替指令输出（交替输出：每次执行由 OFF→ON、ON→OFF 交替输出），辅助继电器 M0 得电，同时回路①→③间的 M0 动合触头闭合，回路经①→③→④→⑤→⓪号线闭合，输出继电器 Y000“得电”，接通外部接触器 KM1 线圈，第一台电动机 M1 运行。

第一台电动机运行的同时，④→⓪线间的定时器 T0“得电”，延时 6s 后①→⑥线间 T0 动合触点闭合，回路经①→⑥→⑦→⑧→⓪号线闭合，输出继电器 Y001“得电”，接通外部接触器 KM2 线圈，第二台电动机 M2 运行。同时④→⑤间的 T0 动断触点断开，输出继电器 Y000 “失电”，断开外部接触器 KM1 线圈，第一台电动机 M1 停止运行。同时，回路①→⑥间的 Y001 动合触点闭合，输出继电器 Y001 实现自锁，第二台电动机连续运行。

第二台电动机连续运行的同时，⑧→⓪线间的定时器 T1 “得电”，延时 6s 后，回路①→⑨间的 T1 动合触点闭合，回路经①→⑨→⑩→⓪号线闭合，辅助继电器 M1 “得电”，回路⑥→⑦间的 M1 动断触点断开，输出继电器 Y001、T1 “失电”，断开外部接触器 KM2 线圈，第二台电动机 M2 停止运行。同时①→⑥间的 Y001 动合自锁触点断开，⑧→⓪间的 T1 定时器失电后，③→④间的 T1 动断触点复位，回路经①→③→④→⑤→⓪号线又一次闭合，输出继电器 Y000 从新 “得电” 导通，两台电动机循环往复，交替运行。

2. 停止过程

再次按下启/停按钮 SB1（X000），回路经①→②→⓪导通，触发交替指令 ALTP 翻转，从 ON→OFF，回路①→③、⑦→⑧间的辅助继电器 M0 触点断开，电路失电，输出继电器 Y000 和 Y001 断开，外部接触器 KM1 和 KM2 线圈失电，M1 和 M2 两台电动机同时停止运行。

3. 保护原理

当第一台电动机或第二台电动机在运行中发生断相、过载、堵转、三相不平衡等故障，FM1 电动机保护器 X001（M1 保护）或 FM2 电动机保护器 X002（M2 保护）触发交替指令 ALTP 翻转，输出继电器 Y000 和 Y001 回路断开，外部接触器 KM1 和 KM2 线圈失电，两台电动机同时停止运行。

第 22 例　使用两按钮及交替指令实现两台电动机交替运行控制电路

一、继电器—接触器控制原理图

使用两按钮及交替指令实现两台电动机交替运行控制电路如图 22-1 所示。

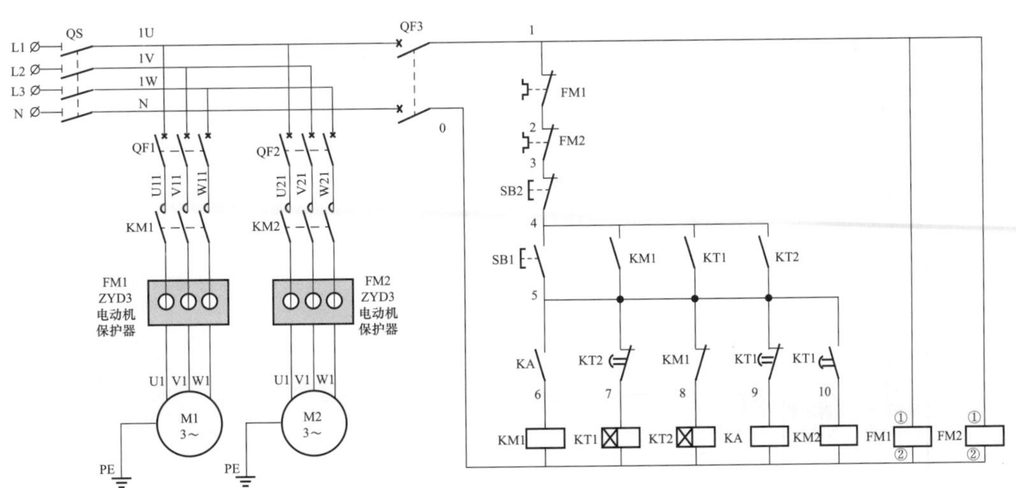

图 22-1　使用两按钮及交替指令实现两台电动机交替运行控制电路原理图

1. PLC 程序设计要求

（1）按下外部启动按钮 SB1 第一台电动机 M1 启动。

（2）第一台电动机 M1 启动后，延时 10s 第一台电动机 M1 停止运行。

（3）第一台电动机 M1 停止运行的同时，第二台电动机 M2 启动运行。

（4）第二台电动机 M2 启动后，延时 10s 第二台电动机 M2 停止运行。

（5）第二台电动机 M2 停止运行的同时，第一台电动机 M1 启动运行，两台电动机如此交替往复运行。

（6）电动机 M1 或 M2 在运行状态下，按下外部停止按钮 SB2 电动机 M1、M2 同时停止。

（7）当电动机发生过载等故障时，电动机保护器 FM1 或 FM2 动作，两台电动机停止运行。

（8）PLC 实际接线图中停止按钮 SB1、电动机综合保护器 FM1、FM2 辅助触点均使用动合触点。

（9）电动机保护器 FM1 及 FM2 工作电源由外部电路直接供电。

（10）根据上面的控制要求列出输入、输出分配表。

（11）根据控制要求，使用 PLC 交替指令及两按钮合理设计两台电动机交替运行的梯形图程序。

（12）根据控制要求写出语句表。

（13）根据控制要求绘制 PLC 控制电路接线图。

2. 输入/输出设备及 I/O 元件配置分配表

输入/输出设备及 I/O 元件配置分配见表 22-1。

表 22-1　输入/输出设备及 I/O 元件配置分配表

输入设备		PLC 输入继电器	输出设备		PLC 输出继电器
代号	功能		代号	功能	
SB1	启动按钮	X000	KM1	电动机 M1 接触器	Y000
SB2	停止按钮	X001	KM2	电动机 M2 接触器	Y001
FM1	电动机保护器 FM1	X002			
FM2	电动机保护器 FM2	X003			

二、程序及电路设计

1. PLC 梯形图

PLC 梯形图如图 22-2 所示。

图 22-2　使用两按钮及交替指令实现两台电动机交替运行控制电路 PLC 梯形图

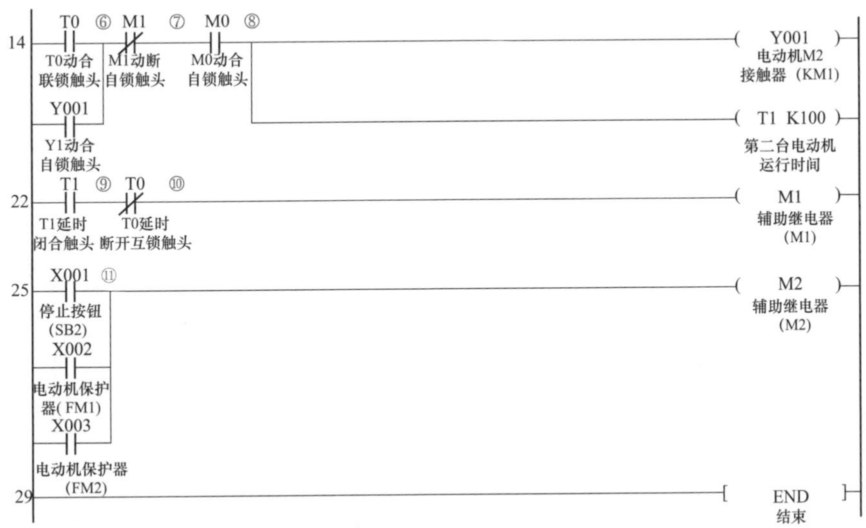

图 22-2 使用两按钮及交替指令实现两台电动机交替运行控制电路 PLC 梯形图（续）

2. PLC 指令语句表

PLC 指令语句见表 22-2。

表 22-2 PLC 指令语句表

步号	指令	I/O（软元件）	步号	指令	I/O（软元件）	步号	指令	I/O（软元件）	步号	指令	I/O（软元件）
0	LD	X000	8	ANI	T0	16	ANI	M1	24	OUT	M1
1	OR	M2	9	OUT	Y000	17	AND	M0	25	LD	X001
2	ALTP	M0	10	MPP		18	OUT	Y001	26	OR	X002
5	LD	M9	11	OUT	T0 K100	19	OUT	T1 K100	27	OR	X003
6	ANI	T1	14	LD	T0	22	LD	T1	28	OUT	M2
7	MPS		15	OR	Y001	23	ANI	T0	29	END	

3. PLC 接线详图

PLC 接线图如图 22-3 所示。

三、梯形图动作详解

闭合总电源开关 QS，闭合电动机主电路电源开关 QF1、QF2，闭合 PLC 电源开关 QF3，闭合 PLC 输出继电器及电动机保护器控制电源开关 QF4。

1. 启动过程

按下启动按钮 SB1（X000），回路经①→②→⓪号线闭合，触发 ALTP 交替指令输出（交替输出：每次执行由 OFF→ON、ON→OFF 交替输出），辅助继电器 M0 得电，同时回路①→③线间的辅助继电器 M0 动合触头闭合，回路经①→③→④→⑤→⓪号线闭合，输出继电器 Y000“得电”，接通外部接触器 KM1 线圈，第一台电动机 M1 运行。

第一台电动机 M1 运行的同时，回路⑦→⑧线间的辅助继电器 M0 动合触头闭合，为 Y001 启动做准备，同时④→⓪线间的定时器 T0“得电”，延时 10s 后，回路①→⑥线间的 T0 动合触点闭合，回路经①→⑥→⑦→⑧→⓪号线闭合，输出继电器 Y001“得电”，接通外部接触器 KM2 线圈，第二台电动机 M2 连续运行，同时，回路①→⑥线间的 Y001 动合触点闭合实现自锁。同时，回路④→⑤线间的 T0 动断触点断开，输出继电器 Y000 “失电”，断开外部接触器 KM1 线圈，第一台电动机 M1 停止运行。

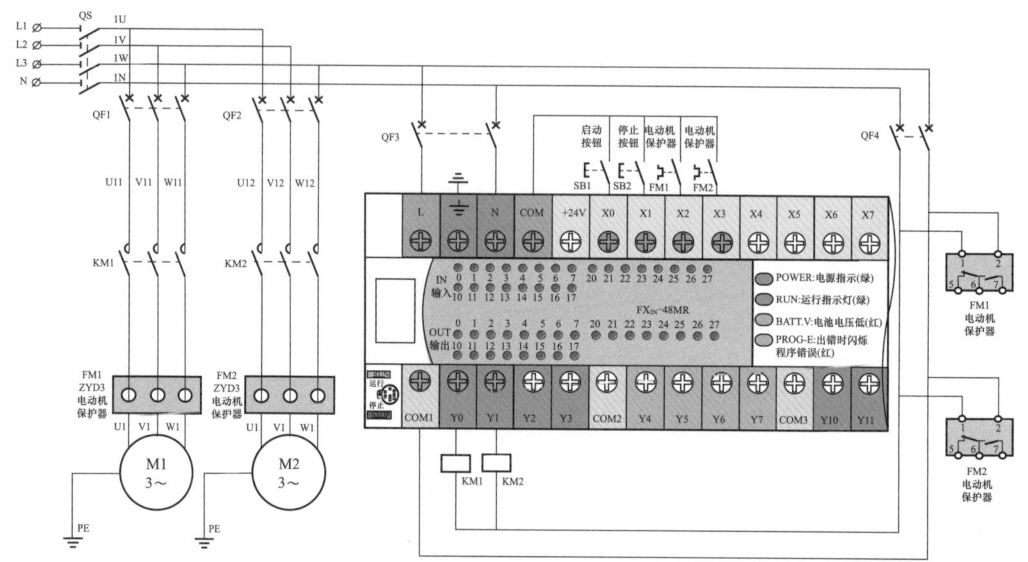

图 22-3 使用两按钮及交替指令实现两台电动机交替运行控制电路 PLC 接线图

第二台电动机运行的同时，回路⑧→⓪线间的定时器 T1 “得电”，延时 10s 后，回路①→⑨线间的 T1 动合触点闭合，回路经①→⑨→⑩→⓪号线闭合，辅助继电器 M1 “得电”，同时回路③→④线间的 T1 动断触点断开，回路④→⓪线间的定时器 T0 “失电”，同时回路⑥→⑦线间的 M1 动断触点断开，输出继电器 Y001 “失电”，断开外部接触器 KM2 线圈，第二台电动机 M2 停止运行。同时回路①→⑥线间的 Y001 动合触点断开，输出继电器 Y001 自锁断开，T1 定时器失电后，回路③→④线间的 T1 动断触点复位，回路经①→③→④→⑤→⓪号线又一次闭合，输出继电器 Y000 重新“得电”，因此，两台电动机循环往复，交替运行。

2. 停止过程

按下停止按钮 SB2（X001），回路经①→⑪→⓪号线闭合，辅助继电器 M2 得电，同时回路①→②线间的辅助继电器 M2 动合触头闭合导通，回路经①→②→⓪号线闭合，触发交替指令 ALTP 翻转，从 ON→OFF，辅助继电器 M0 失电，同时回路①→③线间的辅助继电器 M0 动合触点断开，回路①→③→④→⑤→⓪号线“失电”断开，输出继电器 Y000 回路断开，回路⑦→⑧线间的辅助继电器 M0 动合触点断开，回路①→⑥→⑦→⑧→⓪号线“失电”断开，输出继电器 Y001 失电断开，外部接触器 KM1 或 KM2 线圈失电，M1 和 M2 两台电动机同时停止运行。

3. 保护原理

当第一台电动机或第二台电动机在运行中发生断相、过载、堵转、三相不平衡等故障，FM1 电动机保护器、输入继电器 X002（M1 保护）、FM1 电动机保护器、输入继电器 X003（M2 保护）保护动作，将导致辅助继电器 M2 得电，继而触发交替指令 ALTP

翻转，使输出继电器 Y000 和 Y001 回路断开，外部接触器 KM1 和 KM2 线圈失电，两台电动机同时停止运行。

第 23 例　220V 双电源手动转换控制电路

一、继电器—接触器控制原理图

220V 双电源手动转换控制电路如图 23-1 所示。

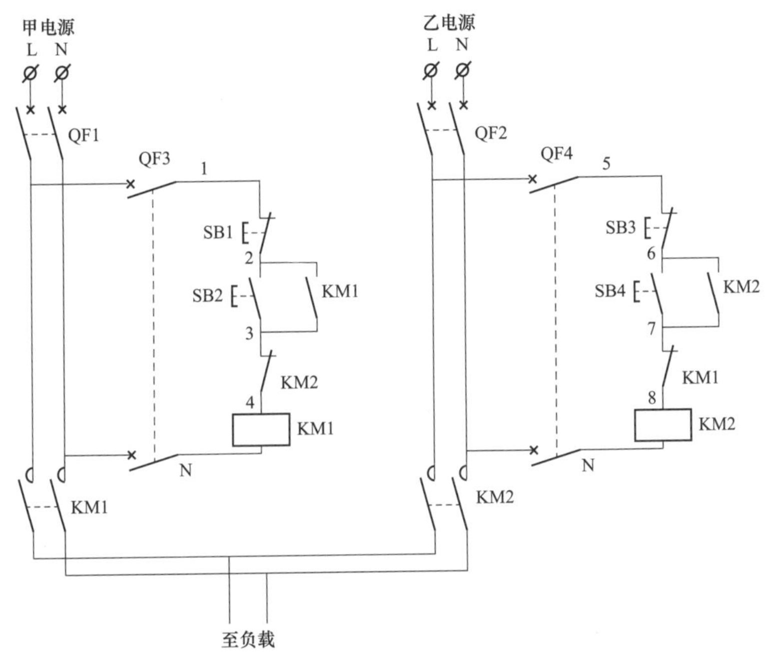

图 23-1　220V 双电源手动转换控制电路原理图

1. PLC 程序设计要求

（1）按下启动按钮 SB1。

（2）甲电源交流接触器 KM1 主触头闭合，给负荷供电。

（3）在任何时候按下停止按钮 SB2 甲电源停止供电。

（4）甲电源故障或手动停电时，按下启动按钮 SB3。

（5）乙电源交流接触器 KM2 主触头闭合，给负荷供电。

（6）在任何时候按下停止按钮 SB4 乙电源停止供电。

（7）甲电源或乙电源在运行中发生故障时，QF1 或 QF2 保护动作跳闸；PLC 内部故障的时候 QF3 保护动作跳闸；交流接触器线圈发生故障时，QF4 保护动作跳闸，甲、乙电源同时断电；乙电源线路失电时，UPS 不间断电源对 PLC 供电。

（8）PLC 实际接线图中停止按钮 SB2、SB4 使用动断触点。

（9）根据上面的控制要求列出输入、输出分配表。

（10）根据控制要求，用 PLC 基本指令合理设计 220V 双电源手动转换的梯形图程序。

（11）根据控制要求写出语句表。

（12）根据控制要求绘制 PLC 控制电路接线图。

2. 输入/输出设备及 I/O 元件配置分配表

输入/输出设备及 I/O 元件配置分配见表 23-1。

表 23-1　　输入/输出设备及 I/O 元件配置分配表

输入设备		PLC 输入继电器	输出设备		PLC 输出继电器
代号	功能		代号	功能	
SB1	甲启动按钮	X000	KM1	甲电源接触器 KM1	Y000
SB2	甲停止按钮	X001	KM2	乙电源接触器 KM2	Y001
SB3	乙启动按钮	X002			
SB4	乙停止按钮	X003			

二、程序及电路设计

1. PLC 梯形图

PLC 梯形图如图 23-2 所示。

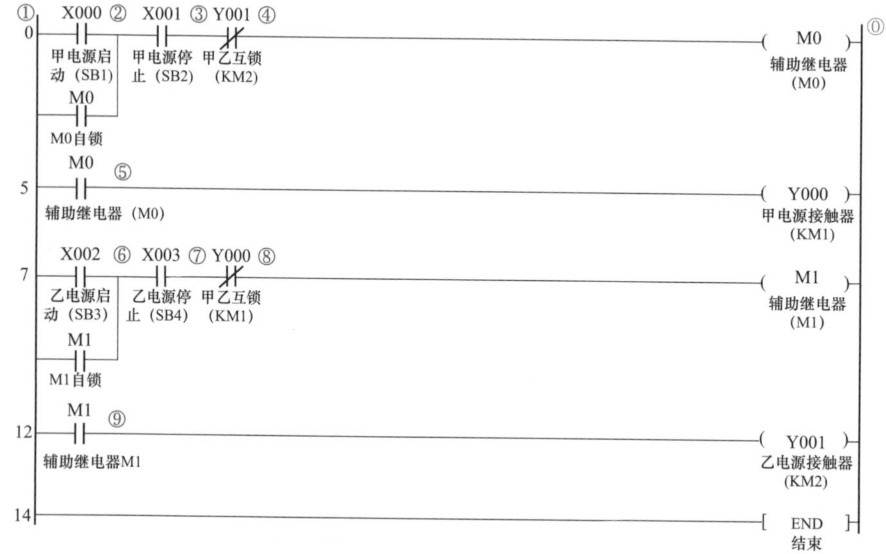

图 23-2　220V 双电源手动转换控制电路 PLC 梯形图

2. PLC 指令语句表

PLC 指令语句见表 23-2。

表 23-2　　PLC 指令语句表

步号	指令	I/O（软元件）	步号	指令	I/O（软元件）	步号	指令	I/O（软元件）	步号	指令	I/O（软元件）
0	LD	X000	4	OUT	M0	8	OR	M1	12	LD	M1
1	OR	M0	5	LD	M0	9	AND	X003	13	OUT	Y001
2	AND	X001	6	OUT	Y000	10	ANI	Y000	14	END	
3	ANI	Y001	7	LD	X002	11	OUT	M1			

3. PLC 接线详图

PLC 接线图如图 23-3 所示。

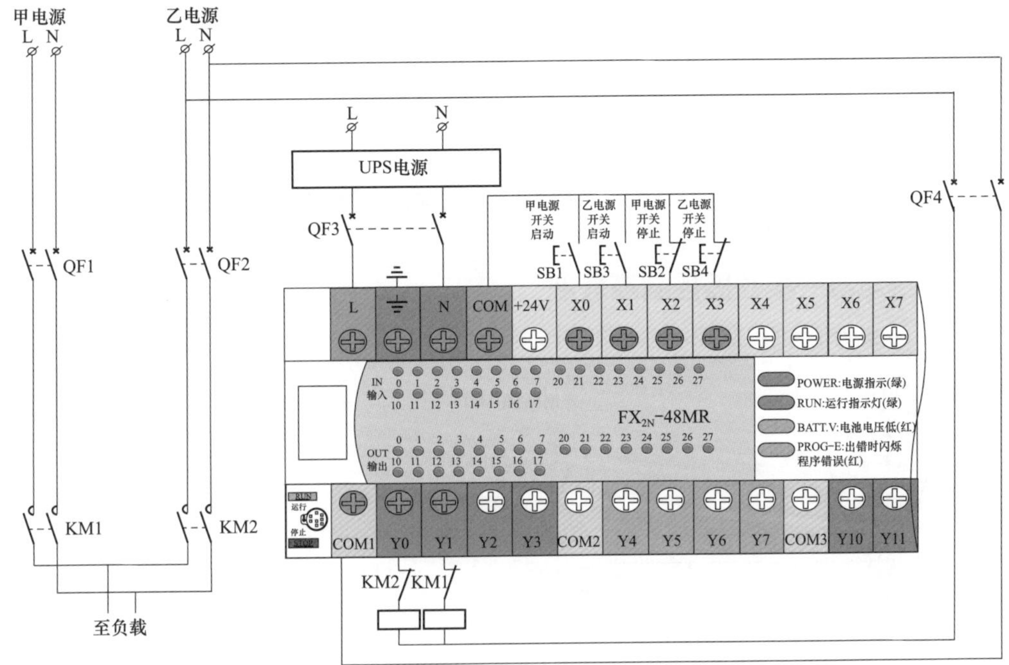

图 23-3　220V 双电源手动转换控制电路 PLC 接线图

三、梯形图动作详解

闭合甲电源总电源开关 QF1，闭合乙电源总电源开关 QF2，闭合 PLC 电源开关 QF3，闭合 PLC 输出继电器控制电源开关 QF4。甲电源作为常用电源，乙电源作为备用电源。

1. 启动过程

(1) 电源投入。按下启动按钮 SB1（X000），回路经①→②→③→④→⓪闭合，辅助继电器 M0“得电”，①→②间的 M0 动合触点闭合实现自锁。同时，输出继电器 Y000“得电”，接通接触器 KM1 线圈，KM1 主触头闭合，甲电源投入运行。同时，Y000 常闭接点断开辅助继电器 M1 回路，防止 Y001 启动。

(2) 失电转换。当甲电源手动断开或突然停电时，按下启动按钮 SB2（X002），回路经①→⑥→⑦→⑧→⓪号线闭合，辅助继电器 M1“得电”，①→⑥间的 M1 动合触点闭合实现自锁。同时，输出继电器 Y001“得电”，接通接触器 KM2 线圈，KM2 主触头闭合，乙电源投入运行。同时，Y001 动断触点断开辅助继电器 M0 回路，防止 Y000 启动。

2. 停止过程

按下甲电源停止按钮 SB2（X001）或乙电源停止按钮 SB4（X003），回路②→③或⑥→⑦断开，输出继电器 Y000 或 Y001“失电”，外部接触器 KM1 或 KM2 线圈“失电”，KM1 或 KM2 主触头断开，甲电源或乙电源停止运行。

3. 保护原理

当甲电源或乙电源在运行中发生过流、短路等故障时，电源开关 QF1 或 QF2 保护动作断开，甲电源或乙电源停止供电。当 PLC 内部故障的时候，QF3 保护动作跳闸，停止对 PLC 供电，甲乙电源同时断电。当交流接触器线圈出现短路故障时，QF4 保护动作跳闸，停止对交流接触器供电，甲乙电源同时断电。乙电源线路失电时，不间断电源 UPS 对 PLC 供电。

第 24 例　380V 双电源自动转换控制电路

一、继电器—接触器控制原理图

380V 双电源自动转换控制电路如图 24-1 所示。

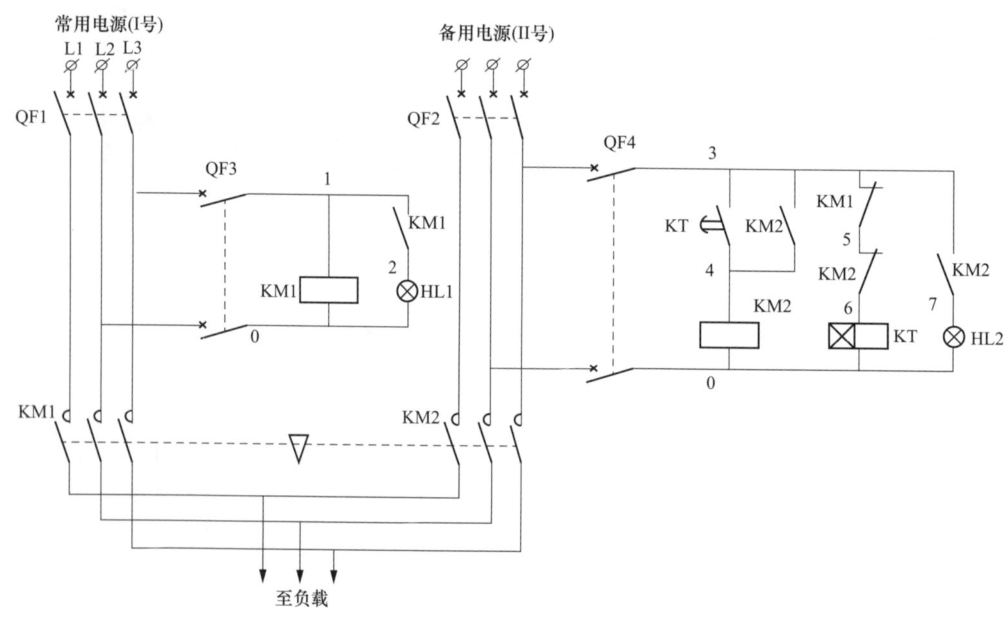

图 24-1　380V 双电源自动转换控制电路原理图

1. PLC 程序设计要求

（1）闭合常用电源主断路器 QF1、投运断路器 QF4，输出继电器 Y000 线圈得电输出。

（2）交流接触器 KM1 线圈得电、主触头闭合，常用电源运行为负荷供电。

（3）同时，输出继电器 Y001 线圈得电输出，常用电源运行指示灯 HL1 常亮。

（4）闭合备用电源主断路器 QF2、备用电源投入备用断路器 QF5，备用电源转为热备用状态。

（5）当常用电源非正常停电时，中间继电器动断触点 KA1 闭合。

（6）经过 3s 后，输出继电器 Y002 线圈得电输。

（7）交流接触器 KM2 线圈得电、主触头闭合，备用电源运行为负荷供电。

（8）同时，输出继电器 Y003 线圈得电输出，备用电源运行指示灯 HL2 常亮。

（9）当常用电源恢复供电时，中间继电器 KA1 动合触点断开，输出继电器 Y000 线圈得电输出。

（10）交流接触器 KM1 线圈得电、主触头闭合，常用电源运行为负荷供电。

（11）当常用电源或备用电源在运行中发生过载或短路故障时，QF1 或 QF2 保护动作跳闸。

（12）当 PLC 或交流接触器发生故障时，QF3 保护动作跳闸。

（13）在 PLC 实际接线图中，与输入继电器相连接的中间继电器 KA1、KA2 辅助触点均使用动断接点。

（14）根据上面的控制要求列出输入、输出分配表。

（15）根据控制要求，设计 380V 双电源自动转换的梯形图程序。

（16）根据控制要求写出语句表。

（17）根据控制要求绘制 PLC 控制电路接线图。

2. 输入/输出设备及 I/O 元件配置分配表

输入/输出设备及 I/O 元件配置分配见表 24-1。

表 24-1　　输入/输出设备及 I/O 元件配置分配表

输入设备			输出设备		
符号	地址	注释	符号	地址	注释
QF4	X000	常用电源投运断路器	KM1	Y000	常用电源交流接触器
KA1	X001	常用电源中间继电器动断触点	HL1	Y001	常用电源运行指示灯
QF5	X002	备用电源转热备断路器	KM2	Y002	备用电源交流接触器
KA2	X003	备用电源中间继电器动断触点	HL2	Y003	备用电源运行指示灯

二、程序及电路设计

1. PLC 梯形图

PLC 梯形图如图 24-2 所示。

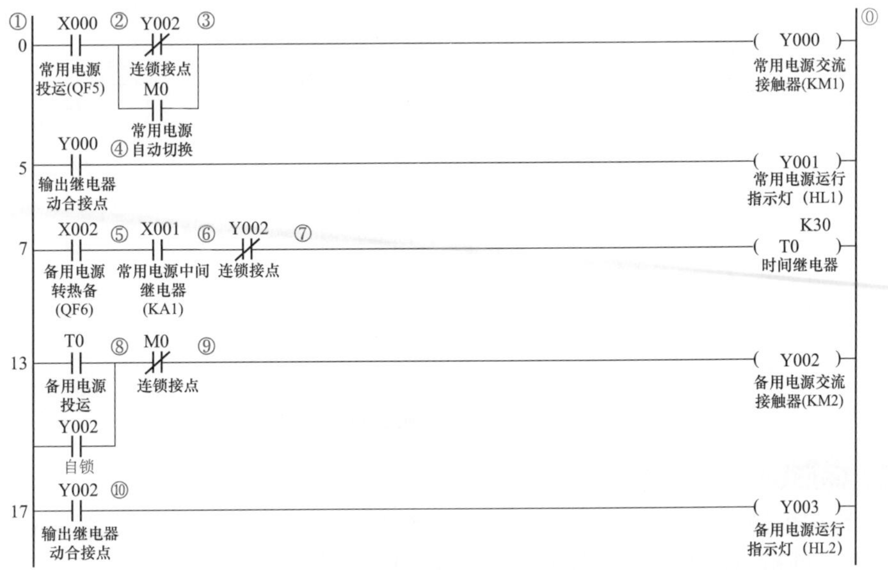

图 24-2　380V 双电源自动转换控制电路 PLC 梯形图

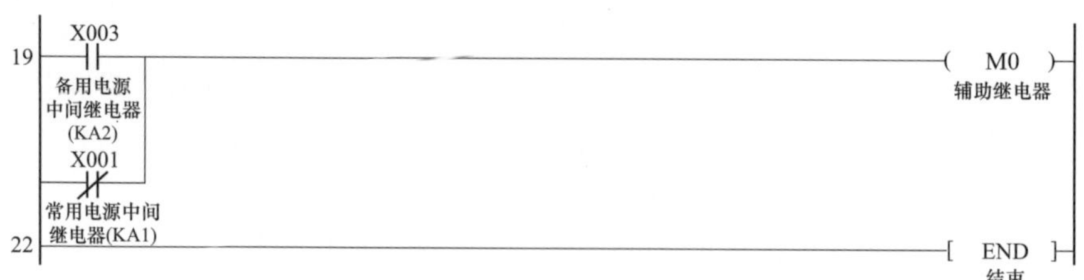

图 24-2 380V 双电源自动转换控制电路 PLC 梯形图（续）

2. PLC 指令语句表

PLC 指令语句见表 24-2。

表 24-2 PLC 指令语句表

步号	指令	I/O（软元件）	步号	指令	I/O（软元件）	步号	指令	I/O（软元件）	步号	指令	I/O（软元件）
0	LD	X000	6	OUT	Y001	13	LD	T0	19	LD	X003
1	LDI	Y002	7	LD	X002	14	OR	Y002	20	ORI	X001
2	OR	M0	8	AND	X001	15	ANI	M0	21	OUT	M0
3	AND		9	ANI	Y002	16	OUT	Y002	22	END	
4	OUT	Y000	10	OUT	T0	17	LD	Y002			
5	LD	Y000			K30	18	OUT	Y003			

3. PLC 接线详图

PLC 接线图如图 24-3 所示。

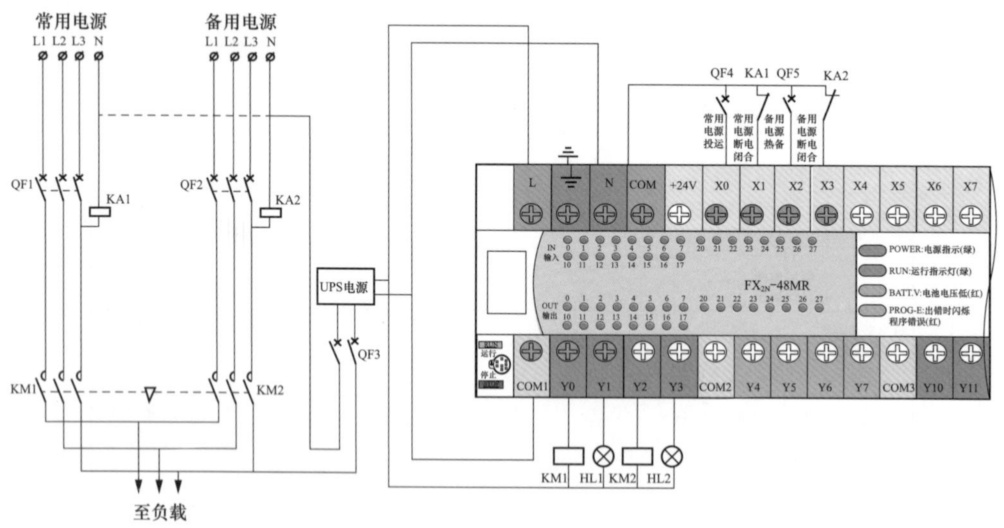

图 24-3 380V 双电源自动转换控制电路 PLC 接线图

三、梯形图动作详解

闭合常用电源主断路器 QF1、备用电源主断路器 QF2，中间继电器 KA1 动断触点和 KA2 动断触点断开。闭合控制电源开关 QF3，PLC 工作电源是由 UPS 电源提供的（UPS 电源投入前应是充好电的状态），PLC 上电并处于“RUN”状态、程序准备工作。

1. 常用电源投运

闭合常用电源投运断路器 QF4，回路经①→②→③→⓪号线闭合，输出继电器 Y000“得电”，接通外部接触器 KM1 线圈、KM1 主触头闭合，常用电源投入运行为负荷供电。

同时，①→④Y000 动合触点闭合，回路经①→④→⓪号线闭合，输出继电器 Y001“得电”，接通外部常用电源运行指示灯 HL1 回路，指示灯 HL1 常亮。

2. 备用电源转为热备用

闭合备用电源投运断路器 QF5，回路①→⑤→⑥→⑦→⓪转为热备用状态，为备用电源自动转换做好准备。

3. 常用电源故障时备用电源自动投运

当常用电源非正常停电时，中间继电器 KA1 失电触点闭合，梯形图⑤→⑥间触点（X001）闭合，接通定时器 T0，定时器 T0 线圈得电动作，经过 3s 后，①→⑧间的定时器 T0 动合触点闭合，回路经①→⑧→⑨→⓪号线闭合，输出继电器 Y002“得电”，接通外部接触器 KM2 线圈、KM2 主触头闭合，备用电源投入运行为负荷供电。

同时，①→⑧间 Y002 动合触点闭合，继电器 Y002 实现自锁，备用电源持续为负荷供电。

同时，①→⑩间 Y002 动合触点闭合，回路经①→⑩→⓪号线闭合，输出继电器 Y003“得电”，接通外部备用电源运行指示灯 HL2 回路，指示灯 HL2 常亮。

同时，②→③间的 Y002 动断触点、M0 的动合触点断开，输出继电器 Y000、Y001 停止输出，外部交流接触器 KM1 线圈失电主触头断开，常用电源运行指示灯 HL1 熄灭。

4. 常用电源来电后由备用电源转换到常用电源运行

当常用电源恢复供电时，中间继电器 KA1 得电触点断开，梯形图中①→⑪间触点（X001）闭合，接通辅助继电器 M0 回路，辅助继电器 M0 线圈得电动作，②→③间的辅助继电器 M0 常开接点闭合，回路经①→②→③→⓪号线闭合，输出继电器 Y000“得电”，接通外部接触器 KM1 线圈、KM1 主触头闭合，常用电源投入运行为负荷供电。

同时，①→④Y000 动合触点接通，回路经①→④→⓪号线闭合，输出继电器 Y001“得电”，接通外部常用电源运行指示灯 HL1 回路，指示灯 HL1 常亮。

同时，⑧→⑨间的 M0 动断触点断开，输出继电器 Y002、Y003 停止输出，外部交流接触器 KM2 线圈失电主触头断开，备用电源运行指示灯 HL2 熄灭。

5. 保护

当常用电源或备用电源在运行中发生过流、短路等故障时，主电源断路器 QF1 或 QF2 保护动作断开，常用电源或备用电源电源停止供电。当 PLC 内部故障、交流接触器线圈和电源运行指示灯发生短路故障的时候，PLC 控制电源断路器 QF3 保护动作跳闸。常用或备用电源故障投切时，PLC 和交流接触器线圈的工作电源，是由不间断电源 UPS 供电。

第 25 例　两地控制的电动机连续运行控制电路

一、继电器—接触器控制原理图

两地控制的电动机连续运行控制电路如图 25-1 所示。

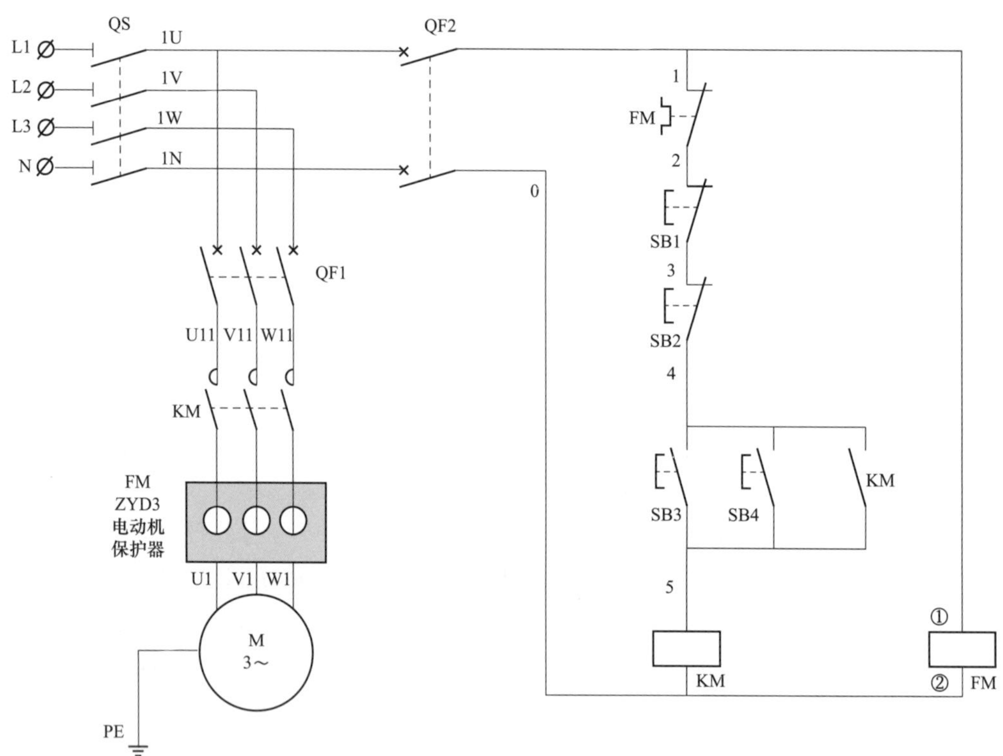

图 25-1　两地控制的电动机连续运行控制电路原理图

1. PLC 程序设计要求

（1）在甲地按下启动按钮 SB3，电动机 M 启动并连续运行。

（2）在甲地或乙地，按下停止按钮 SB1 或 SB2，电动机 M 都可以停止运行。

（3）在乙地按下外部启动按钮 SB4，电动机 M 启动并连续运行。

（4）在甲地或乙地，按下外部停止按钮 SB1 或 SB2，电动机 M 都可以停止运行。

（5）当电动机发生过载等故障时，电动机保护器 FM 动作，电动机 M 停止运行。

（6）PLC 实际接线图中停止按钮 SB1、SB2，电动机保护器 FM 辅助触点均使用动断触点。

（7）电动机保护器 FM 工作电源由外部电路直接供电。

（8）根据上面的控制要求列出输入、输出分配表。

（9）根据控制要求，用 PLC 基本指令合理设计两地控制的电动机连续运行的梯形图程序。

（10）根据控制要求写出语句表。

（11）根据控制要求绘制 PLC 控制电路接线图。

2. 输入/输出设备及 I/O 元件配置分配表

输入/输出设备及 I/O 元件配置分配见表 25-1。

表 25-1　　输入/输出设备及 I/O 元件配置分配表

输入设备		PLC 输入继电器	输出设备		PLC 输出继电器
代号	功能		代号	功能	
SB3	甲地启动按钮	X000	KM	电动机接触器	Y000
SB4	乙地启动按钮	X001			
SB1	甲地停止按钮	X002			
SB2	乙地停止按钮	X003			
FM	电动机保护器 FM	X004			

二、程序及电路设计

1. PLC 梯形图

PLC 梯形图如图 25-2 所示。

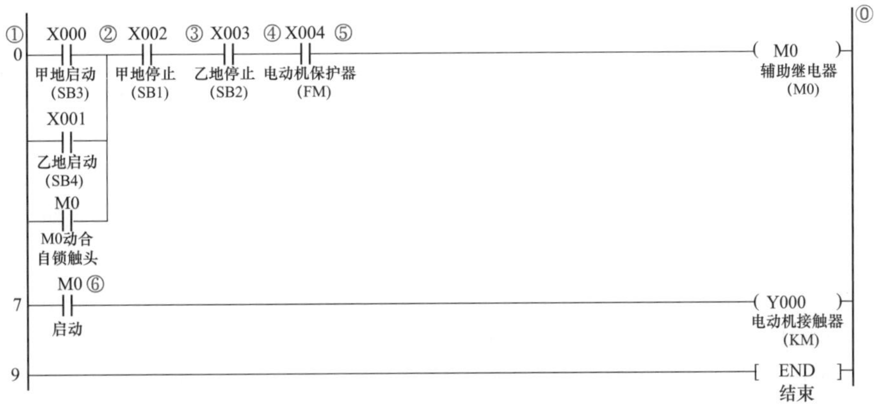

图 25-2　两地控制的电动机连续运行控制电路 PLC 梯形图

2. PLC 指令语句表

PLC 指令语句见表 25-2。

表 25-2　　PLC 指令语句表

步号	指令	I/O（软元件）	步号	指令	I/O（软元件）	步号	指令	I/O（软元件）	步号	指令	I/O（软元件）
0	LD	X000	3	AND	X002	6	OUT	M0	9	END	
1	OR	X001	4	AND	X003	7	LD	M0			
2	OR	M0	5	AND	X004	8	OUT	Y000			

3. PLC 接线详图

PLC 接线图如图 25-3 所示。

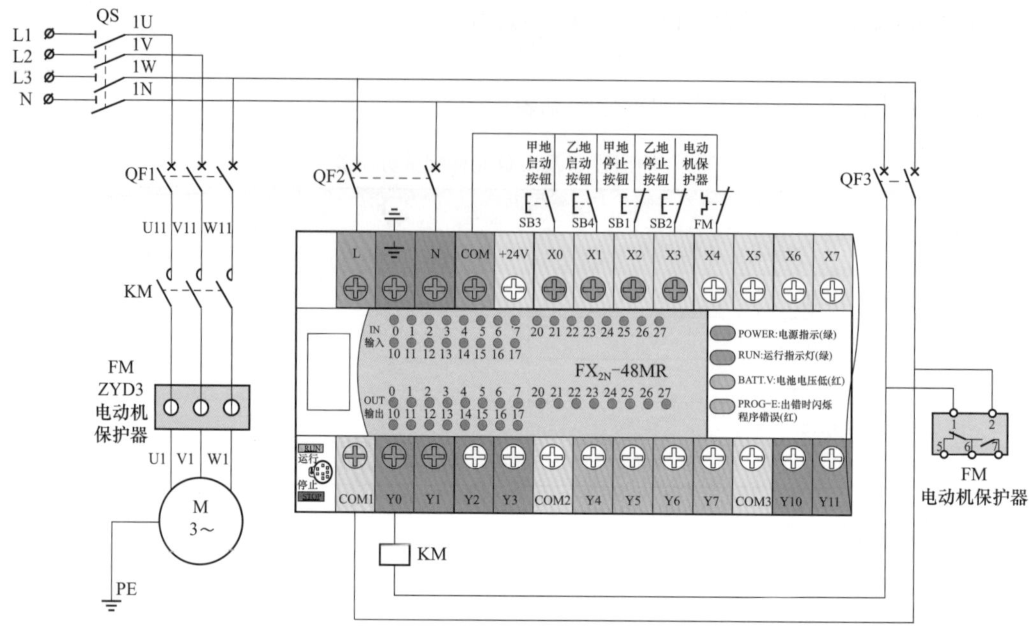

图 25-3　两地控制的电动机连续运行控制电路 PLC 接线图

三、梯形图动作详解

1. 启动过程

闭合总电源开关 QS，主电路电源开关 QF1，PLC 电源开关 QF2，PLC 输出继电器控制电源开关 QF3。由于 SB1、SB2、FM 触点处于闭合状态，PLC 输入继电器 X2、X3、X4、信号指示灯亮，梯形图中②→③、③→④、④→⑤动合触点闭合。

按下启动按钮 SB3（X000）或 SB4（X001），回路经①→②→③→④→⑤→⓪号线闭合，输出继电器 M0“得电”，①→②间的 M0 动合触点闭合实现自锁。同时输出继电器 Y000“得电”，接通接触器 KM 线圈，KM 主触头闭合，电动机运行。

2. 停止过程

按下停止按钮 SB1（X002）或 SB2（X003），回路②→③或③→④断开，输入继电器 X2 信号指示灯熄灭，输出继电器 Y000“失电”，外部接触器 KM 线圈“失电”，KM 主触头断开，M 电动机停止运行。

3. 保护原理

当电动机在运行中发生断相、过载、堵转、三相不平衡等故障，电动机保护器动断触点断开，PLC 输入继电器 X004（M 保护）动合触点断开，输入继电器 X4 信号指示灯熄灭，输出继电器 Y000 失电，外部接触器 KM 线圈失电，电动机停止运行。

第 26 例　三地控制的电动机连续运行控制电路

一、继电器—接触器控制原理图

三地控制的电动机连续运行控制电路如图 26-1 所示。

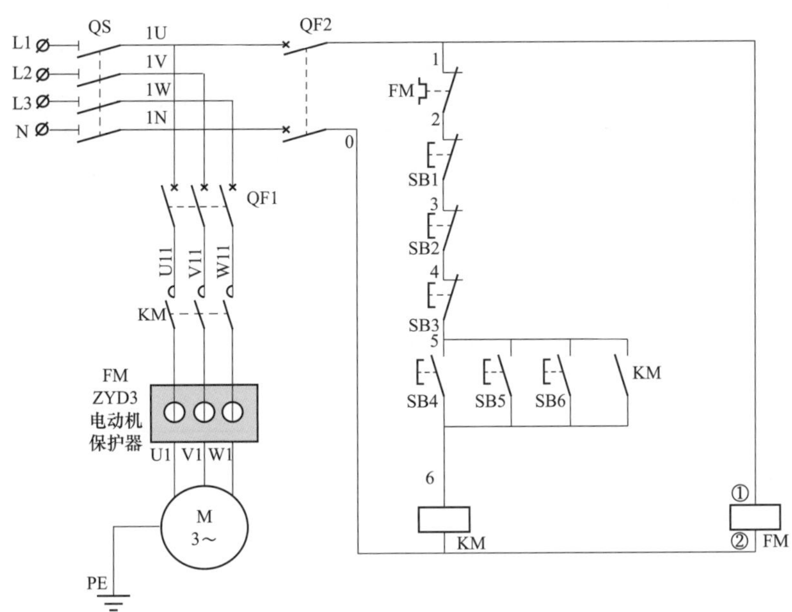

图 26-1　三地控制的电动机连续运行控制电路原理图

1. PLC 程序设计要求

（1）在甲地按下启动按钮 SB4，电动机 M 启动并连续运行。

（2）在甲地、乙地或丙地，按下停止按钮 SB1、SB2 或 SB3，电动机 M 停止运行。

（3）在乙地按下启动按钮 SB5，电动机 M 启动并连续运行。

（4）在甲地、乙地或丙地，按下停止按钮 SB1、SB2 或 SB3，电动机 M 停止运行。

（5）在丙地按下启动按钮 SB6，电动机 M 启动并连续运行。

（6）在甲地、乙地或丙地，按下停止按钮 SB1、SB2 或 SB3，电动机 M 停止运行。

（7）当电动机发生过载等故障时，电动机保护器 FM 动作电动机 M 停止运行。

（8）PLC 实际接线图中停止按钮 SB1、SB2、SB3，电动机综合保护器 FM 辅助触点均使用动断触点。

（9）电动机保护器 FM 工作电源由外部电路直接供电。

（10）根据上面的控制要求列出输入、输出分配表。

（11）根据控制要求，用 PLC 基本指令合理设计三地控制的电动机连续运行的梯形图程序。

（12）根据控制要求写出语句表。

（13）根据控制要求绘制 PLC 控制电路接线图。

2. 输入/输出设备及 I/O 元件配置分配表

输入/输出设备及 I/O 元件配置分配见表 26-1。

表 26-1　　输入/输出设备及 I/O 元件配置分配表

输入设备		PLC 输入继电器	输出设备		PLC 输出继电器
代号	功能		代号	功能	
SB4	甲地启动按钮	X000	KM	电动机接触器	Y000
SB5	乙地启动按钮	X001			
SB6	丙地启动按钮	X002			
SB1	甲地停止按钮	X003			
SB2	乙地停止按钮	X004			
SB3	丙地停止按钮	X005			
FM	电动机保护器 FM	X006			

一、程序及电路设计

1. PLC 梯形图

PLC 梯形图如图 26-2 所示。

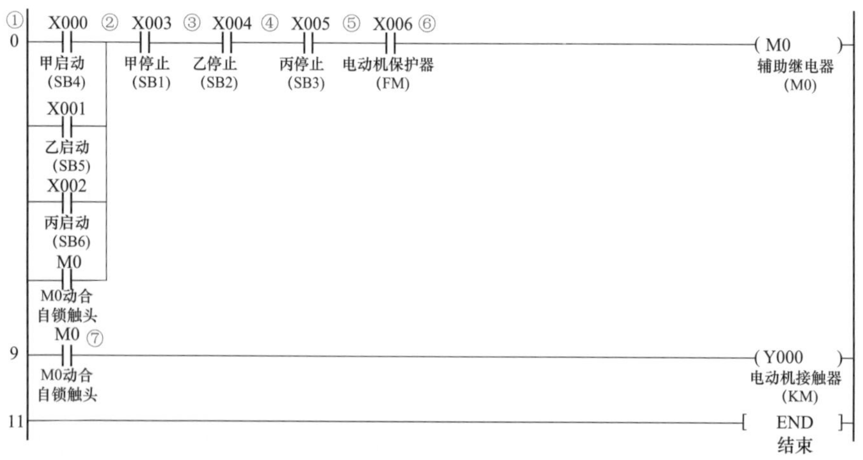

图 26-2　三地控制的电动机连续运行控制电路 PLC 梯形图

2. PLC 指令语句表

PLC 指令语句见表 26-2。

表 26-2　　PLC 指令语句表

步号	指令	I/O（软元件）	步号	指令	I/O（软元件）	步号	指令	I/O（软元件）	步号	指令	I/O（软元件）
0	LD	X000	3	OR	M0	6	AND	X005	9	LD	M0
1	OR	X001	4	AND	X003	7	AND	X006	10	OUT	Y000
2	OR	X002	5	AND	X004	8	OUT	M0	11	END	

3. PLC 接线详图

PLC 接线图如图 26-3 所示。

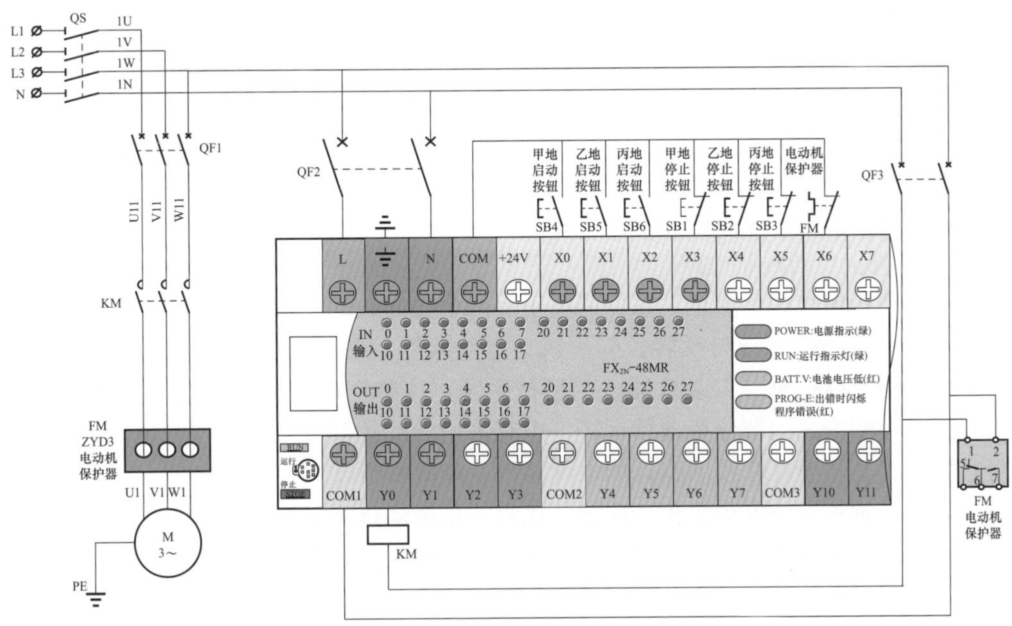

图 26-3 三地控制的电动机连续运行控制电路 PLC 接线图

二、梯形图动作详解

闭合总电源开关 QS，主电路电源开关 QF1，PLC 电源开关 QF2，PLC 输出继电器控制电源开关 QF3。由于 SB1、SB2、SB3、FM 触点处于闭合状态，PLC 输入继电器 X3、X4、X5、X6 信号指示灯亮，梯形图中②→③、③→④、④→⑤、⑤→⑥动合触点闭合。

1. 启动过程

按下启动按钮 SB4（X000）或 SB5（X001）或 SB6（X002），回路经①→②→③→④→⑤→⑥→⓪号线闭合，输出继电器 M0“得电”，①→②间的 M0 动合触点闭合实现自锁。同时输出继电器 Y000“得电”，接通接触器 KM 线圈，KM 主触头闭合，电动机运行。

2. 停止过程

按下停止按钮 SB1（X003）、SB2（X004）或 SB3（X005），相应 X003、X004 或 X004 信号灯熄灭，回路②→③、③→④、④→⑤断开，继电器 MO 失电，输出继电器 Y000“失电”，外部接触器 KM 线圈“失电”，KM 主触头断开，M 电动机停止运行。

3. 保护原理

当电动机在运行中发生断相、过载、堵转、三相不平衡等故障，电动机保护器动断触点断开，PLC 输入继电器 X006（电动机保护）动合触点断开，输入继电器 X6 信号指示灯熄灭，输出继电器 Y000 回路断开，外部接触器 KM 线圈失电，电动机停止运行。

第三章

三菱PLC控制的电动机正反转、位置控制电路

电动机的正反转、位置控制电路用途如下：

1. 电动机正反转控制电路

许多生产机械往往要求运动部件能向正反两个方向运动。如机床工作台的前进与后退、万能铣床主轴的正转与反转、起重机、电动葫芦（上下、左右、前后）、车库卷帘门、小车往返、绕线机、工业机器人的机械手等，这些生产机械要求电动机能实现正、反转控制。控制方式大部分是连续运行，也有采用点动控制方式。为保证电路的安全可靠运行，电路必须设计联锁回路，如电气联锁、机械联锁或双重联锁。

工业生产过程中，电动机正、反转，代表的是电动机顺时针转动和逆时针转动。确认的方法是站在电动机非负荷端（护罩或风扇）一侧观察，电动机顺时针转动是电动机正转，电动机逆时针转动是电动机反转。

2. 不同类型电动机改变旋转方向的方法

（1）三相电动机。对于三相电动机，只要改变通入电动机定子绕组的三相电源相序，即把接入电动机三相电源进线中的任意两根对调接线时，电动机反转运行。

（2）永磁直流电动机。对于永磁直流电动机只需改变电源的正负极性即可以改变电动机的旋转方向。

（3）并励式和复励式直流电动机。对于并励式和复励式直流电动机用改变电枢电流的方向来实现反转。

（4）串励式直流电动机。对于串励式直流电动机只需改变励磁绕组的接线或电枢绕组的接线（即电刷的接线），即可以改变电动机的旋转方向。

（5）单相 220V 电动机。对于单相 220V 电动机只需将启动绕组或运行绕组的任一绕组首尾端对调即可改变电动机旋转方向。

3. 位置控制与自动往返控制电路

在生产过程中，常遇到一些生产机械运动部件的行程或位置要受到限制，或者需要其运动部件在一定范围内自动往返循环等。如在摇臂钻床、万能铣床、镗床、桥式起重机及各种自动或半自动控制机床设备中就经常遇到这种控制要求。而为实现这种控制要求所依靠的主要电器有限位开关、行程开关、接近开关、微动开关、光电开关等电器元件。结合正反转控制电路的设计，实现位置控制或自动往返控制电路。

读者也可根据现场实际需求对电路做适当的改动，即可实现控制要求。

第 27 例　接触器联锁电动机正、反转控制电路

一、继电器—接触器控制原理图

接触器联锁电动机正、反转控制电路如图 27-1 所示。

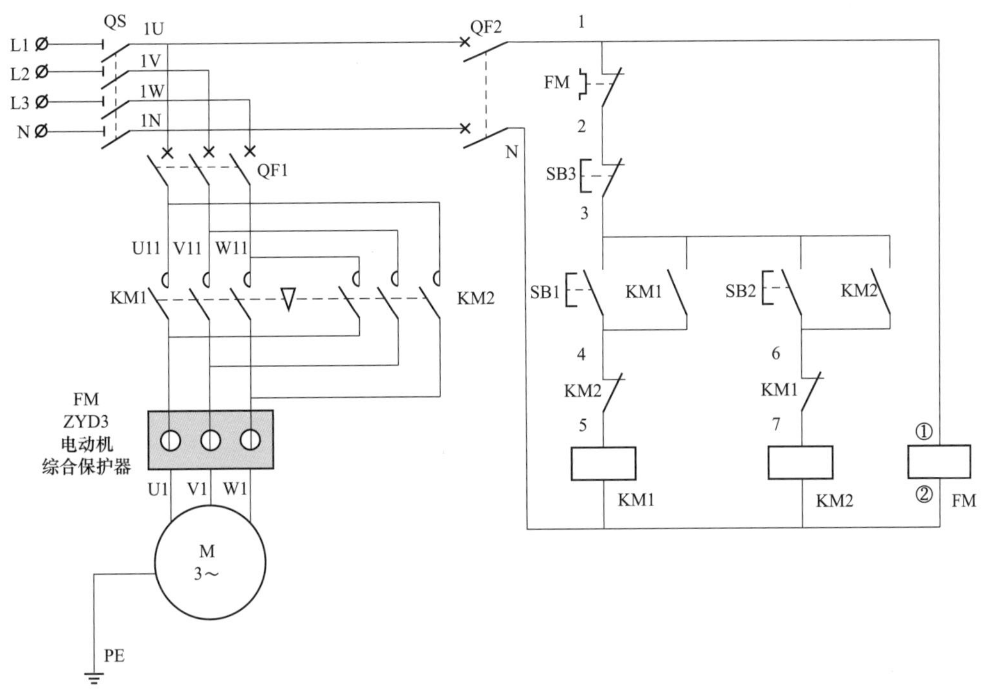

图 27-1　接触器联锁电动机正、反转控制电路原理图

1. PLC 程序设计要求

(1) 控制方式采用接触器联锁电动机正、反转控制。

(2) 按下外部正转启动按钮 SB1，电动机 M 正转启动，电动机连续运行。

(3) 在任意时间段按下外部停止按钮 SB3，电动机 M 停止。

(4) 按下外部反转启动按钮 SB2，电动机 M 反转启动，电动机连续运行。

(5) 当电动机发生过载等故障时，电动机保护器 FM 动作，电动机停止运行。

(6) PLC 控制电路接线图中停止按钮 SB3、电动机保护器 FM 辅助触点均取动断触点。

(7) 根据控制要求，用 PLC 基本指令设计梯形图程序。

(8) 根据上面的控制要求列出输入、输出分配表。

(9) 根据控制要求写出语句表。

(10) 根据控制要求绘制 PLC 控制电路接线图。

2. 输入/输出设备及 I/O 元件配置分配表

输入/输出设备及 I/O 元件配置分配见表 27-1。

表 27-1　　**输入/输出设备及 I/O 元件配置分配表**

输入设备		PLC 输入继电器	输出设备		PLC 输出继电器
代号	功能		代号	功能	
SB1	正转启动按钮	X000	KM1	正转接触器	Y000
SB2	反转启动按钮	X001	KM2	反转接触器	Y001
SB3	停止按钮	X002			
FM	电动机保护器 FM	X003			

二、程序及电路设计

1. PLC梯形图

PLC梯形图如图27-2所示。

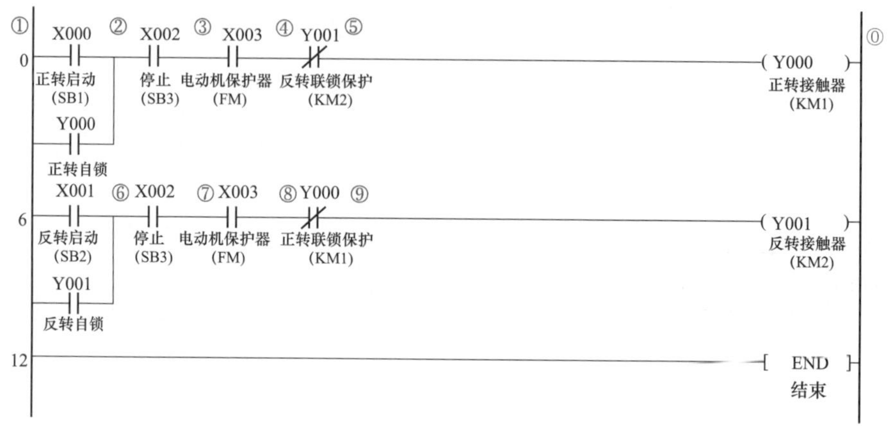

图27-2　接触器联锁电动机正、反转控制电路PLC梯形图

2. PLC指令语句表

PLC指令语句见表27-2。

表27-2　PLC指令语句表

步号	指令	I/O（软元件）	步号	指令	I/O（软元件）	步号	指令	I/O（软元件）	步号	指令	I/O（软元件）
0	LD	X000	4	ANI	Y001	8	AND	X002	12	END	
1	OR	Y000	5	OUT	Y000	9	AND	X003			
2	AND	X002	6	LD	X001	10	ANI	Y000			
3	AND	X003	7	OR	Y001	11	OUT	Y001			

3. PLC接线详图

PLC接线图如图27-3所示。

三、梯形图动作详解

闭合总电源开关QS，主电路电源开关QF1，PLC控制电源开关QF2，PLC输入继电器X2、X3信号指示灯亮，梯形图中②→③、③→④、⑥→⑦、⑦→⑧动合触点闭合，闭合PLC输出继电器控制电源开关QF3。

1. 正转启动

按下正转启动按钮SB1（X000），回路经①→②→③→④→⑤→⓪号线闭合，接通输出继电器Y000指令，外部正转接触器KM1线圈得电，KM1主触头闭合，电动机M正转运行。同时①→②间的Y000动合触点闭合实现自锁，电动机M正转连续运行。

2. 反转启动

按下反转启动按钮SB2（X001），回路经①→⑥→⑦→⑧→⑨→⓪号线闭合，接通输出继电器Y001指令，外部反转接触器KM2线圈得电，KM2主触头闭合，电动机M反转运行。同时①→⑥间的Y001动合触点闭合实现自锁，电动机M反转连续运行。

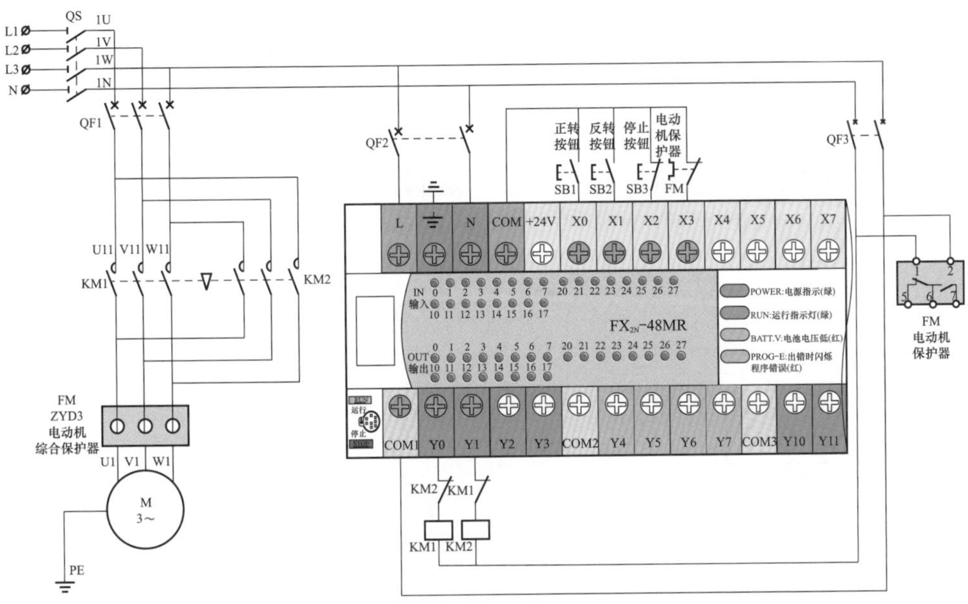

图 27-3　接触器联锁电动机正、反转控制电路 PLC 接线图

3. 停止过程

按下停止按钮 SB3（X002），输入继电器 X002 信号指示灯熄灭，回路②→③、⑥→⑦断开，输出继电器 Y000、Y001 断开，外部正转接触器 KM1 和反转接触器 KM2 线圈失电，KM1、KM2 主触头断开，同时①→②间的 Y000 动合触点和①→⑥间的 Y001 动合触点断开解除自锁，电动机 M 停止运行。

4. 保护原理

当电动机 M 在运行中发生断相、过载、堵转、三相不平衡等故障，输入继电器 X003（M 保护）断开，回路③→④、⑦→⑧断开，输入继电器 X003 信号指示灯熄灭，输出继电器 Y000、Y001 回路断开，外部接触器 KM1、KM2 线圈失电，KM1、KM2 主触头断开，电动机 M 停止运行。

第 28 例　按钮联锁电动机正、反转控制电路

一、继电器—接触器控制原理图

按钮联锁电动机正、反转控制电路如图 28-1 所示。

1. PLC 程序设计要求

（1）控制方式采用按钮联锁电动机正、反转控制。

（2）按下外部正转启动按钮 SB1，电动机 M 正转启动，电动机连续运行。

（3）在任意时间段按下外部停止按钮 SB3，电动机 M 停止。

（4）按下外部反转启动按钮 SB2，电动机 M 反转启动，电动机连续运行。

（5）当电动机发生过载等故障时，电动机保护器 FM 动作，电动机停止运行。

（6）PLC 控制电路接线图中停止按钮 SB3、电动机保护器 FM 辅助触点均取动断触点。

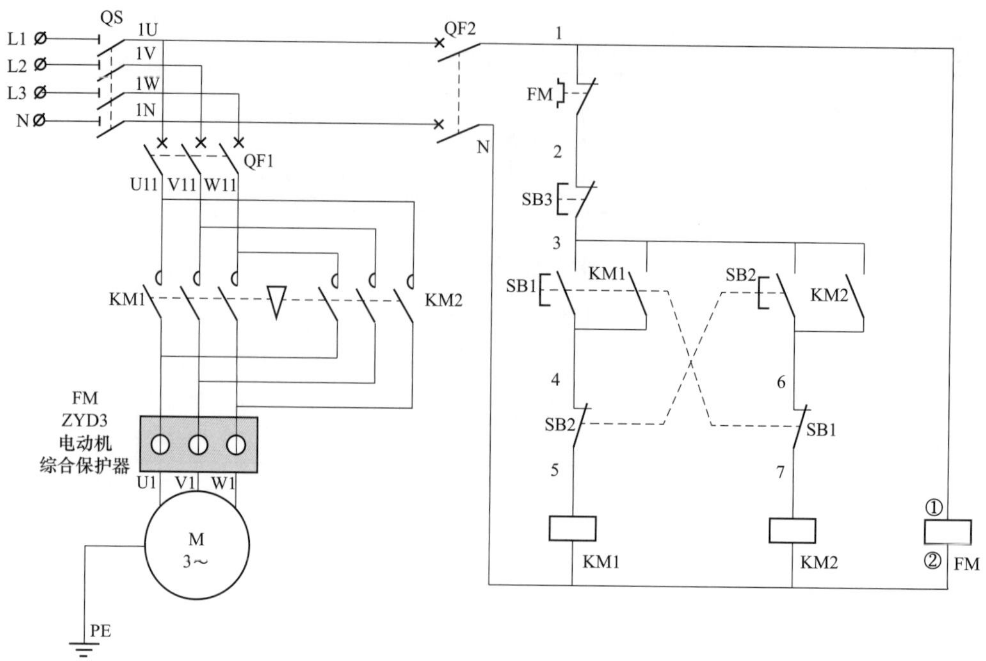

图 28-1　按钮联锁电动机正、反转控制电路原理图

(7) 根据控制要求，用 PLC 基本指令设计梯形图程序。

(8) 根据上面的控制要求列出输入、输出分配表。

(9) 根据控制要求写出语句表。

(10) 根据控制要求绘制 PLC 控制电路接线图。

2. 输入/输出设备及 I/O 元件配置分配表（见表 27-1）

二、程序及电路设计

1. PLC 梯形图

PLC 梯形图如图 28-2 所示。

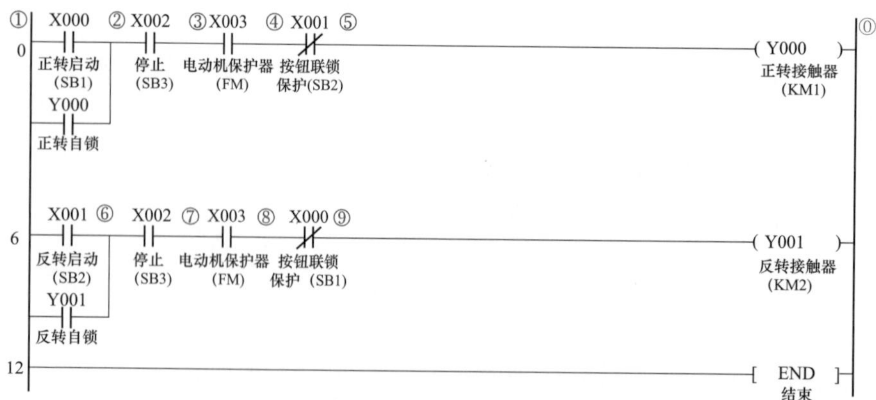

图 28-2　按钮联锁电动机正、反转控制电路 PLC 梯形图

2. PLC 指令语句表

PLC 指令语句见表 28-1。

表 28-1　　PLC 指令语句表

步号	指令	I/O（软元件）	步号	指令	I/O（软元件）	步号	指令	I/O（软元件）	步号	指令	I/O（软元件）
0	LD	X000	4	ANI	X001	8	AND	X002	12	END	
1	OR	Y000	5	OUT	Y000	9	AND	X003			
2	AND	X002	6	LD	X001	10	ANI	X000			
3	AND	X003	7	OR	Y001	11	OUT	Y001			

3. PLC 接线详图

PLC 接线图如图 28-3 所示。

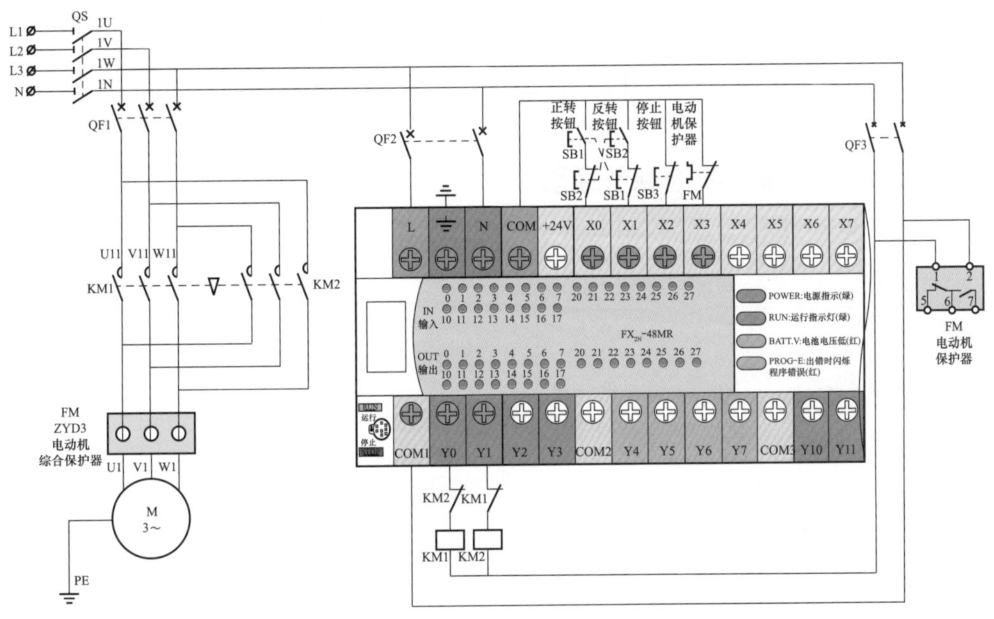

图 28-3　按钮联锁电动机正、反转控制电路 PLC 接线图

三、梯形图动作详解

闭合总电源开关 QS，主电路电源开关 QF1，PLC 控制电源开关 QF2，由于 SB3、FM 触点处于闭合状态，PLC 输入继电器 X2、X3 信号指示灯亮，梯形图中②→③、③→④、⑥→⑦、⑦→⑧动合触点闭合，闭合 PLC 输出继电器控制电源开关 QF3。

1. 正转启动过程

按下正转启动按钮 SB1（X000），回路经①→②→③→④→⑤→⓪号线闭合，接通输出继电器 Y000 指令，外部正转控制接触器 KM1 线圈得电，KM1 主触头闭合，电动机正转运行。同时①→②间的 Y000 动合触点闭合实现自锁，电动机 M 正转连续运行。

2. 反转启动过程

按下反转启动按钮 SB2（X001），回路经①→⑥→⑦→⑧→⑨→⓪号线闭合，接通输出继电器 Y001 指令，外部反转控制接触器 KM2 线圈得电，KM2 主触头闭合，电动机反转运行。同时①→⑥间的 Y001 动合触点闭合实现自锁，电动机 M 反转连续运行。

3. 停止过程

按下停止按钮 SB3（X002），回路②→③断开，输入继电器 X002 信号指示灯熄灭，输出继电器 Y000、Y001 断开，外部接触器 KM1、KM2 线圈失电，KM1、KM2 主触头断开，同时①→②间的 Y000 动合触点和①→⑥间的 Y001 动合触点断开解除自锁，M 电动机停止运行。

4. 保护原理

当电动机 M 在运行中发生断相、过载、堵转、三相不平衡等故障，电动机保护器动断触点断开，回路③→④、⑦→⑧断开，PLC 输入继电器 X003（过载保护）动合触点断开，输入继电器 X003 信号指示灯熄灭，输出继电器 Y000、Y001 回路断开，外部接触器 KM1、KM2 线圈失电，KM1、KM2 主触头断开，电动机停止运行。

第 29 例　双重联锁电动机正、反转控制电路

一、继电器—接触器控制原理图

双重联锁电动机正、反转控制电路如图 29-1 所示。

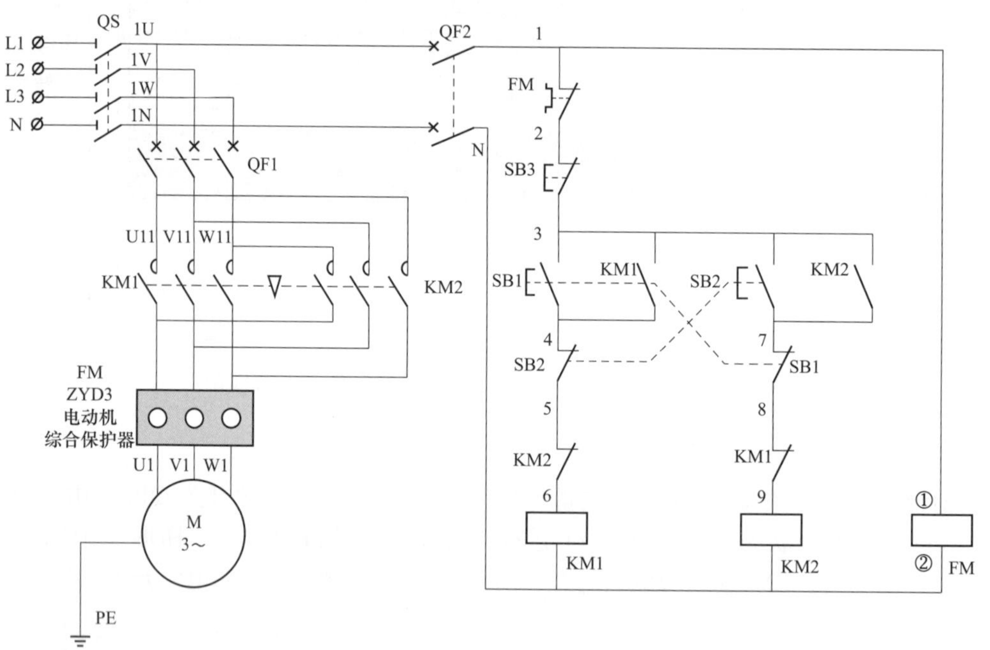

图 29-1　双重联锁电动机正、反转控制电路原理图

1. PLC 程序设计要求

（1）控制方式采用双重联锁电动机正、反转控制。

（2）按下外部正转启动按钮 SB1，电动机 M 正转启动，电动机连续运行。

（3）在任意时间段按下外部停止按钮 SB3，电动机 M 停止。

（4）按下外部反转启动按钮 SB2，电动机 M 反转启动，电动机连续运行。

（5）当电动机发生过载等故障时，电动机保护器 FM 动作，电动机停止运行。

（6）PLC 控制电路接线图中停止按钮 SB3、电动机保护器 FM 辅助触点均取动断触点。

（7）根据控制要求，用 PLC 基本指令设计梯形图程序。

（8）根据上面的控制要求列出输入、输出分配表。

（9）根据控制要求写出语句表。

（10）根据控制要求绘制 PLC 控制电路接线图。

2. 输入/输出设备及 I/O 元件配置分配表（见表 27-1）

二、程序及电路设计

1. PLC 梯形图

PLC 梯形图如图 29-2 所示。

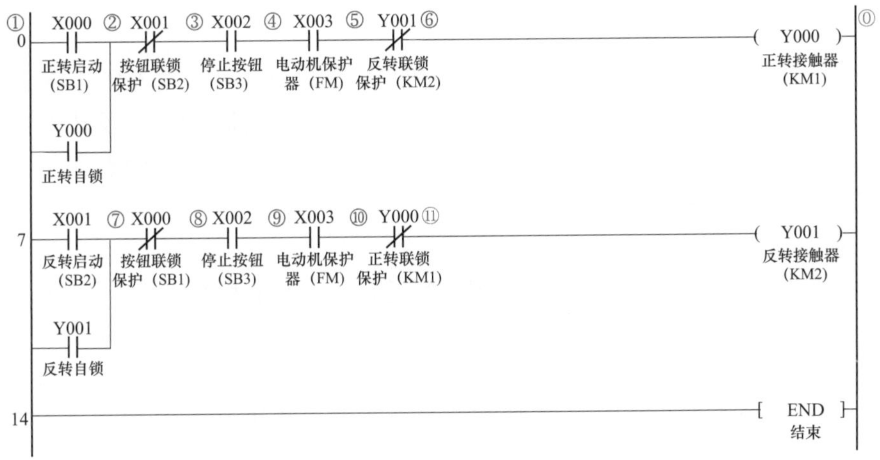

图 29-2　双重联锁电动机正、反转控制电路 PLC 梯形图

2. PLC 指令语句表

PLC 指令语句见表 29-1。

表 29-1　　PLC 指令语句表

步号	指令	I/O（软元件）	步号	指令	I/O（软元件）	步号	指令	I/O（软元件）	步号	指令	I/O（软元件）
0	LD	X000	4	ANI	X003	8	OR	Y001	12	ANI	Y000
1	OR	Y000	5	ANI	Y001	9	ANI	X000	13	OUT	Y001
2	ANI	X001	6	OUT	Y000	10	AND	X002	14	END	
3	AND	X002	7	LD	X001	11	AND	X003	15		

3. PLC 接线详图

PLC 接线图见图 28-3。

三、梯形图动作详解

闭合总电源开关 QS，主电源 QF1，PLC 输入继电器控制电源开关 QF2。由于 SB3、FM 触点处于闭合状态，PLC 输入继电器 X2、X3 信号指示灯亮，梯形图中③→④、④→⑤、⑧→⑨、⑨→⑩动合触点闭合。闭合 PLC 输出继电器控制电源开关 QF3。

1. 正转启动过程

按下正转启动按钮 SB1（X000），回路经①→②→③→④→⑤→⑥→⓪号线闭合，接通输出继电器 Y000 指令，外部正转控制接触器 KM1 线圈得电，KM1 主触点闭合，电动机正转运行。同时①→②间的 Y000 动合触点闭合实现自锁，电动机 M 正转连续运行。

2. 反转启动过程

按下反转启动按钮 SB2（X001），回路经①→⑦→⑧→⑨→⑩→⑪→⓪号线闭合，接通输出继电器 Y001 指令，外部反转控制接触器 KM2 线圈得电，KM2 主触点闭合，电动机反转运行。同时①→⑦间的 Y001 动合触点闭合实现自锁，电动机 M 反转连续运行。

3. 停止过程

按下停止按钮 SB3（X002），回路③→④和⑧→⑨断开，PLC 输入继电器 X002 信号指示灯熄灭，输出继电器 Y000 和 Y001 断开，外部正转接触器 KM1 和反转接触器 KM2 线圈失电，KM1 和 KM2 主触头断开，同时①→②间的 Y000 动合触点和①→⑦间的 Y001 动合触点断开解除自锁，电动机停止运行。

4. 保护原理

当电动机 M 在运行中发生断相、过载、堵转、三相不平衡等故障，电动机保护器动断触头断开，回路④→⑤、⑨→⑩断开，PLC 输入继电器 X003（过载保护）动合触点断开，PLC 输入继电器 X003 信号指示灯熄灭，输出继电器 Y000 和 Y001 回路断开，外部接触器 KM1 和 KM2 线圈失电，KM1 和 KM2 主触头断开，电动机停止运行。

第 30 例　用上升沿触发指令编程的正、反转控制电路

一、继电器—接触器控制原理图

用上升沿触发指令编程的正、反转控制电路见图 27-1。

1. PLC 程序设计要求

（1）控制方式采用接触器联锁电动机正、反转控制，用上升沿触发指令编程。

（2）按下外部正转启动按钮 SB1，接通上升沿触发指令 M0，电动机 M 正转启动，电动机连续运行。

（3）在任意时间段按下外部停止按钮 SB3，电动机 M 停止。

（4）按下外部反转启动按钮 SB2，接通上升沿触发指令 M1，电动机 M 反转启动，电动机连续运行。

（5）当电动机发生过载等故障时，电动机保护器 FM 动作，电动机停止运行。

（6）PLC 控制电路接线图中停止按钮 SB3、电动机保护器 FM 辅助触点均取动断触点。

（7）根据控制要求，用 PLC 基本指令设计梯形图程序。

（8）根据上面的控制要求列出输入、输出分配表。

（9）根据控制要求写出语句表。

（10）根据控制要求绘制 PLC 控制电路接线图。

2. 输入/输出设备及 I/O 元件配置分配表（见表 27-1）

二、程序及电路设计

1. PLC 梯形图

PLC 梯形图如图 30-1 所示。

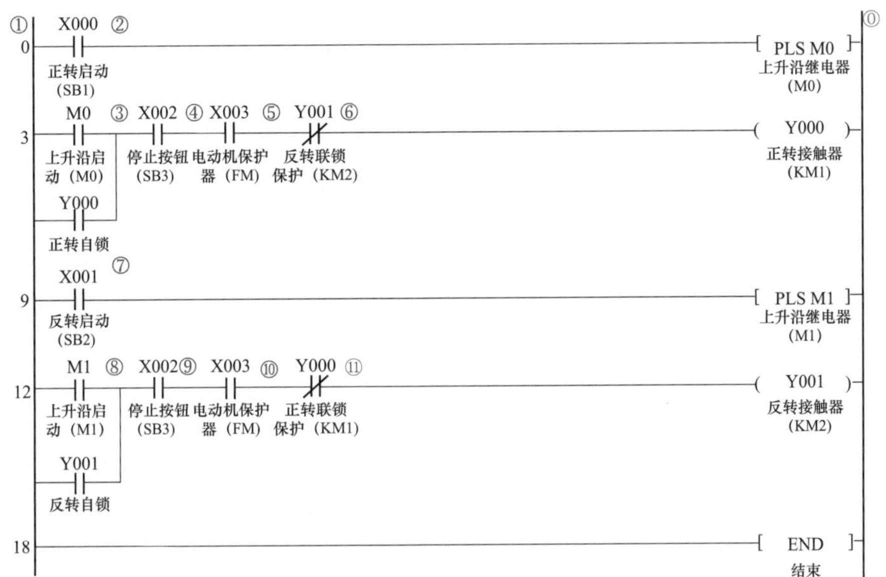

图 30-1　用上升沿触发指令编程的正、反转控制电路 PLC 梯形图

2. PLC 指令语句表

PLC 指令语句见表 30-1。

表 30-1　PLC 指令语句表

步号	指令	I/O（软元件）	步号	指令	I/O（软元件）	步号	指令	I/O（软元件）	步号	指令	I/O（软元件）
0	LD	X000	6	AND	X003	12	LD	M1	17	OUT	Y001
1	PLS	M0	7	ANI	Y001	13	OR	Y001	18	END	
3	LD	M0	8	OUT	Y000	14	AND	X002			
4	OR	Y000	9	LD	X001	15	AND	X003			
5	AND	X002	10	PLS	M1	16	ANI	Y000			

3. PLC 接线详图

PLC 接线图见图 27-3。

三、梯形图动作详解

闭合总电源开关 QS，主电源 QF1，PLC 输入继电器控制电源开关 QF2。由于 SB3、FM 触点处于闭合状态，PLC 输入继电器 X2、X3 信号指示灯亮，梯形图中③→④、④→⑤、⑧→⑨、⑨→⑩动合触点闭合，闭合 PLC 输出继电器控制电源开关 QF3。

1. 正转启动过程

第一次按下正转启动按钮 SB1（X000），接通 M0 辅助继电器指令，X000 的脉冲上升沿使辅助继电器 M0 只接通一个扫描周期。接通上升沿辅助继电器 M0 指令，M0 的动合触点闭合，回路经①→③→④→⑤→⑥→⓪号线闭合，接通输出继电器 Y000 指令，外部正转控制接触器 KM1 线圈得电，KM1 主触头闭合，电动机正转运行。同时①→③间的 Y000 动合触点闭合实现自锁，电动机 M 正转连续运行。

2. 反转启动过程

第一次按下反转启动按钮 SB2（X001），接通 M1 辅助继电器指令，X001 的脉冲上升沿使辅助继电器 M1 只接通一个扫描周期。接通上升沿辅助继电器 M1 指令，M1 的动合触点闭合，回路经①→⑧→⑨→⑩→⑪→⓪号线闭合，接通输出继电器 Y001 指令，外部正转控制接触器 KM2 线圈得电，KM2 主触头闭合，电动机反转运行。同时①→⑧间的 Y000 动合触点闭合实现自锁，电动机 M 反转连续运行。

3. 停止过程

按下停止按钮 SB3（X002），回路③→④和⑧→⑨断开，PLC 输入继电器 X002 信号指示灯熄灭，输出继电器 Y000 和 Y001 断开，外部正转接触器 KM1 和反转接触器 KM2 线圈失电，KM1 和 KM2 主触头断开，同时①→③间的 Y000 动合触点和①→⑧间的 Y001 动合触点断开解除自锁，电动机停止运行。

4. 保护原理

当电动机 M 在运行中发生断相、过载、堵转、三相不平衡等故障，电动机保护器动断触头断开，回路④→⑤、⑨→⑩断开，PLC 输入继电器 X003（过载保护）动合触点断开，PLC 输入继电器 X003 信号指示灯熄灭，输出继电器 Y000 和 Y001 回路断开，外部接触器 KM1 和 KM2 线圈失电，电动机停止运行。

第 31 例　自动往返控制电路

一、继电器—接触器控制原理图

自动往返控制电路如图 31-1 所示。

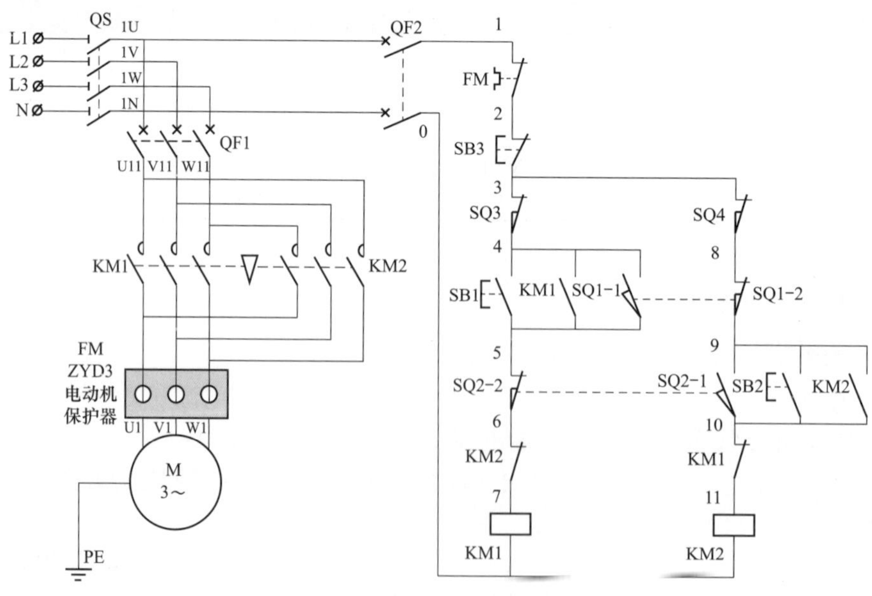

图 31-1　自动往返控制电路原理图

1. PLC 程序设计要求

（1）按下外部甲地启动按钮 SB1，小车由甲地启动，到乙地后触碰限位开关 SQ2 后，小车向甲地行驶，实现自动循环往返。

（2）按下外部停止按钮 SB3 电动机 M 停止。

（3）小车停在任意位置时，按下外部乙地启动按钮 SB2，小车由乙地启动，到甲地后触碰限位开关 SQ1 后，小车向乙地行驶，实现自动循环往返。

（4）当甲地限位开关 SQ1 失灵后，小车碰到甲地极限开关 SQ3 后，小车停止运行。

（5）当乙地限位开关 SQ2 失灵后，小车碰到乙地极限开关 SQ4 后，小车停止运行。

（6）当电动机发生过载等故障时，电机保护器 FM 动作，电动机停止运行。

（7）PLC 控制电路接线图中停止按钮 SB3、电机保护器 FM 辅助触点均取动断触点。

（8）根据控制要求，用 PLC 基本指令设计梯形图程序。

（9）根据上面的控制要求列出输入、输出分配表。

（10）根据控制要求写出语句表。

（11）根据控制要求绘制 PLC 控制电路接线图。

2. 输入/输出设备及 I/O 元件配置分配

输入/输出设备及 I/O 元件配置分配见表 31-1。

表 31-1　　输入/输出设备及 I/O 元件配置表

输入设备		PLC 输入继电器	输出设备		PLC 输出继电器
代号	功能		代号	功能	
SB1	甲地启动按钮	X000	KM1	甲地接触器	Y000
SB2	乙地启动按钮	X001	KM2	乙地接触器	Y001
SB3	停止按钮	X002			
SQ1	限位开关 1	X003			
SQ2	限位开关 2	X004			
SQ3	极限开关 1	X005			
SQ4	极限开关 2	X006			
FM	电动机保护器	X007			

二、程序及电路设计

1. PLC 梯形图

PLC 梯形图如图 31-2 所示。

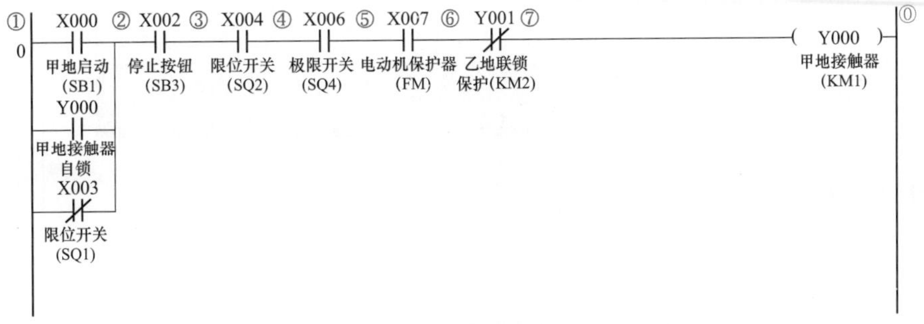

图 31-2　自动往返控制电路 PLC 梯形图

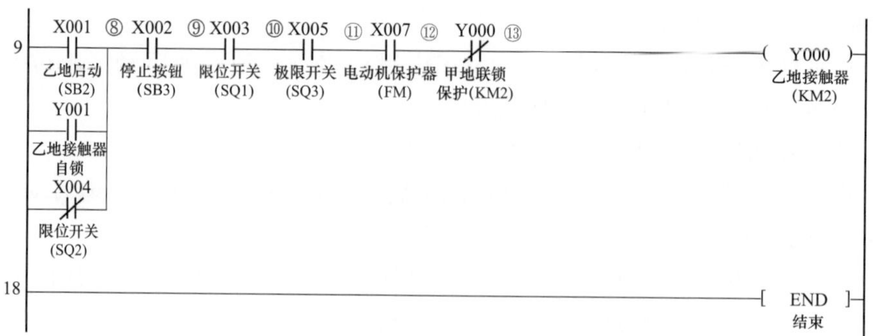

图 31-2　自动往返控制电路 PLC 梯形图（续）

2. PLC 指令语句表

PLC 指令语句见表 31-2。

表 31-2　**PLC 指令语句表**

步号	指令	I/O（软元件）	步号	指令	I/O（软元件）	步号	指令	I/O（软元件）	步号	指令	I/O（软元件）
0	LD	X000	5	AND	X006	10	OR	Y001	15	AND	X007
1	OR	Y000	6	AND	X007	11	ORI	X004	16	ANI	Y000
2	ORI	X003	7	ANI	Y001	12	AND	X002	17	OUT	Y001
3	AND	X002	8	OUT	Y000	13	AND	X003	18	END	
4	AND	X004	9	LD	X001	14	AND	X005			

3. PLC 接线详图

PLC 接线图如图 31-3 所示。

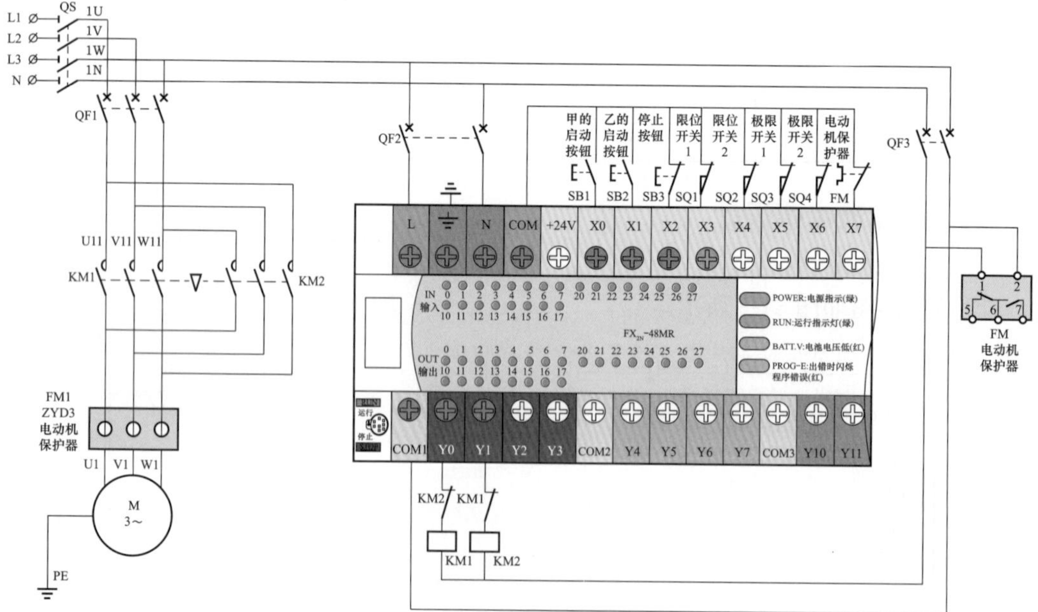

图 31-3　自动往返控制电路 PLC 接线图

三、梯形图动作详解

闭合总电源开关 QS，主电路电源开关 QF1，PLC 输入继电器控制电源开关 QF2。由于 SB3、SQ1、SQ2、SQ3、SQ4、FM 触点处于闭合状态，PLC 输入继电器 X002、X003、X004、X005、X006、X007 信号指示灯亮，梯形图中②→③、③→④、④→⑤、⑤→⑥、⑧→⑨、⑨→⑩、⑩→⑪、⑪→⑫触点闭合，闭合 PLC 输出继电器控制电源开关 QF3。

1. 甲地到乙地启动过程

按下甲地启动按钮 SB1（X000），回路经①→②→③→④→⑤→⑥→⑦→⓪号线闭合，接通输出继电器 Y000 指令，甲地接触器 KM1 线圈得电，KM1 主触头闭合。同时①→②间的 Y000 触点闭合实现自锁，电动机 M 正转连续运行。

小车由甲地运行到乙地碰撞到限位开关 SQ2 后，③→④间触点 X004 断开，输入继电器 X004 信号指示灯熄灭，输出继电器 Y000 失电，外部甲地接触器 KM1 线圈失电，KM1 主触头断开，电机停止运行，①→②间的 Y000 触点断开解除自锁。

同时①→⑧间的 SQ2 触点 X004 接通，回路经①→⑧→⑨→⑩→⑪→⑫→⑬→⓪号线闭合，接通输出继电器 Y001 指令，①→⑧间的 Y001 触点闭合实现自锁。乙地交流接触器 KM2 线圈得电，KM2 主触头闭合，电动机反转运行。

2. 乙地到甲地启动过程

小车停在任意位置时，按下乙地启动按钮 SB2（X001），回路经①→⑧→⑨→⑩→⑪→⑫→⑬→⓪号线闭合，接通输出继电器 Y001 指令，乙地接触器 KM2 线圈得电，KM2 主触头闭合。同时①→⑧间的 Y001 触点闭合实现自锁，电动机 M 反转连续运行。

小车由乙地运行到甲地碰撞到限位开关 SQ1 后，⑨→⑩间触点 X003 断开，输入继电器 X003 信号指示灯熄灭，输出继电器 Y001 失电，乙地接触器 KM2 线圈失电，KM2 主触头断开，电机停止运行，①→⑧间的 Y001 触点断开解除自锁。

同时①→②间的 SQ1-1 触点 X003 接通，①→②→③→④→⑤→⑥→⑦→⓪号线闭合，接通输出继电器 Y000 指令，①→②间的 Y000 触点闭合实现自锁。甲地控制交流接触器 KM1 线圈得电，KM1 主触头闭合，电动机正转运行。

3. 停止过程

当小车运行时，按下停止按钮 SB3（X002），回路②→③、⑧→⑨间触点断开，输入继电器 X002 信号指示灯熄灭，输出继电器 Y000 和 Y001 失电，外部接触器 KM1 和 KM2 线圈失电，KM1 和 KM2 主触头断开，同时①→②间的 Y000 触点和①→⑧间的 Y001 触点断开解除自锁，M 电动机停止运行。

4. 保护原理

当乙地限位开关 SQ2 失灵后，小车继续行驶碰到乙地极限开关 SQ4 后，④→⑤间触点 X006 断开，输入继电器 X006 信号指示灯熄灭，输出继电器 Y000 失电小车停止运行。

当甲地限位开关 SQ1 失灵后，小车继续行驶碰到甲地极限开关 SQ3 后，⑩→⑪间触点 X005 断开，输入继电器 X005 信号指示灯熄灭，输出继电器 Y001 失电小车停止运行。

当电动机在运行中发生断相、过载、堵转、三相不平衡等故障，电动机保护器动断触点断开，回路⑤→⑥、⑪→⑫间触点断开，PLC 输入继电器 X007（电动机保护器）触点断开，输入继电器 X007 信号指示灯熄灭，输出继电器 Y000 和 Y001 回路断开，外部接触器 KM1 和 KM2 线圈失电，KM1 和 KM2 主触头断开，电动机停止运行。

第 32 例　带急停按钮的自动往返控制电路

一、继电器接触器控制原理图

带急停按钮的自动往返控制电路如图 32-1 所示。

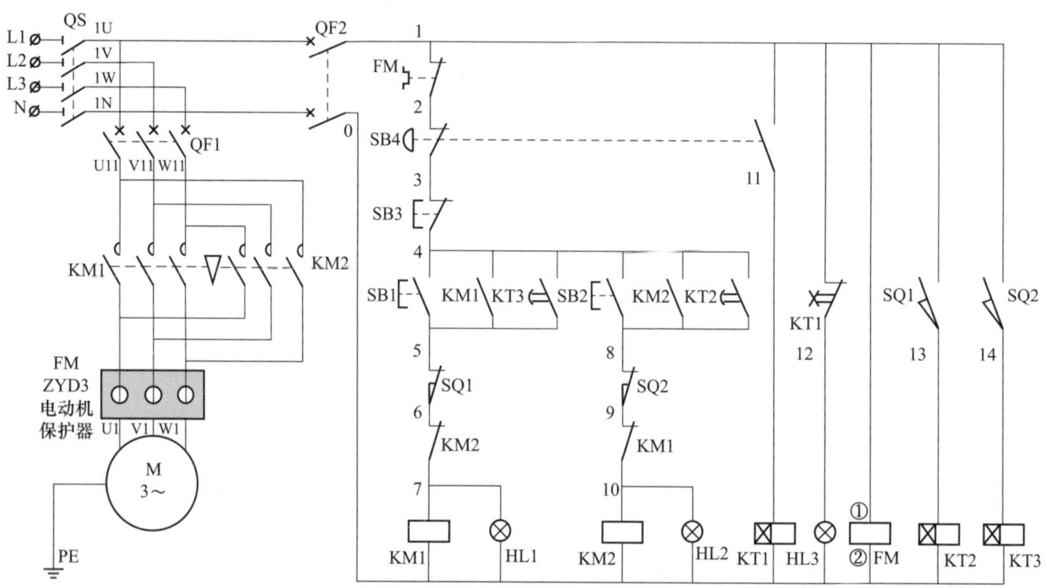

图 32-1　带急停按钮的自动往返控制电路原理图

1. PLC 程序设计要求

（1）按下外部甲地启动按钮 SB1，小车由甲地启动，甲地运行指示灯点亮，到乙地碰到限位开关 SQ1 停止，甲地运行指示灯熄灭，延时 3s 后向甲地运行，乙地运行指示灯点亮，到甲地碰到限位开关 SQ2 停止，乙地运行指示灯熄灭，延时 4s 后向乙地运行，实现小车自动往返。

（2）小车在运行时，按下外部停止按钮 SB3 电动机 M 停止运行，小车停在任意位置。

（3）小车在运行时，按下外部急停按钮 SB4 电动机 M 停止运行，小车停在任意位置，同时信号指示灯闪烁。

（4）小车停在任意位置时，按下外部乙地启动按钮 SB2，小车由乙地启动，乙地运行指示灯点亮，到甲地碰到限位开关 SQ2 停止，乙地运行指示灯熄灭，延时 4s 向乙地运行，甲地运行指示灯点亮，到乙地碰到限位开关 SQ1 停止，甲地运行指示灯熄灭，延时 3s 后向甲地运行，实现小车自动往返。

（5）当电动机发生过载等故障时，电机保护器 FM 动作，电动机停止运行。

（6）PLC 实际接线图中停止按钮 SB3、急停按钮 SB4、电机保护器 FM 辅助触点、限位开关 SQ1、SQ2 均取动断触点。

（7）根据控制要求，用 PLC 基本指令设计梯形图程序。

（8）根据上面的控制要求列出输入、输出分配表。

（9）根据控制要求写出语句表。

（10）根据控制要求绘制 PLC 控制电路接线图。

2. 输入/输出设备及 I/O 元件配置分配表

输入/输出设备及 I/O 元件配置分配见表 32-1。

表 32-1　　输入/输出设备及 I/O 元件配置表

输入设备		PLC 输入继电器	输出设备		PLC 输出继电器
代号	功能		代号	功能	
SB1	甲地启动按钮	X000	KM1	甲地接触器	Y000
SB2	乙地启动按钮	X001	KM2	乙地接触器	Y001
SB3	停止按钮	X002	HL1	甲地运行指示灯	Y002
SB4	急停按钮	X003	HL2	乙地运行指示灯	Y003
SQ1	限位开关 1	X004	HL3	急停闪烁指示灯	Y004
SQ2	限位开关 2	X005			
FM	电动机保护器	X006			

二、程序及电路设计

1. PLC 梯形图

PLC 梯形图如图 32-2 所示。

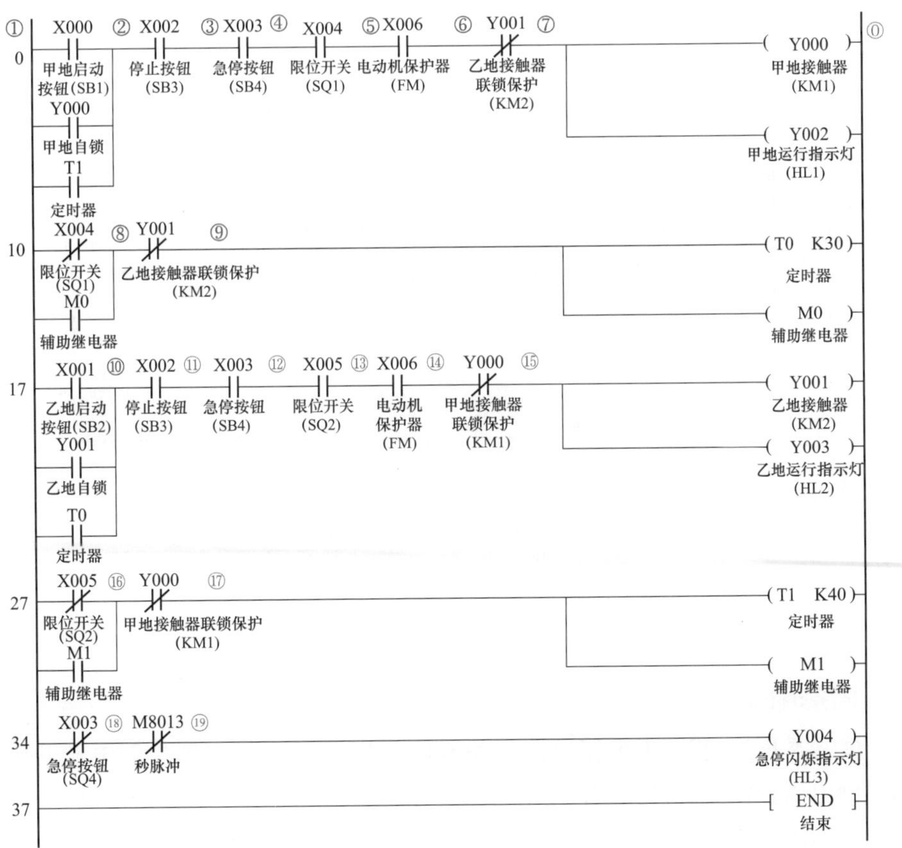

图 32-2　带急停按钮的自动往返控制电路 PLC 梯形图

2. PLC 指令语句表

PLC 指令语句见表 32-2。

表 32-2　　　　PLC 指令语句表

步号	指令	I/O（软元件）	步号	指令	I/O（软元件）	步号	指令	I/O（软元件）	步号	指令	I/O（软元件）
0	LD	X000	9	OUT	Y002	19	OR	T0	28	OR	M1
1	OR	Y000	10	LDI	X004	20	AND	X002	29	ANI	Y000
2	OR	T1	11	OR	M0	21	AND	X003	30	OUT	T1
3	AND	X002	12	ANI	Y001	22	AND	X005			K40
4	AND	X003	13	OUT	T0	23	AND	X006	33	OUT	M1
5	AND	X004			K30	24	ANI	Y000	34	LDI	X003
6	AND	X006	16	OUT	M0	25	OUT	Y001	35	ANI	M8013
7	ANI	Y001	17	LD	X001	26	OUT	Y003	36	OUT	Y004
8	OUT	Y000	18	OR	Y001	27	LDI	X005	37	END	

3. PLC 接线详图

PLC 接线图如图 32-3 所示。

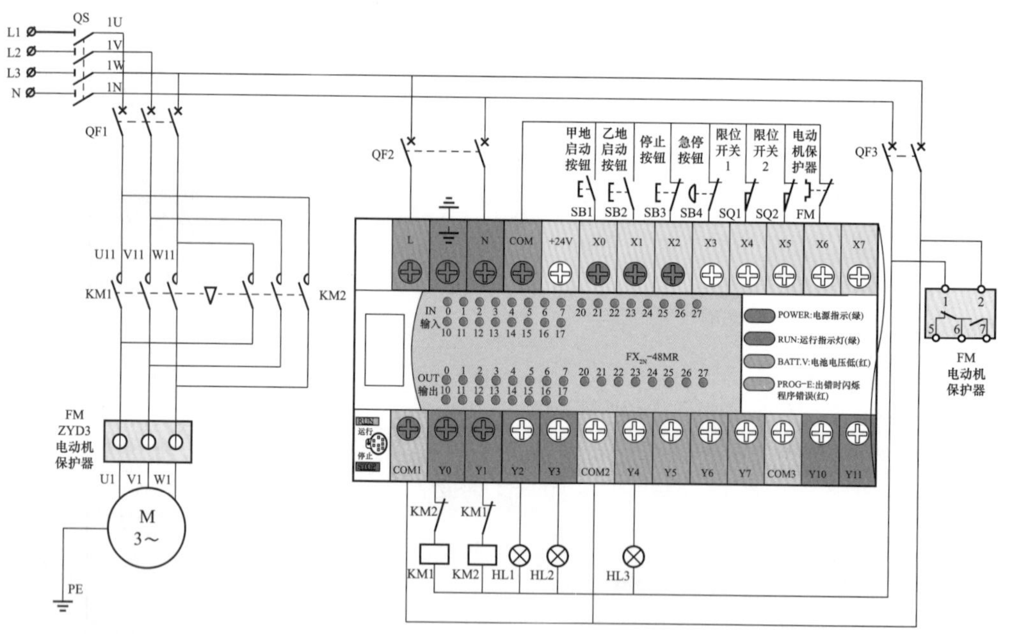

图 32-3　带急停按钮的自动往返控制电路 PLC 接线图

三、梯形图动作详解

闭合总电源开关 QS，主电路电源开关 QF1，PLC 输入继电器控制电源开关 QF2，PLC 输出继电器控制电源开关 QF3。由于 SB3、SB4、SQ1、SQ2、FM 触点处于闭合状态，PLC 输入继电器 X002、X003、X004、X005、X006 信号指示灯亮，梯形图中②→③、③→④、④→⑤、⑤→⑩、⑩→⑪、⑪→⑫、⑫→⑬、⑬→⑭触点闭合。

1. 甲地到乙地启动过程

按下甲地启动按钮 SB1，①→②间 X000 闭合，回路经①→②→③→④→⑤→⑥→⑦→⓪号线闭合，输出继电器 Y000、Y002 得电，甲地接触器 KM1 线圈得电，KM1 主触头闭合，电动机正转运行，甲地运行指示灯 HL1 常亮，小车由甲地向乙地行驶，①→②间 Y000 闭合自锁。

当小车碰到限位开关 SQ1 时，④→⑤间 X004 触点断开，输出继电器 Y000、Y002 失电，小车停止运行。甲地运行指示灯 HL1 熄灭，同时①→⑧间 X004 闭合，回路经①→⑧→⑨→⓪号线闭合，定时器 T0 和辅助继电器 M0 得电，①→⑧间 M0 闭合自锁。

当 T0 延时 3s 后，①→⑩间 T0 触点闭合，回路经①→⑩→⑪→⑫→⑬→⑭→⑮→⓪号线闭合，输出继电器 Y001、Y003 得电，乙地也接触器 KM2 线圈得电，KM2 主触头闭合，①→⑩间 Y001 闭合自锁。乙地运行指示灯 HL2 亮，电动机反转运行，小车由乙地驶向甲地行驶。当小车碰到甲地限位开关 SQ2 时，⑫→⑬间 X005 触点断开，输出继电器 Y001、Y003 失电，小车停止运行，乙地运行指示灯熄灭，同时①→⑯间触点 X005 闭合，回路经①→⑯→⑰→⓪号线闭合，定时器 T1 和辅助继电器 M1 得电，①→⑯间 M1 闭合自锁。

当 T1 延时 4s 后，①→②间 T1 触点闭合，回路经①→②→③→④→⑤→⑥→⑦→⓪号线闭合，输出继电器 Y000、Y002 得电，电机正转运行，指示灯点亮，实现小车自动往返运行。

2. 乙地到甲地启动过程

小车停在任意位置时，按下乙地启动按钮 SB2，①→⑩间 X001 触点闭合，回路经①→⑩→⑪→⑫→⑬→⑭→⑮→⓪号线闭合，输出继电器 Y001、Y003 得电，乙地接触器 KM2 线圈得电，KM2 主触头闭合，电动机反转运行，乙地运行指示灯 HL2 常亮，小车由乙地驶向甲地。①→⑩间 Y001 闭合自锁。当小车碰到甲地限位开关 SQ2 时，⑫→⑬间 X005 断开，输出继电器 Y001、Y003 失电，小车停止运行。乙地运行指示灯 HL2 熄灭，同时①→⑯间 X005 触点闭合，回路经①→⑯→⑰→⓪号线闭合。定时器 T1 和辅助继电器 M1 得电，①→⑯间 M1 闭合自锁。

当 T1 延时 4s 后，①→②间 T1 触点闭合，回路经①→②→③→④→⑤→⑥→⑦→⓪号线闭合，输出继电器 Y000、Y002 得电，甲地接触器 KM1 线圈得电，KM1 主触头闭合，①→⑧间 Y000 闭合自锁，甲地运行指示灯 HL1 常亮，电动机正转运行。小车由甲地向乙地行驶。

当小车碰撞乙地限位开关 SQ1 时，④→⑤间触点 X004 断开，输出继电器 Y000、Y002 失电，小车停止运行，甲地运行指示灯熄灭，同时①→⑧间 X004 触点闭合，回路经①→⑧→⑨→⓪号线闭合，定时器 T0 和辅助继电器 M0 得电，①→⑧间 M0 闭合自锁。

当 T0 延时 3s 后，①→⑩间 T0 闭合，回路经①→⑩→⑪→⑫→⑬→⑭→⑮→⓪号线闭合，输出继电器 Y001、Y003 得电，电机反转运行，指示灯点亮，实现小车自动往返运行。

3. 停止过程

按下停止按钮 SB3 时，②→③、⑩→⑪间 X002 触点断开，Y000、Y002、Y001、Y003 都失电，电机停止运行。

4. 急停过程

按下急停按钮 SB4 时，③→④、⑪→⑫间 X003 断开，Y000、Y002、Y001、Y003 都失电，电机停止运行。同时①→⑱间触点 X003 闭合，回路经①→⑱→⑲→⓪号线闭合，输出继电器 Y004 得电，急停闪烁指示灯 HL3 闪烁。

5. 保护原理

当电动机在运行中发生断相、过载、堵转、三相不平衡等故障，电动机保护器动断触点断开，回路⑤→⑥、⑬→⑭间触点断开，PLC 输入继电器 X006（电动机保护器）触点断开，输入继电器 X006 信号指示灯熄灭，输出继电器 Y000、Y001、Y002 和 Y003 回路断开，外部接触器 KM1 和 KM2 线圈失电，KM1 或 KM2 主触头断开，电动机停止运行。

第 33 例　使用一只限位开关实现的自动往返控制电路

一、继电器—接触器控制原理图

使用一只限位开关实现的自动往返控制电路如图 33-1 所示。

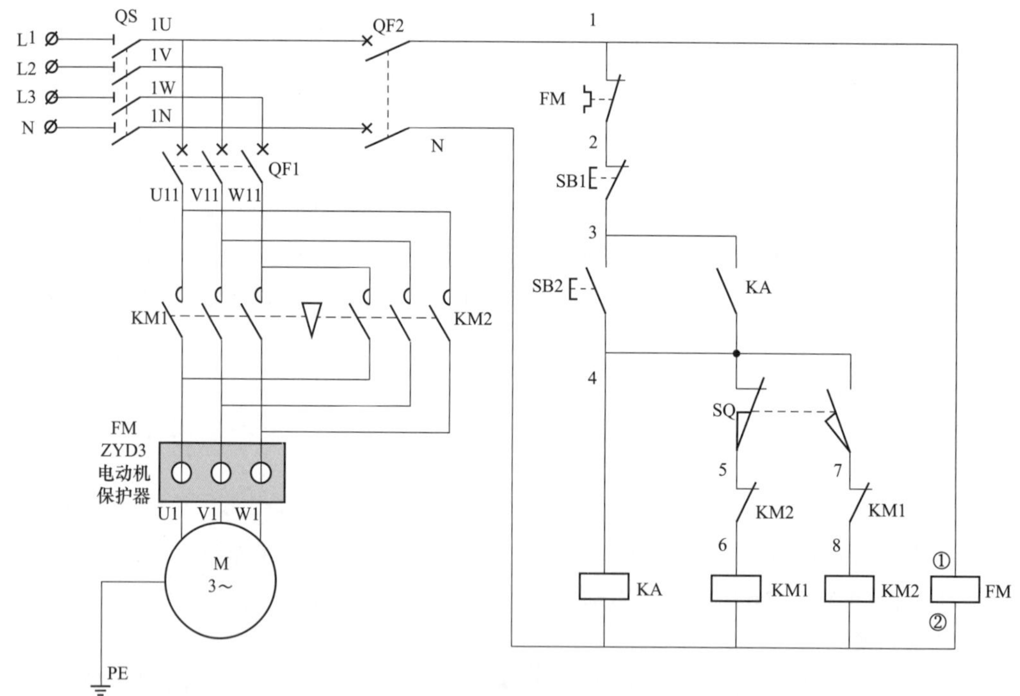

图 33-1　使用一只限位开关实现的自动往返控制电路原理图

1. PLC 程序设计要求

（1）按下外部启动按钮 SB2，小车由正转启动，小车向乙地移动，撞到小车上面限位开关 SQ 后向甲地移动，撞到小车上面限位开关 SQ 后向乙地移动，实现自动往返控制。

（2）在任意时间段按下外部停止按钮 SB1，电动机 M 停止。

（3）当电动机发生过载等故障时，电动机保护器 FM 动作，电动机停止运行。

(4) PLC 实际接线图中停止按钮 SB1、电动机保护器 FM 辅助触点、限位开关均取动断触点。

(5) 根据控制要求，用 PLC 基本指令设计梯形图程序。

(6) 根据上面的控制要求列出输入、输出分配表。

(7) 根据控制要求写出语句表。

(8) 根据控制要求绘制 PLC 控制电路接线图。

2. 输入/输出设备及 I/O 元件配置分配表

输入/输出设备及 I/O 元件配置分配见表 33-1。

表 33-1　　输入/输出设备及 I/O 元件配置分配表

输入设备		PLC 输入继电器	输出设备		PLC 输出继电器
代号	功能		代号	功能	
SB2	启动按钮	X0	KM1	甲地接触器	Y0
SB1	停止按钮	X1	KM2	乙地接触器	Y1
FM	电动机保护器 FM	X2			
SQ	限位开关	X3			

二、程序及电路设计

1. PLC 梯形图

PLC 梯形图如图 33-2 所示。

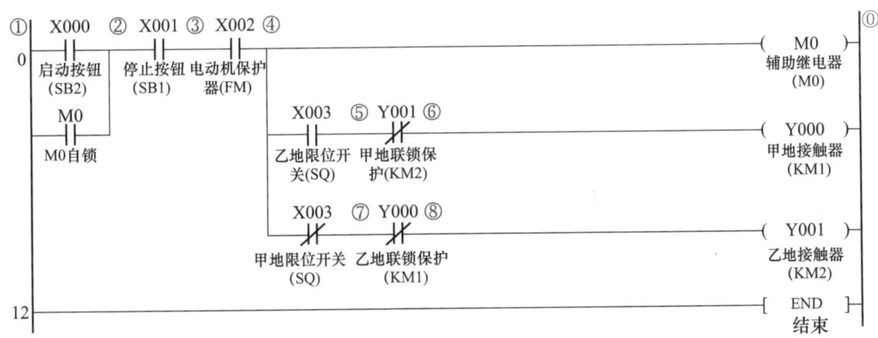

图 33-2　使用一只限位开关实现的自动往返控制电路 PLC 梯形图

2. PLC 指令语句表

PLC 指令语句见表 33-2。

表 33-2　　PLC 指令语句表

步号	指令	I/O（软元件）	步号	指令	I/O（软元件）	步号	指令	I/O（软元件）	步号	指令	I/O（软元件）
0	LD	X000	4	OUT	M0	8	OUT	Y000	12	OUT	Y001
1	OR	M0	5	MPS		9	MPP		13	END	
2	AND	X001	6	AND	X003	10	ANI	X003			
3	AND	X002	7	ANI	Y001				11	ANI	Y000

3. PLC 接线详图

PLC 接线图如图 33-3 所示。

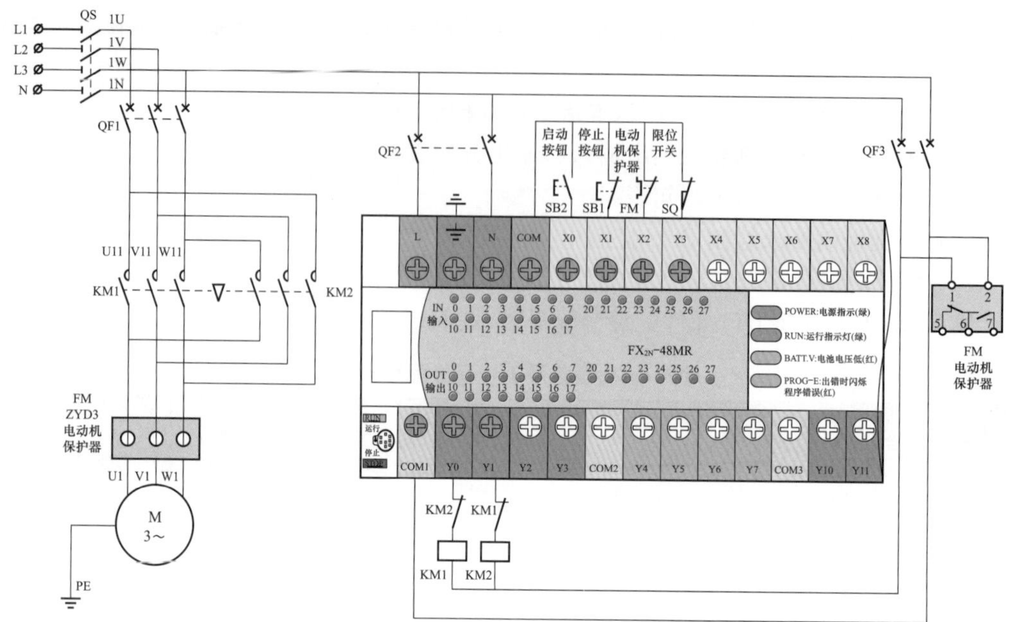

图 33-3 使用一只限位开关实现的自动往返控制电路 PLC 接线图

三、梯形图动作详解

闭合总电源开关 QS，主电路电源开关 QF1，PLC 输入继电器控制电源开关 QF2，PLC 输出继电器控制电源开关 QF3。由于 SB2、SQ、FM 触点处于闭合状态，PLC 输入继电器 X1、X2、X3 信号指示灯亮，梯形图中②→③、③→④、④→⑤动合触点闭合，④→⑦动断触点断开。

1. 自动往返运行过程

按下启动按钮 SB2（X000），回路经①→②→③→④→⓪号线闭合，接通辅助继电器 M0，①→②间的 M0 动合触点闭合实现自锁。同时回路经①→②→③→④→⑤→⑥→⓪号线闭合，接通输出继电器 Y000 指令，输出继电器 Y000 得电，甲地控制接触器 KM1 线圈得电，KM1 主触头闭合。小车由甲地向乙地连续运行。

小车由甲地运行到乙地碰撞到限位开关 SQ 后，④→⑤间动合触点 X003 断开，输入继电器 X003 信号指示灯熄灭，输出继电器 Y000 失电，外部甲地控制接触器 KM1 线圈失电，KM1 主触头断开，电动机停止运行。小车由于惯性使④→⑦动断触点 X003 复位接通，回路经①→②→③→④→⑦→⑧→⓪号线闭合，接通输出继电器 Y001 指令，输出继电器 Y001 得电，外部乙地控制交流接触器 KM2 线圈得电，KM2 主触头闭合，小车由乙地向甲地连续运行。

小车由乙地运行到甲地碰撞到限位开关 SQ 后，④→⑦间动断触点 X003 断开，输出继电器 Y001 失电，外部乙地控制接触器 KM2 线圈失电，KM2 主触头断开，电动机停止运行。④→⑤间动合触点 X003 复位接通，回路经①→②→③→④→⑤→⑥→⓪号线闭合，接通输出继电器 Y000 指令，输出继电器 Y000 得电，甲地控制接触器 KM1 线圈得电，KM1 主触头闭合，实现小车自动往返运行。

2. 停止过程

按下停止按钮 SB1（X001），回路②→③断开，输入继电器 X001 信号指示灯熄灭，输出继电器 Y000 和 Y001 失电，外部接触器 KM1 和 KM2 线圈失电，KM1 和 KM2 主触头断开，同时①→②间的 M0 动合触点断开解除自锁，M 电动机停止运行。

3. 保护原理

当电动机在运行中发生断相、过载、堵转、三相不平衡等故障，电动机保护器 X002 动断触点断开，回路③→④断开，PLC 输入继电器 X002（过载保护）动合触点断开，输入继电器 X002 信号指示灯熄灭，输出继电器 Y000 和 Y001 回路断开，外部接触器 KM1 和 KM2 线圈失电，KM1 和 KM2 主触头断开，电动机停止运行。

第 34 例 使用红外接近传感器、限位开关实现电动门控制电路

一、继电器—接触器控制原理图

使用红外接近传感器、限位开关实现电动门控制电路如图 34-1 所示。

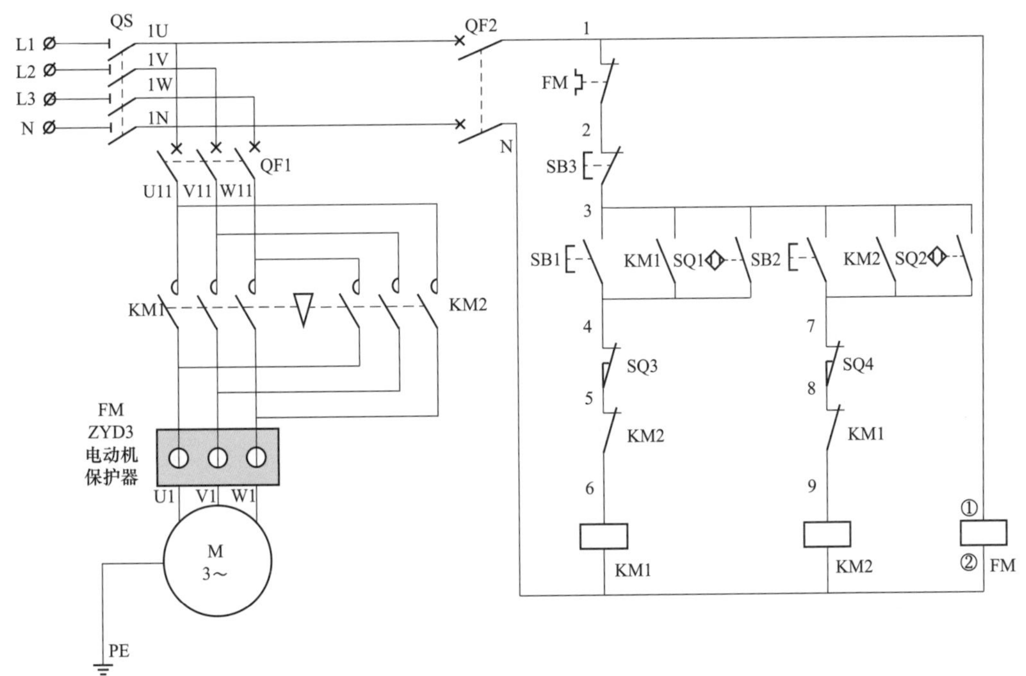

图 34-1 使用红外接近传感器、限位开关实现电动门控制电路原理图

1. PLC 程序设计要求

（1）按下外部正转启动按钮 SB1 或使用红外接近开关 SQ1 时，电动机 M 正转启动，电动门上升打开，上升到上限位开关 SQ3 时电动机停止运行。

（2）在任意时间段按下外部停止按钮 SB3 电动机 M 停止。

（3）按下外部反转启动按钮 SB2 或使用光电接近开关 SQ2 时，电动机 M 反转启动，电动门下降关闭，下降到下限位开关 SQ4 时电动机停止运行。

（4）当电动机发生过载等故障时，电动机保护器 FM 动作，电动机停止运行。

（5）PLC 实际接线图中停止按钮 SB3、电动机保护器 FM 辅助触点、限位开关

SQ3、SQ4 均取动断触点。

(6) 根据控制要求，用 PLC 基本指令设计梯形图程序。

(7) 根据上面的控制要求列出输入、输出分配表。

(8) 根据控制要求写出语句表。

(9) 根据控制要求绘制 PLC 控制电路接线图。

2. 输入/输出设备及 I/O 元件配置分配表

输入/输出设备及 I/O 元件配置分配见表 34-1。

表 34-1　　输入/输出设备及 I/O 元件配置分配表

输入设备		PLC 输入继电器	输出设备		PLC 输出继电器
代号	功能		代号	功能	
SQ1	红外接近开关	X000	KM1	正转接触器	Y000
SQ2	光电接近开关	X001	KM2	反转接触器	Y001
SB1	手动开门按钮	X002			
SB2	手动关门按钮	X003			
SB3	停止按钮	X004			
SQ3	上限位开关 1	X005			
SQ4	下限位开关 2	X006			
FM	电动机保护器 FM	X007			

二、程序及电路设计

1. PLC 梯形图

PLC 梯形图如图 34-2 所示。

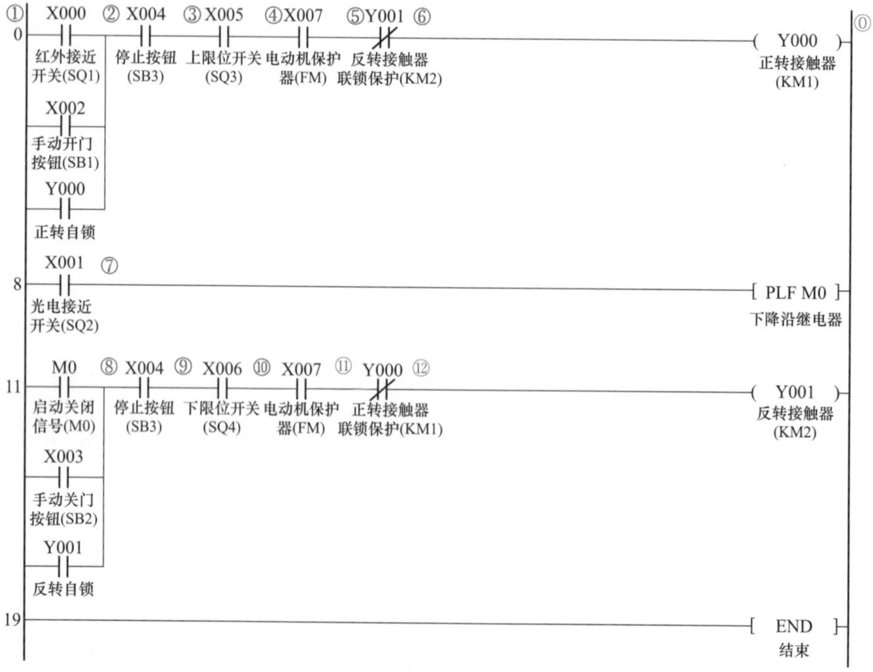

图 34-2　使用红外接近传感器、限位开关实现电动门控制电路 PLC 梯形图

2. PLC 指令语句表

PLC 指令语句见表 34-2。

表 34-2　　PLC 指令语句表

步号	指令	I/O（软元件）	步号	指令	I/O（软元件）	步号	指令	I/O（软元件）	步号	指令	I/O（软元件）
0	LD	X000	5	AND	X007	11	LD	M0	16	AND	X007
1	OR	X002	6	ANI	Y001	12	OR	X003	17	ANI	Y000
2	OR	Y000	7	OUT	Y000	13	OR	Y001	18	OUT	Y001
3	AND	X004	8	LD	X001	14	AND	X004	19	END	
4	AND	X005	9	PLF	M0	15	AND	X006			

3. PLC 接线详图

PLC 接线图如图 34-3 所示。

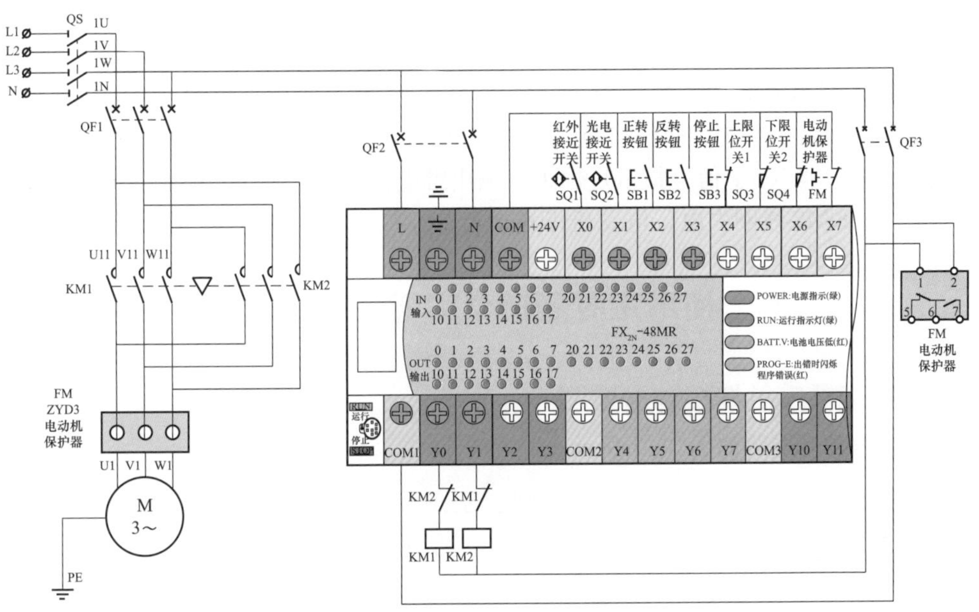

图 34-3　使用红外接近传感器、限位开关实现电动门控制电路 PLC 接线图

三、梯形图动作详解

1. 电动门上升启动过程

闭合总电源开关 QS，主电源 QF1，PLC 输入继电器控制电源开关 QF2，由于 SB3、SQ3、SQ4、FM 触点处于闭合状态，PLC 输入继电器 X4、X5、X6、X7 信号指示灯亮，梯形图中②→③、③→④、④→⑤、⑧→⑨、⑨→⑩、⑩→⑪动合触点闭合，闭合 PLC 输出继电器控制电源开关 QF3。

按下手动开门按钮 SB1（X002）或行人和车辆接近红外接近传感器 SQ1（X000）时，产生输入信号 X000 有效，回路经①→②→③→④→⑤→⑥→⓪号线闭合，同时输出继电器 Y000 得电，接通正转接触器 KM1 线圈，KM1 主触头闭合，①→②间的 Y000 动合触点闭合实现正转自锁，电动机正转连续运行上升开门，上升碰到上限位开关 SQ3

时，电动机停止运行。

2. 电动门下降启动过程

行人和车辆接近光电接近开关 SQ2（X001）时，下降沿脉冲指令 PLF 使 M0 只接通一个扫描周期，下降沿继电器⓪→⑦间的 M0 得电，①→⑧间的 M0 的动合触点闭合或按下手动关门按钮 SB2（X003），回路经①→⑧→⑨→⑩→⑪→⑫→⓪号线闭合，输出继电器 Y001 得电，接通反转接触器 KM2 线圈，KM2 主触头闭合，同时①→⑧间的 Y001 动合触点闭合实现反转自锁，电动机反转连续运行下降关门，下降碰到下限位开关 SQ4 时，电动机停止运行。

3. 停止过程

按下停止按钮 SB3（X004）回路②→③和⑧→⑨动合触点断开，PLC 输入继电器 X004 信号灯熄灭，输出继电器 Y000 和 Y001 失电，外部正转接触器 KM1 和反转接触器 KM2 线圈失电，KM1 和 KM2 主触头断开，同时①→②间的 Y000 动合触点和①→⑧间的 Y001 动合触点断开解除自锁，电动机停止运行。

4. 保护原理

当电动机 M 在运行中发生断相、过载、堵转、三相不平衡等故障，电动机保护器动断触点断开，回路④→⑤、⑩→⑪断开，PLC 输入继电器 X007（过载保护）动合触点断开，输入继电器 X007 信号指示灯熄灭，输出继电器 Y000 和 Y001 回路断开，外部接触器 KM1 和 KM2 线圈失电，电动机停止运行。

第 35 例　使用定时器指令实现自动往返控制电路

一、继电器接触器控制原理图

自动往返控制电路如图 35-1 所示。

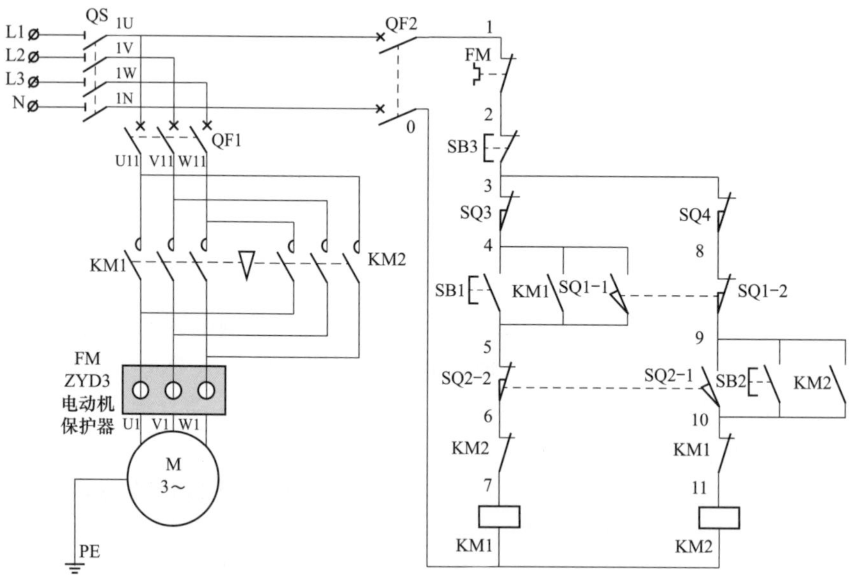

图 35-1　自动往返控制电路原理图

1. PLC 程序设计要求

（1）参考图 31-1 继电器接触器控制原理图，拓展思维设计使用定时器指令实现自动往返控制电路。

（2）按下甲地启动按钮 SB1，小车由甲地启动，到乙地碰到限位开关 SQ1 停止，装料电磁阀 YV1 打开，小车装料，3s 后装料电磁阀 YV1 关闭小车向甲地运行，到甲地碰到限位开关 SQ2 停止，小车上卸料电磁阀 YV2 打开，小车卸料，4s 后卸料电磁阀 YV2 关闭小车向乙地运行，实现小车自动往返。

（3）小车在运行时，按下停止按钮 SB3 电动机 M 停止运行，小车停在任意位置。

（4）小车停在任意位置时，按下外部乙地启动按钮 SB2，小车由乙地启动，到甲地碰到限位开关 SQ2 停止，小车上卸料电磁阀 YV2 打开，小车卸料，4s 后卸料电磁阀 YV2 关闭小车向乙地运行，到乙地碰到限位开关 SQ1 停止，装料电磁阀 YV1，小车装料，3s 后装料电磁阀 YV1 关闭小车向甲地运行，实现小车自动往返。

（5）当电动机发生过载等故障时，电机保护器 FM 动作，电动机停止运行。

（6）PLC 实际接线图中停止按钮 SB3、电机保护器 FM 辅助触点、限位开关 SQ1、SQ2 均取动断触点。

（7）根据控制要求，用 PLC 基本指令设计梯形图程序。

（8）根据上面的控制要求列出输入、输出分配表。

（9）根据控制要求写出语句表。

（10）根据控制要求绘制 PLC 控制电路接线图。

2. 输入/输出设备及 I/O 元件配置分配表

输入/输出设备及 I/O 元件配置分配见表 35-1。

表 35-1　　输入/输出设备及 I/O 元件配置表

输入设备		PLC 输入继电器	输出设备		PLC 输出继电器
代号	功能		代号	功能	
SB1	甲地启动按钮	X000	KM1	甲地接触器	Y000
SB2	乙地启动按钮	X001	KM2	乙地接触器	Y001
SB3	停止按钮	X002	YV1	装料电磁阀	Y002
SQ1	限位开关 1	X003	YV2	卸料电磁阀	Y003
SQ2	限位开关 2	X004			
FM	电动机保护器	X005			

二、程序及电路设计

1. PLC 梯形图

PLC 梯形图如图 35-2 所示。

2. PLC 指令语句表

PLC 指令语句见表 35-2。

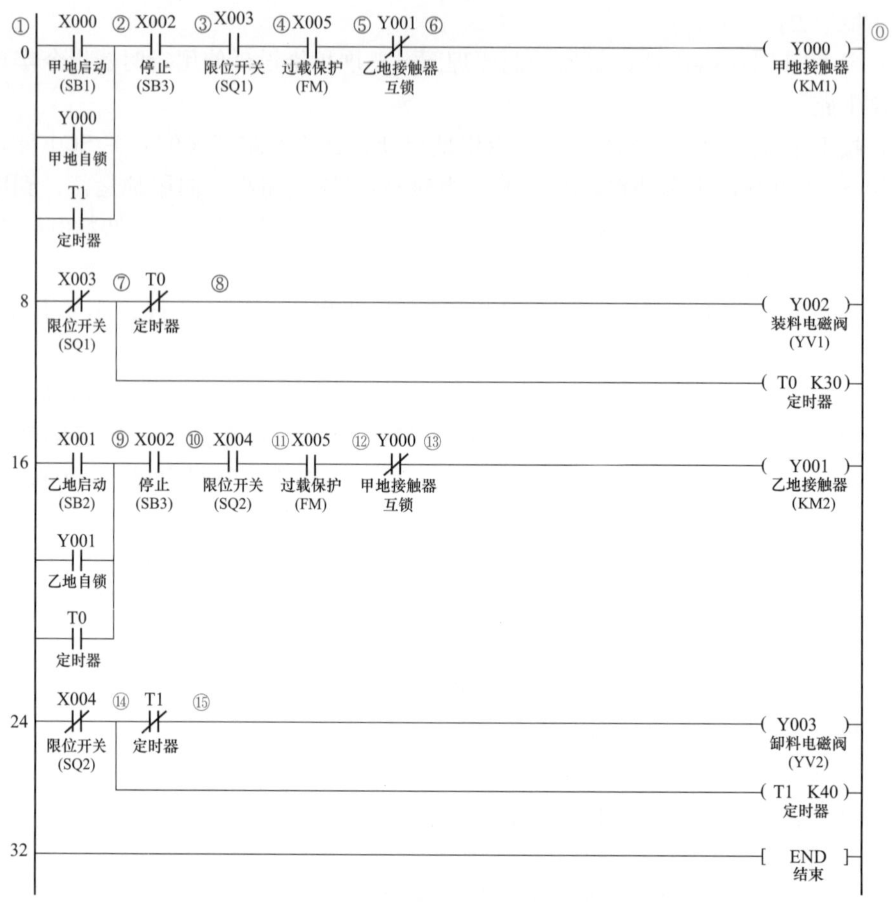

图 35-2　使用定时器指令实现自动往返控制电路 PLC 梯形图

表 35-2　PLC 指令语句表

步号	指令	I/O（软元件）	步号	指令	I/O（软元件）	步号	指令	I/O（软元件）	步号	指令	I/O（软元件）
0	LD	X000	8	LDI	X003	17	OR	Y001	25	MPS	
1	OR	Y000	9	MPS		18	OR	T0	26	ANI	T1
2	OR	T1	10	ANI	T0	19	AND	X002	27	OUT	Y003
3	AND	X002	11	OUT	Y002	20	AND	X004	28	MPP	
4	AND	X003	12	MPP		21	AND	X005	29	OUT	T1
5	AND	X005	13	OUT	T0	22	ANI	Y000			K40
6	ANI	Y001			K30	23	OUT	Y001	32	END	
7	OUT	Y000	16	LD	X001	24	LDI	X004			

3．PLC 接线详图

PLC 接线图如图 35-3 所示。

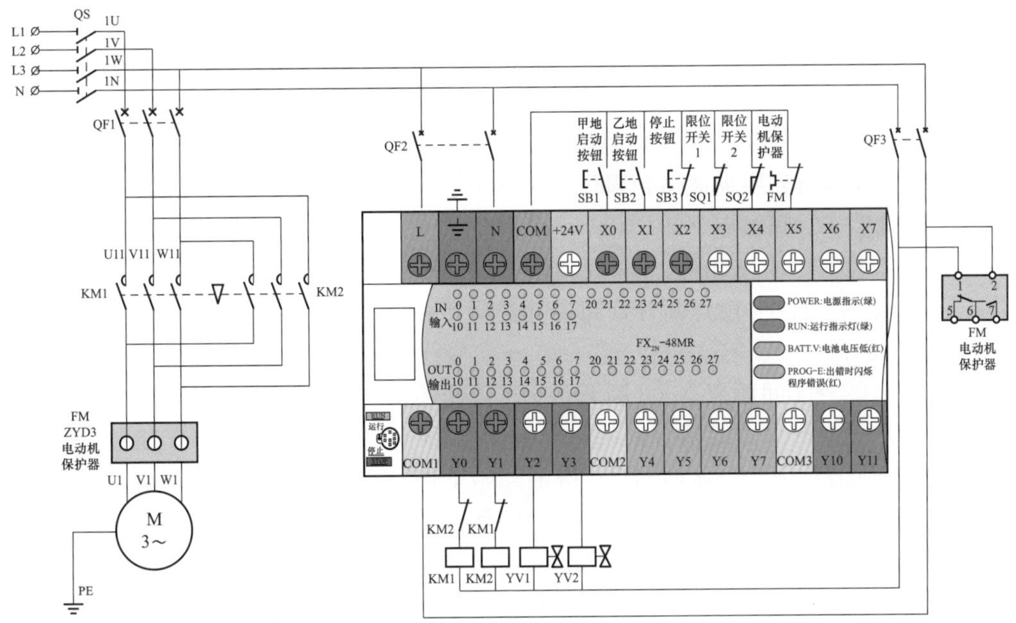

图 35-3　使用定时器指令实现自动往返控制电路 PLC 接线图

三、梯形图动作详解

闭合总电源开关 QS，主电路电源开关 QF1，PLC 输入继电器控制电源开关 QF2，由于 SB3、SQ1、SQ2、FM 触点处于闭合状态，PLC 输入继电器 X002、X003、X004、X005、信号指示灯亮，梯形图中②→③、③→④、④→⑤、⑨→⑩、⑩→⑪、⑪→⑫触点闭合，闭合 PLC 输出继电器控制电源开关 QF3。

1. 甲地到乙地启动过程

按下甲地启动按钮 SB1（X000），回路经①→②→③→④→⑤→⑥→⓪号线闭合，接通甲地接触器 Y000 指令，甲地接触器 Y000 线圈得电，KM1 主触头闭合。同时①→②间的 Y000 触点闭合自锁，电动机 M 正转连续运行。

小车由甲地运行到乙地碰撞到限位开关 SQ1 后，③→④间触点 X003 断开，小车停止运行。同时①→⑦间触点 X003 闭合，回路经①→⑦→⑧→⓪号线闭合，装料电磁阀 YV1（Y002）打开，小车装料。同时回路经①→⑦→⓪号线闭合，定时器 T0 得电开始工作。3s 后⑦→⑧间 T0 触点断开，装料电磁阀 YV1（Y002）关闭，同时①→⑨间触点 T0 闭合，回路经①→⑨→⑩→⑪→⑫→⑬→⓪号线闭合，接通乙地接触器 Y001 指令，乙地接触器 Y001 线圈得电，KM2 主触头闭合。同时①→⑨间的 Y001 触点闭合自锁，电动机 M 反转连续运行。小车向甲地运行。

运行到甲地碰到限位开关 SQ2，⑩→⑪间触点 X004 断开，小车停止运行。同时①→⑭间触点 X004 闭合，回路经①→⑭→⑮→⓪号线闭合，卸料电磁阀 YV2（Y003）打开，小车卸料。同时回路经①→⑭→⑮号线闭合，定时器 T1 得电开始工作。4s 后⑭→⑮间 T1 触点断开，卸料电磁阀 YV2（Y003）关闭，同时①→②间触点 T1 闭合，回路经①→②→③→④→⑤→⑥→⓪号线闭合小车向乙地运行，实现小车自动往返。

2．乙地到甲地启动过程

小车停在任意位置。按下乙地启动按钮 SB2（X001），回路经①→⑨→⑩→⑪→⑫→⑬→⓪号线闭合，接通乙地接触器 Y001 指令。乙地接触器 Y001 线圈得电，KM2 主触头闭合。同时①→⑨间的 Y001 触点闭合自锁，电动机 M 反转连续运行。

小车由乙地运行到甲地碰撞到限位开关 SQ2 后，⑩→⑪间触点 X004 断开，小车停止运行。同时①→⑭间触点 X004 闭合，回路经①→⑭→⑮→⓪号线闭合，卸料电磁阀 YV2（Y003）打开，小车卸料。同时回路经①→⑭→⓪号线闭合，定时器 T1 得电开始工作。4s 后⑭→⑮间 T1 触点断开，卸料电磁阀 YV2（Y003）关闭，同时①→②间触点 T1 闭合，回路经①→②→③→④→⑤→⑥→⓪号线闭合小车向乙地运行，碰撞到限位开关 SQ1 后，③→④间触点 X003 断开，小车停止运行。同时①→⑦间触点 X003 闭合，回路经①→⑦→⑧→⓪号线闭合，装料电磁阀 YV1（Y002）打开，小车装料。同时回路经①→⑦→⓪号线闭合，定时器 T0 得电开始工作。3s 后⑦→⑧间 T0 触点断开，装料电磁阀 YV1（Y002）关闭，同时①→⑨间触点 T0 闭合，回路经①→⑨→⑩→⑪→⑫→⑬→⓪号线闭合，接通乙地接触器 Y001 指令，乙地接触器 Y001 线圈得电，KM2 主触头闭合。同时①→⑨间的 Y001 触点闭合自锁，电动机 M 反转连续运行。小车向甲地运行，实现小车自动往返。

3．停止过程

按下停止按钮 SB3，回路②→③、⑨→⑩间触点 X002 断开，输出继电器 Y000 和 Y001 失电，外部接触器 KM1 和 KM2 线圈失电，KM1 和 KM2 主触头断开，电动机停止运行。

4．保护原理

当电动机在运行中发生断相、过载、堵转、三相不平衡等故障，电动机保护器动断触点断开，回路④→⑤、⑪→⑫断开，PLC 输入继电器 X005（电动机保护器）触点断开，输入继电器 X005 信号指示灯熄灭，输出继电器 Y000 和 Y001 回路断开，外部接触器 KM1 和 KM2 线圈失电，KM1 和 KM2 主触头断开，电动机停止运行。

第 36 例　使用定时器及计数器指令实现自动往返控制电路

一、继电器接触器控制原理图

自动往返控制电路如图 36-1 所示。

1．PLC 程序设计要求

（1）使用定时器及计数器指令实现自动往返控制电路。

（2）按下甲地启动按钮 SB1，小车由甲地启动，到乙地碰到限位开关 SQ1 停止，装料电磁阀 YV1 打开，小车装料，3s 后装料电磁阀 YV1 关闭小车向甲地运行，到甲地碰到限位开关 SQ2 停止，小车上卸料电磁阀 YV2 打开，小车卸料，4s 后卸料电磁阀 YV2 关闭小车向乙地运行，实现小车自动往返 2 次后停在甲地。

（3）小车在运行时，按下停止按钮 SB3 电动机 M 停止运行，小车停在任意位置。

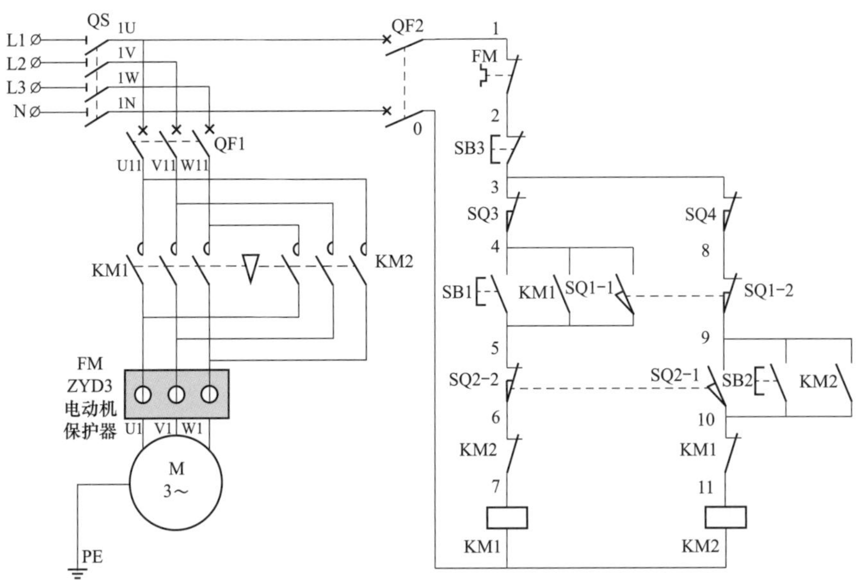

图 36-1　自动往返控制电路原理图

（4）小车停在任意位置时，按下乙地启动按钮 SB2，小车由乙地启动，到甲地碰到限位开关 SQ2 停止，小车上卸料电磁阀 YV2 打开，小车卸料，4s 后卸料电磁阀 YV2 关闭小车向乙地运行，到乙地碰到限位开关 SQ1 停止，装料电磁阀 YV1，小车装料，3s 后装料电磁阀 YV1 关闭小车向甲地运行，实现小车自动往返 2 次后停在乙地。

（5）当电动机发生过载等故障时，电机保护器 FM 动作，电动机停止运行。

（6）PLC 实际接线图中停止按钮 SB3 电机保护器 FM 辅助触点、限位开关 SQ1、SQ2 均取动断触点。

（7）根据控制要求，用 PLC 基本指令设计梯形图程序。

（8）根据上面的控制要求列出输入、输出分配表。

（9）根据控制要求写出语句表。

（10）根据控制要求绘制 PLC 控制电路接线图。

2. 输入/输出设备及 I/O 元件配置分配表

输入/输出设备及 I/O 元件配置分配见表 36-1。

表 36-1　　输入/输出设备及 I/O 元件配置分配表

输入设备		PLC 输入继电器	输出设备		PLC 输出继电器
代号	功能		代号	功能	
SB1	甲地启动按钮	X000	KM1	甲地接触器	Y000
SB2	乙地启动按钮	X001	KM2	乙地接触器	Y001
SB3	停止按钮	X002	YV1	装料电磁阀	Y002
SB4	复位计数器	X003	YV2	卸料电磁阀	Y003
SQ1	限位开关 1	X004			
SQ2	限位开关 2	X005			
FM	电动机保护器	X006			

二、程序及电路设计

1. PLC 梯形图

PLC 梯形图如图 36-2 所示。

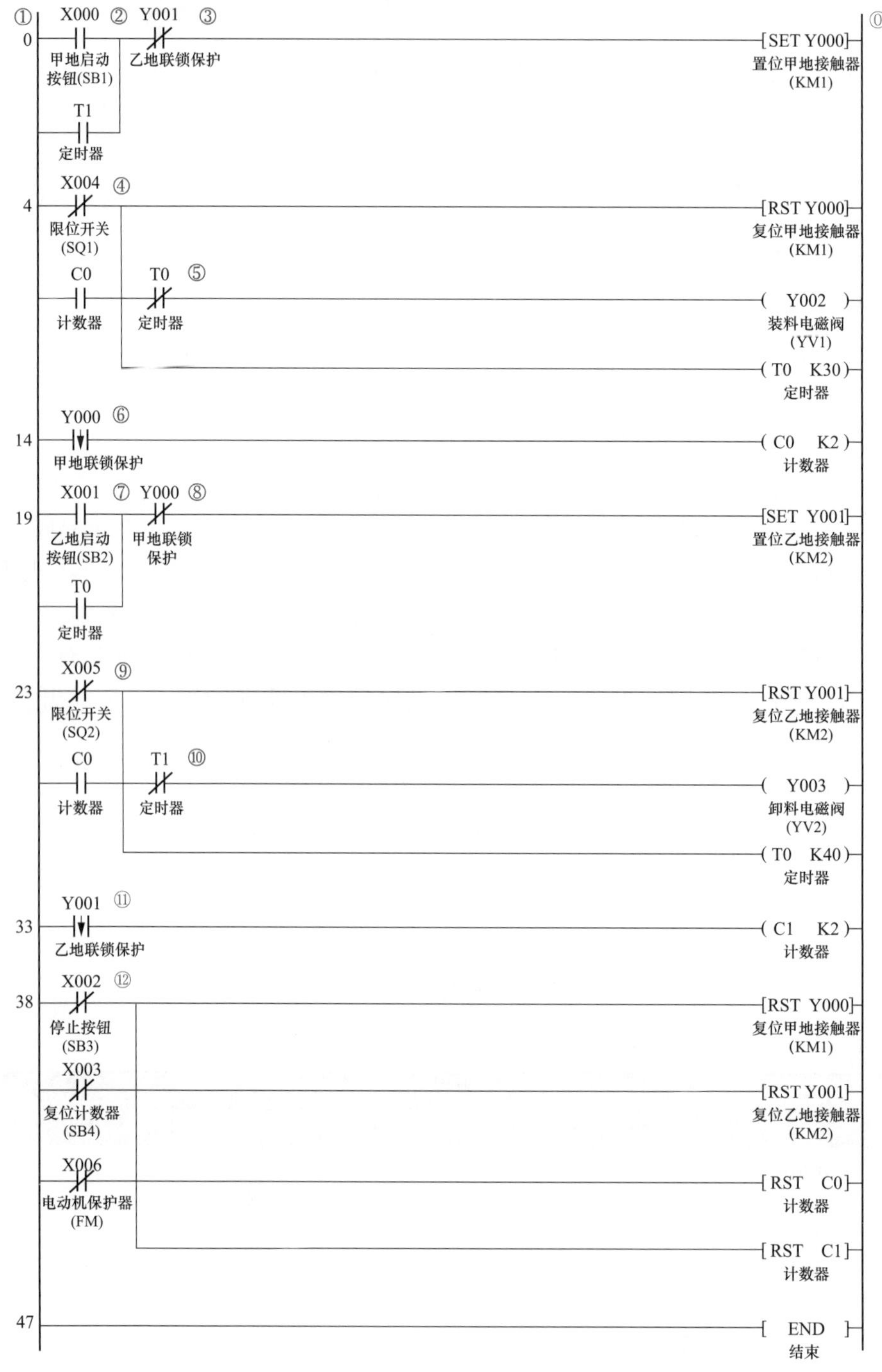

图 36-2 使用定时器及计数器指令实现自动往返控制电路 PLC 梯形图

2. PLC 指令语句表

PLC 指令语句见表 36-2。

表 36-2　　PLC 指令语句表

步号	指令	I/O（软元件）	步号	指令	I/O（软元件）	步号	指令	I/O（软元件）	步号	指令	I/O（软元件）
0	LD	X000	10	MPP		23	LDI	X005	35	OUT	C1
1	OR	T1	11	OUT	T0	24	OR	C1			K2
2	ANI	Y001			K30	25	RST	Y001	38	LDI	X002
3	SET	Y000	14	LDF	Y000	26	MPS		39	ORI	X003
4	LDI	X004	16	OUT	C0	27	ANI	T1	40	ORI	X006
5	OR	C0			K2	28	OUT	Y004	41	RST	Y000
6	RST	Y000	19	LD	X001	29	MPP		42	RST	Y001
7	MPS		20	OR	T0	30	OUT	T1	43	RST	C0
8	ANI	T0	21	ANI	Y000			K40	45	RST	C1
9	OUT	Y002	22	SET	Y001	33	LDF	Y001	47	END	

3. PLC 接线详图

PLC 接线图如图 36-3 所示。

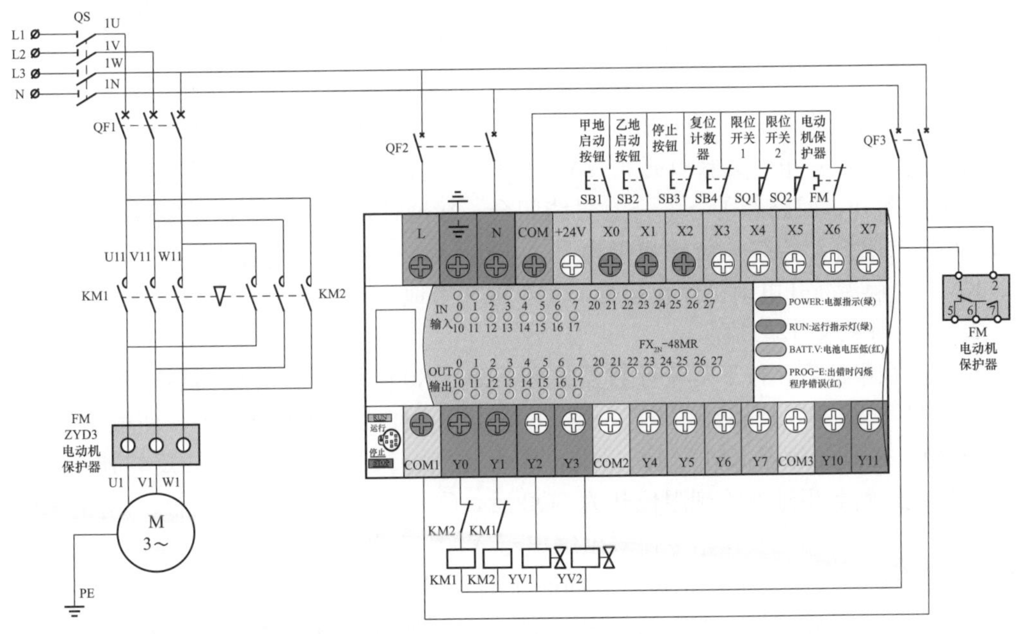

图 36-3　使用定时器及计数器指令实现自动往返控制电路 PLC 接线图

三、梯形图动作详解

闭合总电源开关 QS，主电路电源开关 QF1，闭合 PLC 输入控制电源开关 QF2，闭合 PLC 输出控制电源开关 QF3，由于 SB3、SB4、SQ1、SQ2、FM 触点处于闭合状态，PLC 输入继电器 X002、X003、X004、X005、X006 信号指示灯亮。

1. 甲地到乙地启动过程

按下甲地启动按钮 SB1（X000），回路经①→②→③→⓪号线闭合，通过置位指令，使输出继电器 Y000 得电。甲地接触器 KM1 线圈得电，KM1 主触头闭合，电动机 M 正转连续运行。小车由甲地运行到乙地碰撞到限位开关 SQ1 后，①→④间触点 X004 闭合，回路经①→④→⓪号线闭合，通过复位指令使输出继电器 Y000 失电，甲地接触器 KM1 线圈失电，KM1 主触头断开，电动机停止运行，同时定时器 T0 得电延时。同时回路经①→④→⑤→⓪号线闭合，输出继电器 Y002 得电，装料电磁阀 YV1 打开给小车装料，同时①→⑥间下降沿 Y000 继电器触点断开，回路经①→⑥→⓪号线闭合，接通计数器 C0，C0 计数器 1 次。

3s 后，④→⑤间触点 T0 断开，输出继电器 Y002 失电，YV1 线圈失电，电磁阀关闭停止装料。①→⑦间触点 T0 闭合，回路经①→⑦→⑧→⓪号线闭合，通过置位指令使输出继电器 Y001 得电，乙地接触器 KM2 线圈得电，KM2 主触头闭合，电机反转运行。小车由乙地运行到甲地碰撞到限位开关 SQ2 后，①→⑨间触点 X005 闭合，通过复位指令使输出继电器 Y001 失电，乙地接触器 KM2 线圈失电，KM2 主触头断开，电机停止运行。同时定时器 T1 得电延时。同时，回路经①→⑨→⑩→⓪号线闭合，使输出继电器 Y003 得电，卸料电磁阀 YV2 线圈得电，开始卸料。

4s 后，回路经①→②→③→⓪号线闭合，通过置位指令，使输出继电器 Y000 得电。甲地接触器 KM1 线圈得电，KM1 主触头闭合，电动机 M 正转连续运行。小车由甲地运行到乙地碰撞到限位开关 SQ1 后，①→④间触点 X004 闭合，回路经①→④→⓪号线闭合，通过复位指令使输出继电器 Y000 失电，甲地接触器 KM1 线圈失电，KM1 主触头断开，电机停止运行，同时定时器 T0 得电延时。同时回路经①→④→⑤→⓪号线闭合，输出继电器 Y002 得电，装料电磁阀 YV1 打开给小车装料，同时①→⑥间下降沿 Y000 继电器触点断开，回路经①→⑥→⓪号线闭合，接通计数器 C0，C0 计数器 2 次。①→④间 C0 触点闭合，始终复位输出继电器 Y000，Y000 失电，甲地接触器 KM1 线圈失电，KM1 主触头断开电动机停止运行，小车停在甲地。

2. 乙地到甲地启动过程

小车停在甲地后，按下复位计数器按钮 SB4（X004），复位计数器后，按下乙地启动按钮 SB2（X001），回路经①→⑦→⑧→⓪号线闭合，通过置位指令，使输出继电器 Y001 得电。乙地接触器 KM2 线圈得电，KM2 主触头闭合，电动机 M 反转连续运行。小车由乙地运行到甲地碰撞到限位开关 SQ2 后，①→⑨间触点 X005 闭合，回路经①→⑨→⓪号线闭合，通过复位指令使输出继电器 Y001 失电，乙地接触器 KM2 线圈失电，KM2 主触头断开，电动机停止运行，同时定时器 T1 得电延时。同时回路经①→⑨→⑩→⓪号线闭合，输出继电器 Y003 得电，卸料电磁阀 YV2 打开给小车卸料，同时①→⑪间下降沿 Y001 继电器触点断开，回路经①→⑪→⓪号线闭合，接通计数器 C1，C1 计数器 1 次。

4s 后，⑨→⑩间触点 T1 断开，输出继电器 Y003 失电，YV2 线圈失电，电磁阀关闭停止卸料。①→②间触点 T1 闭合，回路经①→②→③→⓪号线闭合，通过置位指令使输出继电器 Y000 得电，甲地接触器 KM1 线圈得电，KM1 主触头闭合，电动机正转运行。小车由甲地运行到乙地碰撞到限位开关 SQ1 后，①→④间触点 X004 闭合，通过复位指令使输出继电器 Y000 失电，甲地接触器 KM1 线圈失电，KM1 主触头断开，电动机停止运行。同时定时器 T0 得电延时。同时，回路经①→④→⑤→⓪号线闭合，使输出继电器 Y002 得电，装料电磁阀 YV1 线圈得电，开始装料。

3s 后，回路经①→⑦→⑧→⓪号线闭合，通过置位指令，使输出继电器 Y001 得电。乙地接触器 KM2 线圈得电，KM2 主触头闭合，电动机 M 反转连续运行。小车由乙地运行到甲地碰撞到限位开关 SQ2 后，①→⑨间触点 X005 闭合，回路经①→⑨→⓪号线闭合，通过复位指令使输出继电器 Y001 失电，乙地接触器 KM2 线圈失电，KM2 主触头断开，电机停止运行，同时定时器 T1 得电延时。同时回路经①→⑨→⑩→⑪号线闭合，输出继电器 Y003 得电，卸料电磁阀 YV2 打开给小车卸料，同时①→⑪间下降沿 Y001 继电器触点断开，回路经①→⑪→⓪号线闭合，接通计数器 C1，C1 计数器 2 次。①→⑨间 C1 触点闭合，始终复位输出继电器 Y001，Y001 失电，乙地接触器 KM2 线圈失电，KM2 主触头断开电机停止运行，小车停在乙地。

3. 停止过程

按下停止按钮 SB3（X002），输入继电器 X002 信号指示灯熄灭。①→⑫间 X002 触点闭合，回路经①→⑫→⓪号线闭合，通过复位指令，输出继电器 Y000、Y001 失电，KM1、KM2 线圈失电，电机停止运行，C0、C1 也复位清零。

当按下复位按钮 SB4（X003）输入继电器 X003 信号指示灯熄灭。①→⑫间 X003 触点闭合，回路经①→⑫→⓪号线闭合，通过复位指令，输出继电器 Y000、Y001 失电，KM1、KM2 线圈失电，电动机停止运行，C0、C1 也复位清零。

4. 保护原理

当电动机在运行中发生断相、过载、堵转、三相不平衡等故障，电动机保护器动断触点断开，输入继电器 X006 信号指示灯熄灭，①→⑫间 X006 闭合，输出继电器 Y000 和 Y001 失电，外部接触器 KM1 和 KM2 线圈失电，KM1 和 KM2 主触头断开，电动机停止运行。同时 C0、C1 复位清零。

第四章

PLC控制的电动机降压启动与电动机制动控制电路

PLC 控制的电动机降压启动与电动机制动控制电路用途如下：

1. 三相电动机的降压启动

PLC 控制的电动机降压启动与电动机制动控制电路凡不满足直接启动条件的，均须采用降压启动。

降压启动是指利用启动设备将电压适当降低后加到电动机的定子绕组上进行启动，待电动机启动运转后，再使其电压恢复到额定值正常运转，由于电流随电压的降低而减小，所以降压启动达到了减小启动电流的目的。但同时，由于电动机转矩与电压的平方成正比，所以降压启动也将导致电动机的启动转矩大为降低，而且降压启动是以牺牲功率为代价来换取降低启动电流来实现的。因此，降压启动需要在空载或轻载下启动。

常见的降压启动方法有以下七种：①定子串电阻降压启动；②自耦变压器降压启动；③Y/△降压启动；④延边三角形降压启动；⑤转子串电阻降压启动；⑥频敏变阻器降压启动；⑦软启动。

2. 起动方式的选择标准

不能以电动机额定输出功率的大小来确定是否采用降压启动，实际上，是否采用全压启动取决于变压器的容量。

根据国家标准 GB 50055—2011《通用用电设备配电设计规范》2.2 条规定："电动机启动时，其端子电压应能保证机械要求的启动转矩，且在配电系统中引起的电压波动不应妨碍其他用电设备的工作。

交流电动机启动时，配电母线上接有照明或其他对电压波动较敏感的负荷，电动机频繁启动时，不宜低于额定电压的 90%。

电动机不频繁启动时，不宜低于额定电压的 85%。

配电母线上未接照明或其他对电压波动较敏感的负荷，不应低于额定电压的 80%。

配电母线上未接其他用电设备时，可按保证电动机启动转矩的条件决定；对于低压电动机，尚应保证接触器线圈的电压不低于释放电压"。

异步电动机和同步电动机启动方式的选择应符合下列规定：

（1）当符合下列条件时，电动机应全压启动：

1）电动机启动时，配电母线的电压符合《通用用电设备配电设计规范》第 2.2.2 条的规定。

2）机械能承受电动机全压启动时的冲击转矩。

3）制造厂对电动机的启动方式无特殊规定。

（2）当不符合全压启动的条件时，电动机宜降压启动，或选用其他适当的启动方式。

（3）当有调速要求时，电动机的启动方式应与调速方式相匹配。

3. 制动控制

三相电动机脱离电源之后，由于惯性，电动机要经过一定的时间后才会慢慢停下来，但有些生产机械要求能迅速而准确地停车，那么就要求对电动机进行制动控制。如：起重机的吊钩需要准确定位，万能铣床要求立即停转等，实现生产机械的这种要求就需要对电动机进行制动。

所谓制动，就是给电动机一个与转动方向相反的转矩使它迅速停转（或限制其转速）。电动机的制动方法可以分为两大类：机械制动和电气制动。

（1）机械制动。利用机械装置使电动机断开电源后迅速停转的方法叫机械制动。机械制动常用的方法有：电磁抱闸和电磁离合器制动。

（2）电气制动。使电动机在切断电源停转的过程中，产生一个与电动机实际旋转方向相反的电磁力矩（制动力矩），迫使电动机迅速制动停转的方法叫电气制动。电气制动常用的方法有：反接制动、能耗制动、电容制动和再生发电制动等。

读者也可根据现场实际需求对电路做适当的改动，即可实现控制要求。

第 37 例　使用定时器指令实现电动机两只接触器Y-△控制电路

一、继电器—接触器控制原理图

使用定时器指令实现电动机两只接触器Y-△控制电路如图 37-1 所示。

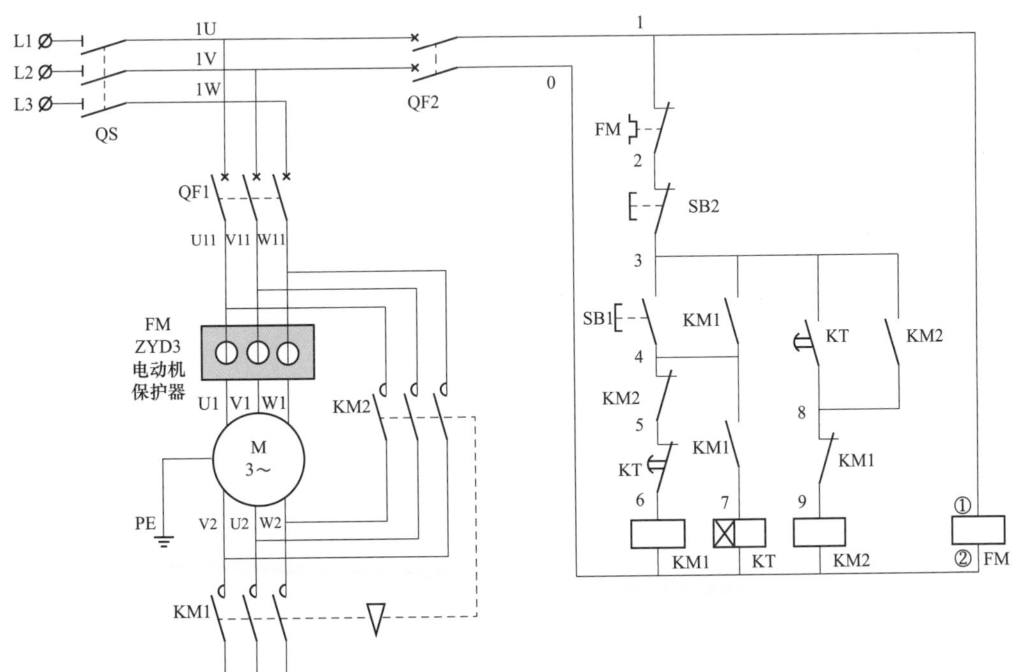

图 37-1　电动机两只接触器Y-△控制电路原理图

1. PLC 程序设计要求

（1）按下外部启动按钮 SB1 电动机Y接降压启动。

（2）延时 3s 后自动停止电动机Y接运行。

（3）再延时 0.5s 后自动启动电动机△接全压运行。

（4）KM1 和 KM2 动断触点互锁，KM1 和 KM2 不能同时运行。

(5) 在任意时间段按下外部停止按钮 SB2 电动机 M 停止运行。

(6) 当电动机发生过载等故障时，电动机保护器 FM 动作，电动机停止运行。

(7) PLC 实际接线图中停止按钮 SB2、电动机综合保护器 FM 辅助触点均使用动断触点。

(8) 电动机保护器 FM 工作电源由外部控制电路电源直接供电。

(9) 根据上面的控制要求列出输入、输出分配表。

(10) 根据控制要求，用 PLC 基本指令设计梯形图程序。

(11) 根据控制要求写出语句表。

(12) 根据控制要求绘制 PLC 控制电路接线图。

2. 输入/输出设备及 I/O 元件配置分配表

输入/输出设备及 I/O 元件配置分配见表 37-1。

表 37-1　　输入/输出设备及 I/O 元件配置分配表

输入设备		PLC 输入继电器	输出设备		PLC 输出继电器
代号	功能		代号	功能	
SB1	启动按钮	X000	KM1	Y接接触器	Y000
SB2	停止按钮	X001	KM2	△接接触器	Y001
FM	电动机保护器	X002			

二、程序及电路设计

1. PLC 梯形图

PLC 梯形图见图 37-2。

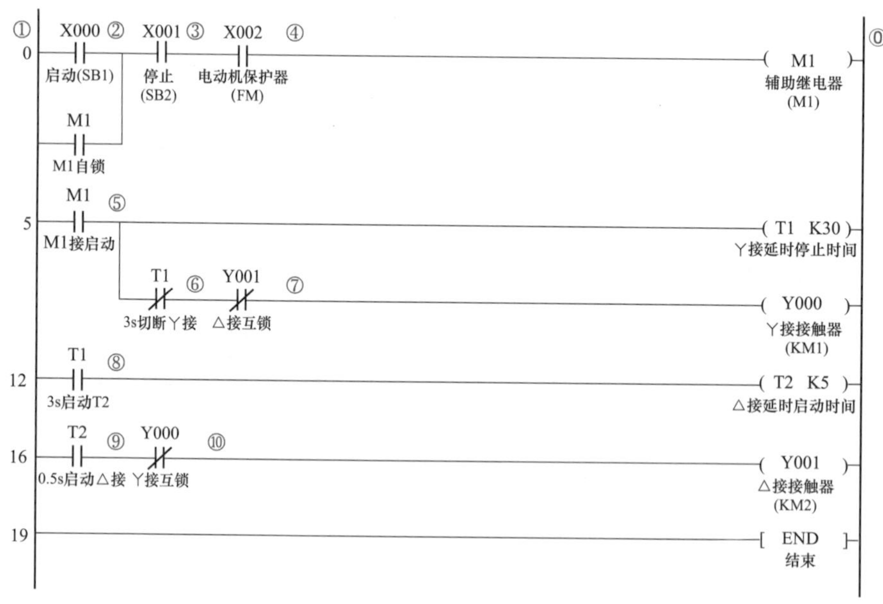

图 37-2　使用定时器指令实现电动机两只接触器Y-△控制电路 PLC 梯形图

2. PLC 指令语句表

PLC 指令语句见表 37-2。

表 37-2　　　　　　　　　　PLC 指令语句表

步号	指令	I/O（软元件）	步号	指令	I/O（软元件）	步号	指令	I/O（软元件）	步号	指令	I/O（软元件）
0	LD	X000	4	OUT	M1	10	ANI	Y001	16	LD	T2
1	OR	M1	5	LD	M1	11	OUT	Y000	17	ANI	Y000
2	AND	X001	6	OUT	T1 K30	12	LD	T1	18	OUT	Y001
3	AND	X002	9	ANI	T1	13	OUT	T2 K5	19	END	

3. PLC 接线详图

PLC 接线图如图 37-3 所示。

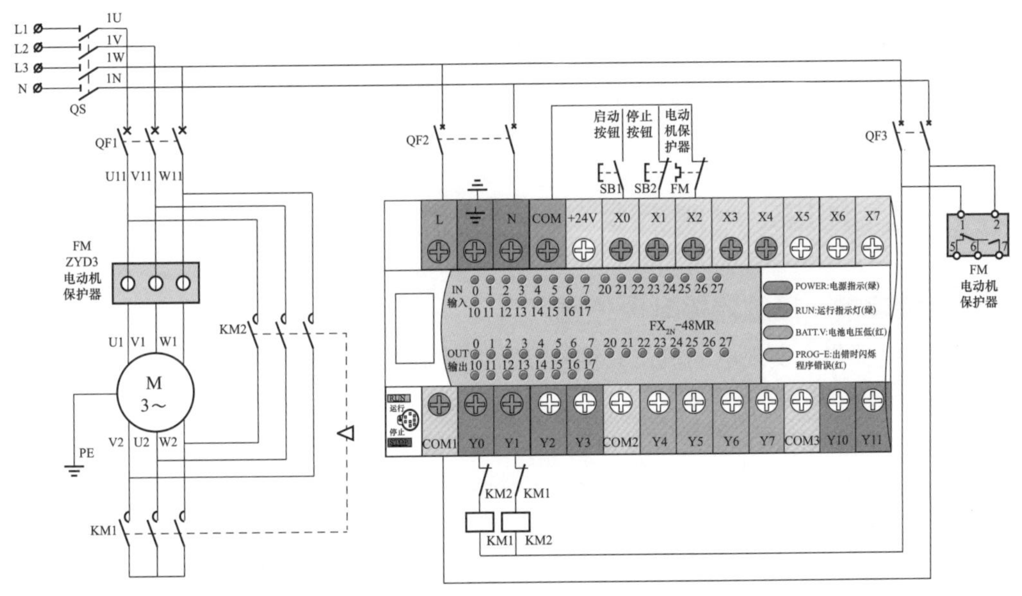

图 37-3　使用定时器指令实现电动机两只接触器Y-△控制电路 PLC 接线图

三、梯形图动作详解

1. 启动过程

（1）程序准备。闭合总电源 QS、主回路电源 QF1、PLC 电源 QF2，PLC 输出回路电源 QF3，PLC 通电并处于“RUN”状态时，程序进行初始化操作，PLC 输入继电器 X1、X2 信号指示灯亮，梯形图中②→③、③→④动合触点闭合，程序准备工作完成。

（2）Y接降压启动。按下启动按钮 SB1（X000），回路经①→②→③→④→⓪号线闭合，辅助继电器 M1 得电，同时①→②M1 动合触点闭合，实现自锁，同时①→⑤M1 动合触点闭合，定时器 T1 得电，同时①→⑤→⑥→⑦→⓪号线闭合，输出继电器 Y000 得电，接通Y接接触器 KM1 线圈，电动机Y接降压启动运行。同时⑨→⑩Y000 动断触点断开，实现互锁。同时 PLC 外部输出端 KM1 动断触点断开，实现外接互锁。

（3）△接全压运行。定时器 T1 延时 3s 后，⑤→⑥T1 动断触点断开，输出继电器 Y000 失电，⑨→⑩Y000 动断触点闭合，Y接降压启动结束，同时①→⑧T1 动合触点闭合，回路经①→⑧→⓪号线闭合，定时器 T2 得电，延时 0.5s 后，①→⑨T2 动合触点闭合，回路经①→⑨→⑩→⓪号线闭合，输出继电器 Y001 得电，接通△接接触器 KM2 线圈，电动机△接全压启动，同时⑥→⑦Y001 动断触点断开，实现互锁。同时 PLC 外部输出端 KM2 动断触点断开，实现外接互锁。

2. 停止过程

按下停止按钮 SB2（X001），回路②→③输入继电器 X001 断开，辅助继电器 M1 断开，同时回路①→⑤M1 动合触点断开，定时器 T1 失电，同时①→⑧T1 动合触点断开，定时器 T2 线圈失电，同时①→⑨T2 动合触点断开，输出继器 Y001 失电，同时△接接触器 KM2 线圈失电，△接全压启动结束，电动机停止运行。

3. 保护原理

当电动机在运行中发生断相、过载、堵转、三相不平衡等故障，回路③→④输入继电器 X002（电动机 M 过载保护）断开，辅助继电器 M1 断开，同时回路①→⑤断开，输出继电器 Y000 和 Y001 回路断开，Y接接触器 KM1 和△接接触器 KM2 线圈失电，电动机停止运行。

第 38 例　使用定时器指令实现电动机三只接触器Y-△控制电路

一、继电器—接触器控制原理图

使用定时器指令实现电动机三只接触器Y-△控制电路如图 38-1 所示。

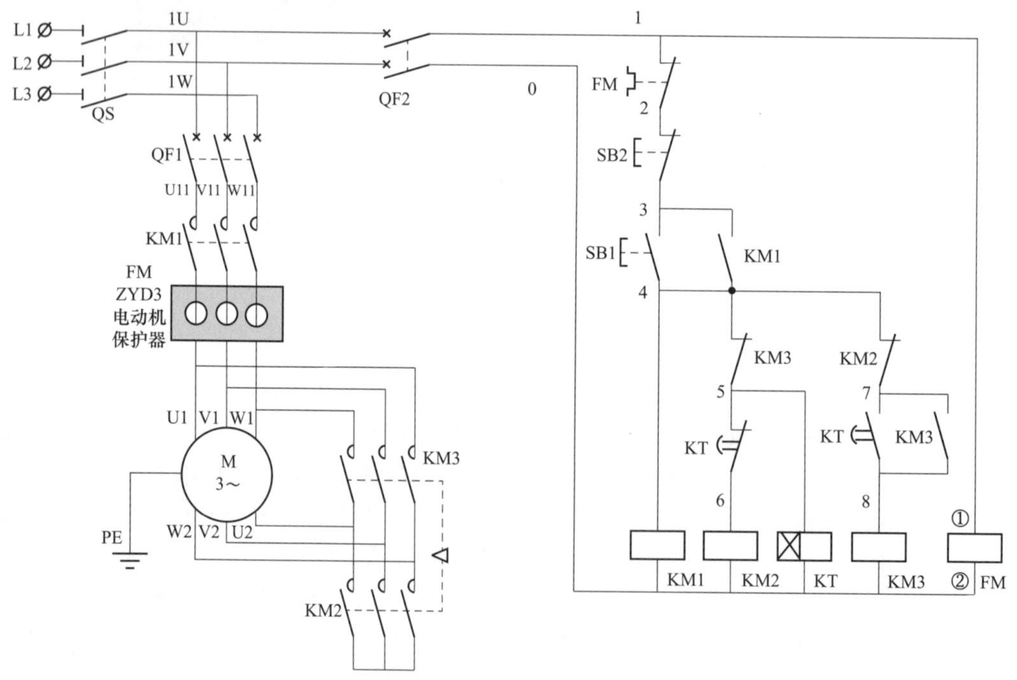

图 38-1　电动机三只接触器Y-△控制电路原理图

1. PLC 程序设计要求

（1）按下外部启动按钮 SB1 电动机Y接降压启动。

(2) 延时 3s 后自动停止电动机Y接运行。

(3) 再延时 0.5s 后自动启动电动机△接全压运行。

(4) KM2 和 KM3 动断触点互锁，KM2 和 KM3 不能同时运行。

(5) 在任意时间段按下外部停止按钮 SB2 电动机 M 停止运行。

(6) 当电动机发生过载等故障时，电动机保护器 FM 动作，电动机停止运行。

(7) PLC 实际接线图中停止按钮 SB2、电动机综合保护器 FM 辅助触点均使用动断触点。

(8) 电动机保护器 FM 工作电源由外部控制电路电源直接供电。

(9) 根据上面的控制要求列出输入、输出分配表。

(10) 根据控制要求，用 PLC 基本指令设计梯形图程序。

(11) 根据控制要求写出语句表。

(12) 根据控制要求绘制 PLC 控制电路接线图。

2. 输入/输出设备及 I/O 元件配置分配表

输入/输出设备及 I/O 元件配置分配见表 38-1。

表 38-1　输入/输出设备及 I/O 元件配置分配表

输入设备		PLC 输入继电器	输出设备		PLC 输出继电器
代号	功能		代号	功能	
SB1	启动按钮	X000	KM1	主接触器	Y000
SB2	停止按钮	X001	KM2	Y接接触器	Y001
FM	电动机保护器 FM	X002	KM3	△接接触器	Y002

二、程序及电路设计

1. PLC 梯形图

PLC 梯形图如图 38-2 所示。

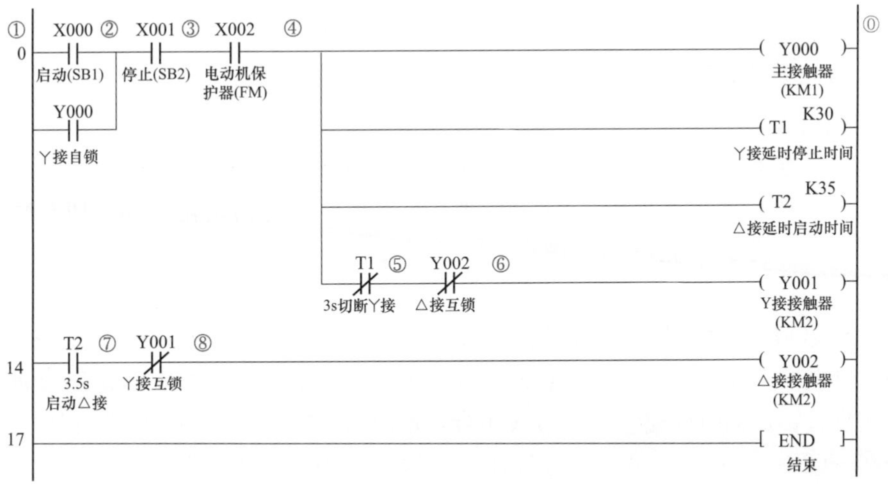

图 38-2　使用定时器指令实现电动机三只接触器Y-△控制电路 PLC 梯形图

2. PLC 指令语句表

PLC 指令语句见表 38-2。

表 38-2　　　　PLC 指令语句表

步号	指令	I/O（软元件）	步号	指令	I/O（软元件）	步号	指令	I/O（软元件）	步号	指令	I/O（软元件）
0	LD	X000	4	OUT	Y000	12	ANI	Y002	16	OUT	Y002
1	OR	Y000	5	OUT	T1 K30	13	OUT	Y001	17	END	
2	AND	X001	8	OUT	T2 K35	14	LD	T2			
3	AND	X002	11	ANI	T1	15	ANI	Y001			

3. PLC 接线详图

PLC 接线图如图 38-3 所示。

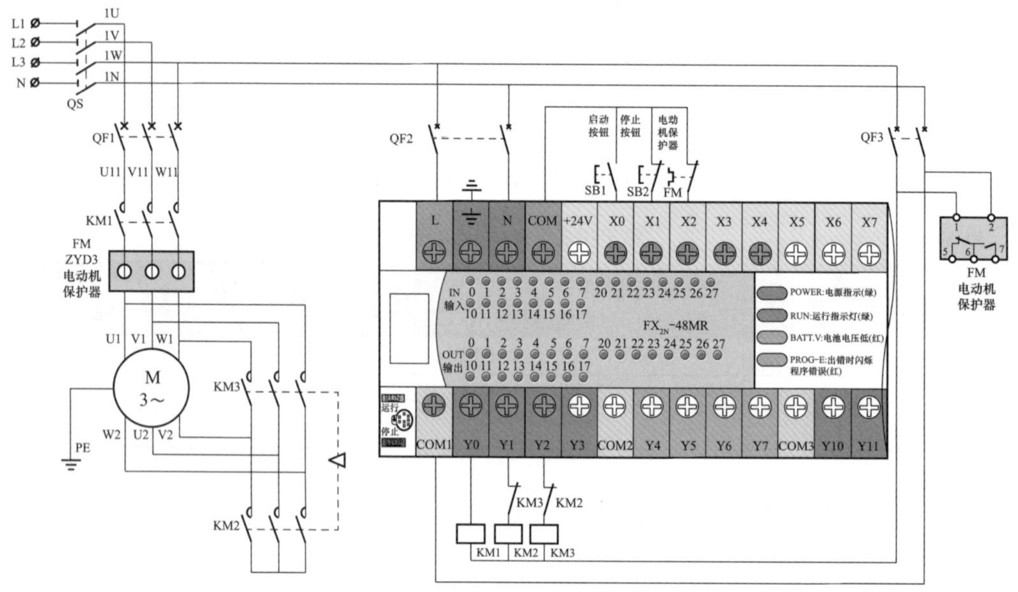

图 38-3　使用定时器指令实现电动机三只接触器Y-△控制电路 PLC 接线图

三、梯形图动作详解

1. 启动过程

（1）程序准备。闭合总电源 QS、主回路电源 QF1、PLC 电源 QF2，PLC 输出回路电源 QF3，PLC 通电并处于“RUN”状态时，程序进行初始化操作，PLC 输入继电器 X1、X2 信号指示灯亮，梯形图中②→③、③→④动合触点闭合，程序准备工作完成。

（2）Y接降压启动。按下启动按钮 SB1（X000），回路经①→②→③→④→⓪号线闭合，输出继电器 Y000 得电，接通主交流接触器 KM1 线圈，同时①→②Y000 动合触点闭合，实现自锁，同时回路④→⓪号线闭合，定时器 T1 得电、定时器 T2 得电，同时回路①→②→③→④→⑤→⑥→⓪号线闭合，输出继电器 Y001 得电，接通Y接接触器 KM2 线圈，电动机Y接降压启动运行。同时⑦→⑧Y001 动断触点断开，实现互锁。同时 PLC 外部输出端 KM2 动断触点断开，实现外接互锁。

（3）△接全压运行。定时器 T1 和 T2 线圈同时得电，定时器 T1 延时 3s 后，④→⑤

T1 动断触点断开，输出继电器 Y001 失电，⑦→⑧Y001 动断触点闭合，Y 接降压启动结束；延时 0.5s 后，定时器 T2 动作，①→⑦T2 动合触点闭合，回路经①→⑦→⑧→⓪号线闭合，输出继电器 Y002 得电，接通△接接触器 KM3 线圈，电动机△接全压启动，同时⑤→⑥Y002 动断触点断开，实现互锁。同时 PLC 外部输出端 KM3 动断触点断开，实现外接互锁。

2. 停止过程

按下停止按钮 SB2（X001），回路②→③X001 输入继电器断开，输出继电器 Y000 失电，主交流接触器 KM1 线圈失电，同时回路①→②Y000 动合触点断开，同时定时器 T1 失电，定时器 T2 失电同时①→⑦T2 动合触点断开，输出继电器 Y002 失电，同时△接接触器 KM3 线圈失电。△接全压启动结束，电动机停止运行。

3. 保护原理

当电动机在运行中发生断相、过载、堵转、三相不平衡等故障，回路③→④输入继电器 X002（电动机 M 过载保护）断开，输出继电器 Y000 回路断开，主接触器 KM1 线圈失电，同时定时器 T1、定时器 T2、Y001 和 Y002 断开，Y 接接触器 KM2 线圈和△接接触器 KM3 线圈失电，电动机停止运行。

第 39 例　电动机Y-△正、反转控制电路

一、继电器—接触器控制原理图

电动机Y-△正、反转控制电路如图 39-1 所示。

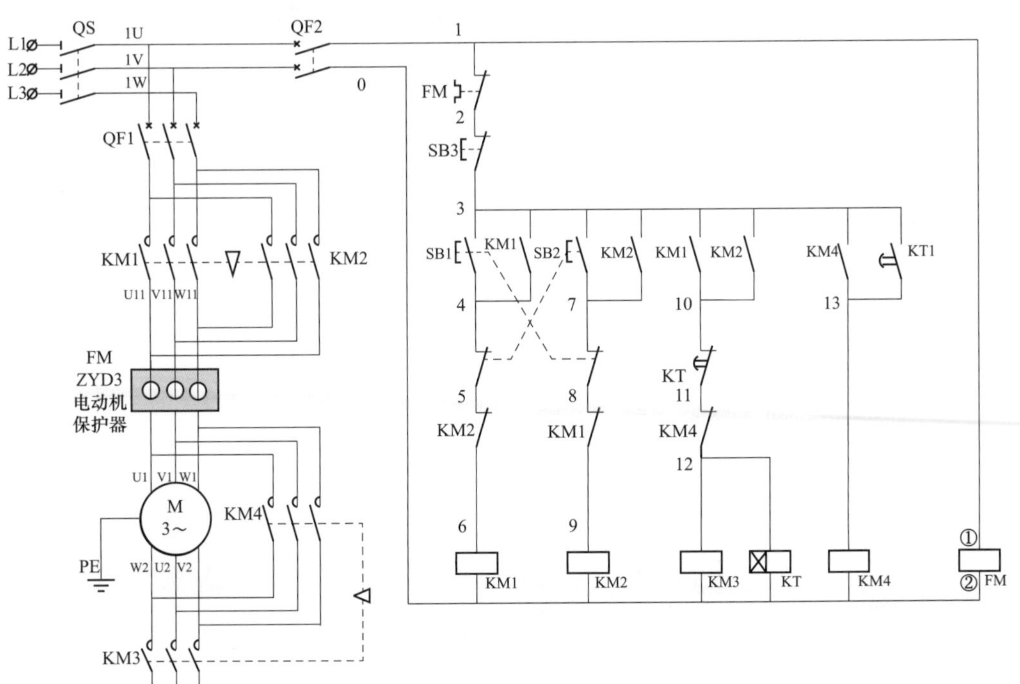

图 39-1　电动机Y-△正、反转控制电路原理图

1. PLC程序设计要求

（1）按下外部正转启动按钮SB1，延时0.5s后电动机正转运行，再延时0.5s后，电动机Y接降压启动。

（2）再延时5.5s后自动停止电动机Y接运行。

（3）再延时0.5s后自动启动电动机△接全压运行。

（4）反转Y-△启动与正转运行方式相同。

（5）KM1和KM2动断触点互锁，同时KM1和KM2不能同时运行；KM3和KM4动断触点互锁，同时KM3和KM4不能同时运行。

（6）在任意时间段按下外部停止按钮SB3电动机M停止运行。

（7）当电动机发生过载等故障时，电动机保护器FM动作，电动机停止运行。

（8）PLC实际接线图中停止按钮SB3、电动机综合保护器FM辅助触点均使用动断触点。

（9）电动机保护器FM工作电源由外部控制电路电源直接供电。

（10）根据上面的控制要求列出输入、输出分配表。

（11）根据控制要求，用PLC基本指令设计梯形图程序。

（12）根据控制要求写出语句表。

（13）根据控制要求绘制PLC控制电路接线图。

2. 输入/输出设备及I/O元件配置分配表

输入/输出设备及I/O元件配置分配见表39-1。

表39-1　　输入/输出设备及I/O元件配置分配表

输入设备		PLC输入继电器	输出设备		PLC输出继电器
代号	功能		代号	功能	
SB1	正转启动按钮	X000	KM1	正转接触器	Y000
SB2	反转启动按钮	X001	KM2	反转接触器	Y001
SB3	停止按钮	X002	KM3	Y接接触器	Y002
FM	电动机保护器FM	X003	KM4	△接接触器	Y003

二、程序及电路设计

1. PLC梯形图

电动机Y-△正、反转控制电路PLC梯形图如图39-2所示。

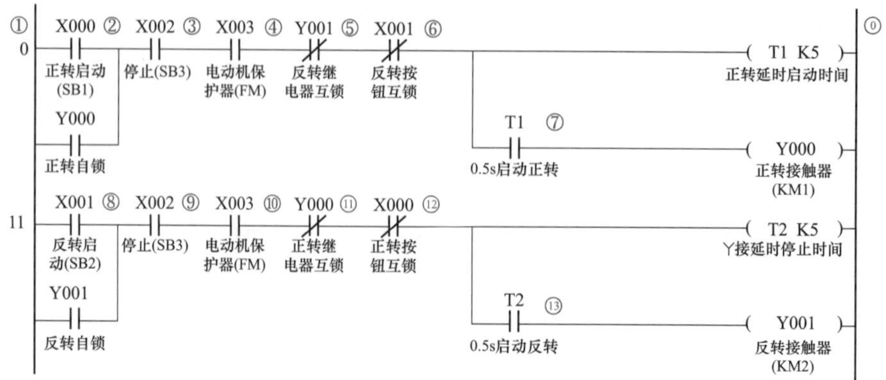

图39-2　电动机Y-△正、反转控制电路PLC梯形图

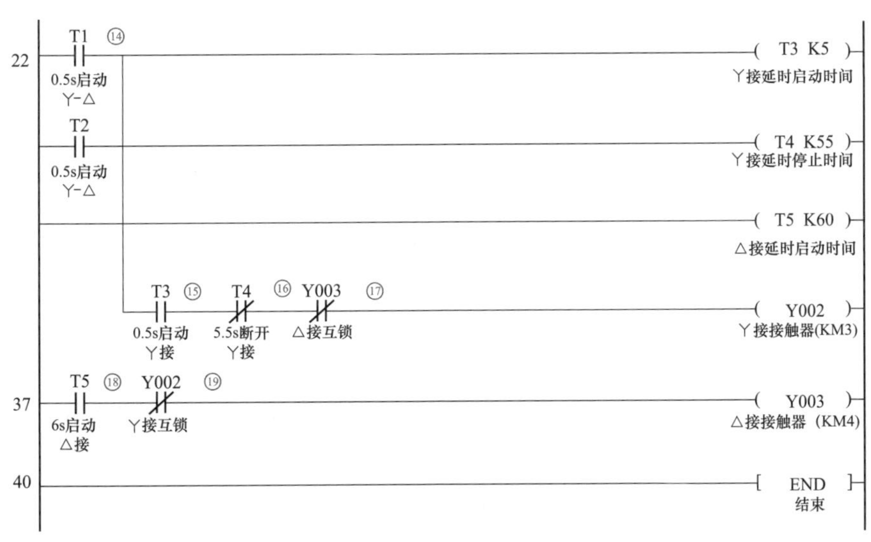

图 39-2　电动机Y-△正、反转控制电路 PLC 梯形图（续）

2. PLC 指令语句表

PLC 指令语句见表 39-2。

表 39-2　PLC 指令语句表

步号	指令	I/O（软元件）	步号	指令	I/O（软元件）	步号	指令	I/O（软元件）	步号	指令	I/O（软元件）
0	LD	X000	10	OUT	Y000	20	AND	T2	34	ANI	T4
1	OR	Y000	11	LD	X001	21	OUT	Y001	35	ANI	Y003
2	AND	X002	12	OR	Y001	22	LD	T1	36	OUT	Y002
3	AND	X003	13	AND	X002	23	OR	T2	37	LD	T5
4	ANI	Y001	14	AND	X003	24	OUT	T3 K5	38	ANI	Y002
5	ANI	X001	15	ANI	Y000	27	OUT	T4 K55	39	OUT	Y003
6	OUT	T1 K5	16	ANI	X000	30	OUT	T5 K60	40	END	
9	AND	T1	17	OUT	T2 K5	33	AND	T3			

3. PLC 接线详图

PLC 接线图如图 39-3 所示。

三、梯形图动作详解

1. 启动过程

（1）程序准备。闭合总电源 QS、主回路电源 QF1、PLC 电源 QF2，PLC 输出回路电源 QF3，PLC 通电并处于“RUN”状态时，程序进行初始化操作，PLC 输入继电器 X2、X3 信号指示灯亮，梯形图中②→③、③→④、⑧→⑨、⑨→⑩动合触点闭合，程序准备工作完成。

（2）电动机正转Y-△启动过程。按下正转启动按钮 SB1（X000），⑪→⑫X000 动断触点断开，实现联锁；同时回路经①→②→③→④→⑤→⑥→⓪号线闭合，辅助继电器 M1 得电，定时器 T1 得电，T1 延时 0.5s 后，⑥→⑦T1 动合触点闭合，同时回路经

①→②→③→④→⑤→⑥→⑦→⓪号线闭合，输出继电器 Y000 得电，①→②M1 动合触点闭合，实现自锁，接通正转接触器 KM1 线圈得电，电动机正转运行，⑩→⑪Y000 动断触点断开，实现联锁，同时 PLC 外部输出端 KM1 动断触点断开，实现外接互锁。

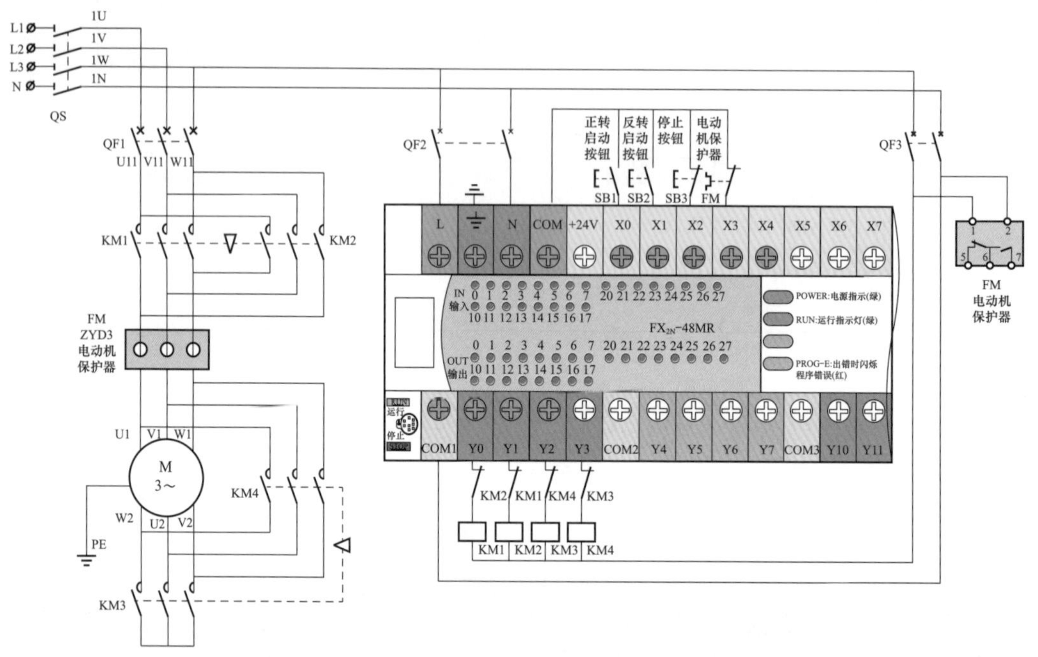

图 39-3　电动机Y-△正、反转控制电路 PLC 接线图

①→⑭T1 动合触点闭合，回路①→⑭→⓪号线闭合，定时器 T3 得电、T4 和 T5 得电，T3 延时 0.5s 后，⑭→⑮T3 动合触点闭合，回路①→⑭→⑮→⑯→⑰→⓪号线闭合，输出继电器 Y002 得电，接通Y接接触器 KM3 线圈，⑱→⑲Y002 动断触点断开，实现联锁，同时 PLC 外部输出端 KM3 动断触点断开，实现外接互锁。电动机正转Y接运行。定时器 T4 延时 5.5s 后，⑮→⑯T4 动断触点断开，输出继电器 Y002 失电，⑱→⑲Y002 动断触点闭合，同时Y接接触器 KM3 线圈失电，Y接降压启动结束。定时器 T5 延时 6s 后，①→⑱T5 动合触点闭合，回路①→⑱→⑲→⓪号线闭合，输出继电器 Y003 得电接通△接接触器线圈，电动机正转△接全压运行，⑯→⑰Y003 动断触点断开，实现联锁，同时 PLC 外部输出端 KM3 动断触点断开，实现外接互锁。

（3）电动机反转Y-△启动过程。按下反转按钮 SB2（X001），⑤→⑥输入继电器 X001 动断触点断开，实现联锁，辅助继电器 M1 失电，定时器 T1 失电，输出继电器 Y000 失电，正转接触器 KM1 线圈失电，电动机正转停止运行，同时定时器 T3 失电，定时器 T4 失电，定时器 T5 失电，输出继电器 Y003 失电，△接接触器线圈失电，正转△接全压运行结束，回路经①→⑧→⑨→⑩→⑪→⑫→⓪号线闭合，辅助继电器 M2 得电，定时器 T2 得电，T2 延时 0.5s 后，⑫→⑬T2 动合触点闭合，同时回路经①→⑧→⑨→⑩→⑪→⑫→⑬→⓪号线闭合，输出继电器 Y001 得电，①→⑧M2 动合触点闭合，实现自锁，接通反转接触器 KM2 线圈，电动机反转运行，④→⑤Y001 动断触点断开，实现联锁，同时 PLC 外部输出端 KM2 动断触点断开，实现外接互锁。

①→⑭T2 动合触点闭合，回路①→⑭→⓪号线闭合，定时器 T3 得电，定时器 T4 得电定时器 T5 得电，定时器 T3 延时 0.5s 后，⑭→⑮T3 动合触点闭合，回路①→⑭→⑮→⑯→⑰→⓪号线闭合，输出继电器 Y002 得电，接通Y接接触器 KM3 线圈，⑱→⑲ Y002 动断触点断开，实现联锁，同时 PLC 外部输出端 KM3 动断触点断开，实现外接互锁。电动机反转Y接运行，定时器 T4 延时 5.5s 后，⑮→⑯T4 动断触点断开，输出继电器 Y002 失电，⑱→⑲Y002 动断触点闭合，同时Y接接触器 KM3 线圈失电，Y接降压启动结束。定时器 T5 延时 6s 后，①→⑱T5 动合触点闭合，回路①→⑱→⑲→⓪号线闭合，输出继电器 Y003 得电，接通△接接触器线圈，电动机反转△接全压启动，⑯→⑰Y003 动断触点断开，实现联锁，同时 PLC 外部输出端 KM4 动断触点断开，实现外接互锁。

2. 停止过程

按下停止按钮 SB3（X002），回路②→③、⑧→⑨X002 输入继电器断开，定时器 T2 失电，输出继电器 Y001 失电，定时器 T3 失电，定时器 T4 失电，定时器 T5 失电，输出继电器 Y003 失电，反转△接全压运行结束。

3. 保护原理

当电动机在运行中发生断相、过载、堵转、三相不平衡等故障，回路③→④、⑨→⑩X003 输入继电器（电动机 M 过载保护）断开，输出继电器 Y000、Y001 回路断开，其他继电器线圈进入失电状态，电动机停止工作。

第 40 例　使用顺控指令实现电动机Y-△-Y转换控制电路

一、继电器—接触器控制原理图

使用顺控指令实现电动机Y-△-Y转换控制电路如图 40-1 所示。

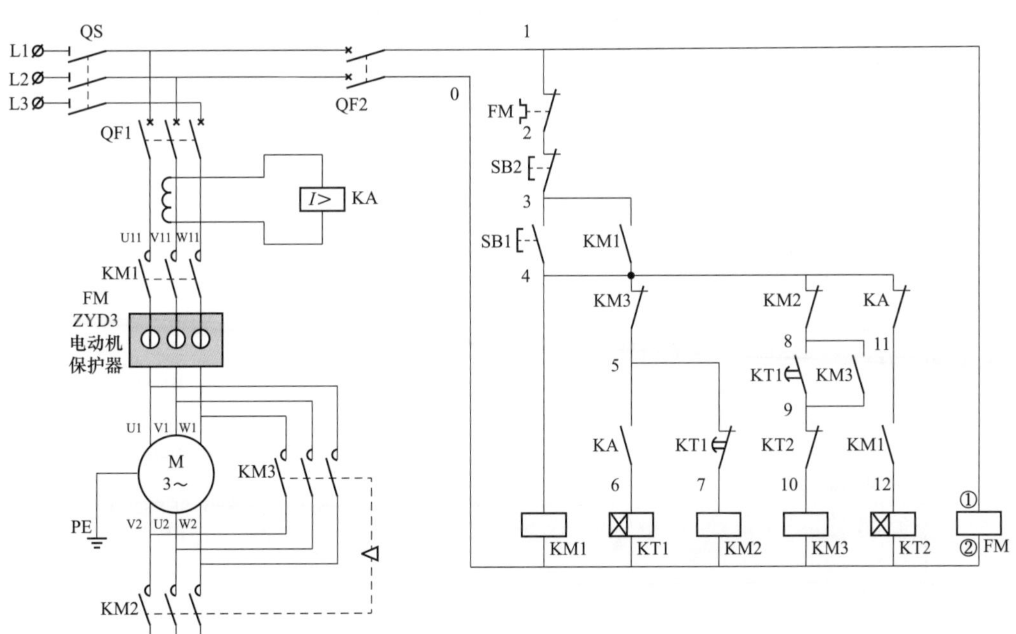

图 40-1　电动机Y-△-Y转换控制电路原理图

1. PLC程序设计要求

(1) 按下外部正转启动按钮SB1，电动机M启动，Y接运行。

(2) 当电动机重载时（负载率大于40%）时，延时3s后，电动机M自动转为△接运行。

(3) 当电动机轻载时（负载率小于40%）时，延时3s后，电动机M自动转为Y接运行。

(4) KM2和KM3动断触点互锁，KM2和KM3不能同时运行。

(5) 在任意时间段按下外部停止按钮SB2电动机M停止运行。

(6) 当电动机发生过载等故障时，电动机保护器FM动作，电动机停止运行。

(7) PLC实际接线图中停止按钮SB2、电动机综合保护器FM辅助触点均使用动断触点。

(8) 电动机保护器FM工作电源由外部控制电路电源直接供电。

(9) 根据上面的控制要求列出输入、输出分配表。

(10) 根据控制要求，用PLC顺控指令设计梯形图程序。

(11) 根据控制要求写出语句表。

(12) 根据控制要求绘制PLC控制电路接线图。

2. 输入/输出设备及I/O元件配置分配表

输入/输出设备及I/O元件配置分配见表40-1。

表40-1　输入/输出设备及I/O元件配置分配表

输入设备		PLC输入继电器	输出设备		PLC输出继电器
代号	功能		代号	功能	
SB1	启动按钮	X000	KM1	主接触器	Y000
SB2	停止按钮	X001	KM2	Y接接触器	Y001
KA	电流继电器	X002	KM3	△接接触器	Y002
FM	电动机保护器FM	X003			

二、程序及电路设计

1. PLC梯形图

PLC梯形图如图40-2所示。

图40-2　使用顺控指令实现电动机Y-△-Y转换控制电路PLC梯形图

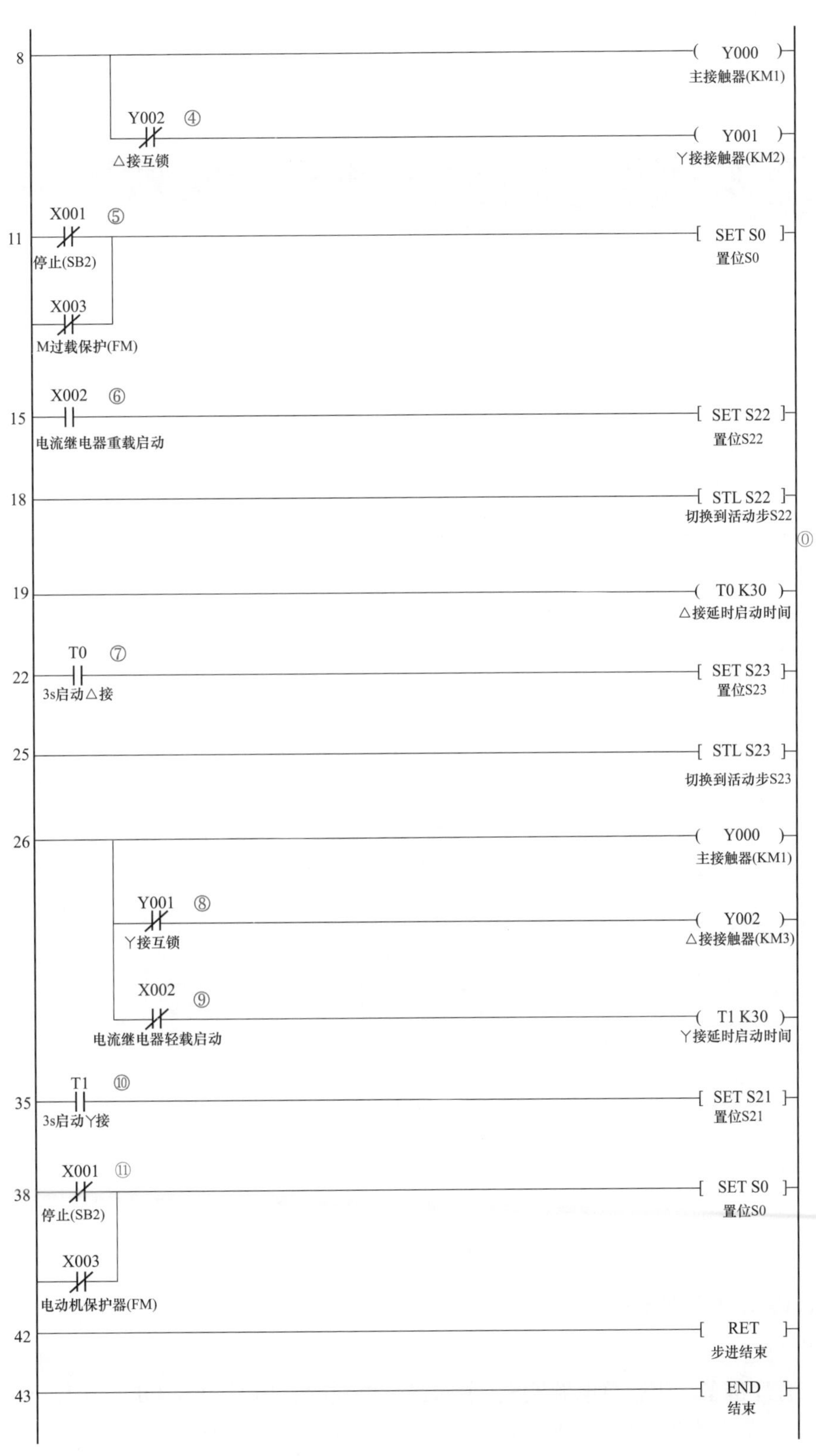

图 40-2　使用顺控指令实现电动机丫-△-丫转换控制电路 PLC 梯形图（续）

2. PLC 指令语句表

PLC 指令语句见表 40-2。

表 40-2　　　　PLC 指令语句表

步号	指令	I/O（软元件）	步号	指令	I/O（软元件）	步号	指令	I/O（软元件）	步号	指令	I/O（软元件）
0	LD	M8002	11	LDI	X001	25	STL	S23	36	SET	S21
1	SET	S0	12	ORI	X003	26	OUT	Y000	38	LDI	X001
3	STL	S0	13	SET	S0	27	MPS		39	ORI	X003
4	LD	X000	15	LD	X002	28	ANI	Y001	40	SET	S0
5	SET	S21	16	SET	S22	29	OUT	Y002	42	RET	
7	STL	S21	18	STL	S22	30	MPP		43	END	
8	OUT	Y000	19	OUT	T0 K30	31	ANI	X002			
9	ANI	Y002	22	LD	T0	32	OUT	T1 K30			
10	OUT	Y001	23	SET	S23	35	LD	T1			

3. PLC 接线详图

PLC 接线图如图 40-3 所示。

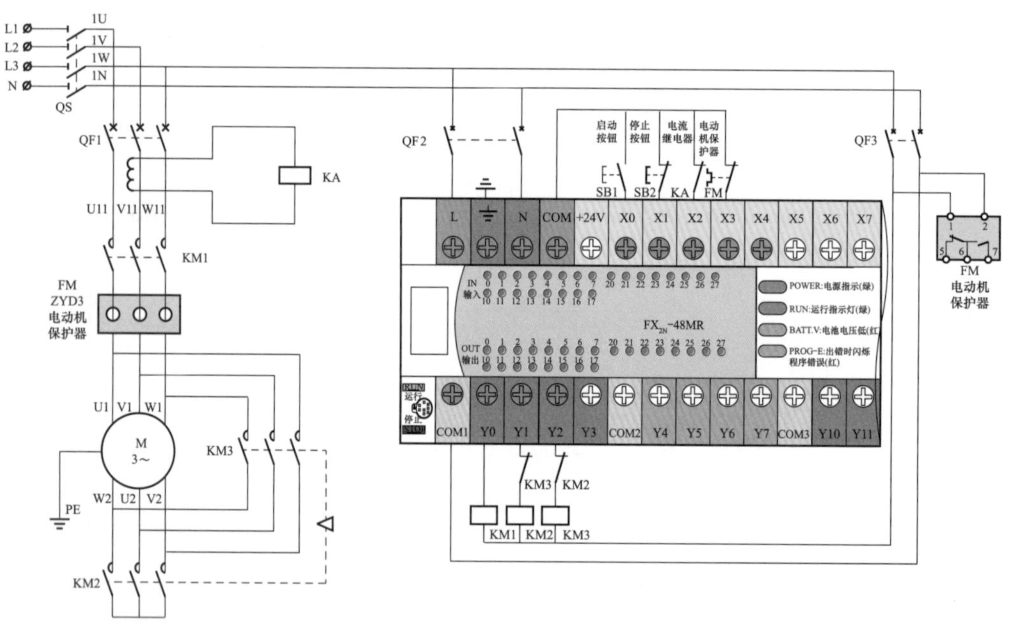

图 40-3　使用顺控指令实现电动机Y-△-Y转换控制电路 PLC 接线图

三、梯形图动作详解

1. 启动过程

（1）程序准备。闭合总电源 QS、主回路电源 QF1、PLC 电源 QF2，PLC 输出回路电源 QF3，PLC 通电并处于“RUN”状态时，程序进行初始化操作。PLC 输入继电器 X1、X2、X3 信号指示灯亮，梯形图中①→⑤、①→⑨、①→⑪动断触点断开，①→⑥动合触点闭合；①→②M8002 动合触点闭合一次，回路经①→②→⓪号线闭合，状态继电器 S0 得电，进入初始步 S0，其他线圈进入失电状态；程序准备工作完成。

(2) Y-△-Y运行。按下启动按钮 SB1（X000），回路经①→③→⓪号线闭合，状态继电器 S21 得电，S0 恢复常态，S21 为活动步，输出继电器 Y000 和 Y001 得电，接通主接触器 KM1 和Y接接触器 KM2 线圈，电动机Y接运行；同时①→⑧Y001 动断触点断开，实现互锁。同时 PLC 外部输出端 KM2 动断触点断开，实现外接互锁。

当电动机重载时，①→⑥电流继电器 X002 动合触点闭合，回路经①→⑥→⓪号线闭合，状态继电器 S22 得电，S21 恢复常态，S22 为活动步，定时器 T0 得电，延时 3s 后，回路①→⑦定时器 T0 动合触点闭合，回路经①→⑦→⓪号线闭合，状态继电器 S23 得电，S22 恢复常态，S23 为活动步，输出继电器 Y000 得电，接通主接触器 KM1 线圈；同时，回路经①→⑧→⓪号线闭合，输出继电器 Y002 得电，接通△接接触器 KM3 线圈，电动机△接运行；同时①→④Y002 动断触点断开，实现互锁。同时 PLC 外部输出端 KM3 动断触点断开，实现外接互锁。

当电动机轻载时，①→⑨电流继电器 X002 动断触点闭合，回路经①→⑨→⓪号线闭合，定时器 T1 得电，延时 3s 后，回路①→⑩定时器 T1 动合触点闭合，回路经①→⑩→⓪号线闭合，状态继电器 S21 得电，S23 恢复常态，S21 为活动步，输出继电器 Y000 和 Y001 得电，接通主接触器 KM1 和Y接接触器 KM2 线圈，电动机Y接运行；同时①→⑧Y001 动断触点断开，实现互锁。同时 PLC 外部输出端 KM2 动断触点断开，实现外接互锁。

2. 停止过程

按下停止按钮 SB2（X001），回路①→⑤、①→⑪输入继电器 X001 闭合，状态继电器 S0 得电，进入初始步 S0，其他线圈进入失电状态，电动机 M 停止转动。

3. 保护原理

当电动机在运行中发生断相、过载、堵转、三相不平衡等故障，回路①→⑤、①→⑪输入继电器 X003（电动机 M 过载保护）闭合，状态继电器 S0 得电，进入初始步 S0，其他线圈进入失电状态，电动机 M 停止转动。

第 41 例 电动机频敏降压启动控制电路

一、继电器—接触器控制原理图

电动机频敏降压启动控制电路如图 41-1 所示。

1. PLC 程序设计要求

(1) 按下外部启动按钮 SB1 电动机 M 频敏降压启动。

(2) 延时 5s 后自动启动电动机 M 全压运行。

(3) 在任意时间段按下外部停止按钮 SB2 电动机 M 停止运行。

(4) 当电动机发生过载等故障时，电动机保护器 FM 动作，电动机停止运行。

(5) PLC 实际接线图中停止按钮 SB2、电动机综合保护器 FM 辅助触点均使用动断触点。

(6) 电动机保护器 FM 工作电源由外部控制电路电源直接供电。

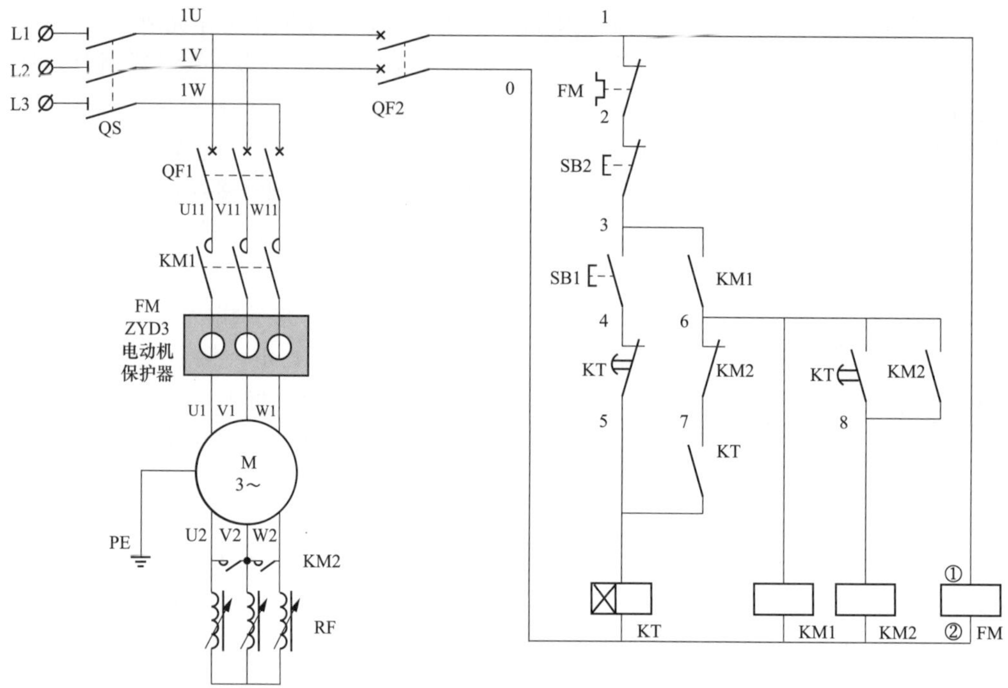

图 41-1　电动机频敏降压启动控制电路原理图

（7）根据上面的控制要求列出输入、输出分配表。

（8）根据控制要求，用 PLC 基本指令设计梯形图程序。

（9）根据控制要求写出语句表。

（10）根据控制要求绘制 PLC 控制电路接线图。

2. 输入/输出设备及 I/O 元件配置分配表

输入/输出设备及 I/O 元件配置分配见表 41-1。

表 41-1　输入/输出设备及 I/O 元件配置分配表

输入设备		PLC 输入继电器	输出设备		PLC 输出继电器
代号	功能		代号	功能	
SB1	启动按钮	X000	KM1	主接触器	Y000
SB2	停止按钮	X001	KM2	全压接触器	Y001
FM	电动机保护器 FM	X002			

二、程序及电路设计

1. PLC 梯形图

PLC 梯形图如图 41-2 所示。

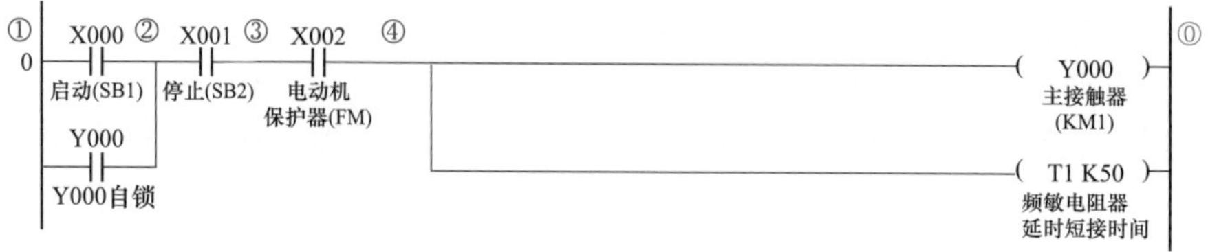

图 41-2　电动机频敏降压启动控制电路 PLC 梯形图

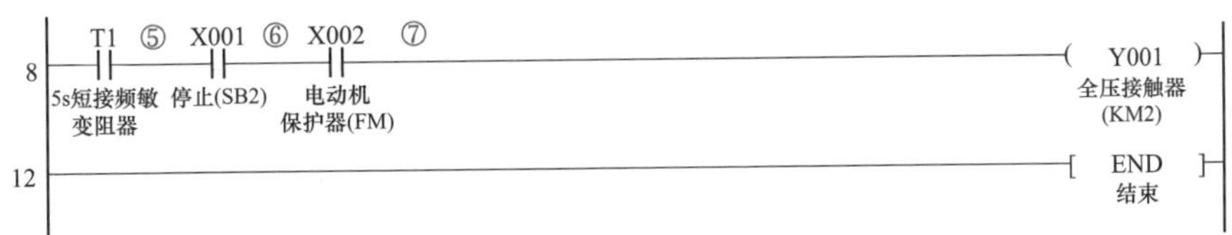

图 41-2　电动机频敏降压启动控制电路 PLC 梯形图（续）

2. PLC 指令语句表

PLC 指令语句见表 41-2。

表 41-2　　PLC 指令语句表

步号	指令	I/O（软元件）	步号	指令	I/O（软元件）	步号	指令	I/O（软元件）	步号	指令	I/O（软元件）
0	LD	X000	3	AND	X002	8	LD	T1	11	OUT	Y001
1	OR	Y000	4	OUT	Y000	9	AND	X001	12	END	
2	AND	X001	5	OUT	T1 K50	10	AND	X002			

3. PLC 接线详图

PLC 接线图如图 41-3 所示。

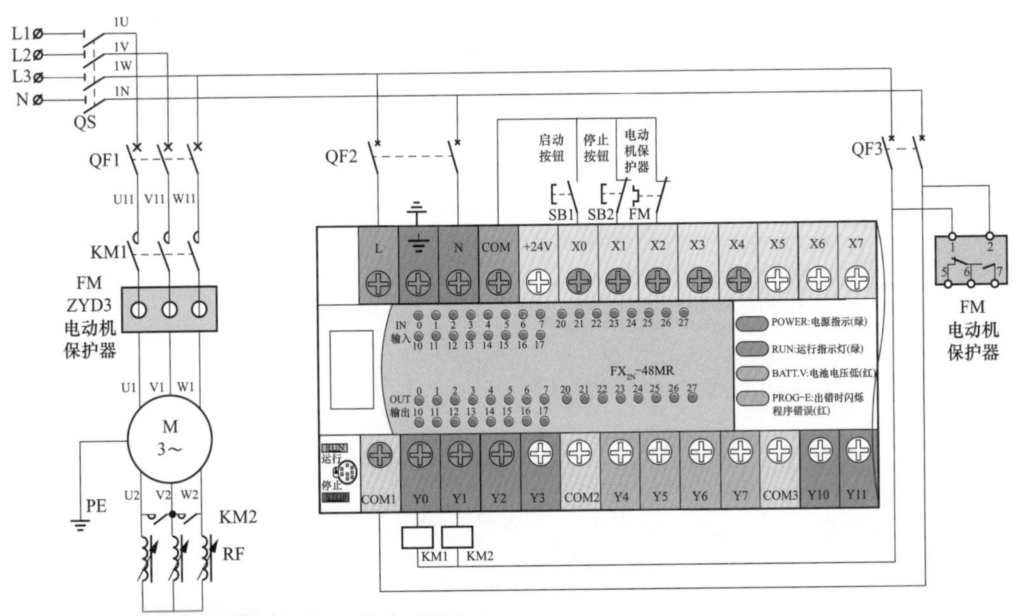

图 41-3　电动机频敏降压启动控制电路 PLC 接线图

三、梯形图动作详解

1. 启动过程

（1）程序准备。闭合总电源 QS、主回路电源 QF1、PLC 电源 QF2，PLC 输出回路电源 QF3，PLC 通电并处于“RUN”状态时，程序进行初始化操作，PLC 输入继电器 X1、X2 信号指示灯亮，梯形图中②→③、③→④、⑤→⑥、⑥→⑦动合触点闭合，程序准备工作完成。

（2）频敏降压启动：按下启动按钮 SB1（X000），回路经①→②→③→④→⓪号线闭合，输出继电器 Y000 得电，接通控制接触器 KM1 线圈，电动机定子绕组接通电源，转子接入频敏变阻器启动，电动机频敏器降压运行；同时定时器 T1 得电，同时①→② Y000 动合触点闭合，实现自锁。

（3）电动机全压运行。随着电动机转速平稳上升，频敏变阻器阻抗逐渐变小，当转速上升到额定转速时，即定时器 T1 延时 5s 后，①→⑤T1 动合触点闭合，回路经①→⑤→⑥→⑦→⓪号线闭合，输出继电器 Y001 得电，接通接触器 KM2 线圈后，KM2 控制接触器的两对动合触点同时闭合，将频敏变阻器短接，此时电动机全压起动。

2. 停止过程

按下停止按钮 SB2（X001），回路②→③、⑤→⑥输入继电器 X001 断开，输出继器 Y001 失电，①→②Y000 动合触点断开，解除自锁，控制接触器 KM1 线圈失电，同时定时器 T1 失电，接触器 KM2 线圈失电，全压启动结束，电动机停止运行。

3. 保护原理

当电动机在运行中发生断相、过载、堵转、三相不平衡等故障，回路③→④、⑥→⑦输入继电器 X002（电动机 M 过载保护）断开，输出继电器 Y000 和 Y001 回路断开，接触器 KM1、KM2 线圈失电，电动机停止运行。

第 42 例　电动机自耦变压器降压启动控制电路

一、继电器—接触器控制原理图

电动机自耦变压器降压启动控制电路如图 42-1 所示。

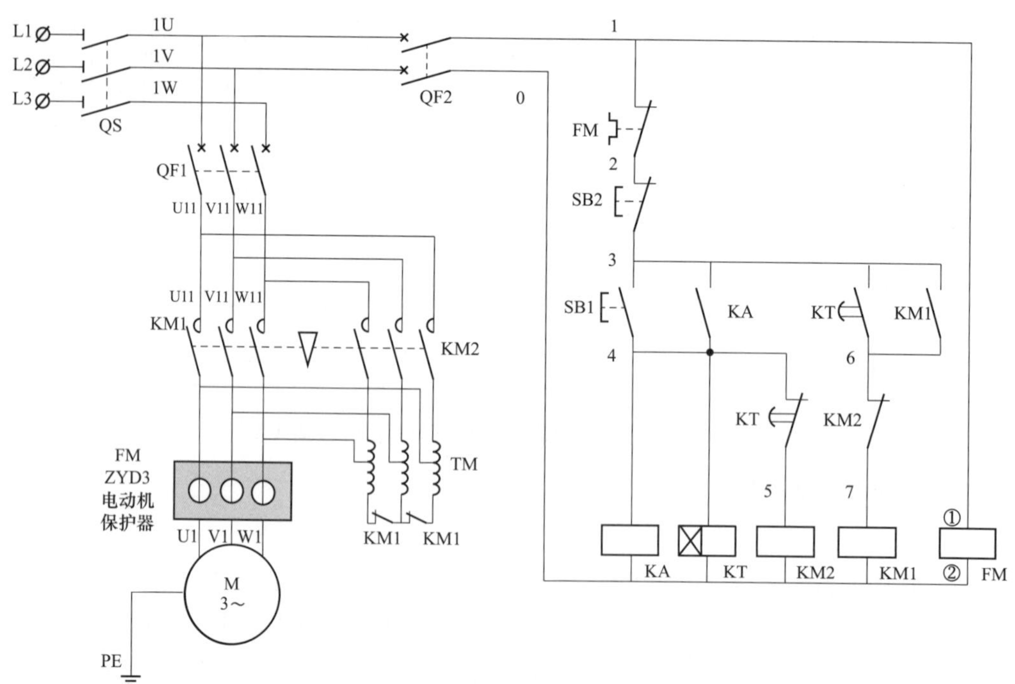

图 42-1　电动机自耦变压器降压启动控制电路原理图

1. PLC 程序设计要求

(1) 按下外部启动按钮 SB1，自耦变压器串入电动机降压启动。

(2) 延时 3s 后自动启动电动机 M 全压运行。

(3) KM1 和 KM2 动断触点互锁，KM1 和 KM2 不能同时运行。

(4) 在任意时间段按下外部停止按钮 SB2 电动机 M 停止运行。

(5) 当电动机发生过载等故障时，电动机保护器 FM 动作，电动机停止运行。

(6) PLC 实际接线图中停止按钮 SB2、电动机综合保护器 FM 辅助触点均使用动断触点。

(7) 电动机保护器 FM 工作电源由外部控制电路电源直接供电。

(8) 根据上面的控制要求列出输入、输出分配表。

(9) 根据控制要求，用 PLC 基本指令设计梯形图程序。

(10) 根据控制要求写出语句表。

(11) 根据控制要求绘制 PLC 控制电路接线图。

2. 输入/输出设备及 I/O 元件配置分配表

输入/输出设备及 I/O 元件配置分配见表 42-1。

表 42-1 输入/输出设备及 I/O 元件配置分配表

输入设备		PLC 输入继电器	输出设备		PLC 输出继电器
代号	功能		代号	功能	
SB1	启动按钮	X000	KM1	主接触器	Y000
SB2	停止按钮	X001	KM2	降压启动接触器	Y001
FM	电动机保护器 FM	X002			

二、程序及电路设计

1. PLC 梯形图

PLC 梯形图如图 42-2 所示。

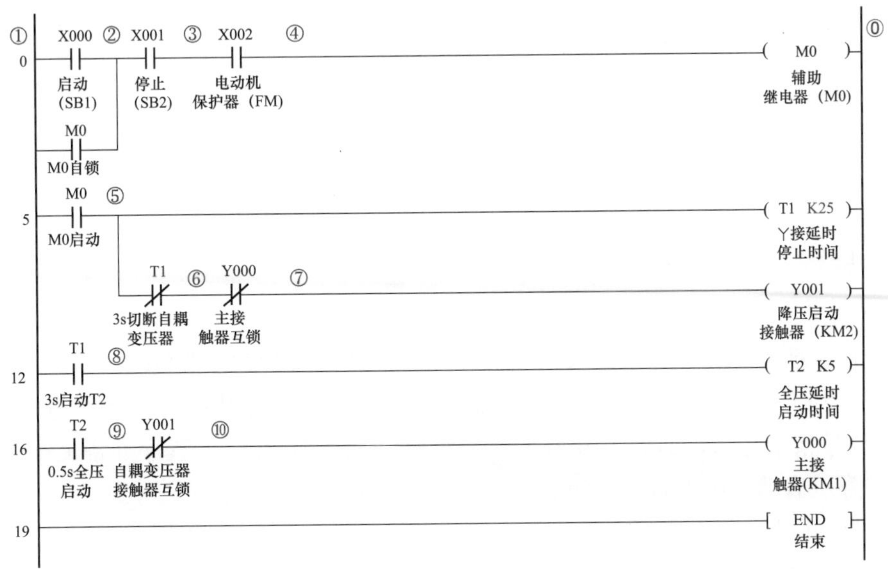

图 42-2 电动机自耦变压器降压启动控制电路 PLC 梯形图

2. PLC 指令语句表

PLC 指令语句见表 42-2。

表 42-2　　PLC 指令语句表

步号	指令	I/O（软元件）	步号	指令	I/O（软元件）	步号	指令	I/O（软元件）	步号	指令	I/O（软元件）
0	LD	X000	4	OUT	M0	10	ANI	Y000	16	LD	T2
1	OR	M0	5	LD	M0	11	OUT	Y001	17	ANI	Y001
2	AND	X001	6	OUT	T1 K30	12	LD	T1	18	OUT	Y000
3	AND	X002	9	ANI	T1	13	OUT	T2 K5	19	END	

3. PLC 接线详图

PLC 接线图如图 42-3 所示。

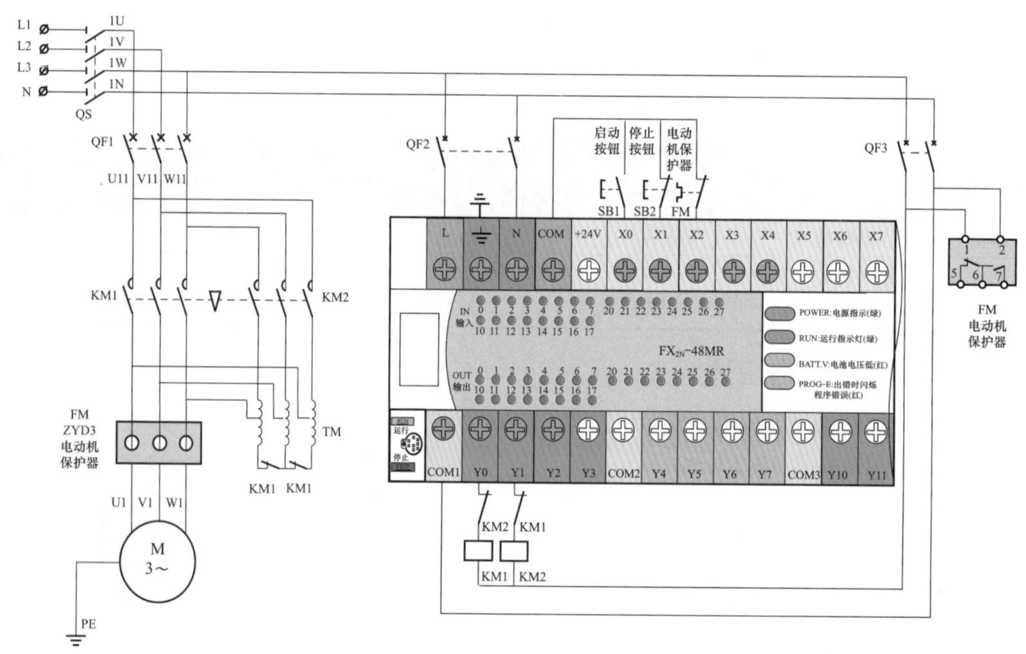

图 42-3　电动机自耦变压器降压启动控制电路 PLC 接线图

三、梯形图动作详解

1. 启动过程

（1）程序准备。闭合总电源 QS、主回路电源 QF1、PLC 电源 QF2，PLC 输出回路电源 QF3，PLC 通电并处于“RUN”状态时，程序进行初始化操作，PLC 输入继电器 X1、X2 信号指示灯亮，梯形图中②→③、③→④动合触点闭合，程序准备工作完成。

（2）降压启动。按下启动按钮 SB1（X000），回路经①→②→③→④→⓪号线闭合，辅助继电器 M0 得电，同时①→②M0 动合触点闭合，实现自锁；同时①→⑤M0 动合触点闭合，定时器 T1 得电，同时①→⑤→⑥→⑦→⓪号线闭合，输出继电器 Y001 得电，接通自耦变压器降压启动接触器 KM2 线圈，电动机 M 降压启动。同时⑧→⑨

Y001 动断触点断开，实现互锁。同时 PLC 外部输出端 KM2 动断触点断开，实现外接互锁。定时器 T1 延时 2.5s 后，⑤→⑥T1 动断触点断开，输出继电器 Y001 失电，电动机 M 降压启动结束；同时①→⑧T1 动合触点闭合，回路经①→⑧→⓪号线闭合，定时器 T2 得电，延时 0.5s 后，①→⑨T2 动合触点闭合，回路经①→⑨→⑩→⓪号线闭合，输出继电器 Y000 得电，接通主控制接触器 KM1 线圈，电动机全压启动，同时⑥→⑦Y000 动断触点断开，实现互锁。同时 PLC 外部输出端 KM1 动断触点断开，实现外接互锁。

2. 停止过程

按下停止按钮 SB2（X001），回路②→③输入继电器 X001 断开，辅助继电器 M0 断开，同时回路①→⑤M0 动合触点断开，定时器 T1 失电，输出继电器 Y000、Y001 回路断开，接触器 KM1、KM2 线圈失电，电动机 M 停止运行。

3. 保护原理

当电动机在运行中发生断相、过载、堵转、三相不平衡等故障，回路③→④、输入继电器 X002（电动机 M 过载保护）断开，辅助继电器 M0 断开，同时回路①→⑤M0 动合触点断开，定时器 T1 失电，输出继电器 Y000 和 Y001 回路断开，接触器 KM1 和 KM2 线圈失电，电动机 M 停止运行。

第 43 例　电动机定子绕组串电阻降压启动控制电路

一、继电器—接触器控制原理图

电动机定子绕组串电阻降压启动控制电路如图 43-1 所示。

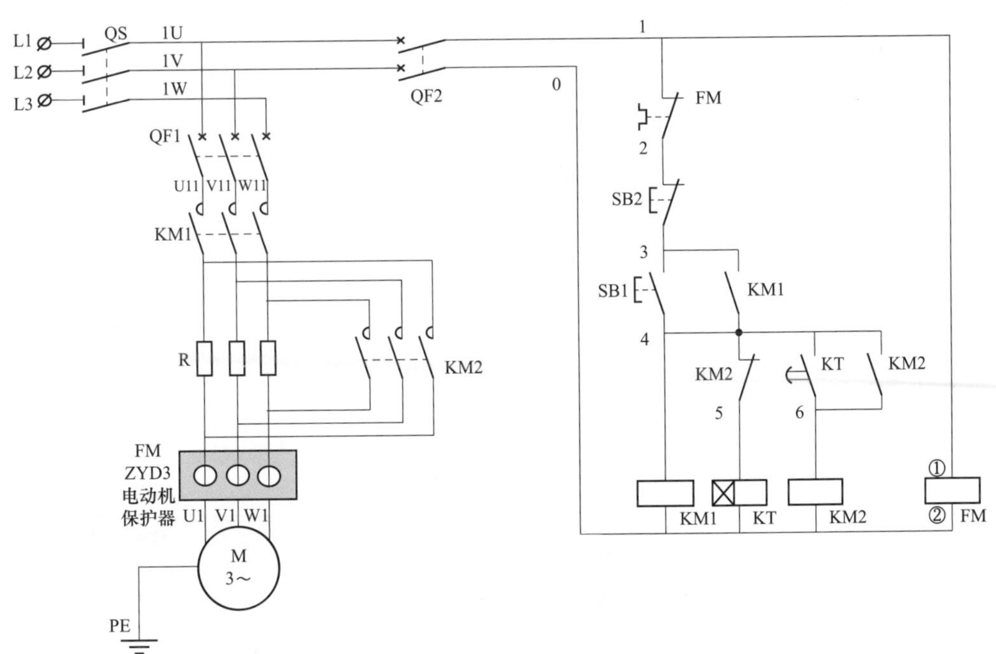

图 43-1　电动机定子绕组串电阻降压启动控制电路原理图

1. PLC 程序设计要求

(1) 按下外部启动按钮 SB1，电动机 M 串电阻降压启动。

(2) 延时 3s 后启动电动机全压运行。

(3) 在任意时间段按下外部停止按钮 SB2 电动机 M 停止运行。

(4) 当电动机发生过载等故障时，电动机保护器 FM 动作，电动机停止运行。

(5) PLC 实际接线图中停止按钮 SB2、电动机综合保护器 FM 辅助触点均使用动断触点。

(6) 电动机保护器 FM 工作电源由外部控制电路电源直接供电。

(7) 根据上面的控制要求列出输入、输出分配表。

(8) 根据控制要求，用 PLC 基本指令设计梯形图程序。

(9) 根据控制要求写出语句表。

(10) 根据控制要求绘制 PLC 控制电路接线图。

2. 输入/输出设备及 I/O 元件配置分配表

输入/输出设备及 I/O 元件配置分配见表 43-1。

表 43-1　输入/输出设备及 I/O 元件配置分配表

输入设备		PLC 输入继电器	输出设备		PLC 输出继电器
代号	功能		代号	功能	
SB1	启动按钮	X000	KM1	降压启动接触器	Y000
SB2	停止按钮	X001	KM2	全压启动接触器	Y001
FM	电动机保护器 FM	X002			

二、程序及电路设计

1. PLC 梯形图

PLC 梯形图如图 43-2 所示。

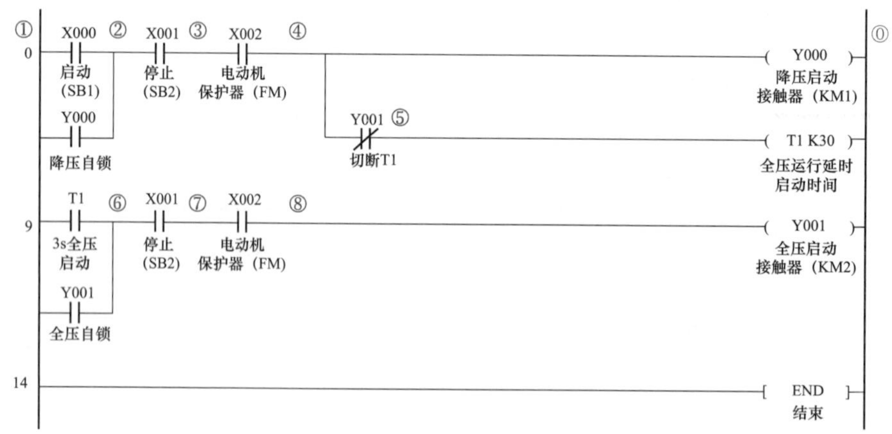

图 43-2　电动机定子绕组串电阻降压启动控制电路 PLC 梯形图

2. PLC 指令语句表

PLC 指令语句见表 43-2。

表 43-2　　　　　　　　　　　　PLC 指令语句表

步号	指令	I/O（软元件）	步号	指令	I/O（软元件）	步号	指令	I/O（软元件）	步号	指令	I/O（软元件）
0	LD	X000	4	OUT	Y000	10	OR	Y001	14	END	
1	OR	Y000	5	ANI	Y001	11	ANI	X001			
2	AND	X001	6	OUT	T1 K30	12	ANI	X002			
3	AND	X002	9	LD	T1	13	OUT	Y001			

3. PLC 接线详图

PLC 接线图如图 43-3 所示。

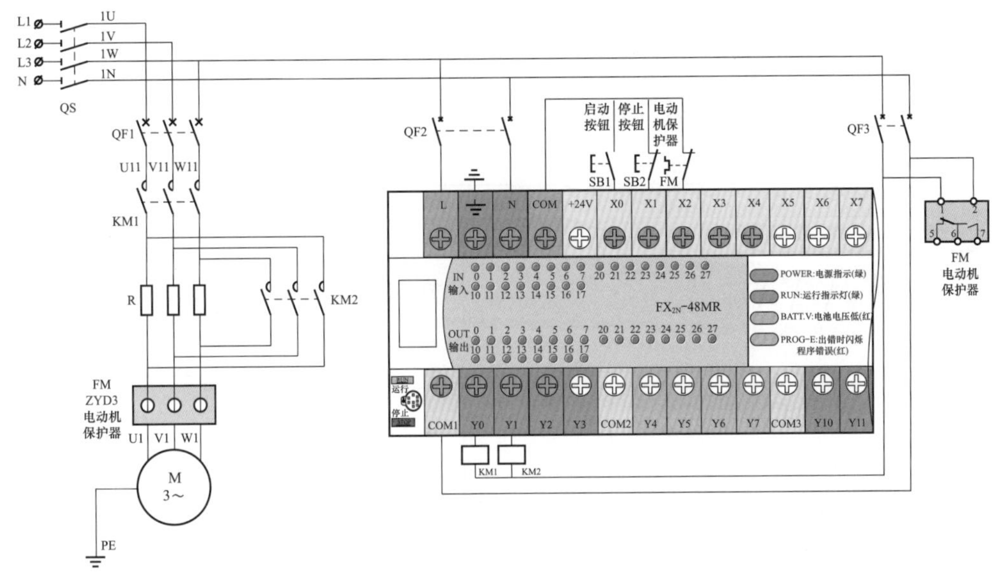

图 43-3　电动机定子绕组串电阻降压启动控制电路 PLC 接线图

三、梯形图动作详解

1. 启动过程

（1）程序准备。闭合总电源 QS、主回路电源 QF1、PLC 电源 QF2，PLC 输出回路电源 QF3，PLC 通电并处于“RUN”状态时，程序进行初始化操作，PLC 输入继电器 X1、X2 信号指示灯亮，梯形图中②→③、③→④、⑥→⑦、⑦→⑧动合触点闭合，程序准备工作完成。

（2）降压启动。按下启动按钮 SB1（X000），回路经①→②→③→④→⓪号线闭合，输出继电器 Y000 得电，接通降压启动接触器 KM1 线圈，电动机 M 串电阻 R 降压启动。同时①→②Y000 动合触点闭合，继电器 Y000 实现自锁。同时回路经①→②→③→④→⑤→⓪号线闭合，定时器 T1 得电，延时 3s 后，回路①→⑤T1 动合触点闭合，回路经①→⑥→⑦→⑧→⓪号线闭合，输出继电器 Y001 得电，接通全压运行接触器 KM2 线圈，主触头闭合将降压电阻 R 短接，电动机 M 全压运行。同时①→⑥Y001 动合触点闭合，继电器 Y001 实现自锁。同时回路④→⑤Y001 动断触点断开，定时器 T1 线圈失电。

2. 停止过程

按下停止按钮 SB2（X001），回路②→③和⑥→⑦输入继电器 X001 断开，输出继电器 Y000、Y001 回路断开，接触器 KM1、KM2 线圈失电，电动机 M 停止运行。

3. 保护原理

当电动机在运行中发生断相、过载、堵转、三相不平衡等故障，回路③→④、⑦→⑧输入继电器 X002（电动机 M 过载保护）断开，输出继电器 Y000 和 Y001 回路断开，接触器 KM1 和 KM2 线圈失电，电动机 M 停止运行。

第 44 例　电动机单向启动反接制动控制电路

一、继电器—接触器控制原理图

电动机单向启动反接制动控制电路如图 44-1 所示。

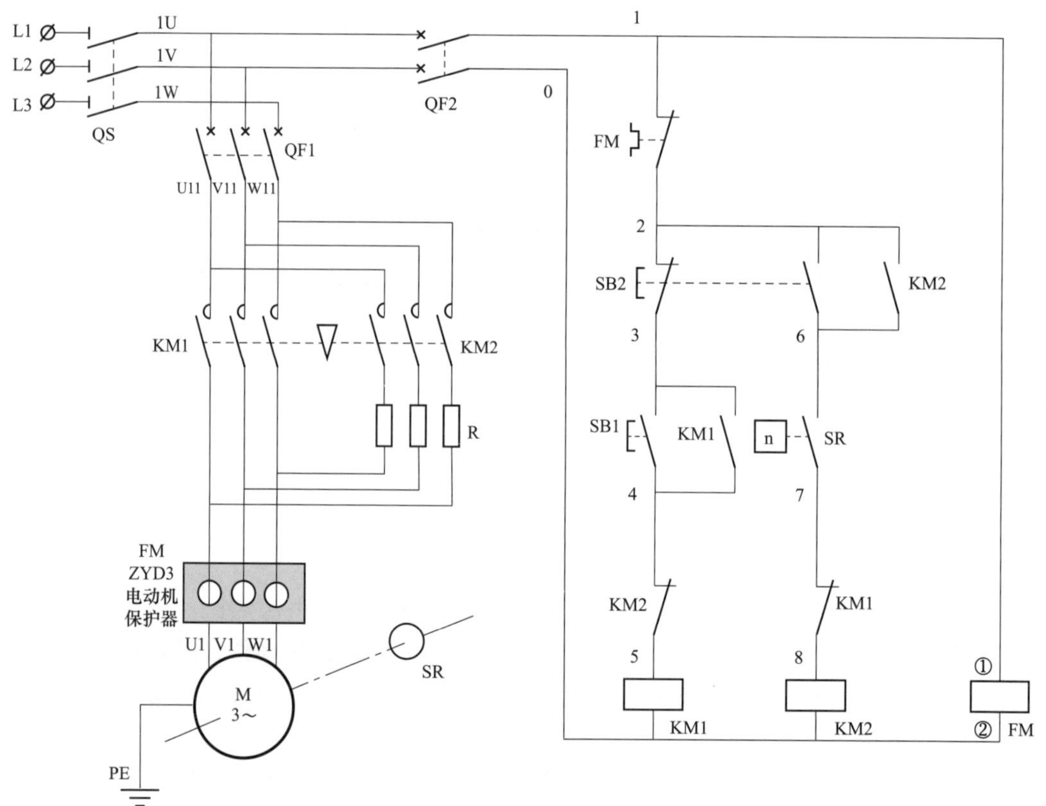

图 44-1　电动机单向启动反接制动控制电路原理图

1. PLC 程序设计要求

（1）按下外部启动按钮 SB1 电动机 M 启动。

（2）KM1 和 KM2 动断触点互锁，KM1 和 KM2 不能同时运行。

（3）在任意时间段按下外部停止按钮 SB2，电动机 M 失电后反接制动投入。

（4）当电动机转速接近零时，速度继电器动作，其动断触点切断反接制动，电动机

M 迅速停止。

（5）当电动机发生过载等故障时，电动机保护器 FM 动作，电动机停止运行。

（6）PLC 实际接线图中停止按钮 SB2、速度继电器、电动机综合保护器 FM 辅助触点均使用动断触点。

（7）电动机保护器 FM 工作电源由外部控制电路电源直接供电。

（8）根据上面的控制要求列出输入、输出分配表。

（9）根据控制要求，用 PLC 基本指令设计梯形图程序。

（10）根据控制要求写出语句表。

（11）根据控制要求绘制 PLC 控制电路接线图。

2. 输入/输出设备及 I/O 元件配置分配表

输入/输出设备及 I/O 元件配置分配见表 44-1。

表 44-1　输入/输出设备及 I/O 元件配置分配表

输入设备		PLC 输入继电器	输出设备		PLC 输出继电器
代号	功能		代号	功能	
SB1	启动按钮	X000	KM1	正转接触器	Y000
SB2	停止按钮	X001	KM2	反接制动接触器	Y001
FM	电动机保护器 FM	X002			
SR	速度继电器	X003			

二、程序及电路设计

1. PLC 梯形图

PLC 梯形图如图 44-2 所示。

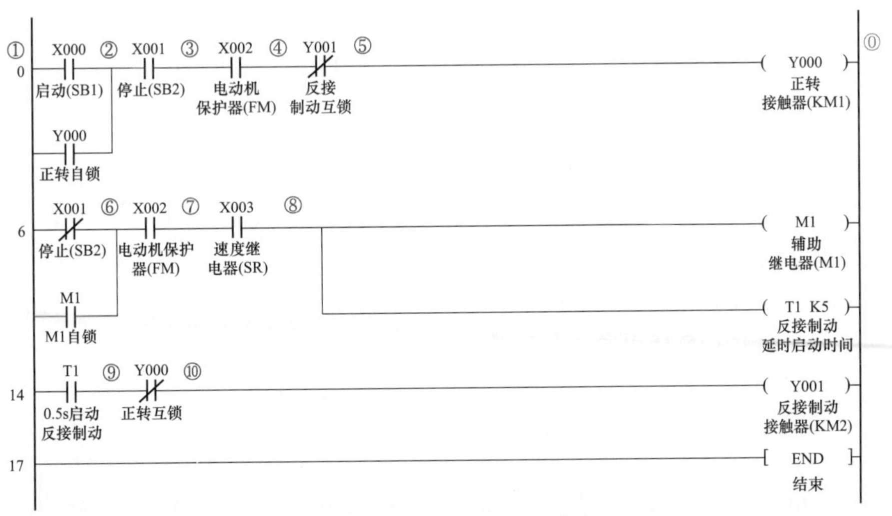

图 44-2　电动机单向启动反接制动控制电路 PLC 梯形图

2. PLC 指令语句表

PLC 指令语句如表 44-2 所示。

表 44-2　　PLC 指令语句表

步号	指令	I/O（软元件）	步号	指令	I/O（软元件）	步号	指令	I/O（软元件）	步号	指令	I/O（软元件）
0	LD	X000	4	ANI	Y001	8	AND	X002	14	LD	T1
1	OR	Y000	5	OUT	Y000	9	AND	X003	15	ANI	Y000
2	AND	X001	6	LDI	X001	10	OUT	M1	16	OUT	Y001
3	AND	X002	7	OR	M1	11	OUT	T1 K5	17	END	

3. PLC 接线详图

PLC 接线图如图 44-3 所示。

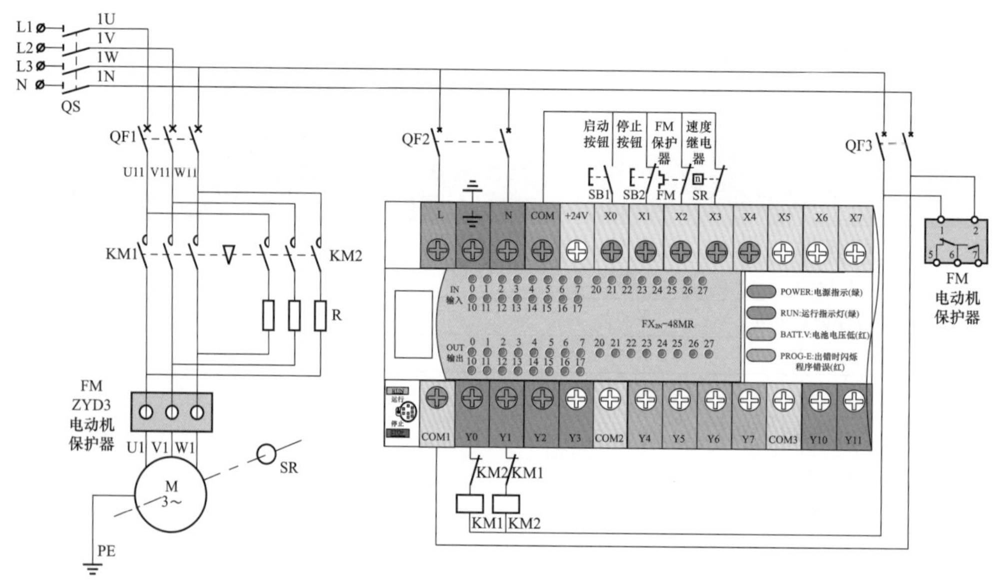

图 44-3　电动机单向启动反接制动控制电路 PLC 接线图

三、梯形图动作详解

1. 启动过程

（1）程序准备。闭合总电源 QS、主回路电源 QF1、PLC 电源 QF2，PLC 输出回路电源 QF3，PLC 通电并处于“RUN”状态时，程序进行初始化操作，PLC 输入继电器 X1、X2、X3 信号指示灯亮，梯形图中②→③、③→④、⑥→⑦、⑦→⑧动合触点闭合，①→⑥动断触点断开，程序准备工作完成。

（2）正转启动。按下启动按钮 SB1（X000），回路经①→②→③→④→⑤→⓪号线闭合，输出继电器 Y000 得电，接通正转接触器 KM1 线圈，电动机 M 正转启动。同时①→②Y000 动合触点闭合，继电器 Y000 实现自锁，电动机 M 连续正转运行。同时⑨→⑩Y000 动断触点断开，实现互锁。同时 PLC 外部输出端 KM1 动断触点断开，实现外接互锁，同时，由于电动机转速升高，⑦→⑧速度继电器 X003 闭合，为反接制动做好准备。

2. 停止过程

按下停止按钮 SB2（X001），回路②→③输入继电器 X001 断开，输出继电器 Y000

断开，接触器 KM1 线圈失电，电动机 M 失电，回路⑨→⑩Y000 动断触点闭合；同时①→⑥输入继电器 X001 闭合，回路经①→⑥→⑦→⑧→⓪号线闭合，辅助继电器 M1 得电，同时①→⑥M1 动合触点闭合，实现自锁；同时定时器 T1 得电，T1 延时 0.5s 后，①→⑨T1 动合触点闭合，同时回路经①→⑨→⑩→⓪号线闭合，输出继电器 Y001 得电，接通反接制动接触器 KM2 线圈，电动机相序改变，电动机进入反接制动，④→⑤Y001 动断触点断开，实现互锁。同时 PLC 外部输出端 KM2 动断触点断开，实现外接互锁。当电动机转速接近于零时，回路⑦→⑧速度继电器 X003 断开，反接制动接触器 KM2 线圈失电，反接制动结束，电动机 M 停止转动。

3. 保护原理

当电动机在运行中发生断相、过载、堵转、三相不平衡等故障，回路③→④、⑥→⑦输入继电器 X002（电动机 M 过载保护）断开，输出继电器 Y000 和 Y001 回路断开，接触器 KM1 和 KM2 线圈失电，电动机 M 惯性停止运行。

第 45 例　电动机电磁抱闸制动器断电制动控制电路

一、继电器—接触器控制原理图

电动机电磁抱闸制动器断电制动控制电路如图 45-1 所示。

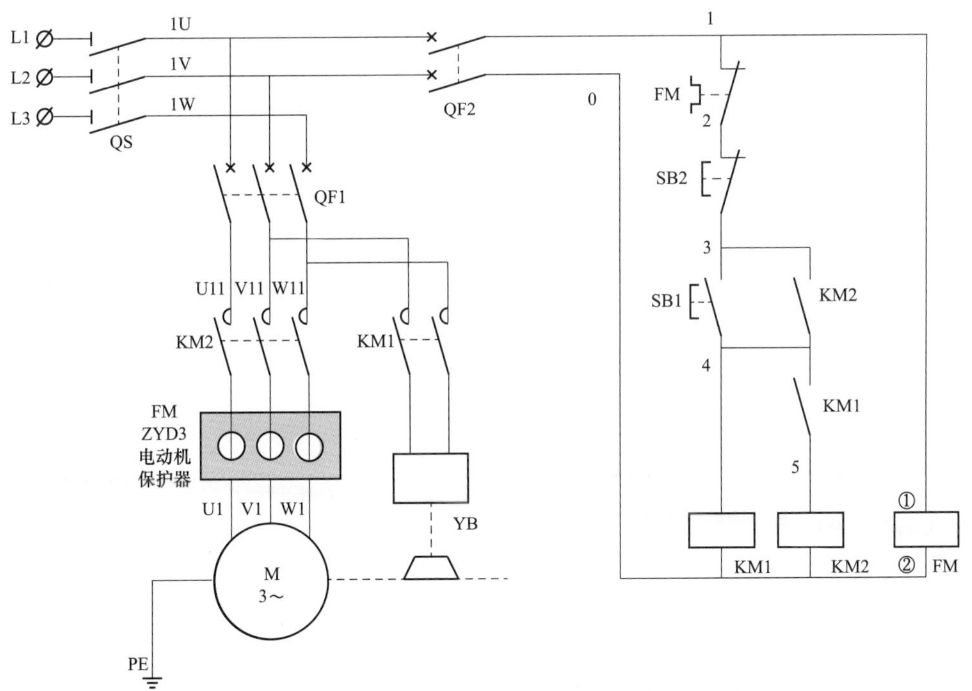

图 45-1　电动机电磁抱闸制动器断电制动控制电路原理图

1. PLC 程序设计要求

（1）按下外部启动按钮 SB1，电磁抱闸线圈得电，衔铁吸合，制动器的闸瓦与闸轮分开，电动机 M 启动。

（2）在任意时间段按下外部停止按钮 SB2，电动机 M 失电后，电磁抱闸线圈失电，制动器的闸瓦紧紧抱住闸轮，电动机被制动而停止转动。

（3）当电动机发生过载等故障时，电动机保护器 FM 动作，电动机停止运行。

（4）PLC 实际接线图中停止按钮 SB2、电动机综合保护器 FM 辅助触点均使用动断触点。

（5）电动机保护器 FM 工作电源由外部控制电路电源直接供电。

（6）根据上面的控制要求列出输入、输出分配表。

（7）根据控制要求，用 PLC 基本指令设计梯形图程序。

（8）根据控制要求写出语句表。

（9）根据控制要求绘制 PLC 控制电路接线图。

2. 输入/输出设备及 I/O 元件配置分配表

输入/输出设备及 I/O 元件配置分配见表 45-1。

表 45-1　　输入/输出设备及 I/O 元件配置分配表

输入设备		PLC 输入继电器	输出设备		PLC 输出继电器
代号	功能		代号	功能	
SB1	启动按钮	X000	KM1	电磁抱闸接触器	Y000
SB2	停止按钮	X001	KM2	正转接触器	Y001
FM	电动机保护器 FM	X002			

二、程序及电路设计

1. PLC 梯形图

PLC 梯形图如图 45-2 所示。

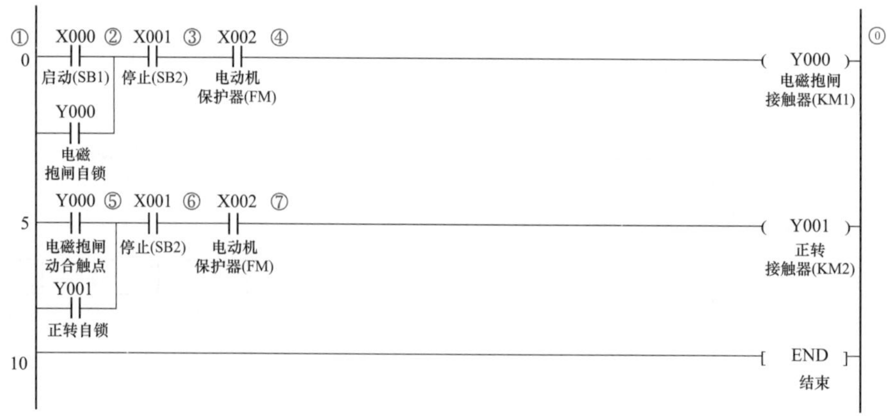

图 45-2　电动机电磁抱闸制动器断电制动控制电路 PLC 梯形图

2. PLC 指令语句表

PLC 指令语句见表 45-2。

表 45-2　　　　　　　　　　　　　PLC 指令语句表

步号	指令	I/O（软元件）	步号	指令	I/O（软元件）	步号	指令	I/O（软元件）	步号	指令	I/O（软元件）
0	LD	X000	3	AND	X002	6	OR	Y001	9	OUT	Y001
1	OR	Y000	4	OUT	Y000	7	AND	X001	10	END	
2	AND	X001	5	LD	Y000	8	AND	X002			

3. PLC 接线详图

PLC 接线图如图 45-3 所示。

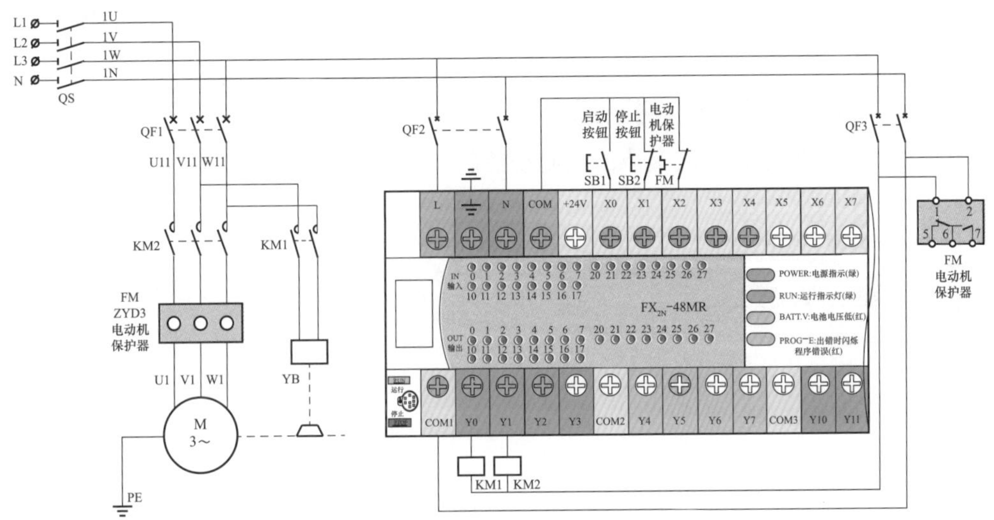

图 45-3　电动机电磁抱闸制动器断电制动控制电路 PLC 接线图

三、梯形图动作详解

1. 启动过程

（1）程序准备。闭合总电源 QS、主回路电源 QF1、PLC 电源 QF2，PLC 输出回路电源 QF3，PLC 通电并处于“RUN”状态时，程序进行初始化操作，PLC 输入继电器 X1、X2 信号指示灯亮，梯形图中②→③、③→④、⑤→⑥、⑥→⑦动合触点闭合，程序准备工作完成。

（2）正转启动。按下启动按钮 SB1（X000），回路经①→②→③→④→⓪号线闭合，输出继电器 Y000 得电，接通电磁抱闸控制接触器 KM1 线圈，电磁抱闸线圈得电，衔铁吸合，克服弹簧的拉力使制动器的闸瓦与闸轮分开，①→②Y000 动合触点闭合，实现自锁；同时①→⑤Y000 动合触点闭合，回路经①→⑤→⑥→⑦→⓪号线闭合，输出继电器 Y001 得电，接通正转接触器 KM2 线圈，电动机 M 正转运行，同时①→⑤Y001 动合触点闭合，实现自锁。

2. 停止过程

按下停止按钮 SB2（X001），回路⑤→⑥输入继电器 X001 断开，输出继电器 Y001 断开，正转接触器 KM2 线圈失电，电动机 M 失电；同时回路②→③输入继电器 X001

断开，输出继电器 Y000 断开，电磁抱闸控制接触器 KM1 线圈失电，衔铁在弹簧拉力作用下与铁芯分开，并使制动器的闸瓦紧紧抱住闸轮，电动机 M 被制动而停止转动。同时①→②Y000 动合触点断开，解除自锁；①→⑤Y001 动合触点断开，解除自锁。

3. 保护原理

当电动机在运行中发生断相、过载、堵转、三相不平衡等故障，回路③→④、⑥→⑦输入继电器 X002（电动机 M 过载保护）断开，输出继电器 Y000 和 Y001 回路断开，接触器 KM1 和 KM2 线圈失电，电动机 M 失电，同时电磁抱闸线圈失电，制动器的闸瓦紧紧抱住闸轮，电动机被制动而停止转动。

第 46 例　电动机无变压器单相半波整流能耗制动控制电路

一、继电器—接触器控制原理图

电动机无变压器单相半波整流能耗制动控制电路如图 46-1 所示。

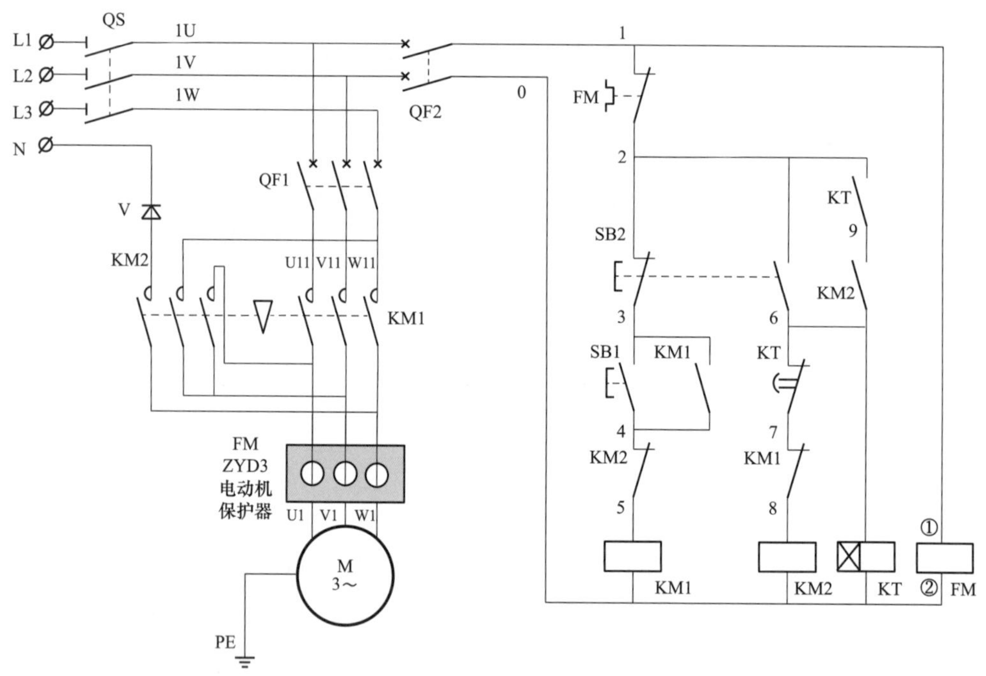

图 46-1　电动机无变压器单相半波整流能耗制动控制电路原理图

1. PLC 程序设计要求

（1）按下外部启动按钮 SB1，电动机 M 启动。

（2）KM1 和 KM2 动断触点互锁，KM1 和 KM2 不能同时运行。

（3）在任意时间段按下外部停止按钮 SB2，电动机 M 失电后半波整流能耗制动投入，电动机 M 迅速停止。

（4）当电动机发生过载等故障时，电动机保护器 FM 动作，电动机停止运行。

（5）PLC 实际接线图中停止按钮 SB2、电动机综合保护器 FM 辅助触点均使用动断触点。

(6) 电动机保护器 FM 工作电源由外部控制电路电源直接供电。

(7) 根据上面的控制要求列出输入、输出分配表。

(8) 根据控制要求，用 PLC 基本指令设计梯形图程序。

(9) 根据控制要求写出语句表。

(10) 根据控制要求绘制 PLC 控制电路接线图。

2. 输入/输出设备及 I/O 元件配置分配表

输入/输出设备及 I/O 元件配置分配见表 46-1。

表 46-1 输入/输出设备及 I/O 元件配置分配表

输入设备		PLC 输入继电器	输出设备		PLC 输出继电器
代号	功能		代号	功能	
SB1	启动按钮	X000	KM1	正转接触器	Y000
SB2	停止按钮	X001	KM2	能耗制动接触器	Y001
FM	电动机保护器 FM	X002			

二、程序及电路设计

1. PLC 梯形图

PLC 梯形图如图 46-2 所示。

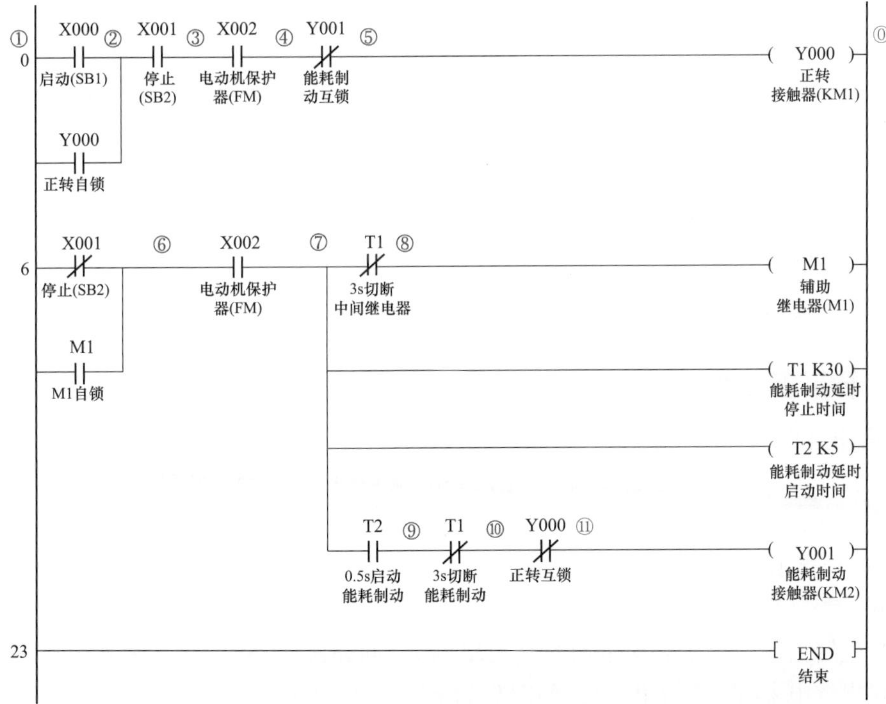

图 46-2 电动机无变压器单相半波整流能耗制动控制电路 PLC 梯形图

2. PLC 指令语句表

PLC 指令语句见表 46-2。

表 46-2　　　　PLC 指令语句表

步号	指令	I/O（软元件）	步号	指令	I/O（软元件）	步号	指令	I/O（软元件）	步号	指令	I/O（软元件）
0	LD	X000	5	OUT	Y000	10	ANI	T1	19	AND	T2
1	OR	Y000	6	LDI	X001	11	OUT	M1	20	ANI	T1
2	AND	X001	7	OR	M1	12	MPP		21	ANI	Y000
3	AND	X002	8	AND	X002	13	OUT	T1 K30	22	OUT	Y001
4	ANI	Y001	9	MPS		16	OUT	T2 K5	23	END	

3. PLC 接线详图

PLC 接线图如图 46-3 所示。

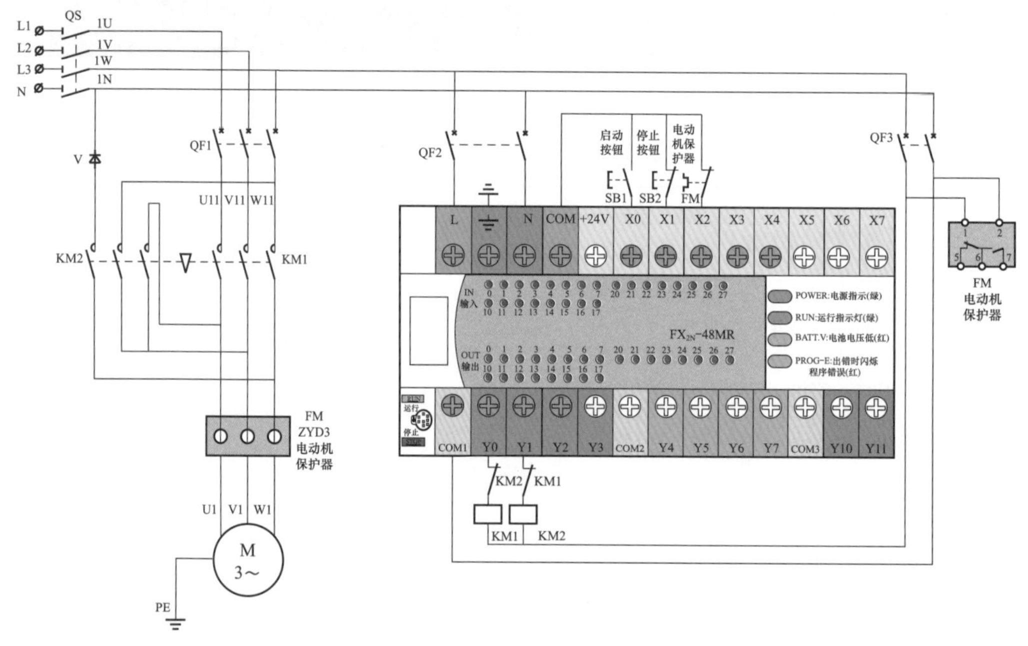

图 46-3　电动机无变压器单相半波整流能耗制动控制电路 PLC 接线图

三、梯形图动作详解

1. 启动过程

（1）程序准备。闭合总电源 QS、主回路电源 QF1、PLC 电源 QF2，PLC 输出回路电源 QF3，PLC 通电并处于“RUN”状态时，程序进行初始化操作，PLC 输入继电器 X1、X2 信号指示灯亮，梯形图中②→③、③→④、⑥→⑦动合触点闭合，①→⑥动断触点断开，程序准备工作完成。

（2）正转启动。按下启动按钮 SB1（X000），回路经①→②→③→④→⑤→⓪号线闭合，输出继电器 Y000 得电，接通正转接触器 KM1 线圈，电动机 M 正转运行。同时①→②Y000 动合触点闭合，继电器 Y000 实现自锁，电动机 M 连续正转运行。同时⑩→⑪Y000 动断触点断开，实现互锁。同时 PLC 外部输出端 KM1 动断触点断开，实现外接互锁。

2. 停止过程

按下停止按钮 SB2（X001），回路②→③输入继电器 X001 断开，输出继电器 Y000 断开，接触器 KM1 线圈失电，电动机 M 失电，回路⑩→⑪Y000 动断触点闭合；同时①→⑥输入继电器 X001 断开，回路经①→⑥→⑦→⑧→⓪号线闭合，辅助继电器 M1 得电，同时①→⑥M1 动合触点闭合，实现自锁；同时定时器 T1、T2 得电，T2 延时 0.5s 后，⑦→⑨T2 动合触点闭合，同时回路经①→⑥→⑦→⑨→⑩→⑪→⓪号线闭合，输出继电器 Y001 得电，接通接触器 KM2 线圈，通过二极管 V 整流，电动机定子绕组通入直流电流，进行能耗制动，④→⑤Y001 动断触点断开，实现互锁，同时 PLC 外部输出端 KM2 动断触点断开，实现外接互锁。延时 2.5s 后，定时器 T1 动作，回路⑨→⑩定时器 T1 动断触点断开，输出继电器 Y001 回路断开，接触器 KM2 线圈失电，能耗制动结束，电动机 M 停止转动。同时，⑦→⑧T1 动合触点断开，辅助继电器 M1 断电，①→⑥M1 动合触点断开，解除自锁。

3. 保护原理

当电动机在运行中发生电动机断相、过载、堵转、三相不平衡等故障，回路③→④、⑥→⑦输入继电器 X002（电动机 M 过载保护）断开，输出继电器 Y000 和 Y001 回路断开，接触器 KM1 和 KM2 线圈失电，电动机 M 惯性停止运行。

第 47 例　电动机可逆运行能耗制动控制电路

一、继电器—接触器控制原理图

电动机可逆运行能耗制动控制电路如图 47-1 所示。

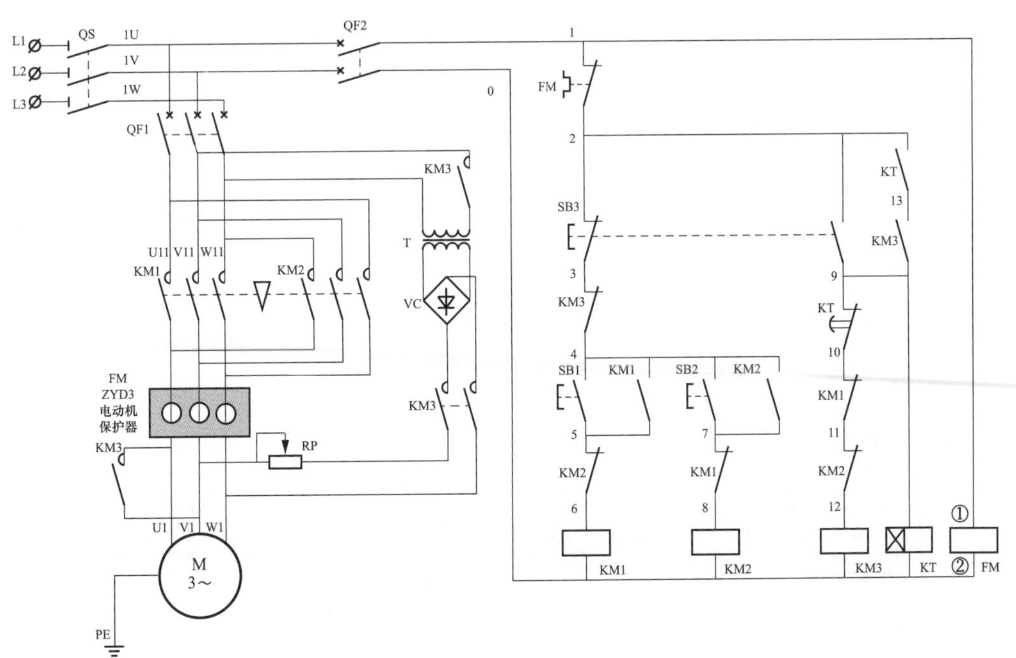

图 47-1　电动机可逆运行能耗制动控制电路原理图

1. PLC 程序设计要求

(1) 按下外部正转启动按钮 SB1，电动机 M 启动，正转运行。

(2) 按下外部反转启动按钮 SB2，电动机 M 启动，反转运行。

(3) KM1、KM2 和 KM3 动断触点互锁，KM1、KM2 和 KM3 不能同时运行。

(4) 在任意时间段按下外部停止按钮 SB3，电动机 M 失电后能耗制动投入，电动机 M 迅速停止。

(5) 当电动机发生过载等故障时，电动机保护器 FM 动作，电动机停止运行。

(6) PLC 实际接线图中停止按钮 SB3、电动机综合保护器 FM 辅助触点均使用动断触点。

(7) 电动机保护器 FM 工作电源由外部控制电路电源直接供电。

(8) 根据上面的控制要求列出输入、输出分配表。

(9) 根据控制要求，用 PLC 基本指令设计梯形图程序。

(10) 根据控制要求写出语句表。

(11) 根据控制要求绘制 PLC 控制电路接线图。

2. 输入/输出设备及 I/O 元件配置分配表

输入/输出设备及 I/O 元件配置分配见表 47-1。

表 47-1　　输入/输出设备及 I/O 元件配置分配表

输入设备		PLC 输入继电器	输出设备		PLC 输出继电器
代号	功能		代号	功能	
SB1	正转启动按钮	X000	KM1	正转接触器	Y000
SB2	反转启动按钮	X001	KM2	反转接触器	Y001
SB3	停止按钮	X002	KM3	能耗制动接触器	Y002
FM	电动机保护器 FM	X003			

二、程序及电路设计

1. PLC 梯形图

PLC 梯形图如图 47-2 所示。

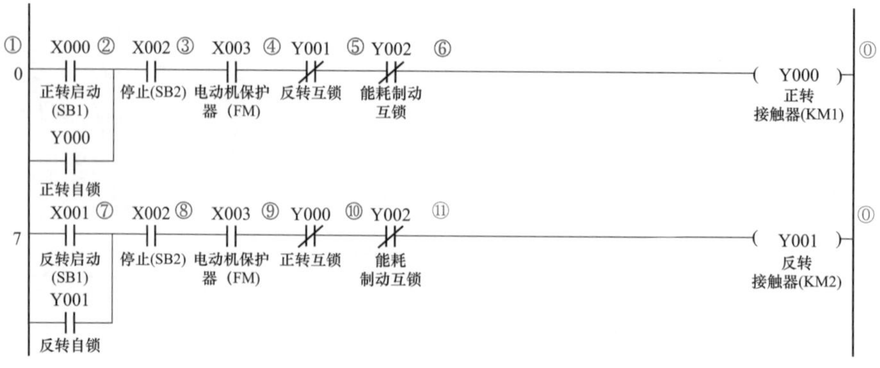

图 47-2　电动机可逆运行能耗制动控制电路 PLC 梯形图

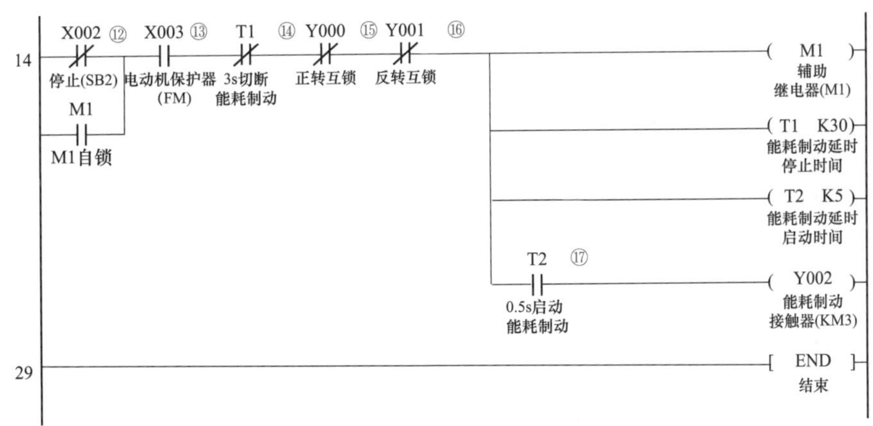

图 47-2　电动机可逆运行能耗制动控制电路 PLC 梯形图（续）

2. PLC 指令语句表

PLC 指令语句见表 47-2。

表 47-2　PLC 指令语句表

步号	指令	I/O（软元件）	步号	指令	I/O（软元件）	步号	指令	I/O（软元件）	步号	指令	I/O（软元件）
0	LD	X000	7	LD	X001	14	LDI	X002	21	OUT	T1 K30
1	OR	Y000	8	OR	Y001	15	OR	M1	24	OUT	T2 K5
2	AND	X002	9	AND	X002	16	AND	X003	27	AND	T2
3	AND	X003	10	AND	X003	17	ANI	T1	28	OUT	Y002
4	ANI	Y001	11	ANI	Y000	18	ANI	Y000	29	END	
5	ANI	Y002	12	ANI	Y002	19	ANI	Y001			
6	OUT	Y000	13	OUT	Y001	20	OUT	M1			

3. PLC 接线详图

PLC 接线图如图 47-3 所示。

三、梯形图动作详解

1. 启动过程

（1）程序准备。闭合总电源 QS、主回路电源 QF1、PLC 电源 QF2，PLC 输出回路电源 QF3，PLC 通电并处于“RUN”状态时，程序进行初始化操作，PLC 输入继电器 X2、X3 信号指示灯亮，梯形图中②→③、③→④、⑦→⑧、⑧→⑨动合触点闭合，①→⑫动断触点断开，程序准备工作完成。

（2）正转运行。在初始状态下，按下正转启动按钮 SB1（X000），回路经①→②→③→④→⑤→⑥→⓪号线闭合，输出继电器 Y000 得电，接通正转接触器 KM1 线圈，电动机 M 正转运行。同时①→②Y000 动合触点闭合，继电器 Y000 实现自锁，M 连续正转运行。同时⑨→⑩、⑭→⑮Y000 动断触点断开，实现互锁。同时 PLC 外部输出端 KM1 动断触点断开，实现外接互锁。

（3）反转运行。在初始状态下，按下反转启动按钮 SB2（X001），回路经①→⑦→⑧→⑨→⑩→⑪→⓪号线闭合，输出继电器 Y001 得电，接通反转接触器 KM2 线圈，电动机 M 反转运行。同时①→⑦Y001 动合触点闭合，继电器 Y001 实现自锁，M 连续反转运行。同时④→⑤、⑮→⑯Y001 动断触点断开，实现互锁。同时 PLC 外部输出端 KM2 动断触点断开，实现外接互锁。

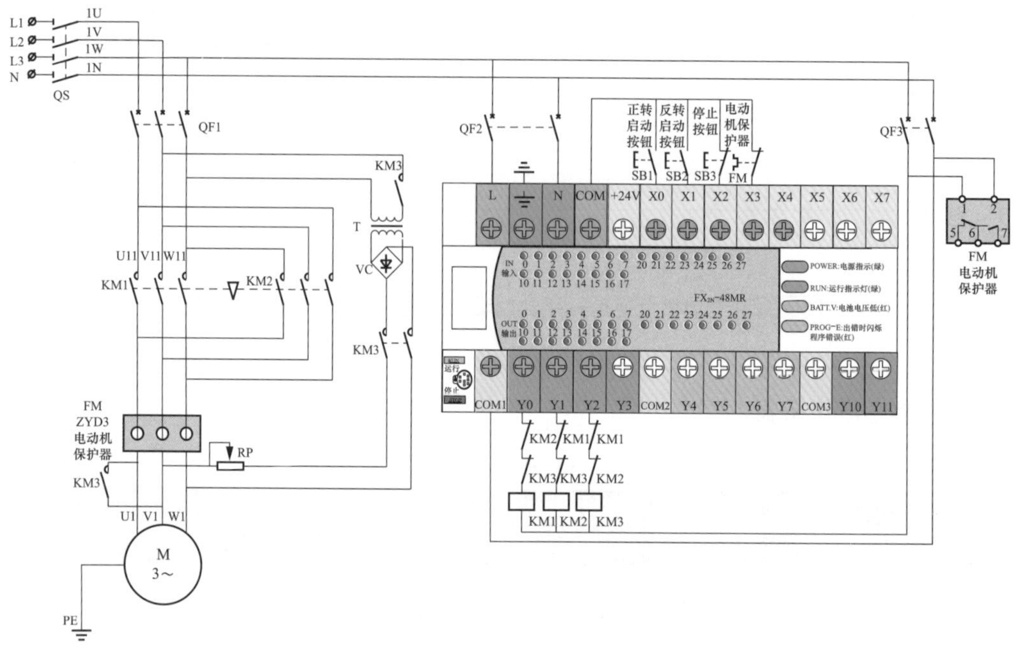

图 47-3　电动机可逆运行能耗制动控制电路 PLC 接线图

2. 停止过程

按下停止按钮 SB3（X002），回路②→③、⑦→⑧输入继电器 X002 断开，输出继电器 Y000 和 Y001 回路断开，接触器 KM1 和 KM2 线圈失电，电动机失电，回路⑭→⑮ Y000 动断触点闭合，⑮→⑯Y001 动断触点闭合，同时①→⑫输入继电器 X002 闭合，回路经①→⑫→⑬→⑭→⑮→⑯→⓪号线闭合，辅助继电器 M1 得电，同时①→⑫M1 动合触点闭合，实现自锁；同时定时器 T1、T2 得电，T2 延时 0.5s 后，⑯→⑰T2 动合触点闭合，同时回路经①→⑫→⑬→⑭→⑮→⑯→⑰→⓪号线闭合，输出继电器 Y002 得电，接通能耗制动接触器 KM3 线圈，电动机定子回路接入直流电源，进行能耗制动；⑤→⑥、⑩→⑪Y002 动断触点断开，实现互锁，同时 PLC 外部输出端 KM3 动断触点断开，实现外接互锁。定时器 T1 延时 3s 后，回路⑬→⑭定时器 T1 动断触点断开，输出继电器 Y002 断开，接触器 KM3 线圈失电，能耗制动结束，电动机 M 停止转动。

3. 保护原理

当电动机在运行中发生断相、过载、堵转、三相不平衡等故障，回路③→④、⑧→⑨、⑫→⑬输入继电器 X003（电动机 M 过载保护）断开，输出继电器 Y000、Y001 和 Y002 回路断开，接触器 KM1、KM2 和 KM3 线圈失电，电动机 M 惯性停止运行。

第五章

PLC控制的常用生产机械控制电路及多速电动机控制电路

PLC控制的常用生产机械控制电路及多速电动机控制电路用途如下：

1. 常用生产机械控制电路

生产机械设备主要包括车床、钻床、磨床、镗床、电动葫芦、起重机、混凝土搅拌机等机械设备，它们一般由驱动装置（电动机）、变速装置（变速箱）、传动装置（机械、液力、液压）、工作装置、制动装置、防护装置、润滑装置、冷却装置等部分组成。

生产机械控制电路一般主要由若干个正反转控制、顺序控制、多地控制、制动控制、照明、指示、点动、连续运行控制电路综合设计而成。有些设备还带有电磁抱闸装置、整流装置、电磁离合器、电磁吸盘、液压等机构。

另外，摇臂钻床的摇臂液压夹紧机构、锯床的锯架限位快速回退等都是利用液压压力、加工位置等信号自动控制机床的动作，防止操作失误及损坏设备。

2. 多速电动机控制电路

在某些特殊拖动电路中，需要调速装置一般采用变频调速来完成，也有很多设备采用双速电动机调速，有时甚至需要采用三速或四速的电动机。这些多速电动机的原理都是相同的，即变极对数调速方法。通过改变电动机绕组内部的接线方式（显极式接线或隐极式接线），用改变电动机极相组数量，从而改变电动机极数。然后通过改变电动机外部的Y/△接线实现变极调速。该电动机主要应用于抽油机以及风机、泵类等需要调速的控制场所。

（1）单绕组变极多速电动机是一种利用外部接线变换，在一套电动机绕组中获得两种或多种转速的电动机，分为倍极比双速电动机和非倍极比双速电动机。

例如，倍极比双速24槽，4极时为1路角接，2极时为2路星接，即4/2，△/2Y；旋转磁场同步转速分别为4极：1500r/min；2极：3000r/min，即一台电动机实现2个转速（一套绕组，6个引出线）。

（2）双绕组多速（双速或三速）电动机具有两套独立的绕组，也有双绕组双速电动机采用两套绕组的，每套绕组都是单速绕组。

双绕组三速电动机中一套绕组为变极双速（倍极比或非倍极比），另一套绕组为单速。

双绕组四速电动机为两套绕组都是变极（双速倍极比）绕组；个别的也有一套绕组为变极三速，另一套为单速绕组。

例如：第一套绕组为36槽，2极时为2路星接，4极时为1路角接，即2/4，2Y/△；

第二套绕组为36槽，6极时为1路星接，即1Y。

旋转磁场同步转速分别为6极：1000r/min；4极：1500r/min；2极：3000r/min，即一台电动机（内部有两套独立的三相绕组，9个引出线）实现3个转速。

其控制电路基本上都和正反转电路相似，低高速接触器需要设计联锁电路。也可根据现场实际需求对电路做适当的改动，即可实现控制要求。

第 48 例　CA6140 型车床控制电路

一、继电器—接触器控制原理图

CA6140 型车床控制电路如图 48-1 所示。

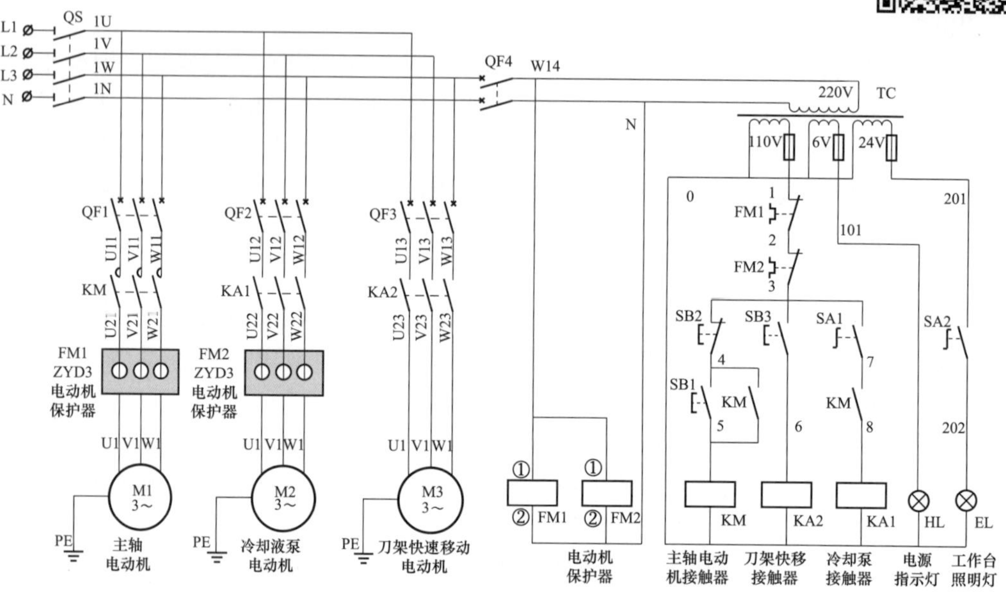

图 48-1　CA6140 型车床控制电路原理图

1. PLC 程序设计要求

(1) 按下外部启动按钮 SB1 主轴电动机 M1 启动连续运行。

(2) 在主轴电动机 M1 启动后，旋转转换开关 SA1，冷却泵电动机 M2 运行。

(3) 按下外部停止按钮 SB2 主轴电动机和冷却泵电动机同时停止运行。

(4) 按下外部按钮 SB3 刀架快移电动机 M3 点动运行。

(5) 工作台照明灯不经 PLC 程序控制。

(6) 当电动机发生过载等故障时，电动机保护器 FM1 或 FM2 动作，3 台电动机同时停止运行。

(7) PLC 控制电路接线图中停止按钮 SB2、电动机保护器 FM1、FM2 辅助触点均使用动断触点；主轴启动按钮 SB1、刀架快移按钮 SB3、冷却泵运行旋钮开关 SA1 均使用动合触点。

(8) 电动机保护器 FM1 及 FM2 工作电源由外部控制电路电源直接供电。

(9) 根据上面的控制要求列出输入、输出分配表。

(10) 根据控制要求，用 PLC 基本指令设计梯形图程序。

(11) 根据控制要求绘制 PLC 控制电路接线图。

2. 输入/输出设备及 I/O 元件配置分配表

输入/输出设备及 I/O 元件配置分配见表 48-1。

表 48-1　　输入/输出设备及 I/O 元件配置分配表

输入设备		PLC 输入继电器	输出设备		PLC 输出继电器
代号	功能		代号	功能	
SB1	主轴启动按钮	X000	KM	主轴电动机接触器	Y000
SB2	主轴停止按钮	X001	KA1	冷却泵电动机中间继电器	Y001
SB3	刀架快速移动按钮	X002	KA2	刀架快速移动电动机中间继电器	Y002
SA1	冷却泵运行旋钮	X003			
FM1	主轴电动机保护器	X004			
FM2	冷却泵电动机保护器	X005			

二、程序及电路设计

1. PLC 梯形图

CA6140 型车床控制电路 PLC 梯形图如图 48-2 所示。

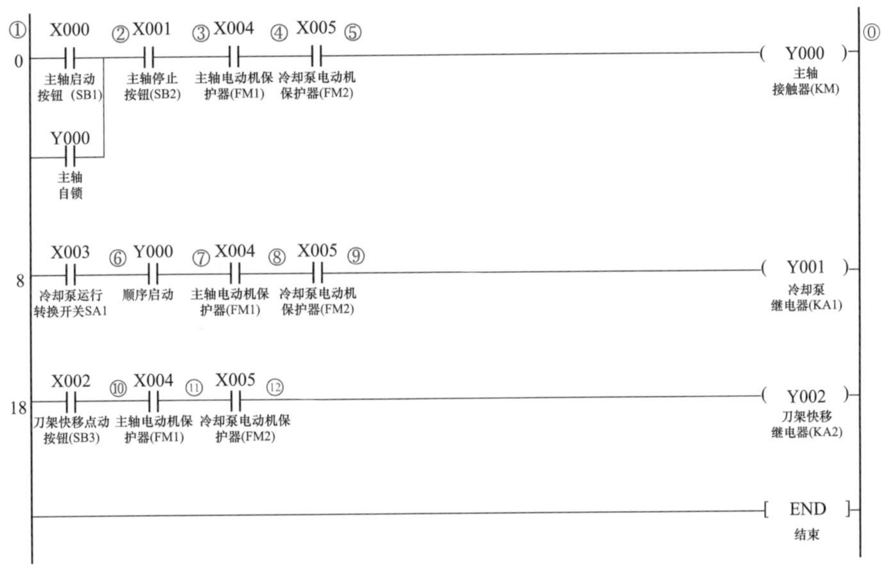

图 48-2　CA6140 型车床控制电路 PLC 梯形图

2. PLC 接线详图

用 PLC 控制的 CA6140 型车床控制电路接线图如图 48-3 所示。

三、梯形图动作详解

闭合总电源开关 QS，主电路电源开关 QF1、QF2、QF3，PLC 电源 QF4，PLC 输入继电器 X1、X4、X5 信号指示灯亮，梯形图中②→③、③→④、④→⑤、⑦→⑧、⑧→⑨、⑩→⑪、⑪→⑫动合触点闭合。闭合 PLC 输出继电器控制电源开关 QF5，变压器 TC 得电，6V 指示灯亮，将转换开关 SA2 闭合，工作照明灯亮。

1. 主轴电动机启动过程

按下主轴电动机启动按钮 SB1（X000），回路经①→②→③→④→⑤→⓪号线闭合，输出继电器 Y000 得电，接通外部接触器 KM 线圈，接触器 KM 主触头闭合，M1 主轴电动机连续运行。

同时①→②间的 Y000 动合触点闭合，继电器 Y000 实现自锁。⑥→⑦间的 Y000 动合触点闭合，为启动冷却泵创造条件。

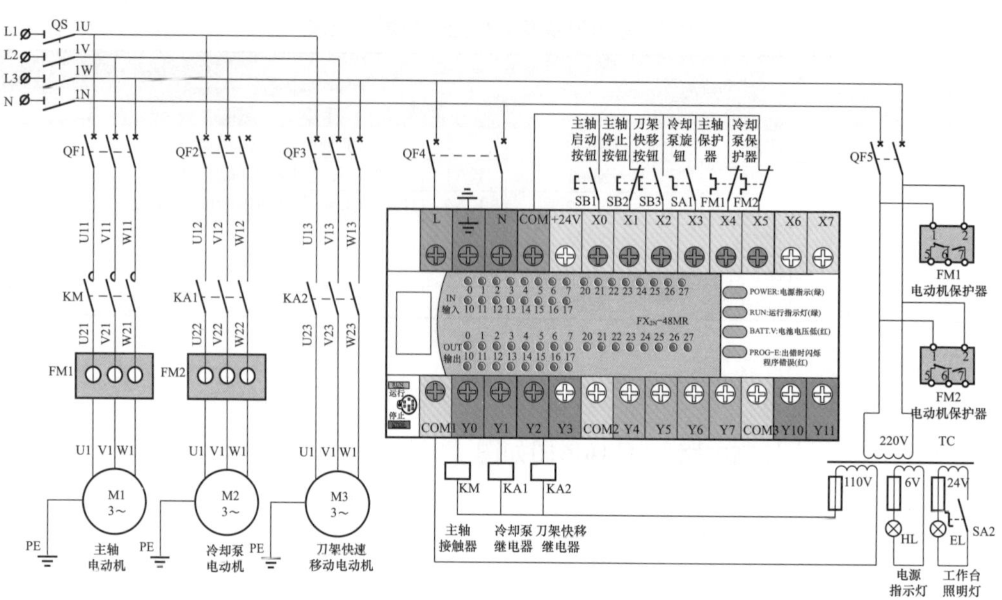

图 48-3　CA6140 型车床控制电路 PLC 接线图

2. 冷却泵电动机启动过程

将冷却泵电动机转换开关 SA1（X003）旋转至运行位置，回路经①→⑥→⑦→⑧→⑨→⓪号线闭合，输出继电器 Y001 得电，接通外部中间继电器 KA1 线圈，其触点闭合，冷却泵电动机 M2 启动。(冷却泵 150W/380V/0.42A)

3. 停止过程

按下停止按钮 SB2（X001），回路②→③断开，输入继电器 X1 信号指示灯熄灭，输出继电器 Y000 和 Y001 断开，外部接触器 KM 和 KA1 线圈失电，M1 和 M2 两台电动机同时停止运行。

4. 刀架快速移动过程

按住刀架快速移动按钮 SB3（X002），回路经①→⑩→⑪→⑫→⓪号线闭合，输出继电器 Y002 得电，接通外部接触器 KA2 线圈，刀架快移电动机 M3 运行，松开按钮电动机停止运行。

5. 保护原理

当主轴电动机或冷却泵电动机在运行中发生电动机断相、过载、堵转、三相不平衡等故障，电动机保护器动断触点 FM1、FM2 断开，输入继电器 X004 或 X005 断开，回路③→④、④→⑤、⑦→⑧、⑧→⑨、⑩→⑪、⑪→⑫断开，输入继电器 X4、X5 信号指示灯熄灭，输出继电器 Y000 和 Y001、Y002 回路断开，外部接触器 KM 和 KA1 和 KA2 线圈失电，三台电动机同时停止运行。

第 49 例　Z3050 型摇臂钻床控制电路

一、继电器—接触器控制原理图

Z3050 型摇臂钻床控制电路如图 49-1 所示。

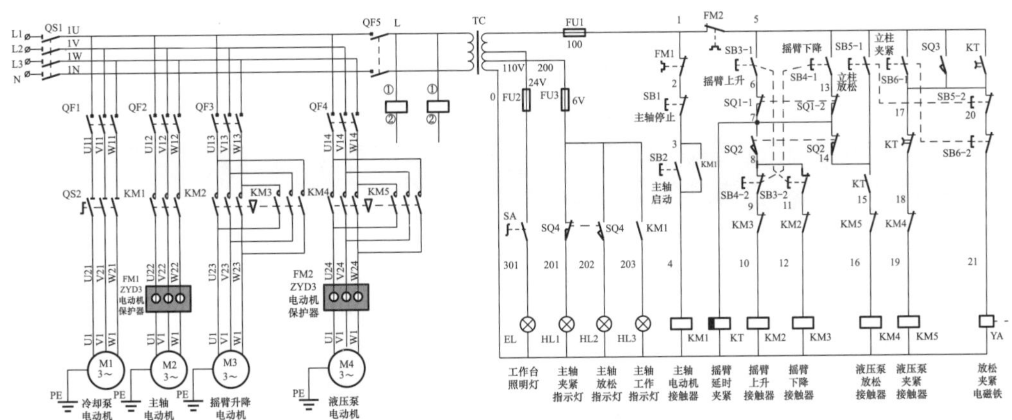

图 49-1　Z3050 型摇臂钻床控制电路原理图

1. PLC 程序设计要求

（1）按下外部启动按钮 SB2，接触器 KM1 通电闭合，主轴电动机 M2 启动连续运行。

（2）按下外部停止按钮 SB1 主轴电动机 M2 停止运行。

（3）按住摇臂升降按钮 SB3，接触器 KM4 通电闭合，液压泵电动机 M4 首先正转，放松摇臂后 SQ2、SQ3 行程开关动作，液压泵电动机 M4 断电，接触器 KM2 通电闭合，摇臂升降电动机 M3 正转，带动摇臂上升；当上升至工作要求高度时，松开 SB3，摇臂升降电动机 M3 停转后，接触器 KM5 通电闭合，液压泵电动机 M4 反转，夹紧摇臂，SQ2、SQ3 行程开关返回。

（4）按住摇臂升降按钮 SB4，接触器 KM4 通电闭合，液压泵电动机 M4 首先正转，放松摇臂后 SQ2、SQ3 行程开关动作，液压泵电动机 M4 断电，接触器 KM3 通电闭合，摇臂升降电动机 M3 反转，带动摇臂下降。当下降至工作要求高度时，松开 SB4，摇臂升降电动机 M3 停转后，接触器 KM5 通电闭合，液压泵电动机 M4 反转，夹紧摇臂 SQ2、SQ3 行程开关返回。

（5）按住立柱放松按钮 SB5，接触器 KM4 通电闭合，液压泵电动机 M4 正转，立柱和主轴箱放松。

（6）按住立柱夹紧按钮 SB6，接触器 KM5 通电闭合，液压泵电动机 M4 反转，立柱和主轴箱夹紧。

（7）工作台照明灯、信号指示灯不经 PLC 程序控制。

（8）当电动机发生过载等故障时，电动机保护器 FM1 或 FM2 动作电动机同时停止运行。

（9）PLC 控制电路接线图中主轴停止按钮 SB1，电动机保护器 FM1、FM2 辅助触点各工位限位开关均使用动断触点，其余输入点均使用动合触点。

（10）电动机保护器 FM1 及 FM2 工作电源由外部控制电路电源直接供电。

（11）根据上面的控制要求列出输入、输出分配表。

（12）根据控制要求，用 PLC 基本指令设计梯形图程序。

（13）根据控制要求绘制 PLC 控制电路接线图。

2. 输入/输出设备及I/O元件配置分配表

输入/输出设备及I/O元件配置分配见表49-1。

表49-1　输入/输出设备及I/O元件配置分配表

输入设备		PLC输入继电器	输出设备		PLC输出继电器
代号	功能		代号	功能	
SB1	主轴停止按钮	X001	KM1	主轴电动机接触器	Y001
SB2	主轴启动按钮	X002	KM2	摇臂上升接触器	Y002
SB3	摇臂上升按钮	X003	KM3	摇臂下降接触器	Y003
SB4	摇臂下降按钮	X004	KM4	液压泵放松接触器	Y004
SB5	立柱放松按钮	X005	KM5	液压泵夹紧接触器	Y005
SB6	立柱夹紧按钮	X006	YA	放松夹紧电磁铁	Y006
FM1	主轴电动机保护器	X007			
FM2	液压泵电动机保护器	X010			
SQ1-1	摇臂上升限位开关	X011			
SQ1-2	摇臂下降限位开关	X012			
SQ2	摇臂松紧位置开关	X013			
SQ3	摇臂夹紧限位开关	X014			

二、程序及电路设计

1. PLC梯形图

PLC梯形图如图49-2所示。

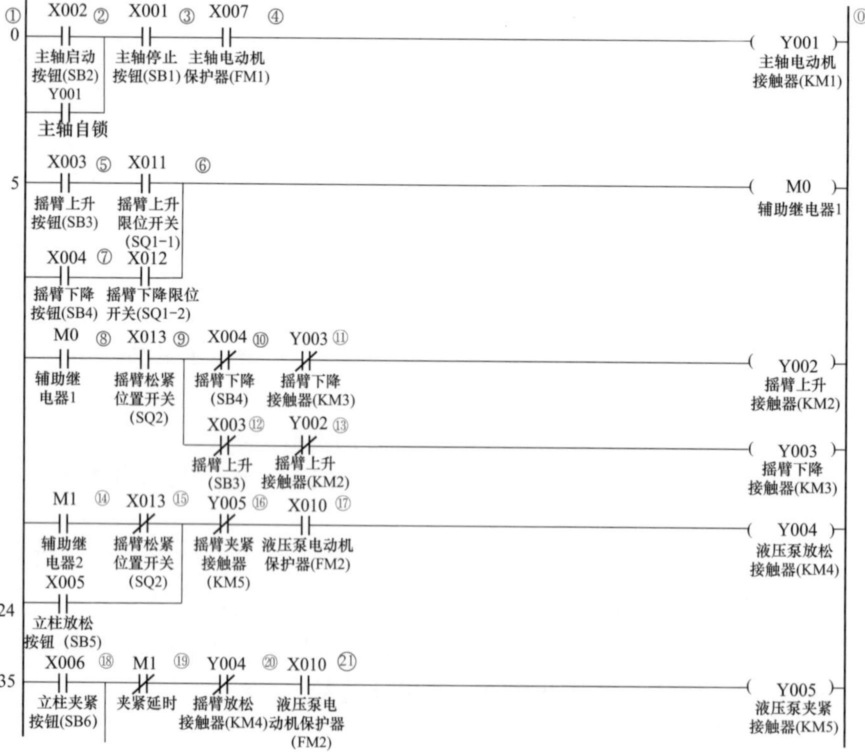

图49-2　Z3050型摇臂钻床控制电路PLC梯形图

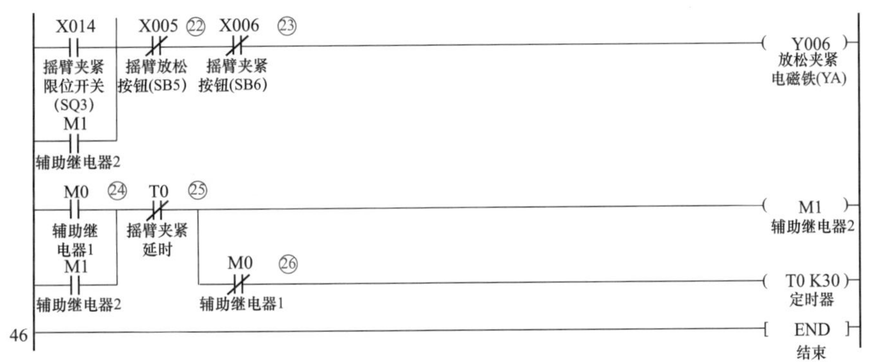

图 49-2　Z3050 型摇臂钻床控制电路 PLC 梯形图（续）

2. PLC 接线详图

PLC 接线图如图 49-3 所示。

三、梯形图动作详解

闭合总电源开关 QS、主电路电源开关 QF1、QF2、QF3、QF4，PLC 电源开关 QF5，PLC 输入继电器 X1、X7、X10、X11、X12、信号指示灯亮，梯形图中②→③、③→④、⑤→⑥、⑦→⑥、⑯→⑰、⑳→㉑动合触点接通。闭合 PLC 输出继电器控制电源及电动机保护器控制电源开关 QF6，6V 指示灯 HL 亮，将转换开关 SA 闭合工作灯 EL 亮。

1. 主轴电动机启动过程

按下主轴启动按钮 SB2（X002），回路经①→②→③→④→⓪号线闭合，输出继电器 Y001 得电，接通外部接触器 KM1 线圈，主轴电动机 M2 运行。同时①→②间的 Y001 动合触点闭合，输出继电器 Y001 实现自锁，M2 主轴电动机连续运行。

2. 主轴电动机停止过程

按下主轴停止按钮 SB1（X001），回路②→③断开，输出继电器 Y001 断开，外部接触器 KM1 线圈失电，主轴电动机 M2 停止运行。

3. 摇臂上升过程

（1）立柱放松。按住外部摇臂上升按钮 SB3（X003），回路经①→⑤→⑥→⓪号线闭合，辅助继电器 M0 “得电”，回路经①→㉔→㉕→⓪号线闭合，辅助继电器 M1 “得电”。回路经①→⑭→⑮→⑯→⑰→⓪号线闭合，输出继电器 Y004 接通 KM4，液压泵电动机 M4 正转，立柱放松后，行程开关 SQ2（X013）⑭→⑮断开，输出继电器 Y004 断开 KM4，液压泵电动机 M4 停止运行。

（2）摇臂上升。按住外部摇臂上升按钮 SB3（X003）的同时 M0 辅助继电器①→⑧闭合，摇臂放松行后程开关 SQ2（X013）接通、⑧→⑨号线闭合，回路经①→⑧→⑨→⑩→⑪→⓪号线闭合，输出继电器 Y002 接通 KM2，摇臂电动机 M3 正转，带动摇臂上升。当上升到工作要求时，松开外部摇臂上升按钮 SB3（X003），辅助继电器 M0 “失电”，回路①→⑧号线断开，输出继电器 Y002 断开 KM2，摇臂电动机 M3 停止运行。

（3）立柱夹紧。摇臂升至工作位置时，松开外部摇臂上升按钮 SB3（X003），由于按住外部摇臂上升按钮 SB3（X003）的同时辅助继电器 M0 “得电”，①→㉔的 M1 动合触点闭合辅助继电器 M1 实现自锁，㉕→㉖间 M0 断开，定时器 T0 断电后延时，回路中

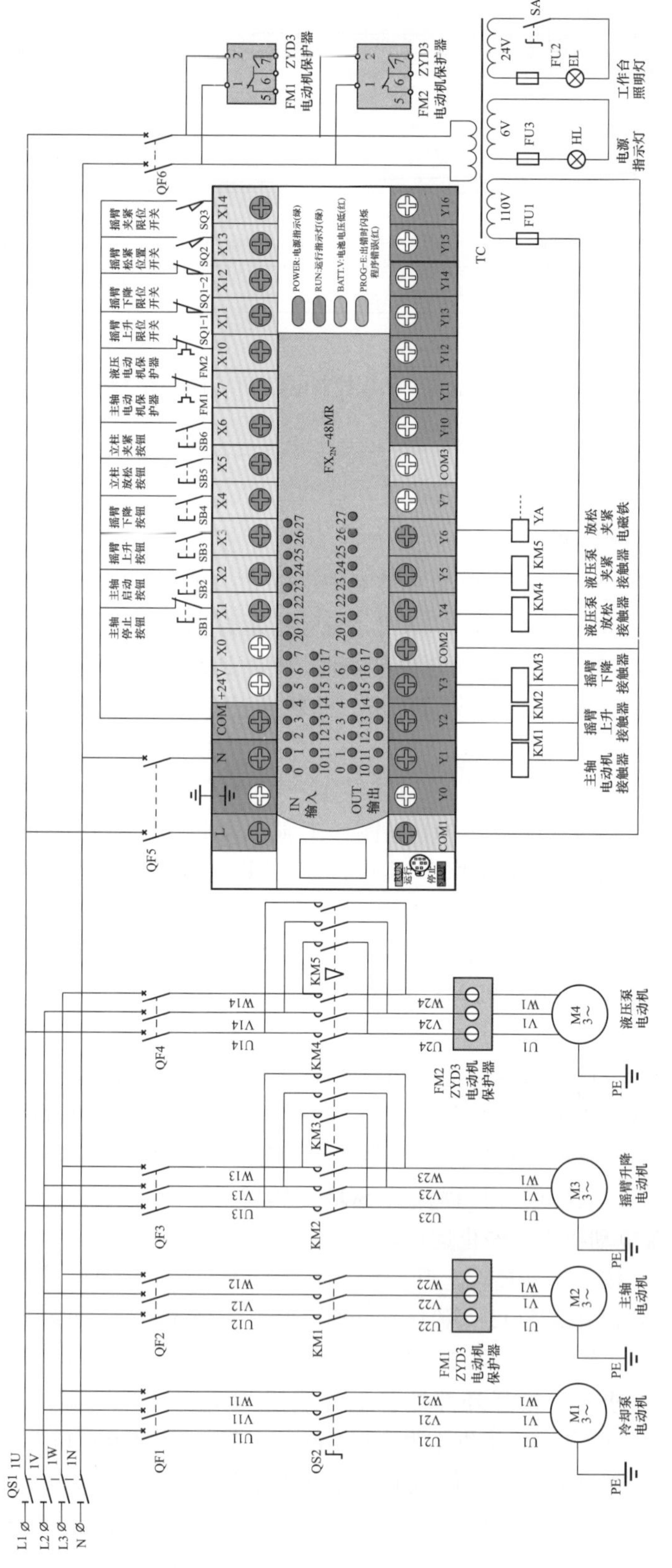

图49-3　Z3050型摇臂钻床控制电路PLC接线图

①→⑱间 M1 闭合，回路经①→⑱→⑲→⑳→㉑→⓪号线闭合，输出继电器 Y005 接通 KM5，液压泵电动机 M4 反转，Y006 放松夹紧电磁铁 YA 得电，摇臂夹紧。经延时立柱夹紧后，回路中㉔→㉕间 T0 断开，辅助继电器 M1 和定时器 T0 失电，回路中①→⑱间 M1 断开，输出继电器 Y005 断开 KM5，液压泵电动机 M4 停止运行，同时 Y006 放松夹紧电磁铁 YA 失电。

4. 摇臂下降过程

（1）立柱放松。按住外部摇臂下降按钮 SB4（X004），回路经①→⑦→⑥→⓪号线闭合，辅助继电器 M0 “得电”，回路经①→㉔→㉕→⓪号线闭合，辅助继电器 M1 “得电”。回路经①→⑭→⑮→⑯→⑰→⓪号线闭合，输出继电器 Y004 接通 KM4，液压泵电动机 M4 正转，立柱放松后，行程开关 SQ2（X013）⑭→⑮断开，输出继电器 Y004 断开 KM4，液压泵电动机 M4 停止运行。

（2）摇臂下降。按住外部摇臂下降按钮 SB4（X004）的同时 M0 辅助继电器①→⑧闭合，摇臂放松行后程开关 SQ2（X013）接通、⑧→⑨号线闭合，回路经①→⑧→⑨→⑫→⑬→⓪号线闭合，输出继电器 Y003 接通 KM3，摇臂电动机 M3 反转，带动摇臂下降。当下降到工作要求时，松开外部摇臂下降按钮 SB4（X004），辅助继电器 M0 “失电”，回路①→⑧号线断开，输出继电器 Y003 断开 KM3，摇臂电动机 M3 停止运行。

（3）立柱夹紧。摇臂降至工作位置时，松开外部摇臂下降按钮 SB4（X004），由于按住外部摇臂下降按钮 SB4（X004）的同时辅助继电器 M0 “得电”，①→㉔的 M1 动合触点闭合辅助继电器 M1 实现自锁，㉕→㉖间 M0 断开，定时器 T0 断电后延时，回路中①→⑱间 M1 闭合，回路经①→⑱→⑲→⑳→㉑→⓪号线闭合，输出继电器 Y005 接通 KM5，液压泵电动机 M4 反转，回路经①→⑱→㉒→㉓→⓪号线闭合，Y006 放松夹紧电磁铁 YA 得电，摇臂夹紧。经延时立柱夹紧后，回路中㉔→㉕间 T0 断开，辅助继电器 M1 和定时器 T0 失电，回路中①→⑱间 M1 断开，输出继电器 Y005 断开 KM5，液压泵电动机 M4 停止运行，同时 Y006 放松夹紧电磁铁 YA 失电。

5. 立柱放松、夹紧过程

按住外部立柱放松按钮 SB5（X005），回路经①→⑮→⑯→⑰→⓪号线闭合，输出继电器 Y004 接通 KM4，液压泵电动机 M4 正转，立柱放松，可转动摇臂旋转至工作位置；

按住外部立柱夹紧按钮 SB6（X006），回路经①→⑱→⑲→⑳→㉑→⓪号线闭合，输出继电器 Y005 接通 KM5，液压泵电动机 M4 反转，立柱夹紧。

6. 保护原理

当主轴电动机或液压泵立柱电动机在运行中发生电动机断相、过载、堵转、三相不平衡等故障，电动机保护器动断触点 FM1（X007）或 FM2（X010）（M 过载保护）断开，回路③→④、⑰→⑱断开，输入继电器 X007、X010 信号指示灯熄灭，输出继电器 Y001 和 Y004、Y005 回路断开，外部接触器 KM1 和 KM4 和 KM5 线圈失电，电动机停止运行。

第 50 例　Z37 型摇臂钻床控制电路

一、继电器—接触器控制原理图

Z37 型摇臂钻床控制电路如图 50-1 所示。

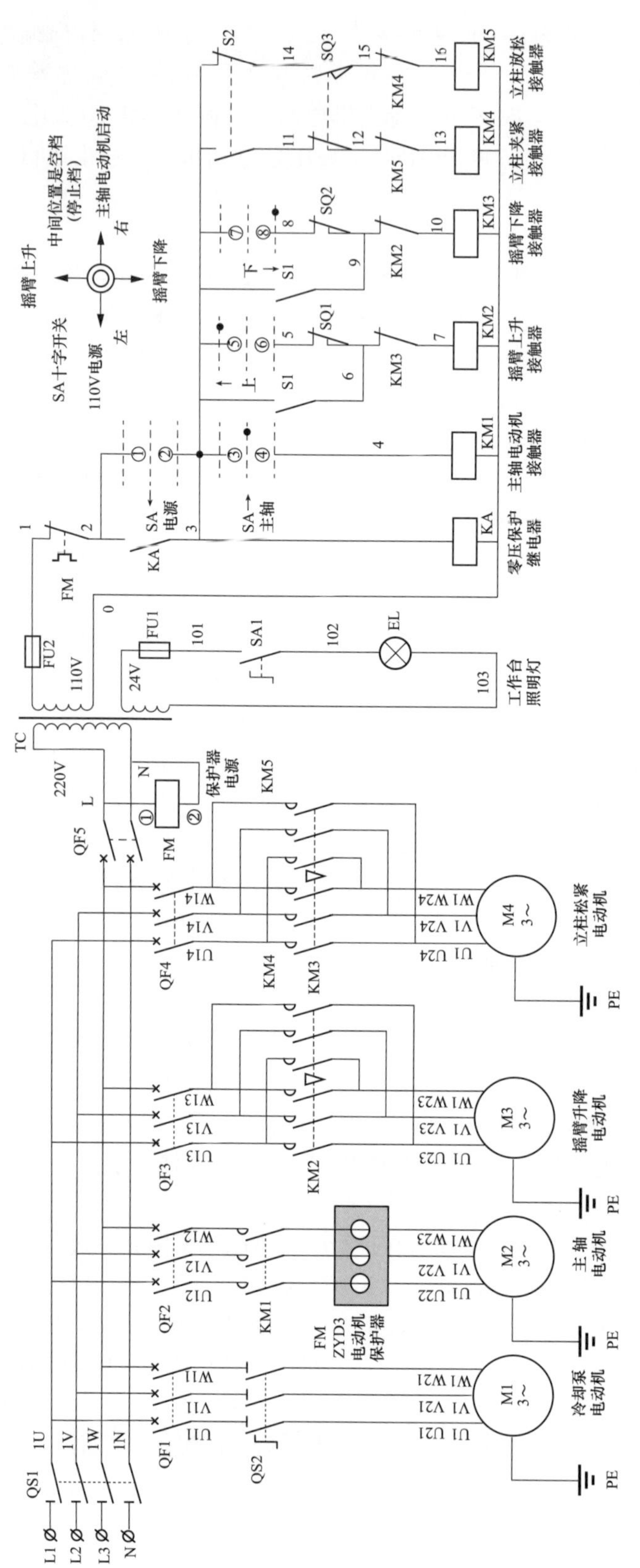

图50-1 Z37型摇臂钻床控制电路原理图

1. PLC 程序设计要求

（1）主轴控制。

1）将十字开关 SA 扳至“左”挡位置，接通 110V 控制回路电源。

2）将十字开关 SA 扳扳至“右”挡位置，主轴电动机 M2 连续运转，操作摩擦离合器实现主轴正、反转控制。

3）将十字开关 SA 扳至“中间”位置是空挡。

（2）当钻床失电或因控制回路故障导致零压继电器断电时能够断开控制回路电源。

（3）摇臂升降是由机械和电气联合控制，能自动完成摇臂松开、摇臂上升（或下降）、摇臂夹紧的过程。

（4）摇臂上升控制。十字开关 SA 扳至“上”挡位置，摇臂夹紧丝杠松开后摇臂上升，当摇臂上升到工作高度时，将十字开关扳到中间位置，摇臂停止上升后摇臂夹紧。

（5）摇臂下降控制：十字开关 SA 扳至“下”挡位置，摇臂夹紧丝杠松开后摇臂下降，当摇臂下降到工作高度时，将十字开关扳到中间位置，摇臂停止下降后摇臂夹紧。

（6）冷却泵电动机 M1 不经 PLC 程序控制，由开关 QS2 直接操作。

（7）工作台照明灯不经 PLC 程序控制。

（8）当电动机发生过载等故障时，电动机保护器 FM 动作，电动机停止运行。

（9）PLC 控制接线图中电动机保护器 FM 使用动断辅助触点；十字开关 SA 接点、升降限位开关、立柱松紧限位、立柱夹紧开关均使用动合触点。

（10）电动机保护器 FM 工作电源由外部控制电路电源直接供电。

（11）根据上面的控制要求列出输入、输出分配表。

（12）根据控制要求，用 PLC 基本指令设计梯形图程序。

（13）根据控制要求绘制用 PLC 控制电路接线图。

2. 输入/输出设备及 I/O 元件配置分配表

输入/输出设备及 I/O 元件配置分配见表 50-1。

表 50-1　　输入/输出设备及 I/O 元件配置分配表

输入设备			PLC 输入继电器	输出设备		PLC 输出继电器
代号		功能		代号	功能	
十字开关	SA 左	接通电源	X000	KA	零压保护继电器	Y000
	SA 右	主轴工作	X001	KM1	主轴接触器	Y001
	SA 上	摇臂上升	X002	KM2	摇臂上升接触器	Y002
	SA 下	摇臂下降	X003	KM3	摇臂下降接触器	Y003
FM		主轴电动机保护器	X004	KM4	立柱夹紧接触器	Y004
SQ1		摇臂升限位	X005	KM5	立柱松开接触器	Y005
SQ2		摇臂降限位	X006			
S1-1		摇臂松开限位	X007			
S1-2		摇臂夹紧限位	X010			
SQ3		立柱松紧限位	X011			
S2		立柱松紧开关	X012			

二、程序及电路设计

1. PLC 梯形图

PLC 梯形图如图 50-2 所示。

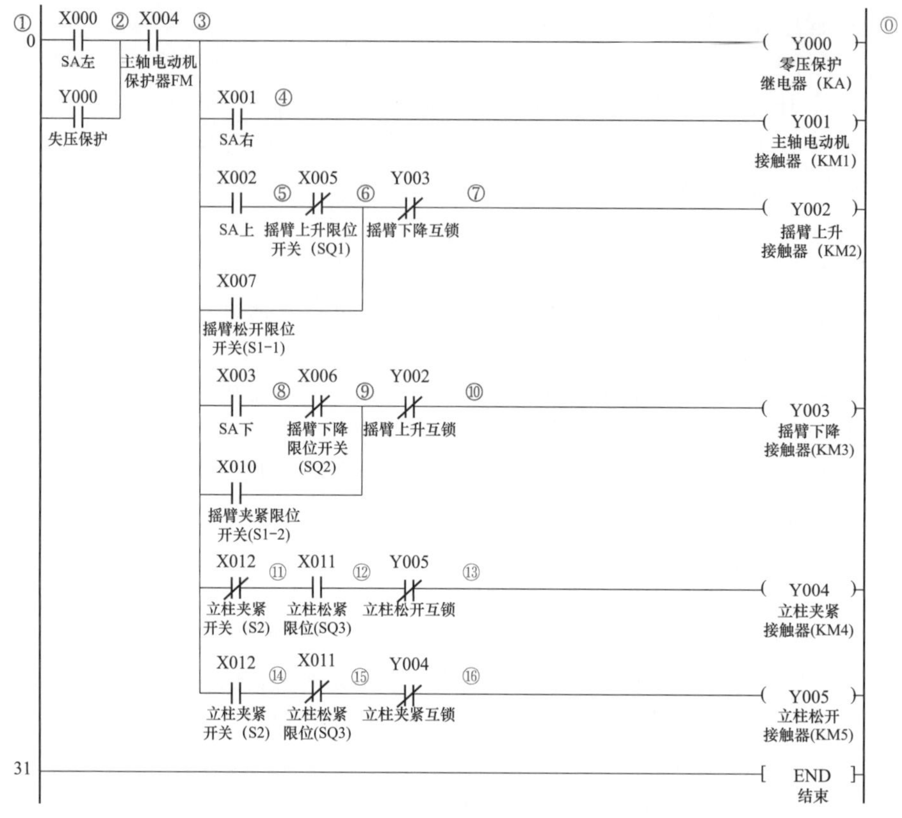

图 50-2　Z37 型摇臂钻床控制电路 PLC 梯形图

2. PLC 接线详图

PLC 接线图如图 50-3 所示。

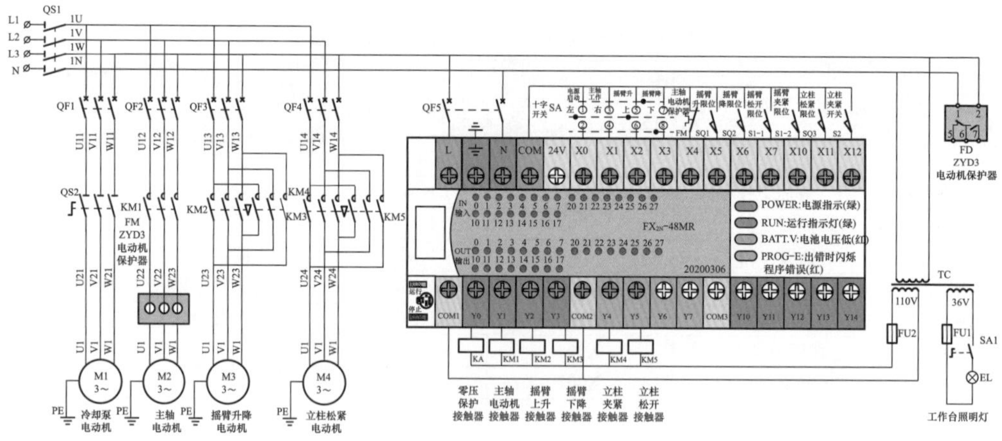

图 50-3　Z37 型摇臂钻床控制电路 PLC 接线图

三、梯形图动作详解

闭合总电源开关 QS1、主电路电源开关 QF1、QF2、QF3、QF4，闭合 PLC 电源及电动机保护器控制电源开关 QF5，PLC 输入继电器 X4 信号指示灯亮，梯形图中②→③

动合触点接通。

十字开关位置功能："左"＝电源，"右"＝主轴电动机，"上"＝摇臂上升，"下"＝摇臂下降，"中间"＝停止。

1. 电源及主轴电动机控制

（1）接通110V控制电源。十字开关SA扳至"左"挡位置，SA左（X000）接通，回路经①→②→③→⓪号线闭合，输出继电器Y000"得电"，接通零压保护继电器KA线圈，操作回路电源接通，同时①→②间的Y000动合触点闭合，继电器Y000实现自锁，零压保护继电器KA线圈保持运行。如果需要停电时，需断开控制电源开关QF5。

（2）主轴运行。十字开关SA扳至"右"挡位置，SA右（X001）接通，回路经①→②→③→④→⓪线闭合，输出继电器Y001"得电"，接触器KM1通电闭合，主轴电动机M2连续运转。用可操作摩擦离合器实现主轴正反转控制，当十字开关返回"中间"位置时（X001）断开主轴电动机电源，主轴电动机停转。

2. 摇臂上升控制

将十字开关SA扳至"上"挡位置，SA上（X002）接通，回路经①→②→③→⑤→⑥→⑦→⓪号线闭合，输出继电器Y002"得电"，接触器KM2通电闭合，电动机M3正转。摇臂夹紧丝杠松开后摇臂上升，当摇臂上升到工作需要高度时，将十字开关SA扳到"中间"位置，（X002）断开，回路中③→⑤断开、KM2断电，电动机M3断电停转，摇臂停止上升；摇臂停止上升后因联锁触头S1-2（X010）已接通，回路经①→②→③→⑨→⑩→⓪号线闭合，输出继电器Y003"得电"，接触器KM3得电吸合，电动机M3启动反转，摇臂夹紧装置夹紧后，联锁触头S1-2（X010）断开，电动机M3停转。

3. 摇臂下降控制

将十字开关SA扳至"下"挡位置，SA下（X003）接通，回路经①→②→③→⑧→⑨→⑩→⓪号线闭合，输出继电器Y003"得电"，接触器KM3通电闭合，电动机M3反转，摇臂夹紧丝杠松开后摇臂下降，当摇臂下降到工作需要高度时，将十字开关SA扳到"中间"位置，（X003）断开，回路中③→⑧断开、KM3断开，电动机M3断电停转，摇臂停止上升；摇臂停止下降后因联锁触头S1-1（X007）已接通，回路经①→②→③→⑥→⑦→⓪号线闭合，输出继电器Y002"得电"，接触器KM2得电吸合，电动机M3启动正转，摇臂夹紧装置夹紧后，联锁触头S1-1（X007）断开，电动机M3停转。

4. 立柱松开、夹紧控制

扳动立柱松紧手柄使S2（X012）动作，回路经①→②→③→⑭→⑮→⑯→⓪号线闭合，输出继电器Y005"得电"，KM5线圈得电，电动机M4正传，使立柱夹紧装置放松；立柱完全放松后限位开关SQ3（X011）动作，回路⑭→⑮断开，电动机M4停转；转动摇臂至所需位置，扳动立柱松紧手柄使S2复位，回路经①→②→③→⑪→⑫→⑬→⓪号线闭合，输出继电器Y004"得电"，KM4线圈得电，电动机M4反传，使立柱夹紧装置夹紧立柱，立柱夹紧后限位开关SQ3（X011）动作，回路⑪→⑫断开，电动机M4停转。

5. 保护原理

主轴电动机M2在运行中发生电动机断相、过载、堵转、三相不平衡等故障，电动机保护器动断触点FM（X004）（电动机M过载保护）断开，输入继电器X004信号指示灯熄灭，输出继电器 Y000～Y005 回路断开，外部接触器 KM1～KM5 线圈失电，运行的电动机同时停止运行。

第 51 例　M7130 型平面磨床控制电路

一、继电器—接触器控制原理图

M7130 型平面磨床控制电路如图 51-1 所示。

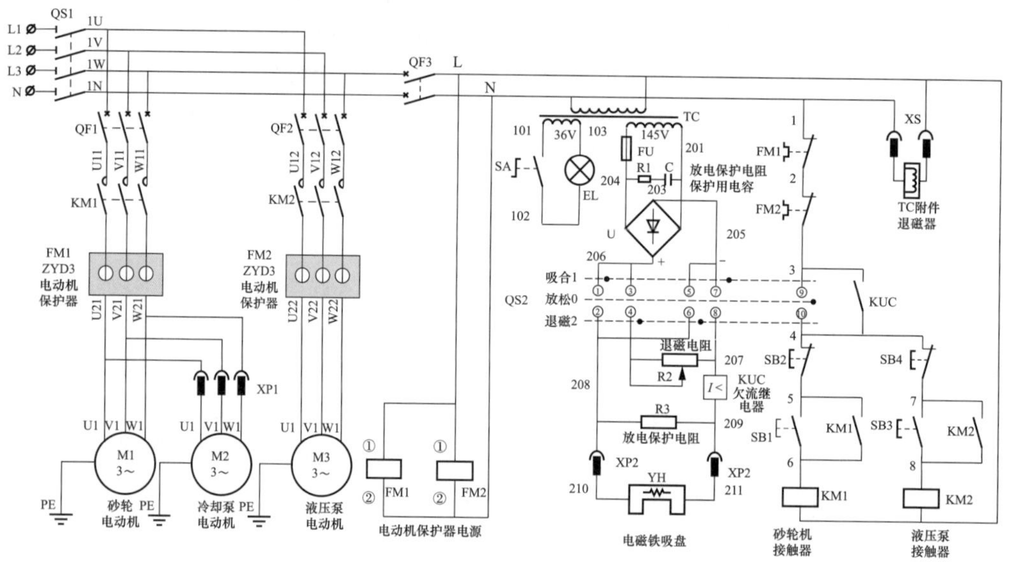

图 51-1　M7130 型平面磨床控制电路原理图

M7130 型平面磨床有三台电动机拖动，砂轮电动机 M1、冷却泵电动机 M2、液压泵电动机 M3。

砂轮电动机和液压泵电动机由充磁、退磁回路闭锁，充磁、退磁时由电磁吸盘欠电流继电器接通控制回路，放松时由 QS2 转换开关接通控制回路。

1. PLC 程序设计要求

（1）按下外部启动按钮 SB1，砂轮电动机 M1 启动。

（2）冷却泵电动机 M2 由插头 XP1 连接至砂轮电动机主电路中，由 KM1 控制。

（3）按下外部启动按钮 SB3，液压泵电动机 M3 启动。

（4）按下外部停止按钮 SB2，砂轮电动机 M1 停止。

（5）按下外部停止按钮 SB4，液压泵电动机 M3 停止。

（6）电磁吸盘由变压器 TC 降压至 145V 经阻容吸收电路后进行桥式整流，由吸盘控制开关 QS2 手动控制充磁或退磁，吸盘欠电流停机保护功能由欠电流继电器 KUC 实现，电磁吸盘控制电路部分保留原电路不做改动。

（7）工作台照明灯不经 PLC 程序控制。

（8）当电动机发生过载等故障时，电动机保护器 FM1 或 FM2 动作两台电动机同时停止运行。

(9) PLC 控制接线图中电动机停止按钮 SB2、SB4、电动机保护器 FM1、FM2 辅助触点、QS2 充磁开关（0 位置）均使用动断触点，启动按钮 SB1、SB3、欠流继电器 KUC 辅助触点均使用动合触点。

(10) 电动机保护器 FM1 及 FM2 工作电源由外部控制电路电源直接供电。

(11) 根据上面的控制要求列出输入、输出分配表。

(12) 根据控制要求，用 PLC 基本指令设计梯形图程序。

(13) 根据控制要求绘制 PLC 控制电路接线图。

2. 输入/输出设备及 I/O 元件配置分配表

输入/输出设备及 I/O 元件配置分配见表 51-1。

表 51-1　　输入/输出设备及 I/O 元件配置分配表

输入设备		PLC 输入继电器	输出设备		PLC 输出继电器
代号	功能		代号	功能	
SB1	砂轮启动按钮	X000	KM1	砂轮电动机接触器	Y000
SB2	砂轮停止按钮	X001	KM2	液压泵电动机接触器	Y001
SB3	液压泵启动按钮	X002			
SB4	液压泵停止按钮	X003			
FM1	砂轮电动机保护器	X004			
FM2	液压泵电动机保护器	X005			
KUC	欠电流继电器	X006			
QS2	吸合-放松-退磁开关	X007			

二、程序及电路设计

1. PLC 梯形图

PLC 梯形图如图 51-2 所示。

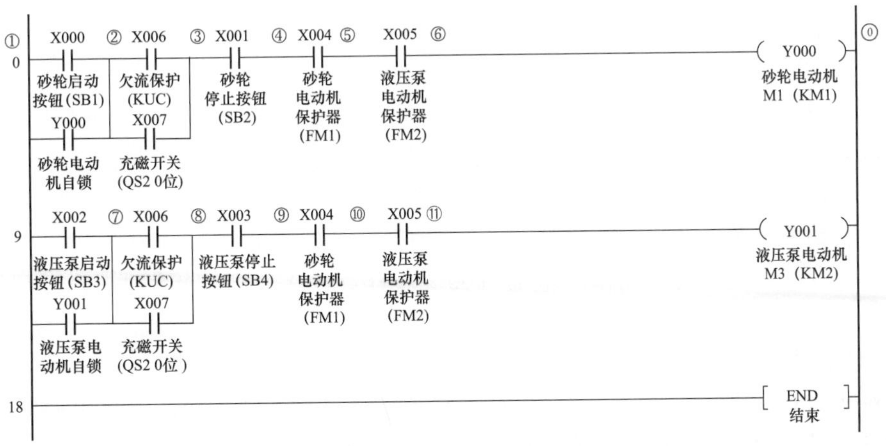

图 51-2　M7130 型平面磨床控制电路 PLC 梯形图

2. PLC 接线详图

PLC 接线图如图 51-3 所示。

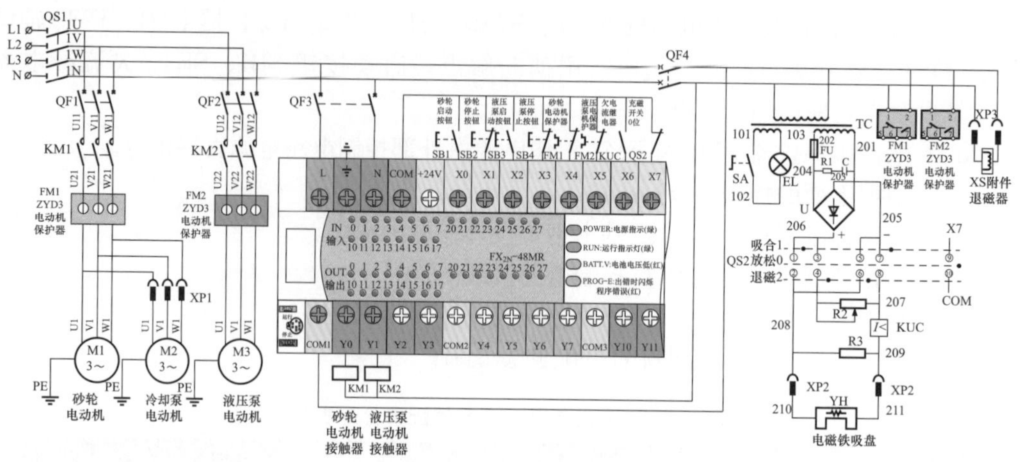

图 51-3　M7130 型平面磨床控制电路 PLC 接线图

三、梯形图动作详解

闭合总电源开关 QS1，主电路电源开关 QF1、QF2，PLC 电源开关 QF3，闭合 PLC 输出继电器及控制电源开关 QF4。PLC 输入继电器 X1、X3、X4、X5、X7 信号指示灯亮，梯形图中③→④、④→⑤、⑤→⑥、⑧→⑨、⑨→⑩、⑩→⑪动合触点接通。

1. 启动过程

（1）启动电磁吸盘。电磁吸盘电路没有使用 PLC 控制，吸盘控制开关 QS2 分别有“1 充磁（吸合）”“0 放松”“2 退磁”三个位置，1、2 位置分别是“充磁（吸合）”与“退磁”，当需要调整砂轮高低、角度，更换砂轮时，需将吸盘控制开关 QS2 调至“0 位”，放松磁盘。

首先将吸盘控制开关 QS2 旋至“吸合”挡位 1，当电磁吸盘电流达到正常吸持工件电流时，欠流继电器辅助动合触点闭合，接通②→③、⑦→⑧回路，为砂轮及液压泵电动机做启动准备。

（2）启动砂轮机、冷却泵。按下砂轮启动按钮 SB1（X000），回路经①→②→③→④→⑤→⑥→⓪号线闭合，输出继电器 Y000“得电”，接通外部接触器 KM1 线圈，砂轮电动机 M1、冷却泵电动机 M2 运行。同时①→②间的 Y000 动合触点接通，继电器 Y000 实现自锁，M1 砂轮机、冷却泵 M2 连续运行。

（3）启动液压泵电动机。按下液压泵启动按钮 SB3（X002），回路经①→⑦→⑧→⑨→⑩→⑪→⓪号线闭合，输出继电器 Y001“得电”，接通外部接触器 KM2 线圈，液压泵电动机 M3 运行。同时①→⑦间的 Y001 动合触点闭合，继电器 Y001 实现自锁，M3 液压泵电动机连续运行。

充磁开关 QS2 扳至“放松”0 挡位时，接通②→③、⑦→⑧，但是电磁吸盘不工作，此时可以启动砂轮电动机，进行更换、修整砂轮或调整工作角度等工作。

2. 停止过程

（1）电动机停止。首先按下砂轮停止按钮 SB2（X001），回路③→④断开，输出继电器 Y000 断开，外部接触器 KM1 线圈失电，M1 电动机停止运行；按下液压泵停止按钮 SB4（X003），回路⑧→⑨断开，输出继电器 Y001 断开，外部接触器 KM2 线圈失电，

M3 电动机停止运行。

（2）电磁吸盘退磁。当砂轮及液压泵电动机都停止运行后，将吸盘控制开关 QS2 旋至“退磁”挡位 2，电磁吸盘不再吸持工件时，将吸盘控制开关 QS2 旋至退“放松”位置 0 位，方可将工件从工作台上取下。

3. 保护原理

当砂轮电动机或液压泵电动机在运行中发生断相、过载、堵转、三相不平衡等故障，电动机保护器动断触点 FM1（X004）、FM2（X005）（电动机 M 过载保护）断开，输入继电器 X004 或 X005 信号指示灯熄灭，输出继电器 Y000 和 Y001 回路断开，外部接触器 KM1 和 KM2 线圈失电，两台电动机同时停止运行。

当工作过程中由于电磁吸盘因故意外断电（例如，误操作未停机断开充磁开关）或工作台内部电磁吸盘线圈故障导致电磁吸持力减弱时，欠流继电器外部接点断开，PLC 输入继电器 X6 信号指示灯灭，梯形图中②→③、⑦→⑧回路断开，砂轮及液压泵电动机同时停止运行，以免工件失去吸持力造成事故。

第 52 例　GB 4028 涡轮卧式带锯床控制电路

一、继电器—接触器控制原理图

GB 4028 涡轮卧式带锯床控制电路如图 52-1 所示。

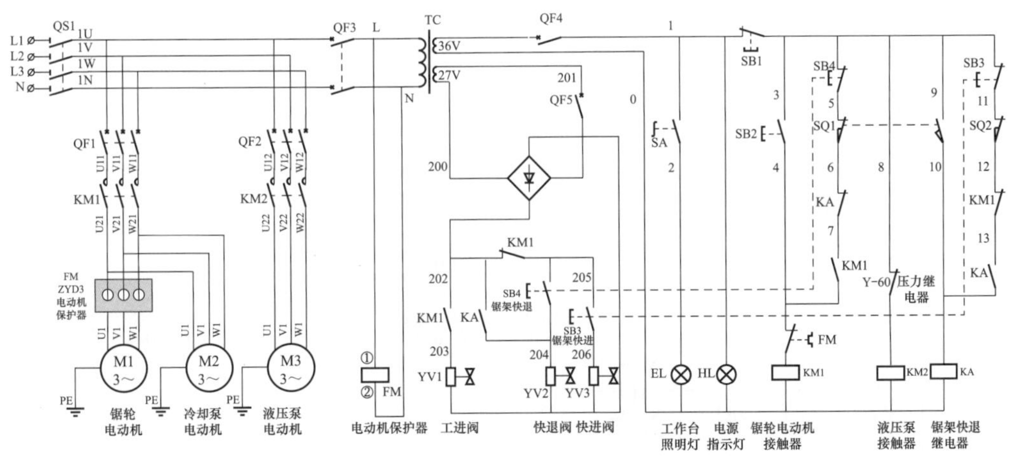

图 52-1　GB 4028 涡轮卧式带锯床控制电路原理图

1. PLC 程序设计要求

（1）按下外部启动按钮 SB2 锯轮电动机 M1 和冷却泵电动机 M2 启动。

（2）按下外部停止按钮 SB1 锯轮电动机 M1 和冷却泵电动机 M2 停止。

（3）按住外部按钮 SB3 锯架快速行进，锯轮电动机运行时不允许锯架快速行进。

（4）按住外部按钮 SB4 锯架快速后退，锯架快速后退时锯轮电动机自动停止运行。

（5）液压机构由液压泵电动机 M3 提供动力，由压力继电器控制启停。

（6）当电动机发生过载等故障时，电动机保护器 FM 动作，电动机同时停止运行。

（7）PLC控制电路接线图中停止按钮SB1、电动机保护器FM辅助触点、锯架限位开关均使用动断触点。

（8）启动按钮SB2、锯架进退按钮SB3、SB4均使用动合触点。

（9）工作台照明灯及电源指示灯不经PLC程序控制。

（10）电动机保护器FM工作电源由外部控制电路电源直接供电。

（11）根据上面的控制要求列出输入、输出分配表。

（12）根据控制要求，用PLC基本指令设计梯形图程序。

（13）根据控制要求绘制用PLC控制电路接线图。

2. 输入/输出设备及I/O元件配置分配表

输入/输出设备及I/O元件配置分配见表52-1。

表52-1　输入/输出设备及I/O元件配置分配表

输入设备		PLC输入继电器	输出设备		PLC输出继电器
代号	功能		代号	功能	
SB1	停机按钮	X000	KM1	锯轮电动机接触器	Y000
SB2	锯轮启动按钮	X001	KM2	液压泵电动机接触器	Y001
SB3	锯架快进按钮	X002	YV1	工作行进电磁阀	Y004
SB4	锯架快退按钮	X003	YV2	锯架快退电磁阀	Y005
FM	锯轮电动机保护器	X004	YV3	锯架快进电磁阀	Y006
SQ1	锯架工作限位	X005			
SQ2	锯架快退限位	X006			
Y-60	液压压力继电器	X007			

二、程序及电路设计

1. PLC梯形图

PLC梯形图如图52-2所示。

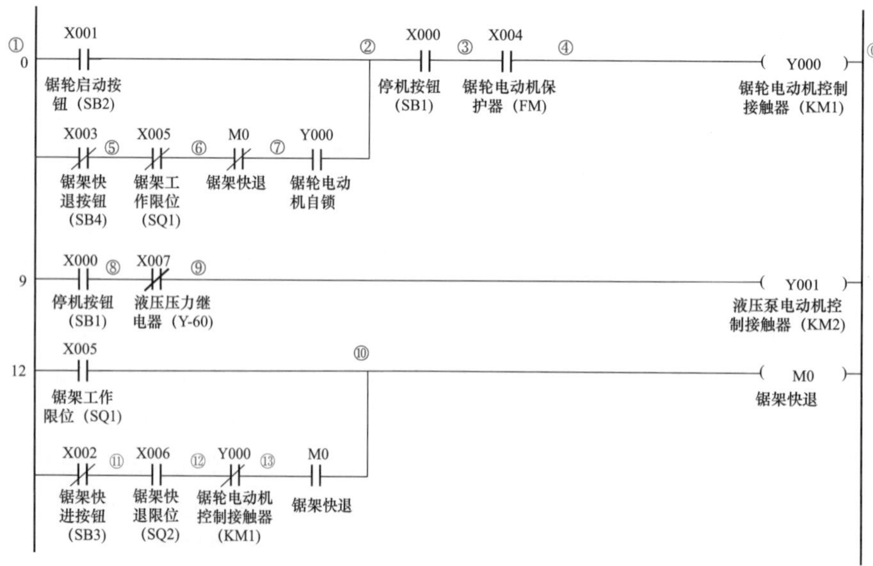

图52-2　GB 4028涡轮卧式带锯床控制电路PLC梯形图

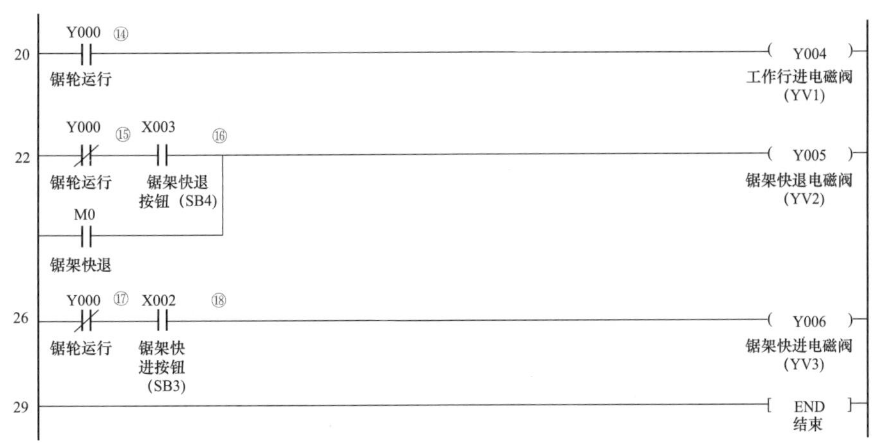

图 52-2 GB 4028 涡轮卧式带锯床控制电路 PLC 梯形图（续）

2. PLC 接线详图

PLC 接线图如图 52-3 所示。

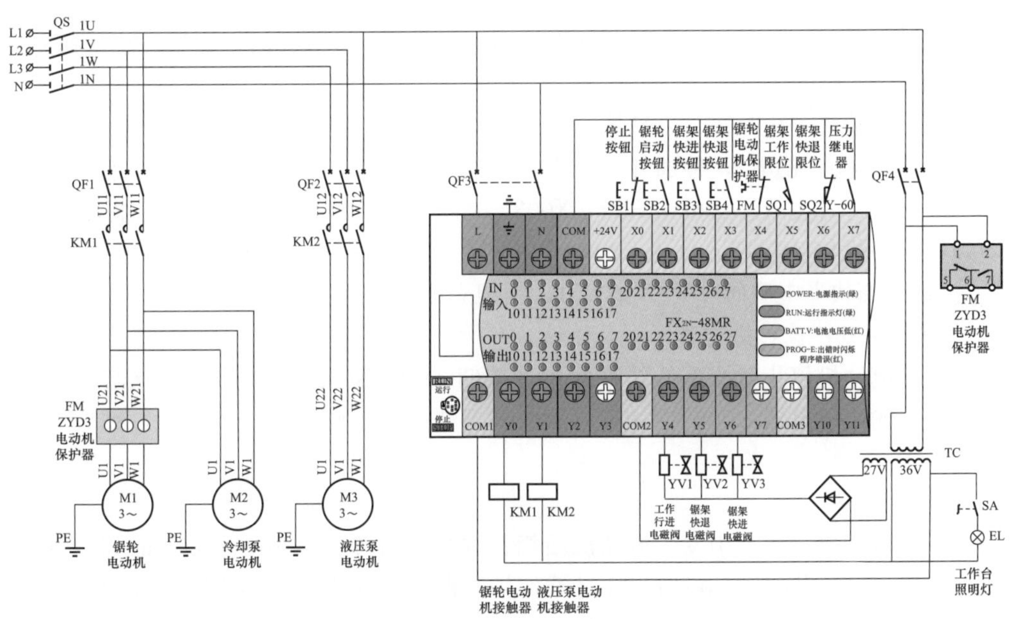

图 52-3 GB 4028 涡轮卧式带锯床控制电路 PLC 接线图

三、梯形图动作详解

闭合总电源开关 QS，主电路电源开关 QF1、QF2，PLC 电源开关 QF3，闭合 PLC 输出继电器及电动机保护器控制电源开关 QF4，PLC 输入继电器 X0、X4 信号指示灯亮，梯形图中②→③、③→④、①→⑧、⑩→⑪动合触点接通；同时回路经①→⑧→⑨→⓪号线闭合，输出继电器 Y001“得电”，接通外部接触器 KM2 线圈，液压泵电动机 M3 运行，液压压力达到设定值时 Y-60（X007）闭点断开，液压泵停止运转。

1. 启动过程

按下启动按钮 SB2（X001），回路经①→②→③→④→⓪号线闭合，输出继电器

Y000“得电”，接通外部接触器KM1线圈，锯轮电动机M1运行。

同时⑦→②间的Y000动合触点接通，回路经带锯快退按钮闭点SB4（X003）、锯架限位闭点SQ1（X005）及辅助继电器M0闭点至Y000，实现自锁，M1连续运行；

同时回路经①→⑭→⓪号线闭合，输出继电器Y004“得电”，接通外部电磁阀线圈YV1（Y004），液压推动工作台行进。

2. 停止过程

按下停止按钮SB1（X000），回路②→③断开，输出继电器Y000断开，外部接触器KM1、Y004线圈失电，锯轮电动机、工作行进YV1电磁阀停止运行。

3. 锯架自动快速后退过程

当锯架移动到工作台尽头时，锯架工作限位SQ1（X005）接通，回路⑤→⑥号线断开，输出继电器Y000回路断开，外部接触器KM1线圈失电，锯轮电动机停止运行。

同时回路①→⑩→⓪号线闭合，接通内部中间继电器M0线圈；回路经①→⑯→⓪号线闭合，输出继电器Y005“得电”，接通外部快退电磁阀YV2（Y005），锯架立即快速后退，锯架工作限位SQ1断开，后退回路由⑩→⑬间M0保持；当锯架后退至极限位时，锯架后退限位开关SQ2断开，回路⑪→⑫断开解除继电器M0保持，回路①→⑯断开，输出继电器Y005“断电”，断开外部快退电磁阀YV2（Y005），锯架停止快速后退；

4. 锯架手动快速后退过程

在锯轮电动机停止时按下外部按钮SB4（X003），回路经①→⑮→⑯→⓪号线闭合，输出继电器Y005“得电”，接通外部快退电磁阀YV2（Y005），锯架立即快速后退；在锯轮电动机运行时按下外部按钮SB4（X003），①→⑤号线断开，输出继电器Q0.0“失电”锯轮电动机停止运行，回路经①→⑮→⑯→⓪号线闭合，输出继电器Y005“得电”，接通外部快退电磁阀YV2（Y005），锯架立即快速后退；

5. 锯架手动快速行进过程

在锯轮电动机停止时按下外部锯架快进按钮SB3（X002），回路经①→⑰→⑱→⓪号线闭合，输出继电器Y006“得电”，接通外部快进电磁阀YV3（Y006），锯架立即快速行进；

6. 保护原理

当锯轮电动机在运行中发生电动机断相、过载、堵转、三相不平衡等故障，锯轮电动机保护器FM（X004）（电动机M过载保护）断开，输入继电器FM（X004）信号指示灯熄灭，输出继电器Y000回路断开，外部接触器KM1线圈失电，锯轮电动机停止运行。

第53例　单梁电动吊车控制电路

一、继电器—接触器控制原理图

单梁电动吊车控制电路如图53-1所示。

1. PLC程序设计要求

（1）电动机采用自带刹车的锥形转子电动机，所以不用考虑制动问题。

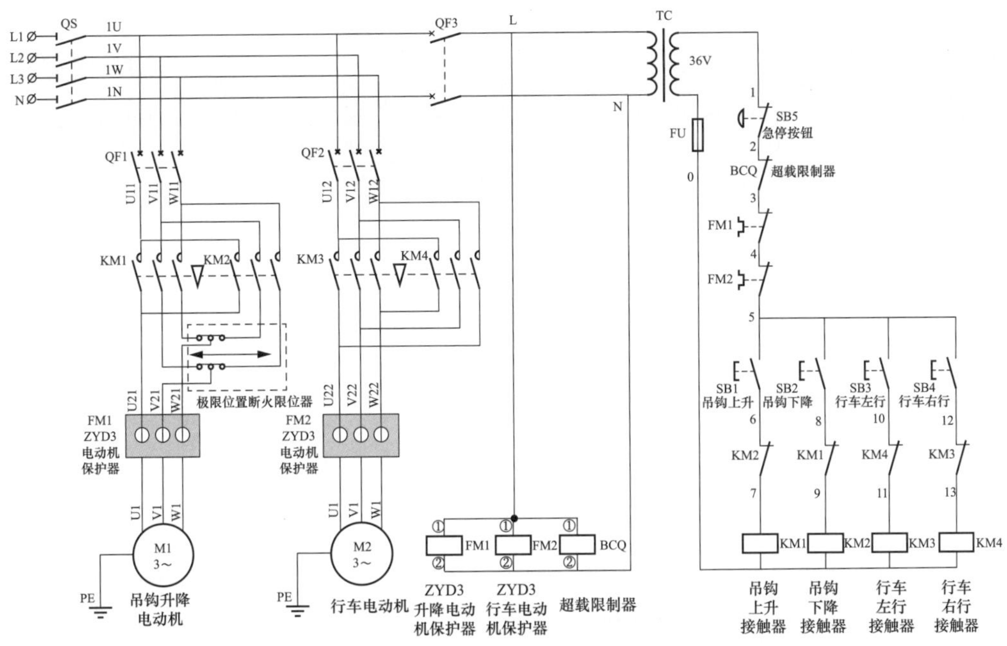

图 53-1 单梁电动吊车控制电路原理图

(2) 按下吊钩“上升”按钮 SB1，吊钩电动机 M1 点动正转运行，吊钩上升。

(3) 按下吊钩“下降”按钮 SB2，吊钩电动机 M1 点动反转运行，吊钩下降。

(4) 按下行车“左行”按钮 SB3，行车电动机 M2 点动正转运行，行车左行。

(5) 按下行车“右行”按钮 SB4，行车电动机 M2 点动反转运行，行车右行。

(6) 任意时段按下控制按钮盒上的急停按钮吊钩电动机和行车电动机同时停止运行。

(7) 当吊物超过额定载重时，超载限制器 BCQ 保护动作，吊钩电动机和行车电动机同时停止运行。

(8) 电动机发生过载等故障时，电动机保护器 FM1、FM2 动作，2 台电动机同时停止运行。

(9) 钢丝绳卷筒要有上升、下降极限位置断火限位器。

(10) 为防止主回路短路，控制回路中加装正、反转互锁接点和机械互锁附件。

(11) 为保证超载限制器 BCQ、急停按钮 SB5 的可靠工作，该元件不接入 PLC，不需 PLC 程序控制。

(12) PLC 控制电路接线图中电动机保护器 FM1、FM2 均使用常闭接点，行车及吊钩点动按钮均使用动合触点。

(13) 电动机保护器 FM1 及 FM2 工作电源由外部控制电路电源直接供电。

(14) 根据上面的控制要求列出输入、输出分配表。

(15) 根据控制要求，用 PLC 基本指令设计梯形图程序。

(16) 根据控制要求绘制 PLC 控制电路接线图。

2. 输入/输出设备及 I/O 元件配置分配表

输入/输出设备及 I/O 元件配置分配见表 53-1。

表 53-1　　输入/输出设备及 I/O 元件配置分配表

输入设备		PLC 输入继电器	输出设备		PLC 输出继电器
代号	功能		代号	功能	
SB1	吊钩上升按钮	X000	KM1	吊钩上升接触器	Y000
SB2	吊钩下降按钮	X001	KM2	吊钩下降接触器	Y001
SB3	行车左行按钮	X002	KM3	行车左行接触器	Y002
SB4	行车右行旋钮	X003	KM4	行车右行接触器	Y003
FM1	吊钩电动机保护器	X004			
FM2	行车电动机保护器	X005			

二、程序及电路设计

1. PLC 梯形图

PLC 梯形图如图 53-2 所示。

图 53-2　单梁电动吊车控制电路 PLC 梯形图

2. PLC 接线详图

PLC 接线图如图 53-3 所示。

三、梯形图动作详解

闭合总电源开关 QS，主电路电源开关 QF1、QF2，PLC 电源开关 QF3，闭合 PLC 输出继电器及电动机保护器控制电源开关 QF4。PLC 输入继电器 X4、X5 信号指示灯亮，梯形图中③→④、④→⑤，⑦→⑧、⑧→⑨，⑪→⑫、⑫→⑬，⑮→⑯、⑯→⑰动合触点接通。

1. 吊钩上升过程

按住吊钩上升按钮 SB1（X000），回路经①→②→③→④→⑤→⓪号线闭合，输出继电器 Y000 “得电”，接通外部接触器 KM1 线圈，电动机 M1 正转运行，吊钩上升，松开按钮停止运行。

2. 吊钩下降过程

按住吊钩下降按钮 SB2（X001），回路经①→⑥→⑦→⑧→⑨→⓪号线闭合，输出继电器 Y001“得电”，接通外部接触器 KM2 线圈，电动机 M1 反转运行，吊钩下降，松开按钮停止运行。

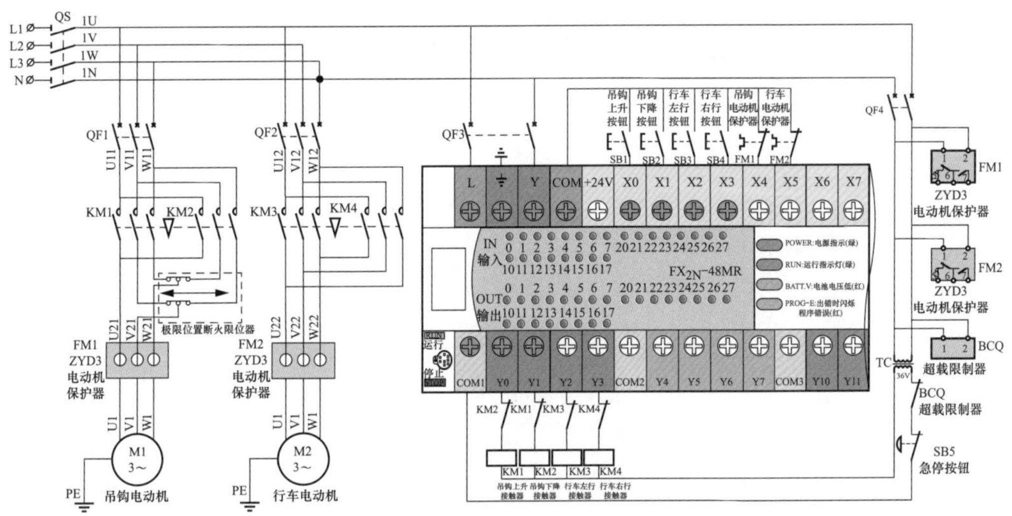

图 53-3　单梁电动吊车控制电路 PLC 接线图

3. 行车左行过程

按住行车左行按钮 SB3（X002），回路经①→⑩→⑪→⑫→⑬→⓪号线闭合，输出继电器 Y002“得电”，接通外部接触器 KM3 线圈，电动机 M2 正转运行，行车左行，松开按钮停止运行。

4. 行车右行过程

按住行车右行按钮 SB4（X003），回路经①→⑭→⑮→⑯→⑰→⓪号线闭合，输出继电器 Y003“得电”，接通外部接触器 KM4 线圈，电动机 M2 反转运行，行车右行，松开按钮停止运行。

5. 保护原理

当吊钩电动机或行车电动机在运行中发生电动机断相、过载、堵转、三相不平衡等故障，电动机保护器动断触点 FM1（X004）或 FM2（X005）（电动机 M 过载保护）断开，输入继电器 X004（吊钩过载保护）或输入继电器 X005（行车过载保护）断开，输入继电器信号指示灯熄灭，输出继电器 Y000～Y003 回路断开，外部接触器 KM1～KM4 线圈失电，两台电动机同时停止运行。

当发生松开运行按钮仍然无法停车时等紧急情况的时候，应立即按下紧急停止按钮 SB5，断开控制回路电源，以达到保护的目的。

当吊钩到达极限位置时，极限位置断火限位器断开两个相线，使吊钩电动机停止运行。

当起升钩上升或下降到一定极限位位置时，对极限位置断火限位器上推拉杆产生推或拉的动作、使其中一对动静触头分断，切断主电源，使吊钩电动机停止运行，从而起限位作用。当推拉杆及动作杆复位时，在弹簧力的作用下，合触同时重新闭合。

第 54 例 双速电动机手动变速控制电路

一、继电器—接触器控制原理图

双速电动机手动变速控制电路如图 54-1 所示。

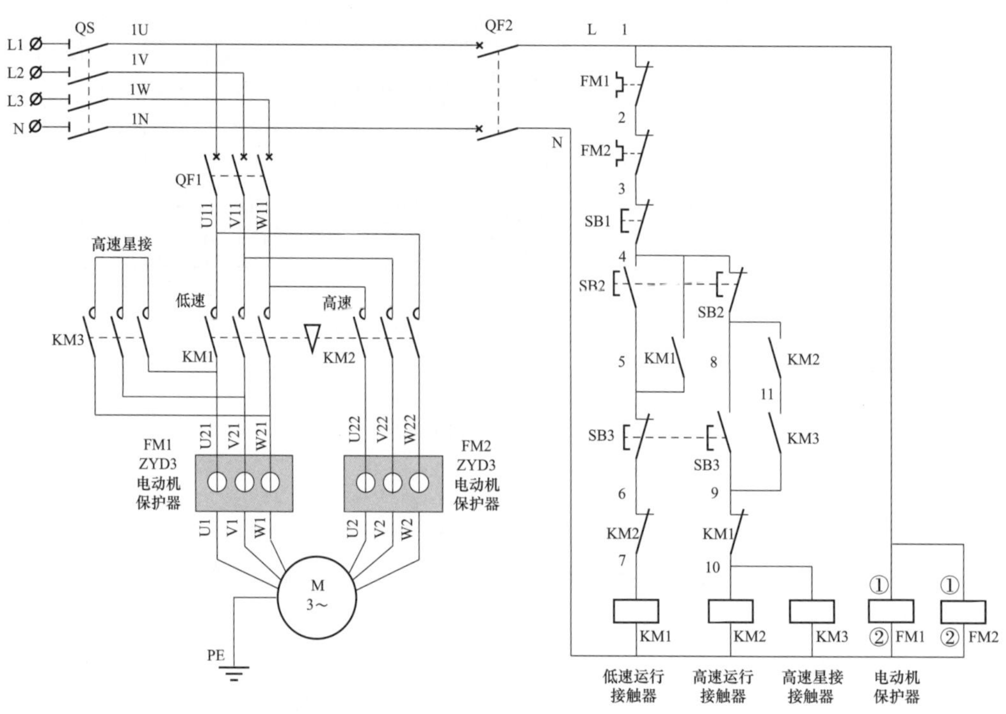

图 54-1 双速电动机手动变速控制电路原理图

1. PLC 程序设计要求

(1) 按下外部低速运行按钮 SB1，电动机低速运行。

(2) 按下外部高速运行按钮 SB2，电动机高速运行。

(3) 任意时间段按下外部停止按钮 SB3，电动机停止运行。

(4) 电动机发生过载等故障时，电动机保护器 FM1、FM2 动作，电动机停止运行。

(5) 电动机调速可不停机转换，为防止相间短路，接触器 KM1、KM2 间应加装机械联锁附件。

(6) PLC 控制电路接线图中停止按钮 SB3、电动机保护器 FM1、FM2 辅助接点均使用动断触点；低速及高速启动按钮使用动断触点。

(7) 电动机保护器 FM1 及 FM2 工作电源由外部控制电路电源直接供电。

(8) 根据上面的控制要求列出输入、输出分配表。

(9) 根据控制要求，用 PLC 基本指令设计梯形图程序。

(10) 根据控制要求绘制 PLC 控制电路接线图。

2. 输入/输出设备及 I/O 元件配置分配表

输入/输出设备及 I/O 元件配置分配见表 54-1。

表 54-1　　　　输入/输出设备及 I/O 元件配置分配表

输入设备		PLC 输入继电器	输出设备		PLC 输出继电器
代号	功能		代号	功能	
SB1	低速启动按钮	X000	KM1	电动机低速运行接触器	Y000
SB2	高速启动按钮	X001	KM2	电动机高速运行接触器	Y001
SB3	停止按钮	X002	KM3	电动机高速星接接触器	Y002
FM1	电动机低速保护器	X003			
FM2	电动机高速保护器	X004			

二、程序及电路设计

1. PLC 梯形图

PLC 梯形图如图 54-2 所示。

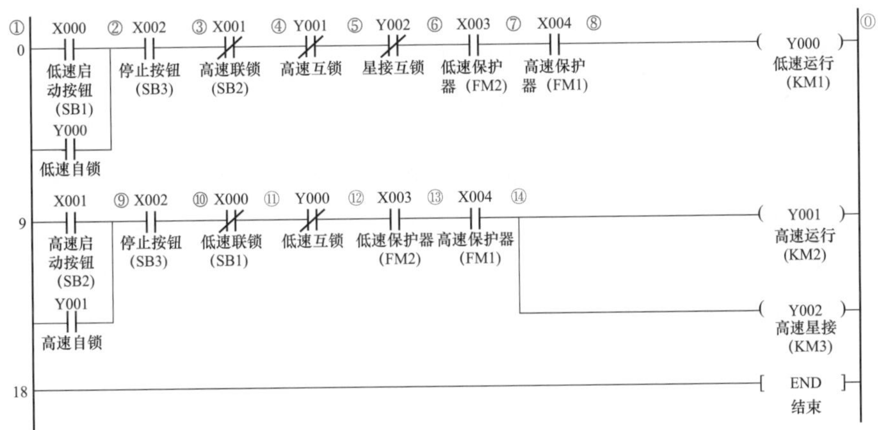

图 54-2　双速电动机手动变速控制电路 PLC 梯形图

2. PLC 接线详图

PLC 接线图如图 54-3 所示。

三、梯形图动作详解

闭合总电源开关 QS，主电路电源开关 QF1、闭合 PLC 电源开关 QF2，PLC 输出继电器及电动机保护器控制电源开关 QF3。PLC 输入继电器 X2、X3、X4 信号指示灯亮，梯形图中②→③、⑥→⑦、⑦→⑧、⑨→⑩、⑫→⑬、⑬→⑭动合触点接通。

1. 启动过程

（1）低速运行。按下低速启动按钮 SB1（X000），回路经①→②→③→④→⑤→⑥→⑦→⑧→⓪号线闭合，输出继电器 Y000“得电”，接通外部接触器 KM1 线圈，电动机 M 低速运行。同时①→②间的 Y000 动合触点接通，继电器 Y000 实现自锁，电动机连续运行。

（2）高速运行。按下高速启动按钮 SB2（X001），回路经①→⑨→⑩→⑪→⑫→⑬→⑭→⓪号线闭合，输出继电器 Y001 及 Y002“得电”，接通外部接触器 KM1、KM2 线圈，电动机 M 高速运行。同时①→⑨间的 Y001 动合触点接通，继电器 Y001 实现自锁，电动机连续运行。

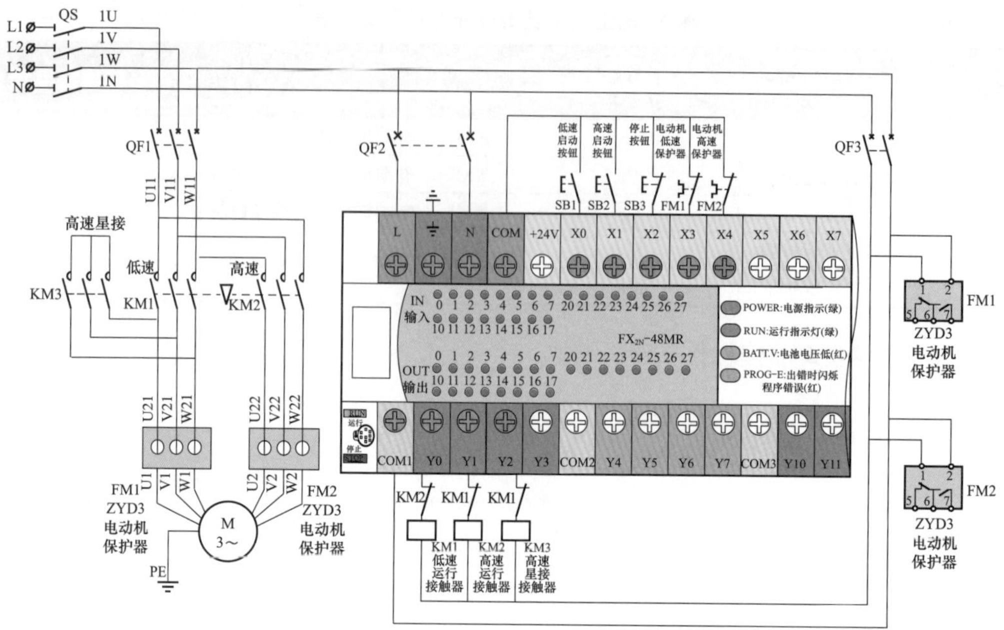

图 54-3 双速电动机手动变速控制电路 PLC 接线图

2. 停止过程

按下停止按钮 SB3（X002），回路②→③（高速时为⑨→⑩）断开，输出继电器 Y000 断开（高速时为 Y002 和 Y003），外部接触器 KM1（高速时为 KM2 和 KM3）线圈失电，电动机停止运行。

3. 保护原理

当电动机在运行中发生电动机断相、过载、堵转、三相不平衡等故障，电动机保护器动断触点 FM1（X003）、FM2（X004）断开，输入继电器 X003、X004 信号指示灯熄灭，输出继电器 Y000 或 Y001 和 Y002 回路断开，外部接触器 KM1 或 KM2 和 KM3 线圈失电，电动机停止运行。

第 55 例 双速电动机自动变速控制电路

一、继电器—接触器控制原理图

双速电动机自动变速控制电路如图 55-1 所示。

1. PLC 程序设计要求

(1) 按下外部低速启动按钮 SB1，电动机 M 低速启动运行。

(2) 按下外部高速运行按钮 SB2，延时 5s 后，M 自动转为高速运行。

(3) 在任意时间段按下外部停止按钮 SB3 电动机停止。

(4) 当电动机发生过载等故障时，电动机保护器 FM1 或 FM2 动作，电动机停止运行。

(5) 为防止相间短路，接触器 KM1、KM2 间应加装机械联锁附件。

(6) PLC 控制电路接线图中停止按钮 SB3，电动机保护器 FM1、FM2 辅助触点均使用动断触点，低速及高速启动按钮均使用动合触点。

(7) 电动机保护器 FM1 及 FM2 工作电源由外部控制电路电源直接供电。

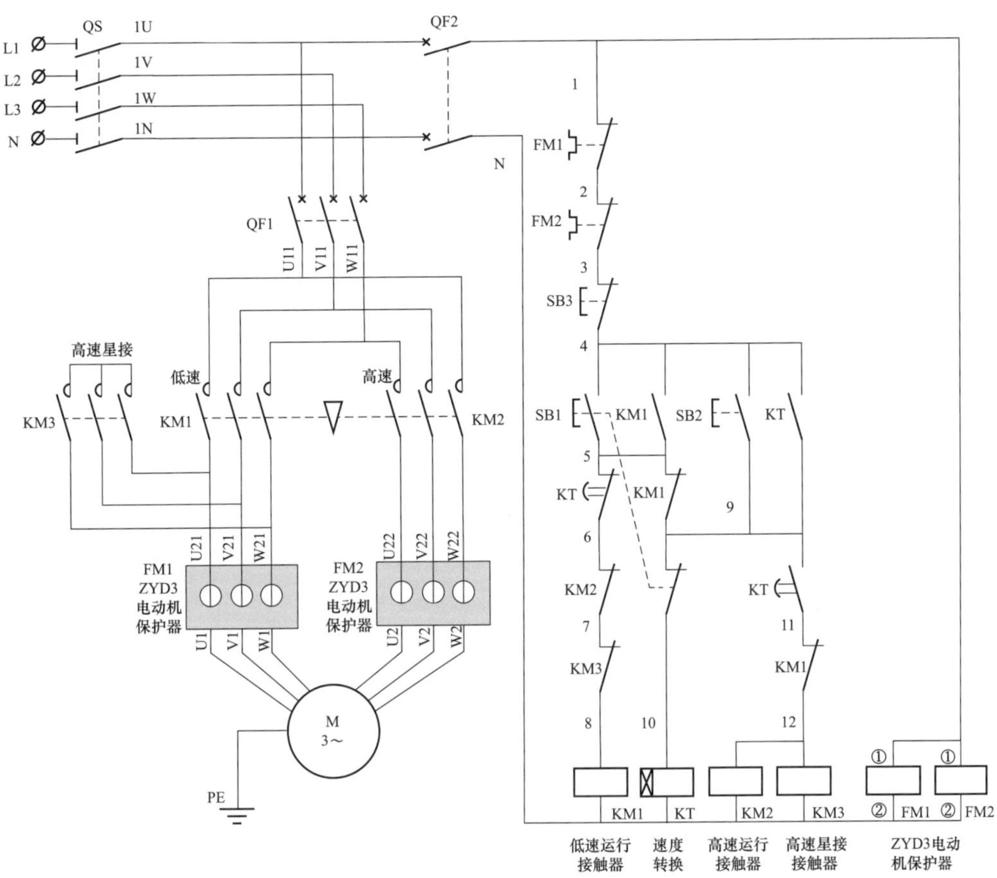

图 55-1　双速电动机自动变速控制电路原理图

(8) 根据上面的控制要求列出输入、输出分配表。

(9) 根据控制要求，用 PLC 基本指令设计梯形图程序。

(10) 根据控制要求绘制 PLC 控制电路接线图。

2. 输入/输出设备及 I/O 元件配置分配表

输入/输出设备及 I/O 元件配置分配见表 55-1。

表 55-1　　　　**输入/输出设备及 I/O 元件配置分配表**

输入设备		PLC 输入继电器	输出设备		PLC 输出继电器
代号	功能		代号	功能	
SB1	低速启动按钮	X000	KM1	电动机低速运行接触器	Y000
SB2	高速启动按钮	X001	KM2	电动机高速运行接触器	Y001
SB3	停止按钮	X002	KM3	电动机高速星接接触器	Y002
FM1	电动机低速保护器	X003			
FM2	电动机高速保护器	X004			

二、程序及电路设计

1. PLC 梯形图

PLC 梯形图如图 55-2 所示。

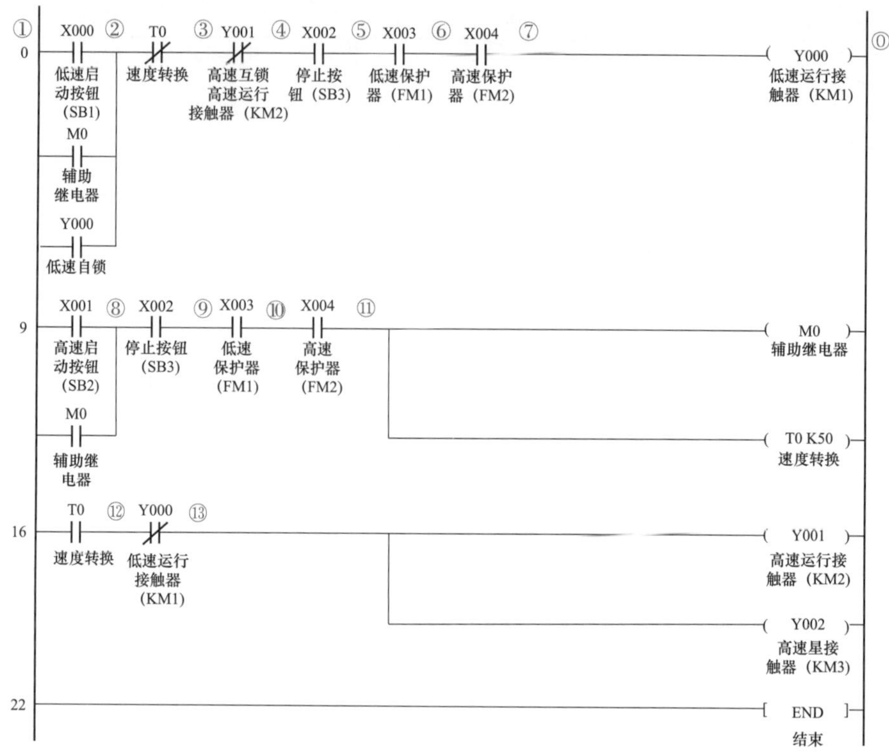

图 55-2　双速电动机自动变速控制电路 PLC 梯形图

2. PLC 接线详图

PLC 接线图如图 55-3 所示。

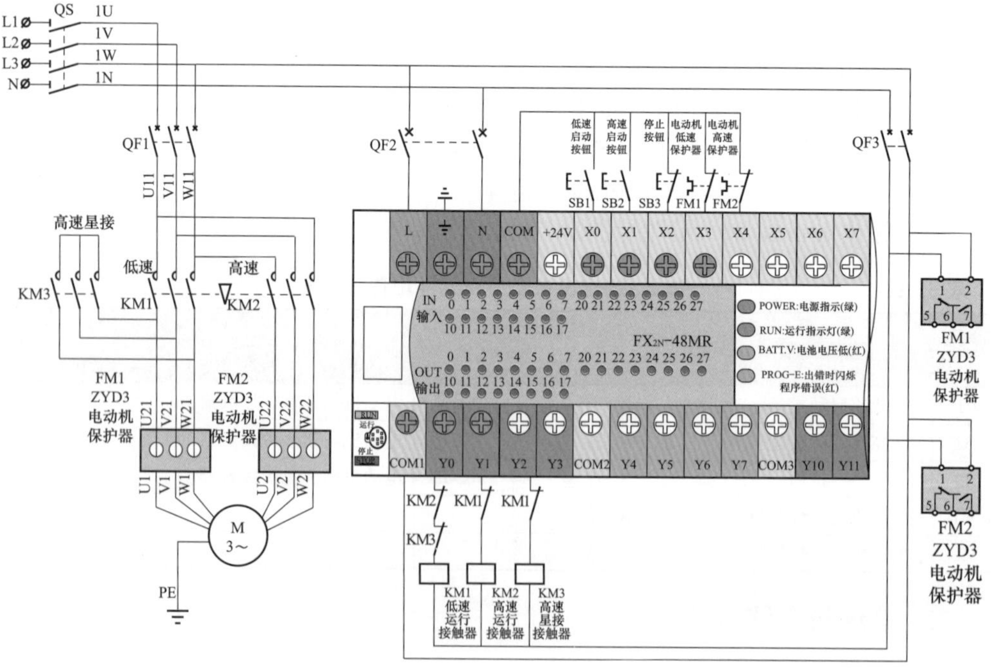

图 55-3　双速电动机自动变速控制电路 PLC 接线图

三、梯形图动作详解

闭合总电源开关 QS，主电路电源开关 QF1、PLC 输入继电器控制电源开关 QF2，闭合 PLC 输出继电器及电动机保护器控制电源开关 QF3，PLC 输入继电器 X2、X3、X4 信号指示灯亮，梯形图中④→⑤、⑤→⑥、⑥→⑦、⑧→⑨、⑩→⑪、⑪→⑫动合触点接通。

1. 启动过程

(1) 低速运行。按下低速启动按钮 SB1（X000），回路经①→②→③→④→⑤→⑥→⑦→⓪号线闭合，输出继电器 Y000“得电”，接通外部接触器 KM1 线圈，电动机 M 低速启动。

同时①→②间的 Y000 动合触点接通，继电器 Y000 实现自锁，M 连续运行。

(2) 高速运行。在停止状态下或低速运行状态下，按下高速启动按钮 SB2（X001），回路经①→⑧→⑨→⑩→⑪→⓪号线闭合，中间继电器 M0“得电”，回路①→②间辅助继电器 M0 接通，回路经①→②→③→④→⑤→⑥→⑦→⓪号线闭合，输出继电器 Y000 得电，接通外部接触器 KM1 线圈，电动机 M 低速运行。

同时⑪→⓪线间的定时器 T0“得电”，延时 5s 后②→③线间 T0 动断触点断开，输出继电器 Y000 失电；同时①→⑫线间 T0 动合触点闭合，回路经①→⑫→⑬→⓪号线闭合，输出继电器 Y001 和 Y002“得电”，接通外部接触器 KM2 和 KM3 线圈，电动机 M 高速运行。

2. 停止过程

按下停止按钮 SB3（X002），回路④→⑤断开（高速时⑧→⑨断开），输出继电器 Y000 断开（高速时 Y001 和 Y002 断开），外部接触器 KM1（KM2、KM3）线圈失电，电动机停止运行。

3. 保护原理

当电动机在运行中发生电动机断相、过载、堵转、三相不平衡等故障，电动机保护器常闭触点 FM1（X003）或 FM2（X004）断开，输入继电器 X003 或 X004 信号指示灯熄灭，输出继电器 Y000 或 Y001、Y002 回路断开，外部接触器 KM1 或 KM2、KM3 线圈失电电动机停止运行。

第 56 例　三速电动机手动变速控制电路

一、继电器—接触器控制原理图

三速电动机手动变速控制电路如图 56-1 所示。

1. PLC 程序设计要求

(1) 按下外部低速启动按钮 SB1，电动机低速启动。

(2) 按下外部中速启动按钮 SB2，电动机中速启动。

(3) 按下外部高速启动按钮 SB3，电动机高速启动。

(4) 任意速度运行时按下外部停止按钮 SB4，电动机停止。

(5) 当电动机发生过载等故障时，电动机保护器 FM1 或 FM2 或 FM3 动作，电动机停止运行。

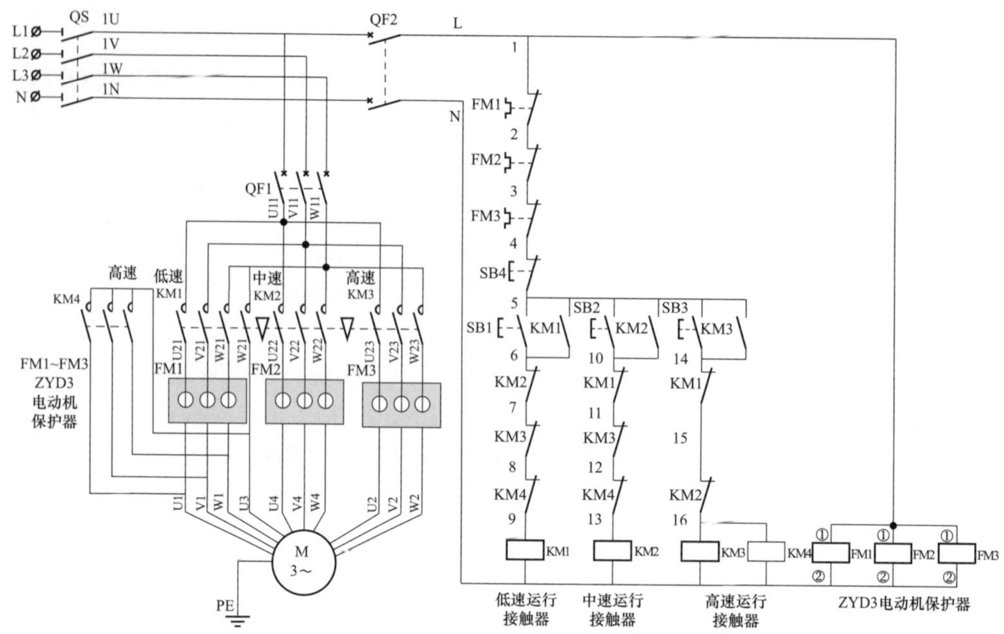

图 56-1　三速电动机手动变速控制电路原理图

（6）为防止相间短路，接触器 KM1、KM2、KM3 间应加装机械联锁附件。

（7）PLC 控制电路接线图中停止按钮 SB2，电动机保护器 FM1、FM2 辅助触点均使用动断触点，相应三个速度启动按钮均使用动合触点。

（8）电动机保护器 FM1 及 FM2 工作电源由外部控制电路电源直接供电。

（9）根据上面的控制要求列出输入、输出分配表。

（10）根据控制要求，用 PLC 基本指令设计梯形图程序。

（11）根据控制要求绘制 PLC 控制电路接线图。

2. 输入/输出设备及 I/O 元件配置分配表

输入/输出设备及 I/O 元件配置分配见表 56-1。

表 56-1　　输入/输出设备及 I/O 元件配置分配表

输入设备		PLC 输入继电器	输出设备		PLC 输出继电器
代号	功能		代号	功能	
SB1	低速启动按钮	X000	KM1	电动机低速运行接触器	Y000
SB2	中速启动按钮	X001	KM2	电动机中速运行接触器	Y001
SB3	高速启动按钮	X002	KM3	电动机高速运行接触器	Y002
SB4	停止按钮	X003	KM4	电动机高速星接接触器	Y002
FM1	电动机低速保护器	X004			
FM2	电动机中速保护器	X005			
FM3	电动机高速保护器	X006			

二、程序及电路设计

1. PLC 梯形图

PLC 梯形图如图 56-2 所示。

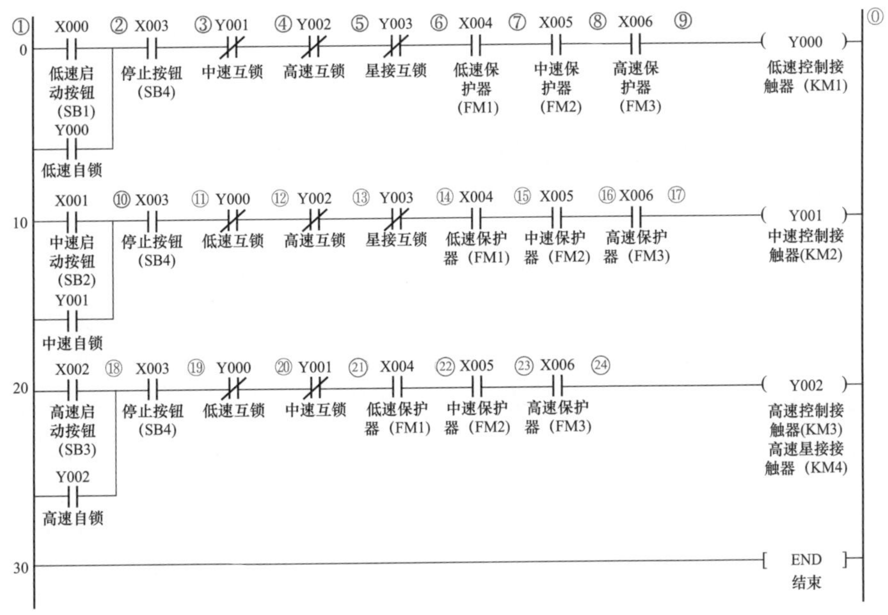

图 56-2　三速电动机手动变速控制电路 PLC 梯形图

2. PLC 接线详图

PLC 接线图如图 56-3 所示。

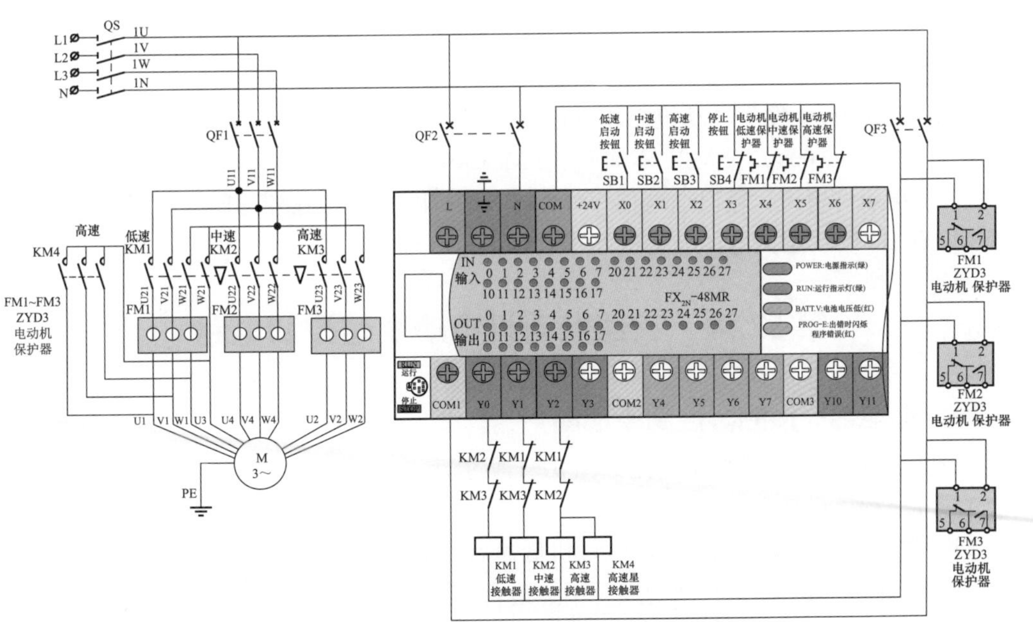

图 56-3　三速电动机手动变速控制电路 PLC 接线图

三、梯形图动作详解

闭合总电源开关 QS，主电路电源开关 QF1、QF3，PLC 电源开关 QF2，闭合 PLC 输出继电器及电动机保护器控制电源开关 QF3，PLC 输入继电器 X4、X5、X6、X7 信号指示灯亮，梯形图中②→③、⑥→⑦、⑦→⑧、⑧→⑨、⑩→⑪、⑭→⑮、⑮→⑯、⑯→⑰、⑱→⑲、㉑→㉒、㉒→㉓、㉓→㉔动合触点接通。

1. 启动过程

（1）低速运行。按下低速启动按钮 SB1（X000），回路经①→②→③→④→⑤→⑥→⑦→⑧→⑨→⓪号线闭合，输出继电器 Y000“得电”，接通外部接触器 KM1 线圈，电动机 M 低速运行。

同时①→②间的 Y000 动合触点闭合，继电器 Y000 实现自锁，M 连续低速运行。

（2）中速运行。先按下停止按钮 SB4（X003），使各接触器动断触点复位闭合。再按下中速启动按钮 SB2（X001），回路经①→⑩→⑪→⑫→⑬→⑭→⑮→⑯→⑰→⓪号线闭合，输出继电器 Y001“得电”，接通外部接触器 KM2 线圈，电动机 M 中速运行。

同时①→⑩间的 Y001 动合触点闭合，继电器 Y001 实现自锁，M 连续中速运行。

（3）高速运行。先按下停止按钮 SB4（X003），使各接触器动断触点复位闭合。再按下高速启动按钮 SB3（X002），回路经①→⑱→⑲→⑳→㉑→㉒→㉓→㉔→⓪号线闭合，输出继电器 Y002“得电”，接通外部接触器 KM3、KM4 线圈，电动机 M 高速运行。

同时①→⑱间的 Y002 动合触点闭合，继电器 Y002 实现自锁，M 连续高速运行。

2. 停止过程

按下停止按钮 SB4（X003），回路②→③断开（⑩→⑪断开及⑱→⑲断开），输出继电器低速 Y000（中速时 Y001、高速时 Y002）断开，外部接触器线圈失电，电动机停止运行。

3. 保护原理

当电动机运行中发生电动机断相、过载、堵转、三相不平衡等故障，电动机保护器动断触点 FM1（X004）、FM2（X005）、FM（X006）断开，输入继电器 X004、X005、X006 信号指示灯熄灭，输出继电器 Y000 或 Y001 和 Y002 回路断开，外部接触器 KM1 或 KM2 和 KM3 线圈失电，电动机停止运行。

第 57 例　三速电动机自动变速控制电路

一、继电器—接触器控制原理图

三速电动机自动变速控制电路如图 57-1 所示。

1. PLC 程序设计要求

（1）按下外部启动按钮 SB1，电动机低速启动运行。

（2）延时 3s 后电动机自动切换至中速运行。

（3）再延时 3s 后电动机自动切换至高速运行。

（4）在任意时间段按下外部停止按钮 SB2 电动机停止。

（5）电动机发生过载等故障时，电动机保护器 FM1 或 FM2 或 FM3 动作，电动机停止运行。

（6）为防止相间短路，接触器 KM1、KM2、KM3 间应加装机械联锁附件。

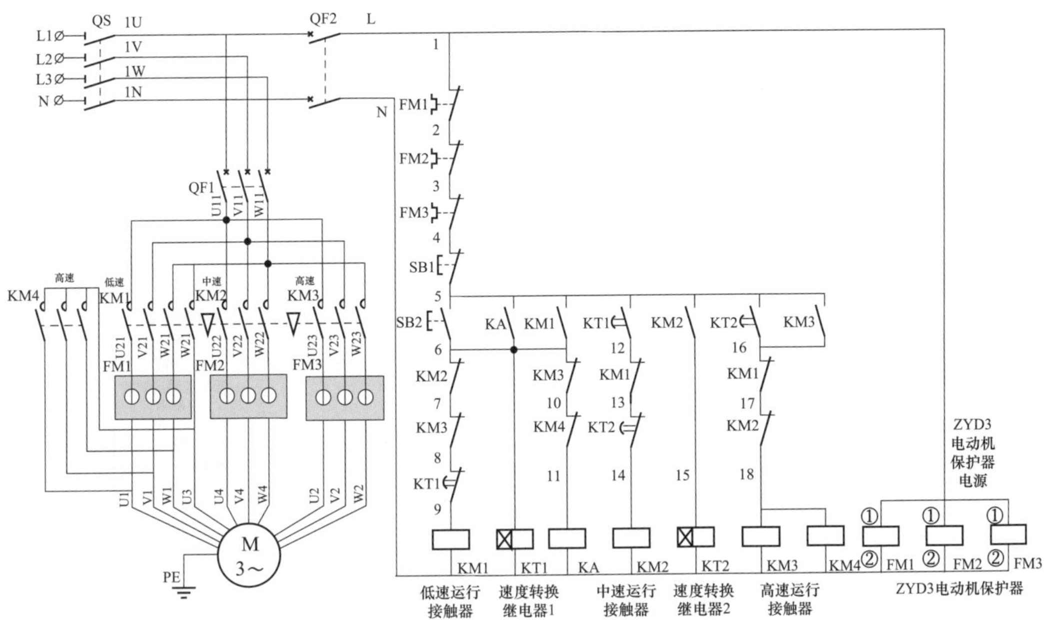

图 57-1　三速电动机自动变速控制电路原理图

（7）PLC 控制电路接线图中停止按钮 SB2、电动机保护器 FM1、FM2 辅助触点均使用动断触点，启动按钮使用动合触点。

（8）电动机保护器 FM1 及 FM2 工作电源由外部控制电路电源直接供电。

（9）根据上面的控制要求列出输入、输出分配表。

（10）根据控制要求，用 PLC 基本指令设计梯形图程序。

（11）根据控制要求绘制用 PLC 控制电路接线图。

2. 输入/输出设备及 I/O 元件配置分配表

输入/输出设备及 I/O 元件配置分配见表 57-1。

表 57-1　　**输入/输出设备及 I/O 元件配置分配表**

输入设备		PLC 输入继电器	输出设备		PLC 输出继电器
代号	功能		代号	功能	
SB1	启动按钮	X000	KM1	电动机低速运行接触器	Y000
SB2	停止按钮	X001	KM2	电动机中速运行接触器	Y001
FM1	电动机低速保护器	X002	KM3	电动机高速运行接触器	Y002
FM2	电动机中速保护器	X003	KM4	电动机高速 Y 接接触器	Y002
FM3	电动机高速保护器	X004			

二、程序及电路设计

1. PLC 梯形图

PLC 梯形图如图 57-2 所示。

2. PLC 接线详图

PLC 接线图如图 57-3 所示。

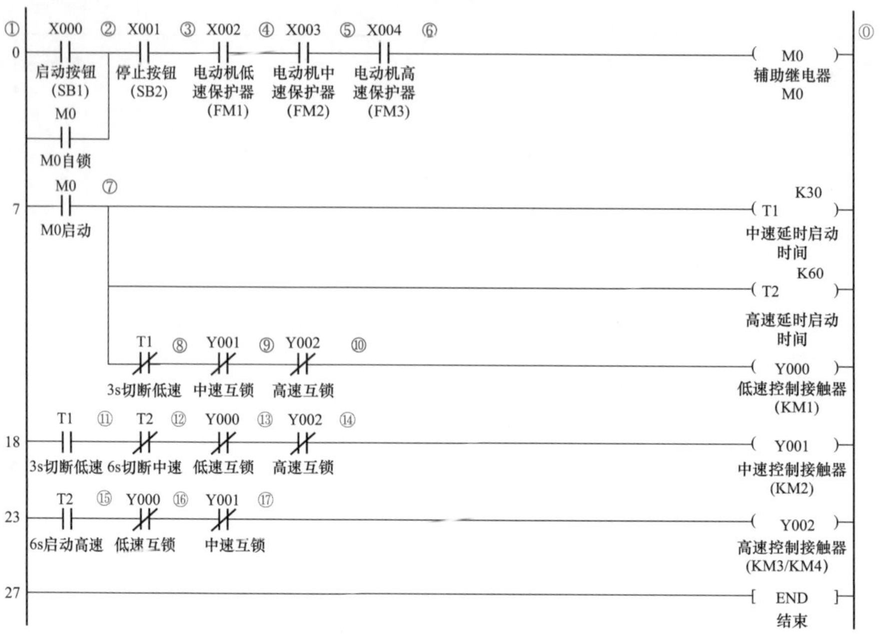

图 57-2　三速电动机自动变速控制电路 PLC 梯形图

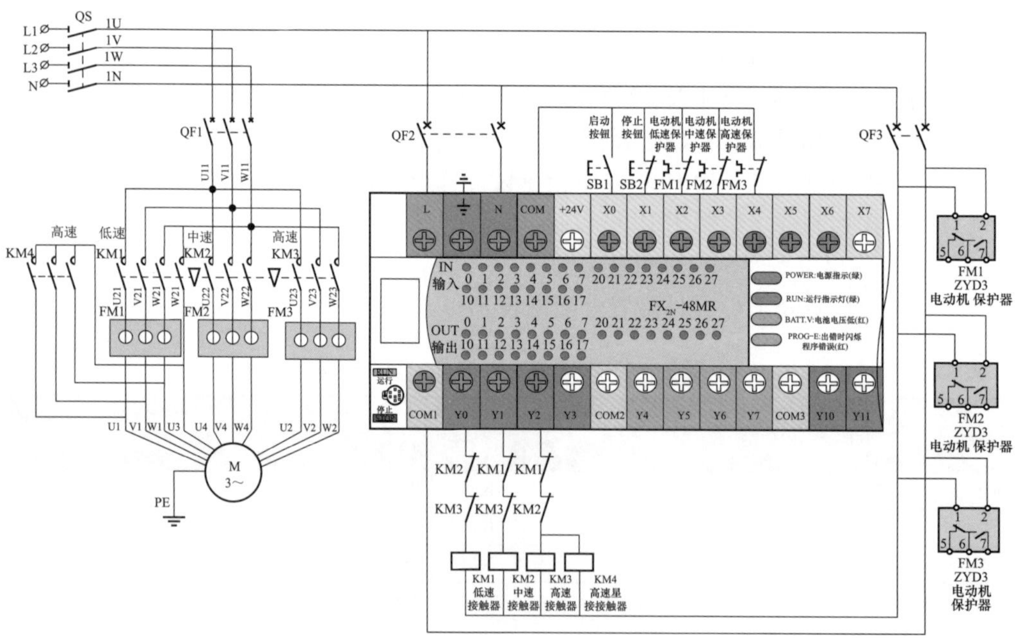

图 57-3　三速电动机自动变速控制电路 PLC 接线图

三、梯形图动作详解

闭合总电源开关 QS，主电路电源开关 QF1，PLC 电源开关 QF2，闭合 PLC 输出继电器及电动机保护器控制电源开关 QF3，PLC 输入继电器 X1、X2、X3、X4 信号指示灯亮，梯形图中②→③、③→④、④→⑤、⑤→⑥动合触点和接通。

1. 启动过程

（1）低速运行。按下启动按钮 SB1（X000），回路经①→②→③→④→⑤→⑥→⓪号线闭合，PLC 辅助继电器 M0 “得电”，①→②间的 M0 动合触点接通，辅助继电器 M0 自锁，同时①→⑦间的 M0 动合触点接通，启动定时器 T1、T2，同时回路经①→⑦→⑧→⑨→⑩→⓪号线闭合，输出继电器 Y000 “得电”，接通外部接触器 KM1 线圈，电动机低速连续运行。

（2）中速运行。电动机低速连续运行后，经定时器 T1 延时 3s，⑦→⑧间的 T1 断开，输出继电器 Y000 断开，外部接触器 KM1 线圈“失电”，KM1 主触头断开，电动机惯性继续运行。

同时①→⑪间的 T1 动合触点闭合，回路经①→⑪→⑫→⑬→⑭→⓪号线闭合，输出继电器 Y001 “得电”，接通外部接触器 KM2 线圈，电动机中速连续运行。

（3）高速运行。电动机中速连续运行后，经定时器 T2 延时 6s，⑪→⑫间的 T2 断开，输出继电器 Y001 断开，外部接触器 KM2 线圈“失电”，KM2 主触头断开，电动机惯性继续运行。

同时①→⑮间的 T2 动合触点闭合，回路经①→⑮→⑯→⑰→⓪号线闭合，输出继电器 Y002 “得电”，接通外部接触器 KM3、KM4 线圈，电动机高速连续运行。

2. 停止过程

任意转速时按下停止按钮 SB2（X001），回路②→③断开，辅助继电器 M0 线圈“失电”，①→⑦间的 M0 触点断开，定时器 T1、T2 线圈“失电”，①→⑪间的 T1 断开，①→⑮间的 T2 断开，外部接触器线圈失电，电动机停止运行。

3. 保护原理

当电动机运行中发生电动机断相、过载、堵转、三相不平衡等故障，电动机保护器动断触点 FM1（X002）、FM2（X003）、FM（X004）断开，输入继电器 X002、X003、X004 信号指示灯熄灭，输出继电器 Y000 或 Y001 和 Y002 回路断开，外部接触器 KM1 或 KM2 和 KM3 线圈失电，电动机停止运行。

第六章

PLC控制的供排水及温度控制电路

PLC 控制的供排水及温度控制电路用途如下：

1. 供排水控制

在城市供排水系统中，经常需要根据压力、液位的变化来自动启停供、排水泵或电磁阀，来满足系统工况的要求。常见的电路有供水控制电路、排水控制电路、定时控制电路、备用泵控制电路、自动补水控制电路、恒压供水调速电路、水位控制电路等。

这些电路通常使用开关信号的电接点压力表、浮球液位开关、压力开关、投入式液位计来实现自动控制。例如，使用浮球开关实现污水泵房排水控制电路、使用电接点压力表实现锅炉二级网供水压力控制电路，湿式除尘器水箱自动补水控制电路等。

2. 温度控制

根据工作环境温度的变化，产生导通或关断相应触点，控制继电器或电磁阀的工作状态叫温度控制。以温度作为被控制量的反馈控制系统，在石油工、化、冶金、供热等生产过程的物理过程和化学反应中广泛应用。在电加热炉、热网运行中也经常使用。例如，由温度开关实现温度控制，根据压力、温度的高低实现泵联锁停机控制电路，使用压力开关带动电磁阀实现储罐自动泄压控制电路等。

读者也可根据现场实际需求对电路做适当的改动，即可实现控制要求。

第 58 例 使用电接点压力表实现自动补水控制电路

一、继电器—接触器控制原理图

使用电接点压力表实现自动补水控制电路如图 58-1 所示。

1. PLC 程序设计要求

(1) 当压力降低至电接点压力表下限时，控制电路接通电动机主电路并保持电动机自动运行，系统自动补水。

(2) 当压力升高至电接点压力表上限时，控制电路断开电动机主电路，电动机停止运行，系统自动补水停止。

(3) 当电动机发生过载等故障时，电动机保护器 FM 动作，电动机停止运行。

(4) PLC 控制电路接线图中的电动机保护器 FM 使用动断触点，其余均使用动合触点。

(5) 电动机保护器 FM 工作电源由外部控制电路电源直接供电。

(6) 根据上面的控制要求列出输入、输出分配表。

(7) 根据控制要求，用 PLC 基本指令设计梯形图程序。

(8) 根据控制要求绘制 PLC 控制电路接线图。

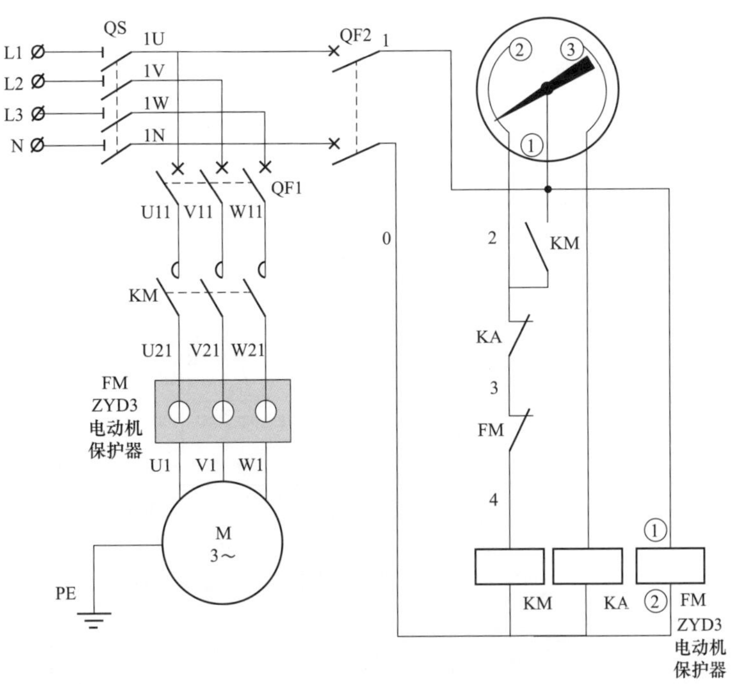

图 58-1　使用电接点压力表实现自动补水控制电路原理图

2. 输入/输出设备及 I/O 元件配置分配表

输入/输出设备及 I/O 元件配置分配见表 58-1。

表 58-1　　　　输入/输出设备及 I/O 元件配置分配表

输入设备		PLC 输入继电器	输出设备		PLC 输出继电器
代号	功能		代号	功能	
SP	压力低	X000	KM	电动机接触器	Y000
SP	压力高	X001			
FM	电动机保护器	X002			

二、程序及电路设计

1. PLC 梯形图

PLC 梯形图如图 58-2 所示。

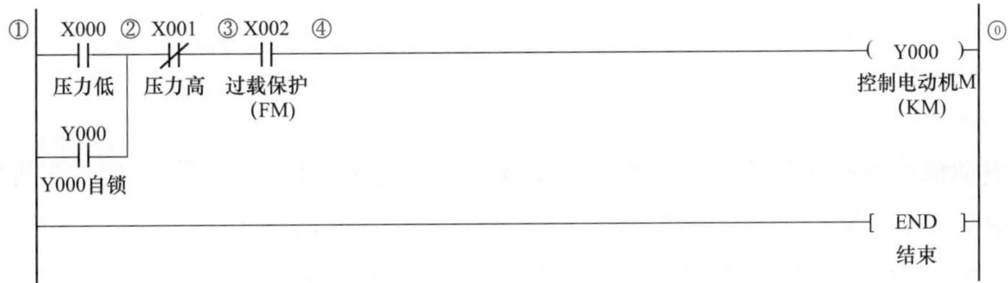

图 58-2　使用电接点压力表实现自动补水控制电路 PLC 梯形图

2．PLC 接线详图

PLC 接线图如图 58-3 所示。

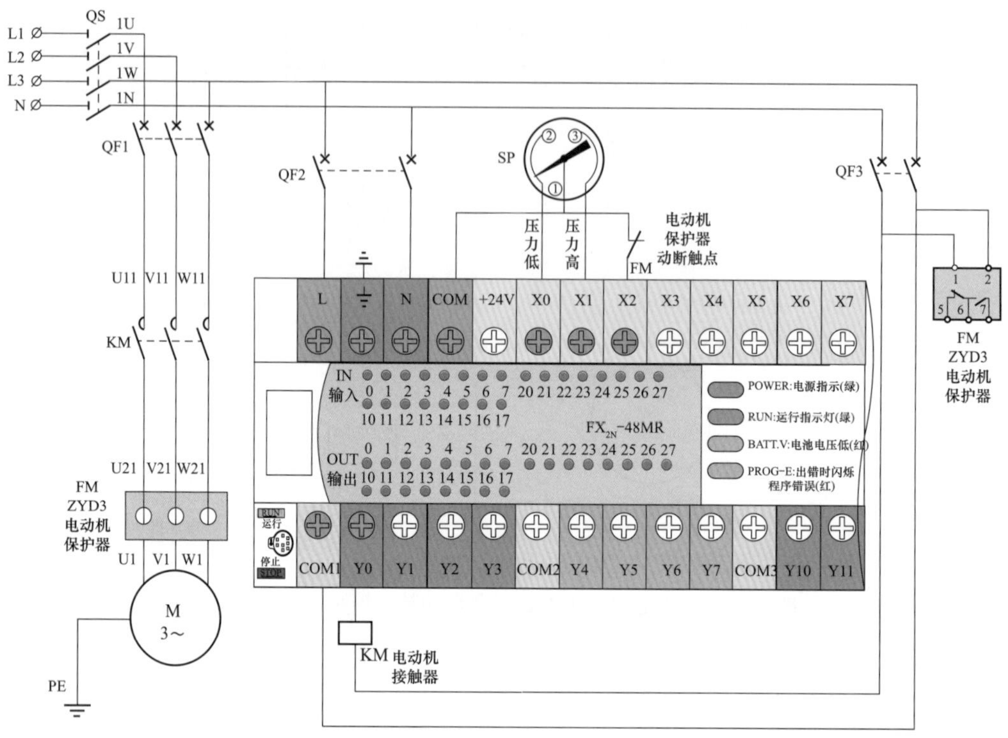

图 58-3 使用电接点压力表实现自动补水控制电路 PLC 接线图

三、梯形图动作详解

1．启动过程

闭合总电源开关 QS，闭合电动机主电路电源开关 QF1，闭合 PLC 输入继电器控制电源开关 QF2，闭合 PLC 输出继电器及电动机保护器控制电源开关 QF3，PLC 输入继电器 X002 信号指示灯亮。

当电接点压力表压力低时（X000），回路经①→②→③→④→⓪号线闭合，输出继电器 Y000“得电”，接通外部接触器 KM 线圈，电动机运行。同时①→②间的 Y000 动合触点接通，输出继电器 Y000 实现自锁，电动机自动运行系统自动补水。

2．停止过程

当电接点压力表压力高时（X001），回路②→③间的 X001 触点断开，输出继电器 Y000 断开，外部接触器 KM1 线圈失电，电动机停止运行，系统自动补水停止。

3．保护原理

当电动机在运行中发生电动机断相、过载、堵转、三相不平衡等故障，电动机保护器动断触点 FM（X002）（电动机 M 过载保护）断开，输入继电器 X002 信号指示灯熄灭，输出继电器 Y000 回路断开，外部接触器 KM 线圈失电，KM 主触头断开电动机停止运行。

第 59 例 使用浮球开关实现排水控制电路

一、继电器—接触器控制原理图

使用浮球开关实现排水控制电路如图 59-1 所示。

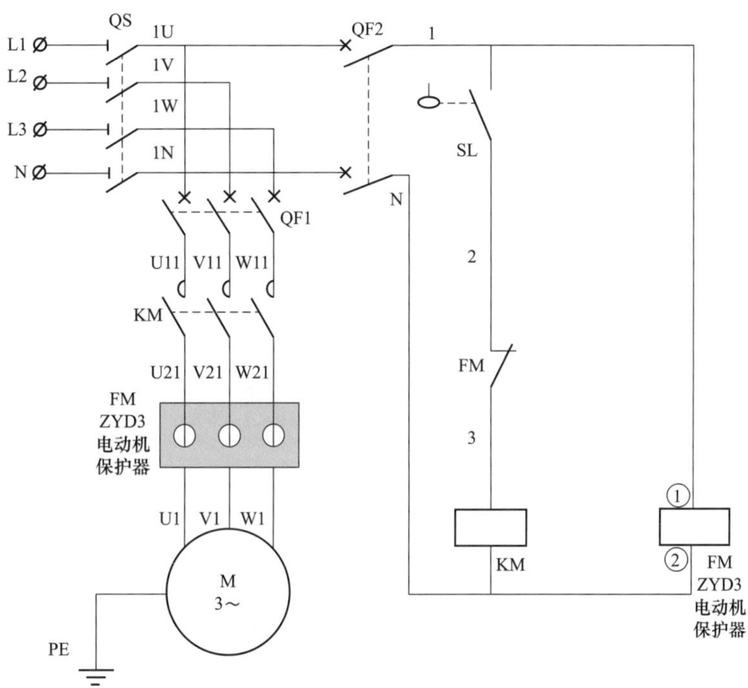

图 59-1 使用浮球开关实现排水控制电路原理图

1. PLC 程序设计要求

(1) 当浮球开关上升到上限时，控制电路接通电动机主电路，并保持电动机自动运行，系统开始排水。

(2) 当浮球开关下降到下限时，控制电路断开电动机主电路，电动机停止运行，系统停止排水。

(3) 当电动机发生过载等故障时，电动机保护器 FM 动作，电动机停止运行。

(4) PLC 控制电路接线图中的电动机保护器 FM 使用动断触点，其余均使用动合触点。

(5) 电动机保护器 FM 工作电源由外部控制电路电源直接供电。

(6) 根据上面的控制要求列出输入、输出分配表。

(7) 根据控制要求，用 PLC 基本指令设计梯形图程序。

(8) 根据控制要求绘制 PLC 控制电路接线图。

2. 输入/输出设备及 I/O 元件配置分配表

输入/输出设备及 I/O 元件配置分配见表 59-1。

表 59-1　　输入/输出设备及 I/O 元件配置分配表

输入设备		PLC 输入继电器	输出设备		PLC 输出继电器
代号	功能		代号	功能	
SL	液位高	X000	KM	电动机接触器	Y000
FM	电动机保护器	X001			

二、程序及电路设计

1. PLC 梯形图

PLC 梯形图如图 59-2 所示。

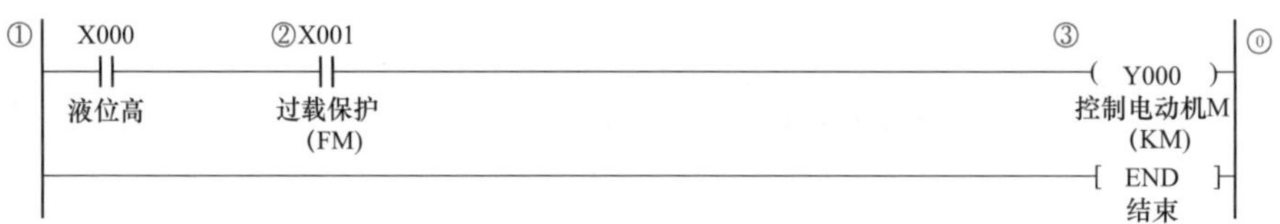

图 59-2　使用浮球开关实现排水控制电路 PLC 梯形图

2. PLC 接线详图

PLC 接线图见图 59-3。

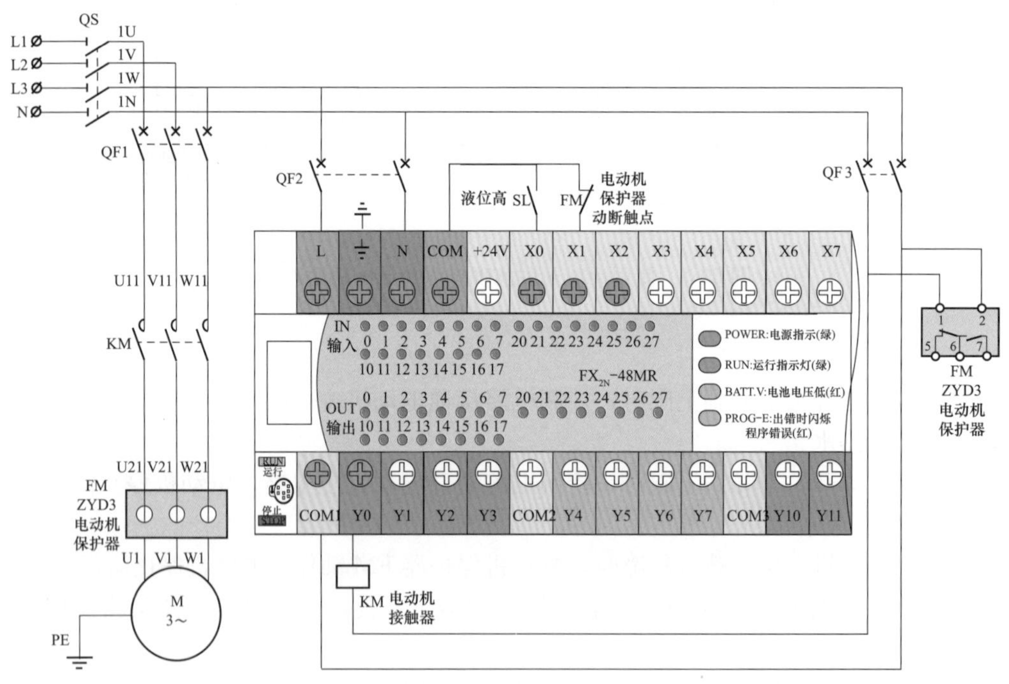

图 59-3　使用浮球开关实现排水控制电路 PLC 接线图

三、梯形图动作详解

1. 启动过程

闭合总电源开关 QS，闭合电动机主电路电源开关 QF1，闭合 PLC 输入继电器控制电源开关 QF2，闭合 PLC 输出继电器及电动机保护器控制电源开关 QF3。PLC 输入继电器 X001 信号指示灯亮。

当浮球开关在上限时（X000），回路经①→②→③→⓪号线闭合，输出继电器 Y000 “得电”，接通外部接触器 KM 线圈，电动机运行，系统开始排水。

2. 停止过程

当浮球开关在下限时，回路①→②断开，输出继电器 Y000 断开，外部接触器 KM1 线圈失电，电动机停止运行，系统停止排水。

3. 保护原理

当电动机在运行中发生电动机断相、过载、堵转、三相不平衡等故障，电动机保护器动断触点 FM（X001）（电动机 M 过载保护）断开，输入继电器 X001 信号指示灯熄灭，输出继电器 Y000 回路断开，外部接触器 KM 线圈失电，KM 主触头断开，电动机停止运行。

第 60 例 使用电接点压力表实现两台水泵自动运转及故障自投控制电路

一、继电器—接触器控制原理图

使用电接点压力表实现两台水泵自动运转及故障自投控制电路如图 60-1 所示。

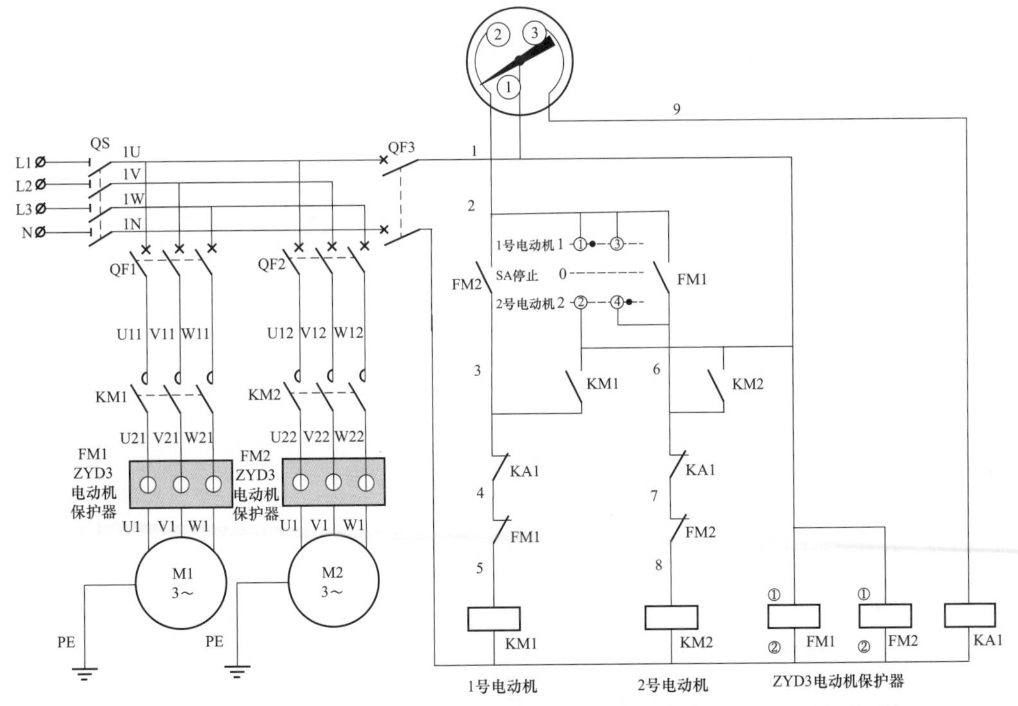

图 60-1 使用电接点压力表实现两台水泵自动运转及故障自投控制电路原理图

1. PLC 程序设计要求

（1）当电接点压力表压力在下限时，控制电路接通电动机主电路，并保持电动机自动运行，系统自动补水。

（2）当电接点压力表压力在上限时，控制电路断开电动机主电路，电动机停止运行，系统自动补水停止。

（3）通过 SA 转换开关，选择 1 号电动机或 2 号电动机运行。

（4）电动机保护器具有动断、动合两对辅助触头，当 1 号电动机过流时电动机保护器 FM1 动作电动机停止运行。并自动投运 2 号电动机，实现两台电动机自动互投功能。

（5）PLC 控制电路接线图中的电动机保护器 FM 使用动断接点，其余均使用动合接点。

（6）电动机保护器 FM 工作电源由外部控制电路电源直接供电。

（7）根据上面的控制要求列出输入、输出分配表。

（8）根据控制要求，用 PLC 基本指令设计梯形图程序。

（9）根据控制要求绘制 PLC 控制电路接线图。

2. 输入/输出设备及 I/O 元件配置分配表

输入/输出设备及 I/O 元件配置分配见表 60-1。

表 60-1　　输入/输出设备及 I/O 元件配置分配表

输入设备		PLC 输入继电器	输出设备		PLC 输出继电器
代号	功能		代号	功能	
SA	1 号电动机运行	X000	KM1	1 号电动机接触器	Y000
SA	2 号电动机运行	X001	KM2	2 号电动机接触器	Y001
SP	压力低	X002			
SP	压力高	X003			
FM1	电动机保护器	X004			
FM2	电动机保护器	X005			

二、程序及电路设计

1. PLC 梯形图

PLC 梯形图如图 60-2 所示。

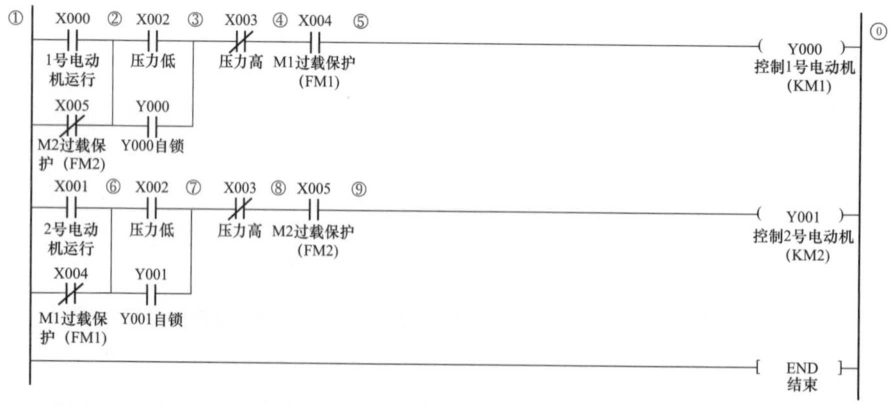

图 60-2　使用电接点压力表实现两台水泵自动运转及故障自投控制电路 PLC 梯形图

2. PLC 接线详图

PLC 接线图如图 60-3 所示。

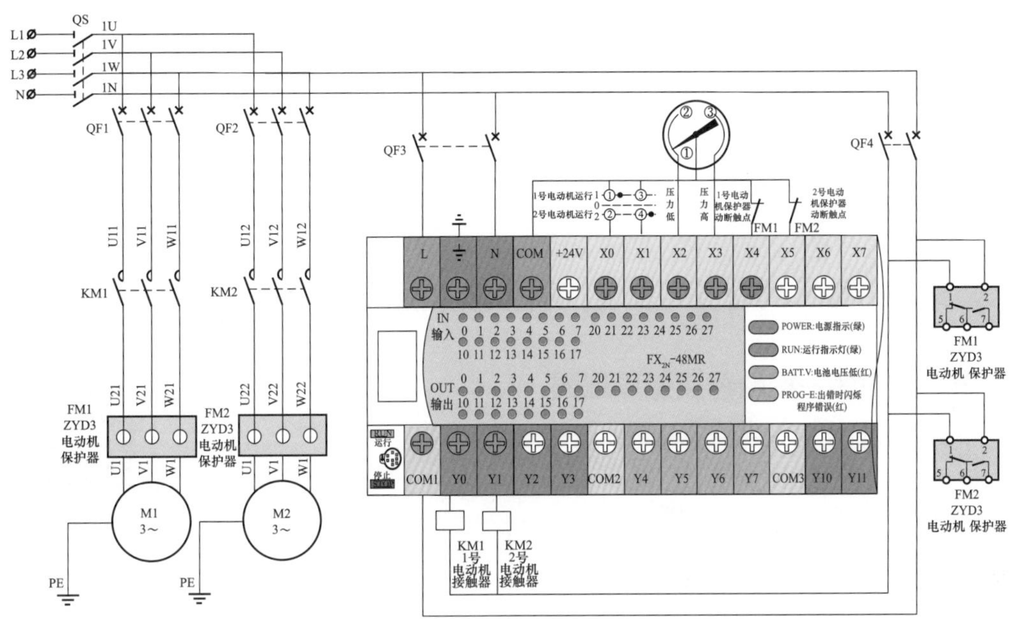

图 60-3　使用电接点压力表实现两台水泵自动运转及故障自投控制电路 PLC 接线图

三、梯形图动作详解

1. 启动过程

闭合总电源开关 QS，闭合电动机主电路电源开关 QF1、QF2，闭合 PLC 输入继电器控制电源开关 QF3，闭合 PLC 输出继电器及电动机保护器控制电源开关 QF4。PLC 输入继电器 X004、X005 信号指示灯亮。

将 SA 转关开关由“0”位转至“1”位，(X000) 触点接通，当 SP 电接点压力表压力低时，(X002) 触点接通，回路经①→②→③→④→⑤→⓪号线闭合，输出继电器 Y000“得电”，接通外部接触器 KM1 线圈，1 号电动机运行。同时②→③间的 Y000 动合触点接通，继电器 Y000 实现自锁，1 号电动机自动运行。

2. 停止过程

当 SP 电接点压力表压力高时，(X003) 触点断开，回路③→④断开，输出继电器 Y000 断开，外部接触器 KM1 线圈失电，1 号电动机停止运行，系统自动补水停止；或将 SA 转关开关手动由“1”位转至“0”位 (X001)，1 号电动机也会停止运行。

3. 转换过程

当电动机在运行中发生电动机断相、过载、堵转、三相不平衡等故障，输入继电器 X004 触点断开，输出继电器 Y000 回路断开，外部接触器 KM1 线圈失电，1 号电动机停止运行；同时①→⑥间的 X004 动断触点复位接通，此时电接点压力表压力低时，(X002) 触点接通，回路经①→⑥→⑦→⑧→⑨→⓪号线闭合，输出继电器 Y001“得电”，接通外部接触器 KM2 线圈，2 号电动机运行。同时⑦→⑧间的 Y001 动合触点接通，继电器 Y001 实现自锁，2 号电动机自动运行；2 号电动机运行方式与 1 号电动机同理。

4. 保护原理

当电动机在运行中发生电动机断相、过载、堵转、三相不平衡等故障，自动切换水泵运行。当电路、电动机或控制回路发生短路、过载故障后，电动机保护器动断触点 FM1（X004）、FM2（X005）（电动机 M 过载保护）断开，输入继电器 X004、X005 信号指示灯熄灭，输出继电器 Y000 或 Y001 回路断开，外部接触器 KM 和 KM2 线圈失电，电动机停止运行。

第 61 例　具有手动、自动控制功能的水箱补水控制电路

一、继电器—接触器控制原理图

手自动转换水箱补水控制电路如图 61-1 所示。

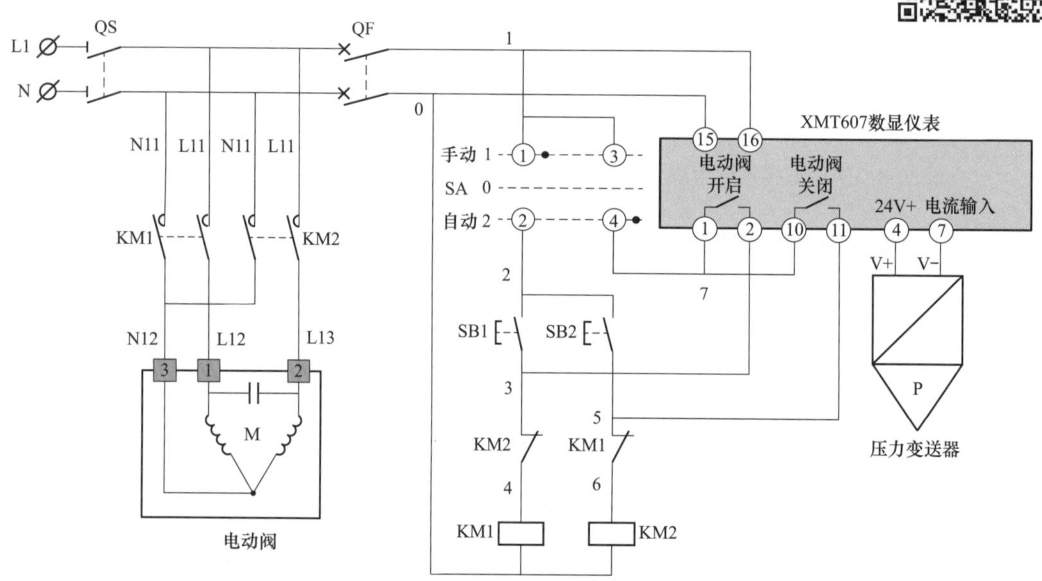

图 61-1　手自动转换水箱补水控制电路原理图

1. PLC 程序设计要求

（1）在手动状态下，按下按钮 SB1 电动阀开启，松开 SB1 电动阀停止开启。

（2）按下按钮 SB2 电动阀关闭，松开 SB2 电动阀停止关闭。

（3）在自动状态下，当水位下降至下限水位时，电动阀开启补水。

（4）当上升至上限水位时，电动阀关闭补水。

（5）根据上面的控制要求列出输入、输出分配表。

（6）根据控制要求，用 PLC 基本指令设计梯形图程序。

（7）根据控制要求绘制 PLC 控制电路接线图。

2. 输入/输出设备及 I/O 元件配置分配表

输入/输出设备及 I/O 元件配置分配见表 61-1。

表 61-1　输入/输出设备及 I/O 元件配置分配表

输入设备		PLC 输入继电器	输出设备		PLC 输出继电器
代号	功能		代号	功能	
SB1	正转按钮	X000	KM1	开阀接触器	Y000
SB2	反转按钮	X001	KM2	关阀接触器	Y001
SA	手动位置转换开关	X002			
SA	自动位置转换开关	X003			
KA1	电动阀开启继电器	X004			
KA2	电动阀关闭继电器	X005			

二、程序及电路设计

1. PLC 梯形图

PLC 梯形图如图 61-2 所示。

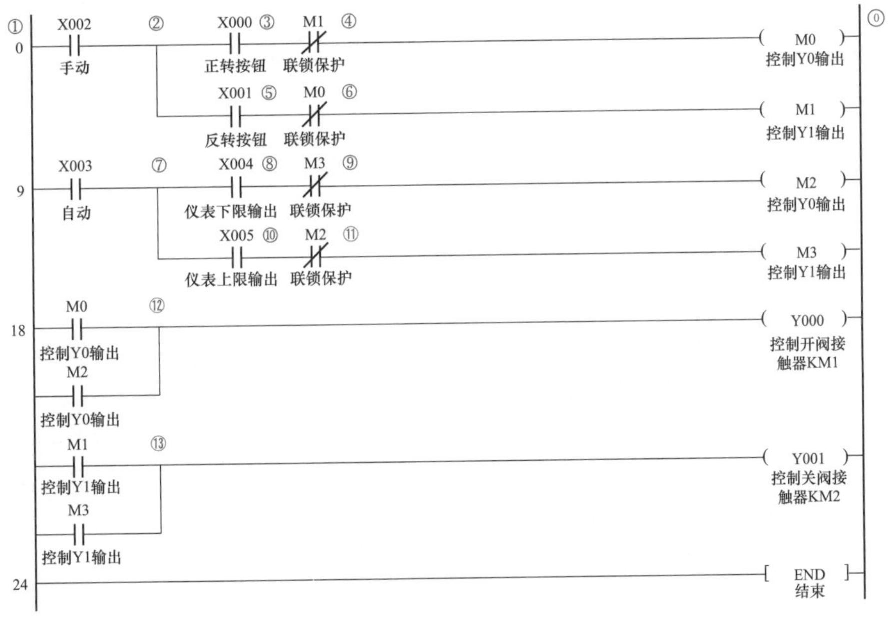

图 61-2　手自动转换水箱补水控制电路 PLC 梯形图

2. XMT607 数显仪表所用端子及参数设置

相关端子及参数功能含义的详解见表 61-2。

表 61-2　XMT607 数显仪表所用端子及参数设置

序号	端子名称	功能	功能代码	设定数据	设定值含义说明
1	15 16	工作电源			[L]、[N] 所用电源为交流 220V
2	1 2	J1 继电器			J1 继电器动作时电动阀开启
3	10 11	J2 继电器			J2 继电器动作时电动阀关闭

续表

序号	端子名称	功能	功能代码	设定数据	设定值含义说明
4	4	24V 直流电源正极			仪表自带直流 24V+电源输出，用于两线制仪表接法
5		输入输出信号类型	PP89	0018	设定 0018 的含义为： 00：仪表变送输出类型为 4～20mA，本实例未使用； 18：仪表输入信号为 4～20mA，本实例接收压力变送器信号
6		设定量程上下限及变送输出上下限	PP36	0、5	设定 0、5 的含义为： 对应压力变送器量程，当压力变送器回传 4mA 时，仪表显示为 0。当压力变送器回传 20mA 时，仪表显示为 5
7		设定继电器吸合值、释放值	PP01	1.6、1.8 2.6、2.4	设定 1.6、1.8，2.6、2.4 的含义为： 当液位低于 1.6m 时，电动阀开启，当液位达到 1.8m 时电动阀停止开启； 当液位高于 2.6m 时，电动阀关闭，当液位达到 2.4m 时电动阀停止关闭

3. PLC 接线详图

PLC 接线图如图 61-3 所示。

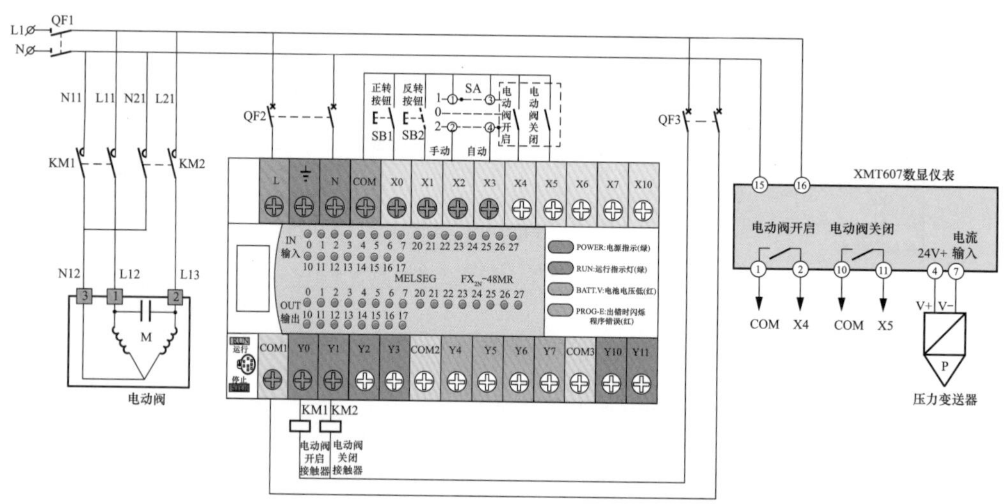

图 61-3　手自动转换水箱补水控制电路 PLC 接线图

三、梯形图动作详解

1. 手动控制

闭合总电源开关 QF1，闭合 PLC 输入继电器控制电源开关 QF2，闭合 PLC 输出继电器控制电源开关 QF3。

当转换开关置于手动位置时，(X002) 接通。按下正转按钮 SB1 (X000)，回路经①→②→③→④→⓪号线闭合，辅助继电器 M0 “得电”，M0 动合触点接通，回路经①→⑫→⓪号线闭合，输出继电器 Y000 “得电”，接通外部接触器 KM1，电动阀点动开启。按下反转按钮 SB2 (X001)，回路经①→②→⑤→⑥→⓪号线闭合，辅助继电器 M1

"得电"，M1 动合触点接通，回路经①→⑬→⓪号线闭合输出继电器 Y001 "得电"，接通外部接触器 KM2，电动阀点动关闭。

2. 自动控制

当 SA 转换开关置于自动位置时，(X003) 接通。当水位低于设定液位 1.6m 时，数显仪表 1 号、2 号端子闭合，PLC 的 X004 端子与 COM 闭合，X004 接通，回路经①→⑦→⑧→⑨→⓪号线闭合，辅助继电器 M2 "得电"，M2 动合触点接通，回路经①→⑫→⓪号线闭合，输出继电器 Y000 "得电"，接通外部接触器 KM1，电动阀开启水箱进行补水。当液位升至 1.8m 时，PLC 的 X004 端子与 COM 断开，输出继电器 Y000 "失电"，电动阀停止开启，此时电动阀处于开启状态，水箱持续补水。

当水位高于设定液位 2.6m 时，数显仪表 10 号、11 号端子闭合，PLC 的 X005 端子与 COM 闭合，X005 接通，回路经①→⑦→⑩→⑪→⓪号线闭合，辅助继电器 M3 "得电"，M3 动合触点接通，回路经①→⑬→⓪号线闭合，输出继电器 Y001 "得电"，接通外部接触器 KM2 电动阀关闭，水箱补水停止。当液位降至 2.4m 时，PLC 的 X005 端子与 COM 断开，输出继电器 Y001 "失电" 电动阀停止关闭，此时电动阀处于关闭状态，水箱停止补水。

当水箱液位达到下限液位后，继续开阀补水，如此循环。

3. 保护原理

当电路、电动阀或控制回路发生短路、过载故障后，主回路开关 QF1、PLC 输入端控制电源开关 QF2 或 PLC 输出端控制回路电源开关 QF3 相应动作，切断主电路或控制回路。

第 62 例　两台水泵电动机一用一备控制电路

一、继电器—接触器控制原理图

两台水泵电动机一用一备控制电路如图 62-1 所示。

1. PLC 程序设计要求

(1) 当转换开关 SA 在 0 挡位时为空档，按下启动按钮电动机无法启动。

(2) 当转换开关 SA 在 1 挡位时，按下 1 号电动机启动按钮，1 号电动机启动运行。

(3) 当转换开关 SA 在 1 挡位时，按下 1 号电动机停止按钮，1 号电动机停止运行。

(4) 当转换开关 SA 在 2 挡位时，按下 2 号电动机启动按钮，2 号电动机启动运行。

(5) 当转换开关 SA 在 2 挡位时，按下 2 号电动机停止按钮，2 号电动机停止运行。

(6) 当电动机发生过载等故障时，电动机保护器 FM 动作，电动机停止运行。

(7) PLC 控制电路接线图中的电动机保护器 FM 及停止按钮 SB 均使用动断触点，其余均使用动合触点。

(8) 电动机保护器 FM 工作电源由外部控制电路电源直接供电。

(9) 根据上面的控制要求列出输入、输出分配表。

(10) 根据控制要求，用 PLC 基本指令设计梯形图程序。

(11) 根据控制要求绘制 PLC 控制电路接线图。

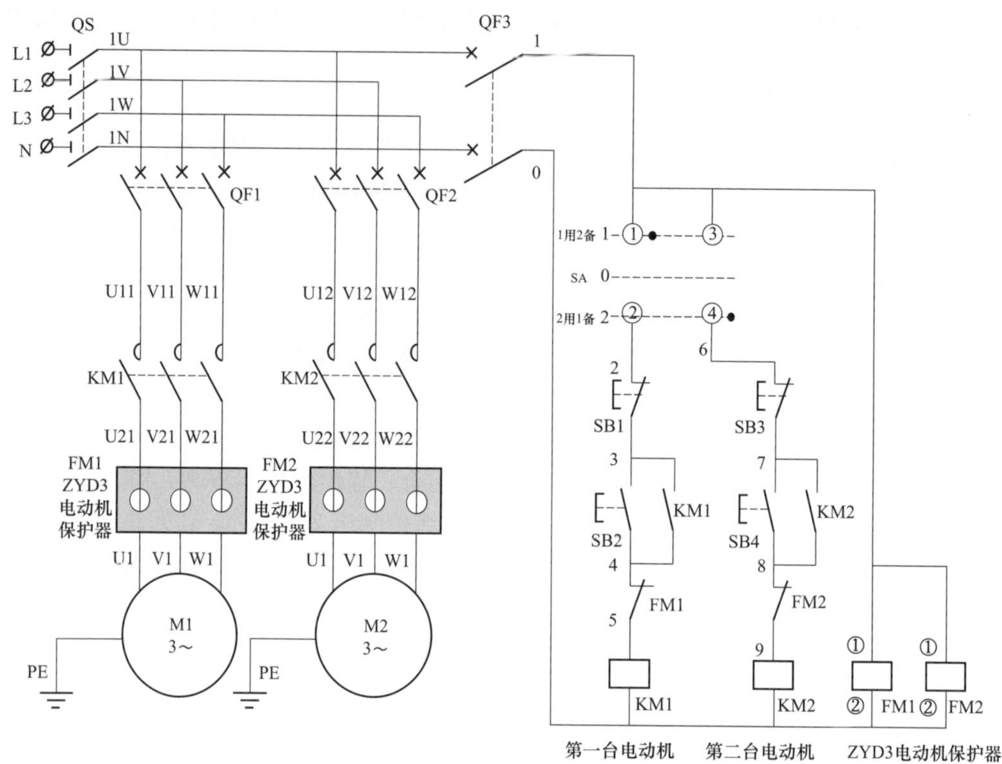

图 62-1　两台水泵电动机一用一备控制电路原理图

2. 输入/输出设备及 I/O 元件配置分配表

输入/输出设备及 I/O 元件配置分配见表 62-1。

表 62-1　　输入/输出设备及 I/O 元件配置分配表

输入设备		PLC输入继电器	输出设备		PLC输出继电器
代号	功能		代号	功能	
SA	1 号用位置转换开关	X000	KM1	1 号水泵电动机接触器	Y000
SA	2 号用位置转换开关	X001	KM2	2 号水泵电动机接触器	Y001
SB1	1 号水泵启动按钮	X002			
SB2	2 号水泵启动按钮	X003			
SB3	1 号水泵停止按钮	X004			
SB4	2 号水泵停止按钮	X005			
FM1	1 号电动机保护器	X006			
FM2	2 号电动机保护器	X007			

二、程序及电路设计

1. PLC 梯形图

PLC 梯形图如图 62-2 所示。

2. PLC 接线详图

PLC 接线图如图 62-3 所示。

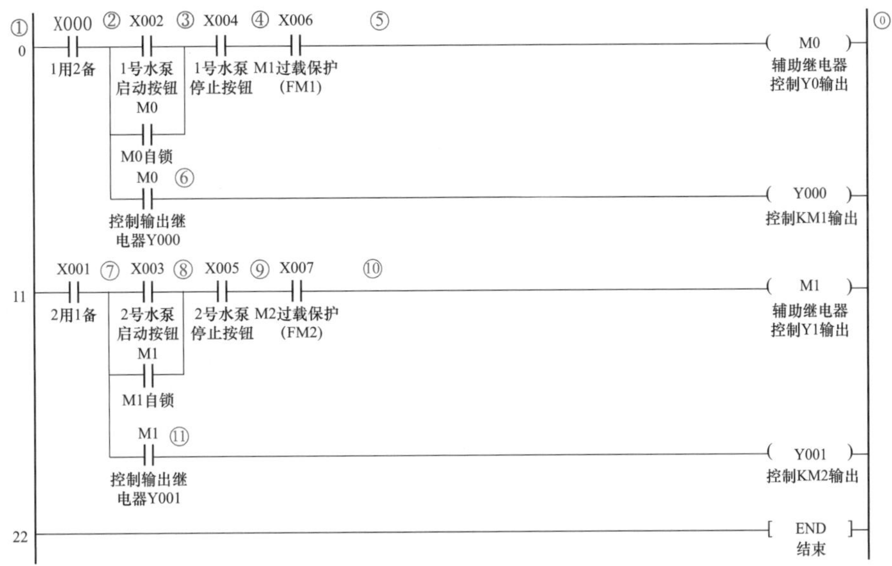

图 62-2　两台水泵电动机一用一备控制电路 PLC 梯形图

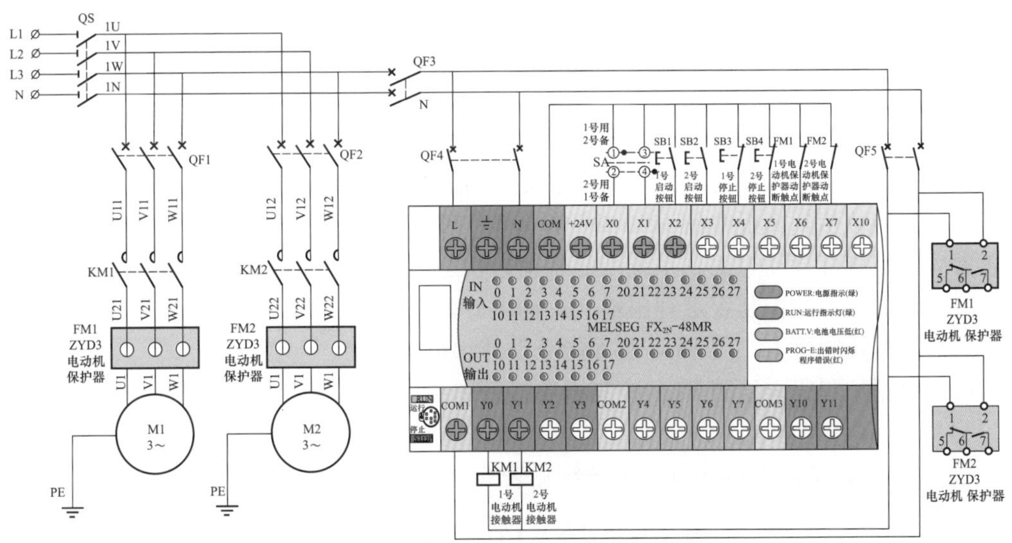

图 62-3　两台水泵电动机一用一备控制电路 PLC 接线图

三、梯形图动作详解

闭合总电源开关 QS，主电路电源开关 QF1、QF2，PLC 输入继电器控制电源开关 QF3、QF4，PLC 输入继电器 X004、X005、X006、X007 信号指示灯亮，闭合 PLC 输出继电器控制电源开关 QF5。

1. 启动过程

当转换开关 SA 在 1 挡位时（X000），按下启动按钮 SB1，回路经①→②→③→④→⑤→⓪号线闭合，辅助继电器 M0 线圈“得电”，M0 动合触点接通，回路经⑥→⓪号线闭合，输出继电器 Y000“得电”，接通外部接触器 KM1 线圈，电动机 M1 运行。

当转换开关SA在2挡位时（X001），按下启动按钮SB2，回路经①→⑦→⑧→⑨→⑩→⓪号线闭合，辅助继电器M1线圈“得电”，M1动合触点接通，回路经⑪→⓪号线闭合，输出继电器Y001“得电”，接通外部接触器KM2线圈，电动机M2运行。

2. 停止过程

运行时按下停止按钮SB3（X004）或SB4（X005），输出继电器Y000或Y001断开，外部接触器KM1或KM2线圈失电，电动机停止运行。

3. 保护原理

当电动机在运行中发生电动机断相、过载、堵转、三相不平衡等故障，电动机保护器动断触点FM1（X006）、FM2（X007）（电动机M过载保护）断开，输入继电器X006、X007信号指示灯熄灭，输出继电器Y000和Y001回路断开，外部接触器KM1和KA1和KM2线圈失电，电动机停止运行。

第63例　使用浮球液位开关实现储罐液位高低声光报警控制电路

一、控制原理

使用浮球液位开关，实现储罐液位高低声光报警控制，当液位达到高报警值或低报警值时，报警系统发出声光报警信号，灯光以亮2s灭1s的方式闪烁。

1. PLC程序设计要求

（1）按下外部试验按钮SB1，系统发出声光报警信号。

（2）按下外部消音按钮SB2，报警系统音响消失，灯光转常亮。

（3）当液位达到高报警值LS1或低报警值LS2时，报警系统发出声光报警信号，液位正常后，报警灯自动熄灭，系统恢复到初始状态。

（4）根据上面的控制要求列出输入、输出分配表。

（5）根据控制要求，用PLC基本指令设计梯形图程序。

（6）根据控制要求绘制PLC控制电路接线图。

2. 输入/输出设备及I/O元件配置分配表

输入/输出设备及I/O元件配置分配见表63-1。

表63-1　　输入/输出设备及I/O元件配置分配表

输入设备		PLC输入继电器	输出设备		PLC输出继电器
代号	功能		代号	功能	
SB1	试验按钮	X000	HL1	液位高报警指示灯	Y000
SB2	消音按钮	X001	HL2	液位低报警指示灯	Y001
LS1	液位高报警	X002	HA	蜂鸣器	Y002
LS2	液位低报警	X003			

二、程序及电路设计

1. PLC梯形图

PLC梯形图如图63-1所示。

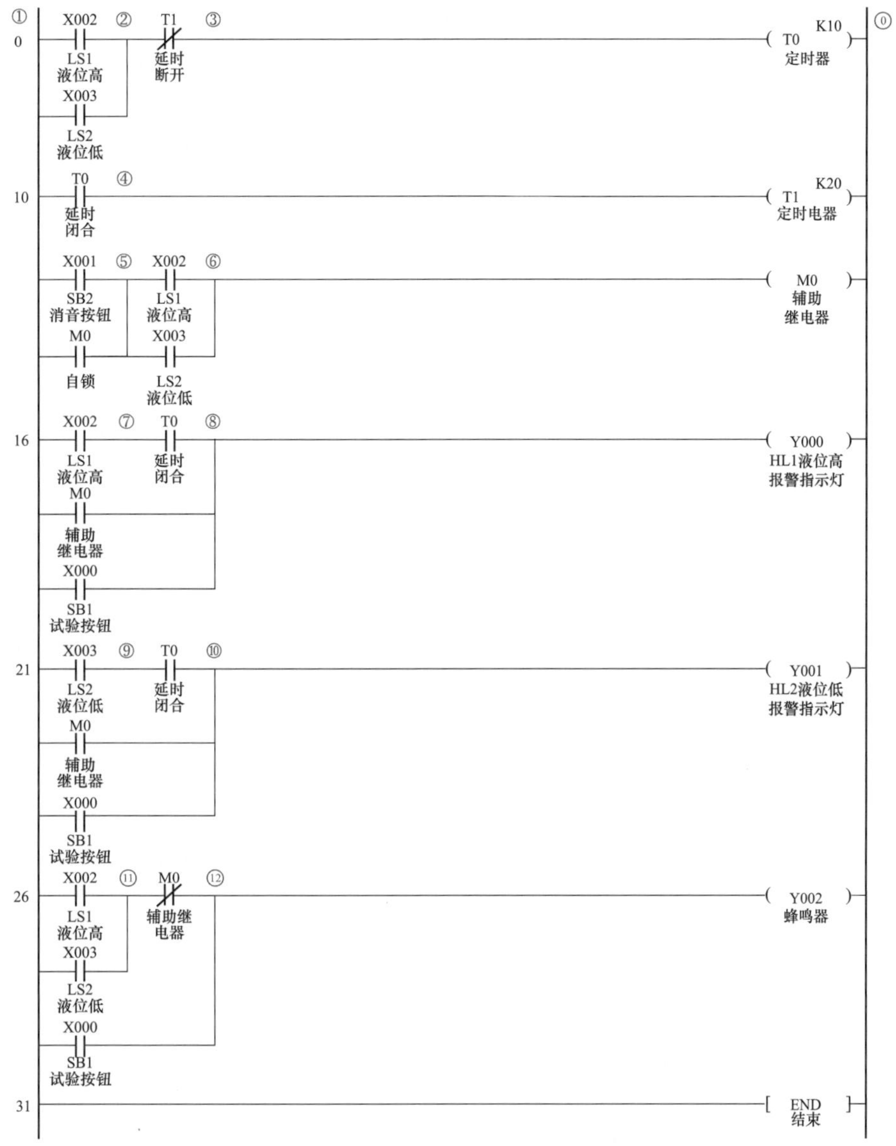

图 63-1 使用浮球液位开关实现储罐液位高低声光报警控制电路 PLC 梯形图

2. PLC 接线详图

PLC 接线图如图 63-2 所示。

三、梯形图动作详解

闭合 PLC 输入继电器控制电源开关 QF1，PLC 输出继电器控制电源开关 QF2。

1. 启动过程

当高液位浮球开关 LS1（X002）或低液位浮球开关 LS2（X003）动合触点接通，回路经①→②→③→⓪号线闭合，定时器 T0 “得电”，1s 后定时器 T0 动合触点接通，回路①→④→⓪号线闭合，定时器 T1 “得电”，2s 后 T1 定时器动断触点断开，T0 失电，T0 定时器动合触点断开，T1 定时器动断触点接通，T0 定时器 “得电”。如此循环就构成一个振动电路。如果是液位高报警，则回路①→⑦→⑧→⓪号线闭合，输出继电器

Y000“得电”，HL1 高液位报警指示灯亮，并以亮 2s 灭 1s 的方式闪烁。同时回路①→⑪→⑫→⓪号线闭合，输出继电器 Y002“得电”，HA 蜂鸣器发出报警音响。如果是液位低报警，则回路①→⑨→⑩→⓪号线闭合，输出继电器 Y001“得电”，HL2 低液位报警指示灯亮，并以亮 2s 灭 1s 的方式闪烁。同时回路①→⑪→⑫→⓪号线闭合，输出继电器 Y002“得电”，HA 蜂鸣器发出报警音响。

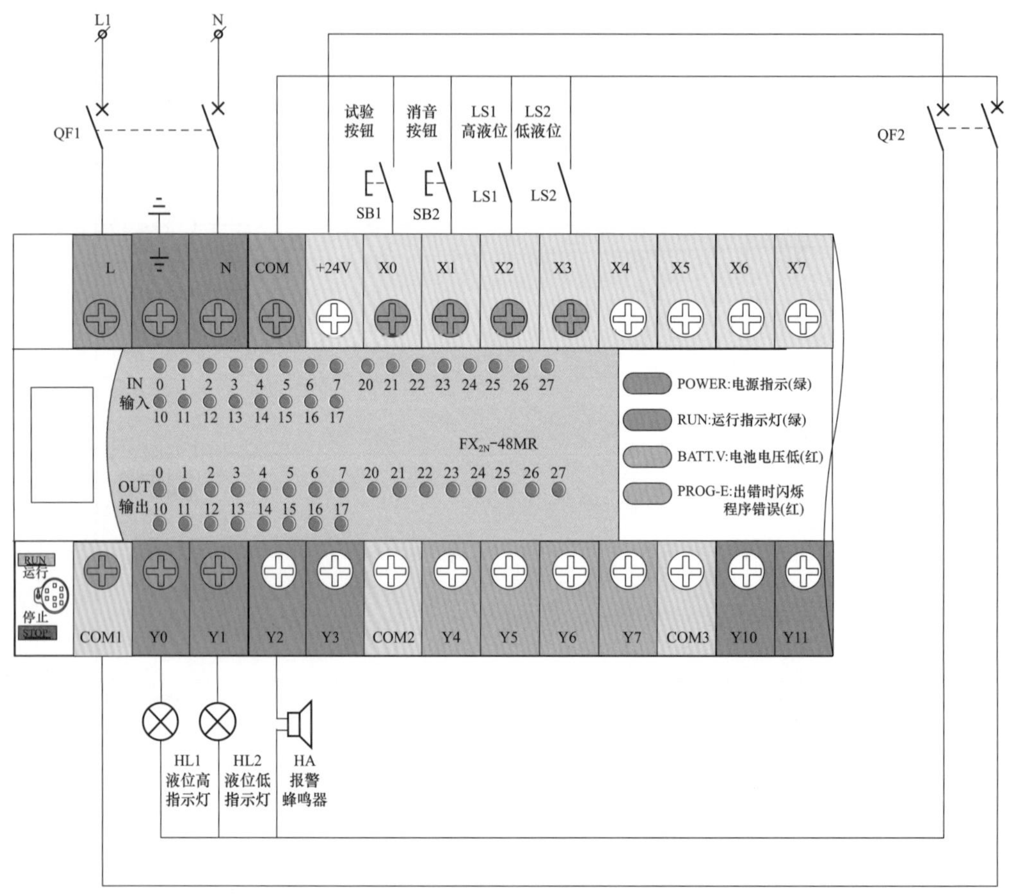

图 63-2 使用浮球液位开关实现储罐液位高低声光报警控制电路 PLC 接线图

2. 消音过程

按下消音按钮 SB2（X001），回路①→⑤→⑥→⓪号线闭合，辅助继电器 M0“得电”，回路①→⑤M0 动合触点接通，实现自锁。同时回路①→⑧、①→⑩M0 动合触点接通，HL1 或 HL2 报警指示灯常亮。同时回路①→⑫M0 动断触点断开，输出继电器 Y002“失电”，HA 蜂鸣器停止报警音响信号。

3. 试验过程

当按下实验按钮 SB1（X000），回路①→⑧→⓪、①→⑩→⓪、①→⑫→⓪号线闭合，输出继电器 Y000、Y001、Y002“得电”，HL1、HL2 报警指示灯亮，HA 蜂鸣器发出音响信号。断开实验按钮 SB1（X000），回路①→⑧→⓪、①→⑩→⓪、①→⑫→⓪号线断开，输出继电器 Y000、Y001、Y002“失电”，HL1、HL2 报警指示灯熄灭，HA 蜂鸣器停止发出音响信号。

4. 保护原理

当电路发生短路故障后，PLC 输入端控制电源 QF1 或 PLC 输出端控制回路电源 QF2 断开，切断主电路或控制回路。

第 64 例　温度开关实现温度控制电路

一、继电器—接触器控制原理图

温度开关实现温度控制电路如图 64-1 所示。

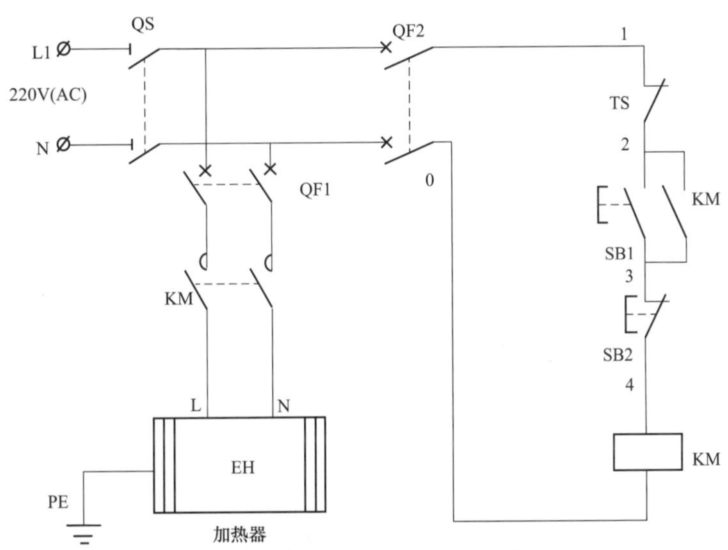

图 64-1　温度开关实现温度控制电路原理图

1. PLC 程序设计要求

(1) 按下外部启动按钮 SB1 加热器通电，当介质温度达到温度设定值时温度开关动作，加热器断电。

(2) PLC 控制电路接线图中停止按钮 SB2 使用动断触点。

(3) 在任意温度按下外部停止按钮 SB2，加热器断电停止加热。

(4) 根据上面的控制要求列出输入、输出分配表。

(5) 根据控制要求，用 PLC 基本指令设计梯形图程序。

(6) 根据控制要求绘制 PLC 控制电路接线图。

2. 输入/输出设备及 I/O 元件配置分配表

输入/输出设备及 I/O 元件配置分配见表 64-1。

表 64-1　输入/输出设备及 I/O 元件配置分配表

输入设备		PLC 输入继电器	输出设备		PLC 输出继电器
代号	功能		代号	功能	
SB1	启动按钮	X000	KM	加热器 EH 接触器	Y000
SB2	停止按钮	X001			
TS	温度开关	X002			

二、程序及电路设计

1. PLC 梯形图

PLC 梯形图如图 64-2 所示。

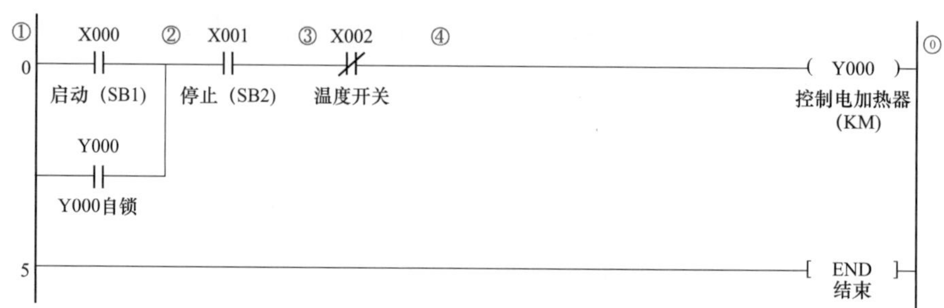

图 64-2　温度开关实现温度控制电路 PLC 梯形图

2. PLC 接线详图

PLC 接线图如图 64-3 所示。

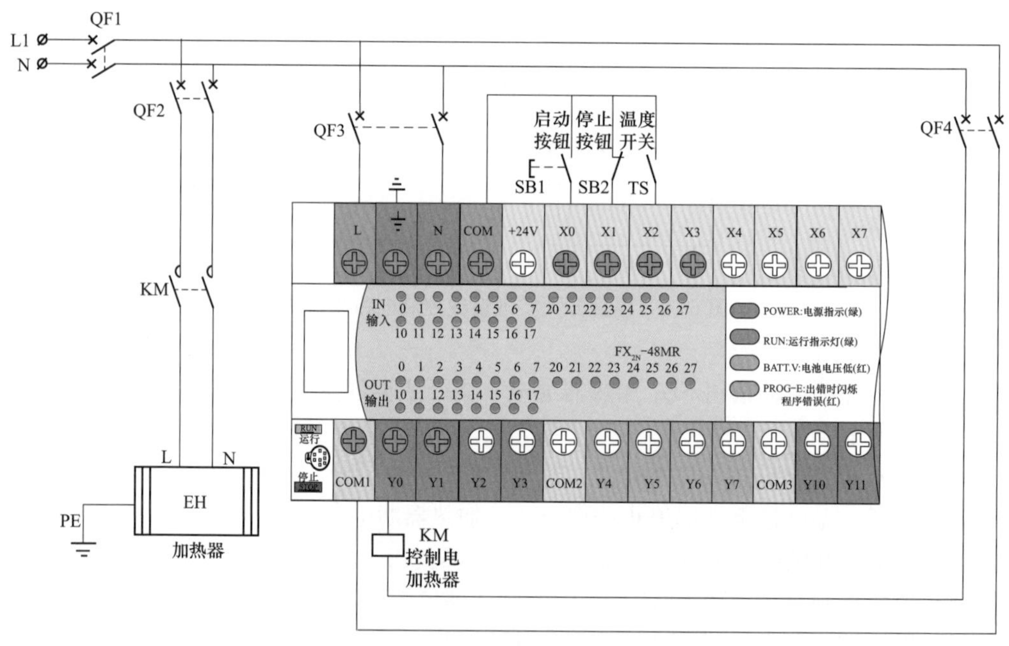

图 64-3　温度开关实现温度控制电路 PLC 接线图

三、梯形图动作详解

闭合总电源 QF1、加热器电源 QF2、PLC 输入继电器控制电源开关 QF3，PLC 输入继电器 X001 信号指示灯亮，闭合 PLC 输出继电器控制电源开关 QF4。

1. 启动过程

按下启动按钮 SB1（X000），回路经①→②→③→④→⓪号线闭合，输出继电器 Y000“得电”，接通外部接触器 KM 线圈，电加热器 EH 得电加热。同时①→②间的 Y000 动合触点接通，继电器 Y000 实现自锁，EH 连续加热。

2. 停止过程

按下停止按钮 SB2（X001），回路②→③断开，输出继电器 Y000 断开，外部接触器 KM 线圈失电，电加热器 EH 停止加热。另外，当温度开关 TS（X002）动作，回路③→④断开，输出继电器 Y000 断开，外部接触器 KM 线圈失电，电加热器 EH 停止加热。

3. 保护原理

当电路、电加热器或控制回路发生短路、过载故障后，主回路 QF1、QF2，PLC 输入端控制电源 QF3 或 PLC 输出端控制回路电源 QF4 相应动作，切断主电路或控制回路。

第 65 例　使用压力、温度的高低实现泵联锁停机控制电路

一、继电器—接触器控制原理图

压力、温度的高低实现泵联锁停机控制电路如图 65-1 所示。

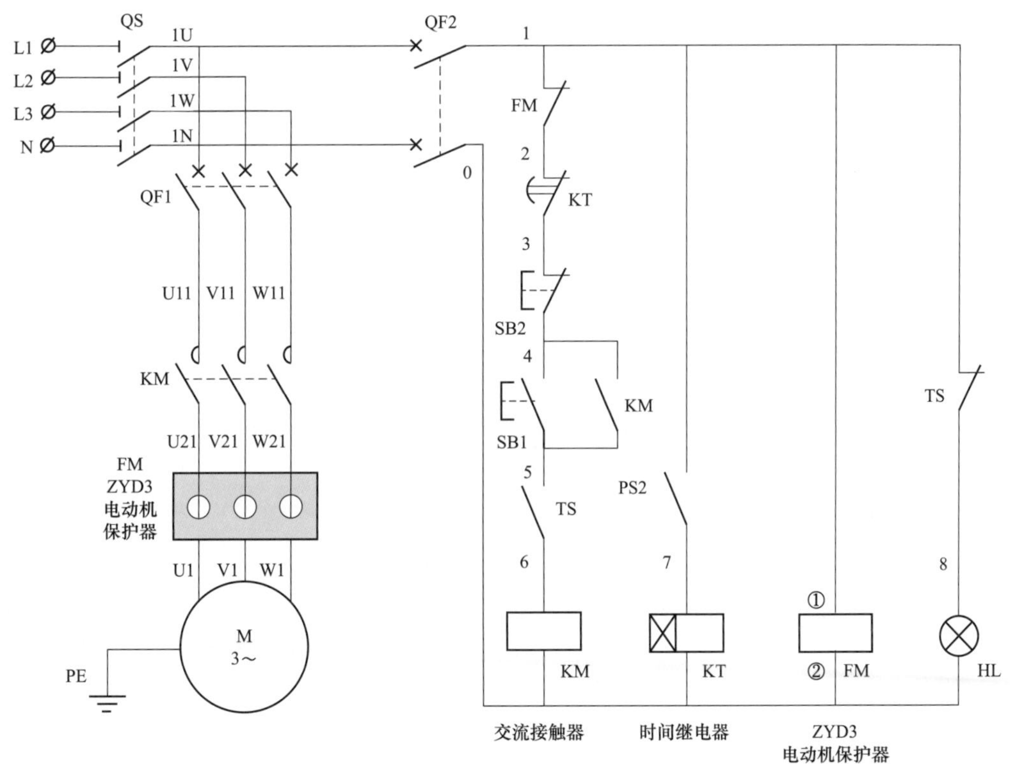

图 65-1　应用压力、温度的高低实现泵联锁停机控制电路原理图

1. PLC 程序设计要求

（1）为保证储水罐出口泵正常运行，要求罐内介质温度等于或高于 TS 设定值要求，未满足其条件要求时红灯亮，并无法启泵并声光报警。

（2）当罐内介质压力低于 PS1 设定值时无法启泵，低于 PS2 设定值时声光报警并延时 5s 联锁停泵。

(3) 在任意时间段按下外部停止按钮时泵停止。
(4) 程序中设有声光报警试验按钮。
(5) PLC控制电路接线图中停止按钮SB2使用动断触点，其余均使用动合触点。
(6) 电动机保护器FM工作电源由外部控制电路电源直接供电。
(7) 根据上面的控制要求列出输入、输出分配表。
(8) 根据控制要求，用PLC基本指令设计梯形图程序。
(9) 根据控制要求绘制PLC控制电路接线图。

2. 输入/输出设备及I/O元件配置分配表

输入/输出设备及I/O元件配置分配见表65-1。

表65-1 输入/输出设备及I/O元件配置分配表

输入设备		PLC 输入继电器	输出设备		PLC 输出继电器
代号	功能		代号	功能	
SB1	启动按钮	X000	KM	电动机接触器	Y000
SB2	停止按钮	X001	HL1	温度低报警指示灯	Y001
TS	温度开关	X002	HL2	压力低报警指示灯	Y002
PS1	压力低开关	X003	HL3	允许启动指示灯	Y003
PS2	压力超低开关	X004	HA	蜂鸣器	Y004
SB3	声光报警试验按钮	X005	HL5	泵运行指示灯	Y005
FM	电动机保护器	X006	HL6	泵停止指示灯	Y006
			HL7	允许启动指示灯	Y007

二、程序及电路设计

1. PLC梯形图

PLC梯形图如图65-2所示。

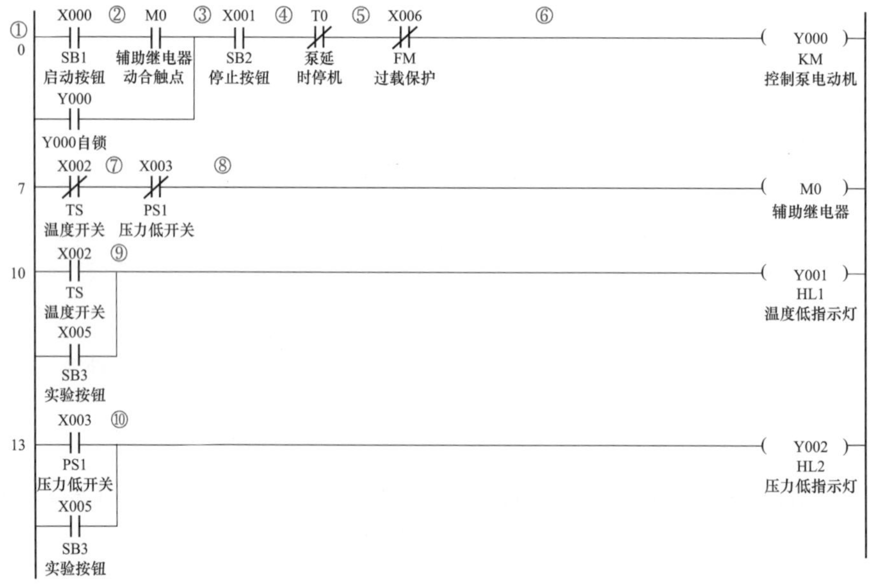

图65-2 压力、温度的高低实现泵联锁停机控制电路PLC梯形图

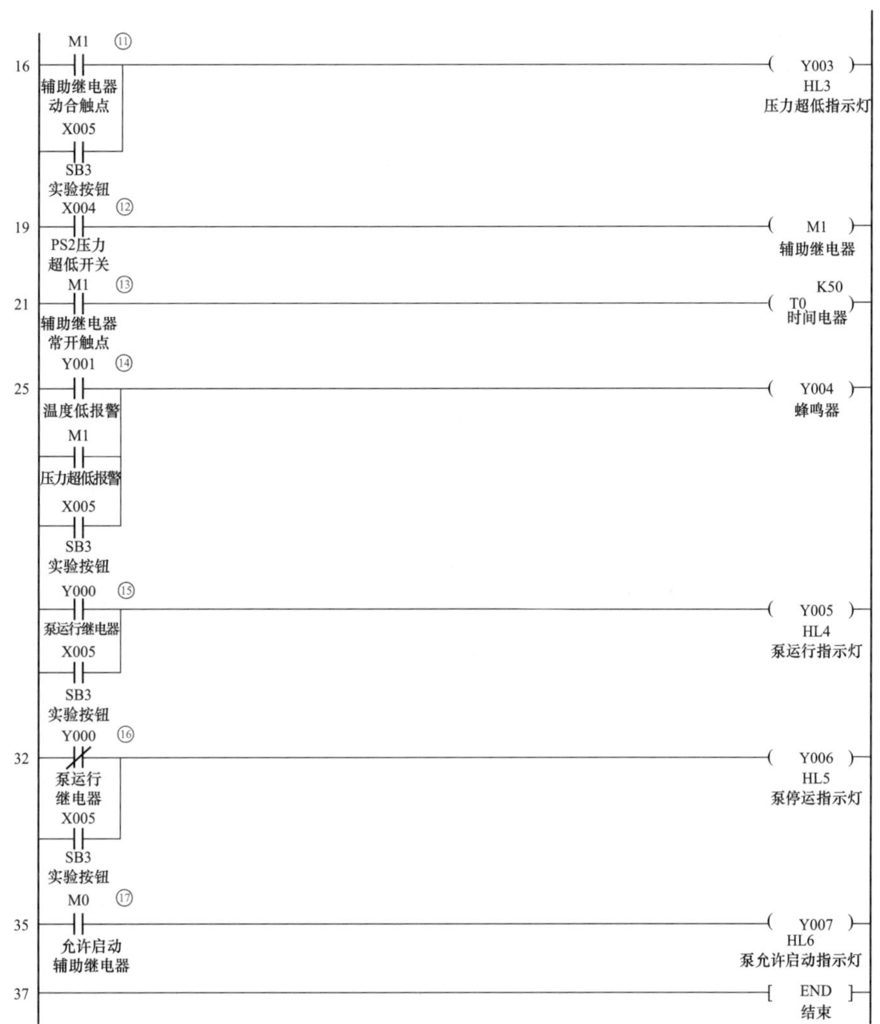

图 65-2　压力、温度的高低实现泵联锁停机控制电路 PLC 梯形图（续）

2. PLC 接线详图

PLC 接线图如图 65-3 所示。

三、梯形图动作详解

闭合总电源开关 QS，闭合电动机主电路电源开关 QF1，闭合 PLC 控制电源开关 QF2，闭合 PLC 输出继电器及电动机保护器控制电源开关 QF3。

1. 启动过程

由于 SB2（X001）触点处于闭合状态，PLC 输入继电器 X001 信号指示灯亮，梯形图中③→④触点接通。只有当介质温度、压力达到或高于设定值时，温度开关 TS（X002）、压力开关 PS1（X003）触点接通，回路①→⑦→⑧→⓪号线闭合，②→③间的辅助继电器 M0 动合触点接通。同时①→⑰→⓪号线闭合，输出继电器 Y007“得电”，允许启动指示灯亮。按下启动按钮 SB1（X000），回路①→②→③→④→⑤→⑥→⓪号线闭合，输出继电器 Y000“得电”，接通外部接触器 KM 线圈，电动机 M“得电”运行。同时①→②间的 Y000 动合触点闭合，输出继电器 Y000 实现自锁，电动机 M 连续运行。同时①→⑮→⓪号线闭合，输出继电器 Y005“得电”，泵运行指示灯亮。

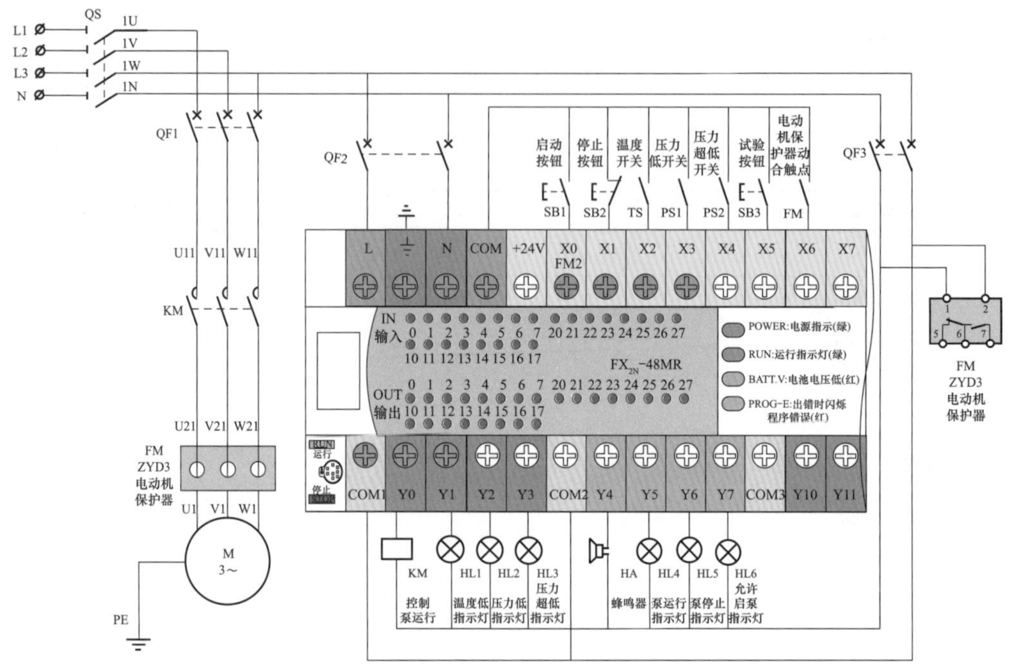

图 65-3　压力、温度的高低实现泵联锁停机控制电路 PLC 接线图

2. 停止过程

按下停止按钮 SB2（X001），回路①→②→③→④→⑤→⑥→⓪号线断开，输出继电器 Y000“失电”，断开外部接触器 KM 线圈，电动机 M“失电”停止运行。同时①→②间的 Y000 动合触点断开，继电器 Y000 解除自锁。①→⑯→⓪号线闭合，输出继电器 Y006“得电”，泵停止运行指示灯亮。

3. 保护原理

当介质温度低于设定值时，温度开关 TS（X002）动合触点闭合，回路①→⑨→⓪号线闭合，输出继电器 Y001“得电”，温度低指示灯亮。同时①→⑭→⓪号线闭合，输出继电器 Y004“得电”，蜂鸣器报警。当介质压力低于设定值 PS1（X003）时，压力开关 PS1（X003）动合触点闭合，回路①→⑩→⓪号线闭合，输出继电器 Y002“得电”，压力低指示灯亮。当压力超低开关 PS2（X004）动合触点闭合，回路①→⑫→⓪号线闭合，辅助继电器 M1“得电”，回路①→⑪→⓪号线闭合，输出继电器 Y003“得电”，压力超低指示灯亮。同时回路①→⑭→⓪号线闭合，输出继电器 Y004“得电”，蜂鸣器报警。同时回路①→⑬→⓪号线闭合，定时器 T0“得电”延时 5s，回路①→②→③→④→⑤→⑥→⓪号线开路，输出继电器 Y000“失电”，断开外部接触器 KM 线圈，电动机 M“失电”停止运行。同时①→②间的 Y000 动合触点断开，输出继电器 Y000 解除自锁，电动机 M 停止运行。同时①→⑯→⓪号线闭合，输出继电器 Y006“得电”，泵停止运行指示灯亮。

4. 声光试验

按下试验按钮 SB3（X005），回路①→⑨→⓪、①→⑩→⓪、①→⑪→⓪、①→⑭→⓪、①→⑮→⓪、①→⑯→⓪号线闭合，输出继电器 Y001-Y006 “得电”，温度低指示灯、压力低指示灯亮，压力超低指示灯亮、泵运行指示灯、泵停止运行指示灯亮，蜂鸣器报警。

5. 保护原理

当电动机在运行中发生电动机断相、过载、堵转、三相不平衡等故障，电动机保护器动断触点 FM（X006）（电动机 M 过载保护）断开，输入继电器 X006 信号指示灯熄灭输出继电器 Y000 回路断开，外部接触器 KM 线圈失电，KM 主触头断开，电动机停止运行。

第 66 例　使用压力开关带动电磁阀实现储罐自动泄压控制电路

一、继电器—接触器控制原理图

使用压力开关带动电磁阀实现储罐自动泄压控制电路如图 66-1 所示。

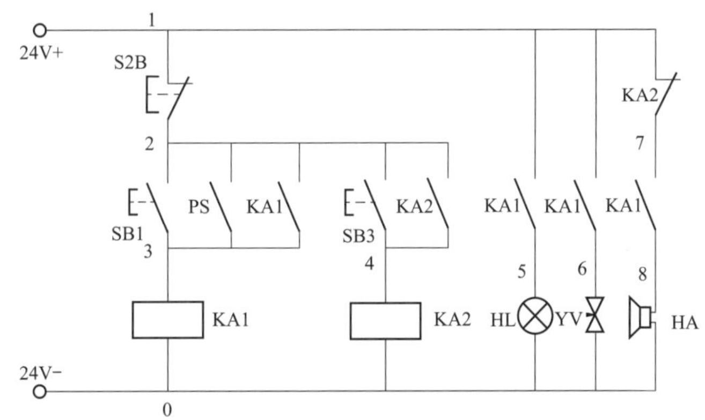

图 66-1　使用压力开关带动电磁阀实现储罐自动泄压控制电路原理图

1. PLC 程序设计要求

（1）按下外部试验按钮 SB1 报警指示灯亮、蜂鸣器发出报警音响，电磁阀 YV 上电动作。

（2）按下外部消音按钮 SB3 蜂鸣器消音，报警指示灯亮，电磁阀 YV 保持。

（3）按下外部复位按钮 SB2 报警指示灯灭，电磁阀 YV 失电。

（4）当储罐压力达到压力设定值时，压力开关 PS 闭合，电磁阀 YV 控制继电器 KA 上电，报警指示灯亮、蜂鸣器发出报警音响，电磁阀 YV 动作开始泄压。

（5）根据上面的控制要求列出输入、输出分配表。

（6）根据控制要求，用 PLC 基本指令设计梯形图程序。

（7）根据控制要求绘制 PLC 控制电路接线图。

2. 输入/输出设备及 I/O 元件配置分配表

输入/输出设备及 I/O 元件配置分配见表 66-1。

表 66-1　　　　输入/输出设备及 I/O 元件配置分配表

输入设备		PLC 输入继电器	输出设备		PLC 输出继电器
代号	功能		代号	功能	
SB1	试验按钮	X000	KA	电磁阀 YV 继电器	Y000
SB2	复位按钮	X001	HL	报警指示灯	Y001
SB3	消音按钮	X002	HA	蜂鸣器	Y002
PS	压力开关	X003			

二、程序及电路设计

1. PLC 梯形图

PLC 梯形图如图 66-2 所示。

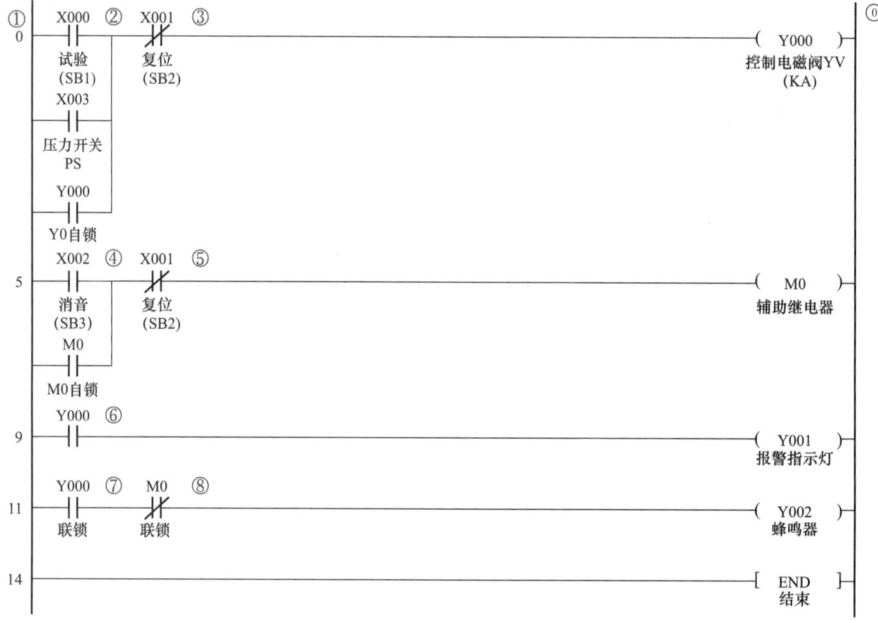

图 66-2　使用压力开关带动电磁阀实现储罐自动泄压控制电路 PLC 梯形图

2. PLC 接线详图

PLC 路接线图如图 66-3 所示。

三、梯形图动作详解

闭合主电路电源开关 QF1，闭合 PLC 控制电源开关 QF2。

1. 试验过程

按下试验按钮 SB1（X000），回路①→②→③→⓪号线闭合，输出继电器 Y000 线圈“得电”，接通外部继电器 KA 线圈，电磁阀 YV“得电”运行。同时①→②间的 Y000 动合触点闭合，Y000 实现自锁。同时①→⑥间的 Y000 动合触点闭合，输出继电器 Y001“得电”，报警指示灯亮。同时①→⑦→⑧间的 Y000 动合触点闭合，输出继电器 Y002“得电”，蜂鸣器发出报警音响。

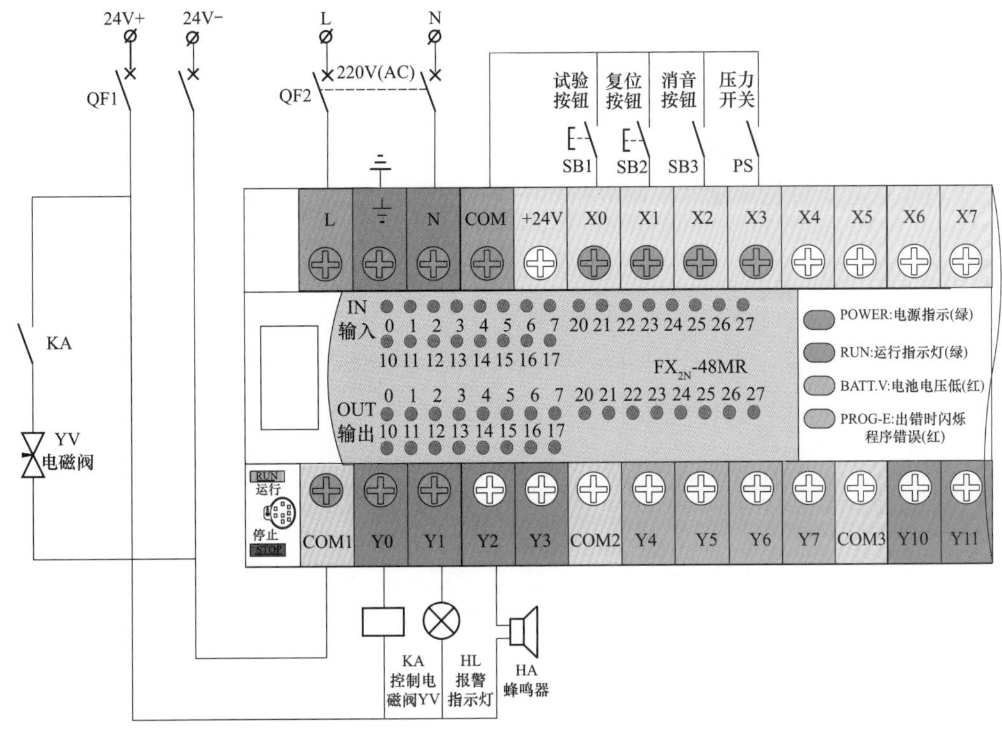

图 66-3　使用压力开关带动电磁阀实现储罐自动泄压控制电路 PLC 接线图

2. 消音过程

按下消音按钮 SB3（X002），回路①→④→⑤→⓪号线闭合，辅助继电器 M0“得电”，①→④间的 M0 动合触点闭合，辅助继电器 M0 实现自锁。同时①→⑦→⑧→⓪号线中 M0 动断触点断开，输出继电器 Y002“失电”，蜂鸣器消音。

3. 复位过程

按下复位按钮 SB2（X001），回路①→②→③→⓪号线断开，输出继电器 Y000“失电”，断开外部继电器 KA 线圈，电磁阀“失电”停止运行。同时①→②间的 Y000 动合触点断开，继电器 Y000 解除自锁。同时①→⑥间的 Y000 动合触点复位，输出继电器 Y1“失电”，报警指示灯灭。同时④→⑤号线断开，辅助继电器 M0“失电”，①→④间的 M0 动合触点断开，辅助继电器 M0 解除自锁。

4. 工作原理

当储罐内的压力达到压力开关设定值时，压力开关 PS（X003）动合触点闭合。回路①→②→③→⓪号线闭合，输出继电器 Y000 线圈“得电”，接通外部继电器 KA 线圈，电磁阀 YV“得电”运行。同时①→②间的 Y000 动合触点闭合，Y000 实现自锁。同时①→⑥间的 Y000 动合触点闭合，输出继电器 Y001“得电”，报警指示灯亮。同时①→⑦→⑧间的 Y000 动合触点闭合，输出继电器 Y002“得电”，蜂鸣器发出报警音响。

5. 保护原理

当电磁阀或控制回路发生短路、过载故障后，主回路 QF1，PLC 输入端控制电源 QF2 动作，切断主电路或控制回路。

第 67 例　三台水泵电动机轮流定时控制电路

一、继电器—接触器控制原理图

三台水泵电动机轮流定时控制电路如图 67-1 所示。

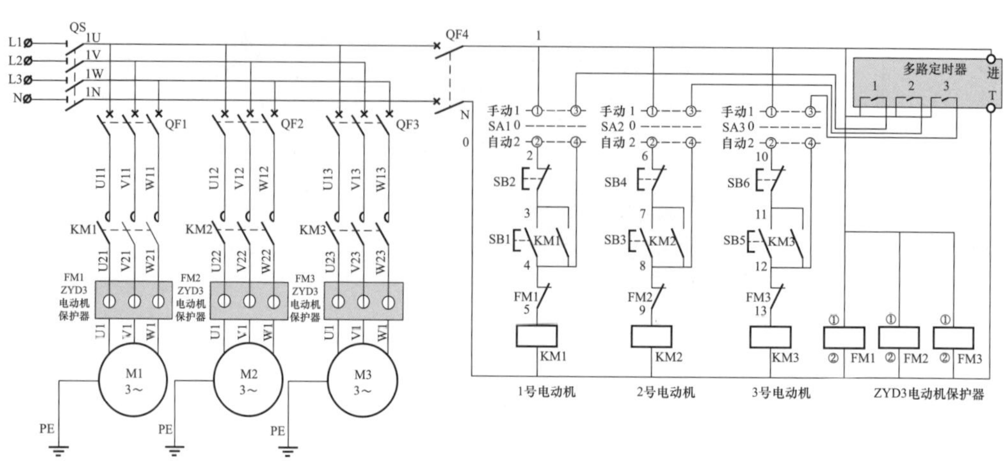

图 67-1　三台水泵电动机轮流定时控制电路原理图

1. PLC 程序设计要求

(1) 在手动状态下，分别按下按钮 SB1、SB2、SB3，1 号、2 号、3 号水泵电动机分别启动，分别按下按钮 SB4、SB5、SB6，1 号、2 号、3 号水泵电动机分别停止。

(2) 在自动状态下，1 号水泵电动机启动后，定时互换机泵启动，实现三台水泵电动机轮流定时控制。

(3) PLC 控制电路接线图中停止按钮 SB、电动机保护器 FM 辅助触点均使用动断触点，其余均使用动合触点。

(4) 根据上面的控制要求列出输入、输出分配表。

(5) 根据控制要求，用 PLC 基本指令设计梯形图程序。

(6) 根据控制要求绘制 PLC 控制电路接线图。

2. 输入/输出设备及 I/O 元件配置分配表

输入/输出设备及 I/O 元件配置分配见表 67-1。

表 67-1　　输入/输出设备及 I/O 元件配置分配表

输入设备		PLC 输入继电器	输出设备		PLC 输出继电器
代号	功能		代号	功能	
SA	手动位置转换开关	X000	KM1	1 号水泵电动机接触器	Y000
SA	自动位置转换开关	X001	KM2	2 号水泵电动机接触器	Y001
SB1	1 号水泵启动按钮	X002	KM3	3 号水泵电动机接触器	Y002
SB2	2 号水泵启动按钮	X003	HL	自动报警指示灯	Y003
SB3	3 号水泵启动按钮	X004			

续表

输入设备		PLC输入继电器	输出设备		PLC输出继电器
代号	功能		代号	功能	
SB4	1 号水泵停止按钮	X005			
SB5	2 号水泵停止按钮	X006			
SB6	3 号水泵停止按钮	X007			
FM1	1 号电动机保护器	X010			
FM2	2 号电动机保护器	X011			
FM3	3 号电动机保护器	X012			
SB7	手动复位按钮	X013			

二、程序及电路设计

1. PLC 梯形图

PLC 梯形图如图 67-2 所示。

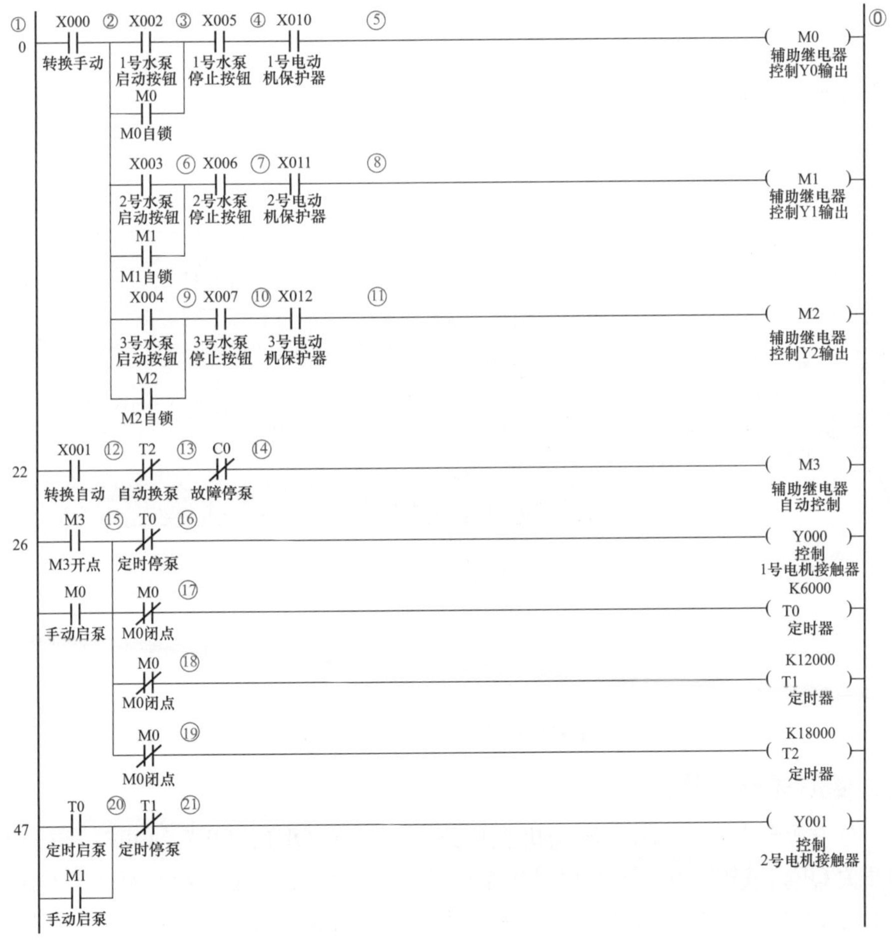

图 67-2　三台水泵电动机轮流定时控制电路 PLC 梯形图

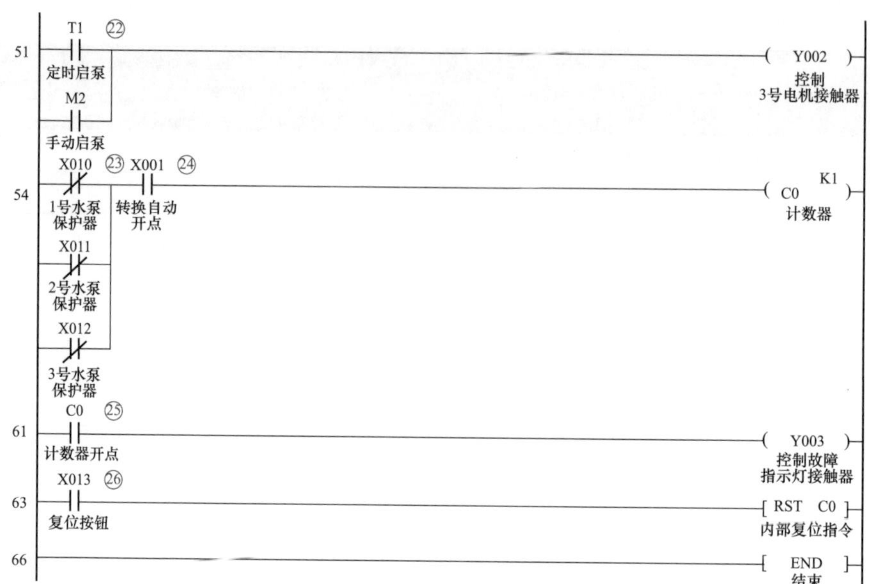

图 67-2　三台水泵电动机轮流定时控制电路 PLC 梯形图（续）

2. PLC 接线详图

PLC 接线图如图 67-3 所示。

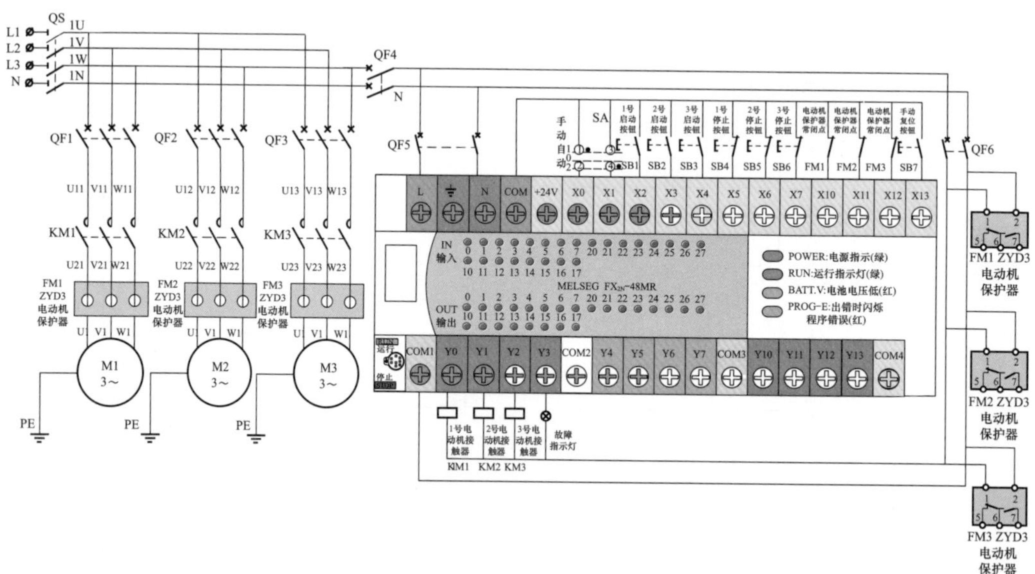

图 67-3　三台水泵电动机轮流定时控制电路 PLC 接线图

三、梯形图动作详解

闭合总电源开关 QS，闭合电动机主电路电源开关 QF1、QF2、QF3，闭合 PLC 控制电源开关 QF4、QF5，闭合 PLC 输出继电器及电动机保护器控制电源开关 QF6。由于 SB4、SB5、SB6、FM1、FM2、FM3 触点处于闭合状态，PLC 输入继电器 X005、X006、X007、X010、X011、X012 信号指示灯亮，梯形图中③→④、④→⑤、⑥→⑦、⑦→⑧、⑨→⑩、⑩→⑪触点闭合，①→㉓触点断开。

1. 手动控制

当转换开关置于手动位置时，X000 接通。

（1）启动过程。按下启动按钮 SB1（X002），回路经①→②→③→④→⑤→⓪号线闭合，辅助继电器 M0“得电”，M0 动合触点闭合，回路经①→⑮→⑯→⓪号线闭合，输出继电器 Y000“得电”，接通外部接触器 KM1 线圈，1 号电动机得电启动。

按下启动按钮 SB2（X003），回路经①→②→⑥→⑦→⑧→⓪号线闭合，辅助继电器 M1“得电”，M1 动合触点闭合，回路经①→⑳→㉑→⓪号线闭合，输出继电器 Y001“得电”，接通外部接触器 KM2 线圈，2 号电动机得电启动。

按下启动按钮 SB3（X004），回路经①→②→⑨→⑩→⑪→⓪号线闭合，辅助继电器 M2“得电”，M2 动合触点闭合，回路经①→㉒→⓪号线闭合，输出继电器 Y002“得电”，接通外部接触器 KM3 线圈，3 号电动机得电启动。

（2）停止过程。分别按下停止按钮 SB4（X005）、SB5（X006）、SB6（X007），电动机分别失电停止运行。

2. 自动控制

当转换开关置于自动位置时，X001 接通。

（1）启动过程。回路经①→⑫→⑬→⑭→⓪号线闭合，辅助继电器 M3“得电”，M3 动合触点闭合，回路经①→⑮→⑯→⓪号线闭合，输出继电器 Y000“得电”，接通外部接触器 KM1 线圈，1 号电动机得电启动，同时回路经①→⑮→⑰→⓪，①→⑮→⑱→⓪，①→⑫→⑲→⓪号线分别闭合，定时器 T0、T1、T2 线圈“得电”，计时开始。当计时达到 T0 设定时间 600s 后，T0 动断触点分开，输出继电器 Y000“失电”，断开外部接触器 KM1 线圈，1 号电动机失电停止运行。T0 动合触点闭合，回路经①→⑳→㉑→⓪号线闭合，输出继电器 Y001“得电”，接通外部接触器 KM2 线圈，2 号电动机得电启动；当计时达到 T1 设定时间 1200s 后，T1 动断触点分开，输出继电器 Y001“失电”，断开外部接触器 KM2，2 号电动机失电停止运行。T1 动合触点闭合，回路经①→㉒→⓪号线闭合，输出继电器 Y002“得电”，接通外部接触器 KM3 线圈，3 号电动机得电启动；当计时达到 T2 设定时间 1800s 后，T2 动断触点分开，⑫→⑬号线分断，辅助继电器 M3“失电”使定时器 T2 线圈“失电”，T2 动断触点闭合，重新开始电动机的循环启动。

（2）停止控制。当转换开关置于 0 位时，X001 断开，电动机停止运行。

3. 保护原理

当电动机手动运行中发生电动机断相、过载、堵转、三相不平衡等故障，电动机保护器动断触点 FM1（X010）、FM2（X011）、FM3（X012）（电动机 M 过载保护）断开，输入继电器 X010、X011、X012 信号指示灯熄灭，输出继电器 Y000 和 Y001、Y002 回路断开，外部接触器 KM1、KM2 和 KM3 线圈失电，电动机停止运行。在自动状态下，需要按下复位按钮，电动机恢复自动定时循环运行。

第七章

三菱PLC模拟量控制输入、输出模块应用电路

三菱 PLC 模拟量控制输入、输出模块电路用途如下：

1. PLC 模拟量控制

模拟量是指变量在一定范围连续变化的量，也就是在一定范围（定义域）内可以取任意值（在值域内）。但数字量是分立量，而不是连续变化量，只能取几个分立值，如二进制数字变量只能取两个值。在工业生产自动控制中，为了保证产品质量或安全，对于模拟量的温度、压力、流量等一些重要参数，通常需要进行自动监测，并根据监测结果进行相应的控制。

2. PLC 模拟量输入控制

在电气控制中存在大量的开关量，用 PLC 的基本单元就可以直接控制，但是也常要对一些模拟量，如压力、温度、速度进行控制。PLC 基本单元只能对数字量进行控制处理，而不能直接处理模拟量，这时就要用特殊功能模块将模拟量转换成数字量。

本章详细介绍了压力、振动、位移模拟量转换及用法，模拟量输出精确控制和模糊控制以及无触点接触器功率控制方法，还有模拟量采集在联锁控制中的应用。主要应用的电路有使用压力变送器控制三台水泵自动运行、使用模拟量控制电动机星—三角随负荷自动转换、使用模拟量控制烟道挡板开关角度自动调节、使用模拟量控制两台液压油泵与压缩机联锁等。

三菱 FX_{2N}-4AD 是三菱电动机公司推出的一款 FX_{2N}系列 PLC 模拟量输入模块，有 CH1、CH2、CH3、CH4 四个通道，输入通道用于将外部输入的模拟量信号转换成数字量信号，即称为 A/D 转换，每个通道都可进行 A/D 转换。分辨率为 12 位，电压输入时 −10～+10V，分辨率为 5mV。电流输入时，为 4～20mA 或 −20～20mA，分辨率 20μA。

3. PLC 模拟量输出控制

由于 PLC 基本单元只能输出数字量，而大多数电气设备只能接收模拟量，所以还要把 PLC 输出的数字量转换成模拟量才能对电气设备进行控制，而这些则需要模拟量输出模块来实现。本章详细介绍了使用温度变送器控制电动阀自动运行以及燃气锅炉燃烧器点火程序等。

FX_{2N}-2DA 型模拟量输出模块有两路输出通道，用于将数字量转换成电压或电流模拟量输出 0～10V（DC）或 4～20mA，以控制外围设备。

FX_{2N}-2DA 模拟量输出模块可将 12 位数字量转换成相应的模拟量输出。电压输出时，输出信号范围为 0～+10V（DC），分辨率为 2.5mV（10V/4000）。电流输出时，输出信号范围为+4～20mA（DC），分辨率为 4μA。

读者也可根据现场实际需求对电路做适当的改动，即可实现控制要求。

第68例　使用压力变送器控制三台水泵自动运行控制电路

一、设计要求及I/O元件配置分配表

1. PLC程序设计要求

(1) 闭合QF4，PLC得电，三台水泵按液位高度实现自动运行。

(2) 手动控制，转换开关SA1闭合，手动启动1号电动机。

(3) 手动控制，转换开关SA2闭合，手动启动2号电动机。

(4) 手动控制，转换开关SA3闭合，手动启动3号电动机。

(5) 模拟量输入模块采用FX_{2N}-4AD型。

(6) 根据压力变送器传输4～20mA电流信号控制三台电动机自动投切。

(7) 电动机发生过载等故障时，电动机保护器动作，电动机停止运行。

(8) PLC实际接线图中电动机手动控制开关SA1、SA2、SA3取动合触点，电动机综合保护器FM1、FM2、FM3、均取动断触点。

(9) 根据上面的控制要求列出输入、输出分配表。

(10) 设计用PLC比较指令、模拟量实现压力变送器控制三台水泵自动运行梯形图程序。

(11) 根据控制要求绘制PLC控制电路接线图。

2. 输入/输出设备及I/O元件配置分配表

输入/输出设备及I/O元件配置分配见表68-1。

表68-1　　输入/输出设备及I/O元件配置分配表

输入设备		PLC输入继电器	输出设备		PLC输出继电器
代号	功能		代号	功能	
SA1	手动启动电动机1	X000	KM1	1号电动机接触器	Y000
SA2	手动启动电动机2	X001	KM2	2号电动机接触器	Y001
SA3	手动启动电动机3	X002	KM3	3号电动机接触器	Y002
FM1	电动机保护器1	X003	HR1	PLC故障报警灯1	Y003
FM2	电动机保护器2	X004	HR2	PLC故障报警灯2	Y004
FM3	电动机保护器3	X005			
SP	模拟量输入	CH1			

二、程序及电路设计

1. PLC梯形图

PLC梯形图如图68-1所示。

2. PLC接线详图

PLC接线图如图68-2所示。

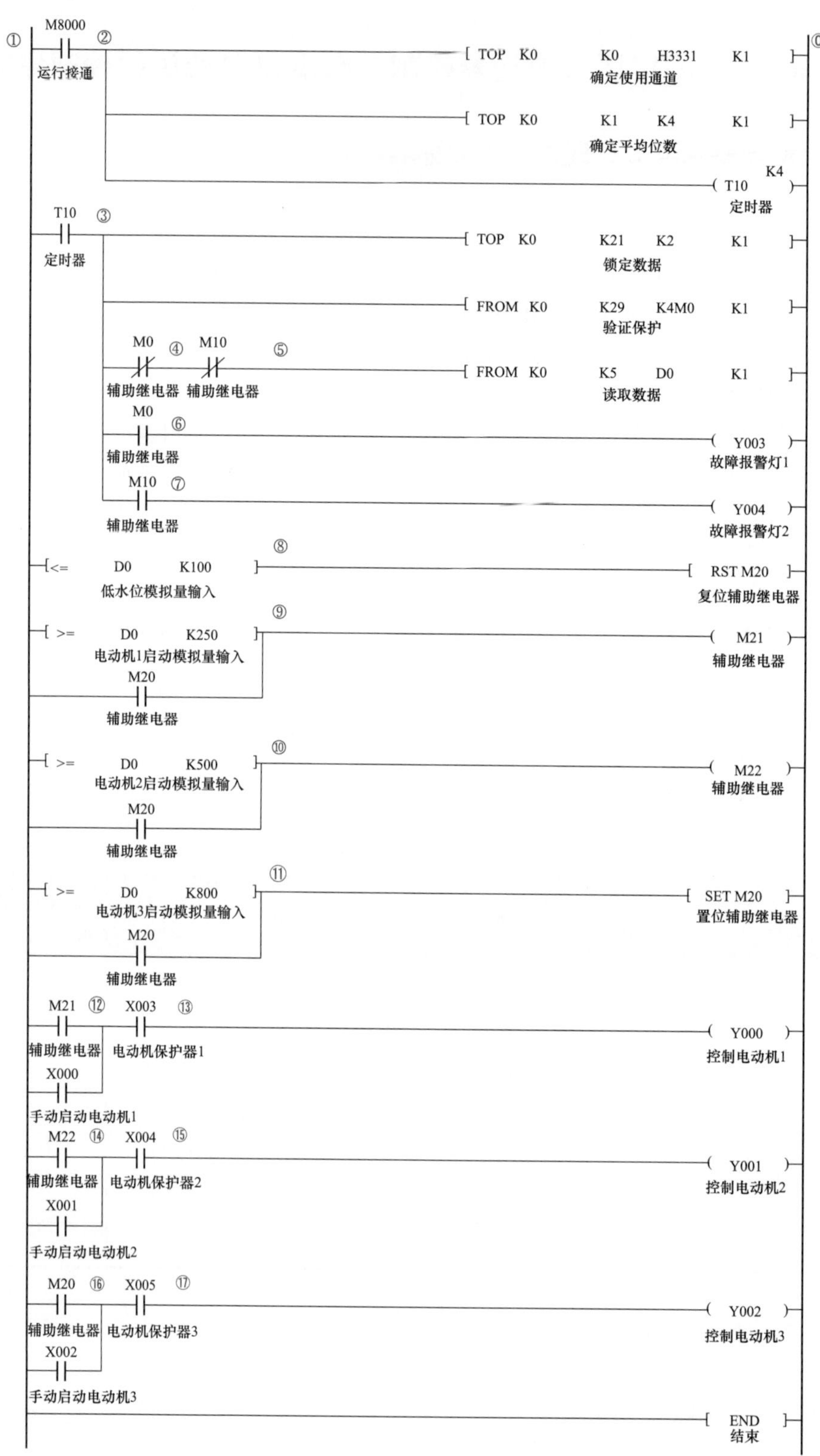

图 68-1 使用压力变送器控制三台水泵自动运行控制电路 PLC 梯形图

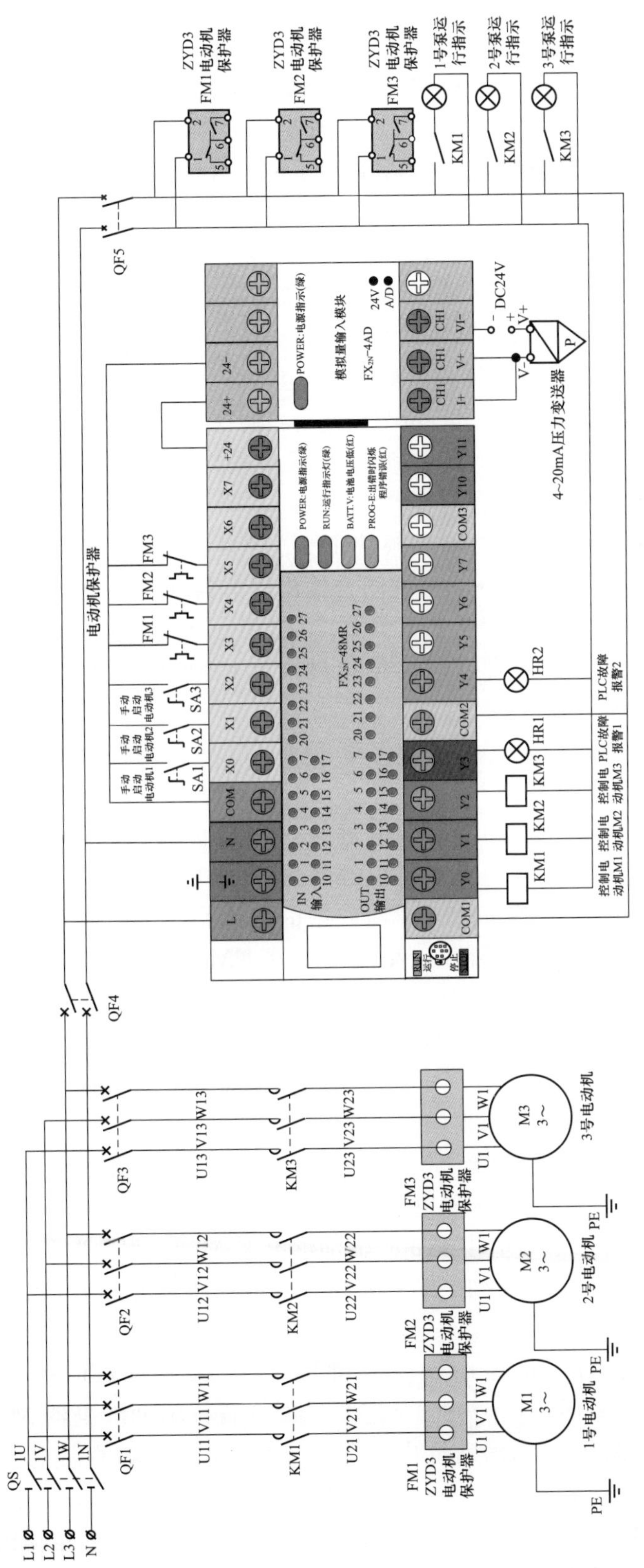

图68-2　使用压力变送器控制三台水泵自动运行控制电路PLC接线图

三、梯形图动作详解

闭合总电源开关 QS，闭合主电路 1 号电动机断路器 QF1、2 号电动机断路器 QF2、3 号电动机断路器 QF3。闭合 PLC 输入端断路器 QF4，PLC 初始化，X003、X004、X005、经电动机保护器动断触点与 COM 闭合，X3、X4、X5 信号指示灯亮，梯形图中⑫→⑬、⑭→⑮、⑯→⑰间的动合触点闭合。

1. 自动控制过程

(1) 读写数据及确定使用通道。PLC 运行时 M8000 动合触点闭合，回路经①→②→⓪号线闭合，向 0 号模块 BFM0 位写入（H3331）十六进制数一组建立模拟输入通道（CH1），向 0 号模块 BFM1 位写入常数 4，定时器 T10 得电延时 0.4s。①→③间的动合触点 T10 闭合，回路经①→③→⓪号线闭合，向 0 号模块 BFM21 位写入常数 2，读取 0 号模块 BFM29 数值并写进 M0～M15 中，回路经①→③→④→⑤→⓪号线闭合读取 0 号模块 BFM5 位数值到 D0 寄存器。

(2) PLC 故障报警。模拟量输入模块 FX_{2N}-4AD 出现故障时③→⑥间动合触点 M0 闭合，回路经①→③→⑥→⓪号线闭合输出继电器 Y003“得电”PLC 故障报警灯 HL1 点亮；模拟量模块缓存存储器 BFM29 错误③→⑦间动合触点 M10 闭合，回路经①→③→⑦→⓪号线闭合，输出继电器 Y004“得电”PLC 故障报警灯 HL2 点亮。

(3) 液位＞2.5m≤液位＜5m 自动启动/停止。①→⑨间寄存器 D0 中的数值和十进制常数 250 比较，大于等于 250 且小于 500 时回路经①→⑨→⓪号线闭合辅助继电器 M21“得电”，同时①→⑫间辅助继电器触点 M21 闭合回路经①→⑫→⑬→⓪号线闭合输出继电器 Y000“得电”交流接触器 KM1 接通主电源 1 号电动机运行。当液位高度小于 2.5m 时①→⑨间寄存器 D0 中的数值小于 250 辅助继电器 M21“失电”①→⑫间辅助继电器触点断开，交流接触器 KM1 断开主电源 1 号电动机停止运行。

(4) 5m≤液位＜8m 自动启动/停止。①→⑩间寄存器 D0 中的数值和十进制常数 500 比较，大于等于 500 且小于 800 时回路经①→⑩→⓪号线闭合辅助继电器 M22“得电”，同时①→⑭间辅助继电器触点 M22 闭合回路经①→⑭→⑮→⓪号线闭合输出继电器 Y001“得电”交流接触器 KM2 接通主电源 2 号电动机运行，液位≥5m 且＜8m 满足 1 号电动机运行条件，1 号电动机同时运行。当液位高度小于 5m 大于 2.5m 时①→⑩间寄存器 D0 中的数值小于 500 辅助继电器 M22“失电”①→⑭间辅助继电器触点断开，交流接触器 KM2 断开主电源 2 号电动机停止运行，1 号电动机继续运行。

(5) 液位≥8m 自动启动/停止。①→⑪间寄存器 D0 中的数值和十进制常数 800 比较，大于等于 800 时回路经①→⑪→⓪号线闭合置位辅助继电器 M20，同时①→⑨、①→⑩、①→⑪、①→⑯辅助继电器触点 M20 闭合，辅助继电器 M20、M21、M22“得电”①→⑫、①→⑭、①→⑯间相应辅助继电器触点 M 闭合，输出继电器 Y000～Y002“得电”交流接触器 KM1～KM3 接通主电源 1～3 号电动机同时运行，3 台泵同时工作排水，当液位≤1m 时①→⑧间寄存器 D0 中的数值和十进制常数 100 比较，小于等于 100 时回路经①→⑧→⓪闭合置位辅助继电器 M20，辅助继电器 M20、M21、M22“失电”①→⑫、①→⑭、①→⑯间相应辅助继电器触点 M 断开，输出继电器 Y000～Y002“失电”交流接触器 KM1～KM3 断开主电源 1～3 号电动机同时停止运行。

2. 手动控制过程

将转换开关 SA1（X000）旋置手动位置闭合，①→⑫间动合触点闭合，回路经①→⑫→⑬→⓪号线闭合，输出继电器 Y000“得电”，交流接触器 KM1 接通主电源，1 号电动机运行，旋置空位手动停止运行，自动运行投入。

将转换开关 SA2（X001）旋置手动位置闭合，①→⑭间动合触点闭合，回路经①→⑭→⑮→⓪号线闭合，输出继电器 Y001“得电”，交流接触器 KM2 接通主电源，2 号电动机运行，旋置空位手动停止运行，自动运行投入。

将转换开关 SA3（X002）旋置手动位置闭合，①→⑯间动合触点闭合，回路经①→⑯→⑰→⓪号线闭合，输出继电器 Y002“得电”，交流接触器 KM3 接通主电源，3 号电动机运行，旋置空位手动停止运行，自动运行投入。

3. 保护原理

当电动机在运行中发生电动机断相、过载、堵转、三相不平衡等故障，电动机保护器动断触点 FM1（X003）、FM2（X004）、FM3（X005）（电动机 M 过载保护）断开，输入继电器 X003～X005 信号指示灯熄灭，输出继电器 Y000～Y002 回路断开，外部接触器 KM1～KM3 线圈失电，电动机停止运行。

第 69 例　使用温度变送器控制电动阀自动运行控制电路

一、设计要求及 I/O 元件配置分配表

1. PLC 程序设计要求

（1）手动/自动转换开关 SA2 转到自动位置电动阀根据温度反馈信号实现自动运行。

（2）手动/自动转换开关 SA2 转到手动位置，转换开关 SA1（1）接通电动阀全开。

（3）手动/自动转换开关 SA2 转到手动位置，转换开关 SA1（2）接通电动阀全关。

（4）温度变送器传送 4～20mA 电流信号到模拟量输入模块；PLC 根据需求输出 4～20mA 电流信号控制电动阀开关角度。

（5）PLC 实际接线图中手动控制开关 SA1 取动合触点。

（6）模拟量输入模块采用 FX_{2N}-4AD，模拟量输出模块采用 FX_{2N}-2DA。

（7）设计用 PLC 传送、区间比较指令、模拟量实现温度变送器控制电动阀自动运行梯形图程序。

（8）根据控制要求绘制 PLC 控制电路接线图。

2. 输入/输出设备及 I/O 元件配置分配表

输入/输出设备及 I/O 元件配置分配见表 69-1。

表 69-1　　输入/输出设备及 I/O 元件配置分配表

输入设备		PLC 输入继电器	输出设备		PLC 输出继电器
代号	功能		代号	功能	
SA1	电动阀手动全开	X000	HR1	PLC 故障报警灯 1	Y001
SA1	空位		HR2	PLC 故障报警灯 2	Y002
SA1	电动阀手动全关	X001	SP2	电动阀开度信号输出	CH1（OUT）
SA2	电动阀手动/自动	X002			
SP1	温度模拟量输入	CH1（IN）			

二、程序及电路设计

1. PLC 梯形图

PLC 梯形图如图 69-1 所示。

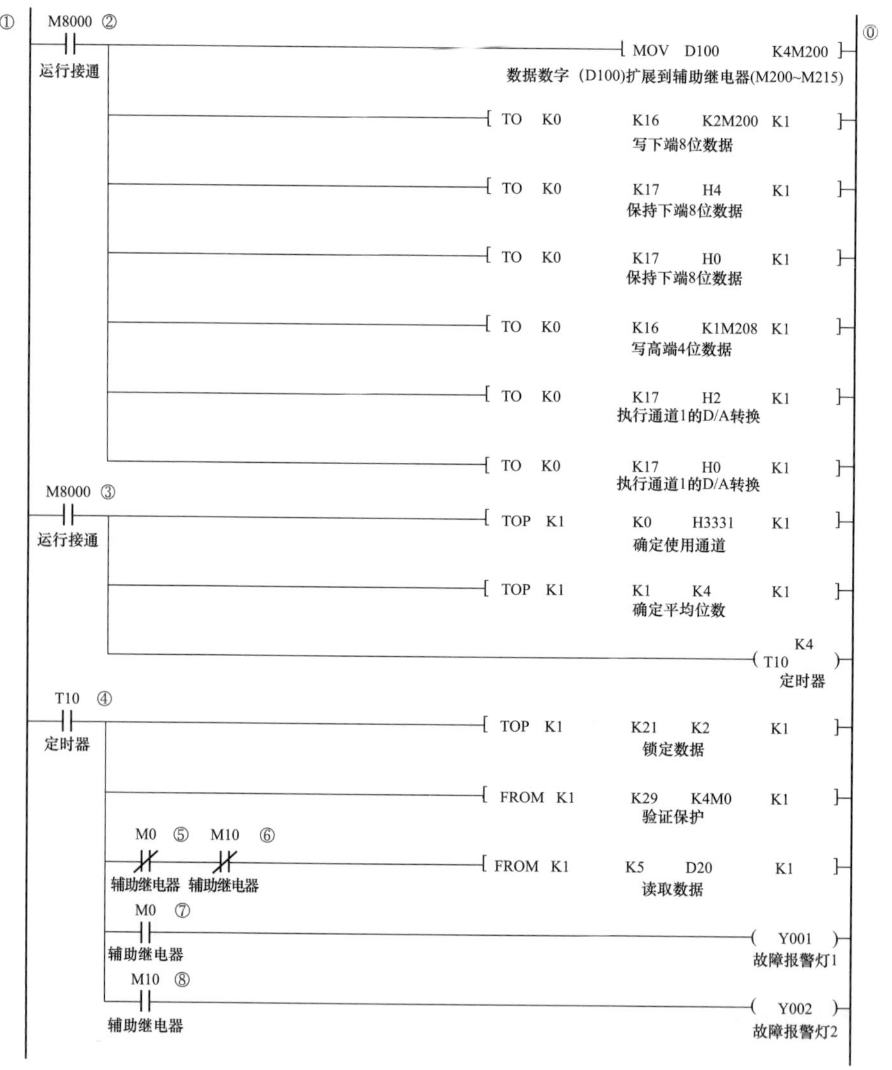

图 69-1　使用温度变送器控制电动阀自动运行控制电路 PLC 梯形图

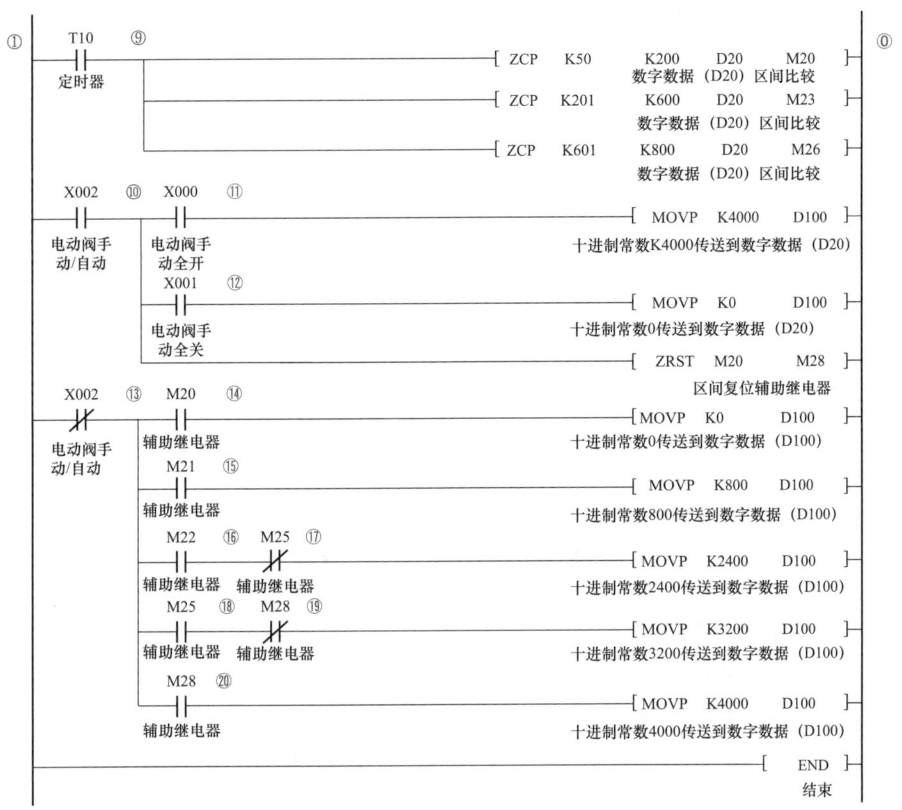

图 69-1 使用温度变送器控制电动阀自动运行控制电路 PLC 梯形图（续）

2. PLC 接线详图

PLC 接线图如图 69-2 所示。

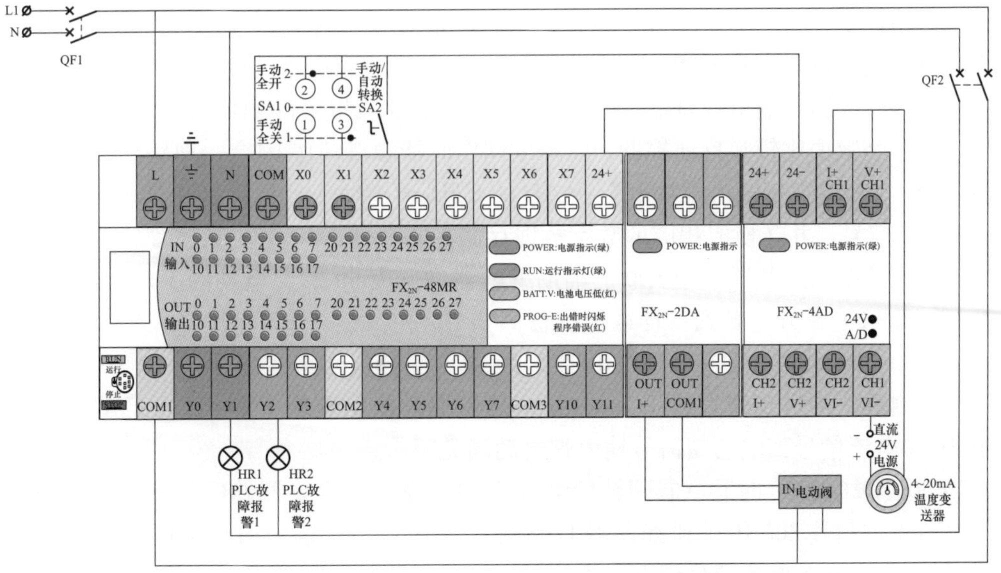

图 69-2 使用温度变送器控制电动阀自动运行控制电路 PLC 接线图

三、梯形图动作详解

1. 温度和寄存器逻辑关系表

温度和寄存器逻辑关系见表 69-2。

表 69-2　　温度和寄存器逻辑关系表

温度（℃）	对应数字量	寄存器	逻辑关系	置位关联辅助继电器
5～20	50～200	D20	D20<50	M20
			50≤D20≤200	M21
21～60	201～600		201≤D20≤600	M22
61～80	601～800		601≤D20≤800	M25
大于 80	800		D20>800	M28

闭合 PLC 输入端断路器 QF1、电动阀电源 QF2。

2. 自动控制过程

（1）0 号模块写数据及确定使用通道。PLC 运行时 M8000 动合触点闭合，回路经①→②→⓪号线闭合，将数据数字（D100）扩展到辅助继电器 M200～M215，写入数据并保持，执行通道 1 的 D/A 转换。

（2）1 号模块读写数据及确定使用通道。M8000 动合触点闭合，回路经①→③→⓪号线闭合，向 1 号模块 BFM0 位写入（H3331）十六进制数一组建立模拟输入通道（CH1），向 1 号模块 BFM1 位写入常数 4，定时器 T10 得电延时 0.4s。①→④间的动合触点 T10 闭合，回路经①→④→⓪号线闭合，向 1 号模块 BFM21 位写入常数 2，读取 1 号模块 BFM29 数值并写进 M0～M15 中，回路经①→⑤→⑥→⓪号线闭合读取 1 号模块 BFM5 位数值到 D20 寄存器。

（3）PLC 故障报警。模拟量输入模块 FX_{2N}-4AD 出现故障时④→⑦间动合触点 M0 闭合，回路经①→④→⑦→⓪号线闭合输出继电器 Y001“得电”PLC 故障报警灯 HL1 点亮；模拟量模块缓存存储器 BFM29 错误④→⑧间动合触点 M10 闭合，回路经①→④→⑧→⓪号线闭合输出继电器 Y002“得电”PLC 故障报警灯 HL2 点亮。

（4）数字数据比较和自动控制。①→⑨间定时器触点 T10 闭合，回路经①→⑨→⓪号线闭合，1 号模拟量输入模块 FX_{2N}-4AD 的 CH1 通道输入经温度变送器转换成的 4～20mA 电流信号，并转换成相应的数字数据存储在寄存器 D20 中，和预置的数据进行区间比较，比较结果后并置位相关联的辅助继电器（见表 69-2）。电动阀手动/自动转换开关 SA2（X002）断开，转到自动运行状态。

当 D20<50 时⑬→⑭间辅助继电器 M20 触点闭合，回路经①→⑬→⑭→⓪号线闭合将十进制数 0 传送到寄存器 D100 中，0 号模拟量输出模块 FX_{2N}-2DA 的 CH1 通道，输出 4mA 电流信号到电动阀信号输入端电动阀关闭。

当 50≤D20≤200 时⑬→⑮间辅助继电器 M21 触点闭合，回路经①→⑬→⑮→⓪号线闭合将十进制数 800 传送到寄存器 D100 中，0 号模拟量输出模块 FX_{2N}-2DA 的 CH1 通道，输出 7.2mA 电流信号到电动阀信号输入端电动阀开启 25%。

当 201≤D20≤600 时⑬→⑯间辅助继电器 M22 触点闭合，回路经①→⑬→⑯→

⑰→⓪号线闭合将十进制数 2400 传送到寄存器 D100 中，0 号模拟量输出模块 FX_{2N}-2DA 的 CH1 通道，输出 13.6mA 电流信号到电动阀信号输入端电动阀开启 50%。

当 601≤D20≤800 时⑬→⑱间辅助继电器 M25 触点闭合，回路经①→⑬→⑱→⑲→⓪号线闭合将十进制数 3200 传送到寄存器 D100 中，0 号模拟量输出模块 FX_{2N}-2DA 的 CH1 通道，输出 16.8mA 电流信号到电动阀信号输入端电动阀开启 75%。

当 D20>800 时⑬→⑳间辅助继电器 M28 触点闭合，回路经①→⑬→⑳→⓪号线闭合将十进制数 4000 传送到寄存器 D100 中，0 号模拟量输出模块 FX_{2N}-2DA 的 CH1 通道，输出 20mA 电流信号到电动阀信号输入端电动阀开启 100%。

当 D20 中的数据不满足表 69-2 中逻辑关系时，⑬→⑳、⑬→⑱、⑬→⑯、⑬→⑮、⑬→⑭相关联的辅助继电器 M 触点断开或闭合电动阀关闭相应的开度。

3. 手动控制过程

电动阀手动/自动转换开关 SA2（X002）闭合转到手动运行状态，①→⑬间触点断开同时①→⑩间触点闭合，将转换开关 SA1（1）（X000）旋置闭合位置⑩→⑪间触点闭合，回路经①→⑩→⑪→⓪号线闭合将十进制数 4000 传送到寄存器 D100 中电动阀开启 100%。

将转换开关 SA1（2）（X001）旋置闭合位置，⑩→⑫间触点闭合，回路经①→⑩→⑫→⓪号线闭合将十进制数 0 传送到寄存器 D100 中电动阀关闭 100%。

4. 保护原理

PLC 控制电路及电动阀发生短路、过电流、欠压自动断开 QF1、QF2 进行保护。

第 70 例　模拟量控制电动机Y-△-Y随负荷自动转换控制电路

一、设计要求及 I/O 元件配置分配表

1. PLC 程序设计要求

（1）按下外部启动按钮 SB1 电动机根据负荷情况自动运行。

（2）按下外部停止按钮 SB2 电动机停止自动运行。

（3）按下急停按钮电动机停止运行。

（4）根据电动机运行电流、润滑油压力信号，自动选择控制电动机Y-△-Y运行。

（5）电动机电流信号、润滑油压力信号满足相应条件，电动机Y-△-Y转换调整。

（6）PLC 实际接线图中停止按钮 SB2、急停按钮 SBes、电动机综合保护器 FM1、FM2、接触器互锁触点均取动断触点，其余均采用动合触点。

（7）模拟量输入模块采用 FX_{2N}-4AD。

（8）设计用 PLC 基本指令与比较指令、模拟量实现控制电动机Y-△-Y启动自动运行梯形图程序。

（9）根据控制要求绘制 PLC 控制电路接线图。

2. 输入/输出设备及 I/O 元件配置分配表

输入/输出设备及 I/O 元件配置分配见表 70-1。

表 70-1　　　　输入/输出设备及 I/O 元件配置分配表

输入设备		PLC 输入继电器	输出设备		PLC 输出继电器
代号	功能		代号	功能	
SB1	启动按钮	X000	HR1	PLC 故障报警灯 1	Y000
SB2	停止按钮	X001	HR2	PLC 故障报警灯 2	Y001
SBes	急停按钮	X002	HR3	△工作指示	Y002
FM1/2	电动机保护器 1/2	X003	KM1	润滑油电动机接触器	Y003
SP1	压力变送器（润滑）	CH1（IN）	KM2	丫启动接触器	Y004
SP2	电流变送器（电动机）	CH2（IN）	KM3	△启动接触器	Y005

二、程序及电路设计

1. PLC 梯形图

PLC 梯形图如图 70-1 所示。

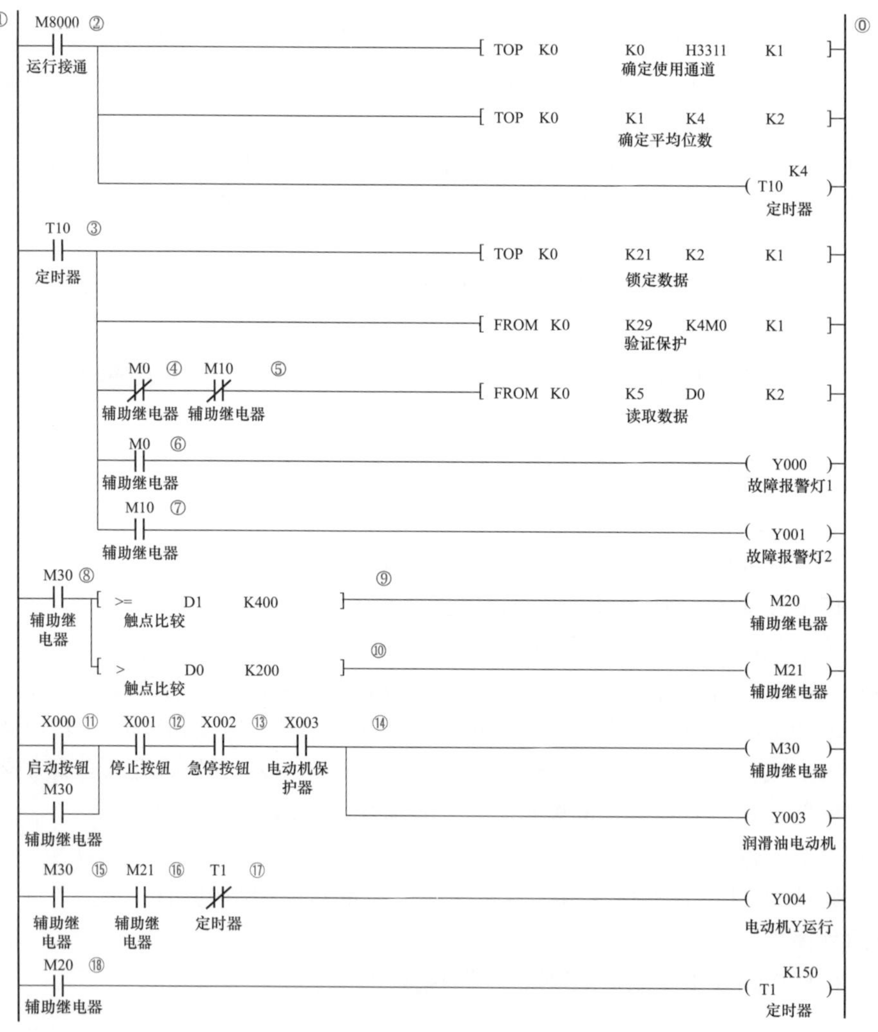

图 70-1　模拟量控制电动机丫-△-丫随负荷自动转换控制电路 PLC 梯形图

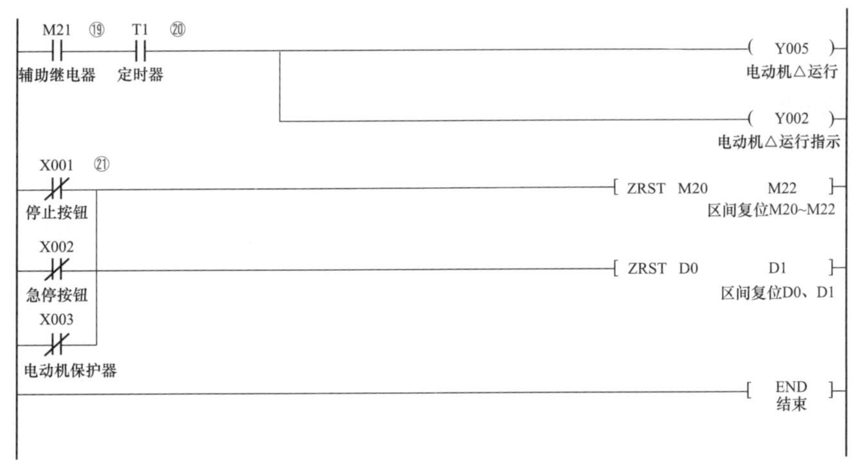

图 70-1 模拟量控制电动机Y-△-Y随负荷自动转换控制电路 PLC 梯形图（续）

2. PLC 接线详图

PLC 接线图如图 70-2 所示。

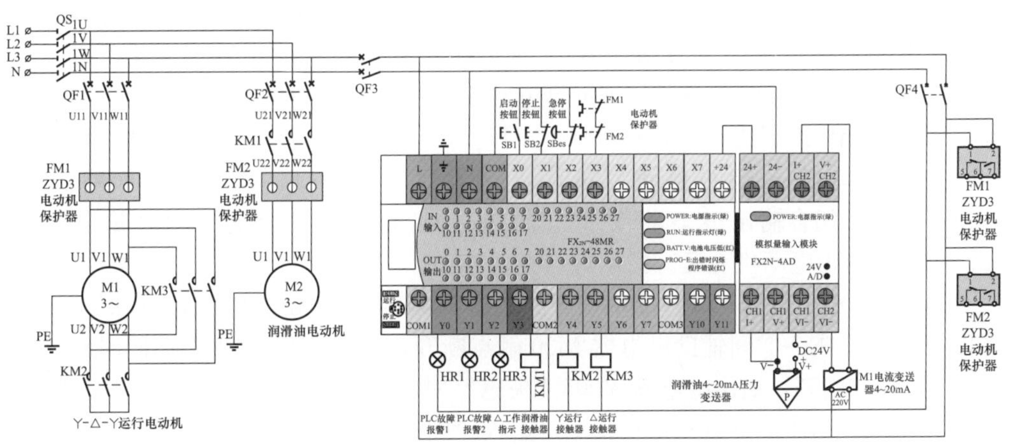

图 70-2 模拟量控制电动机Y-△-Y随负荷自动转换控制电路 PLC 接线图

三、梯形图动作详解

闭合总电源开关 QS，主电路电动机断路器 QF1、润滑油电动机断路器 QF2。闭合 PLC 输入端断路器 QF3，闭合 PLC 输出继电器及电动机保护器控制电源开关 QF4。梯形图中⑪→⑫、⑫→⑬、⑬→⑭间的动合触点闭合，X1、X2、X3 信号指示灯亮。

1. 控制过程

(1) 读写数据及确定使用通道。PLC 运行时 M8000 动合触点闭合，回路经①→②→⓪号线闭合，向 0 号模块 BFM0 位写入（H3311）十六进制数一组建立模拟输入通道（CH1、CH2），向 0 号模块 BFM1、BFM2 位写入常数 4，定时器 T10 得电延时 0.4s。①→③间的动合触点 T10 闭合，回路经①→③→⓪号线闭合，向 0 号模块 BFM21 位写入常数 2，读取 0 号模块 BFM29 数值并写进 M0～M15 中，回路经①→③→④→⑤→⓪号线闭合读取 0 号模块 BFM5、BFM6 位数值到 D0、D1 寄存器。

（2）PLC故障报警。模拟量输入模块FX_{2N}-4AD出现故障时③→⑥间动合触点M0闭合，回路经①→③→⑥→⓪号线闭合输出继电器Y000“得电”PLC故障报警灯HL1点亮；模拟量模块缓存存储器BFM29错误③→⑦间动合触点M10闭合，回路经①→③→⑦→⓪号线闭合输出继电器Y001“得电”PLC故障报警灯HL2点亮。

（3）润滑油M2电动机启动和M1电动机Y运行。按下启动按钮SB1（X000）①→⑪间X000触点闭合，回路经①→⑪→⑫→⑬→⑭→⓪号线闭合，辅助继电器M30“得电”输出，同时①→⑪间M30触点闭合自锁，同时输出继电器Y003“得电”润滑油M2电动机启动运行。同时①→⑧、①→⑮间辅助继电器M30触点闭合，0号模拟量输入模块FX_{2N}-4AD的CH1通道输入经压力变送器转换成的4～20mA电流信号，并转换成相应的数字数据存储在寄存器D0中，和⑧→⑩中预置的数据K200进行比较，大于K200时回路经①→⑧→⑩→⓪号线闭合辅助继电器M21“得电”。同时⑮→⑯间辅助继电器M21触点闭合，回路经①→⑮→⑯→⑰→⓪号线闭合输出继电器Y004“得电”M1电动机Y运行。

（4）M1电动机自动Y-△-Y运行。M1电动机Y运行时①→⑧间辅助继电器M30触点闭合，0号模拟量输入模块FX_{2N}-4AD的CH2通道输入经M1电动机电流变送器转换成的4～20mA电流信号，并转换成相应的数字数据存储在寄存器D1中，和⑧→⑨中预置的数据K400进行比较，大于等于K400时回路经①→⑧→⑨→⓪号线闭合辅助继电器M20“得电”输出。同时①→⑱间辅助继电器M20触点闭合，回路经①→⑱→⓪号线闭合定时器T1工作定时15s，15s后⑯→⑰间定时器T1动断触点断开输出继电器Y004“失电”M1电动机Y运行停止，同时⑲→⑳间定时器T1触点闭合回路经①→⑲→⑳→⓪号线闭合输出继电器Y005“得电”M1电动机△运行，同时输出继电器Y002“得电”M1电动机△运行指示灯点亮。

当寄存器D1中数据和⑧→⑨中预置的数据K400进行比较，小于K400时辅助继电器M20“失电”①→⑱间辅助继电器M20触点断开，定时器T1“失电”同时⑲→⑳间定时器T1触点断开，输出继电器Y005“失电”M1电动机△运行停止，同时输出继电器Y002“失电”M1电动机△运行指示灯熄灭。同时⑯→⑰间定时器T1触点闭合输出继电器Y004“得电”M1电动机Y运行。

（5）停止和急停。按下停止按钮SB2（X001）或者按下急停按钮SBes（X002）⑪→⑫间X001触点或者⑫→⑬X002触点断开，输出继电器Y003“失电”润滑油电动机运行停止，输入继电器X001或者X002信号指示灯熄灭。同时辅助继电器M30“失电”①→⑮间辅助继电器触点断开输出继电器Y004“失电”M1电动机Y运行停止，同时①→㉑间X001或者X002触点闭合区间复位辅助继电器M20～M22，区间复位寄存器D0、D1。①→⑲间辅助继电器M21触点断开输出继电器Y005“失电”M1电动机△运行停止，同时输出继电器Y002“失电”M1电动机△运行指示灯熄灭。

2. 保护原理

当电动机在运行中发生电动机断相、过载、堵转、三相不平衡等故障，电动机保护器动断触点FM1/2（X003）（电动机M过载保护）断开，输入继电器X003信号指示灯熄灭，输出继电器Y003～Y005回路断开，外部接触器KM1～KM3线圈失电，电动机停止运行。

第71例　模拟量控制烟道挡风板开度自动调节电路

一、设计要求及I/O元件配置分配表

1. PLC程序设计要求

（1）按下外部启动按钮SB1引风机工作，烟道挡板进行自动运行。

（2）霍尔元件KH1动作，烟道挡板开度20°标记。

（3）霍尔元件KH2动作，烟道挡板开度30°标记。

（4）霍尔元件KH3动作，烟道挡板开度45°标记。

（5）霍尔元件KH4动作，烟道挡板开度60°标记。

（6）霍尔元件KH5动作，烟道挡板开度90°标记。

（7）按下外部停止按钮SB2引风机停止。

（8）根据烟道含氧量自动控制减速电动机正反转控制烟道挡风板开度。

（9）PLC实际接线图中电动机综合保护器FM触点取动断触点，其余均采用动合触点。

（10）模拟量输入模块采用FX2N-4AD。

（11）设计用PLC基本指令与比较指令、模拟量控制减速电动机正反转自动运行梯形图程序。

（12）根据控制要求绘制PLC控制电路接线图。

2. 输入/输出设备及I/O元件配置分配表

输入/输出设备及I/O元件配置分配见表71-1。

表71-1　　输入/输出设备及I/O元件配置分配表

输入设备		PLC输入继电器	输出设备		PLC输出继电器
代号	功能		代号	功能	
SB1	启动按钮	X000	HR1	PLC故障报警灯1	Y000
SB2	停止按钮	X001	HR2	PLC故障报警灯2	Y001
KH1	开关霍尔元件1（20°）	X002	KM1	引风电动机接触器	Y002
KH2	开关霍尔元件2（30°）	X003	KM2	减速电动机正转接触器	Y003
KH3	开关霍尔元件3（45°）	X004	KM3	减速电动机反转接触器	Y004
KH4	开关霍尔元件4（60°）	X005			
KH5	开关霍尔元件5（90°）	X006			
FM1	引风电动机保护器	X007			
FM2	减速电动机保护器	X007			
CH1	含氧量传感器	CH1（IN）			

二、程序及电路设计

1. PLC梯形图

PLC梯形图如图71-1所示。

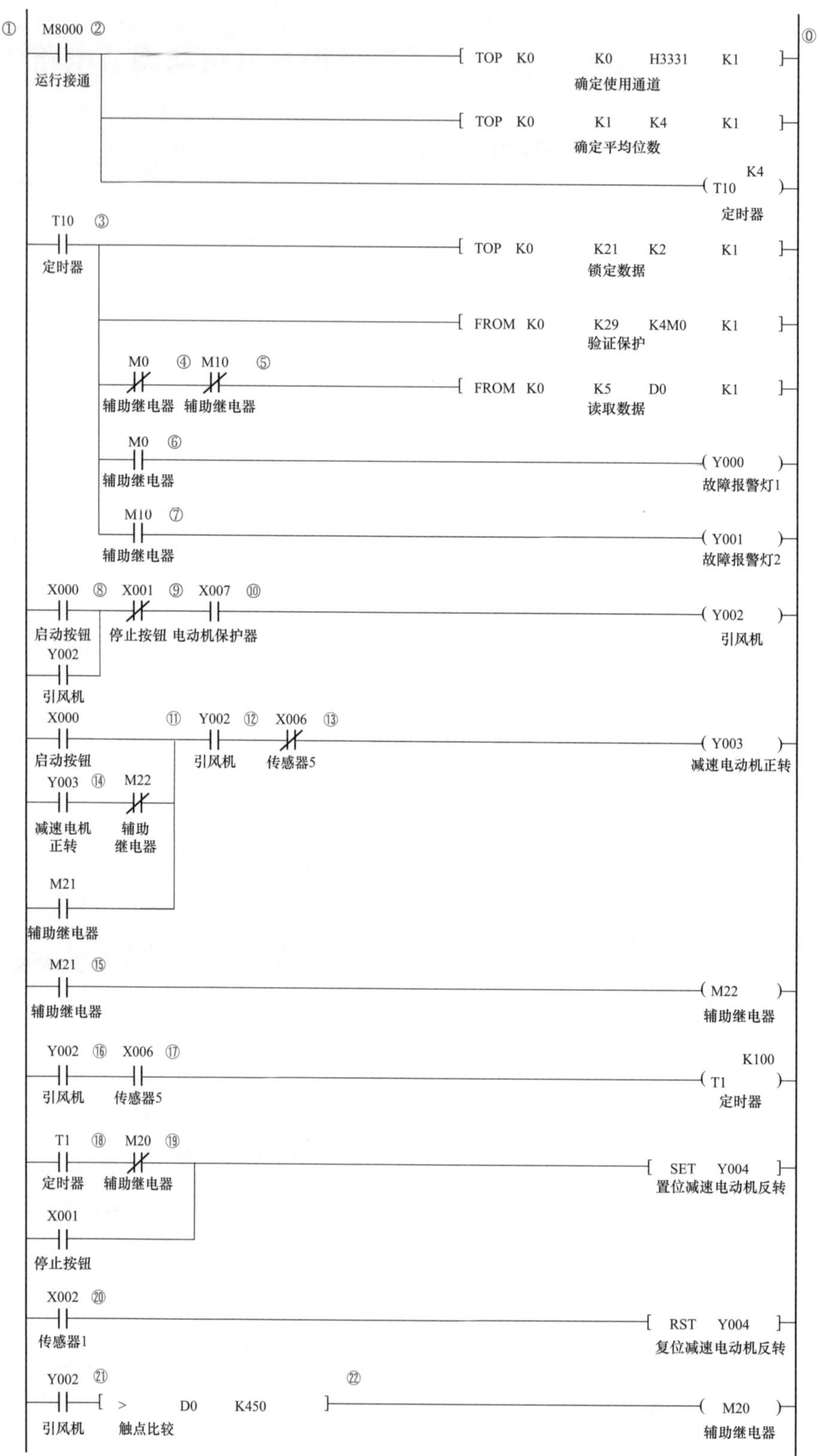

图 71-1 模拟量控制烟道挡风板开度自动调节电路 PLC 梯形图

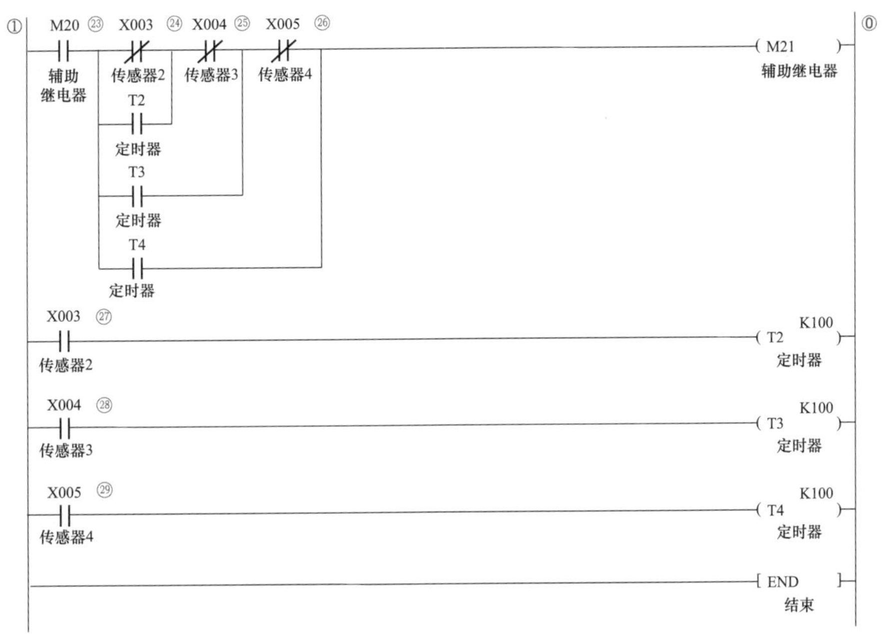

图 71-1　模拟量控制烟道挡风板开度自动调节电路 PLC 梯形图（续）

2. PLC 接线详图

PLC 接线图如图 71-2 所示。

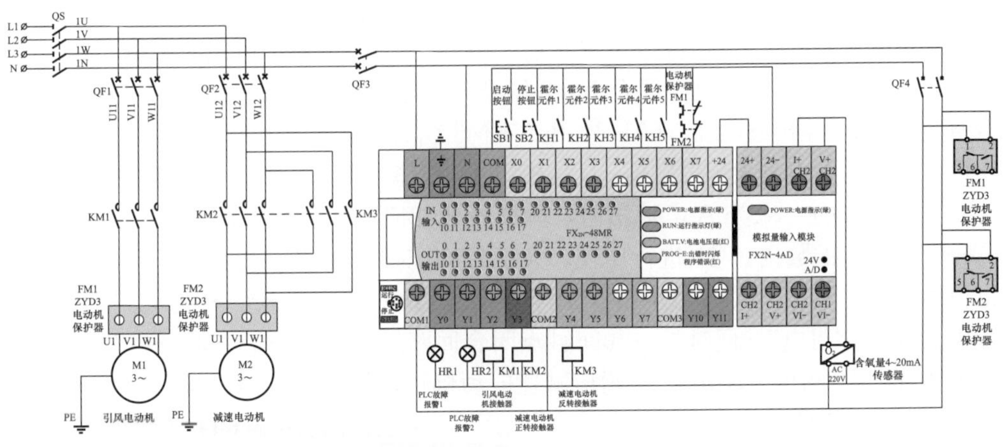

图 71-2　模拟量控制烟道挡风板开度自动调节电路 PLC 接线图

三、梯形图动作详解

闭合总电源开关 QS，主电路断路器 QF1、QF2。闭合 PLC 输入端断路器 QF3 梯形图中⑨→⑩间的动合触点闭合，烟道挡板在初始位置①→⑳间动合触点闭合 X2、X7 信号指示灯亮。闭合 PLC 输出继电器及电动机保护器控制电源开关 QF4。

1. 控制过程

（1）读写数据及确定使用通道。PLC 运行时 M8000 动合触点闭合，回路经①→②→⓪号线闭合，向 0 号模块 BFM0 位写入（H3331）十六进制数一组建立模拟输入通道（CH1），向0号模块BFM1位写入常数4，定时器T10得电延时0.4s。①→③间的动合触点T10闭合，回路经①→③→⓪号线闭合，向0号模块BFM21位写入常数2，读取0号模块BFM29数值并写进M0～M15中，回路经①→③→④→⑤→⓪号线闭合读取0号模块BFM5位数值到D0寄存器。

（2）PLC故障报警。模拟量输入模块FX_{2N}-4AD出现故障时③→⑥间动合触点M0闭合，回路经①→③→⑥→⓪号线闭合输出继电器Y000“得电”PLC故障报警灯HL1点亮；模拟量模块缓存存储器BFM29错误③→⑦间动合触点M10闭合，回路经①→③→⑦→⓪号线闭合输出继电器Y001“得电”PLC故障报警灯HL2点亮。

（3）启动后含氧量小于设定值。按下启动按钮SB1（X000）①→⑧间X000触点闭合，回路经①→⑧→⑨→⑩→⓪号线闭合，输出继电Y002“得电”，KM1线圈得电引风电动机运行吸引炉膛内残余天然气经烟囱排除，同时①→⑧间Y002触点闭合自锁，同时⑪→⑫、①→⑯、①→㉑间触点闭合，⑪→⑫间触点闭合回路经①→⑪→⑫→⑬→⓪号线闭合输出继电器Y003“得电”KM2线圈得电减速电动机正转打开烟道挡风板，同时①→⑭间触点闭合经⑭→⑪间辅助触点自锁。同时①→⑳间触点断开X002信号指示灯熄灭，减速电动机正转到开关型霍尔传感器KH5位置时烟道挡风板打开90°最大风量排除天然气，⑯→⑰间触点闭合输入继电器X006信号指示灯点亮，同时⑫→⑬间触点断开输出继电器Y003“失电”KM2线圈失电减速电动机停止，同时⑯→⑰间触点闭合回路经①→⑯→⑰→⓪号线闭合定时器T1工作定时10s，10s后①→⑱间触点闭合回路经①→⑱→⑲→⓪号线闭合置位Y004，输出继电器Y004“得电”KM3线圈得电减速电动机反转将要关闭烟道挡风板，同时霍尔传感器KH5断开X006信号指示灯熄灭。当减速电动机反转到霍尔传感器KH1位置时烟道挡风板打开20°最小风量时燃烧器点火（点火程序略），同时①→⑳间触点闭合X002信号指示灯点亮，同时回路经①→⑳→⓪号线闭合复位Y004，输出继电器Y004“失电”KM3线圈失电减速电动机停止。

（4）运行后含氧量大于设定值。0号模拟量输入模块FX_{2N}-4AD的CH1通道输入含氧传感器转换成的4～20mA电流信号，并转换成相应的数字数据存储在寄存器D0中，和㉑→㉒中预置的数据K450进行比较，大于K450时回路经①→㉑→㉒→⓪号线闭合辅助继电器M20“得电”。①→㉓间触点闭合回路经①→㉓→㉔→㉕→㉖→⓪号线闭合辅助继电器M21“得电”，同时①→⑪间触点闭合回路经①→⑪→⑫→⑬→⓪号线闭合输出继电器Y003“得电”KM2线圈得电减速电动机正转打开烟道挡风板，同时①→⑳间触点断开X002信号指示灯熄灭。当减速电动机正转到霍尔传感器KH2位置时输入继电器X003信号指示灯点亮，㉓→㉔间触点X003断开辅助继电器M21“失电”，①→⑪间触点断开输出继电器Y003“失电”KM2线圈失电减速电动机停止。同时辅助继电器M22“失电”。此时如果含氧量小于设定值辅助继电器M20“失电”①→㉓间触点断开，烟道挡风板打开在30°位置。如果含氧量还大于设定值辅助继电器M20“得电”同时①→㉗间触点闭合定时器T2工作10s，10s后含氧量还大于设定值㉓→㉔间定时器T2触点闭合，回路经①→㉓→㉔→㉕→㉖→⓪号线闭合辅助继电器M21“得电”，同时①→⑪间M21触点闭合回路经①→⑪→⑫→⑬→⓪号线闭合输出继电器Y003“得电”KM2线圈得电减速电动机正转打开烟道挡风板在45°位置，如果含氧量还大于设定值烟道挡板分别打开在60°、90°位置。

（5）停止后回归初始位置。按下停止按钮 SB2（X001），⑧→⑨间 X001 触点断开输出继电器 Y002“失电”，KM1 线圈失电引风电动机停止运行。同时①→⑲间触点闭合，回路经①→⑲→⓪号线闭合置位 Y004，输出继电器 Y004“得电”KM3 线圈得电减速电动机反转将要关闭烟道挡风板，反转到霍尔传感器 KH1 位置时输入继电器 X002 指示灯亮，同时①→⑳间触点闭合回路经①→⑳→⓪号线闭合复位 Y004，输出继电器 Y004“失电”KM3 线圈失电减速电动机停止工作，烟道挡风板打开 20°位置。

2. 保护原理

当电动机在运行中发生电动机断相、过载、堵转、三相不平衡等故障，电动机保护器动断触点 FM1/FM2（X007）（电动机 M 过载保护）断开，输入继电器 X007 信号指示灯熄灭，输出继电器 Y002～Y004 回路断开，外部接触器 KM1～KM3 线圈失电，电动机停止运行。

第 72 例　燃气锅炉燃烧器点火程序控制电路

一、设计要求及 I/O 元件配置分配表

1. PLC 程序设计要求

（1）按下外部启动按钮 SB1 点火程序自动运行。

（2）按下外部停止按钮 SB2 或者急停按钮 SB3 点火程序停止运行。

（3）根据安全需求实现加热炉安全监测控制。

（4）PLC 实际接线图中停止按钮、复位按钮取动合触点。

（5）模拟量输出模块采用 FX_{2N}-2DA。

（6）设计用 PLC 传送指令控制燃气锅炉燃烧器点火的梯形图程序。

（7）根据控制要求绘制 PLC 控制电路接线图。

2. 输入/输出设备及 I/O 元件配置分配表

输入/输出设备及 I/O 元件配置分配见表 72-1。

表 72-1　　输入/输出设备及 I/O 元件配置分配表

输入设备			PLC 输入继电器	输出设备		PLC 输出继电器
代号		功能		代号	功能	
SB1		启动按钮	X000	KM	检漏仪驱动线圈	Y000
SB2		停止按钮	X001	HR1	泄漏指示	Y001
SB3		复位按钮	X002	HR2	正常指示	Y002
检漏仪	KP1	泄漏信号	X003	GFJ	鼓风机回路	Y003
	KP2	正常信号	X004	DH	点火线圈	Y004
SP		火焰信号	X005	YV1	电磁阀 1	Y005
SB4		大火按钮	X006	YV2	电磁阀 2	Y006
				YV3	电磁阀 3	Y007
				HR3	点火失败指示	Y010
				FD	挡板模拟量输出	CH1（OUT）

二、程序及电路设计

1．PLC 梯形图

PLC 梯形图如图 72-1 所示。

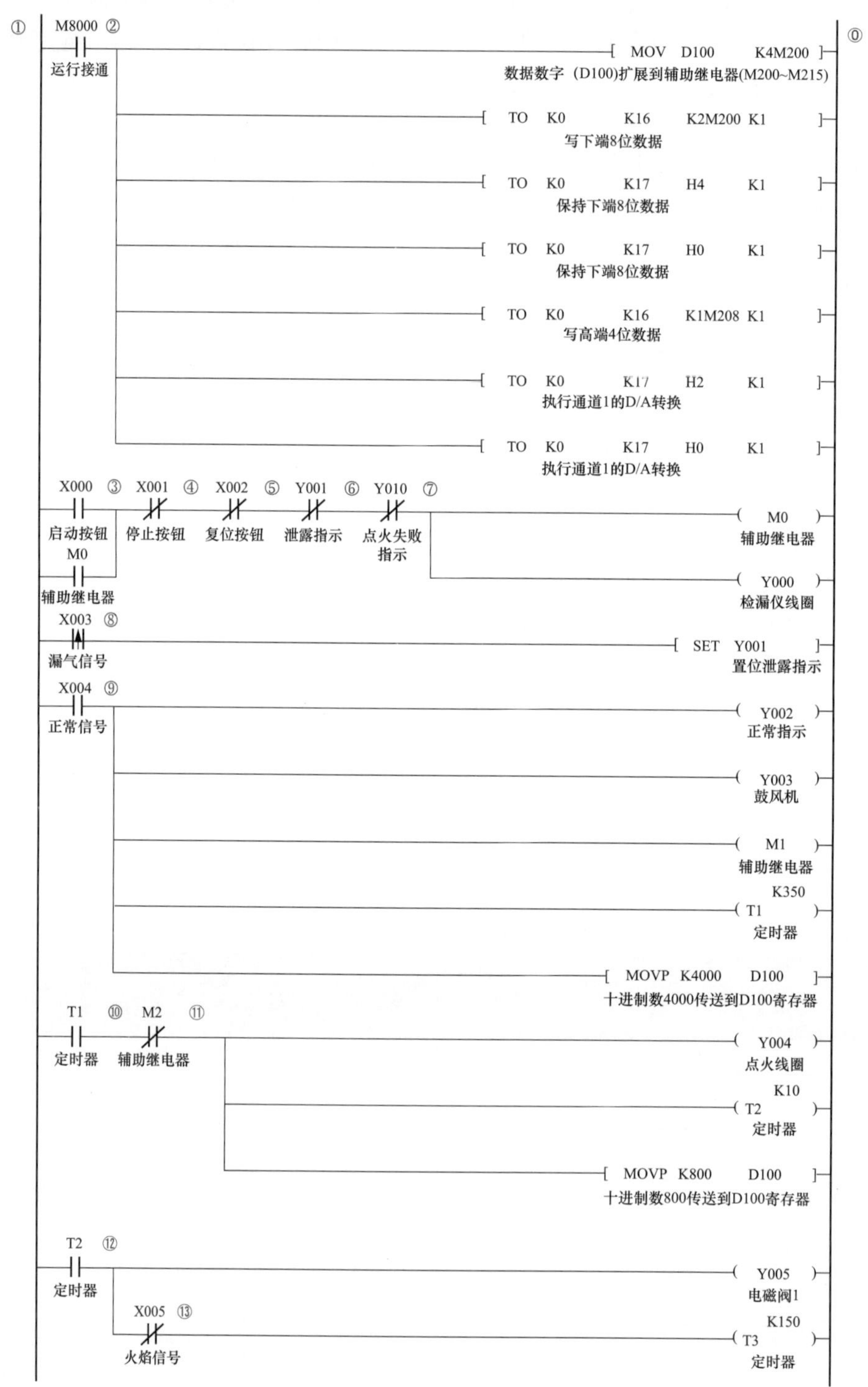

图 72-1 燃气锅炉燃烧器点火程序控制电路 PLC 梯形图

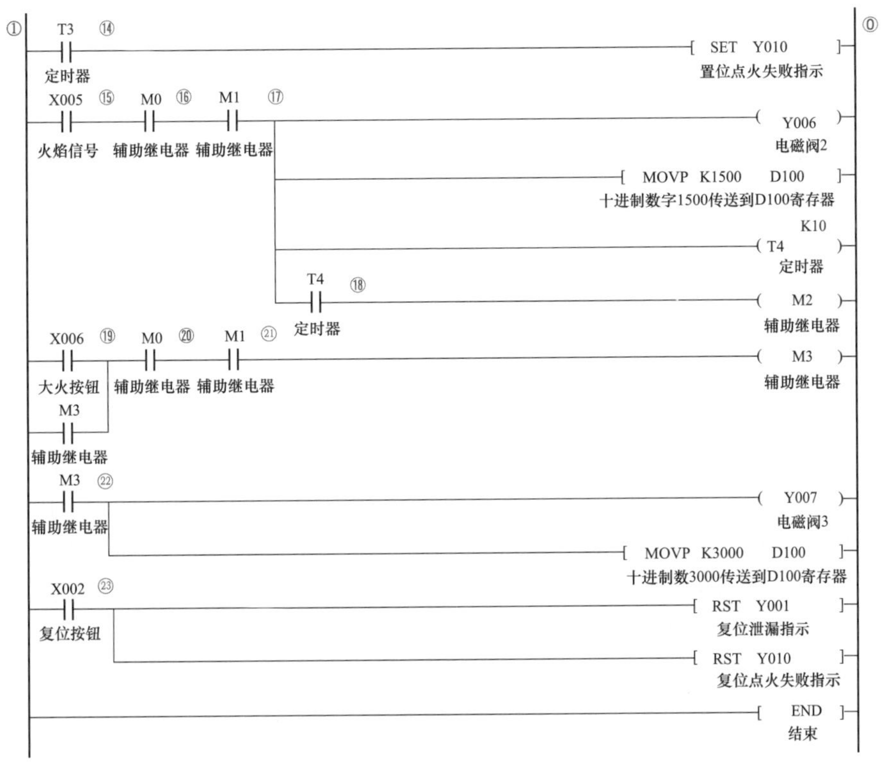

图 72-1　燃气锅炉燃烧器点火程序控制电路 PLC 梯形图（续）

2. PLC 接线详图

PLC 接线图如图 72-2 所示。

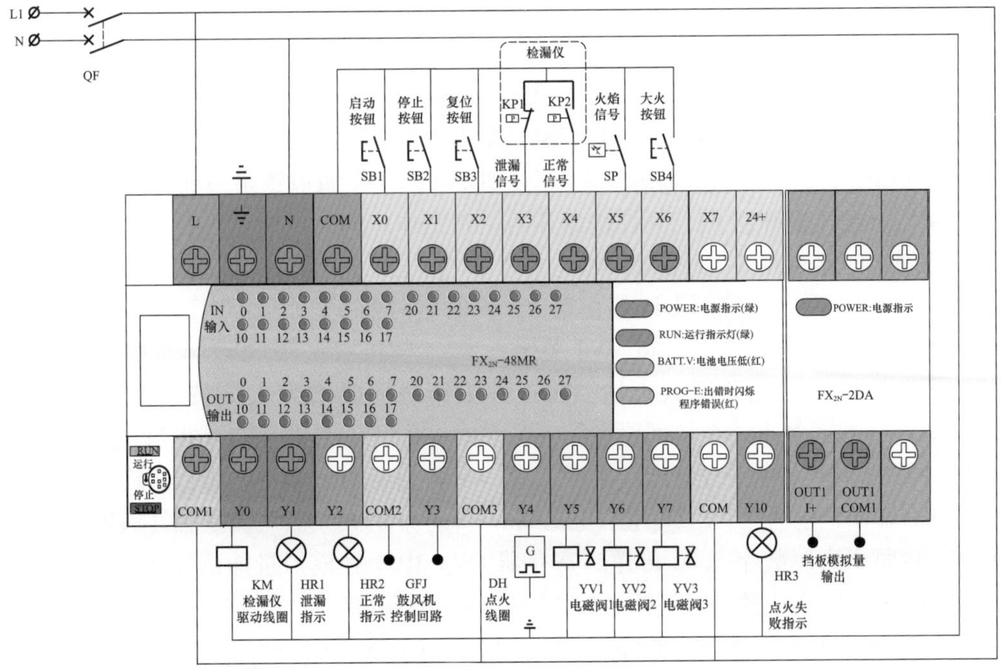

图 72-2　燃气锅炉燃烧器点火程序控制电路 PLC 接线图

三、梯形图动作详解

闭合 PLC 输入和输出端断路器 QF。

1. 控制过程

(1) 0 号模块写数据及确定使用通道。PLC 运行时 M8000 动合触点闭合，回路经①→②→⓪号线闭合，将数据数字（D100）扩展到辅助继电器 M200～M215，写入数据并保持，执行通道 1 的 D/A 转换。

(2) 启动正常后鼓风机预吹扫。按下启动按钮 SB1（X000）①→③间触点闭合，回路经①→③→④→⑤→⑥→⑦→⓪号线闭合，辅助继电器 M0 “得电”①→③间辅助继电器触点 M0 闭合自锁，同时⑮→⑯、⑲→⑳间辅助继电器触点 M0 闭合，同时输出继电器 Y000 “得电”检漏仪驱动线圈 KM 得电检验天然气是否泄漏，没有泄漏时①→⑨间触点闭合，回路经①→⑨→⓪号线闭合，输出继电器 Y002 “得电”正常指示灯 HR2 点亮，同时输出继电器 Y003 “得电”鼓风机控制回路 GFJ 工作预吹扫炉膛内的天然气，同时辅助继电器 M1 “得电”，⑯→⑰、⑳→㉑间辅助触点 M1 闭合，定时器 T1 工作定时 35s，同时将十进制数字 4000 传送到寄存器 D100 中，0 号模拟量输出模块 FX_{2N}-2DA 的 CH1 通道输出 20mA 电流信号到挡风板控制器，挡风板开启 100%。

(3) 燃气锅炉燃烧器点火成功及工作。鼓风机预吹扫 35s 后，①→⑩间定时器 T1 触点闭合，回路经①→⑩→⑪→⓪号线闭合，输出继电器 Y004 “得电”点火线圈 DH 开始点火，同时定时器 T2 工作定时 1s，同时将十进制数字 800 传送到寄存器 D100 中，0 号模拟量输出模块 FX_{2N}-2DA 的 CH1 通道输出 7.2mA 电流信号到挡风板控制器，挡风板开启 20%。1s 后①→⑫间定时器 T2 触点闭合，回路经①→⑫→⓪号线闭合输出继电器 Y005 “得电”电磁阀 YV1 打开燃气锅炉燃烧器开始点火。同时回路经①→⑫→⑬→⓪号线闭合定时器 T3 工作定时 15s，在 15s 内点火成功火焰信号 SP（X005）闭合，⑫→⑬间触点断开定时器 T3 停止工作。

同时①→⑮间火焰信号 SP（X005）闭合回路经①→⑮→⑯→⑰→⓪号线闭合输出继电器 Y006 “得电”电磁阀 YV2 打开燃气锅炉燃烧器正常燃烧，十进制数字 1500 传送到寄存器 D100 中 0 号模拟量输出模块 FX_{2N}-2DA 的 CH1 通道输出 10mA 电流信号到挡风板控制器，挡风板开启 37.5%燃烧器开始正常工作。同时定时器 T4 工作定时 1s，1s 后⑰→⑱间定时器触点 T4 闭合辅助继电器 M2 “得电”同时⑩→⑪间触点断开，输出继电器 Y004 “失电”点火线圈 DH 停止点火，同时定时器 T2 “失电”①→⑫间触点断开输出继电器 Y005 “失电”电磁阀 YV1 关闭。

(4) 燃气锅炉燃烧器增大火焰。在正常工作时需要增大火焰按下大火按钮 SB4（X006），①→⑲间触点闭合，回路经①→⑲→⑳→㉑→⓪号线闭合辅助继电器 M3 “得电”同时①→⑲触点 M3 闭合自锁，同时，①→㉒间辅助继电器 M3 闭合回路经①→㉒→⓪号线闭合输出继电器 Y007 “得电”电磁阀 YV3 打开增大天然气流量燃气锅炉燃烧器增大火焰，同时十进制数字 3000 传送到寄存器 D100 中 0 号模拟量输出模块 FX_{2N}-2DA 的 CH1 通道输出 16mA 电流信号到挡风板控制器，挡风板开启 75%燃烧器大火工作。

(5) 启动后天然气泄漏。按下启动按钮 SB1（X000）①→③间触点闭合，回路经①→③→④→⑤→⑥→⑦→⓪号线闭合，辅助继电器 M0 “得电”①→③间辅助触点 M0 闭合自锁，同时输出继电器 Y000“得电”检漏仪驱动线圈 KM 得电进行检验天然气是否泄漏，如有泄漏①→⑧间触点闭合，回路经①→⑧→⓪号线闭合输出继电器 Y001“得电”泄漏指示灯 HR1 点亮。⑤→⑥间触点断开辅助继电器 M0 和输出继电器 Y000“失电”电路停止工作。

（6）燃气锅炉燃烧器点火失败。鼓风机预吹扫 35s 后，①→⑩间定时器 T1 触点闭合，回路经①→⑩→⑪→⓪号线闭合，输出继电器 Y004“得电”点火线圈 DH 开始点火，同时定时器 T2 工作定时 1s，同时将十进制数字 800 传送到寄存器 D100 中，0 号模拟量输出模块 FX_{2N}-2DA 的 CH1 通道输出 7.2mA 电流信号到挡风板控制器，挡风板开启 20%。1s 后①→⑫间定时器 T2 触点闭合，回路经①→⑫→⓪号线闭合输出继电器 Y005“得电”电磁阀 YV1 打开燃气锅炉燃烧器开始点火。同时回路经①→⑫→⑬→⓪号线闭合定时器 T3 工作定时 15s，15s 后点火不成功①→⑭间触点闭合，回路经①→⑭→⓪号线闭合输出继电器 Y010“得电”点火失败指示灯 HR3 点亮。⑥→⑦间触点断开辅助继电器 M0 和输出继电器 Y000“失电”电路停止工作。

（7）异常情况及电路停止工作。启动后天然气泄漏⑤→⑥间触点断开；燃气锅炉燃烧器点火失败⑥→⑦间触点断开。按下停止按钮 SB2（X001）电路停止工作③→④间触点断开，辅助继电器 M0“失电”⑮→⑯间辅助继电器 M0 触点断开输出继电器 Y006“失电”电磁阀 YV2 关闭，⑲→⑳间辅助继电器 M0 触点断开，辅助继电器 M3“失电”①→㉒间辅助继电器 M3 触点断开，输出继电器 Y007“失电”电磁阀 YV3 关闭电路停止工作。

（8）异常情况处理后复位。当燃气泄漏处理后按下复位按钮 SB3（X002）①→㉓间触点闭合回路经①→㉓→⓪号线闭合复位输出继电器 Y001，Y001“失电”泄漏指示灯 HR1 熄灭。同时⑤→⑥间触点闭合为下一次启动做准备。当点火失败处理后按下复位按钮 SB3（X002）①→㉓间触点闭合回路经①→㉓→⓪号线闭合复位输出继电器 Y010，Y010“失电”点火失败指示灯 HR3 熄灭。同时⑥→⑦间触点闭合为下一次启动做准备。

2. 保护原理

PLC 发生短路断路器 QF 断开进行保护。

第 73 例 模拟量控制两台液压油泵与压缩机联锁控制电路

一、设计要求及 I/O 元件配置分配表

1. PLC 程序设计要求

（1）按下外部启动按钮 SB1 液压油泵进行运行。

（2）按下停止按钮 SB2 液压油泵停止运行。

（3）按复位按钮 SB3 可进行故障复位。

（4）根据润滑油压力信号，自动控制两台液压油泵启停，以保证压缩机在足够润滑的条件下正常运行。

（5）PLC 实际接线图中电动机综合保护器 FM1、FM2 均取动断触点，停止按钮、复位按钮取动合触点。

（6）模拟量输入模块采用 FX_{2N}-4AD。

（7）设计用 PLC 比较指令、模拟量控制两台液压油泵与压缩机自动运行梯形图程序。

（8）根据控制要求绘制 PLC 控制电路接线图。

2. 输入/输出设备及 I/O 元件配置分配表

输入/输出设备及 I/O 元件配置分配见表 73-1。

表 73-1　　输入/输出设备及 I/O 元件配置分配表

输入设备		PLC 输入继电器	输出设备		PLC 输出继电器
代号	功能		代号	功能	
SB1	启动按钮	X000	HR1	PLC 故障报警灯 1	Y000
SB2	停止按钮	X001	HR2	PLC 故障报警灯 2	Y001
SB3	复位按钮	X002	HR3	电动机保护器故障报警灯	Y002
FM1	电动机保护器 1	X003	HR4	压力不足报警灯	Y003
FM2	电动机保护器 2	X004	KM1	1 号液压油泵接触器	Y004
PT	压力变送器	CH1（IN）	KM2	2 号液压油泵接触器	Y005
			YSJ	压缩机控制回路	Y006

二、程序及电路设计

1. PLC 梯形图

PLC 梯形图如图 73-1 所示。

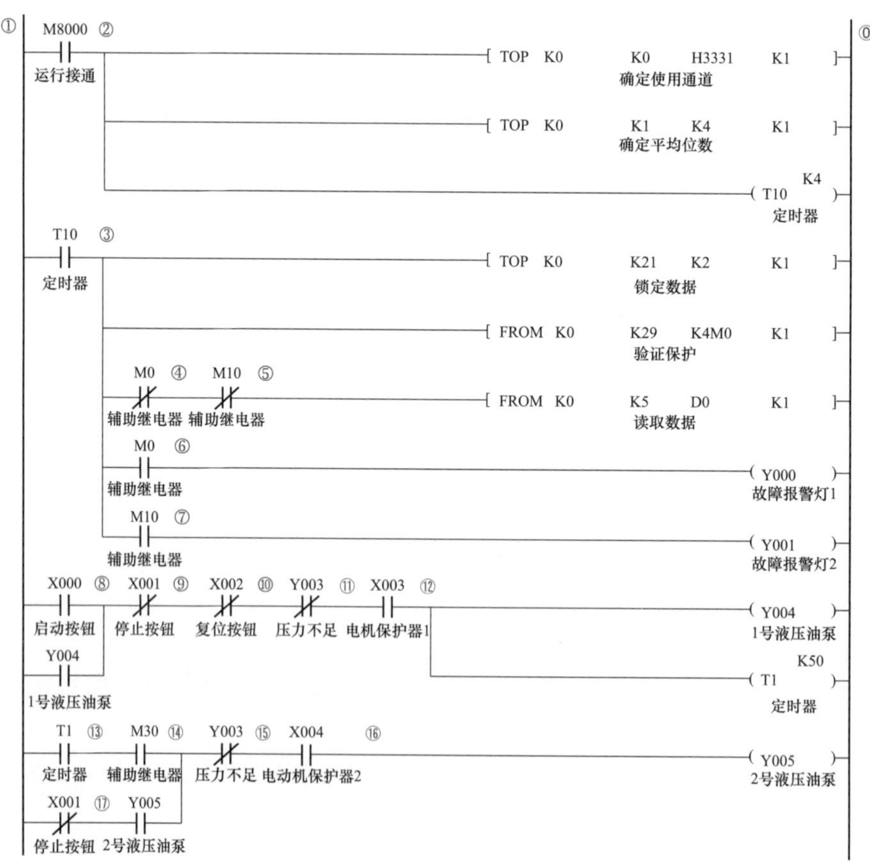

图 73-1　模拟量控制两台液压油泵与压缩机联锁控制电路 PLC 梯形图

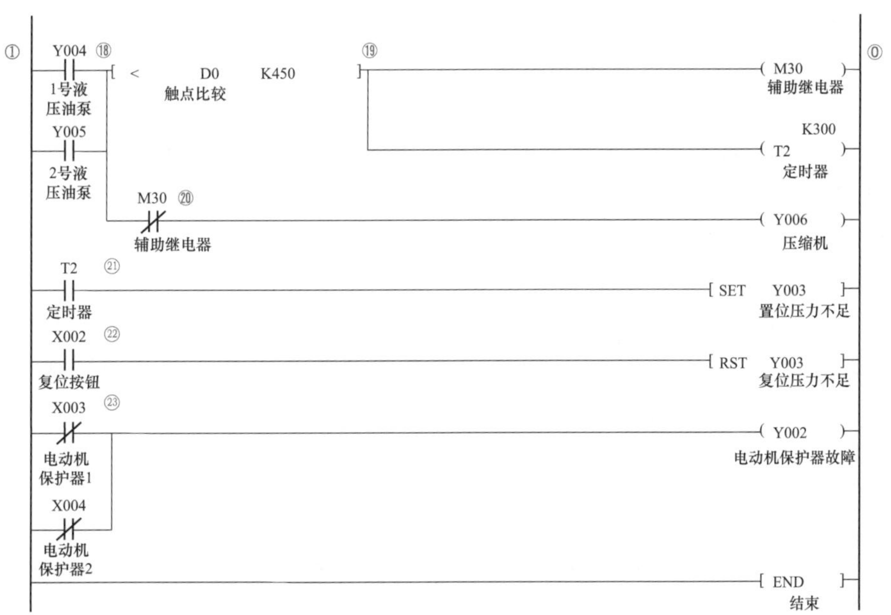

图 73-1　模拟量控制两台液压油泵与压缩机联锁控制电路 PLC 梯形图（续）

2. PLC 接线详图

PLC 接线图如图 73-2 所示。

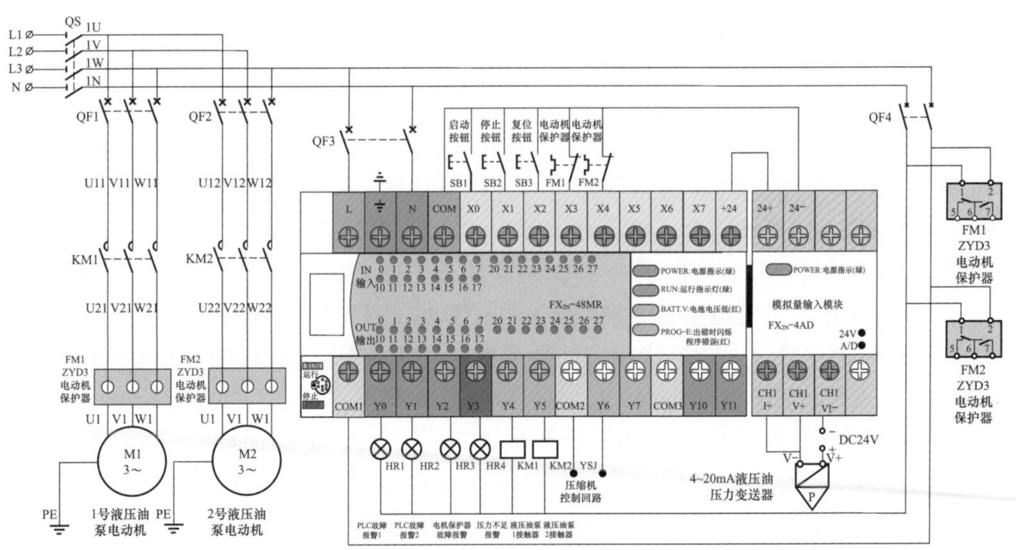

图 73-2　模拟量控制两台液压油泵与压缩机联锁控制电路 PLC 接线图

三、梯形图动作详解

闭合总电源开关 QS，主电路 1 号泵断路器 QF1、2 号泵断路器 QF2。闭合 PLC 输入端断路器 QF3，闭合 PLC 输出继电器及电动机保护器控制电源开关 QF4，PLC 初始化，X3、X4 经保护器与 COM 闭合，X3、X4 信号指示灯亮。

1. 控制过程

(1) 读写数据及确定使用通道。PLC 运行时 M8000 动合触点闭合，回路经①→②→⓪号线闭合，向 0 号模块 BFM0 位写入（H3331）十六进制数一组建立模拟输入通道（CH1），向 0 号模块 BFM1 位写入常数 4，定时器 T10 得电延时 0.4s。①→③间的动合触点 T10 闭合，回路经①→③→⓪号线闭合，向 0 号模块 BFM21 位写入常数 2，读取 0 号模块 BFM29 数值并写进 M0～M15 中，回路经①→③→④→⑤→⓪号线闭合读取 0 号模块 BFM5 位数值到 D0 寄存器。

(2) PLC 故障报警。模拟量输入模块 FX_{2N}-4AD 出现故障时③→⑥间动合触点 M0 闭合，回路经①→③→⑥→⓪号线闭合输出继电器 Y000“得电”PLC 故障报警灯 HL1 点亮；模拟量模块缓存存储器 BFM29 错误③→⑦间动合触点 M10 闭合，回路经①→③→⑦→⓪号线闭合输出继电器 Y001“得电”PLC 故障报警灯 HL2 点亮。

(3) 启动后 1 号液压油泵 5s 内油压大于设定值。按下启动按钮 SB1（X000）①→⑧间触点闭合，回路经①→⑧→⑨→⑩→⑪→⑫→⓪号线闭合，输出继电器 Y004“得电”交流接触器 KM1 接通主电源 1 号润滑油泵电动机运行，同时①→⑧间 Y004 触点闭合自锁，同时①→⑱间触点闭合，0 号模拟量输入模块 FX_{2N}-4AD 的 CH1 通道输入经压力变送器转换成的 4～20mA 电流信号，并转换成相应的数字数据存储在寄存器 D0 中，和⑱→⑲中预置的数据 K450 进行比较，大于 K450 时辅助继电器 M30 不“得电”，回路经①→⑱→⑳→⓪号线闭合输出继电器 Y006“得电”，压缩机控制回路 YSJ 接通压缩机运行。

(4) 启动后 1 号液压油泵 5s 内油压小于设定值。当 1 号液压油泵启动后回路经①→⑧→⑨→⑩→⑪→⑫→⓪号线闭合定时器 T1 工作定时 5s，5s 后①→⑬间触点闭合，同时 0 号模拟量输入模块 FX_{2N}-4AD 的 CH1 通道输入经压力变送器转换成的 4～20mA 电流信号，并转换成相应的数字数据存储在寄存器 D0 中，和⑱→⑲中预置的数据 K450 进行比较，小于 K450 时辅助继电器 M30“得电”，⑱→⑳间辅助触点断开输出继电器 Y006 不“得电”压缩机控制回路 YSJ 不工作。同时⑬→⑭间触点闭合，回路经①→⑬→⑭→⑮→⑯→⓪号线闭合，输出继电器 Y005“得电”交流接触器 KM2 接通主电源 2 号润滑油泵电动机运行，同时⑰→⑭间触点闭合，回路经①→⑰→⑭闭合自锁。2 台液压油泵同时工作 0 号模拟量输入模块 FX_{2N}-4AD 的 CH1 通道输入经压力变送器转换成的 4～20mA 电流信号，并转换成相应的数字数据存储在寄存器 D0 中，和⑱→⑲中预置的数据 K450 进行比较，大于 K450 时辅助继电器 M30 不“得电”，回路经①→⑱→⑳→⓪号线闭合输出继电器 Y006“得电”压缩机控制回路 YSJ 接通压缩机运行。

(5) 启动后 1 号、2 号液压油泵工作油压小于设定值。2 台液压油泵工作后①→⑱间 Y004、Y005 触点闭合，⑱→⑲中寄存器 D0 和预置的数据 K450 进行比较小于 K450 时定时器 T2 工作定时 30s，30s 后①→㉑间触点闭合，回路经①→㉑→⓪号线闭合置位 Y003，输出继电器 Y003“得电”压力不足 HL3 灯点亮，同时⑩→⑪、⑭→⑮间触点断开输出继电器 Y004、Y005“失电”1 号、2 号液压油泵停止工作。

(6) 液压油泵复位。当液压油泵因机械或者其他原因工作时油压小于设定值，处理恢复后按下复位按钮 SB3（X002）①→㉒间触点闭合，回路经①→㉒→⓪号线闭合复位输出继电器 Y003，输出继电器 Y003“失电”压力不足 HL3 灯熄灭，同时⑩→⑪、⑭→⑮间触点闭合，为下一次启动做准备。

(7) 液压油泵和压缩机停止。按下停止按钮 SB2 (X001) ⑧→⑨、①→⑰间触点断开输出继电器 Y004、Y005 “失电” 1 号、2 号液压油泵停止工作，同时①→⑱间触点断开输出继电器 Y006 “失电” 压缩机停止工作。

2. 保护原理

当 1 号液压油泵在运行中发生电动机断相、过载、堵转、三相不平衡等故障，电动机保护器动断触点 FM1 (X003) (电动机 M 过载保护) 断开，输入继电器 X003 信号指示灯熄灭，输出继电器 Y002 “得电” 电动机保护器 HR3 指示灯亮，同时输出继电器 Y004 回路断开，外部接触器 KM1 线圈失电，1 号液压油泵停止运行，此时液压油泵压力大于设定值时压缩机会继续工作。

当 2 号液压油泵在运行中发生电动机断相、过载、堵转、三相不平衡等故障，电动机保护器动断触点 FM2 (X004) (电动机 M 过载保护) 断开，输入继电器 X004 信号指示灯熄灭，输出继电器 Y002 “得电” 电动机保护器 HR3 指示灯亮，同时输出继电器 Y005 回路断开，外部接触器 KM2 线圈失电，2 号液压油泵停止运行，此时液压油泵压力大于设定值时压缩机会继续工作。

主电路或控制电路发生短路、过流、欠压等故障时自动断开相应的断路器进行保护。

第 74 例　压缩机振动、位移、温度、液压联锁保护控制电路

一、设计要求及 I/O 元件配置分配表

1. PLC 程序设计要求

(1) 按下外部启动按钮 SB1 电动机运行。

(2) CH1 震动传感器传输信号至 PLC 进行实时监测。

(3) CH2 位移传感器传输信号至 PLC 进行实时监测。

(4) CH3 位移传感器传输信号至 PLC 进行实时监测。

(5) CH4 压力变送器传输信号至 PLC 进行实时监测。

(6) 采集的轴振动、轴位移、轴承温度、液压油压力信号与天然气压缩机电动机安全联锁控制。

(7) 按下外部停止按钮 SB2 压缩机停止。

(8) 轴振动、轴位移、轴承温度、液压油压力模拟量满足相应条件，天然气压缩机方可启动。

(9) PLC 实际接线图中复位按钮 SB3、停止按钮 SB2、电动机保护器 FM 取动断触点，其余均取动合触点。

(10) 模拟量输入模块采用 FX_{2N}-4AD。

(11) 设计用 PLC 比较指令、模拟量实现天然气压缩机电动机启停联锁梯形图程序。

(12) 根据控制要求绘制 PLC 控制电路接线图。

2. 输入/输出设备及 I/O 元件配置分配表

输入/输出设备及 I/O 元件配置分配见表 74-1。

表 74-1　　输入/输出设备及 I/O 元件配置分配表

输入设备		PLC 输入继电器	输出设备		PLC 输出继电器
代号	功能		代号	功能	
SB1	启动按钮	X000	HR1	PLC 故障报警灯	Y000
SB2	停止按钮	X001	HR2	震动过大报警灯	Y001
SB3	复位按钮	X002	HR3	位移过大报警灯	Y002
FM	电动机保护器	X003	HR4	温度过高报警灯	Y003
ST	震动传感器	CH1（IN）	HR5	液压油压力过低报警灯	Y004
DT	位移传感器	CH2（IN）	KM	液压油泵接触器	Y005
TT	温度变送器	CH3（IN）	YSJ	压缩机控制回路	Y006
PT	压力变送器	CH4（IN）			

二、程序及电路设计

1. PLC 梯形图

PLC 梯形图如图 74-1 所示。

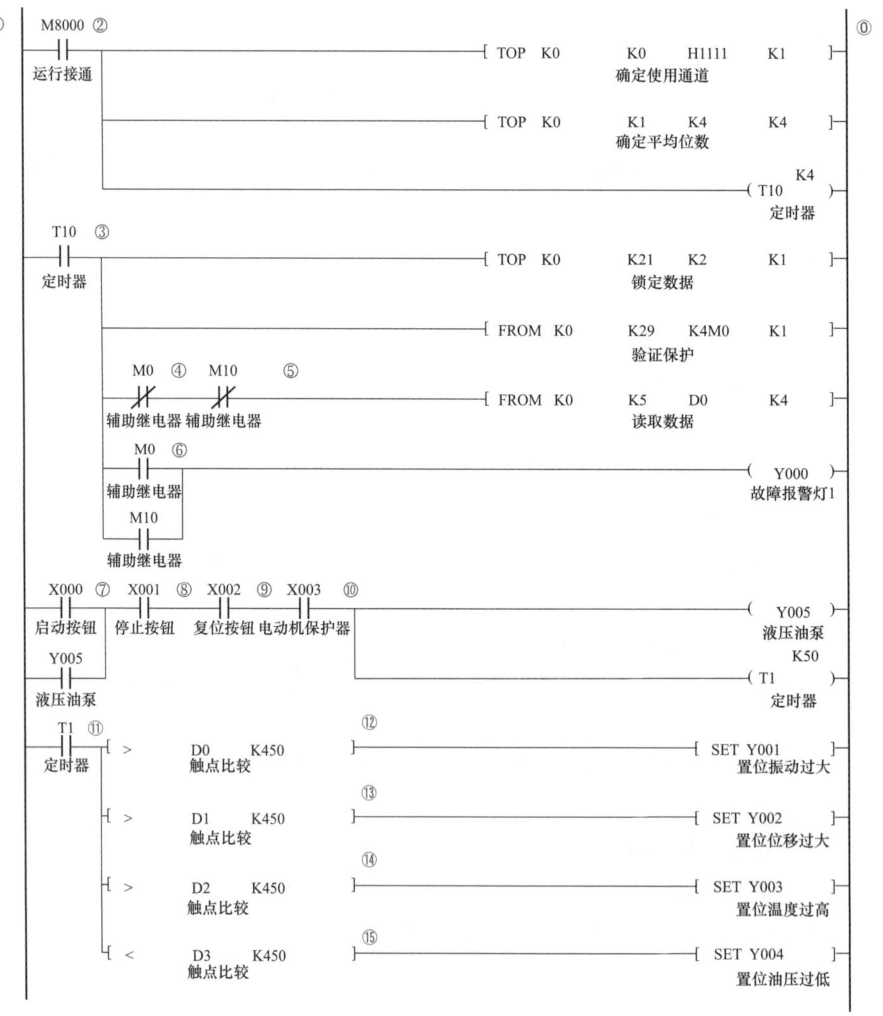

图 74-1　压缩机振动、位移、温度、液压联锁保护控制电路 PLC 梯形图

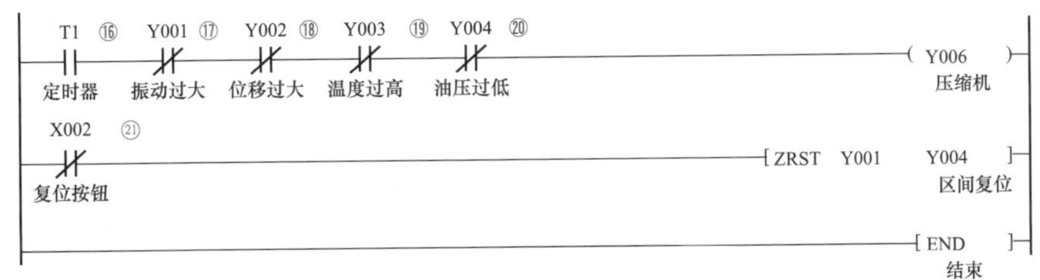

图 74-1　压缩机振动、位移、温度、液压联锁保护控制电路 PLC 梯形图（续）

2. PLC 接线详图

PLC 接线图如图 74-2 所示。

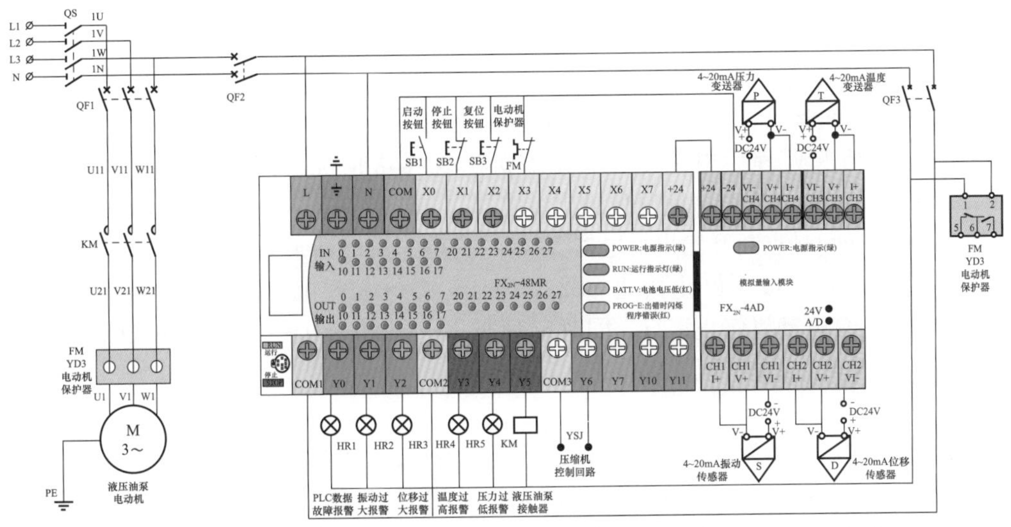

图 74-2　压缩机振动、位移、温度、液压联锁保护控制电路 PLC 接线图

三、梯形图动作详解

闭合总电源开关 QS，主电路泵断路器 QF1。闭合 PLC 输入端断路器 QF2、闭合 PLC 输出继电器及电动机保护器控制电源开关 QF3，PLC 初始化，X1、X2、X3 信号指示灯亮。

1. 控制过程

（1）读写数据及确定使用通道。PLC 运行时 M8000 动合触点闭合，回路经①→②→⓪号线闭合，向 0 号模块 BFM0 位写入（H1111）十六进制数一组建立模拟输入通道（CH1～CH4），向 0 号模块 BFM1～BFM4 位写入常数 4，定时器 T10 得电延时 0.4s。①→③间的动合触点 T10 闭合，回路经①→③→⓪号线闭合，向 0 号模块 BFM21 位写入常数 2，读取 0 号模块 BFM29 数值并写进 M0～M15 中，回路经①→③→④→⑤→⓪号线闭合读取 0 号模块 BFM5～BFM8 位数值到 D0～D3 寄存器。

（2）PLC 故障报警。模拟量输入模块 FX_{2N}-4AD 出现故障时③→⑥间动合触点 M0 或者 M10 闭合，回路经①→③→⑥→⓪号线闭合输出继电器 Y000“得电”PLC 故障报警灯 HL1 点亮。

（3）液压油泵和压缩机正常运行。按下启动按钮 SB1（X000）①→⑦间触点闭合，回路经①→⑦→⑧→⑨→⑩→⓪号线闭合，输出继电器 Y005“得电”交流接触器 KM

接通主电源润滑油泵电动机运行，同时①→⑦间 Y005 触点闭合自锁，同时定时器 T1 工作定时 5s，5s 后①→⑪、①→⑯间触点闭合，在 5s 内 0 号模拟量输入模块 FX_{2N}-4AD 的 CH1～CH4 通道输入经振动传感器、位移传感器、温度变送器、压力变送器转换成的 4～20mA 电流信号，并转换成相应的数字数据存储在寄存器 D0～D3 中，和⑪→⑫、⑪→⑬、⑪→⑭、⑪→⑮中预置的数据 K450 进行比较，D0～D2 同时小于 K450 并且 D3 大于 K450 时输出继电器 Y001～Y004 不“得电”，回路经①→⑯→⑰→⑱→⑲→⑳→⓪号线闭合输出继电器 Y006“得电”，压缩机控制回路 YSJ 接通压缩机运行。

（4）液压油泵和压缩机运行时异常情况。液压油泵和压缩机运行时压缩机出现振动过大⑪→⑫间 D0＞K450、位移过大⑪→⑬间 D1＞K450、温度过高⑪→⑭间 D2＞K450、油压过低⑪→⑮D3＜K450 等任何一种异常情况输出继电器 Y001～Y004 相应“得电”震动过大指示灯 HR2、位移过大指示灯 HR3、温度过高指示灯 HR4、油压过低 HR5 会相应点亮报警。同时⑯→⑰、⑰→⑱、⑱→⑲、⑲→⑳间相应的 Y001～Y004 触点断开压缩机停止运行，此时液压油泵会继续运行。

（5）异常情况处理后电路复位。压缩机出现异常情况处理后按下复位按钮 SB3（X002）①→㉑间触点闭合区间复位输出继电器 Y001～Y004，外部相应的报警指示灯熄灭，同时⑧→⑨间触点断开输出继电器 Y005“失电”润滑油泵电动机停止运行。

（6）停止过程。按下停止按钮 SB2（X001）⑦→⑧间触点断开输出继电器 Y005“失电”润滑油泵电动机停止运行，同时定时器 T1“失电”①→⑪、①→⑯间触点断开输出继电器 Y006“失电”压缩机停止运行。

2. 保护原理

当电动机在运行中发生电动机断相、过载、堵转、三相不平衡等故障，电动机保护器动断触点 FM（X003）（电动机 M 过载保护）⑨→⑩间触点断开，输入继电器 X003 信号指示灯熄灭，输出继电器 Y005“失电”润滑油泵电动机停止运行，同时定时器 T1“失电”①→⑪、①→⑯间触点断开输出继电器 Y006“失电”压缩机停止运行。

第 75 例　模拟量控制调压模块烘干箱恒温控制电路

一、设计要求及 I/O 元件配置分配表

1. PLC 程序设计要求

（1）按下外部启动按钮 SB1 烘干箱自动加热。

（2）按下停止按钮 SB2 烘干箱停止加热。

（3）按复位按钮 SB3 能故障复位。

（4）根据设定温度实现电加热自动恒温控制。

（5）模拟量输入模块采用 FX_{2N}-4AD，监测电加热和调压模块的温度，模拟量输出模块采用 FX_{2N}-2DA，控制调压模块的输出电压。

（6）设计用 PLC 区间比较与乘除法指令控制电加热的梯形图程序。

（7）根据控制要求绘制 PLC 控制电路接线图。

2. 输入/输出设备及 I/O 元件配置分配表

输入/输出设备及 I/O 元件配置分配见表 75-1。

表 75-1　　输入/输出设备及 I/O 元件配置分配表

输入设备		PLC 输入继电器	输出设备		PLC 输出继电器
代号	功能		代号	功能	
SB1	启动按钮	X000	HR1	PLC 故障报警灯	Y000
SB2	停止按钮	X001	HR2	调压模块温度过高报警灯	Y001
SB3	复位按钮	X002	FS	调压模块散热风扇	Y004
TT1	加热温度变送器	CH1（IN）	TV	模拟量电压输出	CH1（OUT）
TT2	调压模块温度变送器	CH2（IN）			

二、程序及电路设计

1. PLC 梯形图

PLC 梯形图如图 75-1 所示。

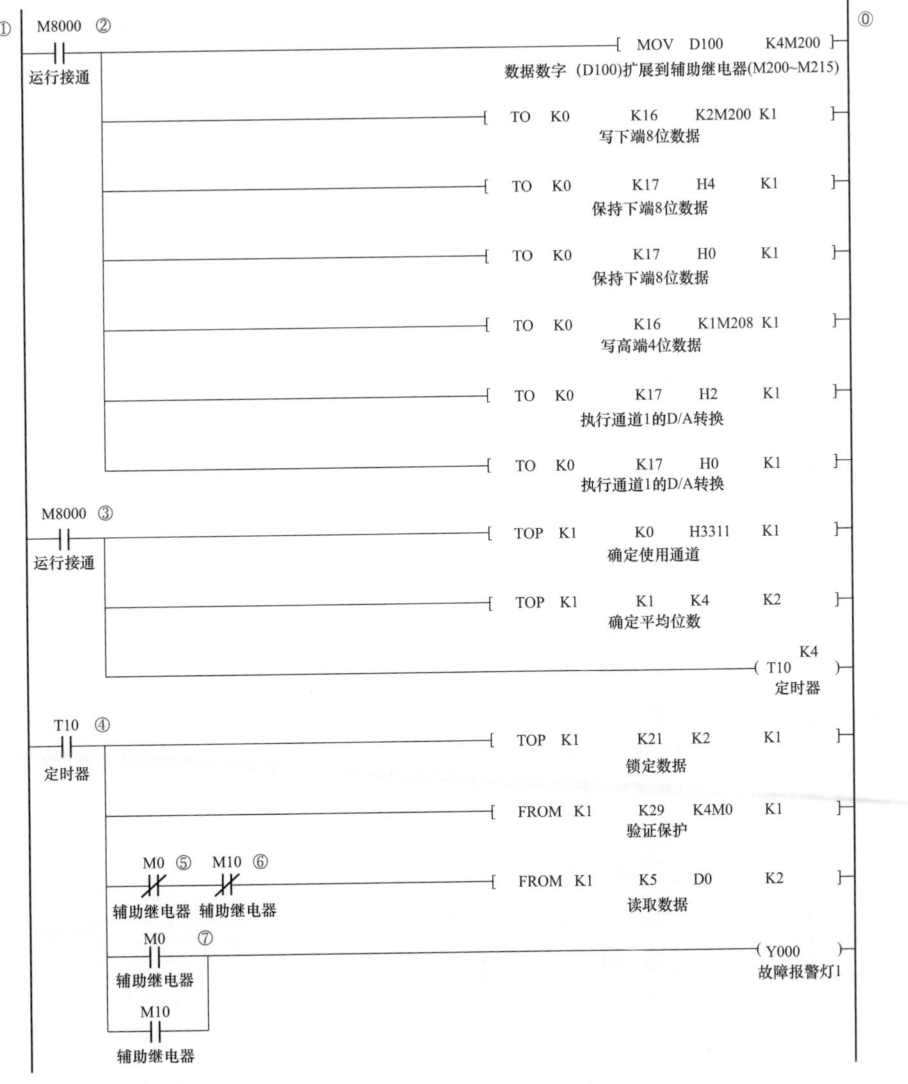

图 75-2　模拟量控制调压模块烘干箱恒温控制电路 PLC 梯形图

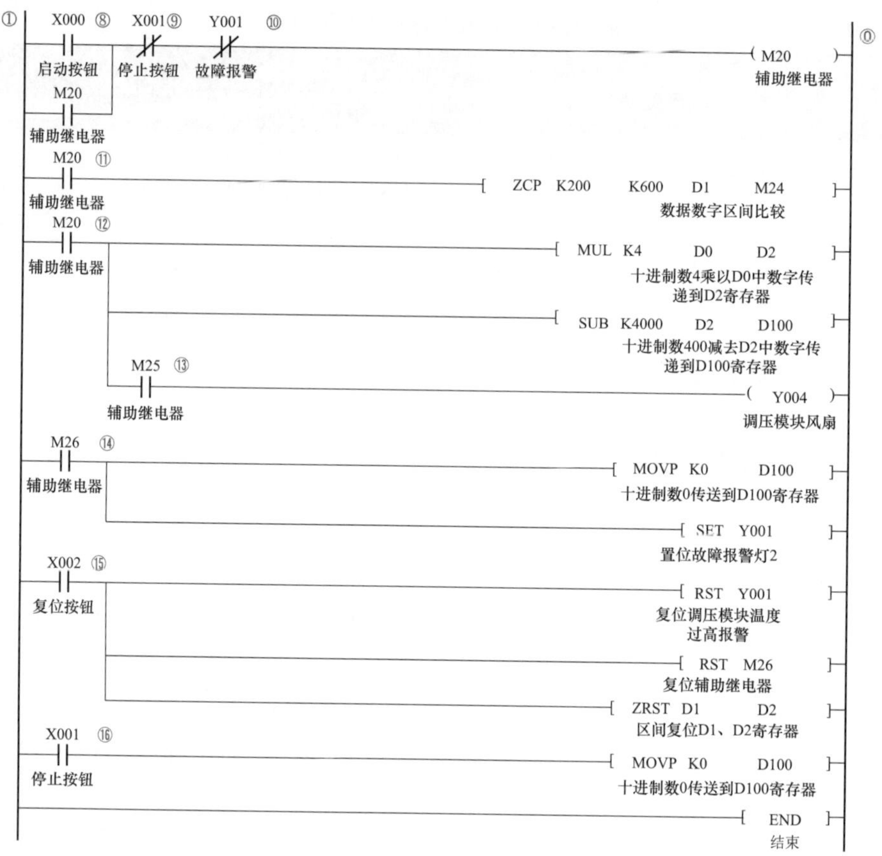

图 75-2 模拟量控制调压模块烘干箱恒温控制电路 PLC 梯形图（续）

2. PLC 接线详图

PLC 接线图如图 75-2 所示。

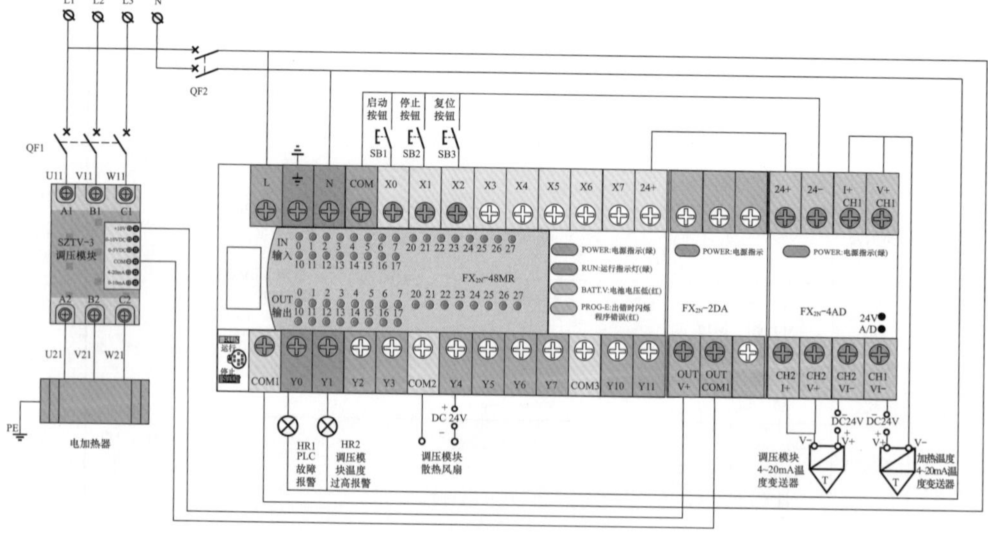

图 75-2 模拟量控制调压模块烘干箱恒温控制电路 PLC 接线图

三、梯形图动作详解

闭合电加热器主电源 QF1、闭合 PLC 输入端断路器 QF2。

1. 控制过程

（1）0 号模块写数据及确定使用通道。PLC 运行时 M8000 动合触点闭合，回路经①→②→⓪号线闭合，将数据数字（D100）扩展到辅助继电器 M200～M215；写入数据并保持，执行通道 1 的 D/A 转换。

（2）1 号模块读写数据及确定使用通道。M8000 动合触点闭合，回路经①→③→⓪号线闭合，向 1 号模块 BFM0 位写入（H3311）十六进制数一组建立模拟输入通道（CH1、CH2），向 1 号模块 BFM1、BFM2 位写入常数 4，定时器 T10 得电延时 0.4s。①→④间的动合触点 T10 闭合，回路经①→④→⓪号线闭合，向 1 号模块 BFM21 位写入常数 2，读取 1 号模块 BFM29 数值并写进 M0-M15 中，回路经①→⑤→⑥→⓪号线闭合读取 1 号模块 BFM5、BFM6 位数值到 D0、D1 寄存器。

（3）PLC 故障报警。模拟量输入模块 FX_{2N}-4AD 出现故障时④→⑦间动合触点 M0 或 M10 闭合，回路经①→④→⑦→⓪号线闭合输出继电器 Y001 “得电” PLC 故障报警灯 HL1 点亮。

（4）烘干箱启动。按下启动按钮 SB1（X000）①→⑧间触点闭合，回路经①→⑧→⑨→⑩→⓪号线闭合，辅助继电器 M20 “得电”，同时①→⑧间辅助触点 M20 闭合自锁。同时①→⑫间触点闭合，回路经①→⑫→⓪号线闭合 1 号模拟量输入模块 FX_{2N}-4AD 的 CH1 通道输入经加热温度变送器转换成的 4～20mA 电流信号，并转换成相应的数字数据存储在寄存器 D0 中，当加热温度变送器检测到温度为 0℃时对应的数据数字为 0，乘以常数 4 结果传递到 D2 寄存器，模拟量输出模块对应的数字数据 4000 减去 D2 寄存器中的数据结果传递到 D100 寄存器，0 号模拟量输出模块 FX_{2N}-2DA 的 CH1 通道输出 10V 电压信号到调压模块的电压输入控制端，调压模块主电路输出 380V 全压到电加热器进行加热。当加热温度变送器检测到电加热器温度升高时 CH1 通道输出低于 10V 电压信号到调压模块的电压输入控制端，调压模块主电路输出降低后电压到电加热器进行加热。加热温度和模拟量输出控制电压成反比例控制恒温箱温度。

（5）烘干箱停止。按下停止按钮 SB2（X001）⑧→⑨间触点断开，辅助继电器 M20 “失电” ①→⑧、①→⑪、①→⑫间触点断开电路停止工作，同时①→⑯间触点闭合将十进制数字 0 传送到寄存器 D100 中，0 号模拟量输出模块 FX_{2N}-2DA 的 CH1 通道输出 0V 电压信号到调压模块的电压输入控制端，调压模块主电路不输出电压电加热器停止加热。

2. 保护原理

电加热器工作中①→⑪间触点闭合回路经①→⑪→⓪号线闭合，1 号模拟量输入模块 FX_{2N}-4AD 的 CH2 通道输入经监测调压模块温度变送器转换成的 4～20mA 电流信号，并转换成相应的数字数据存储在寄存器 D1 中，和预置的数据进行区间比较，当 $200 \leqslant D1 \leqslant 600$ 时辅助继电器 M25 “得电” ⑫→⑬间触点闭合，回路经①→⑫→⑬→⓪号线闭合输出继电器 Y004 “得电” 调压模块散热风扇运行给模块散热。

当 $D1 > 600$ 时辅助继电器 M26 “得电” ①→⑭间触点闭合回路经①→⑭→⓪号线闭

合将十进制数字 0 传送到寄存器 D100 中，0 号模拟量输出模块 FX_{2N}-2DA 的 CH1 通道输出 0V 电压信号到调压模块的电压输入控制端，调压模块主电路停止输出电压电加热器不加热。同时置位输出继电器 Y001，调压模块温度过高报警灯 HL2 点亮，同时⑨→⑩间触点断开电路停止工作。

当调压模块温度过高报警灯 HL2 点亮模块的温度恢复正常后，按下复位按钮 SB3（X002）①→⑮间触点闭合，回路经①→⑮→⓪号线闭合复位输出继电 Y001，输出继电器“失电”调压模块温度过高报警灯 HL2 熄灭，同时⑨→⑩间触点闭合，同时复位辅助继电器 M26、区间复位寄存器 D1、D2，为下一次启动做准备。

当加热器在运行中发生过载、短路等故障断路器 QF1 断开调压模块停止输出。

第八章

PLC控制的无触点接触器与旋转编码器控制电路

PLC 控制的无触点接触器与旋转编码器控制电路用途如下：

1. 无触点接触器

实际上就是固态继电器（SSR）是一种全电子电路组合的元件，与传统的电磁继电器相比，是一种没有机械，不含运动零部件的继电器，并且无火花、耐腐蚀，具有与电磁继电器本质上相同的功能。可由 PLC 直接输出信号控制无触点接触器工作，增加了 PLC 输出点的使用寿命，在粉尘较多和酸碱腐蚀性较大的场合应用，同时还应用在桥式起重机等大型设备上。

无触点正反转接触器外部控制信号输入时无须考虑时间时机问题，随时可以，外部控制信号无须做互锁，主要可用于自动攻丝机、车床控制、陶瓷生产线、化工生产线、行车控制等一切需要电动机频繁正、反转的应用场合。

2. 旋转编码器

旋转编码器是用来测量转速并配合 PWM 技术可以实现快速调速的装置，光电式旋转编码器通过光电转换，可将输出轴的角位移、角速度等机械量转换成相应的电脉冲以数字量输出（REP）。

旋转编码器分为单路输出和双路输出两种。技术参数主要有每转脉冲数（几十个到几千个都有）和供电电压等。单路输出是指旋转编码器的输出是一组脉冲，而双路输出的旋转编码器输出两组 A/B 相位差 90°的脉冲，通过这两组脉冲不仅可以测量转速，还可以判断旋转的方向。

旋转编码器能够测量电动机转速，一般连接在电动机输出轴上，信号可以传递给变频器，如果应用增量型旋转编码器和安装上 PG 卡的变频器，可实现变频器速度闭环控制，使速度更接近于设定值。

旋转编码器也可以传递信号给 PLC 完成精确定位功能，主要用于对电动机转速控制要求比较高的场合，例如，在物料分拣等控制电路中旋转编码器输出脉冲数值和 PLC 中设定的数值进行比较，PLC 控制变频器的启动与停止能精确地完成物料的分拣过程控制。

第 76 例　由无触点接触器和 PLC 控制的电动机正转运行控制电路

一、程序设计要求及 I/O 元件配置分配表

1. PLC 程序设计要求

（1）按下外部启动按钮 SB1 电动机 M 连续运行。

（2）按下外部停止按钮 SB2 电动机 M 停止运行。

（3）电动机发生过载等故障时，电动机保护器 FM 动作，电动机停止运行。

（4）PLC 控制电路接线图中的停止按钮 SB2，电动机综合保护器 FM 辅助触点均使

用动断触点。

（5）电动机保护器FM工作电源由外部电路直接供电。

（6）根据上面的控制要求列出输入、输出分配表。

（7）根据控制要求，设计用PLC传送指令和位组合元件实现电动机正转运行梯形图程序。

（8）根据控制要求，绘制无触点接触器、24V直流电源和PLC控制电路接线图。

2. 输入/输出设备及I/O元件配置分配表

输入/输出设备及I/O元件配置分配见表76-1。

表76-1　输入/输出设备及I/O元件配置分配表

输入设备		PLC输入继电器	输出设备		PLC输出继电器
代号	功能		代号	功能	
SB1	启动按钮	X000	SSR	无触点接触器	Y000
SB2	停止按钮	X001			
FM	电动机保护器	X002			

二、程序及电路设计

1. PLC梯形图

PLC梯形图如图76-1所示。

图76-1　无触点接触器和PLC控制的电动机正转运行控制电路PLC梯形图

2. PLC接线详图

PLC接线图如图76-2所示。

三、梯形图动作详解

闭合总电源开关QS，主电路电源开关QF1，PLC控制电源开关QF2，直流电源开关QF3。由于SB2、FM触点处于闭合状态，PLC输入继电器X1、X2信号指示灯点亮。

1. 启动过程

按下启动按钮SB1，①→②间触点闭合，回路经①→②→⓪号线闭合，将十进制常数1传送到1位元件组K1Y000中，Y000继电器“得电”吸合，接通外部无触点接触器SSR控制端24V直流电源，无触点接触器SSR接通主电源电动机M连续运行。

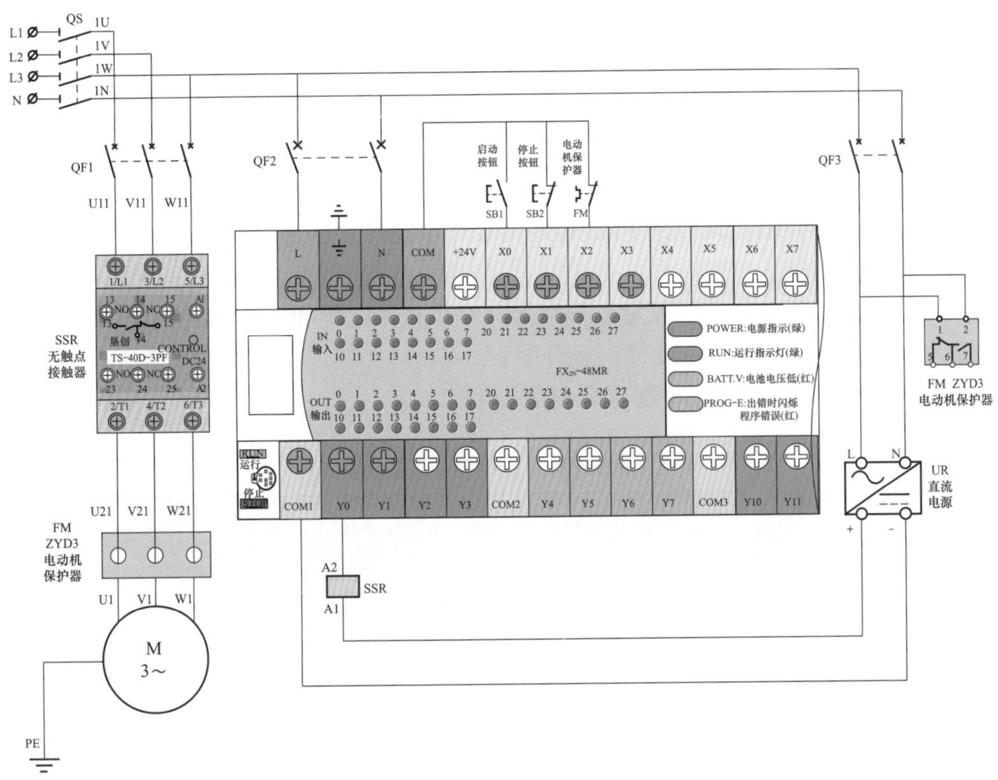

图 76-2　无触点接触器和 PLC 控制的电动机正转运行控制电路 PLC 接线图

2. 停止过程

按下停止按钮 SB2，①→③间 X001 触点闭合，回路经①→③→⓪号线闭合，将十进制常数 0 传送到 1 位元件组 K1Y000 中，Y000 继电器“失电”断开，断开无触点接触器 SSR 控制端 24V 直流电源，无触点接触器 SSR 断开主电源电动机 M 停止运行。

3. 保护原理

当电动机过载时电动机保护器 FM 触点（X002）断开，回路经①→③→⓪号线闭合将十进制常数 0 传送到 1 位元件组 K1Y000 中，Y000 继电器失电断开，断开无触点接触器 SSR 控制端 24V 直流电源，无触点接触器 SSR 断开主电源电动机 M 停止运行。

第 77 例　由无触点接触器和 PLC 控制的电动机正、反转运行控制电路

一、程序设计要求及 I/O 元件配置分配表

1. PLC 程序设计要求

（1）按下外部启动按钮 SB1 电动机 M 正转运行。

（2）按下外部启动按钮 SB2 电动机 M 反转运行。

（3）按下外部停止按钮 SB3 电动机 M 停止运行。

（4）当电动机发生过载等故障时，电动机保护器 FM 动作，电动机停止运行。

（5）PLC 控制电路接线图中的停止按钮 SB3，电动机综合保护器 FM 辅助触点均使用动断触点。

（6）电动机保护器 FM 工作电源由外部电路直接供电。

（7）根据上面的控制要求列出输入、输出分配表。

（8）根据控制要求，设计用 PLC 传送指令和位组合元件实现电动机正、反转运行控制电路的梯形图程序。

（9）根据控制要求，绘制无触点接触器、24V 直流电源和 PLC 控制电路接线图。

2. 输入/输出设备及 I/O 元件配置分配表

输入/输出设备及 I/O 元件配置分配见表 77-1。

表 77-1　输入/输出设备及 I/O 元件配置分配表

输入设备		PLC 输入继电器	输出设备		PLC 输出继电器
代号	功能		代号	功能	
SB1	正转启动按钮	X000	SSR	无触点接触器	Y000
SB2	反转启动按钮	X001	SSR	无触点接触器	Y001
SB3	停止按钮	X002			
FM	电动机保护器	X003			

二、程序及电路设计

1. PLC 梯形图

PLC 梯形图如图 77-1 所示。

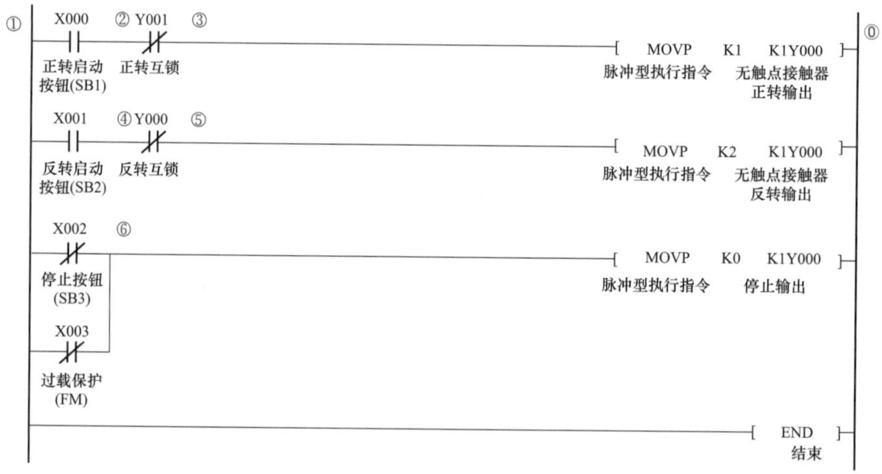

图 77-1　无触点接触器和 PLC 控制的电动机正、反转运行控制电路 PLC 梯形图

2. PLC 接线详图

PLC 接线图如图 77-2 所示。

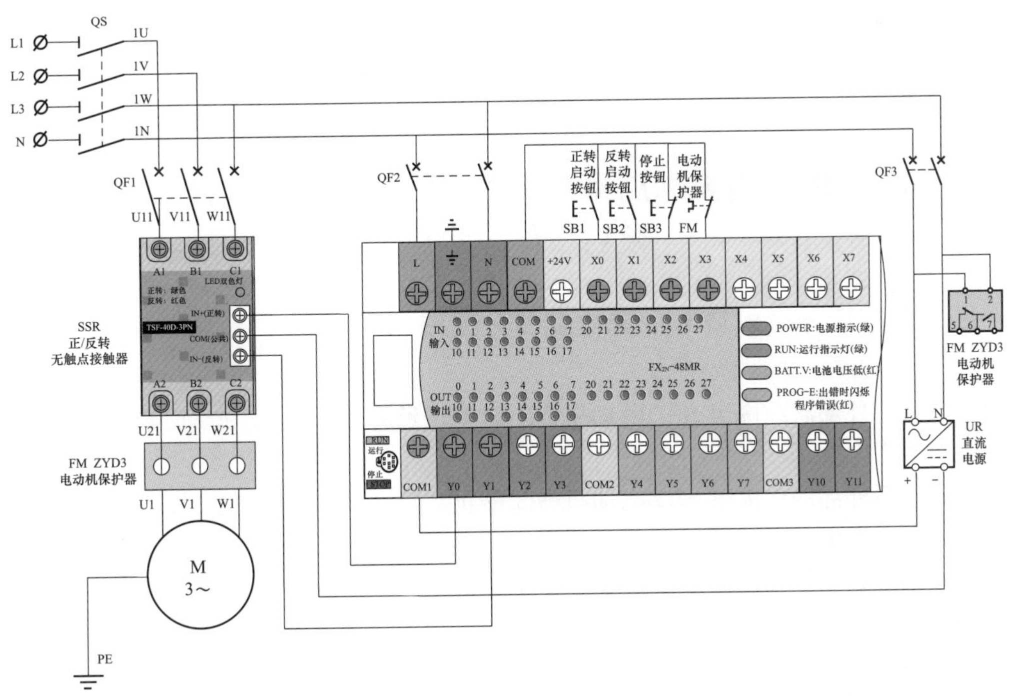

图 77-2　无触点接触器和 PLC 控制的电动机正、反转运行控制电路 PLC 接线图

三、梯形图动作详解

闭合总电源开关 QS，主电路电源开关 QF1，PLC 控制电源开关 QF2，直流电源开关 QF3。由于 SB3、FM 触点处于闭合状态，PLC 输入继电器 X2、X3 信号指示灯点亮。

1. 启动过程

当电动机在停止时，按下正转启动按钮 SB1，①→②间触点闭合，回路经①→②→③→⓪号线闭合，将十进制常数 1 传送到 1 位元件组 K1Y000 中，Y000 继电器“得电”吸合，接通外部无触点接触器 SSR 正转控制端 24V 直流电源，无触点接触器 SSR 接通主电源电动机 M 正转运行。

当电动机在停止时，按下反转启动按钮 SB2，①→④间触点闭合，回路经①→④→⑤→⓪号线闭合，将十进制常数 2 传送到 1 位元件组 K1Y000 中，Y001 继电器“得电”吸合，接通外部无触点接触器 SSR 反转控制端 24V 直流电源，无触点接触器 SSR 接通主电源电动机 M 反转运行。

2. 停止过程

按下停止按钮 SB2，①→⑥间触点闭合，回路经①→⑥→⓪号线闭合，将十进制常数 0 传送到 1 位元件组 K1Y000 中，Y000 继电器和 Y001 继电器“失电”断开，断开无触点接触器 SSR 控制端 24V 直流电源，无触点接触器 SSR 断开主电源电动机 M 停止运行。

3. 保护原理

当电动机过载时电动机保护器 FM 触点（X003）断开，回路经①→⑥→⓪号线闭合，将十进制常数0传送到1位元件组K1Y000中，Y000继电器和Y001继电器“失电”断开，断开无触点接触器SSR控制端24V直流电源，无触点接触器SSR断开主电源电动机M停止运行。

第78例　由无触点接触器和PLC控制的三台电动机顺启逆停控制电路

一、程序设计要求及I/O元件配置分配表

1. PLC程序设计要求

(1) 按下外部启动按钮SB1电动机M1启动，延时3s后电动机M2启动，延时3s后电动机M3启动。

(2) 按下外部停止按钮SB2电动机M3停止，延时3s后电动机M2停止，延时3s后电动机M1停止。

(3) 当电动机发生过载等故障时，电动机保护器FM1或FM2或FM3动作，3台电动机停止运行，

(4) PLC控制电路接线图中的停止按钮SB2，电动机综合保护器FM1、FM2及FM3辅助触点均使用动断触点。

(5) 电动机保护器FM1、FM2及FM3工作电源由外部电路直接供电。

(6) 根据上面的控制要求列出输入、输出分配表。

(7) 根据控制要求，设计用PLC传送指令和位组合元件实现三台电动机顺启逆停控制电路梯形图程序。

(8) 根据控制要求绘制无触点接触器、24V直流电源和PLC控制电路接线图。

2. 输入/输出设备及I/O元件配置分配表

输入/输出设备及I/O元件配置分配见表78-1。

表78-1　输入/输出设备及I/O元件配置分配表

输入设备		PLC输入继电器	输出设备		PLC输出继电器
代号	功能		代号	功能	
SB1	启动按钮	X000	SSR1	无触点接触器	Y000
SB2	停止按钮	X001	SSR2	无触点接触器	Y001
FM1	电动机保护器	X002	SSR3	无触点接触器	Y002
FM2	电动机保护器	X003			
FM3	电动机保护器	X004			

二、程序及电路设计

1. PLC梯形图

PLC梯形图如图78-1所示。

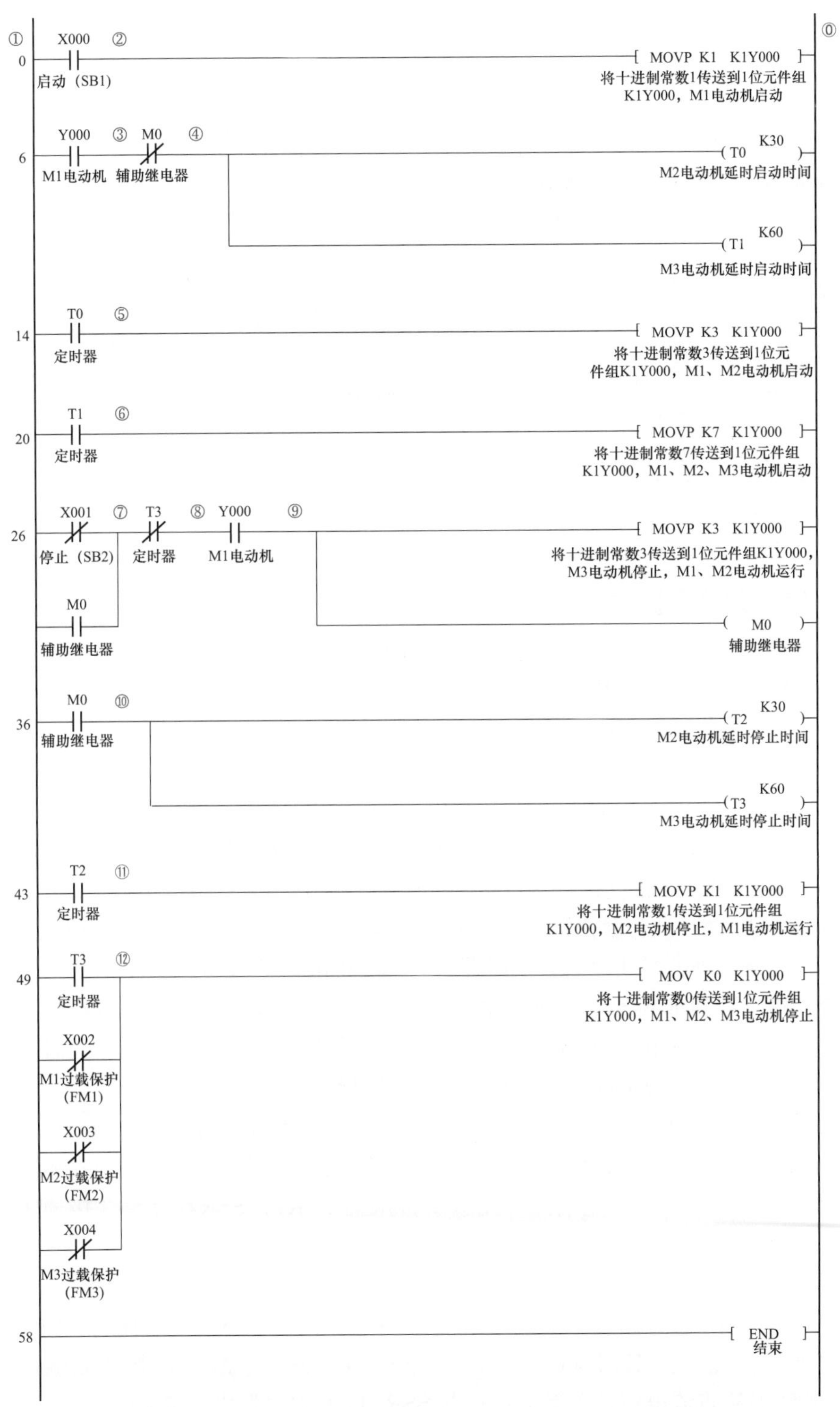

图 78-1　无触点接触器和 PLC 控制的三台电动机顺启逆停控制电路 PLC 梯形图

2. PLC 接线详图

PLC 接线图如图 78-2 所示。

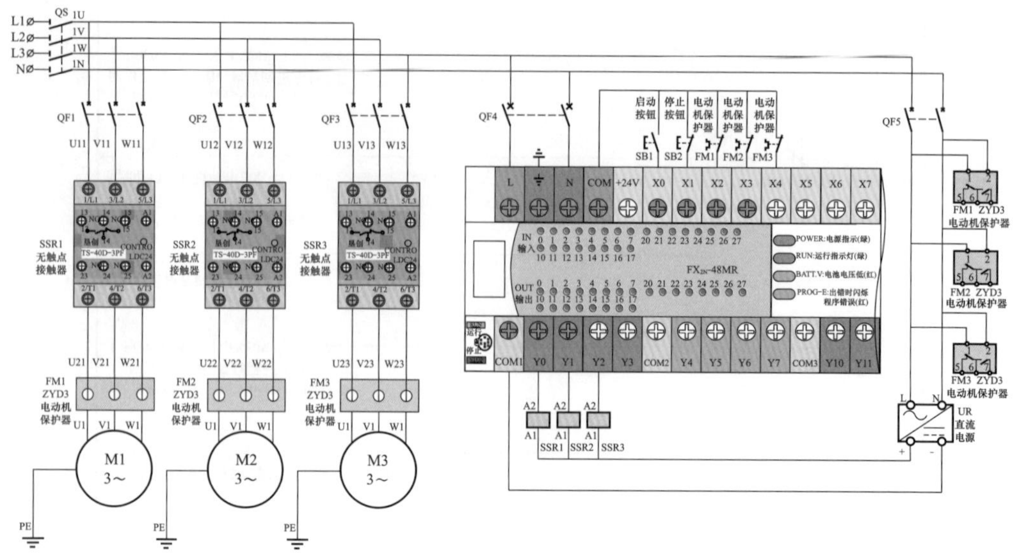

图 78-2　无触点接触器和 PLC 控制的三台电动机顺启逆停控制电路 PLC 接线图

三、梯形图动作详解

闭合总电源开关 QS，主电路电源开关 QF1～QF3，PLC 控制电源开关 QF4，直流电源开关 QF5。由于 SB2、FM1、FM2、FM3 触点处于闭合状态，PLC 输入继电器 X1、X2、X3、X4 信号指示灯点亮，梯形图中①→⑦触点闭合。

1. 启动过程

按下启动按钮 SB1，接通 X000，回路经①→②→⓪号线闭合，将十进制常数 1 传送到 1 位元件组 K1Y000 中，Y000 继电器“得电”吸合，接通外部无触点接触器 SSR1 控制端 24V 直流电源，无触点接触器 SSR1 接通主电源电动机 M1 连续运行。

同时⑧→⑨Y000 动合触点闭合，为停止做好准备，①→③Y000 动合触点也闭合，回路经①→③→④→⓪号线闭合，定时器 T0、T1 得电，T0 延时 3s 后，①→⑤T0 动合触点闭合，将十进制常数 3 传送到 1 位元件组 K1Y000 中，Y000 和 YOO1 继电器“得电”吸合，接通外部无触点接触器 SSR1、SSR2 控制端 24V 直流电源，无触点接触器 SSR1、SSR2 接通主电源电动机 M1 和 M2 连续运行。

T1 延时 6s 后，①→⑥T1 动合触点闭合，将十进制常数 7 传送到 1 位元件组 K1Y000 中，Y000、Y001 和 Y002 继电器“得电”吸合，接通外部无触点接触器 SSR1、SSR2、SSR3 控制端 24V 直流电源，无触点接触器 SSR1、SSR2、SSR3 接通主电源电动机 M1、M2 和 M3 连续运行。

2. 停止过程

按下停止按钮 SB2，断开 X001，回路经①→⑦→⑧→⑨→⓪号线闭合，将十进制常数 3 传送到 1 位元件组 K1Y000 中，Y002 继电器“失电”断开，断开无触点接触器 SSR3 控制端 24V 直流电源，无触点接触器 SSR3 断开主电源电动机 M3 停止运行。

同时 Y000 和 Y001 继电器继续“得电”吸合，接通外部无触点接触器 SSR1、SSR2 控制端 24V 直流电源，无触点接触器 SSR1、SSR2 接通主电源电动机 M1 和 M2 连续运行。

同时，辅助继电器 M0 得电，同时①→⑦M0 动合触点闭合，实现自锁；同时①→⑩

M0 动合触点闭合，定时器 T2、T3 得电，T2 延时 3s 后，①→⑪T2 动合触点闭合，将十进制常数 1 传送到 1 位元件组 K1Y000 中，Y001 继电器“失电”断开，断开无触点接触器 SSR2 控制端 24V 直流电源，无触点接触器 SSR2 断开主电源电动机 M2 停止运行。

同时 Y000 继电器继续“得电”吸合，接通外部无触点接触器 SSR1 控制端 24V 直流电源，无触点接触器 SSR1 接通主电源电动机 M1 连续运行。T3 延时 6s 后，①→⑫T3 动合触点闭合，将十进制常数 0 传送到 1 位元件组 K1Y000 中，Y000 继电器“失电”断开，断开无触点接触器 SSR1 控制端 24V 直流电源，无触点接触器 SSR1 断开主电源电动机 M1 停止运行。同时⑦→⑧T3 动断触点断开，辅助继电器 M0 失电。

3. 保护原理

当电动机过载时电动机保护器 FM1、FM2 或 FM3 触点（X002、X003 或 X004）断开，回路经①→⑫→⓪号线闭合，将十进制常数 0 传送到 1 位元件组 K1Y000 中，Y000、Y001 和 Y002 继电器失电断开，断开无触点接触器 SSR1、SSR2、SSR3 控制端 24V 直流电源，无触点接触器 SSR1、SSR2、SSR3 断开主电源电动机 M1、M2 和 M3 停止运行。

第 79 例　由 PLC 控制的绕线式电动机转子回路串电阻启动控制电路

一、程序设计要求及 I/O 元件配置分配表

1. PLC 程序设计要求

（1）按下外部启动按钮 SB1 电动机 M 启动一级低速运行，延时 1s 后二级低速运行，延时 2s 后三级中速运行，延时 3s 后电动机全压高速运行。

（2）按下外部停止按钮 SB2 电动机 M 停止。

（3）当电动机机发生过载等故障时，电动机保护器动作，电动机停止运行。

（4）PLC 控制电路接线图中的停止按钮 SB2，电动机综合保护器 FM 辅助触点均使用动断触点。

（5）电动机保护器 FM 工作电源由外部电路直接供电。

（6）根据上面的控制要求列出输入、输出分配表。

（7）根据控制要求，设计用基本指令实现绕线式电动机串电阻启动控制电路梯形图程序。

（8）根据控制要求绘制无触点接触器、24V 直流电源和 PLC 控制电路接线图。

2. 输入/输出设备及 I/O 元件配置分配表

输入/输出设备及 I/O 元件配置分配见表 79-1。

表 79-1　　输入/输出设备及 I/O 元件配置分配表

输入设备		PLC 输入继电器	输出设备		PLC 输出继电器
代号	功能		代号	功能	
SB1	启动按钮	X000	SSR1	启动、一级低速无触点接触器	Y000
SB2	停止按钮	X001	SSR2	二级低速无触点接触器	Y001
FM	电动机保护器	X002	SSR3	三级中速无触点接触器	Y002
			SSR4	四级高速无触点接触器	Y003

二、程序及电路设计

1. PLC 梯形图

PLC 梯形图如图 79-1 所示。

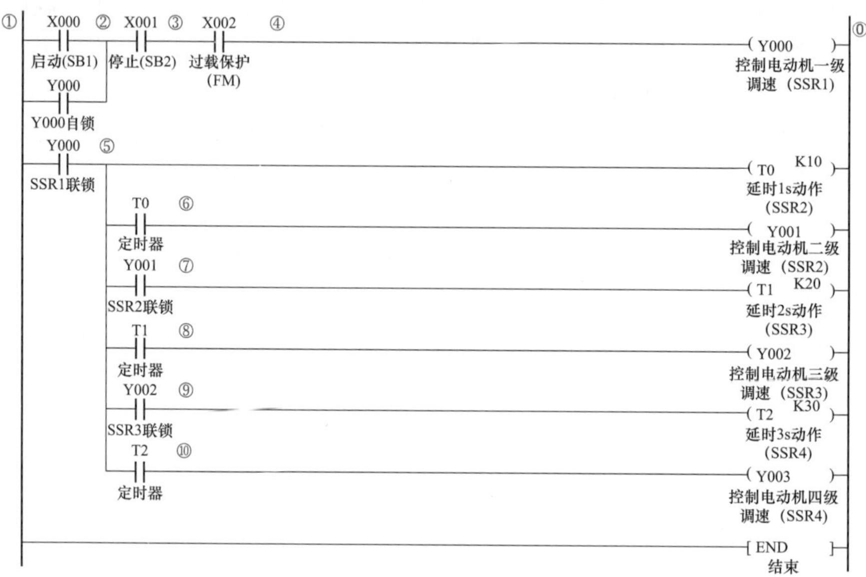

图 79-1　PLC 控制的绕线式电动机转子回路串电阻启动控制电路 PLC 梯形图

2. PLC 接线详图

PLC 接线图如图 79-2 所示。

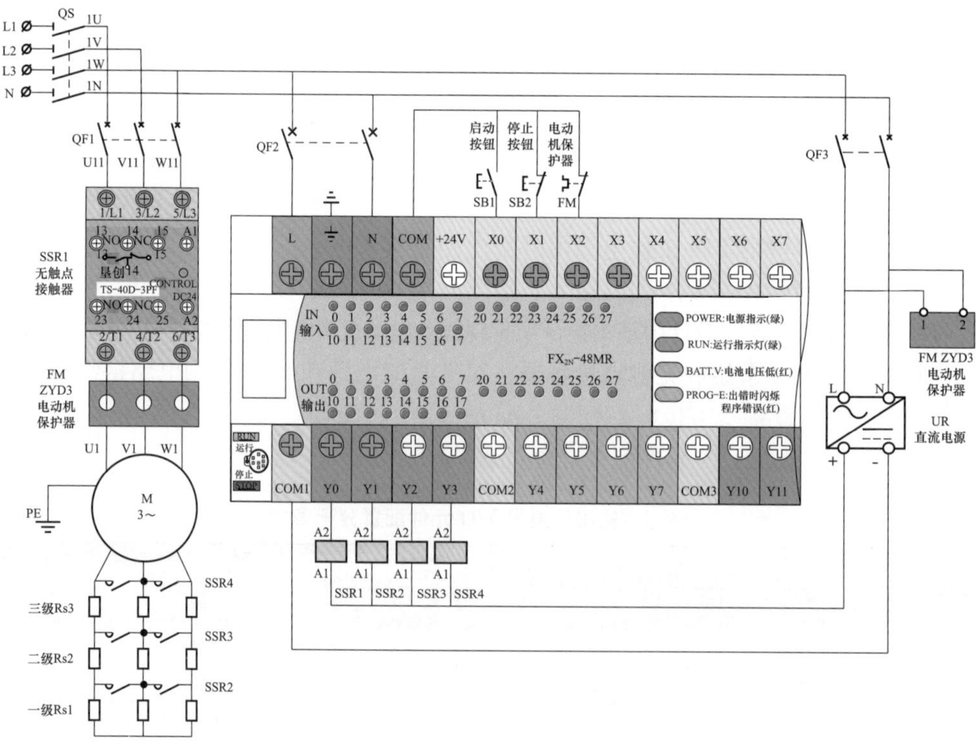

图 79-2　PLC 控制的绕线式电动机转子回路串电阻启动控制电路 PLC 接线图

三、梯形图动作详解

闭合总电源开关 QS，主电路电源开关 QF1，PLC 控制电源开关 QF2，直流电源开关 QF3。由于 SB2、FM 触点处于闭合状态，PLC 输入继电器 X1、X2 信号指示灯点亮，梯形图中②→③、③→④触点闭合。

1. 启动过程

按下启动按钮 SB1，①→②间 X000 触点闭合，回路经①→②→③→④→⓪号线闭合，输出继电器 Y000“得电”，接通外部无触点接触器 SSR1 控制端 24V 直流电源，绕线电动机主电源接通串接电阻 Rs1、Rs2、Rs3 一级低速运行，同时①→②间触点 Y000 闭合自锁。

①→⑤间 Y000 触点闭合回路经①→⑤→⓪号线闭合定时器 T0“得电”延时 1s，1s 后⑤→⑥间触点闭合回路经①→⑤→⑥→⓪号线闭合输出继电器 Y001“得电”，接通外部无触点接触器 SSR2 控制端 24V 直流电源，SSR2 接通短接电阻 Rs1 电动机二级低速运行。

⑤→⑦间 Y001 触点闭合回路经①→⑤→⑦→⓪号线闭合定时器 T1“得电”延时 2s，2s 后⑤→⑧间触点闭合回路经①→⑤→⑧→⓪号线闭合输出继电器 Y002“得电”，接通外部无触点接触器 SSR3 控制端 24V 直流电源，SSR3 短接电阻 Rs2 电动机三级中速运行。

⑤→⑨间 Y002 触点闭合回路经①→⑤→⑨→⓪号线闭合定时器 T2“得电”延时 3s，3s 后⑤→⑩间触点闭合回路经①→⑤→⑩→⓪号线闭合输出继电器 Y003“得电”，接通外部无触点接触器 SSR4 控制端 24V 直流电源，SSR4 短接电阻 Rs3 电动机高速全压运行。

2. 停止过程

按下停止按钮 SB2，②→③间 X001 触点断开回路经①→②→③→④→⓪号线断开，输出继电器 Y000“失电”，断开外部无触点接触器 SSR1，绕线电动机主电源断开电动机停止运行。

3. 保护原理

当绕线电动机过流时电动机保护器 FM 触点断开，③→④间电动机保护器触点 X002 断开回路经①→②→③→④→⓪号线断开，输出继电器 Y000“失电”，断开外部无触点接触器 SSR1 控制端 24V 直流电源，绕线电动机主电源断开电动机停止运行。

第 80 例　由旋转编码器和 PLC 控制的物料分拣控制电路

一、物料分拣示意图

物料分拣示意图如图 80-1 所示。

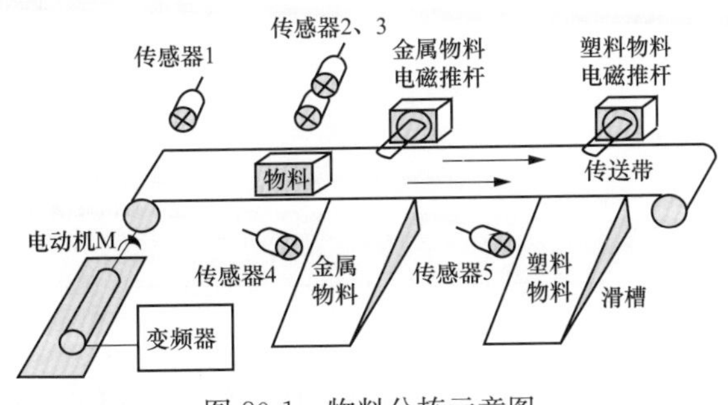

图 80-1　物料分拣示意图

1. PLC 程序设计要求

(1) 按下外部启动按钮 SB2 变频器上电。

(2) 按下外部停止按钮 SB1 变频器断电。

(3) 根据物料分拣示意图及控制要求，用欧姆龙 E6B2-CWZ6C 旋转编码器进行计数，完成物料分拣的过程。

(4) 根据物料分拣示意图及控制要求列出输入、输出分配表。

(5) 根据物料分拣示意图及控制要求，设计步进顺控指令实现物料分拣控制电路梯形图程序。

(6) 根据控制要求绘制用变频器、24V 直流电源和 PLC 控制电路接线图。

2. 输入/输出设备及 I/O 元件配置分配表

输入/输出设备及 I/O 元件配置分配见表 80-1。

表 80-1　　输入/输出设备及 I/O 元件配置分配表

输入设备		PLC 输入继电器	输出设备		PLC 输出继电器
代号	功能		代号	功能	
PG	旋转编码器	X000	KM	变频器上电接触器	Y001
SQ1	进料口传感器	X003	BQ	变频器启动	Y005
SQ2	金属材料传感器	X004	YV1	金属材料电磁推杆	Y010
SQ3	塑料材料传感器	X005	YV2	塑料材料电磁推杆	Y011
SQ4	金属材料到位检测传感器	X006			
SQ5	塑料材料到位检测传感器	X007			
SB1	变频器断电按钮	X010			
SB2	变频器上电按钮	X011			
RA-RC	变频器故障跳闸	X012			

二、程序及电路设计

1. PLC 梯形图

PLC 梯形图如图 80-2 所示。

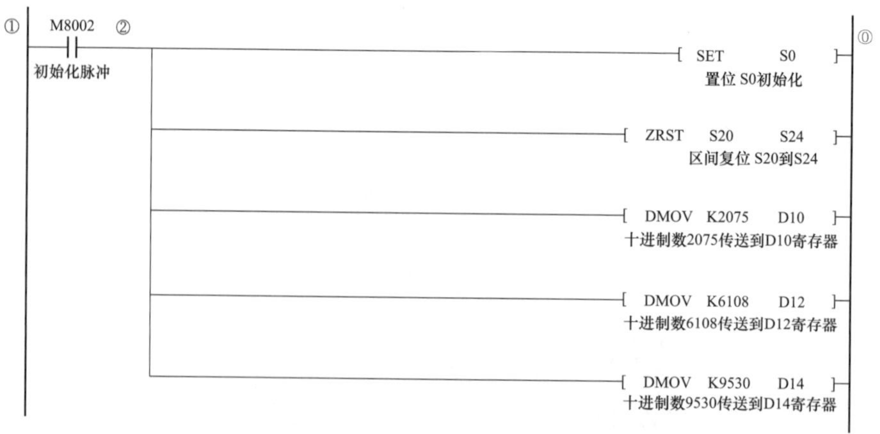

图 80-2　旋转编码器和 PLC 控制的物料分拣控制电路 PLC 梯形图

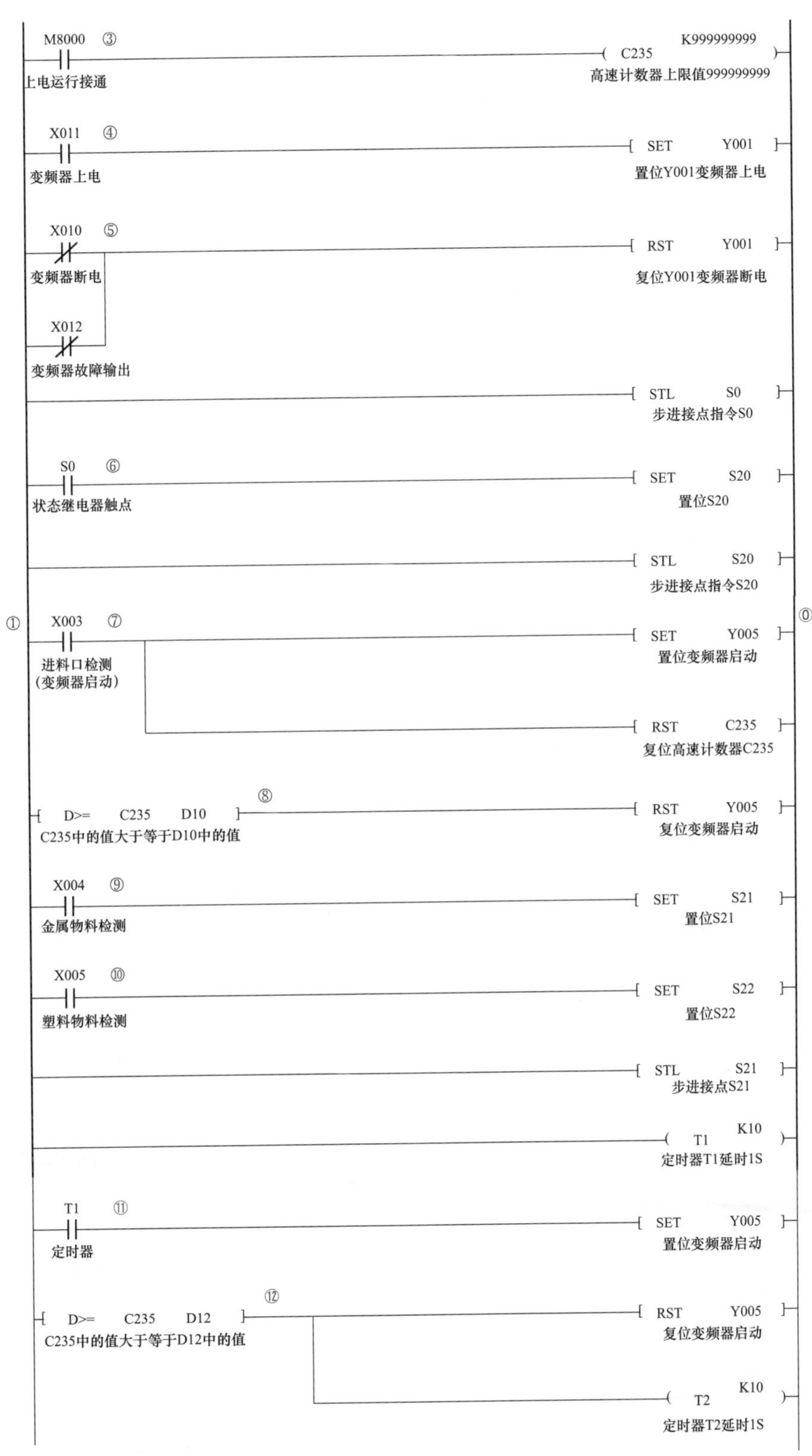

图 80-2　旋转编码器和 PLC 控制的物料分拣控制电路 PLC 梯形图（续）

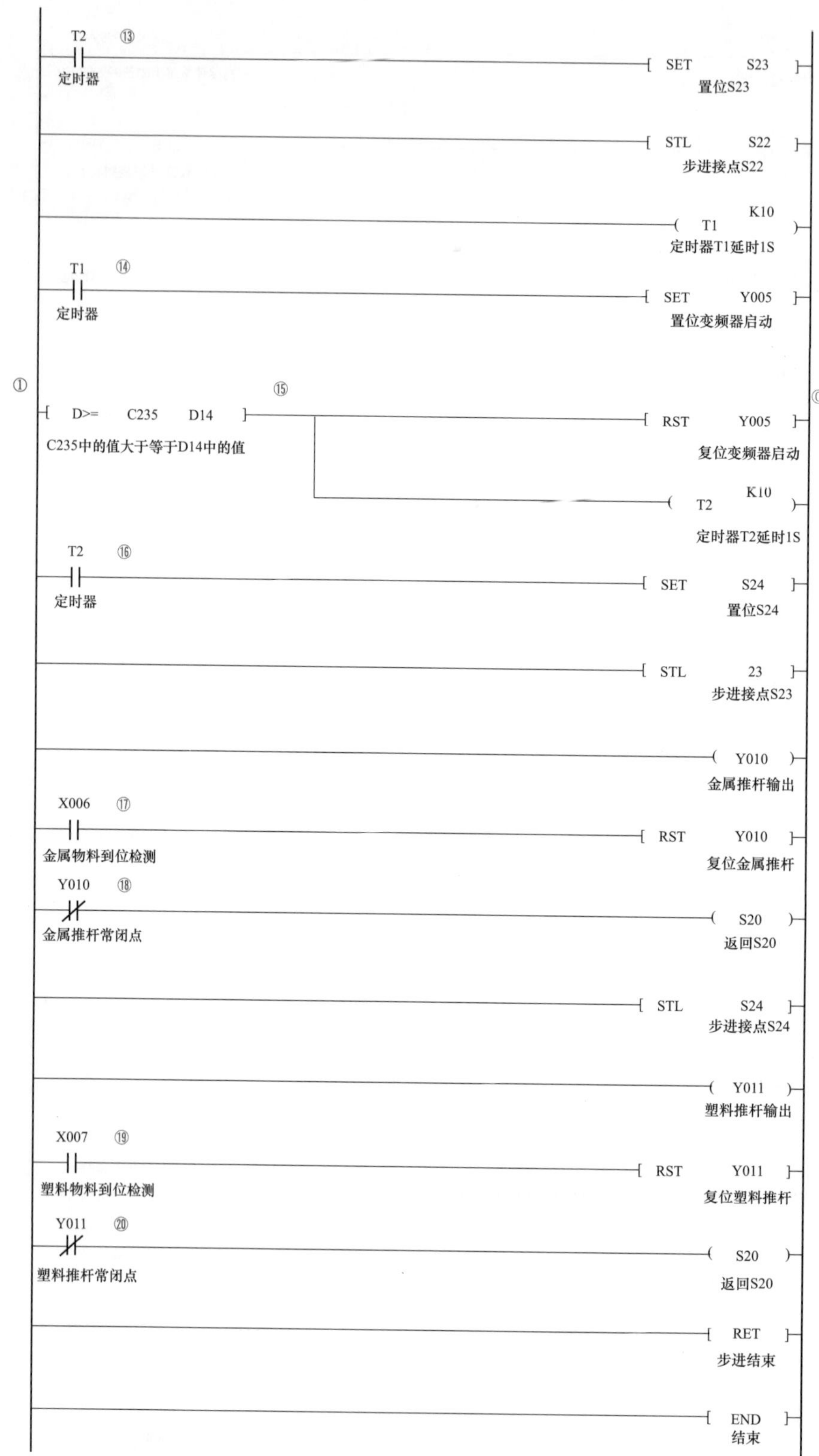

图 80-2 旋转编码器和 PLC 控制的物料分拣控制电路 PLC 梯形图（续）

2. PLC 接线详图

PLC 接线图如图 80-3 所示。

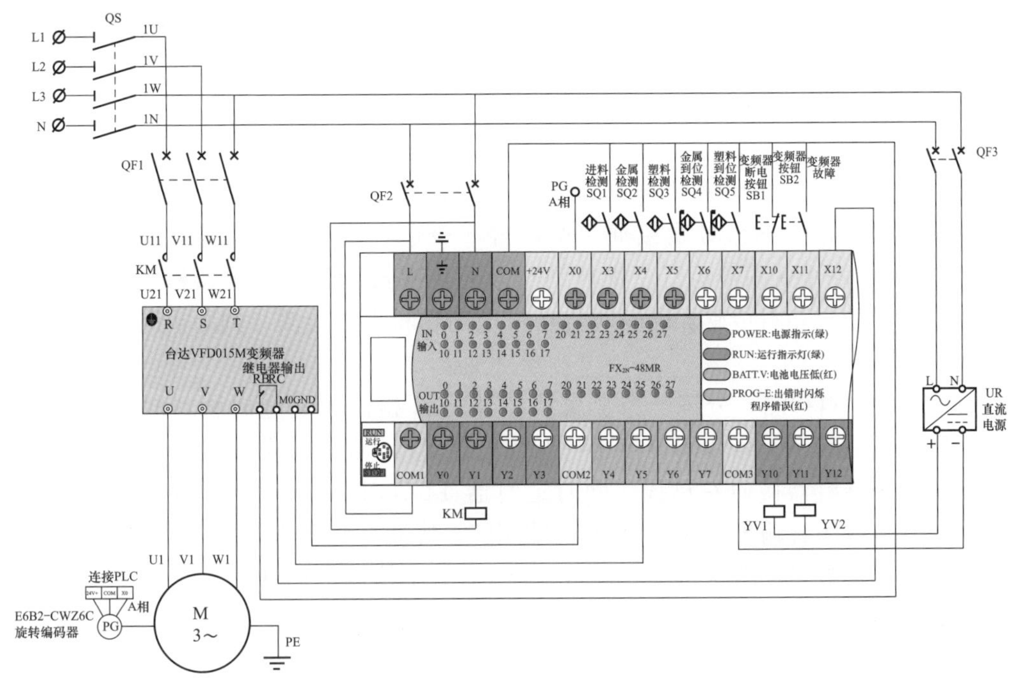

图 80-3　旋转编码器和 PLC 控制的物料分拣控制电路 PLC 接线图

三、梯形图动作详解

闭合总电源开关 QS，主电路电源开关 QF1，PLC 控制电源开关 QF2，直流电源开关 QF3。由于 SB1、变频器故障输出继电器触点处于闭合状态，PLC 输入继电器 X10、X12 信号指示灯点亮，梯形图中①→⑤触点断开。PLC 输入继电器 X0 连接旋转编码器 A 相输出，X0 信号指示灯会断续亮灭。

1. 初始化赋值

PLC 运行后，特殊辅助继电器 M8002 产生一个扫描周期的脉冲接通，回路经①→②→⓪号线闭合程序进入初始化状态 S0。区间复位 S20～S24，十进制数 2075 传送到 D10 寄存器，十进制数 6108 传送到 D12 寄存器，十进制数 9530 传送到 D14 寄存器，①→③号线间 M8000 特殊辅助继电器上电接通，回路经①→③→⓪号线闭合高速计数器 C235 上限值为 999999999。

2. 变频器上电、停电及变频启动过程

（1）变频器上电。按下变频器上电按钮 SB2，①→④间 X011 触点闭合，回路经①→④→⓪号线闭合输出继电器 Y001“得电”，接通外部接触器 KM 线圈，变频器接通主电源。

（2）变频器停电。按下变频器停电按钮 SB1，①→⑤间 X010 触点闭合，回路经①→⑤→⓪号线闭合断开输出继电器 Y001“失电”，断开外部接触器 KM 线圈，变频器断开主电源。

①→⓪间步进接点指令 STL S0 接通左母线①→⑥间步进接点指令 STL S0 状态继电器闭合①→⑥→⓪号线闭合接通状态继电器 S20。当进料口 SQ1 检测到有物料时（X003）闭合，回路经①→⑦→⓪号线闭合输出继电器 Y005“得电”，接通变频器 M0 端子和 COM 端子变频器启动，电动机带动传送带变频运行，传送带连接用于计数的旋转编码器旋转计数，同时复位 C235 高速计数器中的数值。

3. 物料检测、分拣及变频停止过程

物料在传送带上移动旋转编码器开始计数，当①→⑧间 C235 中数值大于等于 D10 中设定的值后①→⑧号线接通，回路经①→⑧→⓪号线闭合输出继电器 Y005“失电”电动机停止变频器运行，物料到达金属传感器和塑料传感器检测位置，金属物料传感器和塑料物料传感器同时对传送带上的物料进行检测，判断出是金属物料还是塑料物料。

（1）金属物料检测、分拣。当金属传感器 SQ2 检测到是金属物料时（X004）闭合，回路经①→⑨→⓪号线闭合接通状态继电器 S21，①→⓪号线闭合步进接点指令 STL S21 状态继电器接通左母线，同时定时器 T1 延时 1s①→⑪T1 触点闭合回路经①→⑪→⓪号线闭合输出继电器 Y005“得电”，接通变频器 M0 端子和 COM 端子变频器启动，电动机带动传送带变频运行。当 C235 中检测的脉冲数大于等于 D12 中设定的值后①→⑫号线接通，回路经①→⑫→⓪号线闭合输出继电器 Y005“失电”电动机停止变频器运行，同时定时器 T2 延时 1s①→⑬号线间 T2 闭合，回路经①→⑬→⓪号线闭合接通状态继电器 S23，同时①→⓪号线闭合步进接点指令 STL S23 状态继电器接通左母线，①→⓪间输出继电器 Y010“得电”电磁推杆 YV1 动作将金属物料推到金属物料滑槽里，安装在金属物料滑槽上的传感器 SQ4 检测到有物料落下时①→⑰间金属物料到位传感器（X006）闭合，回路经①→⑰→⓪号线闭合复位金属推杆输出继电器 Y010“失电”。①→⑱间Y010 触点闭合回路经①→⑱→⓪号线闭合接通状态继电器 S20。

（2）塑料物料检测、分拣。当塑料传感器 SQ3 检测到是塑料物料时（X005）闭合，回路经①→⑩→⓪号线闭合接通状态继电器 S22，①→⓪号线闭合步进接点指令 STL S22 状态继电器接通左母线，同时定时器 T1 延时 1s①→⑭T1 触点闭合回路经①→⑭→⓪号线闭合输出继电器 Y005“得电”，接通变频器 M0 端子和 COM 端子变频器启动，电动机带动传送带变频运行。当 C235 中检测的脉冲数大于等于 D14 中设定的值后①→⑮号线接通，回路经①→⑮→⓪号线闭合输出继电器 Y005“失电”电动机停止变频器运行，同时定时器 T2 延时 1s①→⑯号线间 T2 闭合，回路经①→⑯→⓪号线闭合接通状态继电器 S24，同时①→⓪号线闭合步进接点指令 STL S24 状态继电器接通左母线，①→⓪间输出继电器 Y011“得电”电磁推杆 YV2 动作将塑料物料推到塑料物料滑槽里，安装在塑料物料滑槽上的传感器 SQ5 检测到有物料落下时①→⑲间金属物料到位传感器（X007）闭合，回路经①→⑲→⓪号线闭合复位塑料推杆输出继电器 Y011“失电”。①→⑳间触点 Y011 闭合回路经①→⑳→㉓号线闭合接通状态继电器 S20。

4. 保护原理

当变频器故障时变频器继电器输出接点 RB-RC 断开，①→⑤（X012）触点闭合，回路经①→⑤→⓪号线闭合断开输出继电器 Y001 “失电”，断开外部接触器 KM 线圈，变频器断开主电源电动机 M 停止运行。

第 81 例　由旋转编码器和 PLC 控制的电镀生产线控制电路

一、电镀生产线示意图

电镀生产线示意图如图 81-1 所示。

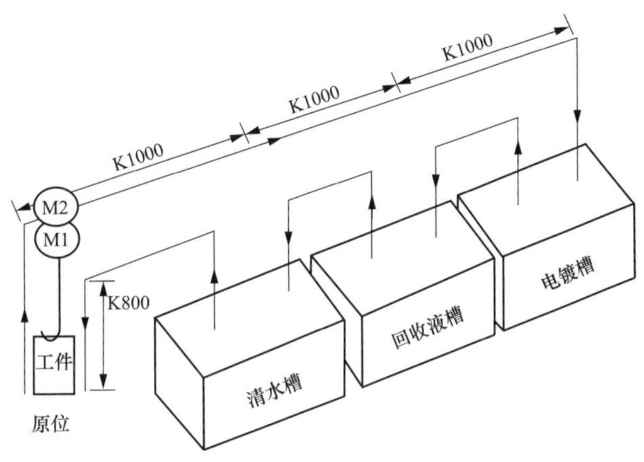

图 81-1　电镀生产线示意图

1. PLC 程序设计要求

(1) 按下外部启动按钮 SB2 升降吊钩电动机 M1 运行。

(2) 按下外部停止按钮 SB1 升降吊钩电动机 M1 停止。

(3) 当电动机发生过载等故障时，电动机保护器 FM1 或 FM2 动作，两台电动机停止运行。

(4) PLC 控制电路接线图中的停止按钮 SB1，电动机综合保护器 FM1 及 FM2 辅助触点均使用动断触点。

(5) 电动机保护器 FM1 及 FM2 工作电源由外部电路直接供电。

(6) 根据电镀生产线示意图及控制要求，用欧姆龙 E6B2-CWZ6C 旋转编码器进行计数，完成工件在电镀槽电镀、回收槽电镀液的回收及在清水槽清洗的过程。

(7) 根据电镀生产线示意图及控制要求列出输入、输出分配表。

(8) 根据电镀生产线示意图及控制要求，设计步进顺控指令实现电镀生产线控制电路梯形图程序。

(9) 根据控制要求绘制用无触点接触器、24V 直流电源和 PLC 控制电路接线图。

2. 输入/输出设备及 I/O 元件配置分配表

输入/输出设备及 I/O 元件配置分配见表 81-1。

表 81-1　　输入/输出设备及 I/O 元件配置分配表

输入设备		PLC 输入继电器	输出设备		PLC 输出继电器
代号	功能		代号	功能	
PG1	升降电动机连接旋转编码器	X000	SSR1	升降电动机用无触点接触器	Y002
PG2	行车电动机连接旋转编码器	X001	SSR1	升降电动机用无触点接触器	Y003
SB2	启动按钮	X002	SSR2	行车电动机用无触点接触器	Y000
SB1	停止按钮	X003	SSR2	行车电动机用无触点接触器	Y001
FM1	升降电动机保护器	X004			
FM2	行车电动机保护器	X005			

二、程序及电路设计

1. PLC 梯形图

PLC 梯形图如图 81-2 所示。

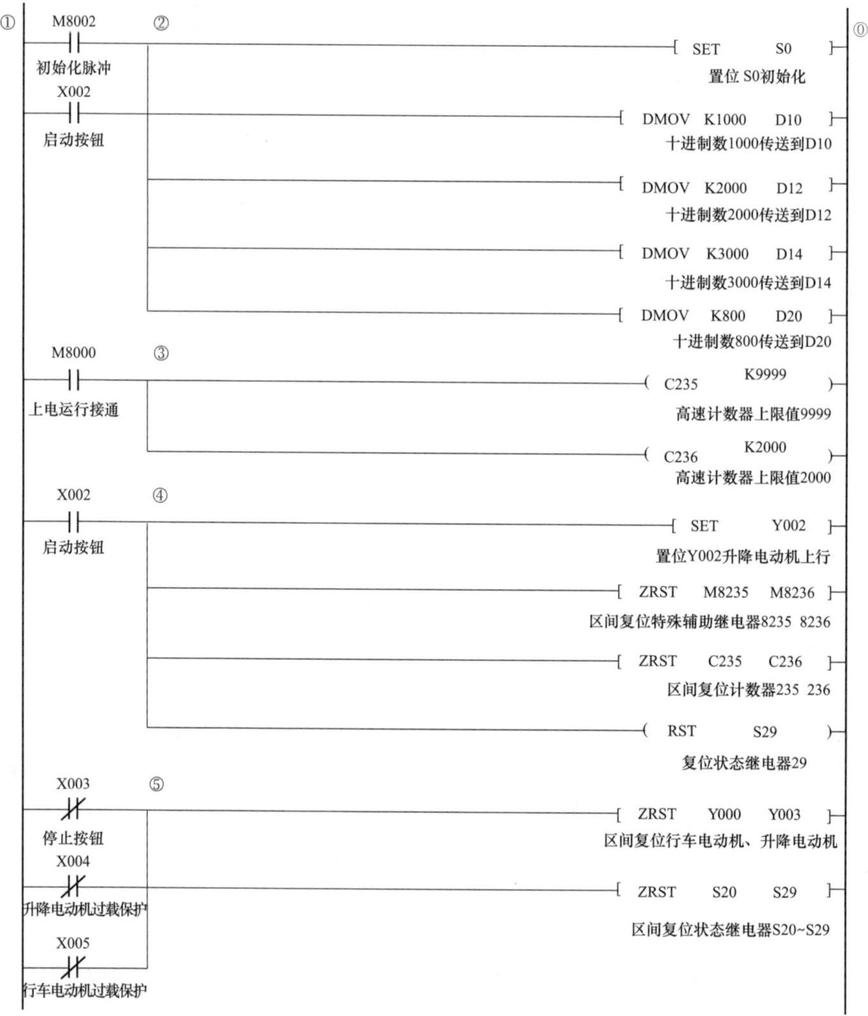

图 81-2　旋转编码器和 PLC 控制的电镀生产线控制电路 PLC 梯形图

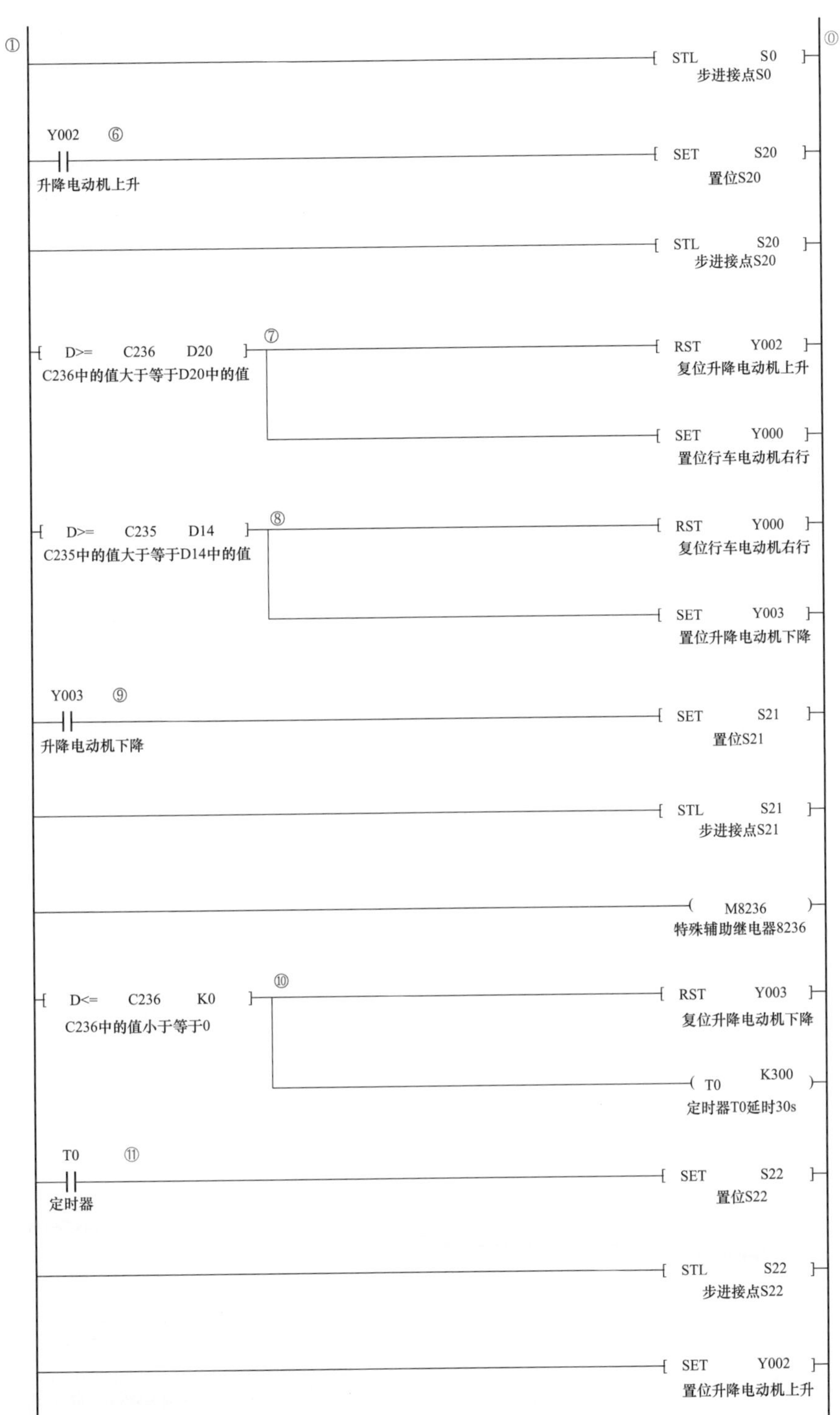

图 81-2　旋转编码器和 PLC 控制的电镀生产线控制电路 PLC 梯形图（续）

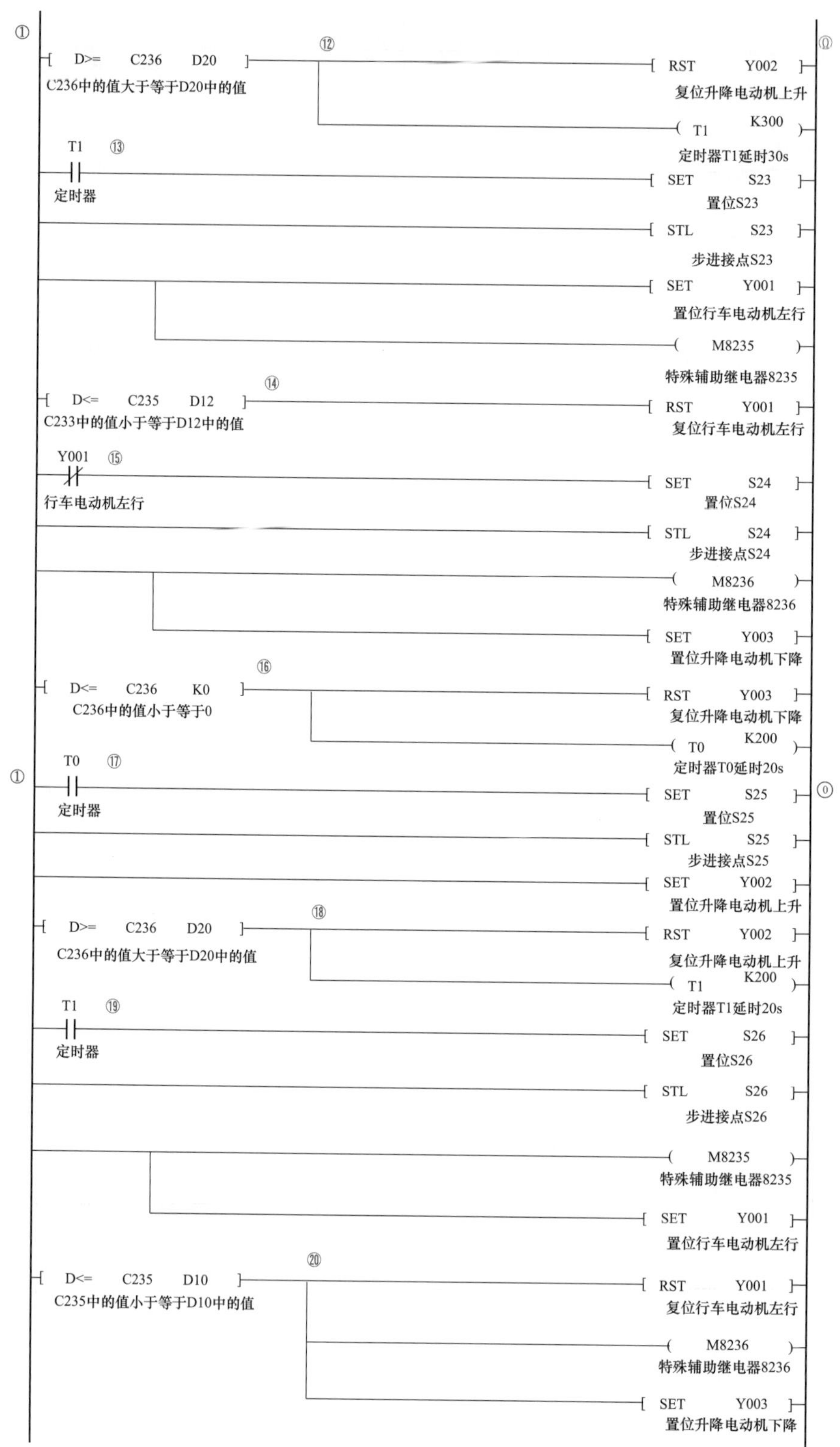

图 81-2 旋转编码器和 PLC 控制的电镀生产线控制电路 PLC 梯形图（续）

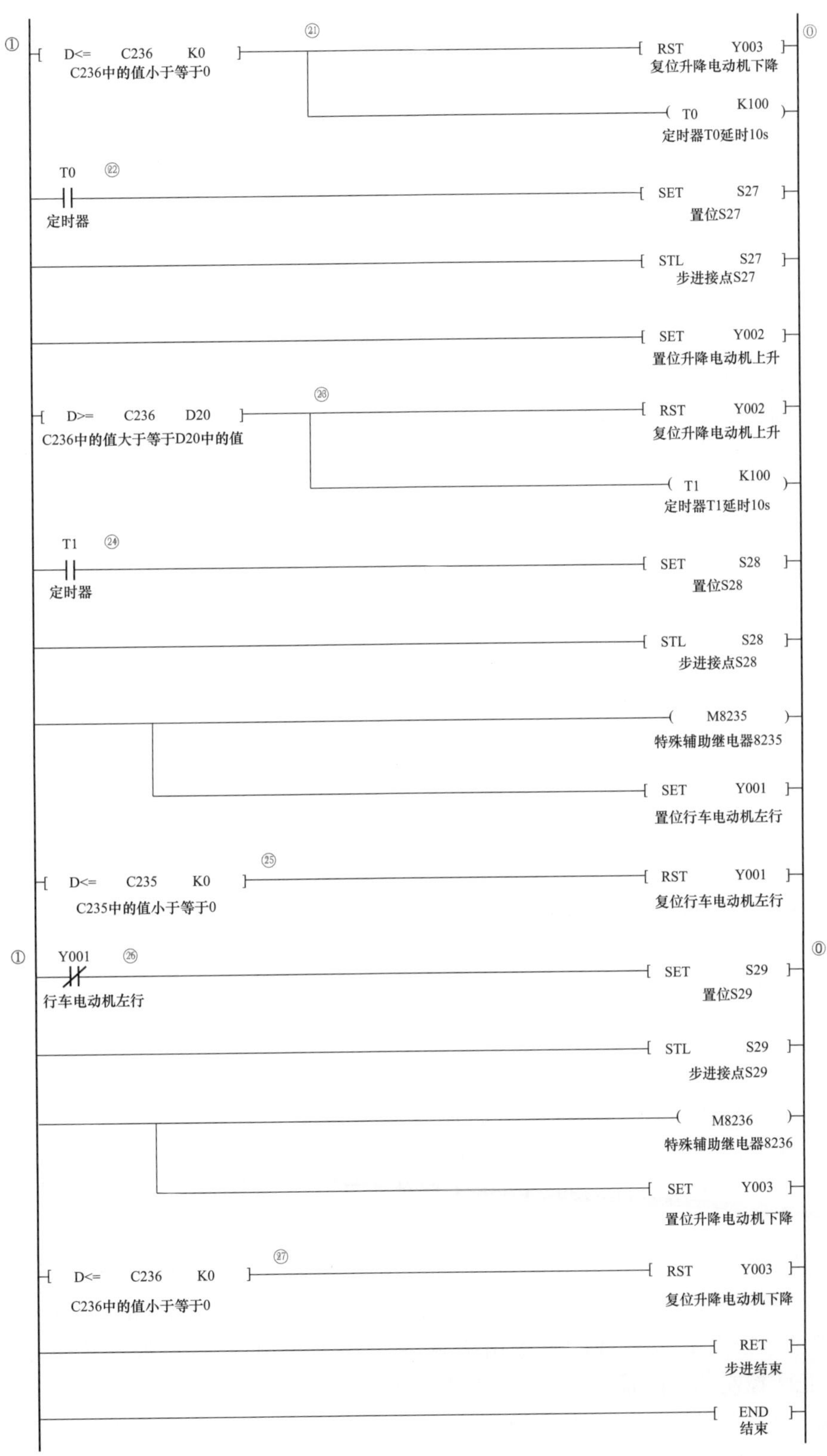

图 81-2　旋转编码器和 PLC 控制的电镀生产线控制电路 PLC 梯形图（续）

2. PLC 接线详图

PLC 接线图如图 81-3 所示。

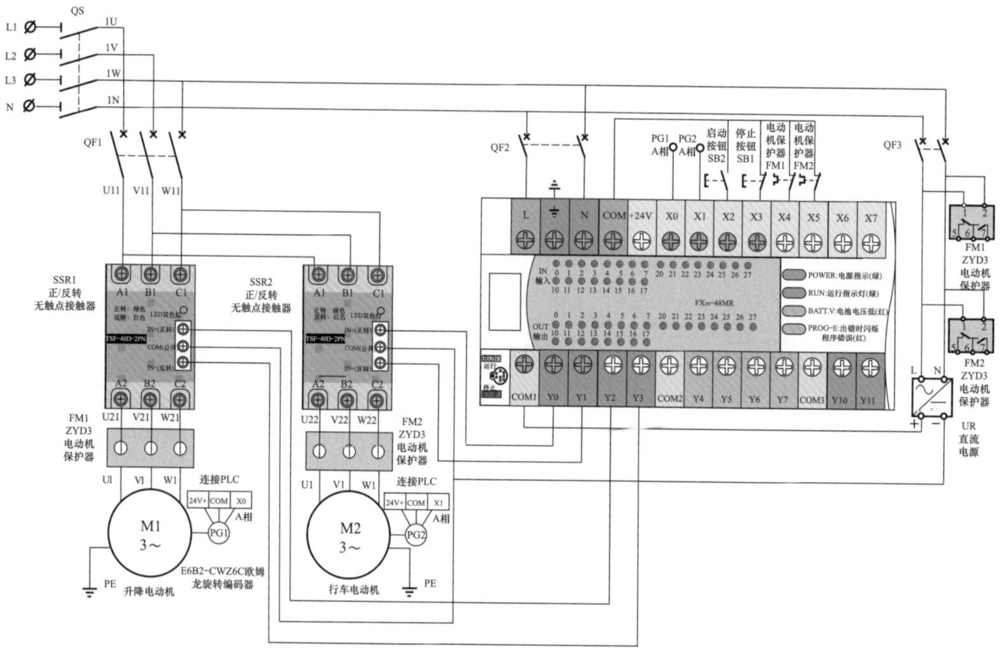

图 81-3　旋转编码器和 PLC 控制的电镀生产线控制电路 PLC 接线图

三、梯形图动作详解

闭合总电源开关 QS，主电路电源开关 QF1，PLC 控制电源开关 QF2，直流电源开关 QF3。由于 SB1、电动机保护器触点处于闭合状态，PLC 输入继电器 X3、X4、X5 信号指示灯点亮，梯形图中①→⑤触点断开。PLC 输入继电器 X0、X1 连接旋转编码器 A 相输出，X0、X1 信号指示灯会断续亮灭。

1. 初始化赋值

PLC 运行后，①→②间特殊辅助继电器 M8002 产生一个扫描周期的脉冲接通，回路经①→②→⓪号线闭合程序进入初始化状态 S0。十进制数 1000 传送到 D10 寄存器，十进制数 2000 传送到 D12 寄存器，十进制数 3000 传送到 D14 寄存器，十进制数 800 传送到 D20 寄存器。①→③间特殊辅助继电器 M8000 闭合，回路经①→③→⓪号线闭合，高速计数器 C235 上限值为 9999，C236 上限值为 2000，同时①→⓪号线闭合步进接点 S0 接通。

2. 电镀生产线启动、停止过程

操作人员在原位将工件挂在升降电动机的吊钩上，按下启动按钮 SB2（X002）闭合，回路经①→④→⓪号线闭合输出继电器 Y002“得电”，接通外部无触点接触器 SSR1 的正转控制端，接通主电源升降电动机吊钩带动工件上升，同时区间复位特殊辅助继电器 M8235、M8236，复位高速计数器 C235、C236，复位状态继电器 S29。电镀生产线按照 PLC 程序进行工件的电镀、回收及清洗过程。

按下停止按钮 SB1（X003）闭合回路经①→⑤→⓪号线闭合，区间复位 Y000～

Y003，断开外部无触点接触器 SSR1 和 SSR2 的控制端，断开主电源升降电动机和行车电动机同时停止，区间复位状态继电器 S20～S29。

3. 电镀生产线电镀过程

旋转编码器 PG1 经减速器连接到升降电动机 M1 上，旋转编码器 PG2 经减速器连接到行车电动机 M2 上，旋转编码器根据电动机的正转和反转状态输出脉冲到 PLC 的 X000 和 X001 的输入端进行计数。

（1）工件上升过程。电镀生产线启动后当①→⓪号线闭合步进接点指令 STL S0 状态继电器接通左母线，①→⑥号间 Y002 触点闭合，回路经①→⑥→⓪号线闭合接通状态继电器 S20，同时①→⓪号线闭合步进接点指令 STL S20 状态继电器接通左母线，当①→⑦中 C236 的数值大于等于 D20 中预设的值后，回路经①→⑦→⓪号线闭合输出继电器 Y002“失电”断开外部无触点接触器 SSR1 正转控制端，断开主电源升降电动机吊钩停止上升。

（2）工件右行到电镀槽过程。同时置位输出继电器 Y000 输出继电器 Y000“得电”接通外部无触点接触器 SSR2 的正转控制端，接通主电源行车电动机右行。当①→⑧中 C235 的数值大于等于 D14 中预设的值后，回路经①→⑧→⓪号线闭合输出继电器 Y000“失电”断开外部无触点接触器 SSR2 的正转控制端，断开主电源行车电动机停止右行，此时工件停在电镀槽上方。

（3）工件电镀过程。同时置位输出继电器 Y003 输出继电器 Y003“得电”接通外部无触点接触器 SSR1 的反转控制端，接通主电源升降电动机吊钩下降。①→⑨间 Y003 触点闭合回路经①→⑨→⓪号线闭合接通状态继电器 S21，同时①→⓪号线闭合步进接点指令 STL S21 状态继电器接通左母线，①→⓪号间特殊辅助继电器 M8236 线圈“得电”。当①→⑩中 C236 的数值小于等于 0 时，回路经①→⑩→⓪号线闭合输出继电器 Y003“失电”断开外部无触点接触器 SSR1 的反转控制端，断开主电源升降电动机停止下降，工件进入电镀槽中电镀，同时定时器 T0 线圈接通。

当工件在电镀槽中电镀 30s 后，①→⑪号间 T0 触点闭合，回路经①→⑪→⓪号线闭合接通状态继电器 S22，同时①→⓪号线闭合步进接点指令 STL S22 状态继电器接通左母线，输出继电器 Y002“得电”，接通外部无触点接触器 SSR1 的正转控制端，接通主电源升降电动机吊钩带动工件上升，当①→⑫中 C236 的数值大于等于 D20 中预设的值候后，回路经①→⑫→⓪号线闭合输出继电器 Y002“失电”断开外部无触点接触器 SSR1 的正转控制端，断开主电源升降电动机吊钩停止上升，同时定时器 T1 线圈接通工件在电镀槽上方停留 30s 让镀件表面电镀液流回到电镀槽中。

（4）工件左行到回收槽过程。当工件在电镀槽上方停留 30s 后。①→⑬间 T1 触点闭合，回路经①→⑬→⓪号线闭合接通状态继电器 S23，同时①→⓪号线闭合步进接点指令 STL S23 状态继电器接通左母线，输出继电器 Y001“得电”，接通外部无触点接触器 SSR2 的反转控制端，接通主电源行车电动机左行，同时，①→⓪号间特殊辅助继电器 M8235 线圈“得电”。当①→⑭中 C235 的数值小于等于 D12 中预设的值候后，回路经①→⑭→⓪号线闭合输出继电器 Y001“失电”断开外部无触点接触器 SSR2 的反转控制端，断开主电源行车电动机停止左行。

（5）工件下降到回收槽内过程。①→⑮间 Y001 触点闭合回路经①→⑮→⓪号线闭合接通状态继电器 S24，同时①→⓪号线闭合步进接点指令 STL S24 状态继电器接通左母线，①→⓪号间特殊辅助继电器 M8236 线圈“得电”同时输出继电器 Y003“得电”接通外部无触点接触器 SSR1 的反转控制端，接通主电源升降电动机吊钩下降。当①→⑯中 C236 的数值小于等于 0 时，回路经①→⑯→⓪号线闭合输出继电器 Y003“失电”断开外部无触点接触器 SSR1 的反转控制端，断开主电源升降电动机停止下降，工件进入回收槽中进行电镀液回收，同时定时器 T0 线圈接通。

（6）工件上升到回收槽上过程。当工件在回收槽中停留 20s 后，①→⑰号间 T0 触点闭合，回路经①→⑰→⓪号线闭合接通状态继电器 S25，同时①→⓪号线闭合步进接点指令 STL S25 状态继电器接通左母线，输出继电器 Y002“得电”，接通外部无触点接触器 SSR1 的正转控制端，接通主电源升降电动机吊钩带动工件上升当①→⑱中 C236 的数值大于等于 D20 中预设的值候后，回路经①→⑱→⓪号线闭合输出继电器 Y002“失电”断开外部无触点接触器 SSR1 的正转控制端，断开主电源升降电动机吊钩停止上升，同时定时器 T1 线圈接通工件在回收槽上方停留 20s 让镀件表面回收液流回到回收槽中。

（7）工件左行到清水槽过程。当工件在回收槽上方停留 20s 后①→⑲间定时器 T1 触点闭合回路经①→⑲→⓪号线闭合接通状态继电器 S26，同时①→⓪号线闭合步进接点指令 STL S26 状态继电器接通左母线，同时，①→⓪间特殊辅助继电器 M8235 线圈“得电”，输出继电器 Y001“得电”，接通外部无触点接触器 SSR2 的反转控制端，接通主电源行车电动机左行，当①→⑳中 C235 的数值小于等于 D10 中预设的值候后，回路经①→⑳→⓪号线闭合输出继电器 Y001“失电”断开外部无触点接触器 SSR2 的反转控制端，断开主电源行车电动机停止左行。

（8）工件下降到清水槽内过程。⑳→⓪号间特殊辅助继电器 M8236 线圈“得电”同时输出继电器 Y003“得电”接通外部无触点接触器 SSR1 的反转控制端，接通主电源升降电动机吊钩下降。当①→㉑中 C236 的数值小于等于 0 时，回路经①→㉑→⓪号线闭合输出继电器 Y003“失电”断开外部无触点接触器 SSR1 的反转控制端，断开主电源升降电动机停止下降，工件进入清水槽中进行清洗同时定时器 T0 线圈接通。

（9）工件上升到清水槽上过程。当工件在清水槽中停留 10s 后，①→㉒号间 T0 触点闭合，回路经①→㉒→⓪号线闭合接通状态继电器 S27，同时①→⓪号线闭合步进接点指令 STL S27 状态继电器接通左母线，输出继电器 Y002“得电”，接通外部无触点接触器 SSR1 的正转控制端，接通主电源升降电动机吊钩带动工件上升当①→㉓中 C236 的数值大于等于 D20 中预设的值候后，回路经①→㉓→⓪号线闭合输出继电器 Y002“失电”断开外部无触点接触器 SSR1 的正转控制端，断开主电源升降电动机吊钩停止上升，同时定时器 T1 线圈接通工件在清水槽上方停留 10s 让镀件表面清水流回到清水槽中。

（10）工件回原点过程。当工件在清水槽上方停留 10s 后①→㉔间定时器 T1 触点闭合回路经①→㉔→⓪号线闭合接通状态继电器 S28，同时①→⓪号线闭合步进接点指令 STL S28 状态继电器接通左母线，同时，①→⓪间特殊辅助继电器 M8235 线圈“得电”，输出继电器 Y001“得电”，接通外部无触点接触器 SSR2 的反转控制端，接通主电源行车电动机左行，当①→㉕中 C235 的数值小于等于 0 时，回路经①→㉕→⓪号线闭合输出继电器 Y001“失电”断开外部无触点接触器 SSR2 的反转控制端，断开主电源行车电动机停止左行。同时①→㉖间 Y001 触点闭合回路经①→㉖→⓪号线闭合接通状态继电器 S29，同时①→⓪号线闭合步进接点指令 STL S29 状态继电器接通左母线，①→⓪号间特殊辅助继电器 M8236 线圈“得电”同时输出继电器 Y003“得电”接通外部无触点接触器 SSR1 的反转控制端，接通主电源升降电动机吊钩下降，当①→㉗中 C236 的数值小于等于 0 时，回路经①→㉗→⓪号线闭合输出继电器 Y003“失电”断开外部无触点接触器 SSR1 的反转控制端，断开主电源升降电动机停止吊钩下降回到原位。

4. 保护原理

当升降电动机或行车电动机过载时电动机保护器 FM1 触点（X004）或 FM2 触点（X005）闭合，回路经①→⑤→⓪号线闭合，区间复位 Y000 到 Y003 断开外部无触点接触器 SSR1 和 SSR2 的控制端，断开主电源升降电动机和行车电动机同时停止。

第九章

PLC控制的变频器调速综合应用控制电路

PLC 控制的变频器调速综合应用控制电路用途如下：

1. 变频器控制技术

变频器是利用电力半导体器件的通断作用将频率固定的交流电（工频电源，三相或单相）变换成频率连续可调的交流电的电能控制装置，实现无级调速，称为变频调速器。其输出电压的波形为脉冲方波，且谐波成分较多，电压和频率同时按比例变化，不可分别调整，不符合交流电源的要求。原则上不能做供电电源的使用，一般仅用于三相异步电动机和同步电动机的调速。

变频器在改变电动机频率时，对电动机的电压进行协调控制，以维持电动机磁通的恒定，为此，用于交流电气传动中的变频器实际上是变压变频器。

变频控制与工频电源相比，驱动电动机时产生的损耗和电动机的温升、振动、噪声都有所增加，电动机效率下降，所以如果长时期运行在 50Hz 应将运行方式切换至工频。

2. PLC 控制的变频器调速电路

本章主要包括 PLC 控制的变频器调速电动机正转、正/反转控制电路、多段速控制、PID 恒压供水控制电路、工变频转换电路，也可根据现场要求设计 PLC 控制变频器运行时间、加减速时间、正反转控制等功能实现变频器程序运行。

3. 开关量控制时 PLC 与变频器接线要点

(1) PLC 的输出端 COM1 要与变频器数字输入端公共端 COM 相连，PLC 的输出端 Y 端子与变频器的变频器数字输入端相连接。

(2) PLC 输出端的强电必须与控制信号的弱电分开，如 PLC 的输出端 COM1 连接 220V 的接触器，COM2 连接变频器数字输入端公共端 COM 相连。

4. PLC 与变频器三种连接方法

(1) PLC 的输出端子接变频器的多功能端子，变频器中设置多功能端子为可以得到多段频率选择、加减速选择、自保持选择、自由运行（旋转）指令、警报（异常）复位、外部报警、点动运转、频率设定选择、直流制动指令等功能。

(2) 通过 PLC 和变频器上的 RS-485 通信接口，采用 PLC 编程通信控制。

(3) 通过 PLC 扩展数/模（D/A）模块，将 PLC 数字信号转换成电压（或电流视变频器设置而定）信号，输入到变频器的模拟量控制端子，控制变频器工作。

第 82 例　PLC 控制的变频器调速电动机正转控制电路

一、程序设计要求及 I/O 元件配置分配表

1. PLC 程序设计要求

(1) 按下变频器启动按钮 SB1，正转启动。

(2) 按下停止按钮 SB2，停止输出。

（3）当电动机或变频器故障时，变频器报警输出。

（4）当变频器报警后，按下复位按钮 SB3 故障复位。

（5）PLC 实际接线图中停止按钮 SB2、复位按钮 SB3、继电器 RO1 输出选择端子采用动合触点，RO2 输出选择端子采用动断触点。

（6）根据上面的控制要求，列出输入、输出分配表。

（7）根据控制要求，用 PLC 基本指令设计梯形图程序。

（8）根据控制要求，绘制 PLC 控制电路接线图。

2. 输入/输出设备及 I/O 元件配置分配表

输入/输出设备及 I/O 元件配置分配见表 82-1。

表 82-1　输入/输出设备及 I/O 元件配置分配表

输入设备		PLC 输入继电器	输出设备		PLC 输出继电器
代号	功能		代号	功能	
SB1	正转启动按钮	X000	S1	变频器正转启动	Y000
SB2	停止按钮	X001	S2	变频器故障复位	Y001
SB3	变频器故障复位	X002	KM	电动机启动接触器	Y004
RO1A-RO1C	变频器继电器输出	X003	HR	变频器故障报警灯	Y005
RO2B-RO2C	变频器故障信号	X004			

二、程序及电路设计

1. PLC 梯形图

PLC 梯形图如图 82-1 所示。

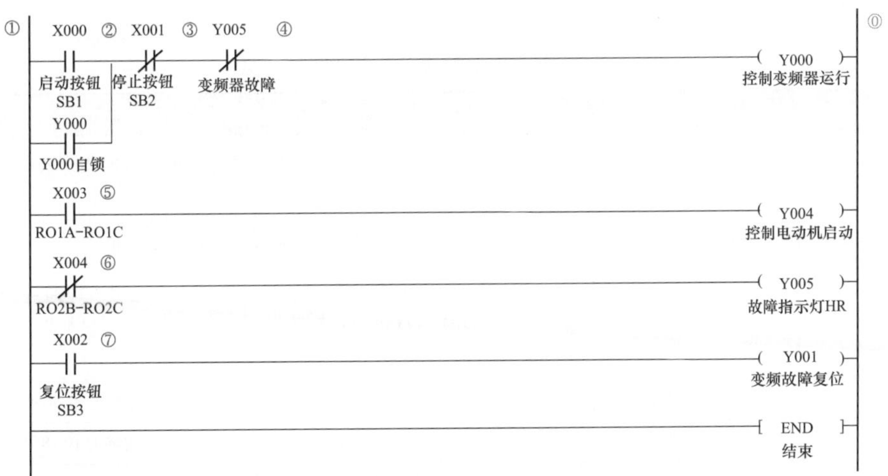

图 82-1　PLC 控制的变频器调速电动机正转控制电路 PLC 梯形图

2. PLC 接线详图

PLC 接线图如图 82-2 所示。

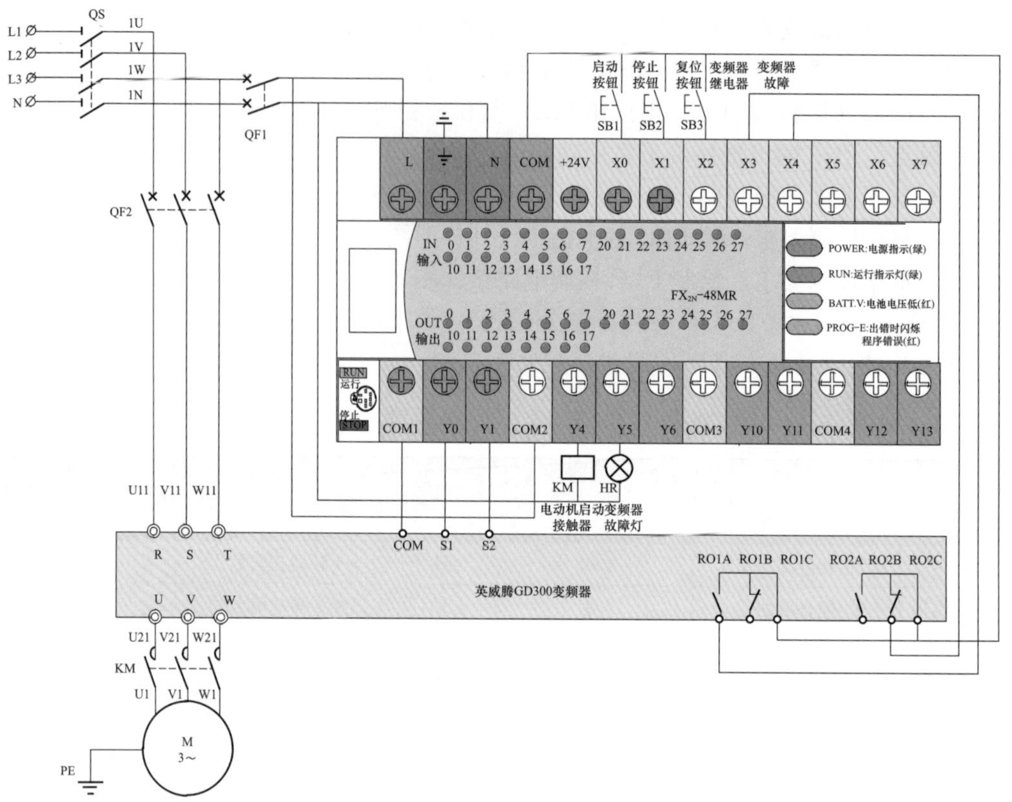

图 82-2　PLC 控制的变频器调速电动机正转控制电路 PLC 接线图

3. 图中应用的变频器主要参数表

相关端子及参数功能含义的详解见表 82-2。

表 82-2　变频器参数表含义说明

序号	参数	名称	设定值	设定值含义说明
1	P7-00	数据保护	0000	[00000] 的含义为可以清除以前设置的用户密码，并使密码保护功能无效
2	P00. 18	数据初始化	1	[1] 的含义为将参数恢复到出厂设定值
3	P00. 01	频率设定 1	1	[1] 的含义为端子运行启停指令通道：即通过外部 [S] 端子进行正转、反转运行命令的设置（“LOCAL/REMOT”闪烁）
4	P05. 01	S1 端子功能	1	[1] 的含义为将 [S1] 端子设置为正转运行功能
5	P05. 02	S2 端子功能	7	[7] 的含义为将 [S2] 端子设置为故障复位功能
6	P00. 03	最大输出频率	50Hz	设定范围 P00. 04～400. 0Hz
7	P00. 11	加速时间 1	2s	加速时间是指变频器从 0Hz 加速到最大输出频率（P00. 03）所需的时间；
8	P00. 12	减速时间 1	2s	减速时间是指变频器从最大输出频率（P00. 03）减速到 0Hz 所需的时间
9	P01. 00	启动频率	0. 5Hz	启动时的初始频率设定范围 0. 0～50. 0Hz

续表

序号	参数	名称	设定值	设定值含义说明
10	P01.15	停止频率	0.5Hz	设定范围 0.0～100.00Hz
11	P06.03	RO1A、RO1B、RO1C 继电器 RO1 输出选择	1	[1] 的含义为运行中 [RO1C] 是公共端，[RO1A] 是动合触点，[RO1B] 是动断触点，当变频器运行时 [RO1A-RO1C] 闭合、[RO1B-RO1C] 断开，变频器运行中
12	P06.04	RO2A、RO2B、RO2C 继电器 RO2 输出选择	5	[5] 的含义为变频器检测到故障后动作： [RO2C] 是公共端，[RO2A] 是动合触点，[RO2B] 是动断触点，当变频器检测到有故障或异常时 [RO2A-RO2C] 闭合、[RO2B-RO2C] 断开，变频器停止运行

三、梯形图动作详解

闭合总电源开关 QS，闭合 PLC 电源开关 QF1 输入 PLC 程序，闭合变频器电源开关 QF2 输入变频器参数，（PLC 输入端子 X4 与 COM 端子通过变频器故障输出端子 RO2B、RO2C 进行报警，梯形图回路内①→⑥的 X004 触点断开）。

1. 启动过程

按下正转启动按钮 SB1（X000），梯形图中回路经①→②→③→④→⓪号线闭合，输出继电器 Y000 得电输出给变频器正转端子 S1 信号，变频器得到启动命令后运行，同时变频器继电器 RO1A-RO1C 闭合，梯形图中①→⑤触点（X003）闭合，回路经①→⑤→⓪号线闭合，输出继电器 Y004 得电，交流接触器 KM 线圈得电，主触头闭合，电动机正转运行。

同时，梯形图中回路①→②间的 Y000 动合接点闭合，保证电动机连续运行，变频器从启动频率 [P01.00＝0.5Hz]，按加速时间 1 [P00.11＝2s] 加速至给定的频率设定值，变频器控制面板运行指示灯亮。

2. 停止过程

按下停止按钮 SB2（X001），梯形图中回路②→③间的 X001 触点断开，输出继电器 Y000 失电，梯形图中回路①→⑤间的 X003 动合接点断开输出继电器 Y004 失电，电动机停止运行。变频器控制面板运行指示灯熄灭。

3. 保护原理

当变频器故障报警时，RO2B—RO2C 触点断开，PLC 输入端子 X4 与 COM 端子断开。梯形图中回路①→⑥间的 X004 触点接通，回路经①→⑥→⓪号线闭合，输出继电器 Y005 线圈得电，HR 变频故障灯亮。梯形图中回路③→④间的 Y005 动断触点断开，输出继电器 Y000、Y004 线圈失电，电动机停止运行。

故障解除后，按下复位按钮 SB3（X002），梯形图中回路①→⑦间的 X002 触点闭合，输出继电器 Y001 线圈得电，PLC 的输出端子 Y1 端子与 COM1 端子闭合，变频器输入端 S2 端子与 COM 端子闭合后故障复位。按正转启动按钮 SB1（X000）电动机可以重新启动。

第 83 例　PLC 控制的变频调速电动机正、反转控制电路

一、程序设计要求及 I/O 元件配置分配表

1. PLC 程序设计要求

（1）按下正转启动按钮 SB1，变频器正转输出电动机正转运行，按下停止按钮 SB3，电动机停止运行。

（2）按下反转启动按钮 SB2，变频器反转输出电动机反转运行，按下停止按钮 SB3，电动机停止运行。

（3）PLC 程序实现连锁。

（4）当电动机或变频器故障时，变频器报警输出指示灯 HR 显示报警。

（5）当变频器报警后，按下复位按钮 SB4 故障复位。

（6）PLC 实际接线图中停止按钮 SB3、复位按钮 SB4、继电器 RO1 输出选择端子采用动合触点，RO2 输出选择端子采用动断触点。

（7）根据上面的控制要求列出输入、输出分配表。

（8）根据控制要求，用 PLC 基本指令设计梯形图程序。

（9）根据控制要求，绘制 PLC 控制电路接线图。

2. 输入/输出设备及 I/O 元件配置分配表

输入/输出设备及 I/O 元件配置分配见表 83-1。

表 83-1　　输入/输出设备及 I/O 元件配置分配表

输入设备		PLC 输入继电器	输出设备		PLC 输出继电器
代号	功能		代号	功能	
SB1	变频器正转启动	X000	S1	变频器正转启动	Y000
SB2	变频器反转启动	X001	S2	变频器反转启动	Y001
SB3	变频器停止按钮	X002	KM	电动机运行接触器	Y005
SB4	变频器故障复位按钮	X003	HR	变频器故障报警灯	Y006
RO1A-RO1C	变频器继电器输出	X004	S3	变频器故障复位	Y002
RO2B-RO2C	变频器故障信号	X005			

二、程序及电路设计

1. PLC 梯形图

PLC 梯形图如图 83-1 所示。

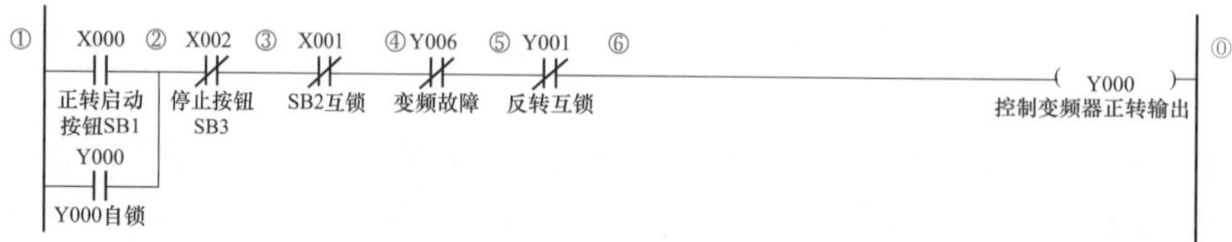

图 83-1　PLC 控制的变频调速电动机正、反转控制电路 PLC 梯形图

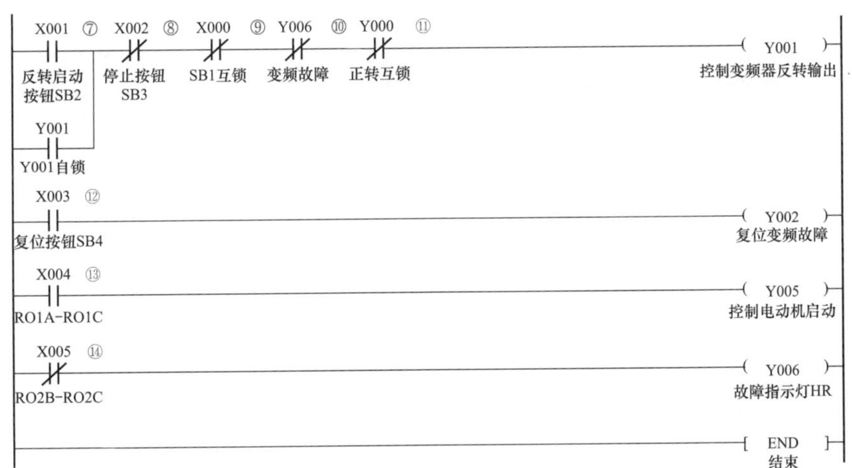

图 83-1　PLC 控制的变频调速电动机正、反转控制电路 PLC 梯形图（续）

2. PLC 接线详图

PLC 接线图如图 83-2 所示。

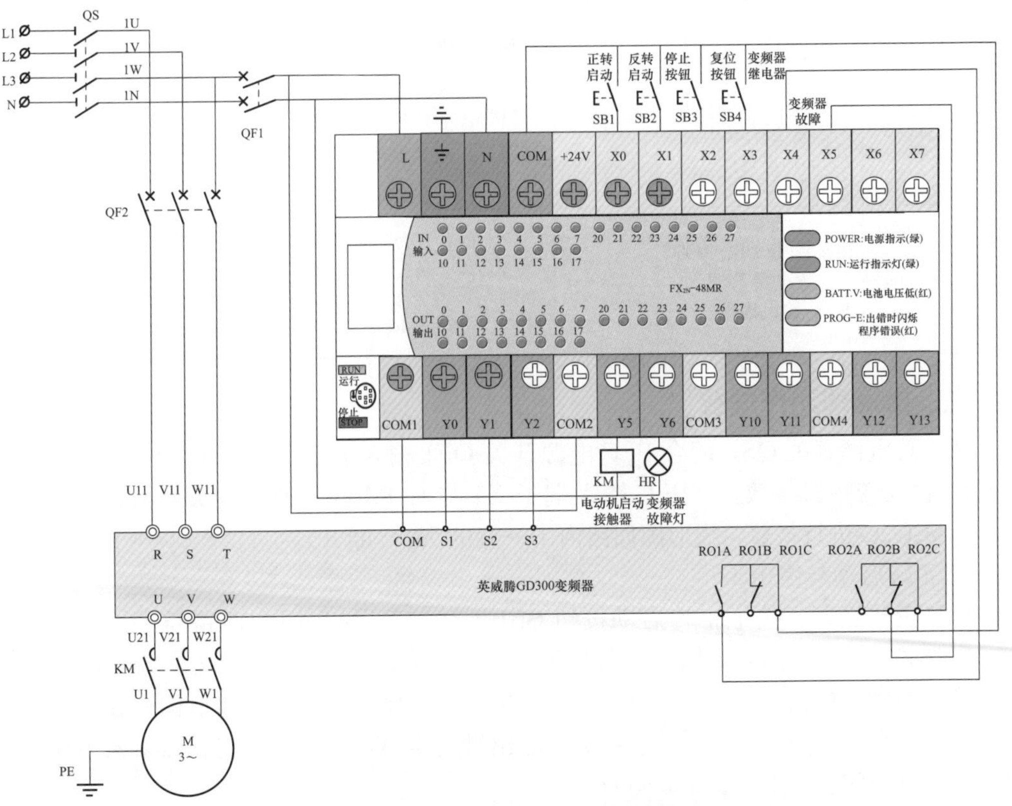

图 83-2　PLC 控制的变频调速电动机正、反转控制电路 PLC 接线图

3. 图中应用的变频器主要参数表

相关端子及参数功能含义的详解见表 83-2。

表 83-2　　变频器参数表含义说明

序号	参数	名称	设定值	设定值含义说明
1	P7-00	数据保护	0000	[00000] 的含义为可以清除以前设置的用户密码，并使密码保护功能无效
2	P00.18	数据初始化	1	[1] 的含义为将参数恢复到出厂设定值
3	P00.01	频率设定 1	1	[1] 的含义为端子运行启停指令通道：即通过外部 [S] 端子进行正转、反转运行命令的设置（“LOCAL/REMOT” 闪烁）
4	P05.01	S1 端子功能	1	[1] 的含义为将 [S1] 端子设置为正转运行功能
5	P05.02	S2 端子功能	2	[2] 的含义为将 [S2] 端子设置为反转运行功能
6	P05.03	S3 端子功能	7	[7] 的含义为将 [S3] 端子设置为故障复位功能
7	P00.03	最大输出频率	50Hz	设定范围 P00.04～400.0Hz
8	P00.11	加速时间 1	2s	加速时间是指变频器从 0Hz 加速到最大输出频率（P00.03）所需的时间；
9	P00.12	减速时间 1	2s	减速时间是指变频器从最大输出频率（P00.03）减速到 0Hz 所需的时间
10	P01.00	启动频率	0.5Hz	启动时的初始频率设定范围 0.0～50.0Hz
11	P01.15	停止频率	0.5Hz	设定范围 0.0～100.00Hz
12	P01.13	正、反转死区时间	0.5s	设定范围 0.0～3600.0s
13	P06.03	RO1A、RO1B、RO1C 继电器 RO1 输出选择	1	[1] 的含义为运行中 [RO1C] 是公共端，[RO1A] 是动合触点，[RO1B] 是动断触点，当变频器运行时 [RO1A-RO1C] 闭合、[RO1B-RO1C] 断开
14	P06.04	RO2A、RO2B、RO2C 继电器 RO2 输出选择	5	[5] 的含义为变频器检测到故障后动作： [RO2C] 是公共端，[RO2A] 是动合触点，[RO2B] 是动断触点，当变频器检测到有故障或异常时 [RO2A-RO2C] 闭合、[RO2B-RO2C] 断开，变频器停止运行

三、梯形图动作详解

闭合总电源开关 QS，闭合 PLC 电源开关 QF1 输入 PLC 程序，闭合变频器电源开关 QF2 输入变频器参数。（PLC 输入端子 X4 与 COM 端子通过变频器故障输出端子 RO2B、RO2C 进行报警，梯形图回路内①→⑭的 X005 断开）。

1. 正转启动与停止

（1）正转运行。按下正转启动按钮 SB1（X000），梯形图中回路经①→②→③→④→⑤→⑥→⓪号线闭合，输出继电器 Y000 得电输出给变频器正转端子 S1 信号，变频器得到启动命令后运行，同时变频器继电器 RO1A-RO1C 闭合，梯形图中①→⑬触点（X004）接通回路经①→⑬→⓪号线闭合输出继电器 Y005 得电，交流接触器 KM 线圈得电，主触头闭合，电动机正转运行。

梯形图中回路①→②间的 Y000 动合触点接通，保证 KM 连续运行，回路中⑧→⑨线间的 X000 和⑩→⑪线间的 Y000 动断触点断开反转回路，与正转回路实现联锁，变频器从启动频率 [P01.00=0.5Hz]，按照加速时间 1 [P00.11=2s] 加速至外置电位器给定的频率设定值，变频器控制面板运行指示灯亮。

（2）正转停止。按下停止按钮 SB3（X002），梯形图中回路②→③线间的 X002 触点断开，输出继电器 Y000 失电，变频器外接端子 S1 与 COM 端子断开，同时，梯形图中回路①→②线间的 Y000 动合触点断开解除 Y000 自锁，梯形图中①→⑬触点（X004）断开，输出继电器 Y005 失电，交流接触器 KM 线圈失电，主触头分断，电动机停止运行。

2. 反转启动与停止

（1）反转运行。按下反转启动按钮 SB2（X001），梯形图中回路经①→⑦→⑧→⑨→⑩→⑪→⓪号线闭合，输出继电器 Y001 得电输出给变频器正转端子 S2 信号，变频器得到启动命令后运行，同时变频器继电器 RO1A-RO1C 闭合，梯形图中①→⑬触点（X004）接通回路经①→⑬→⓪号线闭合输出继电器 Y005 得电，交流接触器 KM 线圈得电，主触头闭合，电动机反转运行。

梯形图中回路①→⑦间的 Y001 动合触点接通，保证 KM 连续运行，回路中③→④线间的 X001 和⑤→⑥线间 Y001 常闭触点断开正转回路，与反转回路实现联锁，变频器从启动频率［P01.00＝0.5Hz］，按照加速时间 1［P00.11＝2s］加速至外置电位器给定的频率设定值，变频器控制面板运行指示灯亮。

（2）反转停止。按下停止按钮 SB3（X002），梯形图中回路⑦→⑧线间的 X002 断开，输出继电器 Y001 失电，变频器外接端子 S2 与 COM 端子断开。同时，梯形图中回路①→⑦线间的 Y001 动合触点断开解除 Y001 自锁。梯形图中①→⑬触点（X004）断开，输出继电器 Y005 失电，交流接触器 KM 线圈失电，主触头分断，电动机停止运行。

3. 保护原理

当变频器故障报警时，RO2B—RO2C 触点断开，PLC 输入端子 X5 与 COM 端子断开，梯形图中回路①→⑭间的 X005 触点接通，回路经①→⑭→⓪号线闭合，输出继电器 Y006 线圈得电，HR 变频故障灯亮，梯形图回路中④→⑤和⑨→⑩线间的 Y006 动断触点断开，PLC 输出端子 Y0 或者 Y1 与 COM1 端子断开，Y5 输出端子与 COM2 端子断开，交流接触器 KM 线圈失电，电动机停止运行。

故障解除后，按下复位按钮 SB4（X003），梯形图中回路的 X003 触点接通，输出继电器 Y002 线圈得电，PLC 的输出端子 Y2 端子与 COM1 端子闭合，变频器输入端 S3 端子与 COM 端子闭合后故障复位。按启动按钮电动机可以重新启动。

第 84 例　PLC 及 3 只开关控制的 7 段变频调速控制电路

一、程序设计要求及 I/O 元件配置分配表

1. PLC 程序设计要求

（1）按下启动按钮 SB1，PLC 输出继电器 Y000 输出。

（2）闭合电加热开关 SA1，PLC 输出继电器 Y001、Y005 输出，循环泵按频率 1 运行。

（3）闭合电加热开关 SA2，PLC 输出继电器 Y002、Y006 输出，循环泵按频率 2 运行。

（4）同时闭合电加热开关 SA1、SA2，PLC 输出继电器 Y001、Y002、Y005、Y006

输出，循环泵按频率3运行。

（5）闭合电加热开关SA3，PLC输出继电器Y003、Y007输出，循环泵按频率4运行。

（6）闭合电加热开关SA1、SA3，PLC输出继电器Y001、Y003、Y005、Y007输出，循环泵按频率5运行。

（7）同时闭合电加热开关SA2、SA3，PLC输出继电器Y002、Y003、Y006、Y007输出，循环泵按频率6运行。

（8）同时闭合电加热开关SA1、SA2、SA3，PLC输出继电器Y001、Y002、Y003、Y005、Y006、Y007输出，循环泵按频率7运行。

（9）当电动机或变频器故障时，变频器报警输出。

（10）当变频器报警后，按下复位按钮SB3故障复位。

（11）PLC实际接线图中启动、停止、复位按钮、继电器RO1输出选择端子采用动合触点，RO2输出选择端子采用动断触点。

（12）根据上面的控制要求列出输入、输出分配表。

（13）根据控制要求，用PLC基本指令设计梯形图程序。

（14）根据控制要求，绘制PLC控制电路接线图。

2. 输入/输出设备及I/O元件配置分配表

输入/输出设备及I/O元件配置分配见表84-1。

表84-1　　输入/输出设备及I/O元件配置分配表

输入设备		PLC输入继电器	输出设备		PLC输出继电器
代号	功能		代号	功能	
SB1	变频器启动	X000	S1	变频器启动	Y000
SB2	变频器停止	X001	S3	多段频率1	Y001
SB3	故障复位按钮	X002	S4	多段频率2	Y002
SA1	1号加热器启动	X003	S5	多段频率3	Y003
SA2	2号加热器启动	X004	KM	循环泵电动机接触器	Y004
SA3	3号加热器启动	X005	KM1	1号加热接触器	Y005
RO1A-RO1C	变频器继电器输出	X006	KM2	2号加热接触器	Y006
RO2A-RO2C	变频器故障输出	X007	KM3	3号加热接触器	Y007
			HR	变频器故障报警灯	Y010
			KA	中间继电器	Y011

二、程序及电路设计

1. PLC梯形图

PLC梯形图如图84-1所示。

2. PLC接线详图

PLC接线图如图84-2所示。

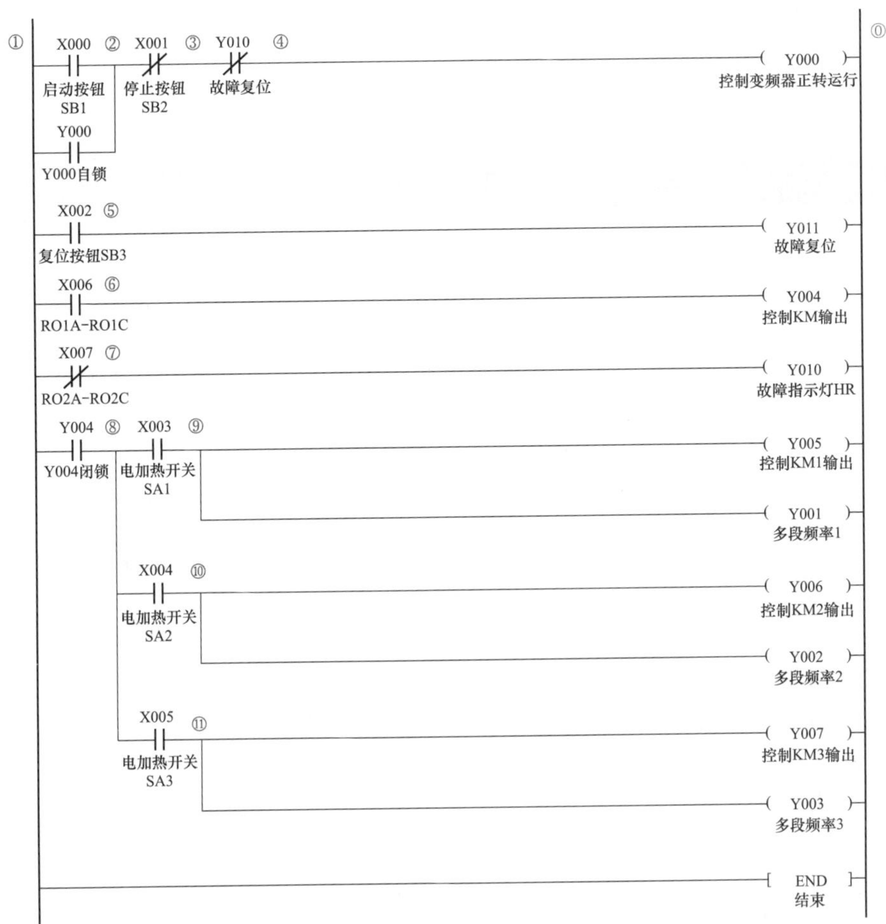

图 84-1 PLC及3只开关控制的7段变频调速控制电路PLC梯形图

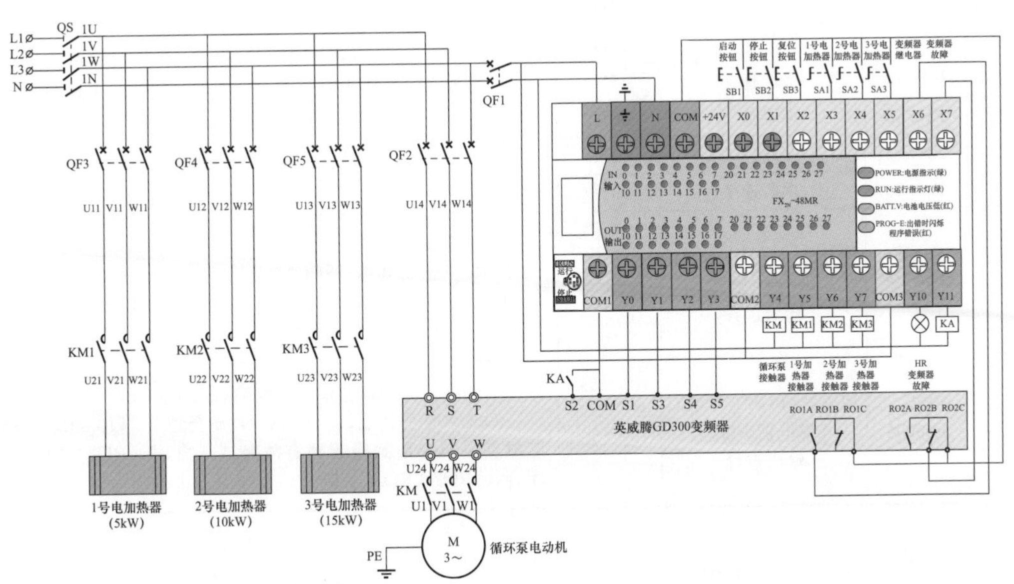

图 84-2 PLC及3只开关控制的7段变频调速控制电路PLC接线图

3. 图中应用的变频器主要参数表

相关端子及参数功能含义的详解见表 84-2。

表 84-2　　　　　　　　　　变频器参数表含义说明

序号	参数	名称	设定值	设定值含义说明
1	P7-00	数据保护	0000	[00000] 的含义为可以清除以前设置的用户密码，并使密码保护功能无效
2	P00.18	数据初始化	1	[1] 的含义为将参数恢复到出厂设定值
3	P00.01	运行指令通道	1	[1] 的含义为端子运行启停指令通道：即通过外部 [S] 端子进行正转、反转运行命令的设置（“LOCAL/REMOT”闪烁）
4	P00.03	最大输出频率	50Hz	设定范围 P00.04～400.0Hz
5	P00.11	加速时间 1	2s	加速时间是指变频器从 0Hz 加速到最大输出频率（P00.03）所需的时间； 减速时间是指变频器从最大输出频率（P00.03）减速到 0Hz 所需的时间
6	P00.12	减速时间 1	2s	
7	P01.00	启动频率	0.5Hz	启动时的初始频率设定范围 0.0～50.0Hz
8	P01.15	停止频率	0.5Hz	设定范围 0.0～100.00Hz
9	P00.06	A 频率指令选择	6	[6] 的含义为频率设定为多段速运行设定： [0]：键盘【∧∨】键设定
10	P05.01	S1 端子功能	1	[1] 的含义为将 [S1] 端子设置为正转运行功能
11	P05.02	S2 端子功能	7	[7] 的含义为将 [S2] 端子设置为故障复位功能
12	P05.03	S3 可编程输入端子	16	[16] 的含义为将 [S3] 端子设置为多段速端子 1 功能
13	P05.04	S4 可编程输入端子	17	[17] 的含义为将 [S4] 端子设置为多段速端子 2 功能
14	P05.05	S5 可编程输入端子	18	[18] 的含义为将 [S5] 端子设置为多段速端子 3 功能
15	P10.04	多段速 1	20Hz	多段速频率的设定范围-100.0～100.0%，对应最大输出频率 [P00.03]（默认值 50Hz），即设定频率÷最高频率×100%
16	P10.06	多段速 2	25Hz	
17	P10.08	多段速 3	30Hz	
18	P10.10	多段速 4	35Hz	
19	P10.12	多段速 5	40Hz	
20	P10.14	多段速 6	45Hz	
21	P10.16	多段速 7	50Hz	
22	P06.03	RO1A、RO1B、RO1C 继电器 RO1 输出选择	1	[1] 的含义为运行中 [RO1C] 是公共端，[RO1A] 是动合触点，[RO1B] 是动断触点，当变频器运行时 [RO1A-RO1C] 闭合、[RO1B-RO1C] 断开，变频器运行中
23	P06.04	RO2A、RO2B、RO2C 继电器 RO2 输出选择	5	[5] 的含义为变频器检测到故障后动作： [RO2C] 是公共端，[RO2A] 是动合触点，[RO2B] 是动断触点，当变频器检测到有故障或异常时 [RO2A-RO2C] 闭合、[RO2B-RO2C] 断开，变频器停止运行

三、梯形图动作详解

闭合总电源开关 QS，闭合 PLC 电源开关 QF1 输入 PLC 程序，闭合变频器电源开关 QF2 输入变频器参数，闭合电加热器电源开关 QF3～QF5。

1. 运行过程

（1）用 PLC 控制变频器运行输出。按下启动按钮 SB1（X000），梯形图回路中①→②号线间的 X000 触点闭合，回路经①→②→③→④→⓪号线闭合，输出继电器 Y000 得电输出给变频器正转端子 S1 信号，变频器得到启动命令后运行，同时 RO1A-RO1C（X006）触点闭合，输出继电器 Y004 得电，交流接触器 KM 线圈得电，主触头闭合，循环泵电动机运行。

变频器从启动频率［P01.00＝0.5Hz］，加速时间 1［P00.11＝2s］加速至给定的频率设定值，变频器控制面板运行指示灯亮，同时，回路中①→②号线间的 Y000 动合接点接通自锁，变频器连续运行输出，梯形图回路中①→⑧号线间的 Y004 触点接通，为电加热器运行提供条件。

（2）七段速运行。

1）多段速 1。闭合电加热开关 SA1（X003），梯形图回路中⑧→⑨号线间的 X003 闭合，回路经①→⑧→⑨→⓪号线闭合，输出继电器 Y005 得电，交流接触器 KM1 线圈得电，主触头闭合，1 号电加热器投入，输出继电器 Y001 得电，变频器外接端子 S3 得到信号后，循环泵电动机按频率 1 运行。

2）多段速 2。闭合电加热开关 SA2（X004），梯形图回路中⑧→⑩号线间的 X004 闭合，回路经①→⑧→⑩→⓪号线闭合，输出继电器 Y006 得电，交流接触器 KM2 线圈得电，主触头闭合，2 号电加热器投入，输出继电器 Y002 得电，变频器外接端子 S4 得到信号后，循环泵电动机按频率 2 运行。

3）多段速 3。同时闭合电加热开关 SA1（X003）、SA2（X004），梯形图回路中①→⑧→⑨→⓪号线与①→⑧→⑩→⓪号线同时闭合，输出继电器 Y005、Y006 得电，交流接触器 KM1、KM2 线圈得电，主触头闭合，1 号、2 号电加热器投入，输出继电器 Y001、Y002 得电，变频器外接端子 S3、S4 得到信号后，循环泵电动机按频率 3 运行。

4）多段速 4。闭合电加热开关 SA3（X005），梯形图回路中⑧→⑪号线间的 X005 闭合，回路经①→⑧→⑪→⓪号线闭合，输出继电器 Y007 得电，交流接触器 KM3 线圈得电，主触头闭合，3 号电加热器投入，输出继电器 Y003 得电，变频器外接端子 S5 得到信号后，循环泵电动机按频率 4 运行。

5）多段速 5。同时闭合电加热开关 SA1（X003）、SA3（X005），梯形图回路中①→⑧→⑨→⓪号线与①→⑧→⑪→⓪号线同时闭合，输出继电器 Y005、Y007 得电，交流接触器 KM1、KM3 线圈得电，主触头闭合，1 号、3 号电加热器投入，输出继电器 Y001、Y003 得电，变频器外接端子 S3、S5 得到信号后，循环泵电动机按频率 5 运行。

6）多段速 6。同时闭合电加热开关 SA2（X004）、SA3（X005），梯形图回路经①→⑧→⑩→⓪号线与①→⑧→⑪→⓪号线同时闭合，输出继电器 Y006、Y007 得电，交流接触器 KM2、KM3 线圈得电，主触头闭合，2 号、3 号电加热器投入，输出继电器 Y002、Y003 得电，变频器外接端子 S4、S5 得到信号后，循环泵电动机按频率 6 运行。

7）多段速 7。同时闭合电加热开关 SA1（X003）、SA2（X004）、SA3（X005），回路经①→⑧→⑨→⓪号线与①→⑧→⑩→⓪号线及①→⑧→⑪→⓪号线闭合，输出继电器 Y005、Y006、Y007 得电，交流接触器 KM1、KM2、KM3 线圈得电，主触头闭合，

1号、2号、3号电加热器投入，输出继电器Y001、Y002、Y003得电，变频器外接端子S3、S4、S5得到信号后，循环泵电动机按频率7运行。

2. 停止过程

按下停止按钮SB2（X001），梯形图回路中②→③号线间的X001断开，输出继电器Y000失电，同时RO1A-RO1C（X006）复位，输出继电器Y004失电，交流接触器KM线圈与多段速交流接触器线圈均失电，循环泵停止运行，变频器控制面板运行指示灯熄灭，见表84-3。

表84-3　　7段速端子配合关系表

端子	1~7段速						
	1	2	3	4	5	6	7
S3	ON	OFF	ON	OFF	ON	OFF	ON
S4	OFF	ON	ON	OFF	OFF	ON	ON
S5	OFF	OFF	OFF	ON	ON	ON	ON

3. 保护原理

当变频器故障报警时，RO2B—RO2C触点断开，PLC输入端子X7与COM端子断开。梯形图中回路①→⑦间的X007触点闭合，回路经①→⑦→⓪号线闭合，输出继电器Y010线圈得电，HR变频故障灯亮，梯形图回路中③→④线间的Y010动断触点断开，输出继电器Y000失电，主交流接触器KM线圈失电，循环泵停止输出，故障解除后，按下复位按钮SB3（X002），梯形图中回路的X002触点接通，输出继电器Y011线圈得电，中间继电器KA线圈得电，KA动合触点闭合，变频器输入端S2端子与COM端子闭合后故障复位，按启动按钮电动机可以重新启动。

第85例　PLC控制的变频调速按程序运行功能运行的电动机控制电路

一、程序设计要求及I/O元件配置分配表

1. PLC程序设计要求

（1）按下启动按钮SB1，PLC程序运行定时器T0～T5接通，每间隔20s完成一个段速正转运行，当定时器T2启动时，每间隔20s完成一个段速反转运行。

（2）按下停止按钮SB2变频器停止输出，电动机停止运行。

（3）当电动机或变频器故障时，变频器报警输出。

（4）PLC实际接线图中停止按钮SB2取动合触点，继电器RO1输出选择端子取常开接点，RO2输出选择端子取动断触点。

（5）根据上面的控制要求，列出输入、输出分配表。

（6）根据控制要求，用PLC基本指令设计梯形图程序。

（7）根据控制要求，绘制PLC控制电路接线图。

2. 输入/输出设备及I/O元件配置分配表

输入/输出设备及I/O元件配置分配见表85-1。

表 85-1 输入/输出设备及 I/O 元件配置分配表

输入设备		PLC 输入继电器	输出设备		PLC 输出继电器
代号	功能		代号	功能	
SB1	启动按钮	X000	S1	变频器正转运行指令开关	Y000
SB2	停止按钮	X001	S2	变频器反转运行指令开关	Y004
RO2B-RO2C	故障保护	X002	S3	变频器多段速输入开关 1	Y001
			S4	变频器多段速输入开关 2	Y002
			S5	变频器多段速输入开关 3	Y003

二、程序及电路设计

1. PLC 梯形图

PLC 梯形图如图 85-1 所示。

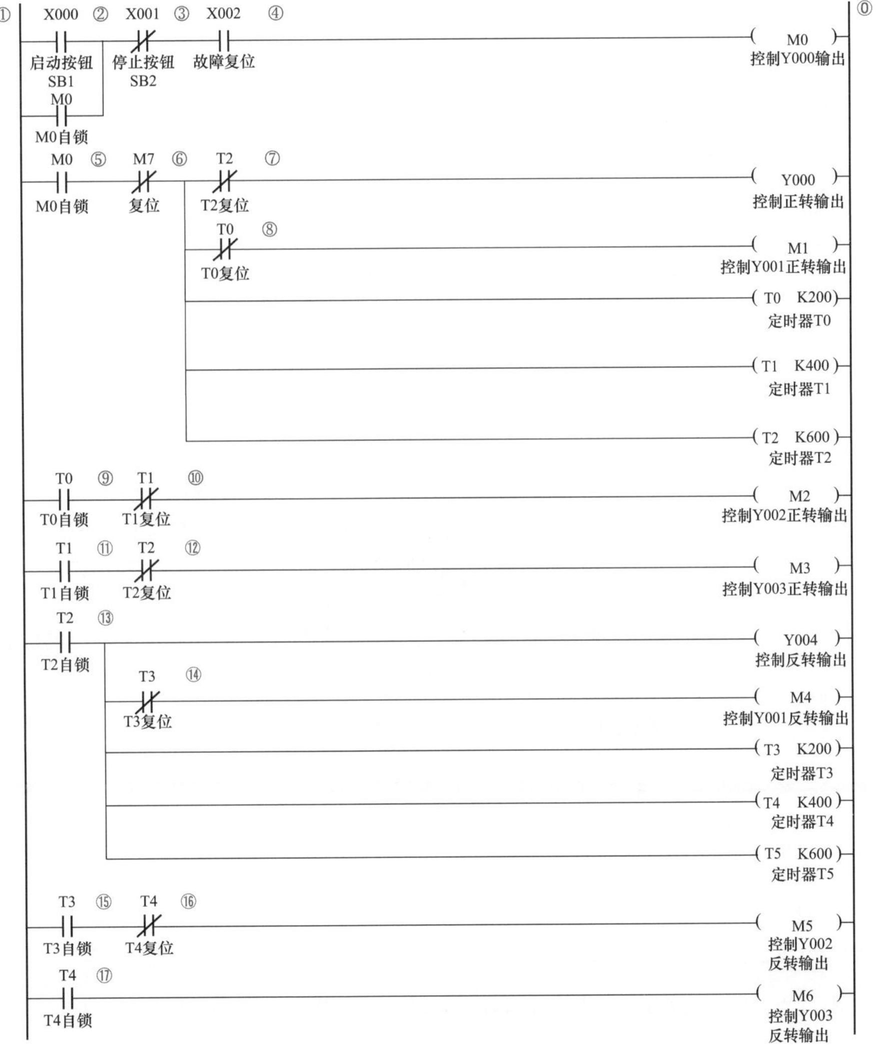

图 85-1 PLC 控制的变频调速按程序运行功能运行的电动机控制电路 PLC 梯形图

图 85-1　PLC 控制的变频调速按程序运行功能运行的电动机控制电路 PLC 梯形图（续）

2. PLC 接线详图

PLC 接线图如图 85-2 所示。

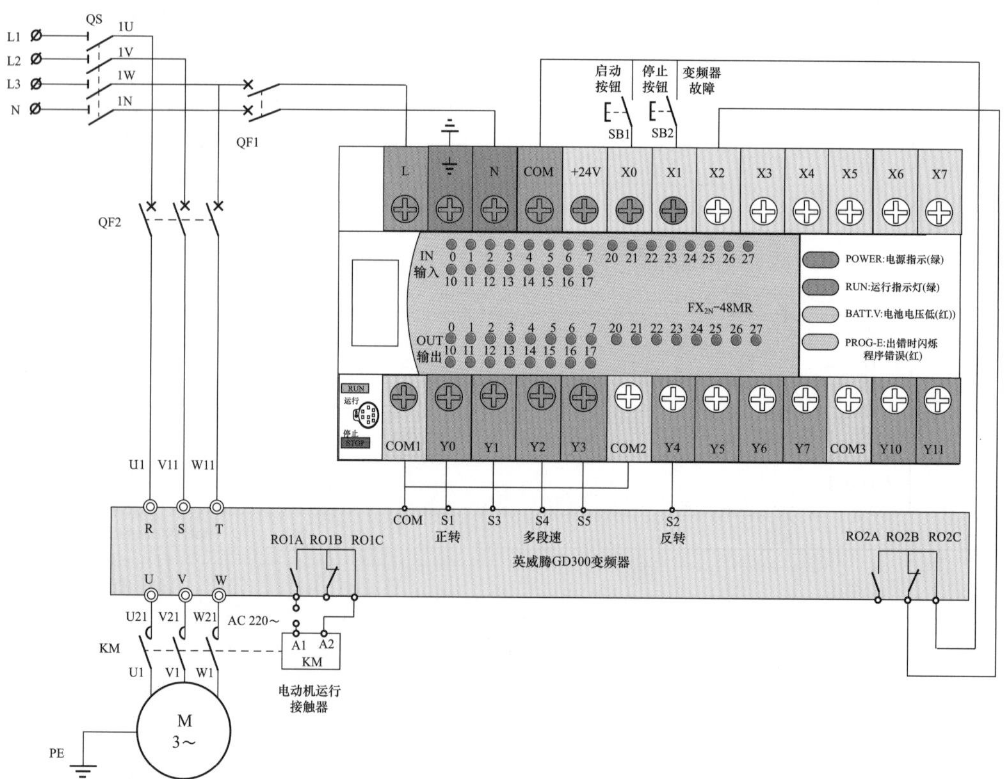

图 85-2　PLC 控制的变频调速按程序运行功能运行的电动机控制电路 PLC 接线图

3. 图中应用的变频器主要参数表

相关端子及参数功能含义的详解见表 85-2。

表 85-2　　变频器参数表含义说明

序号	参数	名称	设定值	设定值含义说明
1	P07-00	数据保护	0000	[00000] 的含义为可以清除以前设置的用户密码，并使密码保护功能无效
2	P00.18	数据初始化	1	[1] 的含义为将参数恢复到出厂设定值
3	P00.01	运行指令通道	1	[1] 的含义为端子运行启停指令通道：即通过外部 [S] 端子进行正转、反转运行命令的设置（“LOCAL/REMOT”闪烁）
4	P00.03	最大输出频率	50Hz	设定范围 P00.04～400.0Hz
5	P00.11	加速时间 1	2s	加速时间是指变频器从 0Hz 加速到最大输出频率（P00.03）所需的时间
6	P00.12	减速时间 1	2s	减速时间是指变频器从最大输出频率（P00.03）减速到 0Hz 所需的时间
7	P01.00	启动频率	0.5Hz	启动时的初始频率设定范围 0.0～50.0Hz
8	P01.15	停止频率	0.5Hz	设定范围 0.0～100.00Hz
9	P00.06	A 频率指令选择	6	[6] 的含义为频率设定为多段速运行设定； [0]：键盘【∧∨】键设定
10	P05.01	S1 端子功能	1	[1] 的含义为将 [S1] 端子设置为正转运行功能
11	P05.02	S2 端子功能	2	[2] 的含义为将 [S2] 端子设置为反转运行功能
12	P05.03	S3 可编程输入端子	16	[16] 的含义为将 [S3] 端子设置为多段速端子 1 功能
13	P05.04	S4 可编程输入端子	17	[17] 的含义为将 [S4] 端子设置为多段速端子 2 功能
14	P05.05	S5 可编程输入端子	18	[18] 的含义为将 [S5] 端子设置为多段速端子 3 功能
15	P10.04	多段速 1	30Hz	多段速频率的设定范围-100.0～100.0%，对应最大输出频率 [P00.03]（默认值 50Hz）
16	P10.06	多段速 2	40Hz	
17	P10.10	多段速 4	50Hz	
18	P06.03	RO1A、RO1B、RO1C 继电器 RO1 输出选择	12	[12] 的含义为运行准备就绪； [RO1C] 是公共端，[RO1A] 是动合触点，[RO1B] 是动断触点，主回路和控制回路电源建立，变频器保护功能不动作，变频器处于可运行状态时，输出 ON 信号
19	P06.04	RO2A、RO2B、RO2C 继电器 RO2 输出选择	5	[5] 的含义为变频器检测到故障后动作： [RO2C] 是公共端，[RO2A] 是动合触点，[RO2B] 是动断触点，当变频器检测到有故障或异常时 [RO2A-RO2C] 闭合、[RO2B-RO2C] 断开，变频器停止运行

三、梯形图动作详解

闭合总电源开关 QS，闭合 PLC 电源开关 QF1 输入 PLC 程序，闭合变频器电源开关 QF2 输入变频器参数；当变频器接通主电源后进行自检，当自检结束后，由于继电器 RO1 设定为“运行准备就绪”功能，故继电器 RO1 端子迅速闭合，接通接触器 KM 线圈。

1. 用 PLC 控制电动机正转

(1) 启动过程。按下启动按钮 SB1（X000），梯形图回路中①→②线间的 X000 触点接通，回路经①→②→③→④→⓪号线闭合，辅助继电器 M0 “得电”，梯形图回路中

①→⑤线间的 M0 闭合，回路经①→⑤→⑥→⑦→⓪号线闭合，输出继电器 Y000 得电输出给变频器启动端子 S1 信号，变频器正转输出、变频器 RO1A、RO1C 闭合（P06.03＝12 含义为运行准备就绪），电动机运行接触器 KM 线圈得电，主触点闭合，电动机正转运行。

（2）变频器频率 1 正转运行。回路①→⑤→⑥→⑧→⓪号线闭合，辅助继电器 M1 “得电”，梯形图回路中①→⑲线间的辅助继电器 M1 触点接通，继电器 Y001 得电给变频器端子 S3 信号，电动机按频率 1 正转运行，T0、T1、T2 定时器计时开始。

（3）变频器频率 2 正转运行。20s 后 T0 定时器启动，回路中⑥→⑧号线间的 T0 触点断开，切断辅助继电器 M1 回路，变频器第一段速停止。回路中①→⑨号线间的 T0 触点闭合，回路经①→⑨→⑩→⓪号线闭合，辅助继电器 M2 “得电” 梯形图回路中①→⑳线间的 M2 触点接通，继电器 Y002 得电输出给变频器启动端子 S4 信号，电动机按频率 2 正转运行。

（4）变频器频率 3 正转运行。20s 后 T1 定时器启动，回路中⑨→⑩号线间的 T1 触点断开，切断辅助继电器 M2 回路，变频器第二段速停止。回路中①→⑪号线间的 T1 触点闭合，回路经①→⑪→⑫→⓪号线闭合，辅助继电器 M3 “得电” 梯形图回路中①→㉑线间的 M3 触点接通，继电器 Y003 得电输出给变频器启动端子 S5 信号电动机按频率 3 正转运行。

2. 用 PLC 控制电动机反转运动

（1）启动过程。20s 后 T2 定时器启动，切断回路中⑥→⑦、⑪→⑫号线间的 T2 触点，切断辅助继电器 M3 回路，变频器第三段速停止，回路中①→⑬号线间的 T2 动合触点接通，回路经①→⑬→⓪号线闭合，输出继电器 Y004 得电输出给变频器启动端子 S2 信号，变频器反转输出、电动机反转运行。

（2）变频器频率 1 反转运行。回路①→⑬→⑭→⓪号线闭合，辅助继电器 M4 得电，梯形图回路中①→⑲线间的辅助继电器 M4 接通，继电器 Y001 得电给变频器端子 S3 信号，电动机按频率 1 正转运行，T3、T4、T5 定时器计时开始。

（3）变频器频率 2 反转运行。20s 后 T0 定时器启动，回路中⑬→⑭号线间的 T3 断开，切断辅助继电器 M4 回路，变频器第一段速停止。回路中①→⑮号线间的 T3 闭合，回路经①→⑮→⑯→⓪号线闭合，辅助继电器 M5 “得电” 梯形图回路中①→⑳线间的 M5 接通，继电器 Y002 得电输出给变频器启动端子 S4 信号，电动机按频率 2 反转运行。

（4）变频器频率 3 反转运行。20s 后 T4 定时器启动，回路中⑮→⑯号线间的 T4 触点断开，切断辅助继电器 M5 回路，变频器第二段速停止。回路中①→⑰号线间的 T4 触点闭合，回路经①→⑰→⑱→⓪号线闭合，辅助继电器 M6 “得电” 梯形图回路中①→㉑线间的 M6 接通，继电器 Y003 得电输出给变频器启动端子 S5 信号电动机按频率 3 反转运行。

（5）PLC 控制变频器循环正反转多段频率运行。20s 后 T5 定时器启动，回路中①→⑱号线间的 T5 动合触点闭合，辅助继电器 M7 “得电” 梯形图回路中⑤→⑥号线间的辅助继电器 M7 动断触点断开后接通正转回路，重新开始程序运行。

3. 停止过程

按下止按钮 SB2（X001），梯形图回路中②→③线间的 X001 触点断开，辅助继电器 M0 失电，PLC 输出端子 Y0 与 COM1 接点断开，断开主交流接触器 KM，变频器失电停止输出。同时，梯形图回路中①→②线间的M0动合接点断开，解除自锁。RO1A-RO1C断开，KM线圈失电复位，主触点断开，电动机停止运行。

4. 保护原理

当变频器故障报警时，RO2B-RO2C断开，梯形图回路中③→④线间的X002断开，辅助继电器M0“失电”，①→⑤线间的M0触点断开，继电器Y000“失电”，变频器RO1A-RO1C断开，主交流接触器KM线圈失电，主触点断开电动机停止运行。

第86例 PLC控制变频器实现一用一备控制电路

一、程序设计要求及I/O元件配置分配表

1. PLC程序设计要求

(1) 转换开关SA转至常用位置，按下SB1启动按钮M1电动机启动，按下SB2停止按钮M1电动机停止。

(2) 转换开关SA转至备用位置，按下SB1启动按钮M2电动机启动，按下SB2停止按钮M2电动机停止。

(3) 需要紧急停车时，按下急停按钮SB3电动机停止运行，1、2号电动机之间有机械联锁。

(4) PLC实际接线图中变频器继电器输出RO1B-RO1C端子、急停按钮SB3取动断触点，其余均取动合触点。

(5) 根据上面的控制要求，列出输入、输出分配表。

(6) 根据控制要求，用PLC基本指令设计梯形图程序。

(7) 根据控制要求，绘制PLC控制电路接线图。

2. 输入/输出设备及I/O元件配置分配表

输入/输出设备及I/O元件配置分配见表86-1。

表86-1 输入/输出设备及I/O元件配置分配表

输入设备		PLC输入继电器	输出设备		PLC输出继电器
代号	功能		代号	功能	
SB1	启动按钮	X000	S1	变频器启动	Y000
SB2	停止按钮	X001	KM1	M1电动机接触器	Y004
SB3	急停按钮	X002	KM2	M2电动机接触器	Y005
SA	转换开关（常用）	X003			
SA	转换开关（备用）	X004			

二、程序及电路设计

1. PLC梯形图

PLC梯形图如图86-1所示。

2. PLC接线详图

PLC接线图如图86-2所示。

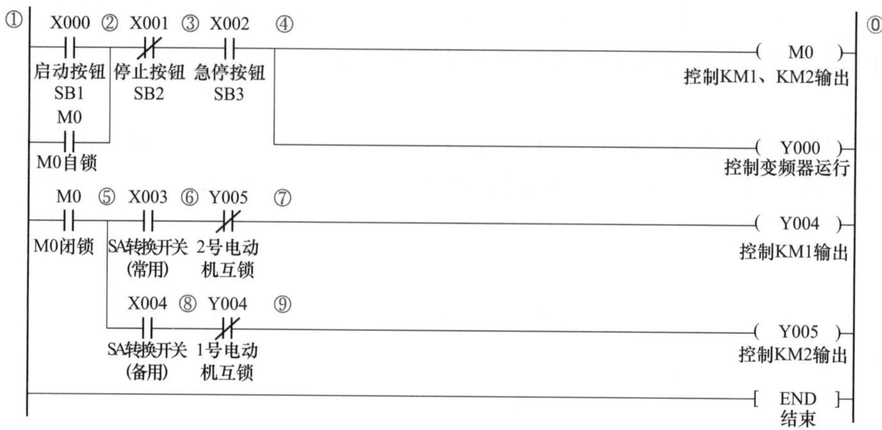

图 86-1 PLC 控制变频器实现一用一备控制电路 PLC 梯形图

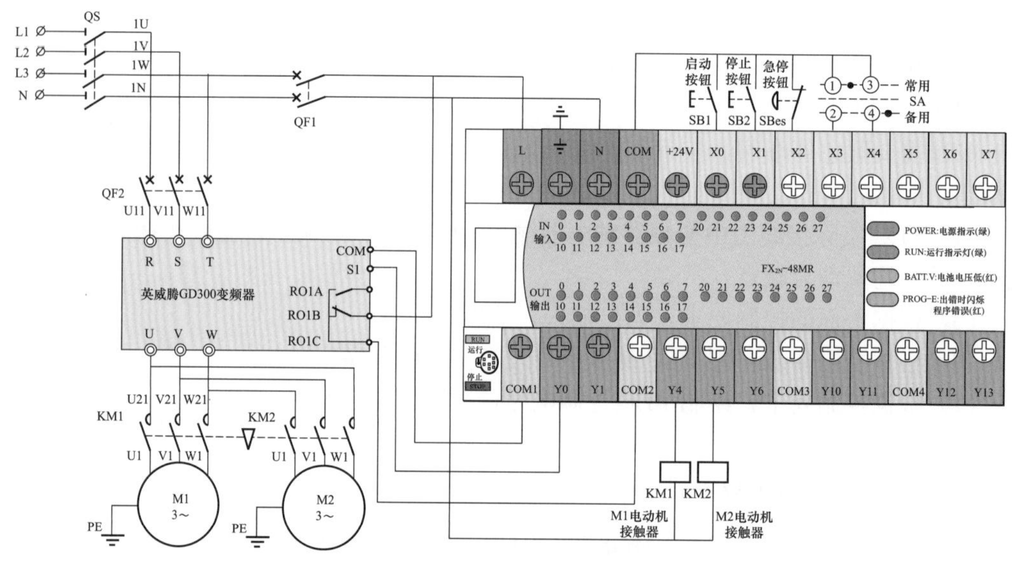

图 86-2 PLC 控制变频器实现一用一备控制电路 PLC 接线图

3. 图中应用的变频器主要参数表

相关端子及参数功能含义的详解见表 86-2。

表 86-2　　变频器参数表含义说明

序号	参数	名称	设定值	设定值含义说明
1	P07-00	数据保护	0000	［00000］的含义为可以清除以前设置的用户密码，并使密码保护功能无效
2	P00.18	数据初始化	1	［1］的含义为将参数恢复到出厂设定值
3	P00.01	运行指令通道	1	［1］的含义为端子运行启停指令通道：即通过外部［S］端子进行正转、反转运行命令的设置（“LOCAL/REMOT”闪烁）
4	P00.03	最大输出频率	50Hz	设定范围 P00.04～400.0Hz

续表

序号	参数	名称	设定值	设定值含义说明
5	P00.11	加速时间 1	2s	加速时间是指变频器从 0Hz 加速到最大输出频率（P00.03）所需的时间
6	P00.12	减速时间 1	2s	减速时间是指变频器从最大输出频率（P00.03）减速到 0Hz 所需的时间
7	P01.00	启动频率	0.5Hz	启动时的初始频率设定范围 0.0～50.0Hz
8	P01.15	停止频率	0.5Hz	设定范围 0.0～100.00Hz
9	P05.01	S1 端子功能	1	［1］的含义为将［S1］端子设置为正转运行功能
10	P06.03	RO1A、RO1B、RO1C 继电器 RO1 输出选择	5	［5］的含义为变频器检测到故障后动作： ［R01C］是公共端，［R01A］是动合触点，［R01B］是动断触点，当变频器检测到有故障或异常时［R01A-R01C］闭合、［R01B-R01C］断开，变频器停止运行

三、梯形图动作详解

闭合总电源开关 QS，闭合 PLC 电源开关 QF1 输入 PLC 程序，闭合变频器电源开关 QF2 输入变频器参数。

1. 启动过程：

（1）常用位置。将转换开关 SA（X003）转至常用位置，梯形图回路中⑤→⑥号线间 X003 触点接通，按下启动按钮 SB1（X000），梯形图回路中①→②号线间的 X000 触点闭合，回路经①→②→③→④→⓪号线闭合，输出继电器 Y000 得电输出给变频器端子 S1 信号，变频器得到启动命令后运行，辅助继电器 M0“得电”回路经①→⑤→⑥→⑦→⓪闭合，输出继电器 Y004 得电后交流接触器 KM1 线圈接通，主触头闭合，回路中①→②号线间 M0 动合触点接通自锁，电动机 M1 连续运行。

同时回路中⑧→⑨号线间的 Y004 触点断开 M2 电动机回路实现联锁。

（2）备用位置。将转换开关 SA（X004）转至备用位置，梯形图回路中⑤→⑧号线间 X004 触点接通，按下启动按钮 SB1（X000），梯形图回路中①→②号线间的 X000 闭合，回路经①→②→③→④→⓪号线闭合，输出继电器 Y000 得电输出给变频器端子 S1 信号，变频器得到启动命令后运行，辅助继电器 M0“得电”回路经①→⑤→⑧→⑨→⓪闭合，输出继电器 Y005 得电后交流接触器 KM2 线圈接通，主触头闭合，回路中①→②号线间 M0 动合触点接通自锁，电动机 M2 连续运行。

同时回路中⑥→⑦号线间的 Y005 触点断开 M1 电动机回路实现联锁。

2. 停止过程

按下停止按钮 SB2（X001），回路②→③号线间 X001 触点断开，辅助继电器 M0 和输出继电器 Y000“失电”，同时回路中①→②、①→⑤号线间辅助继电器 M0 触点断开，外部接触器 KM1 或者 KM2 线圈失电，电动机停止运行。

3. 保护原理

当 M1 电动机或 M2 电动机在运行中发生电动机故障，需要紧急停车时，按下急停按钮 SB3 回路中③→④号线间 X002 触点断开，辅助继电器 M0 和输出继电器 Y000“失电”，外部接触器 KM1 或 KM2 线圈失电，电动机停止运行，当变频器故障报警时，RO1B—RO1C 断开，变频器停止输出。

第 87 例　PLC 控制的两台电动机工/变频转换控制电路

一、程序设计要求及 I/O 元件配置分配表

1. PLC 程序设计要求

（1）转换开关 SA 转至 1 号电动机变频位置，按下启动按钮 SB1，交流接触器 KM1 线圈得电，主触点闭合 1 号电动机变频运行。

（2）转换开关 SA 转至 2 号电动机变频位置，按下启动按钮 SB2，交流接触器 KM3 线圈得电，主触点闭合 2 号电动机变频运行。

（3）转换开关 SA 转至工频位置，按下启动按钮 SB1，交流接触器 KM2 线圈得电，主触点闭合 1 号电动机工频运行。按下启动按钮 SB2，交流接触器 KM4 线圈得电，主触点闭合 2 号电动机工频运行。

（4）工频回路与变频回路实现机械联锁。

（5）在任意时间段按下启动停止急停变频器相应动作。

（6）PLC 实际接线图中 FM1、FM2 端子均取动断触点，停止按钮 SB3、SB4、变频器继电器输出 RO1A-RO1C 选择端子均取动合触点。

（7）根据上面的控制要求，列出输入、输出分配表。

（8）根据控制要求，用 PLC 基本指令设计梯形图程序。

（9）根据控制要求，绘制 PLC 控制电路接线图。

2. 输入/输出设备及 I/O 元件配置分配表

输入/输出设备及 I/O 元件配置分配见表 87-1。

表 87-1　　输入/输出设备及 I/O 元件配置分配表

输入设备		PLC 输入继电器	输出设备		PLC 输出继电器
代号	功能		代号	功能	
SA	1 号电动机变频转换开关	X000	S1	变频器正转启动	Y000
SA	2 号电动机变频转换开关	X001	KM1	1 号电动机变频接触器	Y004
SB1	1 号电动机启动按钮	X002	KM2	1 号电动机工频接触器	Y005
SB3	1 号电动机停止按钮	X004	KM3	2 号电动机变频接触器	Y006
SB2	2 号电动机启动按钮	X003	KM4	2 号电动机工频接触器	Y007
SB4	2 号电动机停止按钮	X005			
RO1A-RO1C	变频器继电器输出	X006			
FM1	1 号电动机保护器	X007			
FM2	2 号电动机保护器	X010			

二、程序及电路设计

1. PLC 梯形图

PLC 梯形图如图 87-1 所示。

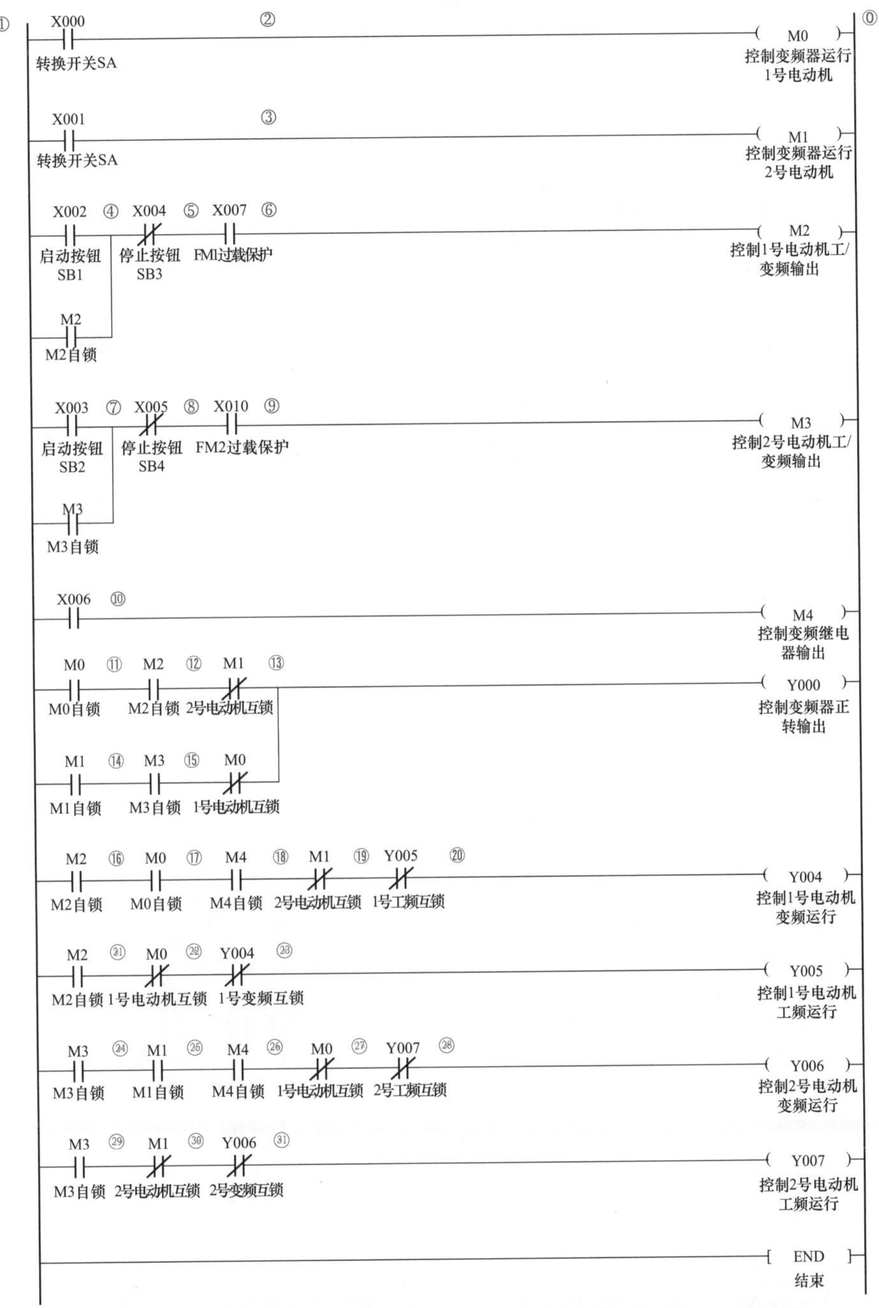

图 87-1　PLC 控制的两台电动机工/变频转换控制电路 PLC 梯形图

2. PLC 接线详图

PLC 接线图如图 87-2 所示。

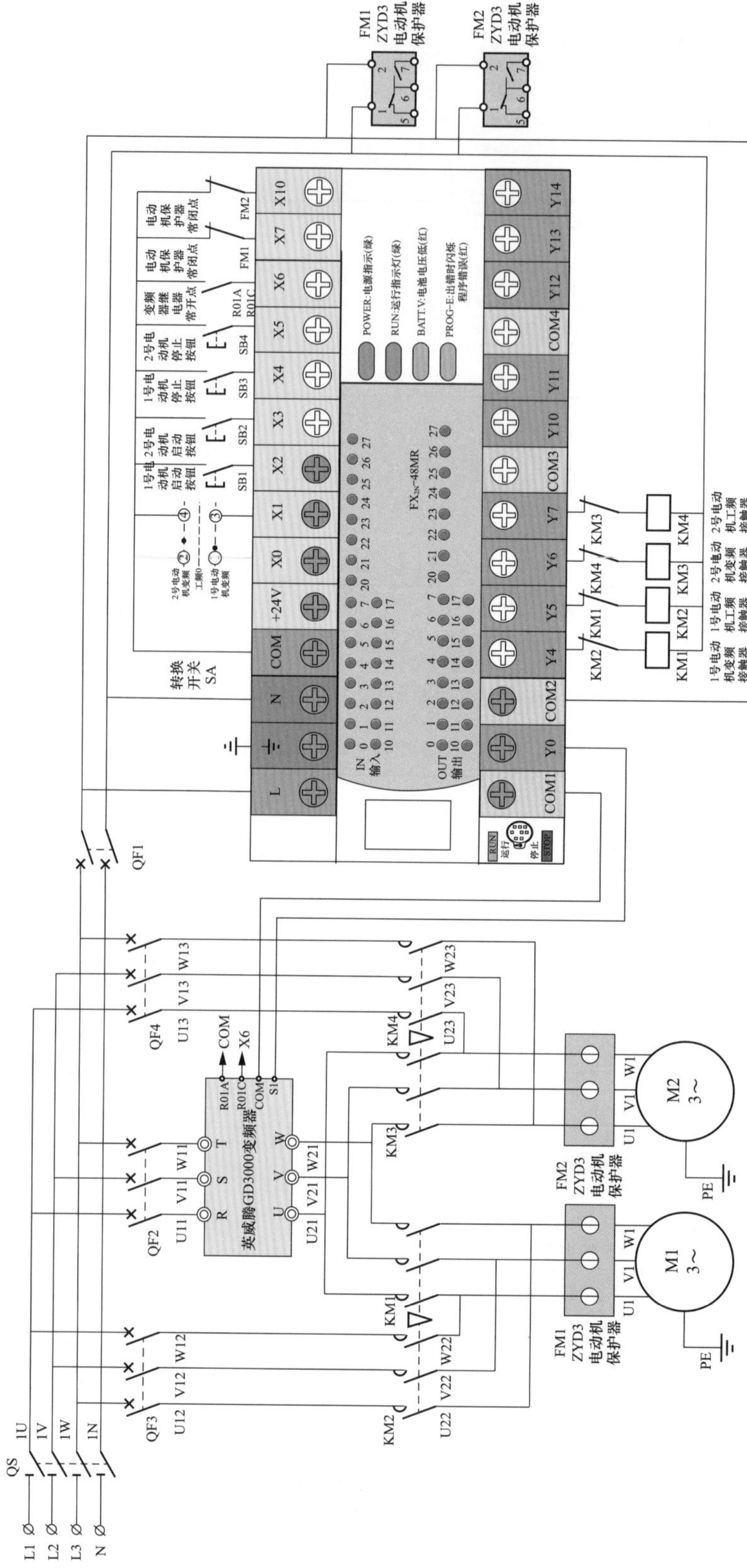

图87-2　PLC控制的两台电动机工/变频转换控制电路PLC接线图

3. 图中应用的变频器主要参数表

相关端子及参数功能含义的详解见表 87-2。

表 87-2　　变频器参数表含义说明

序号	参数	名称	设定值	设定值含义说明
1	P07-00	数据保护	0000	［00000］的含义为可以清除以前设置的用户密码，并使密码保护功能无效
2	P00.18	数据初始化	1	［1］的含义为将参数恢复到出厂设定值
3	P00.01	运行指令通道	1	［1］的含义为端子运行启停指令通道：即通过外部［S］端子进行正转、反转运行命令的设置（“LOCAL/REMOT”闪烁）
4	P00.03	最大输出频率	50Hz	设定范围 P00.04～400.0Hz
5	P00.11	加速时间 1	2s	加速时间是指变频器从 0Hz 加速到最大输出频率（P00.03）所需的时间
6	P00.12	减速时间 1	2s	减速时间是指变频器从最大输出频率（P00.03）减速到 0Hz 所需的时间
7	P01.00	启动频率	0.5Hz	启动时的初始频率设定范围 0.0～50.0Hz
8	P01.15	停止频率	0.5Hz	设定范围 0.0～100.00Hz
9	P05.01	S1 端子功能	1	［1］的含义为将［S1］端子设置为正转运行功能：
10	P06.03	RO1A、RO1B、RO1C 继电器 RO1 输出选择	1	［1］的含义为运行中 ［RO1C］是公共端，［RO1A］是动合触点，［RO1B］是动断触点，当变频器运行时［RO1A-RO1C］闭合、［RO1B-RO1C］断开，变频器运行中

三、梯形图动作详解

1. 启动过程

闭合总电源开关 QS，闭合 PLC 电源开关 QF1 输入 PLC 程序，闭合变频器电源开关 QF2 输入变频器参数，闭合工频电源开关 QF3、QF4。

（1）1 号电动机变频运行。将转换开关 SA（X000）转至 1 号电动机变频位置，梯形图回路中①→②号线间 X000 接通，辅助继电器 M0“得电”回路中①→⑪、⑯→⑰号线间的 M0 动合触点接通，同时⑮→⑬、㉑→㉒、㉖→㉗号线间的 M0 动断触点断开。按下启动按钮 SB1（X002），回路经①→④→⑤→⑥→⓪号线闭合，辅助继电器 M2“得电”同时回路中①→④、⑪→⑫、①→⑯、①→㉑号线间 M2 动合触点闭合自锁，回路经①→⑪→⑫→⑬→⓪号线闭合，输出继电器 Y000 得电输出给变频器端子 S1 信号，变频器得到启动命令后运行，回路中①→⑩号线间的 RO1A-RO1C（X006）触点闭合，回路经①→⑩→⓪号线闭合，辅助继电器 M4“得电”，梯形图回路中⑰→⑱、㉕→㉖号线间的 M4 动合触点闭合，回路经①→⑯→⑰→⑱→⑲→⑳→⓪号线闭合，继电器 Y004“得电”交流接触器 KM1 线圈得电，主触点闭合 1 号电动机变频运行。

同时回路中㉒→㉓号线间的 Y004 动断触点断开 1 号电动机的工频回路，与变频回路实现联锁。

（2）2号电动机变频运行将转换开关SA（X001）转至2号电动机变频位置，梯形图回路中①→③号线间X001触点闭合，辅助继电器M1“得电”回路中①→⑭、㉔→㉕号线间的辅助继电器M1动合触点闭合，同时⑫→⑬、⑱→⑲、㉙→㉚号线间的M1动断触点断开，按下启动按钮SB2（X003），回路经①→⑦→⑧→⑨→⓪号线闭合，辅助继电器M3“得电”同时回路中①→⑦、⑭→⑮、①→㉔、①→㉙号线间M3动合触点闭合，回路经①→⑭→⑮→⑬→⓪号线闭合，输出继电器Y000得电输出给变频器端子S1信号，变频器得到启动命令后运行，回路中①→⑩号线间的RO1A-RO1C（X006）触点闭合，回路经①→⑩→⓪号线闭合，辅助继电器M4“得电”梯形图回路中⑰→⑱、㉕→㉖号线间的M4动合触点闭合，回路经①→㉔→㉕→㉖→㉗→㉘→⓪号线闭合，继电器Y006“得电”交流接触器KM3线圈得电，主触点闭合2号电动机变频运行。

同时回路中㉚→㉛号线间的Y006动断触点断开2号电动机的工频回路，与变频回路实现联锁。

（3）1号电动机工频运行。将转换开关SA转至工频位置，辅助继电器M0、M1处于断电状态，梯形图回路中辅助继电器M0、M1的动合触点断开，动断触点复位。按下启动按钮SB1（X002），回路经①→④→⑤→⑥→⓪号线闭合，辅助继电器M2“得电”同时回路中①→④、⑪→⑫、①→⑯、①→㉑号线间辅助继电器M2动合触点闭合自锁，回路经①→㉑→㉒→㉓→⓪号线闭合，继电器Y005“得电”交流接触器KM2线圈得电，主触点闭合1号电动机工频运行。

同时回路中⑲→⑳号线间的Y005动断触点断开1号电动机的变频回路，与工频回路实现联锁。

（4）2号电动机工频运行。按下启动按钮SB2（X003），回路经①→⑦→⑧→⑨→⓪号线闭合，辅助继电器M3“得电”同时回路中①→⑦、⑭→⑮、①→㉔、①→㉙号线间M3动合触点闭合自锁，回路经①→㉙→㉚→㉛→⓪号线闭合，继电器Y007“得电”交流接触器KM4线圈得电，主触点闭合2号电动机工频运行。

同时回路中㉗→㉘号线间的Y007动断触点断开2号电动机的变频回路，与工频回路实现联锁。

2. 停止过程

在工频或变频运行状态下，按下停止按钮SB3（X004），辅助继电器M2“失电”，同时回路中所有M2的动合触点断开，PLC输出继电器Y004、Y005“失电”接触器KM1或KM2线圈失电，1号电动机停止运行，按下停止按钮SB4（X005），辅助继电器M3“失电”，同时回路中所有M3的动合触点断开，PLC输出继电器Y006、Y007“失电”接触器KM3或KM4线圈失电，2号电动机停止运行。

3. 保护原理

当1号电动机或2号电动机在运行中发生电动机断相、过载、堵转、三相不平衡等故障，电动机保护器动断触点FM1（X007）、FM2（X010）（电动机M过载保护）断开，输入继电器X007、X010信号指示灯熄灭，输出继电器Y005或Y007回路断开，外部接触器KM2或KM4线圈失电，电动机停止运行。

第 88 例　PLC 控制变频器实现变频补水超压泄水控制电路

一、程序设计要求及 I/O 元件配置分配表

1. PLC 程序设计要求

(1) 按下启动按钮 SB1，交流接触器 KM 线圈得电，主触点闭合电动机变频运行实现补水，运行指示灯亮，当压力低于下限时，交流接触器 KM 线圈得电，电动机变频运行实现补水。

(2) 当压力达到上限时，电磁阀得电开启，进行泄压。

(3) 当测量压力低于上限时，电磁阀关闭，泄压结束。

(4) PLC 实际接线图中急停按钮 SB3 取动断触点，其余均取动合触点。

(5) 根据上面的控制要求，列出输入、输出分配表。

(6) 根据控制要求，用 PLC 基本指令设计梯形图程序。

(7) 根据控制要求，绘制 PLC 控制电路接线图。

2. 输入/输出设备及 I/O 元件配置分配表

输入/输出设备及 I/O 元件配置分配见表 88-1。

表 88-1　输入/输出设备及 I/O 元件配置分配表

输入设备		PLC 输入继电器	输出设备		PLC 输出继电器
代号	功能		代号	功能	
SB1	启动按钮	X000	S1	变频器正转启动	Y000
SB2	停止按钮	X001	KM	电动机接触器	Y004
SB3	急停按钮	X002	HR1	运行指示	Y005
L	压力表下限	X003	HR2	停止指示	Y006
H	压力表上限	X004	YV	电磁阀	Y007
RO1A-RO1C	变频器继电器输出	X005			

二、程序及电路设计

1. PLC 梯形图

PLC 梯形图如图 88-1 所示。

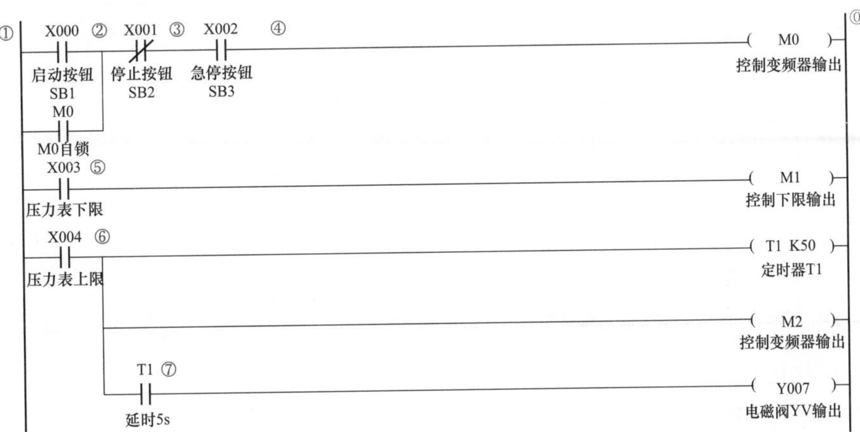

图 88-1　PLC 控制变频器实现变频补水超压泄水控制电路 PLC 梯形图

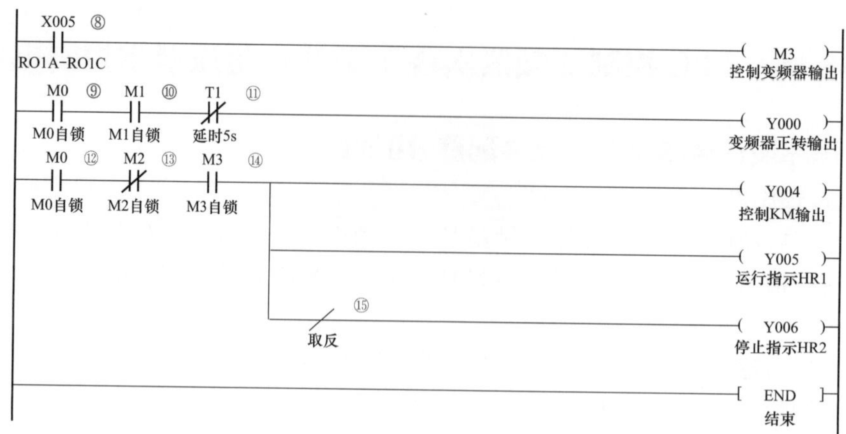

图 88-1　PLC 控制变频器实现变频补水超压泄水控制电路 PLC 梯形图（续）

2. 图中应用的变频器主要参数表

相关端子及参数功能含义的详解见表 88-2。

表 88-2　变频器参数表含义说明

序号	参数	名称	设定值	设定值含义说明
1	P07-00	数据保护	0000	［00000］的含义为可以清除以前设置的用户密码，并使密码保护功能无效
2	P00.18	数据初始化	1	［1］的含义为将参数恢复到出厂设定值
3	P00.01	频率设定 1	1	［1］的含义为端子运行启停指令通道：即通过外部［S］端子进行正转、反转运行命令的设置（“LOCAL/REMOT”闪烁）
4	P05.01	S1 端子功能	1	［1］的含义为将［S1］端子设置为正转运行功能
5	P00.03	最大输出频率	50Hz	设定范围 P00.04～400.0Hz
6	P00.11	加速时间 1	2s	加速时间是指变频器从 0Hz 加速到最大输出频率（P00.03）所需的时间
7	P00.12	减速时间 1	2s	减速时间是指变频器从最大输出频率（P00.03）减速到 0Hz 所需的时间
8	P01.00	启动频率	0.5Hz	启动时的初始频率设定范围 0.0～50.0Hz
9	P01.15	停止频率	0.5Hz	设定范围 0.0～100.00Hz
10	P06.03	RO1A、RO1B、RO1C 继电器 RO1 输出选择	1	［1］的含义为运行中 ［RO1C］是公共端，［RO1A］是动合触点，［RO1B］是动断触点，当变频器运行时［RO1A-RO1C］闭合、［RO1B-RO1C］断开，变频器运行中

3. PLC 接线详图

PLC 接线图如图 88-2 所示。

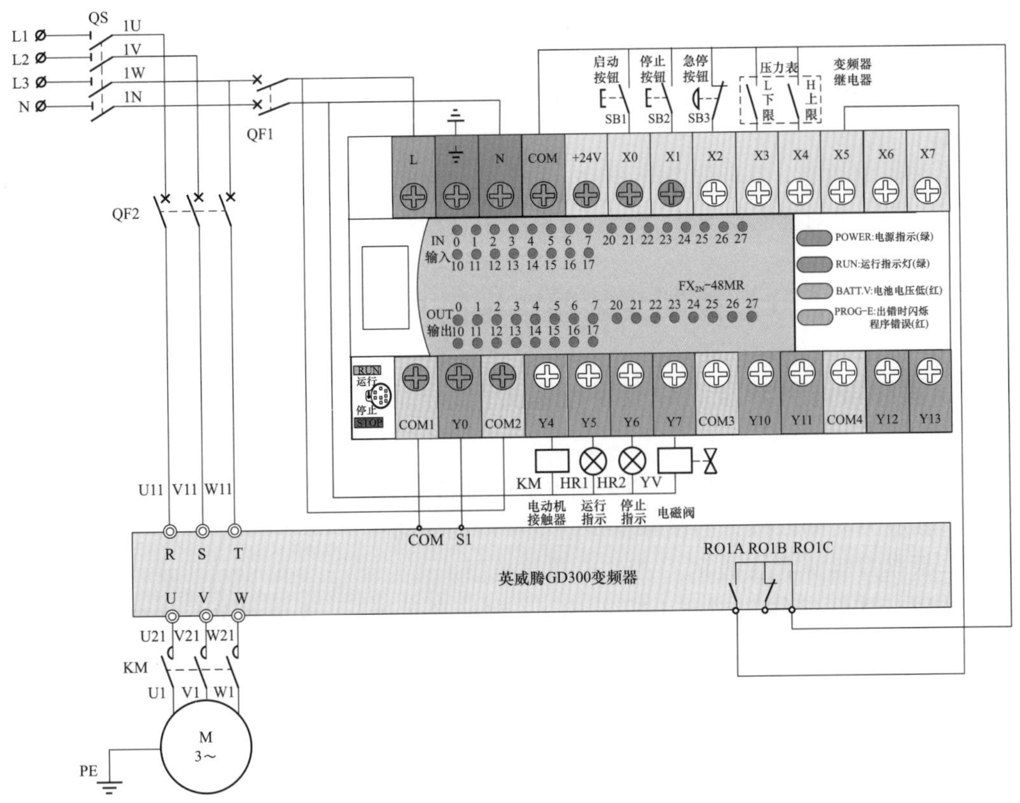

图 88-2 PLC 控制变频器实现变频补水超压泄水控制电路 PLC 接线图

三、梯形图动作详解

1. 启动过程

闭合总电源开关 QS，闭合 PLC 电源开关 QF1 输入 PLC 程序，闭合变频器电源开关 QF2 输入变频器参数。

（1）压力低于下限。按下启动按钮 SB1（X000），梯形图回路中①→②号线的 X000 触点闭合，回路经①→②→③→④→⓪号线闭合，辅助继电器 M0“得电”回路中①→②、①→⑨、①→⑫号线间的 M0 动合触点闭合，当压力低于下限时，回路中①→⑤号线间的 X003 触点接通，回路经①→⑤→⓪闭合，M1“得电”，回路经①→⑨→⑩→⑪→⓪号线闭合 Y000 得电，变频器的 RO1A-RO1C（X005）接点闭合，辅助继电器 M3 输出，回路中⑬→⑭号线间的辅助继电器 M3 动断触点闭合，回路经①→⑫→⑬→⑭→⓪闭合，输出继电器 Y004、Y005“得电”交流接触器 KM 线圈得电，主触点闭合电动机变频运行实现补水，运行指示灯亮。

（2）压力达到上限。当压力达到上限时，回路中①→⑥号线间的 X004 闭合，回路经①→⑥→⓪闭合，定时器 T1 启动，辅助继电器 M2 得电”梯形图回路中⑫→⑬号线断开，电动机停止运行，运行指示灯熄灭，停止指示灯亮。延时 5s 后，梯形图回路中⑩→⑪号线断开，Y000 停止输出，输出继电器 Y007“得电”，电磁阀得电开启，进行泄压。当测量压力低于上限时，电磁阀关闭，泄压结束。

2. 停止过程

按下停止按钮 SB2（X001），梯形图回路中②→③号线的 X001 断开 M0 辅助继电器“失电”系统中各回路断开，系统停止运行。

3. 保护原理

当系统出现故障，需要紧急停车时，按下急停按钮 SB3（X002）回路中③→④号线间 X002 断开，辅助继电器 M0“失电”，系统中各回路断开，系统停止运行。

第 89 例　PLC 控制变频器实现污水站自动排水控制电路

一、程序设计要求及 I/O 元件配置分配表

1. PLC 程序设计要求

（1）根据 PLC 程序控制变频器实现污水站自动排水控制。

（2）在任意时间段按下启动停止按钮变频器相应动作。

（3）根据控制要求绘制 PLC 控制电路接线图。

（4）PLC 实际接线图中停止按钮 SB2、转换开关 SA、液位开关、继电器 RO1A、RO1C 输出选择端子均取动合触点。

（5）根据上面的控制要求，列出输入、输出分配表。

（6）根据控制要求，用 PLC 基本指令设计梯形图程序。

（7）模拟量输出模块使用 FX_{2N}-2DA。

2. 输入/输出设备及 I/O 元件配置分配表

输入/输出设备及 I/O 元件配置分配见表 89-1。

表 89-1　　输入/输出设备及 I/O 元件配置分配表

输入设备		PLC 输入继电器	输出设备		PLC 输出继电器
代号	功能		代号	功能	
SB1	启动按钮	X000	S1	变频器正转启动	Y000
SB2	停止按钮	X001	KM	电动机接触器	Y004
SA	手动开关	X002	HR	超高液位报警灯	Y005
RO1A-RO1C	变频器输出继电器	X003	AI1	模拟量信号输出	CH1（OUT）
SL	液位开关 1 低水位	X004			
	液位开关 2 中水位	X005			
	液位开关 3 高水位	X006			
	液位开关 4 预警水位	X007			

二、程序及电路设计

1. PLC 梯形图

PLC 梯形图如图 89-1 所示。

2. PLC 接线详图

PLC 接线图如图 89-2 所示。

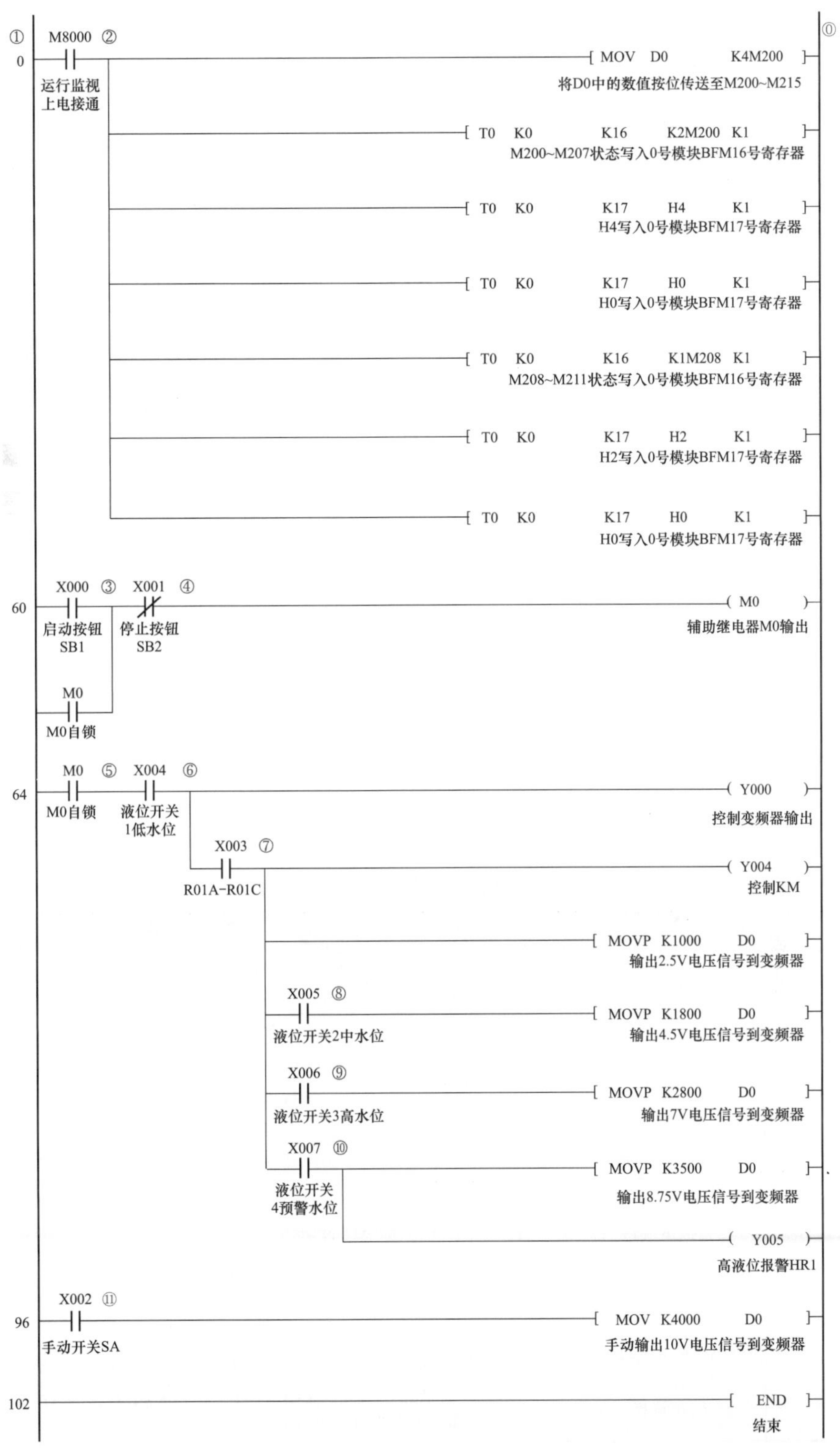

图 89-1　PLC 控制变频器实现污水站自动排水控制电路 PLC 梯形图

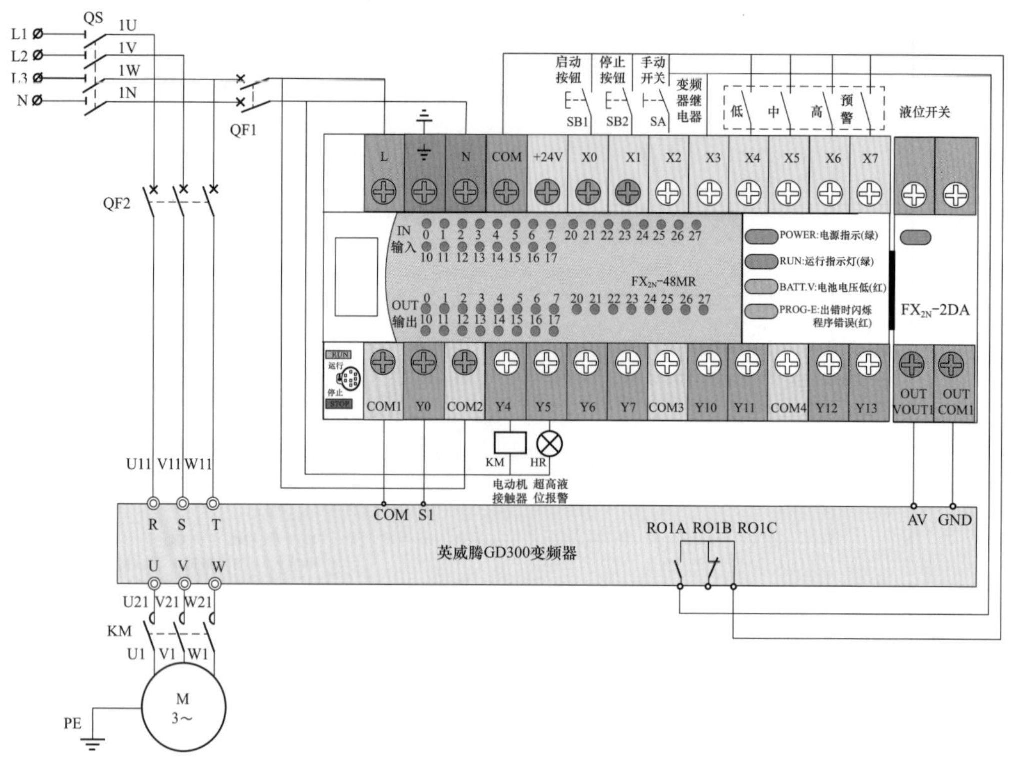

图 89-2　PLC 控制变频器实现污水站自动排水控制电路 PLC 接线图

3. 图中应用的变频器主要参数表

相关端子及参数功能含义的详解见表 89-2。

表 89-2　　变频器参数表含义说明

序号	参数	名称	设定值	设定值含义说明
1	P07-00	数据保护	0000	［00000］的含义为可以清除以前设置的用户密码，并使密码保护功能无效
2	P00.18	数据初始化	1	［1］的含义为将参数恢复到出厂设定值
3	P00.01	频率设定 1	1	［1］的含义为端子运行启停指令通道：即通过外部［S］端子进行正转、反转运行命令的设置（“LOCAL/REMOT”闪烁）
4	P05.01	S1 端子功能	1	［1］的含义为将［S1］端子设置为正转运行功能
5	P00.03	最大输出频率	50Hz	设定范围 P00.04～400.0Hz
6	P00.06	模拟量端口	1	模拟量 AI1 设定
7	P01.00	启动频率	0.5Hz	启动时的初始频率设定范围 0.0～50.0Hz
8	P01.15	停止频率	0.5Hz	设定范围 0.0～100.00Hz
9	P06.03	RO1A、RO1B、RO1C 继电器 RO1 输出选择	1	［1］的含义为运行中 ［RO1C］是公共端，［RO1A］是动合触点，［RO1B］是动断触点，当变频器运行时［RO1A-RO1C］闭合、［RO1B-RO1C］断开，变频器运行中

三、梯形图动作详解

闭合总电源开关 QS，变频器上电开关 QF2，闭合 PLC 输入控制电源开关 QF1，输入 PLC 程序。

PLC 初始化完成后，M8000 动合触点接通，回路经①→②→⓪号线闭合，将 D0 寄存器中的数值按位传送给辅助继电器 M200～M215，模块通道 1（CH1）执行模拟量输出的 D/A 转换（BFM 寄存器信息及功能详见技术手册）。

1. 启动过程

按下启动按钮 SB1（X000）回路经①→③→④→⓪号线闭合，辅助继电器 M0 自保持系统启动；液位高于警戒位置时液位浮球开关 1 低水位（X004）触点闭合，回路①→⑤→⑥→⓪闭合 Y000“得电”，接通变频器 COM 端子和正转 S1 端子。

（1）低水位。同时变频器自检开始，自检结束后，变频器输出继电器 RO1A-RO1C（X003）触点闭合，回路①→⑤→⑥→⑦→⓪号线闭合 Y004“得电”，变频器外部接触器 KM 闭合，电动机运行，同时⑦→⓪间将十进制数 1000 传送到寄存器 D0 中，模拟量输出模块 FX_{2N}-2DA 输出 2.5V 电压到变频器模拟量输入端子，电动机以 12.5Hz 运行。

（2）中水位。液位到达浮球开关 2 中水位（X005）接通，回路①→⑤→⑥→⑦→⑧→⓪号线闭合，将十进制数 1800 传送到寄存器 D0 中，模拟量输出模块 FX_{2N}-2DA 输出 4.5V 电压到变频器模拟量输入端子，电动机以 22.5Hz 运行。

（3）高水位。液位到达浮球开关 3 高水位（X006）触点闭合，回路①→⑤→⑥→⑦→⑨→⓪号线闭合，将十进制数 2800 传送到寄存器 D0 中，模拟量输出模块 FX_{2N}-2DA 输出 7.0V 电压到变频器模拟量输入端子，电动机以 35Hz 运行。

（4）预警水位。液位到达浮球开关 4 预警水位（X007）触点闭合，回路①→⑤→⑥→⑦→⑩→⓪号线闭合，将十进制数 3500 传送到寄存器 D0 中，模拟量输出模块 FX_{2N}-2DA 输出 8.75V 电压到变频器模拟量输入端子，Y005“得电”外部报警灯亮；电动机以 44Hz 运行手动开关 SA（X002）触点闭合，回路①→⑪→⓪号线闭合，将十进制数 4000 传送到寄存器 D0 中，模拟量输出模块 FX_{2N}-2DA 输出 10V 电压到变频器模拟量输入端子，电动机以 50Hz 运行。

2. 停止过程

按下停止按钮 SB2（X001），梯形图回路中③→④号线间的 X001 触点断开，辅助继电器 M0“失电”，输出继电器 Y000“失电”，变频器外接端子 FWD 与 COM 间断开，变频器按照减速时间 1［P00.12＝2s］，减速至停止频率［P01.15＝0.5Hz］后，变频器输出继电器 RO1A-RO1C（X003）断开，Y004 失电接触器 KM 断开，电动机停止运行。

3. 保护原理

当变频器检测到自身或者电动机故障时，变频器停止输出同时变频器输出端子 RO1A-RO1C（X003）断开，PLC 输入继电器 X3 信号指示灯熄灭，输出继电器 Y004 回路断开，外部接触器 KM 线圈失电，电动机停止运行。

第 90 例　利用 PID 控制功能实现变频器控制液位

一、程序设计要求及 I/O 元件配置分配表

1. PLC 程序设计要求

（1）根据现场回馈信号进行 PID 运算控制。

（2）在任意时间段按下停止按钮变频器停止相应动作。

（3）模拟量输出模块使用 FX_{2N}-2DA 安装到 0 号位置，输入模块使用 FX_{2N}-4AD 安装到 1 号位置。

（4）根据控制要求绘制 PLC 控制电路接线图。

（5）PLC 实际接线图中停止按钮 SB2、继电器 RO1A-RO2C 输出选择端子均取动合触点。

（6）根据上面的控制要求，列出输入、输出分配表。

（7）根据控制要求，用 PLC 基本指令设计梯形图程序。

2. 输入/输出设备及 I/O 元件配置分配表

输入/输出设备及 I/O 元件配置分配见表 90-1。

表 90-1　输入/输出设备及 I/O 元件配置分配表

输入设备		PLC 输入继电器	输出设备		PLC 输出继电器
代号	功能		代号	功能	
SB1	启动按钮	X000	S1	变频器正转启动	Y000
SB2	停止按钮	X001	HR	模块错误报警灯	Y004
RO1A-RO1C	变频器继电器输出	X002	KM	电动机接触器	Y005
LT1	液位传感器	CH1（IN）	AI1	模拟量信号输出	CH1（OUT）

二、程序及电路设计

1. PLC 梯形图

PLC 梯形图如图 90-1 所示。

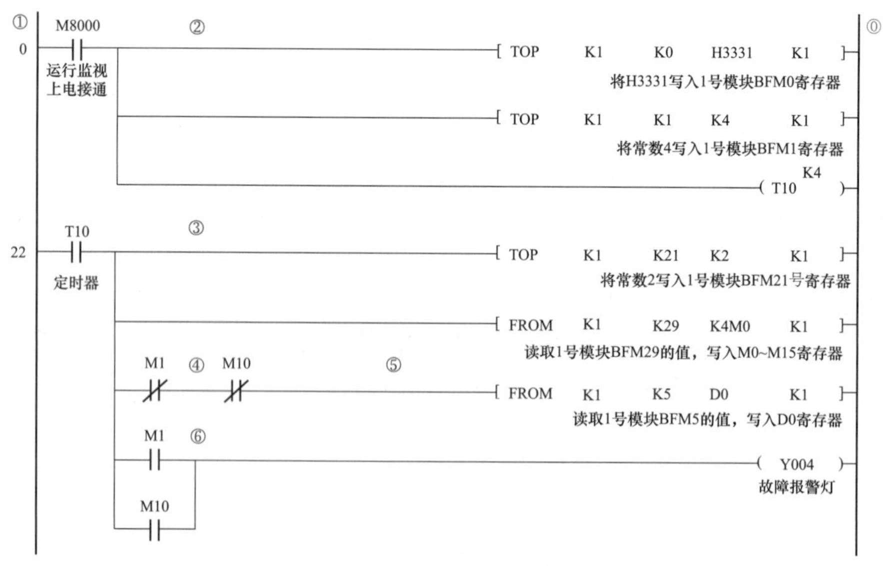

图 90-1　利用 PID 控制功能实现变频器控制液位 PLC 梯形图

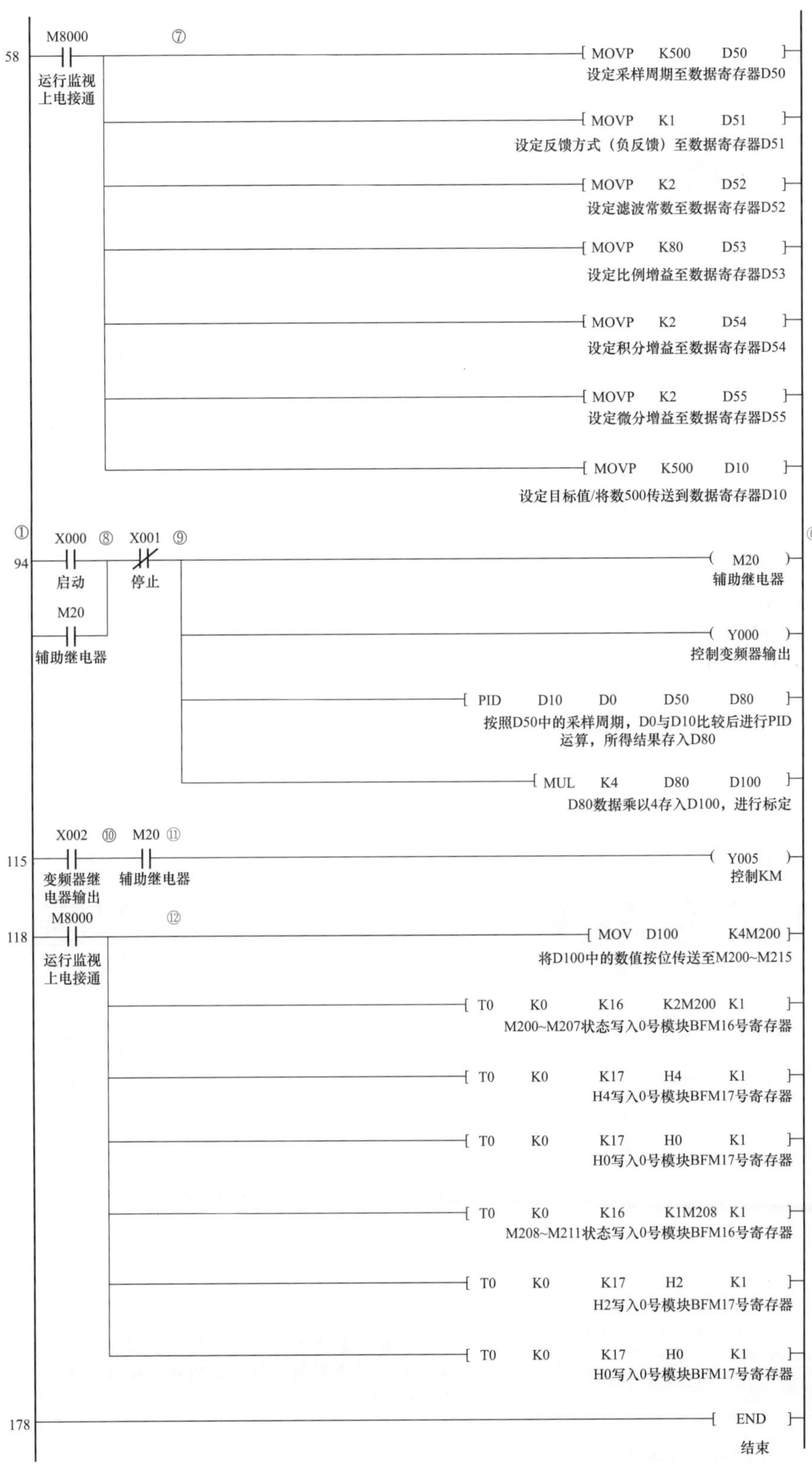

图 90-1 利用 PID 控制功能实现变频器控制液位 PLC 梯形图（续）

2. PLC 接线详图

PLC 接线图如图 90-2 所示。

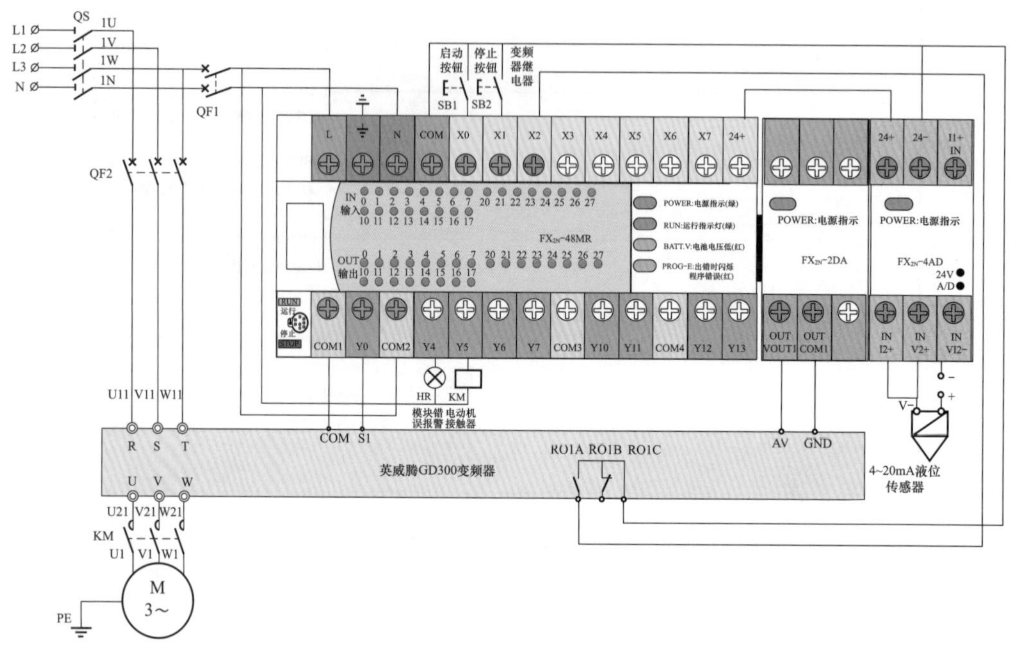

图 90-2 利用 PID 控制功能实现变频器控制液位 PLC 接线图

3. 图中应用的变频器主要参数表

相关端子及参数功能含义的详解见表 90-2。

表 90-2 变频器参数表含义说明

序号	参数	名称	设定值	设定值含义说明
1	P07-00	数据保护	0000	[00000] 的含义为可以清除以前设置的用户密码，并使密码保护功能无效
2	P00.18	数据初始化	1	[1] 的含义为将参数恢复到出厂设定值
3	P00.01	频率设定 1	1	[1] 的含义为端子运行启停指令通道：即通过外部 [S] 端子进行正转、反转运行命令的设置（"LOCAL/REMOT" 闪烁）
4	P05.01	S1 端子功能	1	[1] 的含义为将 [S1] 端子设置为正转运行功能
5	P00.03	最大输出频率	50Hz	设定范围 P00.04～400.0Hz
6	P00.06	模拟量端口	1	设定模拟量通道使用 AI1
7	P01.00	启动频率	0.5Hz	启动时的初始频率设定范围 0.0～50.0Hz
8	P01.15	停止频率	0.5Hz	设定范围 0.0～100.00Hz
9	P06.03	RO1A、RO1B、RO1C 继电器 RO1 输出选择	1	[1] 的含义为运行中 [RO1C] 是公共端，[RO1A] 是动合触点，[RO1B] 是动断触点，当变频器运行时 [RO1A-RO1C] 闭合、[RO1B-RO1C] 断开，变频器运行中

三、梯形图动作详解

闭合总电源开关 QS，变频器上电开关 QF2，闭合 PLC 输入控制电源开关 QF1。

1. 启动过程

PLC 初始化完成后，M8000 动合触点接通，梯形图回路经①→②→⓪号线闭合，1 号位置模拟量输入模块设定通道 1（CH1）为电流信号输入，设定采样次数，并计时 0.4s（T10）。

0.4s 后①→③号线间触点 T10 闭合，回路径①→③→④→⑤→⓪号线闭合，1 号位置模拟量输入模块把通道 1（CH1）的电流值转换为数字量并存入 D0 寄存器。

M8000 闭合，①→⑦→⓪闭合，PID 运算初始化，采样周期存储到 D50 寄存器、反馈方式为负反馈存储到 D51 寄存器、滤波常数存储到 D52 寄存器、比例增益存储到 D53 寄存器、积分时间存储到 D54 寄存器、微分时间存储到 D55 寄存器、目标值存储到 D10 寄存器；

2. 变频启动

按下启动按钮 SB1（X000）回路径①→⑧→⑨→⓪号线闭合，M20 得电自锁、Y000 “得电”，接通变频器 COM-S1 端子，变频器启动。同时，变频器自检结束后继电器 RO1 输出运行中指令，①→⑩间 X002 触点闭合，回路径①→⑩→⑪→⓪号线闭合 Y005 得电，变频器外接接触器 KM 闭合，电动机运行。

D0 中的反馈值与 D10 中的设定值按照 D50 中的采样时间进行 PID 运算，并把结果存储到 D80 寄存器，使用乘法指令对 D80 中的数值进行标定把结果存储到 D100 寄存器，使模拟量输入输出模块的机器数一致。

M8000 触点闭合，回路径①→⑫→⓪号线闭合，将 D100 寄存器中的数值按位传送给辅助继电器 M200～M215 执行模拟量输出转换（BFM 寄存器信息及功能详见技术手册）。

3. 停止过程

按下停止按钮 SB2（X001），梯形图回路中⑧→⑨号线间的 X001 触点断开，辅助继电器 M20“失电”输出继电器 Y000 失电，变频器外接端子 S1 与 COM 间断开，变频器按照减速时间 1［P00.12＝2s］，减速至停止频率［P01.15＝0.5Hz］后，输出继电器 RO1 断开，Y005 失电接触器 KM 断开，电动机停止运行。

4. 保护原理

当变频器检测到自身或者电动机故障时，变频器停止输出同时变频器输出端子 RO1A-RO1C 断开，PLC 输入继电器 X2 信号指示灯熄灭，输出继电器 Y005 回路断开，外部接触器 KM 线圈失电，电动机停止运行。

第 91 例　PLC 控制的变频故障转工频控制电路

一、程序设计要求及 I/O 元件配置分配表

1. PLC 程序设计要求

（1）按下启动按钮 SB1，电动机变频运行。

（2）按下停止按钮 SB2，电动机停止运行。

（3）当电动机或变频器故障时，变频器报警输出电动机工频运行。

（4）当变频器报警解除后，按下复位按钮 SB3 变频器复位。

（5）PLC 实际接线图中停止按钮 SB2、复位按钮 SB3、电动机保护器辅助触点、变

频器继电器输出 RO1A-RO1C 选择端子均取动合触点。

（6）根据上面的控制要求，列出输入、输出分配表。

（7）根据控制要求，用 PLC 基本指令设计梯形图程序。

（8）根据控制要求，绘制 PLC 控制电路接线图。

2. 输入/输出设备及 I/O 元件配置分配表

输入/输出设备及 I/O 元件配置分配见表 91-1。

表 91-1　　输入/输出设备及 I/O 元件配置分配表

输入设备		PLC 输入继电器	输出设备		PLC 输出继电器
代号	功能		代号	功能	
SB1	启动按钮	X000	S1	变频器正转启动	Y000
SB2	停止按钮	X001	KM	电动机变频接触器	Y004
SB3	变频器故障复位	X002	HR	变频器故障报警灯	Y005
FM	电动机保护器	X003	KM1	电动机工频接触器	Y006
RO1A-RO1C	变频器继电器输出	X004			
RO2A-RO2C	变频器故障输出	X005			

二、程序及电路设计

1. PLC 梯形图

PLC 梯形图如图 91-1 所示。

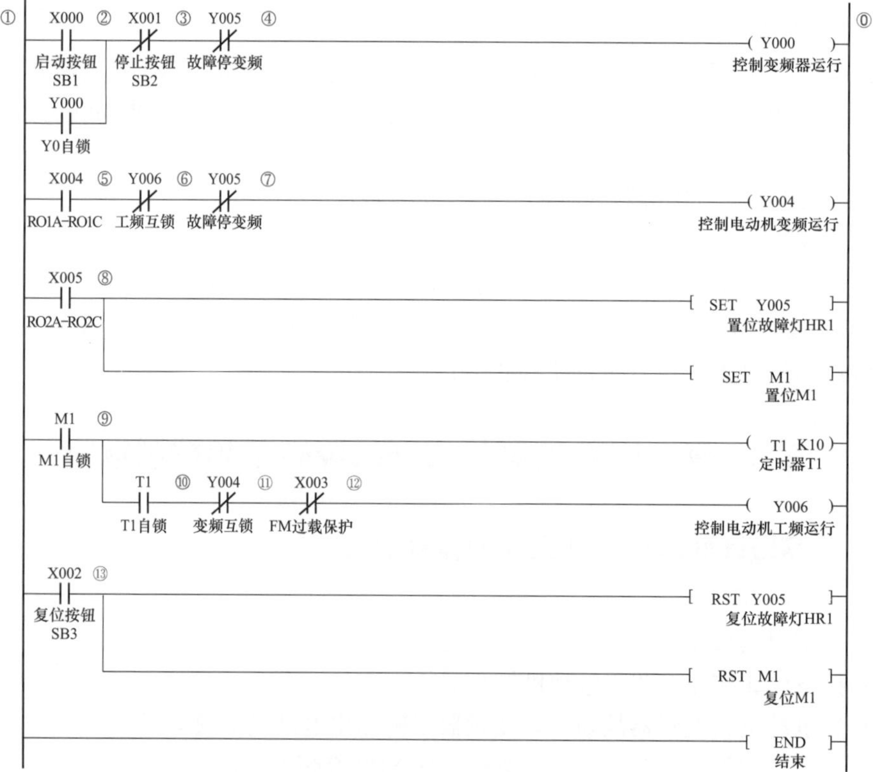

图 91-1　PLC 控制的变频故障转工频控制电路 PLC 梯形图

2. PLC 接线详图

PLC 接线图如图 91-2 所示。

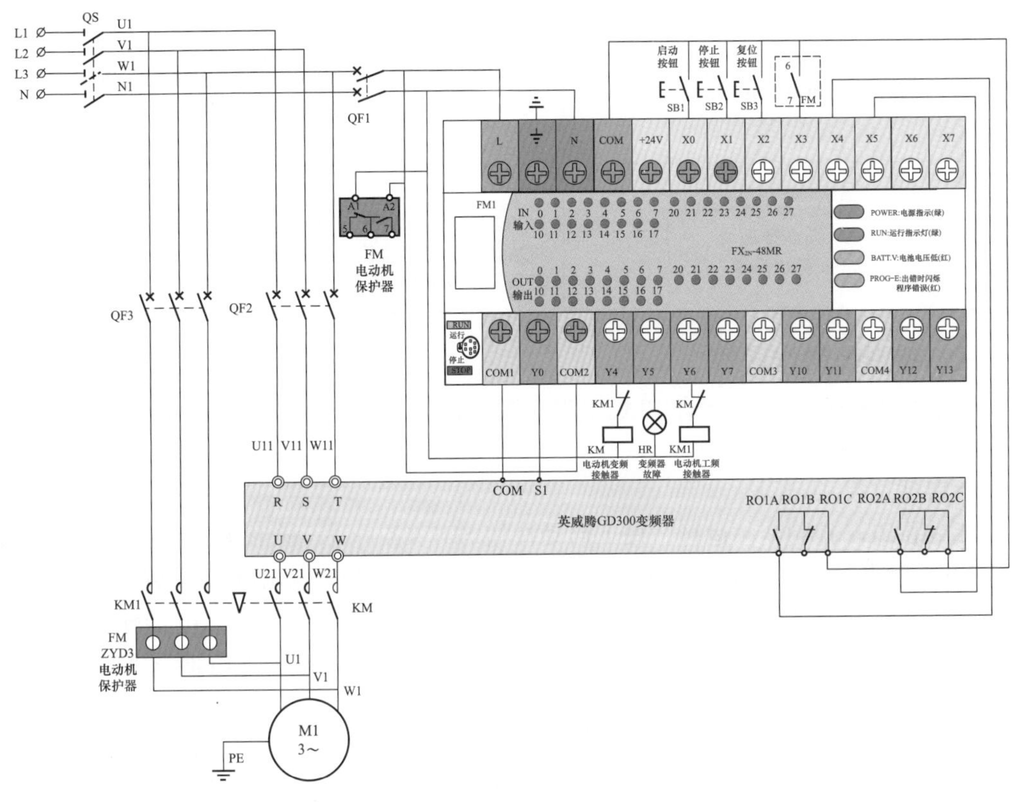

图 91-2　PLC 控制的变频故障转工频控制电路 PLC 接线图

3. 图中应用的变频器主要参数表

相关端子及参数功能含义的详解见表 91-2。

表 91-2　　变频器参数表含义说明

序号	参数	名称	设定值	设定值含义说明
1	P07-00	数据保护	0000	[00000] 的含义为可以清除以前设置的用户密码，并使密码保护功能无效
2	P00. 18	数据初始化	1	[1] 的含义为将参数恢复到出厂设定值
3	P00. 01	频率设定 1	1	[1] 的含义为端子运行启停指令通道：即通过外部 [S] 端子进行正转、反转运行命令的设置（“LOCAL/REMOT”闪烁）
4	P05. 01	S1 端子功能	1	[1] 的含义为将 [S1] 端子设置为正转运行功能
5	P00. 03	最大输出频率	50Hz	设定范围 P00. 04～400. 0Hz
6	P00. 11	加速时间 1	2s	加速时间是指变频器从 0Hz 加速到最大输出频率（P00. 03）所需的时间
7	P00. 12	减速时间 1	2s	减速时间是指变频器从最大输出频率（P00. 03）减速到 0Hz 所需的时间
8	P01. 00	启动频率	0. 5Hz	启动时的初始频率设定范围 0. 0～50. 0Hz

续表

序号	参数	名称	设定值	设定值含义说明
9	P01.15	停止频率	0.5Hz	设定范围 0.0～100.00Hz
10	P06.03	RO1A、RO1B、RO1C 继电器 RO1 输出选择	1	［1］的含义为运行中 ［RO1C］是公共端，［RO1A］是动合触点，［RO1B］是动断点，当变频器运行时［RO1A-RO1C］闭合、［RO1B-RO1C］断开，变频器运行中
11	P06.04	RO2A、RO2B、RO2C 继电器 RO2 输出选择	5	［5］的含义为变频器检测到故障后动作： ［RO2C］是公共端，［RO2A］是动合触点，［RO2B］是动断触点，当变频器检测到有故障或异常时［RO2A-RO2C］闭合、［RO2B-RO2C］断开，变频器停止运行

三、梯形图动作详解

闭合总电源开关 QS，闭合 PLC 电源开关 QF1 输入 PLC 程序，闭合变频器电源开关 QF2 输入变频器参数。

1. 启动过程

（1）用 PLC 控制变频运行。按下启动按钮 SB1（X000），梯形图回路中①→②号线间的 X000 触点接通，回路经①→②→③→④→⓪号线闭合，输出继电器 Y000 得电输出给变频器端子 S1 信号，变频器得到启动命令后运行，同时变频器继电器输出 RO1A-RO1C（X004）触点闭合回路经①→⑤→⑥→⑦→⓪闭合，输出继电器 Y004“得电”，交流接触器 KM 线圈得电，主触头闭合，电动机变频运行。变频器从启动频率［P01.00=0.5Hz］，加速时间 1［P00.11=2s］加速至给定的频率设定值，变频器控制面板运行指示灯亮，电动机运行输出。同时，回路中①→②号线间的 Y000 动合接点接通，变频器连续运行输出。

（2）故障后转工频运行。当变频器发生故障时，故障输出 RO2A-RO2C（X005）触点闭合，回路经①→⑧→⓪号线闭合置位 Y005、辅助继电器 M1，故障报警灯 HR 亮，同时回路中③→④、⑥→⑦号线间 Y005 的动断触点断开，变频回路继电器 Y000、Y004“失电”，变频运行停止，同时，回路中①→⑨号线间的 M1 动合触点接通，回路经①→⑨→⓪号线闭合，定时器 T1“得电”1s 后⑨→⑩号线间的 T1 动合触点接通，回路经①→⑨→⑩→⑪→⑫→⓪号线闭合，输出继电器 Y006 得电，回路中⑤→⑥号线间 Y006 动断触点断开，变频回路与工频回路实现联锁，KM1 线圈得电，主触点闭合电动机工频运行，故障解除后，需要按下复位按钮 SB3（X002）复位 Y005、M1，后方可重新启动。

2. 停止过程

按下停止按钮 SB2（X001），梯形图回路中②→③号线间的 X001 触点断开，输出继电器 Y000“失电”，变频器按照减速时间 1［P00.12=2s］，减速至停止频率［P01.15=0.5Hz］后，电动机停止运行。变频器控制面板运行指示灯熄灭。

3. 保护原理

当变频器故障报警或变频回路发生故障时，直接转工频运行，当故障继续存在，工频回路中电动机保护器动作，梯形图回路中⑪→⑫线间 X003（FM 过载保护）断开工频回路，障解除后，需要按下复位按钮 SB3（X002）复位 Y005 方可重新启动。

第十章

灯光、抢答器的PLC控制电路

灯光、抢答器的 PLC 控制电路用途如下：

1. 开关量

“开”和“关”是电器最基本、最典型的功能。开关量是指控制继电器的接通或断开所对应的值，即“1”和“0”。

开关量也是指非连续性信号的采集和输出，包括遥信采集和遥控输出。它有 1 和 0 两种状态，这是数字电路中的开关性质，而电力上是指电路的开和关或者说是触点的接通和断开。

PLC 开关量控制是通过内部继电器实现开关量的输出。开关量主要指开入量和开出量，是指一个装置所带的辅助点，比如变压器的温控器所带的继电器的辅助点，这些点一般都传给 PLC 或综保装置，电源一般是由 PLC 或综保装置提供的，自己本身不带电源，所以叫无源接点，也叫 PLC 或综保装置的开入量。

2. PLC 开关量特点

PLC 具有可靠性高，抗干扰能力强，体积小、能耗低等优点。PLC 中开关量的逻辑控制是最基本、最常用的应用指令。PLC 可在一些应用场所取代传统的继电器电路，实现逻辑控制、顺序控制等功能。

PLC 控制开关量的控制功能强大。所控制的输入/输出点数多，少的十几点、几十点，多的可到几百、几千，甚至几万点。由于它能联网通信，点数几乎不受限制，不管多少点都能控制。

而且控制的逻辑问题可以是多种多样的，组合的、时序的，瞬时的、延时的，不需计数的，需要计数的，固定顺序的，随机工作的等，都可进行。

3. 应用电路

本章主要介绍在复杂的彩灯、流水灯控制电路中使灯光变换具有多样化，安防报警 PLC 电路的使用，交通信号灯的控制形式。其电路可应用于以下四个方面：

(1) 灯光电路与智能家具结合通过加装子系统模块实现智能照明控制。

(2) 抢答器电路可以应用于多方条件具备，信号先达者独自开关的电路。

(3) 交通信号灯电路也可以用于多条回路导通有时间要求的电路中。

(4) 红外遥控、物位感应电路可广泛用于安防、监控要求的电路中。

PLC 开关量控制现场应用领域很多，冶金、机械、轻工、化工、纺织等，几乎所有行业都需要用到它，目前 PLC 之所以广泛应用，主要就是它能方便可靠地用于开关量的复杂控制。

第 92 例　PLC 控制的彩灯顺序控制电路

一、程序设计要求及 I/O 元件配置分配表

1. PLC 程序设计要求

(1) 按下外部启动按钮 SB1 红灯点亮，间隔 1s 后绿灯、蓝灯依次点亮。

（2）在任意时间段按下外部停止按钮SB2彩灯熄灭。

（3）根据控制要求，用PLC基本指令设计梯形图程序。

（4）根据上面控制要求列出输入、输出分配表。

（5）根据控制要求绘制PLC控制电路接线图。

2. 输入/输出设备及I/O元件配置分配表

输入/输出设备及I/O元件配置分配见表92-1。

表92-1　输入/输出设备及I/O元件配置分配表

输入设备		PLC输入继电器	输出设备		PLC输出继电器
代号	功能		代号	功能	
SB1	启动按钮	X000	KM1	红灯接触器	Y000
SB2	停止按钮	X001	KM2	绿灯接触器	Y001
			KM3	蓝灯接触器	Y002

二、程序及电路设计

1. PLC梯形图

PLC梯形图如图92-1所示。

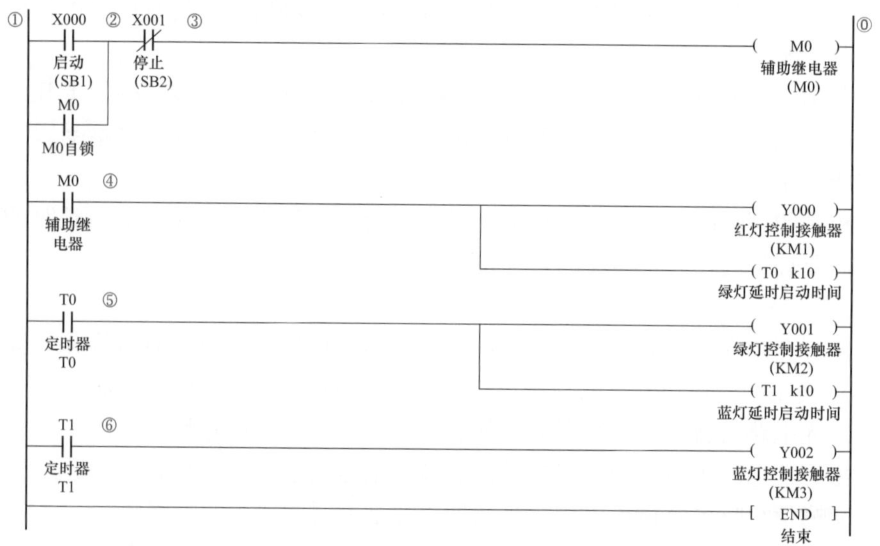

图92-1　PLC控制的彩灯顺序控制电路PLC梯形图

2. PLC接线详图

PLC接线图如图92-2所示。

三、梯形图动作详解

1. 启动过程

闭合总电源开关QS、PLC输入继电器控制电源开关QF1、PLC输出继电器控制电源开关QF2。

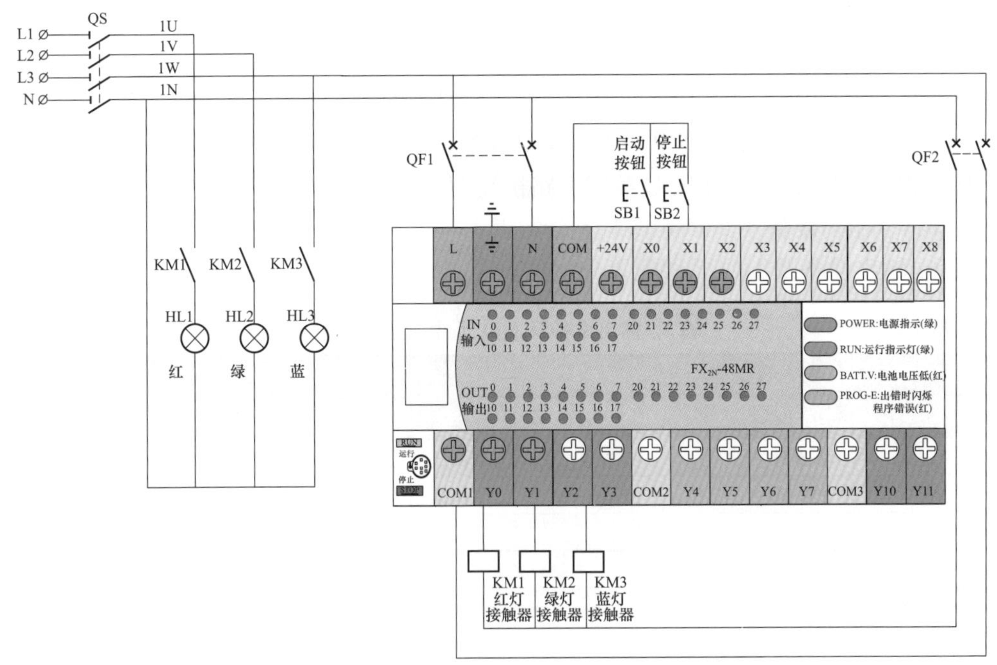

图 92-2　PLC 控制的彩灯顺序控制电路 PLC 接线图

按下启动按钮 SB1（X000），回路经①→②→③→⓪号线闭合，辅助继电器 M0“得电”，①→②间的 M0 动合触点接通实现自锁。

同时①→④间的 M0 动合触点接通，回路经①→④→⓪号线闭合，接通输出继电器 Y000，红灯接触器 KM1 线圈得电红灯点亮，同时绿灯定时器 T0 得电后延时 1s。

①→⑤间的 T0 动合触点接通，回路经①→⑤→⓪号线闭合，接通输出继电器 Y001，绿灯接触器 KM2 线圈得电绿灯点亮，同时蓝灯定时器 T1 得电后延时 1s。

①→⑥间的 T1 动合触点接通，回路经①→⑥→⓪号线闭合，接通输出继电器 Y002，蓝灯接触器 KM3 线圈得电蓝灯点亮。

2. 停止过程

按下停止按钮 SB2（X001），回路②→③断开，辅助继电器 M0 失电，输出继电器 Y001、Y002、Y003 失电，外部接触器 KM1 和 KM2、KM3 线圈失电，KM1 和 KM2、KM3 动合触点断开彩灯熄灭。

3. 保护原理

当负荷电路、控制回路发生短路、过载故障后，QF1、QF2 断开负荷电路及控制回路电源。

第 93 例　PLC 控制的彩灯循环点亮控制电路

一、程序设计要求及 I/O 元件配置分配表

1. PLC 程序设计要求

（1）按下外部启动按钮 SB1 红灯点亮，间隔 1s 后红灯灭绿灯亮，间隔 1s 后绿灯灭

蓝灯亮，间隔 1s 后蓝灯灭红灯亮，依次循环点亮。

（2）在任意时间段按下外部停止按钮 SB2 彩灯熄灭。

（3）根据控制要求，用 PLC 基本指令设计梯形图程序。

（4）根据上面控制要求列出输入、输出分配表。

（5）根据控制要求绘制 PLC 控制电路接线图。

2. 输入/输出设备及 I/O 元件配置分配表

输入/输出设备及 I/O 元件配置分配见表 93-1。

表 93-1　输入/输出设备及 I/O 元件配置分配表

输入设备		PLC输入继电器	输出设备		PLC输出继电器
代号	功能		代号	功能	
SB1	启动按钮	X000	KM1	红灯接触器	Y000
SB2	停止按钮	X001	KM2	绿灯接触器	Y001
			KM3	蓝灯接触器	Y002

二、程序及电路设计

1. PLC 梯形图

PLC 梯形图如图 93-1 所示。

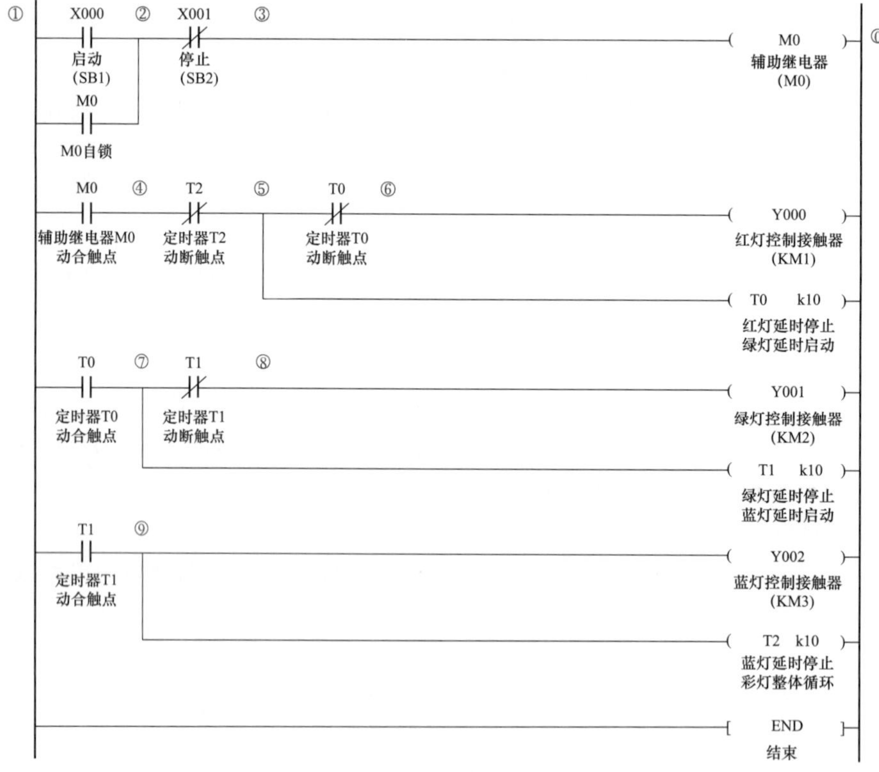

图 93-1　PLC 控制的彩灯循环点亮控制电路 PLC 梯形图

2. PLC 接线详图

PLC 接线图如图 93-2 所示。

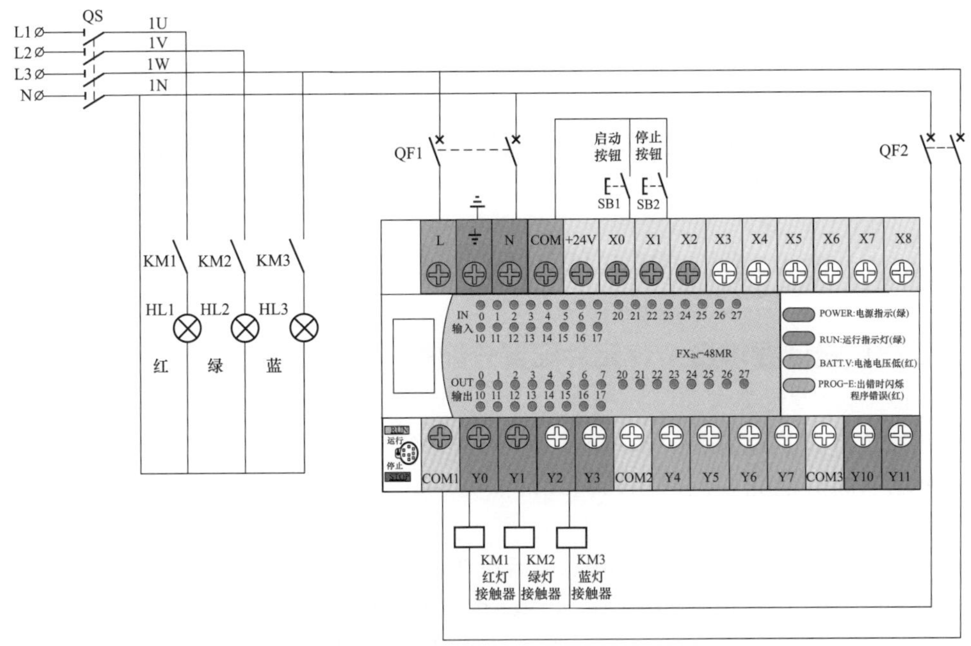

图 93-2　PLC 控制的彩灯循环点亮控制电路 PLC 接线图

三、梯形图动作详解

1. 启动过程

闭合总电源开关 QS、PLC 输入继电器控制电源开关 QF1，PLC 输出继电器控制电源开关 QF2。

按下启动按钮 SB1（X000），回路经①→②→③→⓪号线闭合，辅助继电器 M0“得电”，①→②间的 M0 动合触点接通实现自锁。

同时①→④间的 M0 动合触点接通，回路经①→④→⑤→⑥→⓪号线闭合，输出继电器 Y000“得电”，KM1 线圈得电红灯点亮，同时绿灯定时器 T0“得电”计时，1s 后⑤→⑥间的 T0 动断触点断开，输出继电器 Y000“失电”，KM1 线圈断电红灯熄灭。

同时①→⑦间的 T0 动合触点接通，回路经①→⑦→⑧→⓪号线闭合，输出继电器 Y001“得电”，KM2 线圈得电绿灯点亮，同时蓝灯定时器 T1“得电”计时，1s 后⑦→⑧间的 T1 动断触点断开，输出继电器 Y001“失电”，KM2 线圈断电绿灯熄灭。

同时①→⑨间的 T1 动合触点接通，回路经①→⑨→⓪号线闭合，输出继电器 Y002“得电”，KM3 线圈得电蓝灯点亮，同时定时器 T2“得电”计时，1s 后④→⑤间的 T2 动断触点断开，输出继电器 Y002“失电”，KM2 线圈断电蓝灯熄灭。

定时器 T2 计时 1s 后，④→⑤间的 T2 动断触点断开后复位定时器 T0～T2，④→⑤间的 T2 动断触点又接通，彩灯控制电路得电继续循环点亮。

2. 停止过程

按下停止按钮 SB2（X001），回路②→③间触点断开，辅助继电器 M0“失电”，输出继电器 Y000、Y001、Y002“失电”，外部接触器 KM1 和 KM2、KM3 线圈失电，KM1 和 KM2、KM3 动合触点断开，彩灯熄灭。

3. 保护原理

当负荷电路、控制回路发生短路、过载故障后，QF1、QF2 断开负荷电路及控制回路电源。

第 94 例　PLC 控制的交通信号灯控制电路

一、程序设计要求及 I/O 元件配置分配表

1. PLC 程序设计要求

（1）按下外部启动按钮 SB1 交通信号灯工作，按下白天工作按钮，延时工作 20s 后南北向绿灯点亮，同时东西向红灯点亮，20s 后南北向绿灯熄灭东西向红灯继续点亮。

（2）南北方向黄灯以 1s 频率闪烁 5s 后东西向红灯熄灭，当南北向红灯点亮时，东西向绿灯同时点亮工作 40s，40s 后东西向绿灯熄灭南北向红灯继续点亮。

（3）东西向黄灯以 1s 频率闪烁 5s 后程序循环工作，同时南北向红灯熄灭。

（4）按下黑天模式切换按钮，切换到黑天模式全路口黄灯闪烁。

（5）在任意时间段按下外部停止按钮 SB2 交通信号灯停止工作。

（6）根据控制要求，用 PLC 基本指令设计梯形图程序。

（7）根据上面控制要求列出输入、输出分配表。

（8）根据控制要求绘制 PLC 控制电路接线图。

2. 输入/输出设备及 I/O 元件配置分配表

输入/输出设备及 I/O 元件配置分配见表 94-1。

表 94-1　　输入/输出设备及 I/O 元件配置分配表

输入设备		PLC 输入继电器	输出设备		PLC 输出继电器
代号	功能		代号	功能	
SB1	启动按钮	X000	HL1	南北向红灯	Y000
SB2	停止按钮	X001	HL2	南北向黄灯	Y001
S	白天/黑天切换开关	X002	HL3	南北向绿灯	Y002
			HL4	东西向红灯	Y003
			HL5	东西向黄灯	Y004
			HL6	东西向绿灯	Y005

二、程序及电路设计

1. PLC 梯形图

PLC 梯形图如图 94-1 所示。

2. PLC 接线详图

PLC 接线图如图 94-2 所示。

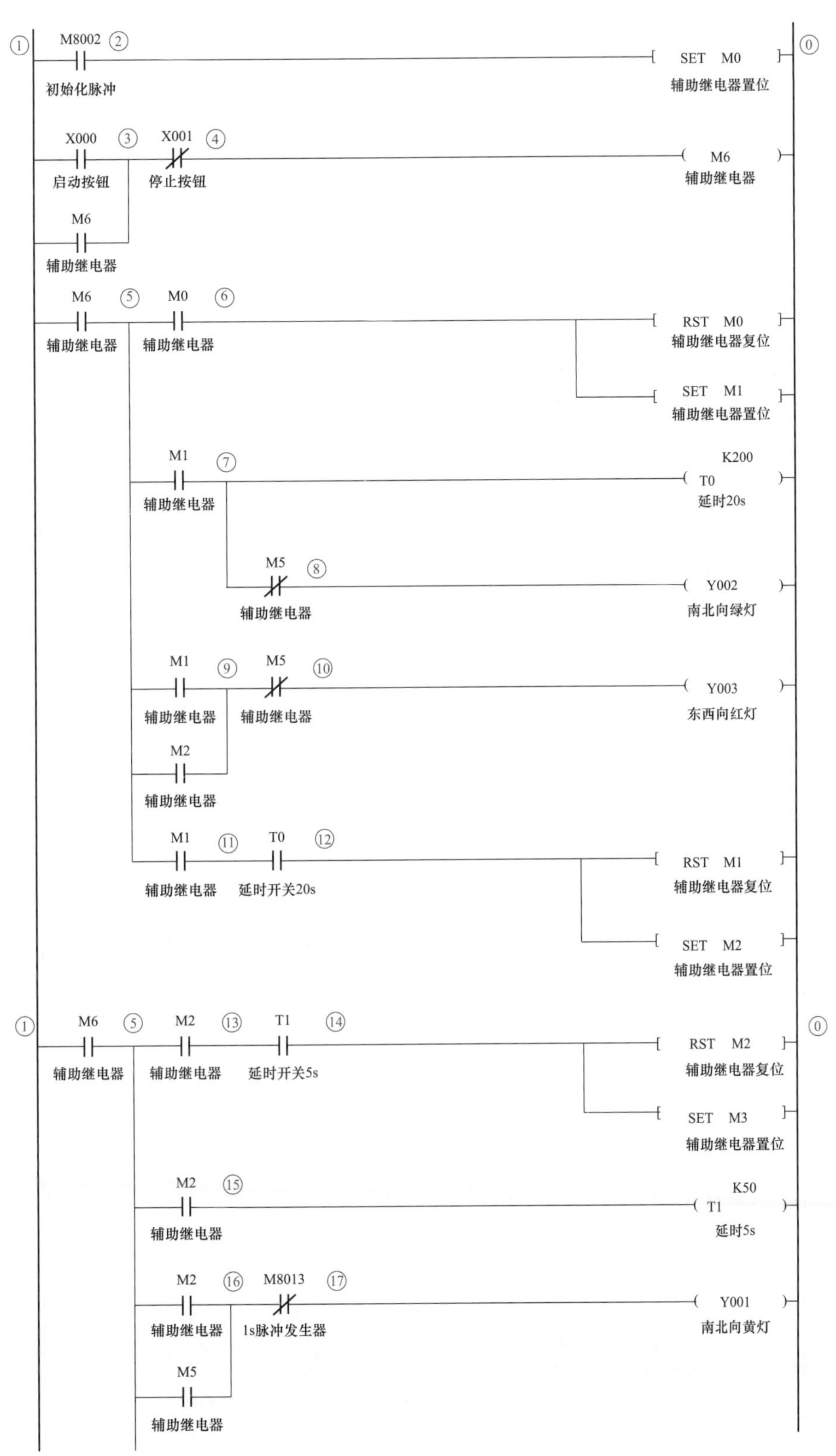

图 94-1　PLC 控制的交通信号控制电路 PLC 梯形图

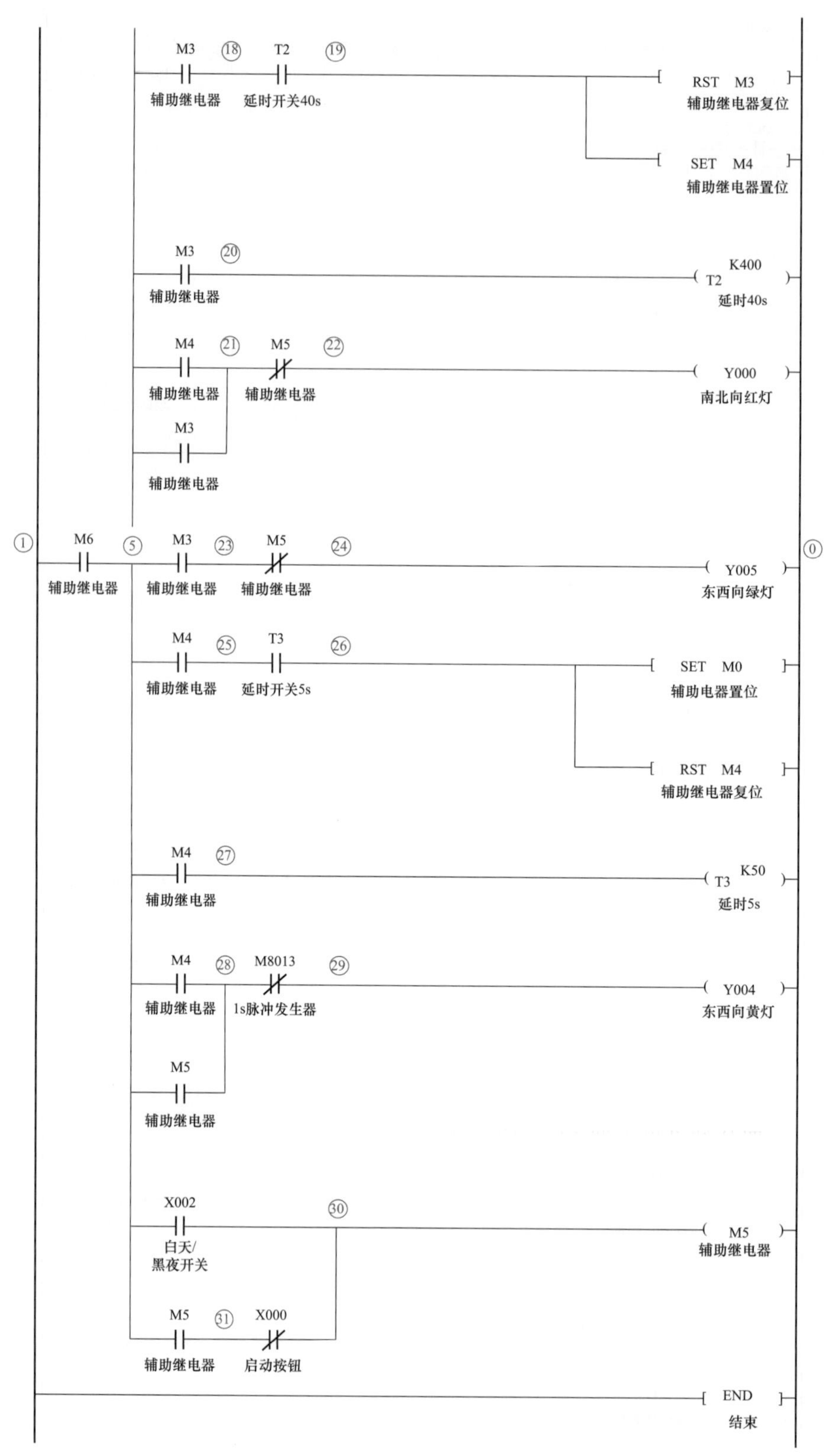

图 94-1 PLC 控制的交通信号控制电路 PLC 梯形图（续）

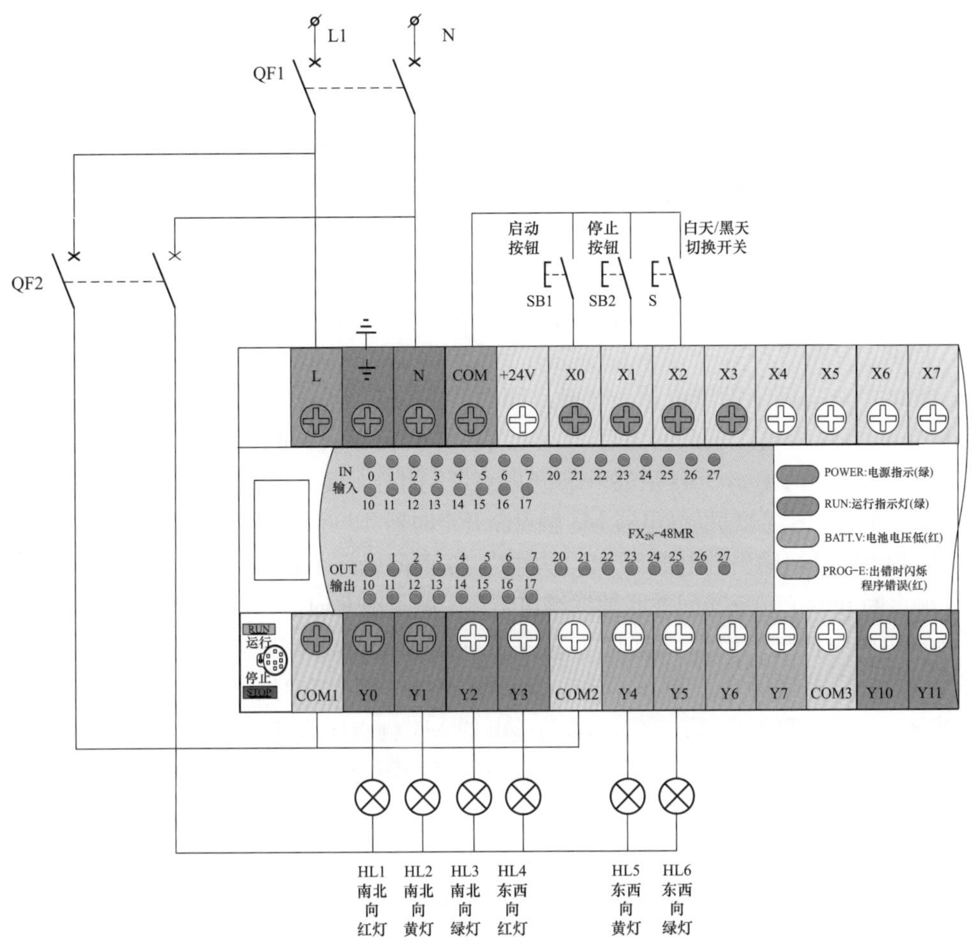

图 94-2　PLC 控制的交通信号灯控制电路 PLC 接线图

三、梯形图动作详解

闭合总电源开关 QF1、PLC 输出继电器控制电源开关 QF2。

1. 启动过程

PLC 运行时①→②间特殊辅助继电器 M8002 触点瞬间闭合，回路经①→②→⓪号线瞬间闭合置位辅助继电器 M0。按下启动按钮 SB1（X000），回路经①→③→④→⓪号线闭合辅助继电器 M6“得电”，①→③间辅助继电器 M6 触点闭合自锁。

（1）南北向绿灯，东西向红灯。①→⑤间辅助继电器 M6 触点闭合，回路经①→⑤→⑥→⓪号线闭合复位辅助继电器 M0，置位辅助继电器 M1；⑤→⑦、⑤→⑨、⑤→⑪间辅助继电器 M1 触点闭合，⑤→⑦间辅助继电器 M1 触点闭合定时器 T0 工作定时 20s，回路经①→⑤→⑦→⑧→⓪号线闭合输出继电器 Y002“得电”，南北向绿灯 HL3 点亮，同时⑤→⑨间辅助继电器 M1 触点闭合回路经①→⑤→⑨→⑩→⓪号线闭合输出继电器 Y003“得电”，东西向红灯 HL4 点亮。20s 后⑪→⑫间触点闭合回路经①→⑤→⑪→⑫→⓪号线闭合复位辅助继电器 M1，置位辅助继电器 M2，⑤→⑨、⑤→⑬、⑤→⑮、⑤→⑯间辅助继电器 M2 触点闭合，⑤→⑦间辅助继电器 M1 触点断开定时器 T0“失电”输出继电器

Y002“失电”南北向绿灯HL3熄灭，⑤→⑨间辅助继电器M1触点断开由于⑤→⑨间并联辅助继电器M2触点东西向红灯HL4继续点亮。

（2）南北向黄灯，东西向红灯。⑤→⑯间辅助继电器M2触点闭合，回路经①→⑤→⑯→⑰→⓪号线闭合、断开，输出继电器Y001“得电”“失电”南北向黄灯HL2以0.5s接通0.5s断开闪烁。⑤→⑮间辅助继电器M2触点闭合定时器T1工作定时5s，5s后⑬→⑭间触点闭合回路经①→⑤→⑬→⑭→⓪号线闭合复位辅助继电器M2置位辅助继电器M3，⑤→⑨间辅助继电器M2触点断开东西向红灯HL4熄灭。

（3）南北向红灯，东西向绿灯。辅助继电器M3置位⑤→㉑间辅助继电器M3触点闭合，回路经①→⑤→㉑→㉒→⓪号线闭合输出继电器Y000“得电”，南北向红灯HL1点亮；同时⑤→㉓间辅助继电器M3触点闭合，回路经①→⑤→㉓→㉔→⓪号线闭合输出继电器Y005“得电”东西向绿灯HL6点亮；同时⑤→⑳间辅助继电器M3触点闭合定时器T2工作定时40s，40s后⑱→⑲间触点T2闭合，复位辅助继电器M3，置位辅助继电器M4，同时⑤→⑳间辅助继电器M3触点断开定时器T2停止工作；同时⑤→㉓间辅助继电器M3触点断开，输出继电器Y005“失电”，东西向绿灯HL6熄灭，⑤→㉑间辅助继电器M3触点断开由于⑤→㉑间并联辅助继电器M4触点南北向，红灯HL1继续点亮。

（4）东西向黄灯，南北向红灯。⑤→㉘间辅助继电器M4触点闭合，回路经①→⑤→㉘→㉙→⓪号线闭合、断开，输出继电器Y004“得电”“失电”东西向黄灯HL5以0.5s接通0.5s断开闪烁。⑤→㉗间辅助继电器M4触点闭合定时器T3工作定时5s，5s后㉕→㉖间触点闭合回路经①→⑤→㉕→㉖→⓪号线闭合复位辅助继电器M4置位辅助继电器M0程序循环工作，同时⑤→㉑间辅助继电器M4触点断开南北向红灯HL1熄灭。

（5）白天/黑天切换。按下白天/黑天切换开关S（X002），⑤→㉛间辅助继电器触点闭合自锁回路经①→⑤→㉛→㉚→⓪号线闭合辅助继电器M5“得电”⑦→⑧、⑨→⑩、㉑→㉒、㉓→㉔间辅助动断触点断开，东西、南北方向红绿灯停止工作；同时⑤→⑯、⑤→㉘间辅助继电器触点M5闭合东西、南北方向黄灯以0.5s接通0.5s断开闪烁；按下启动按钮SB1（X000）㉛→㉚间触点断开辅助继电器M5失电，⑦→⑧、⑨→⑩、㉑→㉒、㉓→㉔间辅助继电器动断触点闭合，同时辅助继电器M6“得电”切换到白天工作状态。

2. 停止过程

停止时按下停止按钮SB2（X001），③→④间触点断开辅助继电器M6“失电”，交通信号灯控制电路停止工作。

3. 保护原理

当负荷电路、控制回路发生短路、过载故障后，QF1、QF2断开负荷电路及控制回路电源。

第95例　PLC控制的十字路口交通信号灯控制电路

一、PLC程序设计要求及输入/输出设备及I/O元件配置分配表

1. PLC程序设计要求

（1）按下外部启动按钮SB1交通信号灯开始工作，东西方向绿灯亮25s后以1s频率

闪烁 3s 后黄灯亮 2s，同时南北方向红灯亮 30s。

（2）南北方向红灯亮 30s 后南北方向绿灯亮 25s 后以 1s 频率闪烁 3s 后黄灯亮 2s，同时东西方向红灯亮 30s 循环工作。

（3）在任意时间段按下外部停止按钮 SB2 交通信号灯停止工作。

（4）根据控制要求，用 PLC 基本指令设计梯形图程序。

（5）根据上面控制要求列出输入、输出分配表。

（6）根据控制要求绘制 PLC 控制电路接线图。

2. 输入/输出设备及 I/O 元件配置分配表

输入/输出设备及 I/O 元件配置分配见表 95-1。

表 95-1　输入/输出设备及 I/O 元件配置分配表

输入设备		PLC 输入继电器	输出设备		PLC 输出继电器
代号	功能		代号	功能	
SB1	启动按钮	X000	HL1	东西向绿灯	Y000
SB2	停止按钮	X001	HL2	东西向黄灯	Y001
			HL3	东西向红灯	Y002
			HL4	南北向绿灯	Y003
			HL5	南北向黄灯	Y004
			HL6	南北向红灯	Y005

二、程序及电路设计

1. PLC 梯形图

PLC 梯形图如图 95-1 所示。

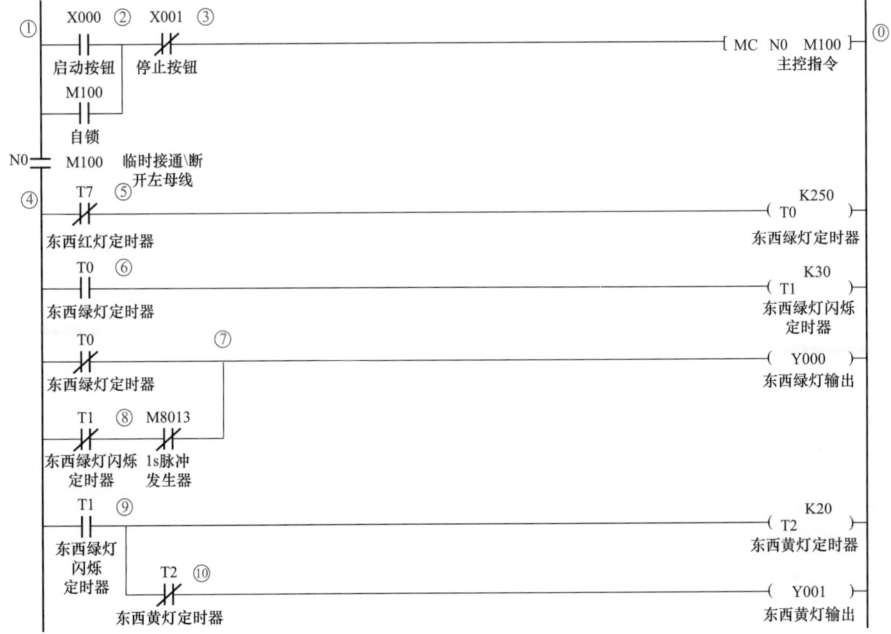

图 95-1　PLC 控制的十字路口交通信号灯控制电路 PLC 梯形图

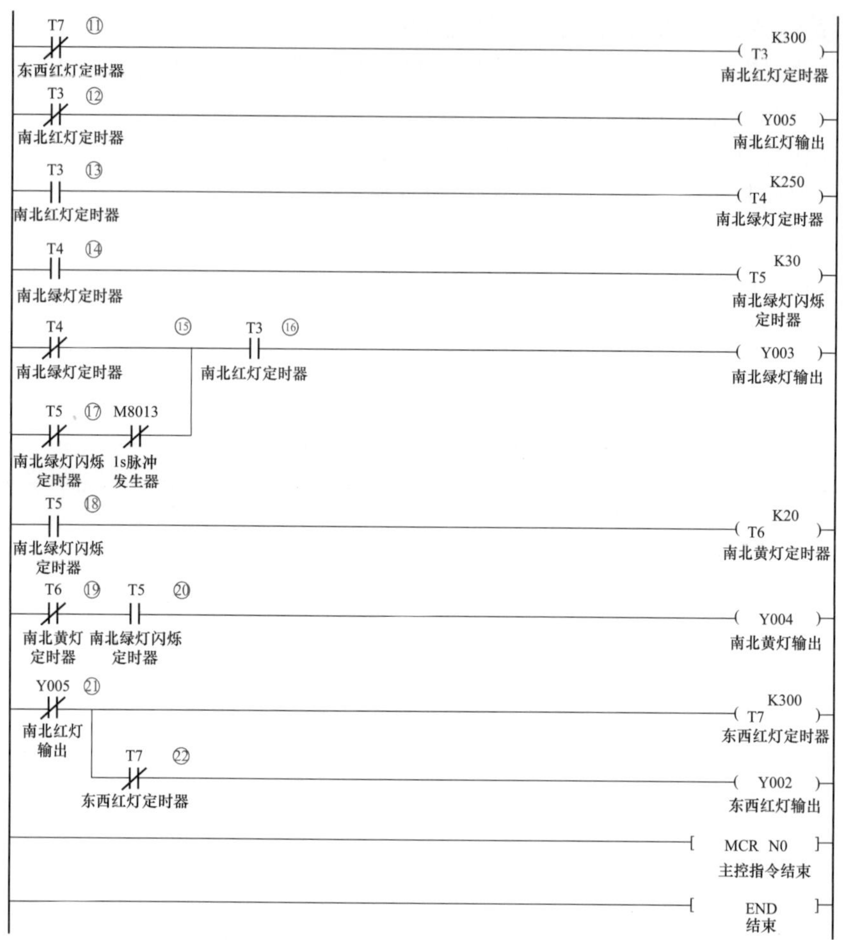

图 95-1　PLC 控制的十字路口交通信号灯控制电路 PLC 梯形图（续）

2. PLC 接线详图

PLC 接线图如图 95-2 所示。

三、梯形图动作详解

闭合总电源开关 QF1、PLC 输出继电器控制电源开关 QF2，将程序下载到 PLC 中并在编程软件中按下“监视”快捷图标，梯形图如图 95-1 所示。

1. 启动过程

按下启动按钮 SB1（X000），回路经①→②→③→⓪号线闭合启动主控指令 MC N0　M100，辅助继电器 M100“得电”①→②间辅助继电器 M100 触点闭合自锁，执行主控指令后将梯形图中的左母线临时移到①→④间辅助继电器 M100 触点下面，同时①→④间辅助继电器 M100 触点闭合。

（1）东西向绿灯，东西向黄灯。④→⑦间定时器 T0 触点闭合，回路经④→⑦→⓪号线闭合输出继电器 Y000“得电”东西向绿灯 HL1 点亮；同时④→⑤间定时器 T7 触点闭合，回路经④→⑤→⓪号线闭合定时器 T0“得电”定时 25s，25s 后④→⑦间定时器 T0 触点断开，回路经④→⑧→⑦→⓪号线闭合、断开东西向绿灯以 0.5s 接通 0.5s 断开闪烁，同时④→⑥间定时器 T0 触点闭合，回路经④→⑥→⓪号线闭合定时器 T1“得电”定时 3s，3s 后④→⑧间定时器 T1 触点断开东西向绿灯 HL1 熄灭。同时④→⑨间定时器 T1 触点闭合，回路经④→⑨→⓪号线闭合定时器 T2“得电”定时 2s，回路同时经④→⑨→⑩→⓪号线闭合输出继电器 Y001“得电”东西向黄灯 HL2 点亮，定时器 T2 定时 2s 后⑨→⑩间触点断开东西向黄灯 HL2 熄灭。

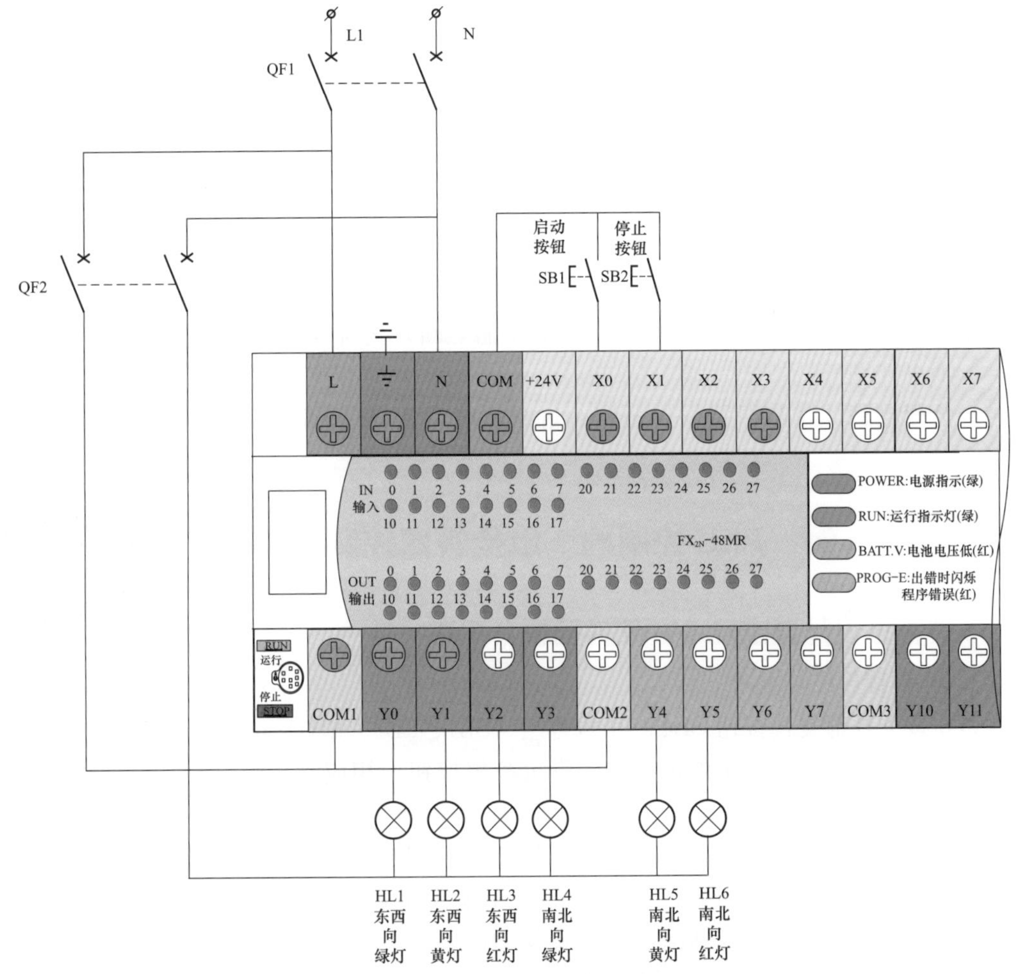

图 95-2　PLC 控制的十字路口交通信号灯控制电路 PLC 接线图

（2）南北向红灯。在东西向绿灯工作的同时④→⑪间定时器 T7 触点闭合，回路经④→⑪→⓪号线闭合定时器 T3“得电”定时 30s，同时④→⑫间定时器 T3 触点闭合回路经④→⑫→⓪号线闭合，输出继电器 Y005“得电”南北向红灯 HL6 点亮，定时器 T3 定时 30s 后④→⑫间定时器 T3 触点断开南北向红灯 HL6 熄灭。

（3）南北向绿灯、南北向黄灯。定时器 T3 定时 30s 后④→⑬间定时器 T3 触点闭合，回路经④→⑬→⓪号线闭合，定时器 T4“得电”定时 25s，同时⑮→⑯间定时器 T3 触点闭合，回路经④→⑮→⑯→⓪号线闭合输出继电器 Y003“得电”南北向绿灯 HL4 点亮，25s 后④→⑭间定时器 T4 触点闭合回路经④→⑭→⓪号线闭合定时器 T5“得电”定时 3s，同时④→⑮间定时器 T4 触点断开，回路经④→⑰→⑮→⑯→⓪号线闭合、断开南北向绿灯以0.5s接通0.5s断开闪烁，3s后④→⑰间触点断开南北向绿灯熄灭，同时⑲→⑳定时器T5触点闭合回路经④→⑲→⑳→⓪号线闭合输出继电器Y004“得电”南北向黄灯HL5点亮，同时④→⑱间定时器T5触点闭合回路经④→⑱→⓪号线闭合定时器T6“得电”定时2s，2s后④→⑲间定时器T6触点断开南北向黄灯HL5熄灭。

（4）东西向红灯。在南北向绿灯工作的同时④→㉑间输出继电器Y005触点闭合，回路经④→㉑→㉒→⓪号线闭合输出继电器Y002“得电”东西向红灯HL3点亮，同时回路还经④→㉑→⓪号线闭合定时器T7定时30s后㉑→㉒间定时器T7触点断开东西向红灯HL3熄灭，同时④→⑤、④→⑪间定时器T7触点断开定时器T0、T3“失电”，④→⑫间定时器T3触点闭合输出继电器Y005触点闭合南北向红灯HL6点亮，同时④→㉑间输出继电器Y005触点断开定时器T7“失电”，同时④→⑤、④→⑪间定时器T7触点闭合，交通信号灯循环工作。

2. 停止过程

按下停止按钮SB2（X001）②→③间触点断开，主控指令MC N0 M100断开，辅助继电器M100“失电”①→④间辅助继电器M100触点断开交通信号灯控制电路停止工作。

3. 保护原理

当负荷电路、控制回路发生短路、过载故障后，QF1、QF2断开负荷电路及控制回路。

第96例　PLC控制的3组抢答器控制电路

一、程序设计要求及I/O元件配置分配表

1. PLC程序设计要求

（1）按下外部复位按钮SB4三个抢答组（SB1、SB2、SB3）可以开始抢答，三个抢答组（SB1、SB2、SB3）中的某一组按下抢答器按钮，相应指示灯常亮，电铃讯响1s，提示有小组抢答。

（2）在任意时间如果有人抢答主持人不按下复位按钮SB4，所有抢答器按钮失效。

（3）根据控制要求，用PLC基本指令设计梯形图程序。

（4）根据上面控制要求列出输入、输出分配表。

（5）根据控制要求绘制PLC控制电路接线图。

2. 输入/输出设备及I/O元件配置分配表

输入/输出设备及I/O元件配置分配见表96-1。

表96-1　输入/输出设备及I/O元件配置分配表

输入设备		PLC输入继电器	输出设备		PLC输出继电器
代号	功能		代号	功能	
SB4	复位按钮	X000	KM4	电铃（蜂鸣器）	Y000
SB1	1组抢答按钮	X001	KM1	1组指示灯	Y001
SB2	2组抢答按钮	X002	KM2	2组指示灯	Y002
SB3	3组抢答按钮	X003	KM3	3组指示灯	Y003

二、程序及电路设计

1. PLC 梯形图

PLC 梯形图如图 96-1 所示。

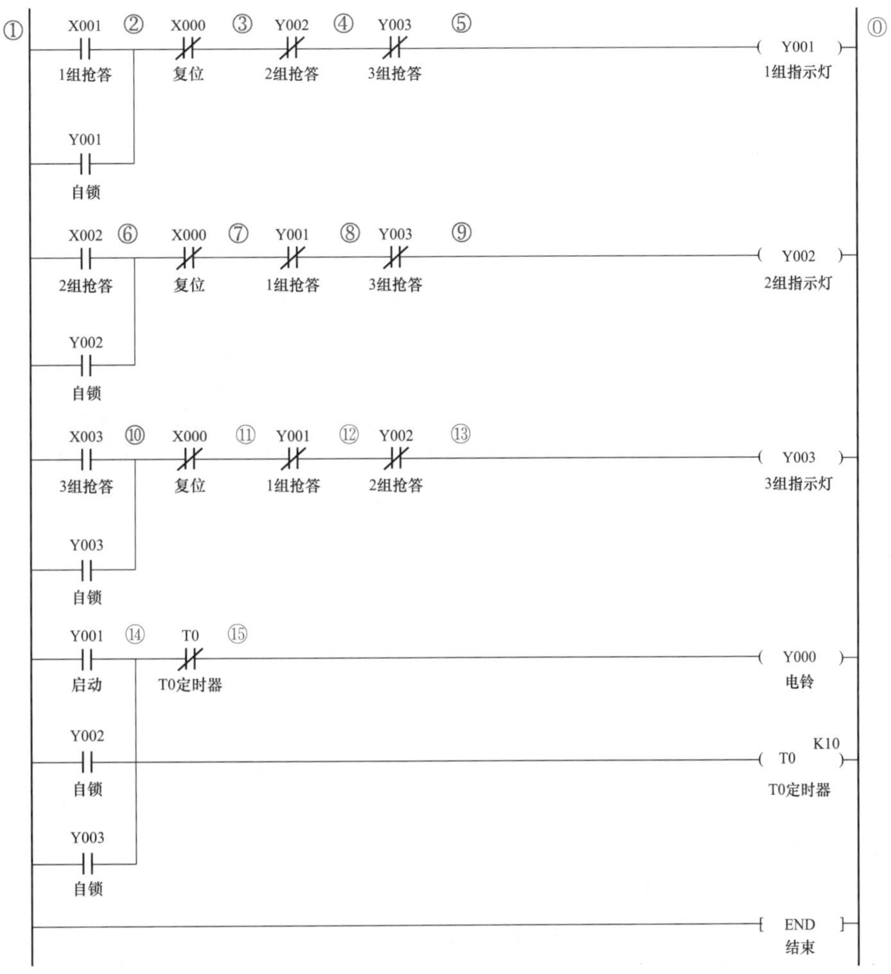

图 96-1　PLC 控制的 3 组抢答器控制电路 PLC 梯形图

2. PLC 接线详图

PLC 接线图如图 96-2 所示。

三、梯形图动作详解

闭合总电源开关 QF1，负荷侧电路得电，闭合 PLC 控制电源开关 QF2，闭合 PLC 输出继电器控制电源开关 QF3。

1. 启动过程

当 1 组按下抢答按钮 SB1（X001），回路经①→②→③→④→⑤→⓪号线闭合，同时①→②间触点接通自锁输出继电器 Y001 “得电”，接触器 KM1 线圈得电，接通 1 组指示灯，同时①→⑭间触点接通，回路经①→⑭→⑮→⓪号线闭合输出继电器 Y000 “得电”接触器 KM4 线圈得电，接通电铃提示有小组抢答。同时回路经①→⑭→⓪号线闭合定时器 T0“得电”延时 1s 后回路经①→⑭→⑮→⓪号线断开输出继电器 Y000“失电”接触器 KM4 线圈断电断开电铃电源。

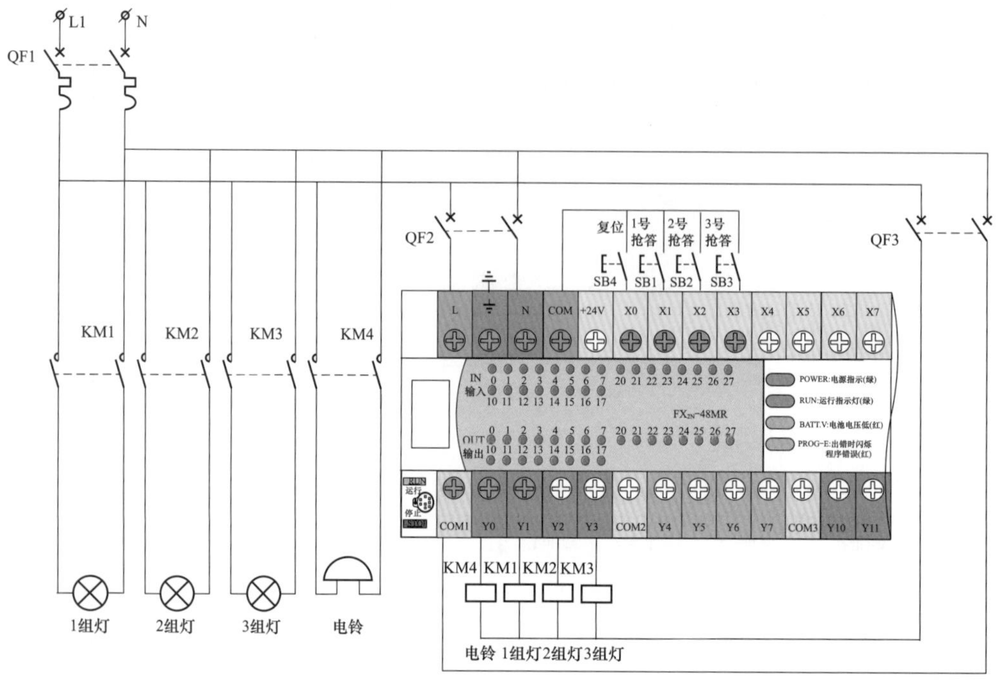

图 96-2　PLC 控制的 3 组抢答器控制电路 PLC 接线图

当 2 组按下抢答按钮 SB2（X002），回路经①→⑥→⑦→⑧→⑨→⓪号线闭合，同时①→⑥间触点接通自锁输出继电器 Y002“得电”，接触器 KM2 线圈得电，接通 2 组指示灯，同时①→⑭间 Y002 触点接通，回路经①→⑭→⑮→⓪号线闭合输出继电器 Y000“得电”接触器 KM4 线圈得电，接通电铃提示有小组抢答。同时回路经①→⑭→⓪号线闭合定时器 T0“得电”延时 1s 后回路经①→⑭→⑮→⓪号线断开输出继电器 Y000“失电”接触器 KM4 线圈断电断开电铃电源。

当 3 组按下抢答按钮 SB3（X003），回路经①→⑩→⑪→⑫→⑬→⓪号线闭合，同时①→⑩间触点接通自锁输出继电器 Y003“得电”，接触器 KM3 线圈得电，接通 3 组指示灯，同时①→⑭间 Y002 触点接通，回路经①→⑭→⑮→⓪号线闭合输出继电器 Y000“得电”接触器 KM4 线圈得电，接通电铃提示有小组抢答。同时回路经①→⑭→⓪号线闭合定时器 T0“得电”延时 1s 后回路经①→⑭→⑮→⓪号线断开输出继电器 Y000“失电”接触器 KM4 线圈断电断开电铃电源。

2. 复位过程

当主持人确认答题者回答完毕后，或者有违规抢答，按下复位按钮 SB4（X000），电路将恢复正常，为下一次抢答做好准备。

3. 保护原理

当负荷电路、控制回路发生短路、过载故障后，QF1、QF2、QF3 断开负荷电路及控制回路电源。

第 97 例　PLC 控制的 5 组抢答器控制电路

一、抢答器工作流程图

抢答器工作流程图如图 97-1 所示。

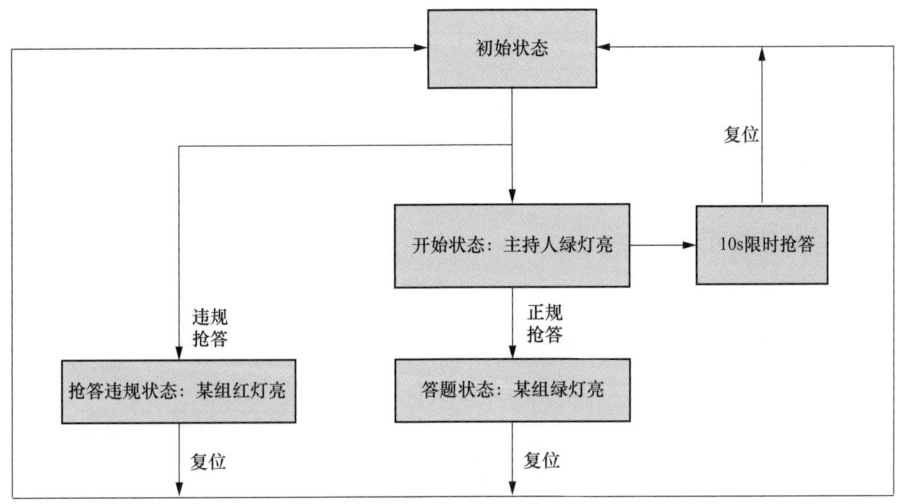

图 97-1　抢答器工作流程图

1. PLC 程序设计要求

(1) 按下开始抢答按钮 SB1 抢答指示绿灯 HL6 亮开始抢答，某组抢答成功后某组绿灯会点亮，主持人按下复位按钮，程序复位后进行下一轮抢答。

(2) 主持人按下开始抢答按钮 10s 后，无人抢答程序自动复位。

(3) 主持人没有按下抢答按钮前，如有选手违规抢答，该选手台违规抢答红灯点亮。

(4) 根据控制要求，用 PLC 基本指令设计梯形图程序。

(5) 根据上面控制要求列出输入、输出分配表。

(6) 根据控制要求绘制 PLC 控制电路接线图。

2. 输入/输出设备及 I/O 元件配置分配表

输入/输出设备及 I/O 元件配置分配见表 97-1。

表 97-1　　输入/输出设备及 I/O 元件配置分配表

输入设备		PLC 输入继电器	输出设备		PLC 输出继电器
代号	功能		代号	功能	
SB1	开始抢答按钮	X000	HL1	1 组违规红灯	Y000
SB2	主持人复位按钮	X001	HL2	2 组违规红灯	Y001
SB3	1 组抢答按钮	X002	HL3	3 组违规红灯	Y002
SB4	2 组抢答按钮	X003	HL4	4 组违规红灯	Y003
SB5	3 组抢答按钮	X004	HL5	5 组违规红灯	Y004

续表

输入设备		PLC输入继电器	输出设备		PLC输出继电器
代号	功能		代号	功能	
SB6	4 组抢答按钮	X005	HL6	开始抢答绿灯	Y007
SB7	5 组抢答按钮	X006	HL7	1 组抢答绿灯	Y010
			HL8	2 组抢答绿灯	Y011
			HL9	3 组抢答绿灯	Y012
			HL10	4 组抢答绿灯	Y013
			HL11	5 组抢答绿灯	Y014

二、程序及电路设计

1. PLC 梯形图

PLC 梯形图如图 97-2 所示。

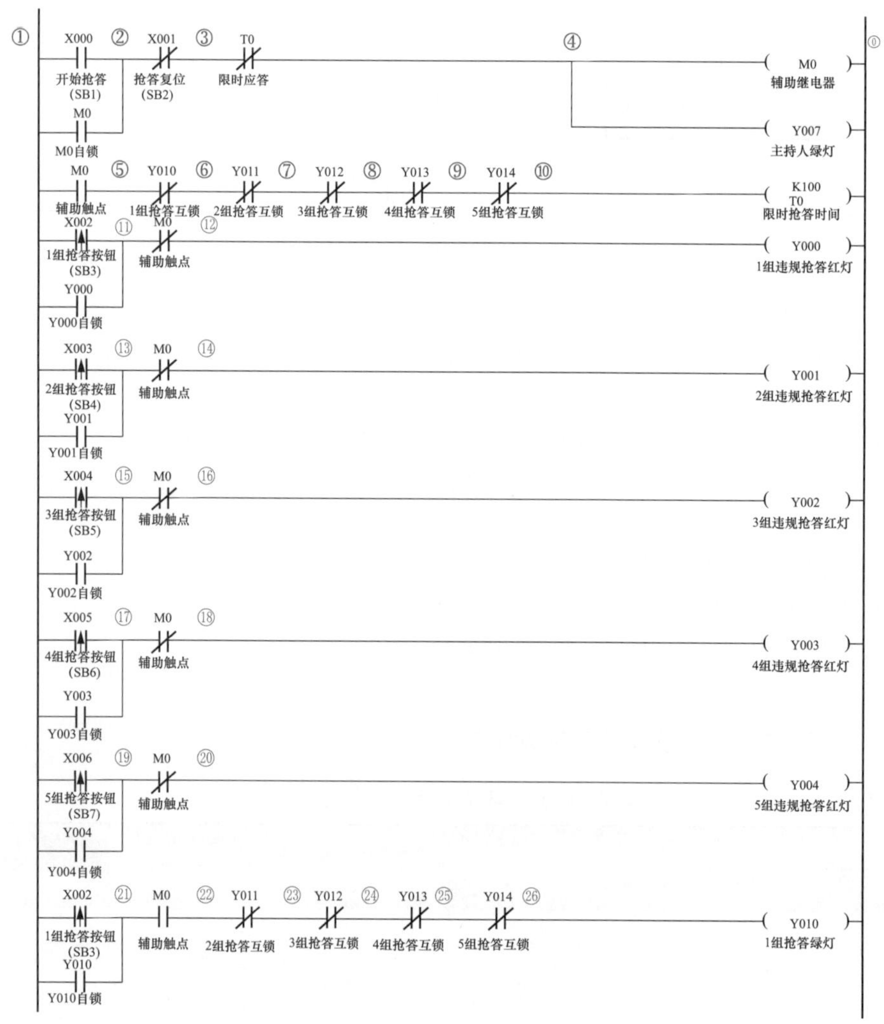

图 97-2　PLC 控制的 5 组抢答器控制电路 PLC 梯形图

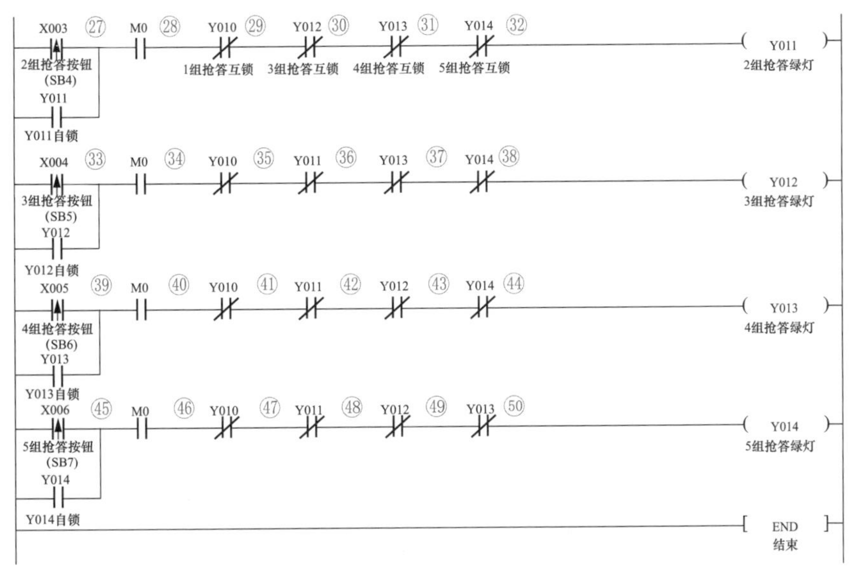

图 97-2　PLC 控制的 5 组抢答器控制电路 PLC 梯形图（续）

2. PLC 接线详图

PLC 接线图如图 97-3 所示。

三、梯形图动作详解

闭合总电源开关 QF1，PLC 输出继电器控制电源开关 QF2。

1. 违规抢答过程

在主持人没有按下开始抢答按钮 SB1（X000）前，如有一位或多位选手违规抢答，选手台上的违规抢答红灯点亮，主持人可依据点亮红灯进行扣分。

1 组违规抢答：按下 1 组抢答按钮 SB3（X002）回路经①→⑪→⑫→⓪号线闭合同时①→⑪间触点 Y000 接通自锁，输出继电器 Y000“得电”HL1 红灯点亮，1 组违规抢答。

2 组违规抢答：按下 2 组抢答按钮 SB4（X003）回路经①→⑬→⑭→⓪号线闭合同时①→⑬间触点 Y001 接通自锁，输出继电器 Y001“得电”HL2 红灯点亮，2 组违规抢答。

3 组违规抢答：按下 3 组抢答按钮 SB5（X004）回路经①→⑮→⑯→⓪号线闭合同时①→⑮间触点 Y002 接通自锁，输出继电器 Y002“得电”HL3 红灯点亮，3 组违规抢答。

4 组违规抢答：按下 4 组抢答按钮 SB6（X005）回路经①→⑰→⑱→⓪号线闭合同时①→⑰间触点 Y003 接通自锁，输出继电器 Y003“得电”HL4 红灯点亮，4 组违规抢答。

5 组违规抢答：按下 5 组抢答按钮 SB7（X006）回路经①→⑲→⑳→⓪号线闭合同时①→⑲间触点 Y004 接通自锁，输出继电器 Y004“得电”HL5 红灯点亮，5 组违规抢答。

主持人按下开始抢答按钮 SB1（X000），①→②间触点接通回路经①→②→③→④→⓪号线闭合，辅助继电器 M0“得电”，①→②间 M0 动合触点接通实现自锁，同时⑪→⑫、⑬→⑭、⑮→⑯、⑰→⑱、⑲→⑳间辅助继电器 M0 触点断开输出继电器 Y000～Y004“失电”，HL1～HL5 红灯熄灭解除违规抢答。

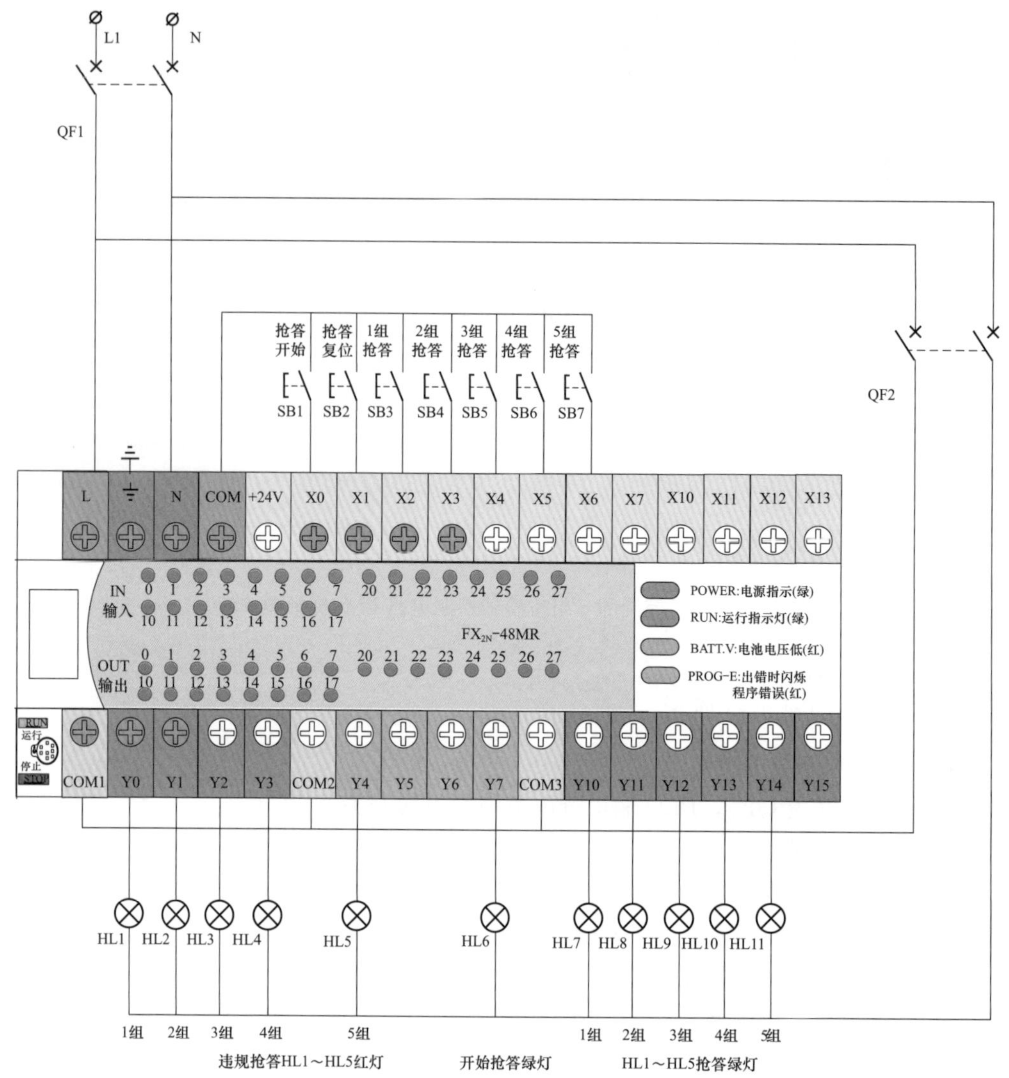

图 97-3 PLC 控制的 5 组抢答器控制电路 PLC 接线图

2. 正规抢答过程

主持人按下开始抢答按钮 SB1（X000），①→②间触点接通回路经①→②→③→④→⓪号线闭合，辅助继电器 M0 “得电”，①→②间 M0 动合触点接通实现自锁，输出继电器 Y007 “得电”，开始抢答绿灯 HL6（Y007）点亮。①→⑤间辅助继电器 M0 接通，回路经①→⑤→⑥→⑦→⑧→⑨→⑩→⓪号线闭合定时器 T0 “得电” 计时 10s。当 1～5 组选手在 10s 内按下抢答按钮相应的正规抢答灯 HL7～HL11 点亮。同时㉑→㉒、㉗→㉘、㉝→㉞、㊴→㊵、㊺→㊻间辅助继电器 M0 接通。10s 后③→④间定时器 T0 触点断开辅助继电器 M0、输出继电器 Y007 “失电”，开始抢答绿灯 HL6（Y007）熄灭。同时⑪→⑫、⑬→⑭、⑮→⑯、⑰→⑱、⑲→⑳间辅助继电器 M0 触点接通，此时有人抢答相应的违规抢答灯点亮。

1 组抢答：按下 SB3（X002）回路经①→㉑→㉒→㉓→㉔→㉕→㉖→⓪号线闭合同时①→㉑间触点 Y010 接通自锁，输出继电器 Y010 “得电”，1 组抢答成功 HL7 绿灯点亮，同时串接在其他 4 组回路中的输出继电器 Y010 动断触点断开，使其他 4 组失去抢答机会。

2 组抢答：按下 SB4（X003）回路经①→㉗→㉘→㉙→㉚→㉛→㉜→⓪号线闭合同时①→㉗间触点 Y011 接通自锁，输出继电器 Y011“得电”，2 组抢答成功 HL8 绿灯点亮，同时串接在其他 4 组回路中的输出继电器 Y011 动断触点断开，使其他 4 组失去抢答机会。

3 组抢答：按下 SB5（X004）回路经①→㉝→㉞→㉟→㊱→㊲→㊳→⓪号线闭合同时①→㉝间触点 Y012 接通自锁，输出继电器 Y012“得电”，3 组抢答成功 HL9 绿灯点亮，同时串接在其他 4 组回路中的输出继电器 Y012 动断触点断开，使其他 4 组失去抢答机会。

4 组抢答：按下 SB6（X005）回路经①→㊴→㊵→㊶→㊷→㊸→㊹→⓪号线闭合同时①→㊴间触点 Y013 接通自锁，输出继电器 Y013“得电”，4 组抢答成功 HL10 绿灯点亮，同时串接在其他 4 组回路中的输出继电器 Y013 动断触点断开，使其他 4 组失去抢答机会。

5 组抢答：按下 SB7（X006）回路经①→㊺→㊻→㊼→㊽→㊾→㊿→⓪号线闭合同时①→㊺间触点 Y014 接通自锁，输出继电器 Y014“得电”，5 组抢答成功 HL11 绿灯点亮，同时串接在其他 4 组回路中的输出继电器 Y014 动断触点断开，使其他 4 组失去抢答机会。

选手回答结束后，主持人按下复位按钮 SB2（X001），辅助继电器 M0“失电”，M0 动合触点断开，再次按下抢答开始按钮 SB1（X000）程序复位进行下一轮抢答。

3. 保护原理

当 PLC 主电源、控制回路发生短路、过载故障后，PLC 输入端控制电源 QF1、PLC 输出端控制电源 QF2 断开，切断输入端及输出端控制电源。

第 98 例 PLC 控制的抢答器控制电路（带数码管显示）

一、程序设计要求及 I/O 元件配置分配表

1. PLC 程序设计要求

(1) 主持人按下启动/停止按钮 SB5 后，按下复位按钮 SB6，选手可以开始抢答 10s 内无选手抢答，无抢答撤销指示灯亮，第一个选手按下按钮有效，同时数码管显示出相应的数字，选手按下按钮后开始计时，在答题时间（约 1min）完毕时，有声光提示答题时间到。

(2) 在任意时间段如果有人抢答主持人不按下复位按钮 SB6，所有抢答器按钮失效。

(3) 根据控制要求，用 PLC 基本指令设计梯形图程序。

(4) 根据上面控制要求列出输入、输出分配表。

(5) 根据控制要求绘制 PLC 控制电路接线图。

2. 输入/输出设备及 I/O 元件配置分配表

输入/输出设备及 I/O 元件配置分配见表 98-1。

表 98-1　　输入/输出设备及 I/O 元件配置分配表

输入设备		PLC 输入继电器	输出设备		PLC 输出继电器
代号	功能		代号	功能	
SB1	1 组抢答按钮	X001	a	数码管 a 段	Y000
SB2	2 组抢答按钮	X002	b	数码管 b 段	Y001
SB3	3 组抢答按钮	X003	c	数码管 c 段	Y002
SB4	4 组抢答按钮	X004	d	数码管 d 段	Y003
SB5	启动/停止按钮	X000	e	数码管 e 段	Y004
SB6	复位/开始按钮	X005	f	数码管 f 段	Y005
			g	数码管 g 段	Y006
			HL1	1 组抢答指示灯	Y010
			HL2	2 组抢答指示灯	Y011
			HL3	3 组抢答指示灯	Y012
			HL4	4 组抢答指示灯	Y013
			HL5	启动抢答指示灯	Y014
			HL6	无抢答、撤销指示灯	Y015
			HL7	答题到时指示灯	Y016
			HA	蜂鸣器（电铃）	Y017

二、程序及电路设计

1. PLC 梯形图

PLC 梯形图如图 98-1 所示。

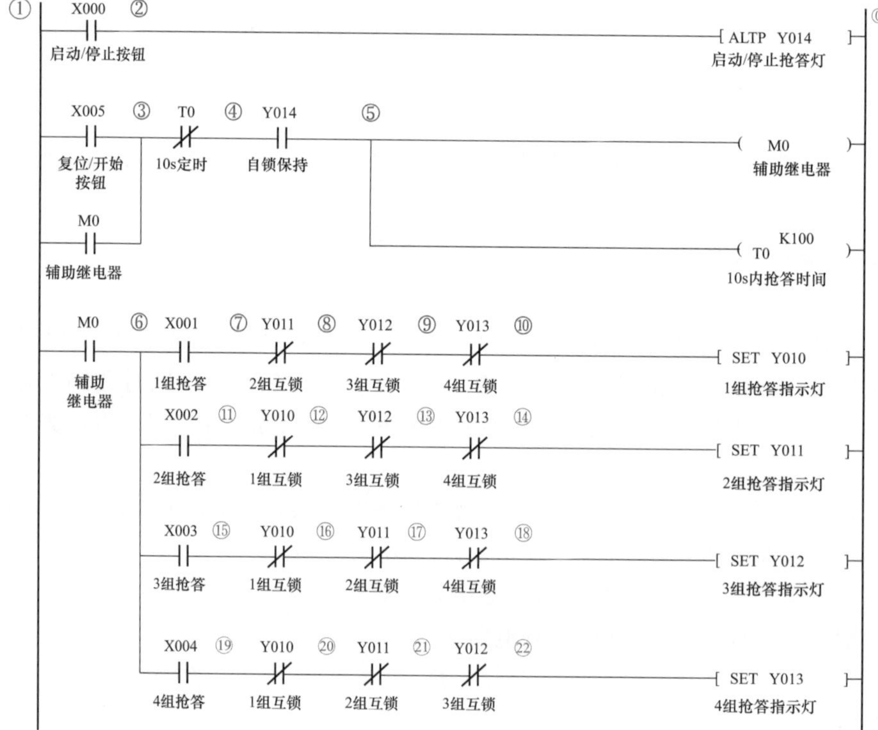

图 98-1　PLC 控制的抢答器控制电路（带数码管显示）PLC 梯形图

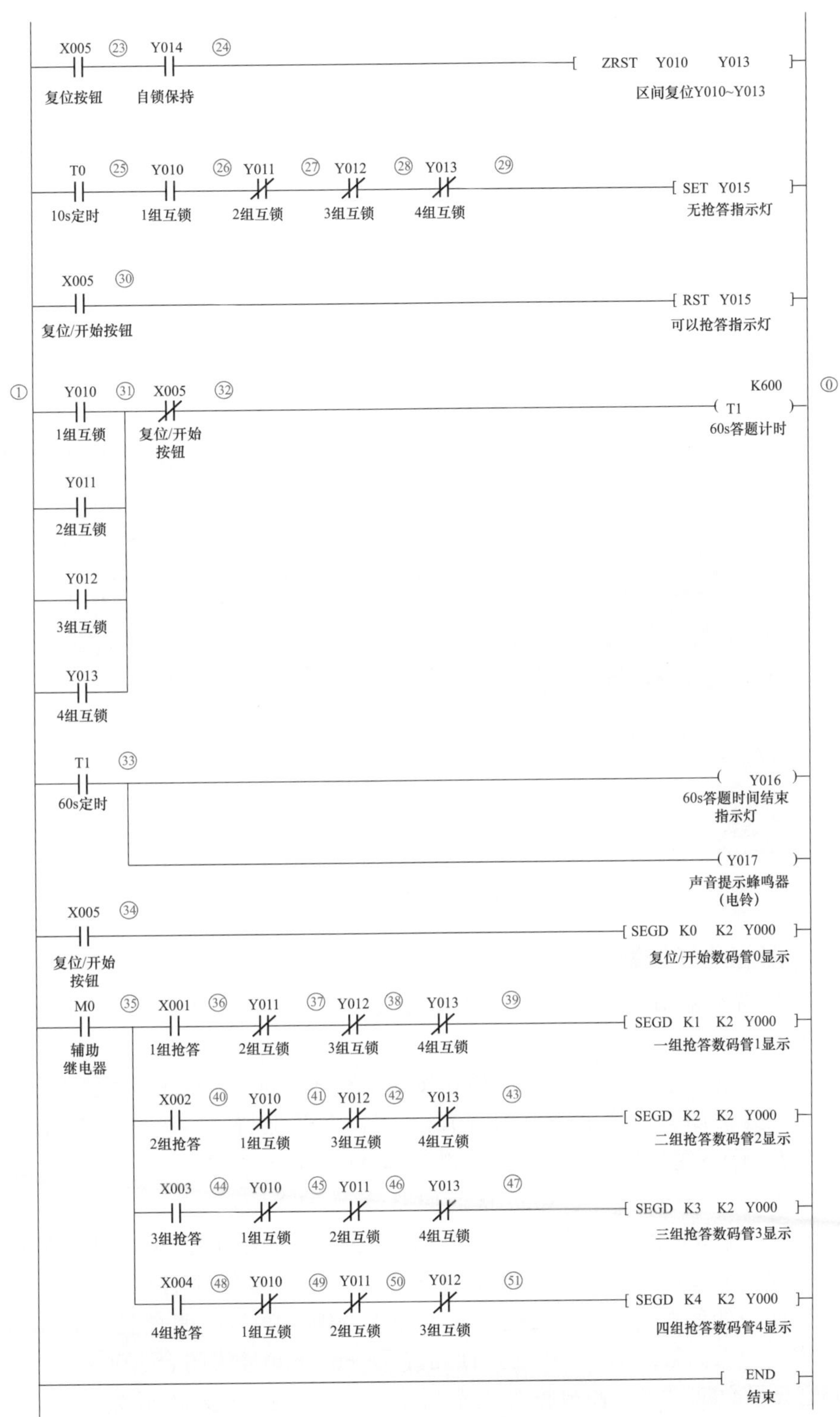

图 98-1　PLC 控制的抢答器控制电路（带数码管显示）PLC 梯形图（续）

2. PLC 接线详图

PLC 接线图如图 98-2 所示。

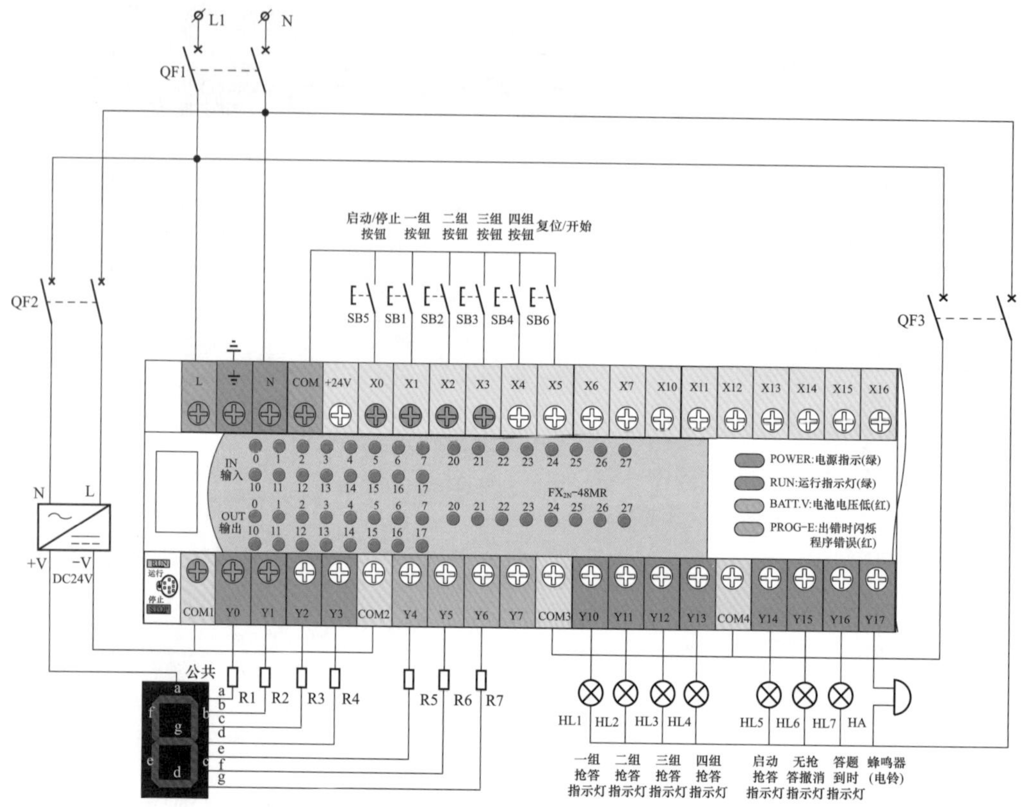

图 98-2　PLC 控制的抢答器控制电路（带数码管显示）PLC 接线图

三、梯形图动作详解

闭合 PLC 输入端断路器 QF1、指示灯电源 QF3，直流电源 QF2，PLC 上电启动。

1. 抢答过程

(1) 启动/停止。主持人按下启动/停止按钮 SB1（X000），①→②间触点接通回路经①→②→⓪号线闭合，输出继电器 Y014“得电”并保持，启动抢答指示灯 HL5（Y014）点亮。④→⑤、㉓→㉔间辅输出继电器 Y014 触点接通，主持人按下复位/开始按钮（X005）①→③间触点 X005 接通回路经①→③→④→⑤→⓪号线闭合同时①→③间辅助继电 M0 接通自锁，同时①→⑥、①→㉟间辅助继电器触点 M0 接通，同时①→㉓间触点 X005 接通，回路经①→㉓→㉔→⓪号线闭合区间复位 Y010～Y013；同时①→㉚间触点 X005 接通，回路经①→㉚→⓪号线闭合复位输出继电器 Y015，同时①→㉞间触点 X005 接通，回路经①→㉞→⓪号线闭合 Y000～Y005“得电”数码管显示数字“0”。各组抢答完毕后主持人再次按下复位/开始按钮（X005）后才可以再次抢答。

(2) 规定时间内抢答。

1 组抢答按钮 SB1（X001）按下，回路经①→⑥→⑦→⑧→⑨→⑩→⓪号线闭合置位 Y010 输出继电器 Y010“得电”并保持 HL1 灯点亮，同时回路经①→㉟→㊱→㊲→㊳→㊴→⓪号线闭合 Y001～Y002“得电”数码管显示数字“1”。同时串接在其他 4 组回路中的输出继电器 Y010 动断触点断开，使其他 4 组失去抢答机会。

2 组抢答按钮 SB2（X002）按下，回路经①→⑪→⑫→⑬→⑭→⓪号线闭合置位 Y011 输出继电器 Y011“得电”并保持 HL2 灯点亮，同时回路经①→㉟→㊵→㊶→㊷→㊸→⓪号线闭合 Y000、Y001、Y003、Y004、Y006“得电”数码管显示数字“2”。同时串接在其他 4 组回路中的输出继电器 Y011 动断触点断开，使其他 4 组失去抢答机会。

3 组抢答按钮 SB3（X003）按下，回路经①→⑮→⑯→⑰→⑱→⓪号线闭合置位 Y012 输出继电器 Y012“得电”并保持 HL3 灯点亮，同时回路经①→㉟→㊹→㊺→㊻→㊼→⓪号线闭合 Y000～Y003、Y006“得电”数码管显示数字“3”。同时串接在其他 4 组回路中的输出继电器 Y012 动断触点断开，使其他 4 组失去抢答机会。

4 组抢答按钮 SB4（X004）按下，回路经①→⑲→⑳→㉑→㉒→⓪号线闭合置位 Y013 输出继电器 Y013“得电”并保持 HL4 灯点亮，同时回路经①→㉟→㊽→㊾→㊿→51→⓪号线闭合 Y001、Y002、Y005、Y006“得电”数码管显示数字“4”。同时串接在其他 4 组回路中的输出继电器 Y013 动断触点断开，使其他 4 组失去抢答机会。

（3）规定的时间外抢答。主持人按下复位/开始按钮（X005）①→③间触点 X005 接通回路经①→③→④→⑤→⓪号线闭合同时①→③间辅助继电 M0 接通自锁，同时①→⑥、①→㉟间辅助继电器触点 M0 接通，同时定时器 T0 开始计时 10s，10s 后③→④间定时器 T0 触点断开同时辅助继电器 M0“失电”，①→⑥、①→㉟间辅助继电器触点 M0 断开各组选手按抢答按钮无效，同时①→㉕间定时器 T0 接通回路经①→㉕→㉖→㉗→㉘→㉙→⓪号线闭合置位 Y015 输出继电器 Y015“得电”并保持 HL6 无抢答灯点亮。③→④间定时器 T0 触点断开同时辅助继电器 M0“失电”同时①→㉕间定时器 T0 断开。

（4）有效时间内答题。各组选手按下抢答按钮后开始答题，①→㉛间触点接通，回路经①→㉛→㉜→⓪号线闭合定时器 T1 开始计时 1min，1min 后①→㉝间触点接通，回路经①→㉝→⓪号线闭合输出继电器 Y016、Y017“得电”并保持 HL7 答题到时灯点亮蜂鸣器 HA 讯响提示已经超时。

2. 保护原理

当指示灯电路、控制回路发生短路故障后，指示灯回路 QF3、直流电源回路 QF2 断开，PLC 输入端控制电源 QF1 断开、切断主电路及控制回路电源。

第 99 例　PLC 控制的红外安防报警控制电路

一、红外安防报警控制原理图

红外安防报警的控制电路如图 99-1 所示。

1. PLC 程序设计要求

（1）按下外部启动按钮 SB1 工作指示灯亮报警电路运行，当任何一路有报警信号输出时，声光报警提示有人员进入并显示相应的数字，按下外部停止按钮 SB2 报警解除。

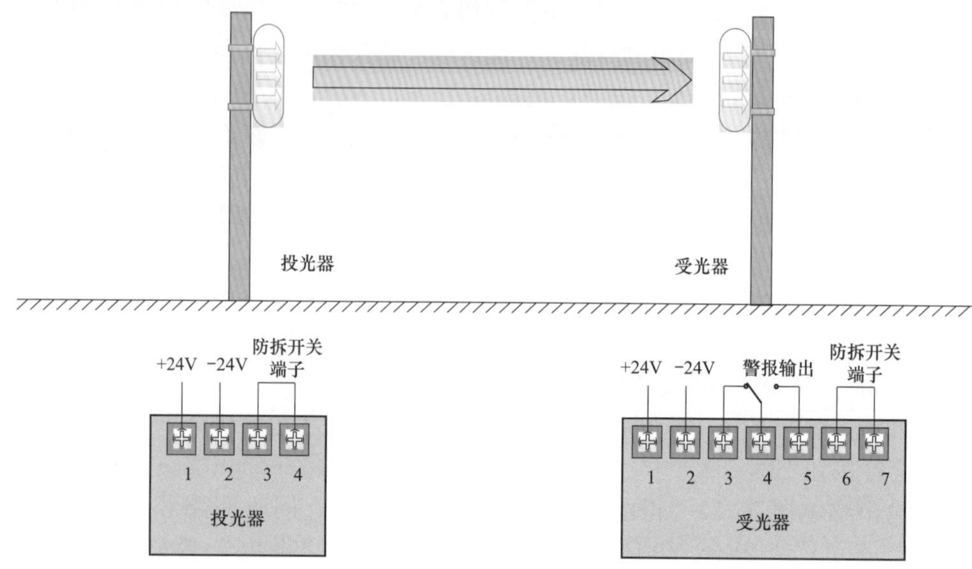

图 99-1　PLC 控制的红外安防报警的控制电路原理图

（2）在任意时间段按下外部停止按钮 SB2，报警电路停止工作。

（3）根据控制要求，用 PLC 基本指令设计梯形图程序。

（4）根据上面控制要求列出输入、输出分配表。

（5）根据控制要求绘制 PLC 控制电路接线图。

2. 输入/输出设备及 I/O 元件配置分配表

输入/输出设备及 I/O 元件配置分配见表 99-1。

表 99-1　　输入/输出设备及 I/O 元件配置分配表

输入设备		PLC 输入继电器	输出设备		PLC 输出继电器
代号	功能		代号	功能	
SB1	启动按钮	X000	a	数码管 a 段	Y000
SB2	停止按钮	X005	b	数码管 b 段	Y001
IR1	探头 1	X001	c	数码管 c 段	Y002
IR2	探头 2	X002	d	数码管 d 段	Y003
IR3	探头 3	X003	e	数码管 e 段	Y004
IR4	探头 4	X004	f	数码管 f 段	Y005
			g	数码管 g 段	Y006
			HL1	工作指示灯	Y010
			HL2	报警指示灯	Y011
			HA	蜂鸣器（电铃）	Y012

二、程序及电路设计

1. PLC 梯形图

PLC 梯形图如图 99-2 所示。

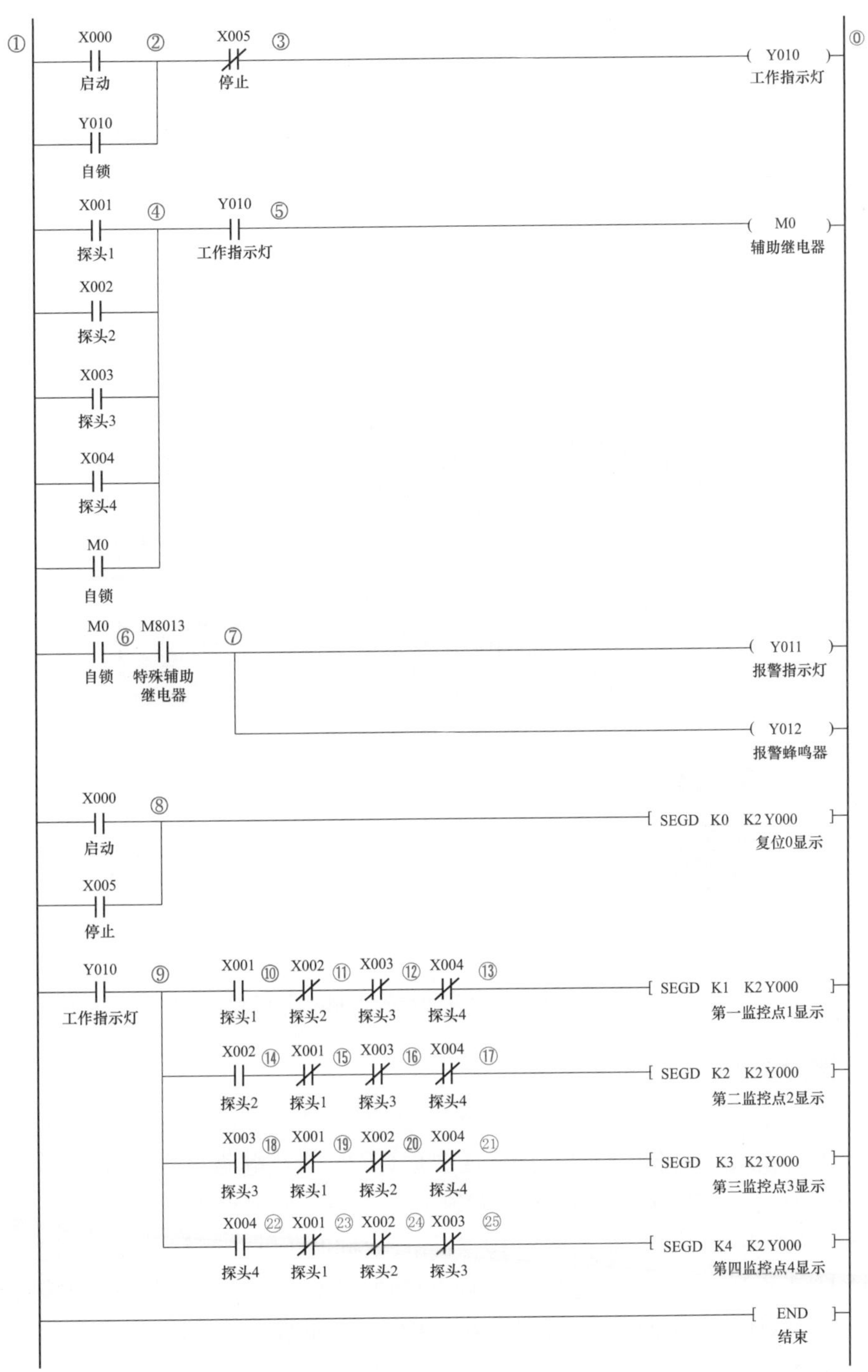

图 99-2 PLC 控制的红外安防报警控制电路 PLC 梯形图

2. PLC 接线详图

PLC 接线图如图 99-3 所示。

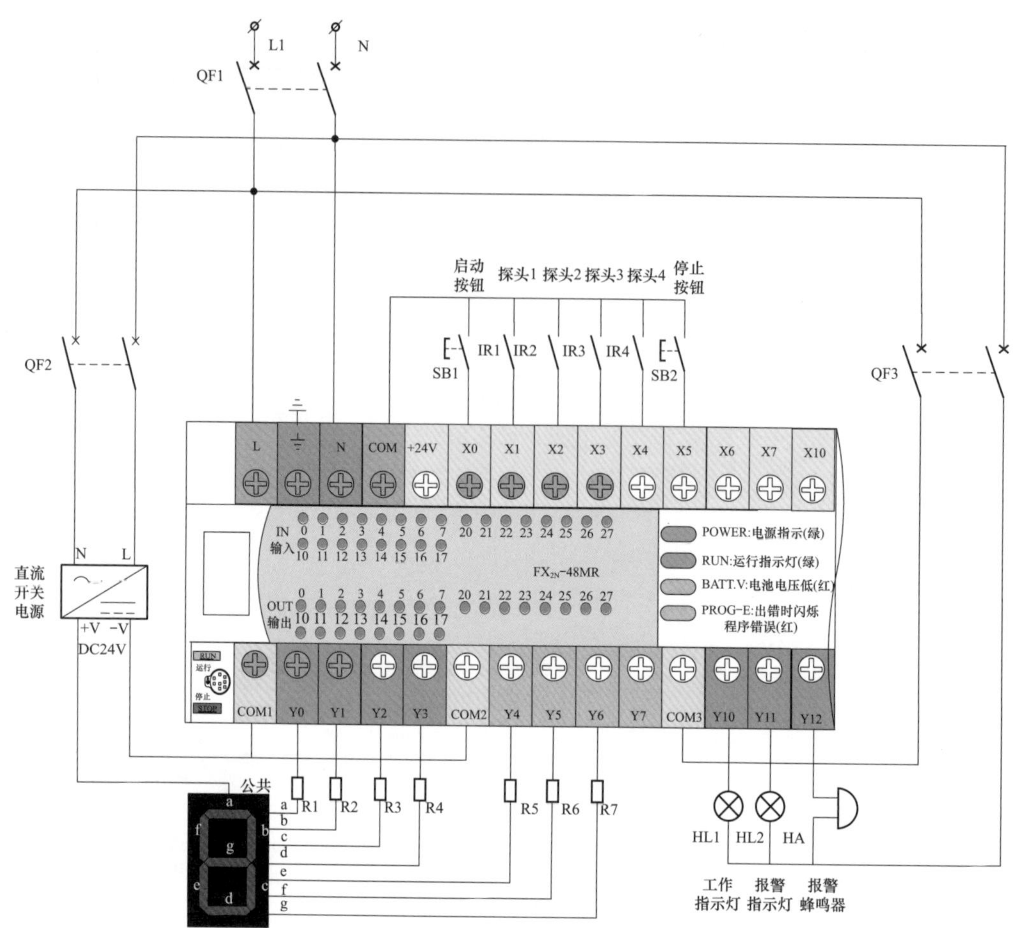

图 99-3　PLC 控制的红外安防报警控制电路 PLC 接线图

三、梯形图动作详解

1. 控制过程

闭合 PLC 输入端断路器 QF1、指示灯电源 QF3，直流电源 QF2，PLC 上电启动。

（1）启动过程。按下启动按钮 SB1（X000），①→②间触点 X000 接通，回路经①→②→③→⓪号线闭合，输出继电器 Y010“得电”，同时①→②间触点 Y010 接通自锁工作指示灯 HL1 点亮。同时①→⑨间辅助触点接通，同时①→⑧间触点瞬间接通回路经①→⑧→⓪号线闭合，Y000～Y005“得电”数码管显示数字“0”。

（2）报警过程。

1）第 1 路报警探头。第 1 路报警探头 IR1（X001）触点接通，回路经①→④→⑤→⓪号线闭合辅助继电器 M0“得电”，同时①→④间辅助继电器 M0 接通自锁，同时①→⑥间触点 M0 接通，⑥→⑦间 M8013 特殊辅助继电器 0.5s 接通 0.5s 断开回路经①→⑥→⑦→⓪号线断续接通、闭合，输出继电器 Y011、Y012 断续“得电”，报警指示灯 HL2 和报警蜂鸣器 HA 断续实现声光报警。同时回路经①→⑨→⑩→⑪→⑫→

⑬→⓪号线闭合，Y001、Y002“得电”数码管显示数字“1”。

2）第2路报警探头。第2路报警探头IR2（X002）触点接通，回路经①→④→⑤→⓪号线闭合辅助继电器M0“得电”，同时①→④间辅助继电器M0接通自锁，同时①→⑥间触点M0接通，⑥→⑦间M8013特殊辅助继电器0.5s接通0.5s断开回路经①→⑥→⑦→⓪号线断续接通、闭合，输出继电器Y011、Y012断续“得电”，报警指示灯HL2和报警蜂鸣器HA断续实现声光报警。同时回路经①→⑨→⑭→⑮→⑯→⑰→⓪号线闭合，Y000、Y001、Y003、Y004、Y006“得电”数码管显示数字“2”。

3）第3路报警探头。第3路报警探头IR3（X003）触点接通，回路经①→④→⑤→⓪号线闭合辅助继电器M0“得电”，同时①→④间辅助继电器M0接通自锁，同时①→⑥间触点M0接通，⑥→⑦间M8013特殊辅助继电器0.5s接通0.5s断开回路经①→⑥→⑦→⓪号线断续接通、闭合，输出继电器Y011、Y012断续“得电”，报警指示灯HL2和报警蜂鸣器HA断续实现声光报警。同时回路经①→⑨→⑱→⑲→⑳→㉑→⓪号线闭合，Y000～Y003、Y006“得电”数码管显示数字“3”。

4）第4路报警探头。第4路报警探头IR4（X004）触点接通，回路经①→④→⑤→⓪号线闭合辅助继电器M0“得电”，①→④间辅助继电器M0接通自锁，同时①→⑥间触点M0接通，⑥→⑦间M8013特殊辅助继电器0.5s接通0.5s断开回路经①→⑥→⑦→⓪号线断续接通、闭合，输出继电器Y011、Y012断续“得电”，报警指示灯HL2和报警蜂鸣器HA断续实现声光报警。同时回路经①→⑨→㉒→㉓→㉔→㉕→⓪号线闭合，Y001、Y002、Y005、Y006“得电”数码管显示数字“4”。

（3）停止过程。按下停止按钮SB2（X005），②→③动断触点断开，输出继电器Y010“失电”④→⑤间触点断开辅助继电器M0“失电”，①→⑥间辅助继电器M0触点断开输出继电器Y011、Y012“失电”报警指示灯HL2和报警蜂鸣器HA停止工作，同时①→⑨间触点断开，断开报警显示数字，同时①→⑧间触点X005接通回路经①→⑧→⓪号线闭合，Y000～Y005“得电”数码管显示数字“0”。

2. 保护原理

当指示灯电路、控制回路发生短路故障后，指示灯回路QF3、直流电源回路QF2断开，PLC输入端控制电源QF1断开、切断主电路及控制回路电源。

第100例　PLC控制的自动车库门控制电路

一、自动车库门控制示意图

自动车库门控制示意图如图100-1所示。

1. PLC程序设计要求

（1）分为自动控制模式、手动模式，自动控制模式：当车辆入库、出库时车库门执行上行、下行动作，相应指示灯亮，触发限位开关后停止。

（2）手动模式下：自动升降功能失效，由按钮（SB1）控制车库门上行、按钮（SB2）控制车库门下行。

（3）在任意时间段按下外部停止按钮SB3车库门将停在任意位置。

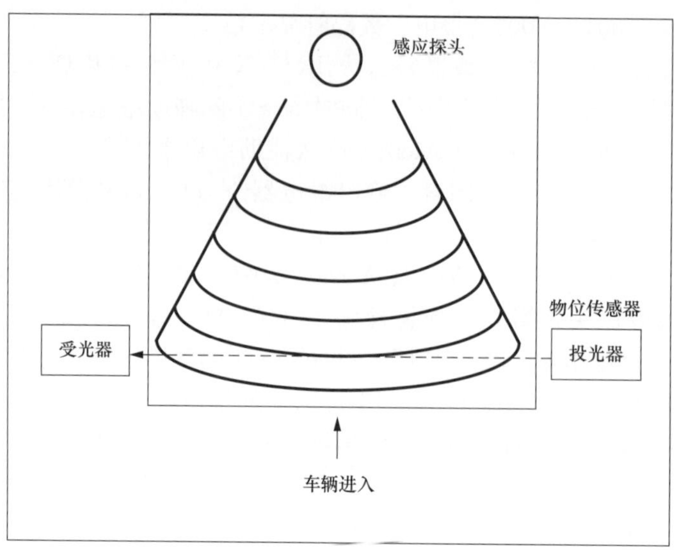

图 100-1　自动车库门控制示意图

（4）根据控制要求，用 PLC 基本指令设计梯形图程序。
（5）根据上面控制要求列出输入、输出分配表。
（6）根据控制要求绘制 PLC 控制电路接线图。

2. 输入/输出设备及 I/O 元件配置分配表

输入/输出设备及 I/O 元件配置分配见表 100-1。

表 100-1　输入/输出设备及 I/O 元件配置分配表

输入设备		PLC 输入继电器	输出设备		PLC 输出继电器
代号	功能		代号	功能	
SA	锁控开关自动状态	X000	HL1	门上行指示灯	Y000
SA	锁控开关手动状态	X001	KM1	门上行接触器	Y001
IR1	车库内、外感应探头	X002	HL2	门下行指示灯	Y002
IR2	车库内、外物位传感器	X003	KM2	门下行接触器	Y003
SQ1	上限位开关	X004			
SQ2	下限位开关	X005			
SB1	手动上行按钮	X006			
SB2	手动下行按钮	X007			
SB3	手动停止按钮	X010			

二、程序及电路设计

1. PLC 梯形图

PLC 梯形图如图 100-2 所示。

2. PLC 接线详图

PLC 接线图如图 100-3 所示。

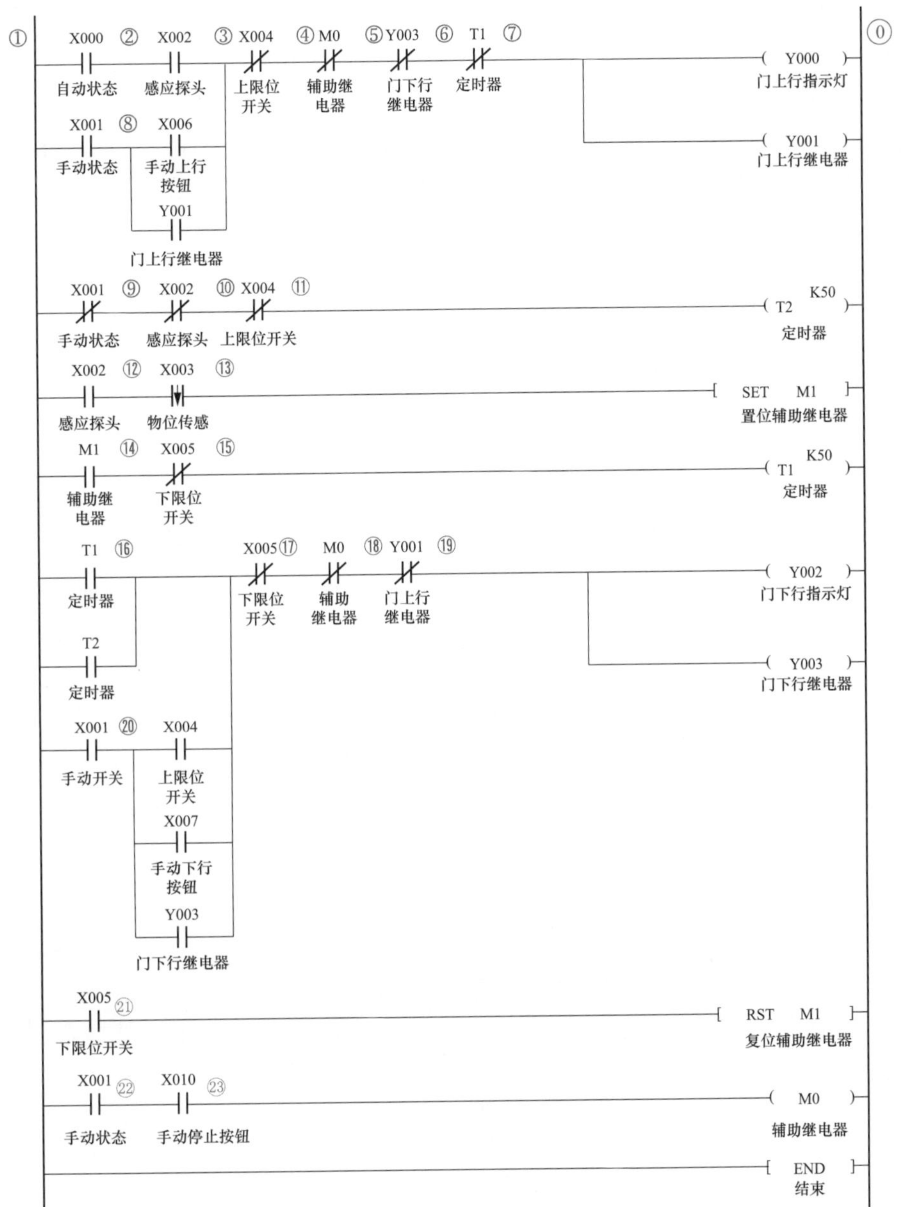

图 100-2　PLC 控制的自动车库门控制电路 PLC 梯形图

三、梯形图动作详解

闭合 PLC 输入端断路器 QF1、直流电源 QF2，PLC 上电启动，5s 后自动关闭车库门。

1. 自动过程

(1) 非正常情况下车辆要进库或出库。锁控开关 SA（X000）置于自动位置①→②间触点闭合，有车辆要进库或出库时感应探头 IR1（X002）②→③间触点闭合，回路经①→②→③→④→⑤→⑥→⑦→⓪号线闭合，输出继电器 Y000“得电”门上行指示灯 HL1 点亮，同时输出继电器 Y001“得电”KM1 线圈得电门上行接触器动作；当车辆倒退时感应探头 IR1（X002）②→③间触点断开，输出继电器 Y000“失电”门上行指示灯 HL1 熄灭，同时输出继电器 Y001“失电”KM1 线圈失电门上行接触器释放门停止上行。同时⑨→⑩间感应探头 IR1（X002）触点复位闭合，回路经①→⑨→⑩→⑪→⓪号线闭合定时器 T2“得电”延时 5s，5s 后①→⑯间定时器 T2 触点闭合，回路经①→⑯→⑰→⑱→⑲→⓪号线闭合，输出继电器 Y002“得电”门下行指示灯 HL2 点亮，同时输出继电器 Y003“得电”KM2 线圈得电门下行接触器动作，触碰到下限位开关 SQ2（X005）时⑯→⑰间触点断开，输出继电器 Y002“失电”门下行指示灯 HL2 熄灭，同时输出继电器 Y002“失电”KM2 线圈失电门下行接触器释放门停止下行。

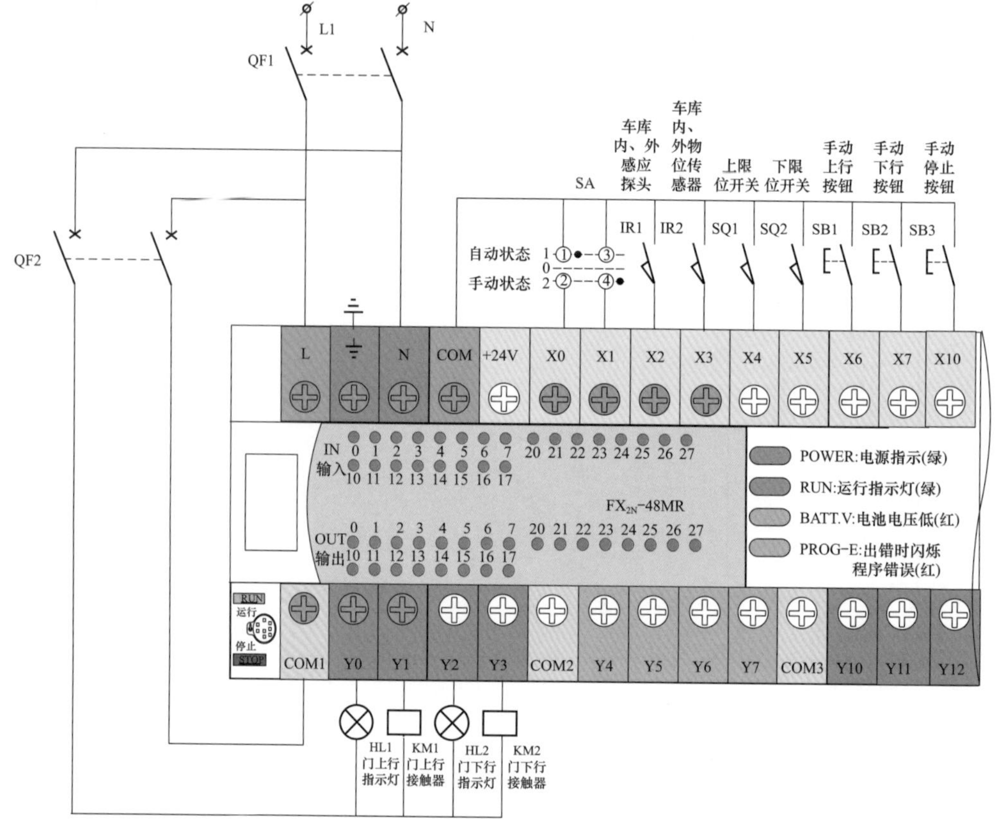

图 100-3　PLC 控制的自动车库门控制电路 PLC 接线图

（2）正常情况下车辆要进库或出库。锁控开关 SA（X000）置于自动位置①→②间触点闭合，有车辆要进库或出库时感应探头 IR1（X002）②→③间触点闭合，回路经①→②→③→④→⑤→⑥→⑦→⓪号线闭合，输出继电器 Y000“得电”门上行指示灯 HL1 点亮，同时输出继电器 Y001“得电”KM1 线圈得电门上行接触器动作；触碰到上限位开关 SQ1（X004）时③→④间触点断开，输出继电器 Y000“失电”门上行指示灯 HL1 熄灭，同时输出继电器 Y001“失电”KM1 线圈失电门上行接触器释放门停止上行。车辆进库或出库时到达物位传感器 IR2（X003）位置，车辆停止自动门没有关门动作，当车辆进库或出库经过物位传感器 IR2（X003）不停留时⑫→⑬间触点下降沿接通一次，回路经①→⑫→⑬→⓪号线闭合置位辅助继电器 M1。①→⑭间辅助继电器 M1 触点闭合回路经①→⑭→⑮→⓪号线闭合定时器 T1“得电”延时 5s，5s 后⑥→⑦间触点断开上行指示灯 HL1 和门上行继电器 KM1 失电，同时①→⑯间定时器 T1 触点闭合，回路经①→⑯→⑰→⑱→⑲→⓪号线闭合，输出继电器 Y002“得电”门下行指示灯 HL2 点亮，同时输出继电器 Y003“得电”KM2 线圈得电门下行接触器动作，触碰到下限位开关 SQ2（X005）时⑯→⑰间触点断开，输出继电器 Y002“失电”门下行指示灯 HL2 熄灭，同时输出继电器 Y002“失电”KM2 线圈失电门下行接触器释放门停止下行。同时⑭→⑮间触点断开定时器 T1 复位，①→㉑间触点接通复位辅助继电器 M1。

2. 手动过程

（1）手动门上行锁控开关 SA（X001）置于手动位置①→⑧间触点闭合，按下手动上行按钮 SB1（X006）⑧→③间 X006 触点闭合，回路经①→⑧→③→④→⑤→⑥→⑦→⓪号线闭合，同时⑧→③间 Y001 触点闭合自锁，输出继电器 Y000“得电”门上行，指示灯 HL1 点亮，同时输出继电器 Y001“得电”，KM1 线圈得电门上行接触器动作；触碰到上限位开关 SQ1（X004）时③→④间触点断开，输出继电器 Y000“失电”，门上行指示灯 HL1 熄灭，同时输出继电器 Y001“失电”，KM1 线圈失电门上行接触器释放门停止上行。

（2）手动门下行。锁控开关 SA（X001）置于手动位置①→⑳间触点闭合，按下手动下行按钮 SB（X007）⑳→⑰间 X007 触点闭合，回路经①→⑳→⑰→⑱→⑲→⓪号线闭合，同时⑳→⑰间 Y003 触点闭合自锁输出继电器 Y003“得电”门下行指示灯 HL2 点亮，同时输出继电器 Y003“得电”KM2 线圈得电门下行接触器动作；触碰到下限位开关 SQ2（X005）时⑯→⑰间触点断开，输出继电器 Y003“失电”门上行指示灯 HL2 熄灭，同时输出继电器 Y004“失电”KM2 线圈失电门下行接触器释放门停止下行。

（3）手动门停止。锁控开关 SA（X001）置于手动位置①→㉒间触点闭合，按下手动停止按钮 SB3（X010）㉒→㉓间 X010 触点闭合，回路经①→㉒→㉓→⓪号线闭合，辅助继电 M0“得电”同时④→⑤、⑰→⑱间辅助触点 M0 断开自动门停止在任意位置。

3. 保护原理

当 PLC 主电源、控制回路发生短路、过载故障后，PLC 输入端控制电源 QF1、PLC 输出端控制电源 QF2 断开，切断输入端及输出端控制电源。

附录A　常用指令

1. 起始和输出指令

起始和输出指令共有3个，分别是LD、LDI和OUT指令，见附表A-1。

(1) LD指令，含义为“取”指令，LD指令用于动合触点与左母线相连。动合触点在动作后闭合，不动作时始终处在断开状态。

(2) LDI指令，含义为“取反”指令，LDI指令用于动断触点与左母线相连。动断触点在动作后断开，不动作时始终处在闭合状态。

(3) OUT指令，含义为“输出”指令，OUT指令用于输出点（Y）、辅助继电器（M）、步进点（S）、定时器（T）、计数器（C）等输出线圈。但不能驱动输入继电器线圈X。OUT指令可以无限次数使用。定时器与计数器使用OUT输出指令后，必须在其后面设定常数K，也可以用缓冲区（D）的内定值来设定。

附表A-1　　LD、LDI、OUT指令

符号（名称）	功能	电路表示	操作元件
LD（取）	动合触点运算开始		X，Y，M，S，T，C
LDI（取反）	动断触点运算开始		
OUT（输出）	线圈驱动	OUT	Y，M，S，T，C

2. 与或非指令

与或非指令共有6个，分别是与指令AND和ANB、与非指令ANI、或指令OR和ORB、或非指令ORI，见附表A-2。

(1) AND指令，含义为“与”指令，用于动合触点与其他触点的串联连接。

(2) ANB指令，含义为“块与”操作指令，用于并联回路块的串联连接。

(3) ANI指令，含义为“与非”指令，用于动断触点与其他触点的串联连接。

AND、ANI指令使用次数无限制，但要使用打印机打印程序时，尽可能一行不要超过10个触点，连续输出不要超过24行，AND与ANI指令，在逻辑上这种关系叫“逻辑与”，其表达为：有“0”出“0”，全“1”出“1”，即只有两个输入都动作时才有输出。

(4) OR指令，含义为“或”指令，用于动合触点与其他触点的并联连接。

(5) ORB指令，含义为“块或”指令，用于串联回路块的并联连接。

(6) ORI指令，含义为“或非”指令，用于动断触点与其他触点的并联连接。

OR、ORI指令使用次数无限制，但要使用打印机打印程序时，并联列数不要超过24行。OR与ORI指令，在逻辑上这种关系叫“逻辑或”，其表达为：有“1”出“1”，全“0”出“0”，即只要两个中有一个动作，就有输出；只有在两个都不动作时输出才关闭。

附表 A-2 AND 和 ANB、与非指令 ANI、或指令 OR 和 ORB、或非指令 ORI

符号（名称）	功能	电路表示	操作元件
AND（与）	串接动合触点	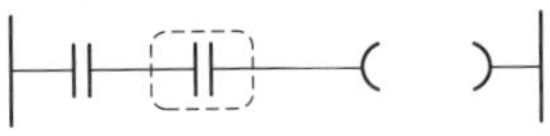	X、Y、M、S、T、C
ANB（块与）	并联电路块的串接	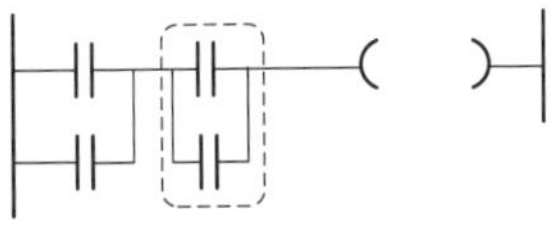	无
ANI（与非）	串接动断触点		X、Y、M、S、T、C
OR（或）	并接动合触点	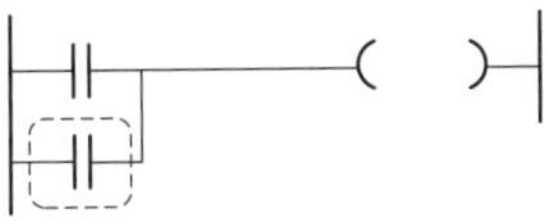	X、Y、M、S、T、C
ORB（块或）	串联电路块的并接	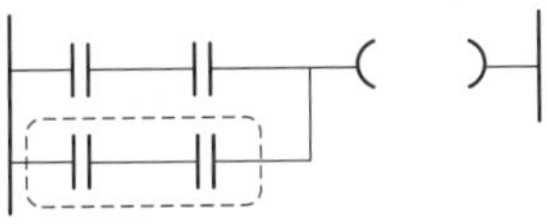	无
ORI（或非）	并接动断触点	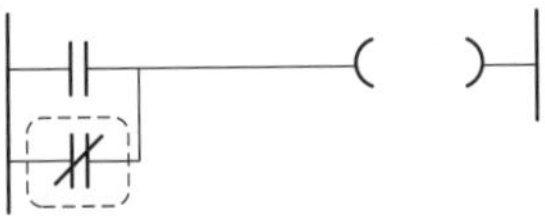	X、Y、M、S、T、C

3. 置位、复位和主控指令

置位、复位指令一般都成对出现，置位指令为 SET，复位指令为 RST，主控指令为 MC，主控复位指令为 MCR，见附表 A-3。

MC、MCR 指令也成对出现，缺一不可，MC 指令后用 LD“取”/LDI“取反”指令，表示建立子母线。MC、MCR 指令可以嵌套使用，嵌套级别为 N0～N7。

（1）SET 指令，含义为“置位”指令，功能是将受控组件设定为 ON（闭合），并保持其闭合状态。相当于继电器动作并保持。

（2）RST 指令，含义为“复位”指令，将受控组件设定为 OFF（分断），即解除受控组件的保持状态，解除继电器动作，相当于继电器复位到通电前的状态。

（3）MC 指令，含义为“主控”指令（公共触点串联），其作用是用于公共串联触点的连接。执行 MC 后，左母线移到 MC 触点的后面，即产生一个临时左母线，形成一个主控电路块。

（4）MCR 指令，含义为“主控复位”指令，取消临时左母线，即将左母线返回到原来的位置，结束其主控电路块。也就是说 MCR 指令是主控电路的终点。

附表 A-3　SET 置位指令、RST 复位指令、MC 主控指令、MCR 主控复位指令

符号（名称）	功能	电路表示	操作元件
SET（置位）	线圈接通保持	SET Y,M,S	Y、M、S
RST（复位）	线圈接通消除	SET Y,M,S,T,C,D	Y、M、S、T、C、D
MC（主控）	公共串联触点开始	MC N Y,M	Y、M
MCR（主控复位）	公共串联触点结束	MCR N	无

4. 堆栈指令

栈指令共有 3 个，分别是 MPS、MRD、MPP，指令无编程元件，MPS、MPP 指令成对出现，可以嵌套，MRD 指令可有可无，也可有两个或两个以上，见附表 A-4。

（1）MPS 指令，含义为“进栈”指令，用在回路开始分支的地方。

（2）MRD 指令，含义为“读栈”指令，用在 MPS 指令下继续的分支，表示分支继续。MRD 指令可多次连续重复使用，但不能超过 24 次。栈指令用在某一个电路块与其他不同的电路块串联，以便实现驱动不同线圈的场合。

（3）MPP 指令，含义为“出栈”指令，用在最后分支的地方，表示分支结束。

附表 A-4　MPS 指令、MRD 指令、MPP 指令

符号（名称）	功能	电路表示	操作元件
MPS（进栈）	运算存储	MPS	无
MRD（读栈）	存储读出	MRD MRD	
MPP（出栈）	存储读出与复位	MPP	

5. 脉冲指令

脉冲指令可以用于编程元件 X、Y、M、S、T、C，只接通一个扫描周期，见附表 A-5。

（1）PLS 指令，含义为“脉冲上升沿检出”指令，用于上升微分信号输出的位置，其作用是在输入信号的上升沿产生一个扫描周期的脉冲输出。

（2）PLF 指令，含义为“脉冲下降沿检出”指令，用于下降微分信号输出的位置，其作用是在输入信号的下降沿产生一个扫描周期的脉冲输出。

（3）LDP 指令，含义为“取脉冲上升沿”指令，上升沿检出运算开始。用于上升沿

检测的动合触点与左母线相连，会送出一次扫描周期的 ON 信号。

（4）LDF 指令，含义为“取脉冲下降沿”指令，下降沿检出运算开始。用于下降沿检测的动合触点与左母线相连，指定的对象可以是 X、Y、M、S、T、C。所指定的触点从 ON 变化为 OFF 时，会送出一次扫描周期的 ON 信号。

（5）ANDP 指令，含义为“与脉冲上升沿”指令，用于上升沿检测的动合触点的串联，指定的对象可以是 X、Y、M、S、T、C。所指定的触点从 OFF 变化为采用 LDF 指令的 ON 时，会送出一次扫描周期的 ON 信号。

（6）ANDF 指令，含义为“与脉冲下降沿”指令，用于下降沿检测的动合触点的并联，指定的对象可以是 X、Y、M、S、T、C。所指定的触点从 N 变化为 OF 时，会送出一次扫描 L 周期的 ON 信号。

（7）ORP 指令，含义为“或脉冲上升沿”指令，用于上升沿检测的动合触点的并联，指定的对象可以是 X、Y、M、S、T、C。所指定的触点从 OFF 变化为 ON 时，会送出一次扫描周期的 ON 信号。

（8）ORF 指令，含义为“或脉冲下降沿”指令，用于下降沿检测的动合触点的并联，指定的对象可以是 X、Y、M、S、T、C。所指定的触点从 N 变化为 OF 时，会送出一次扫描 L 周期的 ON 信号。

附表 A-5　　脉　冲　指　令

符号（名称）	功能	电路表示	操作元件
PLS（上升沿脉冲）	上升沿微分输出	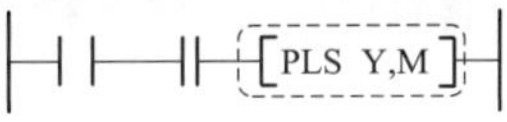 [PLS Y,M]	Y、M，特殊继电器除外
PLF（下降沿脉冲）	下降沿微分输出	 [PLF Y,M]	
LDP（取脉冲上升沿）	动合触点上升沿检出运算开始	 ↑	X、Y、M、S、T、C
LDF（取脉冲下降沿）	动合触点下降沿检出运算开始	 ↓	
ANDP（与脉冲上升沿）	动合触点上升沿检出串联连接	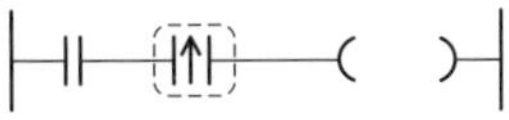 ↑	
ANDF（与脉冲下降沿）	动合触点下降沿检出串联连接	 ↓	
ORP（并联上升沿检出）	动合触点上升沿检出并接连接	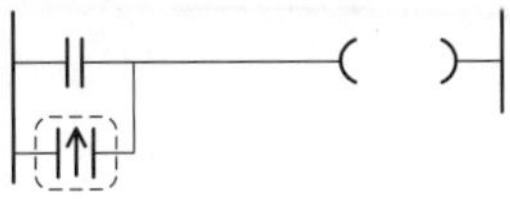 ↑	
ORF（并联下降沿检出）	动合触点上升沿检出并接连接	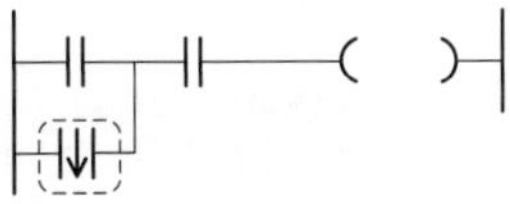 ↓	

6．空操作、取反和结束指令（见附表 A-6）

（1）NOP 指令，含义为“空操作”指令，若在普通的指令之间加入 NOP 指令，则

PLC 无视其存在继续工作。这个指令被运用的主要目的有两个：

1）取代一些不必要的指令，串联触点被 NOP 指令取代时，是将其触点短接；并联触点被 NOP 指令取代时，是将其断开，当然，也可以直接使用删除指令。

2）在程序中加入 NOP 指令，有利于修改或增加程序时，减少程序步号的变化。

（2）INV 指令，含义为“反转”指令，其功能是将 INV 指令执行之前的逻辑运算结果取反，它不需要指定软元件号，不能直接与左母线相连。

（3）END 指令，含义为“结束”指令，END 不是 PLC 停止指令，是程序结束指令。它将强制结束当前的扫描执行过程，而且 GX Developer、GX Works2 及 GX Works2 编程软件始终在最下方自动生成 END 程序结束指令，并且是无法删除的。

附表 A-6　　空操作、取反和结束指令

符号（名称）	功能	电路表示	操作元件
NOP（空操作）	无动作		无
INV（反转）	运算结果取反		
END（程序结束）	程序结束	END	

7. 交替输出和步进指令（见附表 A-7）

（1）ALTP 指令，含义为“交替”指令，按下启动元件时，执行元件可以反复由 ON/OFF 交替进行输出。

（2）STL 指令，含义为“步进梯形”指令，只有与状态继电器 S 配合使用才具有步进功能。S0～S9 用于初始步，使用 STL 指令的状态继电器的动合触点称为 STL 的触点。用符号“─▯▯─”表示没有闭合的 STL 触点。

使用 STL 指令使新的状态置位，前一状态自动复位。STL 触点接通后，与此相连的电路被执行，当 STL 触点断开时，与此相连的电路停止执行。STL 触点与左母线相连，同一状态继电器的 STL 触点只能使用一次。

（3）RET 指令，“步进返回”指令，表示 SFC 流程结束。SFC 程序返回到普通梯形图指令程序。母线也从状态母线返回到主母线，一个 SFC 控制流程仅需一条 RET 指令，安排到最后一个 STL 触点的状态母线的最后一行。

附表 A-7　　交替输出和步进指令

符号（名称）	功能	电路表示	操作元件
ALTP（交替输出）	在接通的第一个扫描周期实现交替输出	ALTP Y,M,S	Y、M、S
STL（步进梯形图）	步进触点指令 步进梯形图开始	STL S	S
RET（返回）	步进反回指令 步进梯形图结束	RET	无

8. 传送、区间复位指令

MOV 为 16 位连续执行型传送指令，MOVP 为 16 位脉冲执行型传送指令，ZRST 为区间复位指令，见附表 A-8。

(1) MOVP 指令，含义为“脉冲传送”指令，执行一次传送指令，即激活一次执行一次，将受控组件设定为 ON，将源 S 的内容向目标 S1 传送。

(2) ZRST 指令，含义为“区间复位”指令，如对 M1～M10 的位寄存器同时进行复位。

附表 A-8　　脉冲传送、区间复位指令

符号（名称）	功能	电路表示	操作元件
MOVP（传送）	将源 S 的内容向目标 S1 传送	MOVP S S1	S 操作元件 KnX、KnY、KnM、KnS、T、C、D、V、Z，常数 K、H，S1 操作元件 KnY、KnM、KnS、T、C、D、V、Z
ZRST（复位）	区间复位，S1-S2	ZRST S1 S2	Y、M、S、T、C、D

9. 加法、减法、乘法、除法和触点比较指令

ADD、SUB、MUL、DIV 为四则运算，加减乘除具有数值数据运算功能，LD=、LD>、LD<为触点比较指令，对源数据内容进行比较，对应其结果执行后段的运算，LD 是连接母线的触点比较指令，见附表 A-9。

(1) ADD 指令，含义为“加法”指令，将受控组件设定为 ON，将源 S1 与 S2 的数据相加，所得到结果传递到目标处 D，如 1(S1)＋12(S2)＝13(D)。

(2) SUB 指令，含义为“减法”指令，将受控组件设定为 ON，将源 S1 减 S2 的数据相减，所得结果传递到目标处 D，如 11(S1)－7(S2)＝4(D)。

(3) MUL 指令，含义为“乘法”指令，将受控组件设定为 ON，将源 S1 乘 S2 的数据相乘，所得结果传递到目标处 D，如 11(S1)×7(S2)＝77(D)。

(4) DIV 指令，含义为“除法”指令，将受控组件设定为 ON，将源 S1 除 S2 的数据相除，所得结果传递到目标处 D，12(S1)÷3(S2)＝4(D)。

(5) LD>指令，含义为“触点比较”指令，源数据 S1 大于源数据 S2 回路导通，如 11(S1)>7(S2) 导通，反之截止。

(6) LD<指令，含义为“触点比较”指令，源数据 S1 小于源数据 S2 回路导通，如 11(S1)<7(S2) 导通，反之截止。

(7) LD=指令，含义为“触点比较”指令，源数据 S1 等于源数据 S2 回路导通，如 11(S1)＝7(S2) 导通，反之截止。

触点比较指令实质上是一个触点，影响这个触点动作的不是位元件输入（X）或位元件线圈（Y，M，S），而是指令中两个字元件 S1 和 S2 相比较的结果。如果比较条件成立则该触点动作，条件不成立，触点不动作。

触点比较指令有三种形式：起始触点比较指令、串接触点比较指令和并接触点比较

指令。

每种形式又有6种比较方式：=（等于）、≠（不等于）、<（小于）、>（大于）、≤（小于等于）、≥（大于等于）。

附表 A-9　　加法、减法、乘法、除法和触点比较指令

符号（名称）	功能	电路表示	操作元件
ADD（加）	将源S1与S2的数据相加传递到目标处D	ADD S1 S2 D	S1和S2操作元件数T、C、D、V、Z、KnX、KnY、KnM、KnS，常数K、H，D操作年数T、C、D、V、Z、KnY KnM、KnS
SUB（减）	将源S1减S2的数据传递到目标处D	SUB S1 S2 D	
MUL（乘）	将源S1乘S2的数据传递到目标处D	MUL S1 S2 D	
DIV（除）	将源S1除S2的数据传递到目标处D	DIV S1 S2 D	
LD>	源数据S1>源数据S2导通	LD> S1 S2	T、C、D、V、Z、KnX、KnY、KnM、KnS常数K、H
LD<	源数据S1<源数据S2导通	LD< S1 S2	
LD=	源数据S1=源数据S2导通	LD= S1 S2	

10. 7段码显示指令SEGD、区间比较指令ZCP（见附表A-10）

（1）SEGD指令，含义为“7段码显示指令”指令，在数字系统中，经常需要将数字、文字和符号用人们习惯的形式很直观地显示出来。显示的方式有叠加显示、分段显示和阵式显示，其中最常见的是7段数码管分段显示。7段数码管内部有8个发光二极管，其中7段发光二极管为字段，另一个为小数点，7个字段按一定方式组成一个8字型，在使用时点亮不同的字段用于显示不同的字形。

（2）ZCP指令，含义为“区间比较指令”指令，经常要对被控对象进行范围检测，超出范围则动作。

附表 A-10　　7段码显示指令SEGD、区间比较指令ZCP

符号（名称）	功能	电路表示	操作元件
SEGD（7段码显示）	把S中存放的低4位十六进制数编译成相应的7段显示码保存在D中的低8位	SEGD S D	S操作元件T、C、D、V、Z、KnX、KnY KnM、KnS，常数K、H，D操作元件T、C、D、V、Z、KnY KnM、KnS
ZCP（区间比较）	将源址S与源址S1、S2分别比较，根据比较结果（S<S1，S1≤S≤S2，S>S2）置终止位元件，D，D+1，D+2，其中一个为ON	ZCP S1 S2 S D	S1和S2及S操作元件T、C、D、V、Z、KnX、KnY、KnM、KnS，常数K、H、D，操作元件Y、M、S，D操作元件Y、M、S

11. 模拟量专用指令（见附表 A-11）

（1）TO 指令，含义为“缓冲存储器 BFM 写入指令”。

（2）FORM 指令，含义为“缓冲存储器 BFM 读取指令”。

三菱模拟量模块的功能应用是通过缓冲存储器 BFM 的各个单元的内容设置来完成的，每个模拟量模块共有 32 个 BFM 缓冲存储器，编号为 BFM＃0～BFM＃31，每个 BFM 缓冲存储器在出厂时都有一个出厂值，当出厂值满足控制要求时，不需要对它进行修改，当出厂值不满足控制要求时，则必须通过写指令 TO 对它进行修改（TOP 为初始化指令，只执行一个扫描周期）。外部模拟量经模块内部 AD 转换成数字量后，被存放在规定的 BFM 缓冲存储器中，PLC 通过读指令 FROM 把这些数值复制到内部数据单元进行处理，缓冲存储器 BFM 所表示的功能或含义各型号模块不尽相同，详见模拟量模块技术手册。

附表 A-11　　TO 指令、FORM 指令

符号（名称）	功能	电路表示	操作元件
T0（写入指令）	向模拟量模块缓冲存储器（BFM）写入	T0 S1 K0 S2 K	S1 模块号、K0 缓冲存储器（BFM）第 0 位、S2 常数、K 常数
FR0M（读取指令）	将模拟量模块缓冲存储器（BFM）中的 16 位数值取出并写入指定的寄存器	FROM S1 K0 S2 K	S1 模块号、K0 缓冲存储器（BFM）第 0 位、S2 常数、K 常数

12. FX 系列 PLC 的编程元件

不同厂家、不同系列的 PLC，其内部的“软继电器”（编程元件）的功能和编号也不同，因此在编程时，必须熟悉所选用的 PLC 的每条指令、涉及的编程元件的功能和编号，见附表 A-12。

附表 A-12　　FX 系列 PLC 的编程元件表

编程元件种类		PLC 型号	
		FX_{2N}（FX_{2NC}）	FX_{3U}
X 输入继电器	输入继电器（按八进制编号）	X0～X77（可扩展）	X0～X77（可扩展）
Y 输出继电器	输出继电器（按八进制编号）	Y0～Y77（可扩展）	Y0～Y77（可扩展）
M 辅助继电器	通用辅助继电器	M0～M499，500 点	M0～M499，500 点
	停电保持用	M500～M1023，524 点	M500～M1023，524 点
	停电保持辅助继电器	M1024～M3071，2048 点	M1024～M7679，6654 点
	特殊辅助继电器	M8000～M8255，256 点	M8000～M8511，512 点
S 状态寄存器	初始状态用	S0～S9，10 点	S0～S9，10 点
	一般用	S0～S499，500 点	S0～S499，500 点
	保持用	S500～S899，400 点	S500～S899，400 点
	停止保持用	—	S1000～S2096，3096 点
	信号指示用	S900～S999，100 点	S900～S999，100 点

续表

编程元件种类		PLC 型号	
		FX_{2N}（FX_{2NC}）	FX_{3U}
T 定时器	100ms	T0～T199，200 点，范围：0.1～3276.7s	T0～T199，200 点，范围：0.1～3276.7s
	10ms	T200～T245，46 点，范围：0.01～327.67s	T200～T245，46 点，范围：0.01～327.67s
	1ms	—	T256～T511，256 点，范围：0.001～32.767s
	1ms 累积	T246～T249，范围：0.001～32.767s	T246～T249，范围：0.001～32.767s
	100ms 累积	T250～T255，范围：0.1～3276.7s	T250～T255，范围：0.1～3276.7s
C 计数器	16 位增计数	C0～C199，200 点	C0～C199，200 点
	32 位高速计数	C200～C234，35 点	C200～C234，35 点
	32 位双向计数	C200～C234，35 点	C200～C234，35 点
	32 位双向高速计数	C235～C255，8 点	C235～C255，8 点
D 数据寄存器	16 位通用	D0～D199，200 点	D0～D199，200 点
	16 位保持用	D200～D511，312 点 D512～D7999，7488 点	D200～D511，312 点 D512～D7999，7488 点
	16 位特殊用	D8000～D8195，106 点	D8000～D8511，512 点
	16 位变址用	V0～V7、Z0～Z7，16 点	V0～V7、Z0～Z7，16 点
N、P、I 指针	JUMP、CALL 分支用	P0～P127，128 点	P0～P4095，4096 点
	输入中断、定时器中断	I0□□～I8□□，9 点，	I0□□～I8□□，9 点
	计数器中断	I010～I050，50 点	I010～I050，50 点
K、H 常数	十进制数 K	16 位：－32768～＋32767 32 位：－2147483648～＋2147483647	16 位：－32768～＋32767 32 位：－2147483648～＋2147483647
	十六进制数 H	16 位：0～FFFF 32 位：0～FFFFFFFF	16 位：0～FFFF 32 位：0～FFFFFFFF

参 考 文 献

［1］ 于宝水，姜平．变频器典型应用电路100例．北京：中国电力出版社，2017.

［2］ 于宝水，姜平．图表详解变频器典型应用100例．北京：机械工业出版社，2018.

［3］ 于宝水，姜平，田庆书．机采井常用电路图集及故障解析．北京：石油工业出版社，2019.

［4］ 周云水．跟我学PLC编程（第二版）．北京：中国电力出版社，2014.

［5］ 蔡杏山．三菱FX系列PLC快速入门与提高．北京：电子工业出版社，2018.

［6］ 郑双翼．图解PLC控制系统梯形图和语句表．北京：人民邮电出版社，2010.

［7］ 张梦欣．电力拖动控制线路与技能训练（第四版）．北京：中国劳动社会保障出版社，2012.

［8］ 唐云岐．可编程控制器及其应用．北京：中国劳动社会保障出版社，2006.

［9］ 高安邦，胡乃文．例说PLC．北京：中国电力出版社，2018.